westermann

Hans-Peter Engler, Theo Feist, Murat Tigli, Wolfgang Ulshöfer, Anton Wörner

Technik und Management Berufliches Gymnasium

Band Wirtschaft

5. Auflage

Bestellnummer 02471

Die in diesem Produkt gemachten Angaben zu Unternehmen (Namen, Internet- und E-Mail-Adressen, Handelsregistereintragungen, Bankverbindungen, Steuer-, Telefon- und Faxnummern und alle weiteren Angaben) sind i. d. R. fiktiv, d. h., sie stehen in keinem Zusammenhang mit einem real existierenden Unternehmen in der dargestellten oder einer ähnlichen Form. Dies gilt auch für alle Kunden, Lieferanten und sonstigen Geschäftspartner der Unternehmen wie z. B. Kreditinstitute, Versicherungsunternehmen und andere Dienstleistungsunternehmen. Ausschließlich zum Zwecke der Authentizität werden die Namen real existierender Unternehmen und z. B. im Fall von Kreditinstituten auch deren IBANs und BICs verwendet.

Zusatzmaterialien zu „Technik und Management. Berufliches Gymnasium“

Für Lehrerinnen und Lehrer

Lösungen zum Schulbuch: 978-3-427-02477-4
Lösungen zum Schulbuch Download: 978-3-427-02474-3

BiBox Einzellizenz für Lehrer/-innen (Dauerlizenz)
BiBox Klassenlizenz Premium für Lehrer/-innen und bis zu 35 Schüler/-innen (1 Schuljahr)
BiBox Kollegiumslizenz für Lehrer/-innen (Dauerlizenz)
BiBox Kollegiumslizenz für Lehrer/-innen (1 Schuljahr)

Für Schülerinnen und Schüler

BiBox Einzellizenz für Schüler/-innen (1 Schuljahr)
BiBox Klassensatz PrintPlus (1 Schuljahr)

Druck und Bindung: Westermann Druck GmbH, Braunschweig

ISBN 978-3-427-02471-2

Vorwort

Das vorliegende Lehr- und Arbeitsbuch orientiert sich am Bildungsplan des Profilfaches „Technik und Management" des Technischen Gymnasiums in Baden-Württemberg. Es enthält jene Einheiten aus dem Bildungsplan, die wirtschaftliche Bildungsinhalte zum Gegenstand haben. Damit ist das Buch Teil einer mehrbändigen Lehrbuchreihe, durch die das gesamte Profil „Technik und Management" abgedeckt wird.

Jedes Kapitel mit einstelliger Gliederungsziffer beginnt mit einer Beschreibung der Probleme, die auf den darauffolgenden Seiten bearbeitet werden. Damit ist beabsichtigt, bei den Leserinnen und Lesern das erkenntnisleitende Interesse für die entsprechenden Sachinformationen zu wecken. Daran anschließend werden die vom Bildungsplan angestrebten Kompetenzen formuliert, zu deren Erreichung der nachstehende Text einschließlich der Aufgaben beitragen soll. Zahlreiche Beispiele, Grafiken, Schaubilder und Tabellen ergänzen und veranschaulichen die Fachinhalte. Die für den Strukturaufbau zentralen Definitionen sind besonders hervorgehoben und entsprechend farblich abgesetzt. In den zusammenfassenden Übersichten am Ende der einzelnen Unterabschnitte sind die für die Stofferschließung bedeutsamen wesentlichen Strukturelemente sowie **vertiefende Aufgaben** aufgenommen. Informationen darüber, wann die vertiefenden Aufgaben jeweils bearbeitet werden können, sind der Randspalte zu entnehmen.

Köln, Frühjahr 2024 — Die Verfasser

Themenkreis 1 (Bildungsplaneinheit 5):

Vertragsrecht

Um welche Probleme geht es in diesem Kapitel?

Damit Personen am Rechtsverkehr teilnehmen können (z. B. als Vertragspartner), müssen sie mit bestimmten Fähigkeiten ausgestattet sein. Sind sie rechtsfähig, so können sie bestimmte Rechte und Pflichten übernehmen. Rechtswirksame Willenserklärungen können sie hingegen nur dann uneingeschränkt abgeben, wenn sie geschäftsfähig sind.

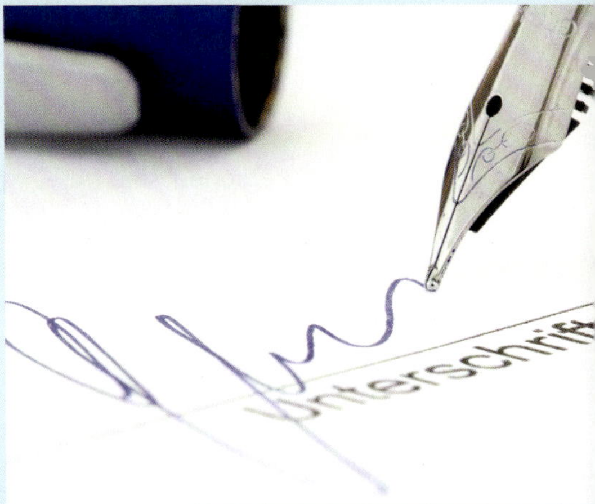

Mit dem Abschluss eines rechtswirksamen Vertrages entstehen für die Vertragspartner Rechte und Pflichten. Wann jedoch ein Vertrag tatsächlich zustande kommt, ist von verschiedenen Bedingungen abhängig. Wird ein wirksamer Vertrag nicht pflichtgemäß erfüllt, so kann der jeweils andere Vertragspartner bestimmte Rechte geltend machen.

Welche Kompetenzen werden angestrebt?

Die Schülerinnen und Schüler lernen die Grundlagen des Vertragsrechts kennen, beurteilen rechtliche Situationen aufgrund gesetzlicher Grundlagen, bewerten wirtschaftliche Vorkommnisse und entwickeln geeignete Lösungsansätze. Dazu arbeiten sie die rechtliche Bedeutung von Anfrage und Angebot heraus, führen einen Angebots- und Lieferantenvergleich durch und überprüfen das rechtswirksame Zustandekommen von Kaufverträgen. Im Anschluss können sie Störungen bei der Erfüllung eines Kaufvertrages analysieren und beurteilen.

1.1 Rechts- und Geschäftsfähigkeit

1.1.1 Rechtsfähigkeit

Rechtsfähigkeit ist die Fähigkeit von Personen, Träger von Rechten und Pflichten zu sein.

Wer rechtsfähig ist, kann eigene Rechte wahrnehmen. Er kann unter bestimmten Voraussetzungen Verträge abschließen, erben, klagen und verklagt werden. Er muss aber auch Pflichten erfüllen, z. B. Steuern zahlen.

Rechtsfähig und damit **Rechtsträger** sind **natürliche Personen, juristische Personen und rechtsfähige Personengesellschaften**.

§ 1 BGB **Natürliche Personen** sind alle Menschen, und zwar unabhängig von ihrem Alter. Die Rechtsfähigkeit natürlicher Personen beginnt mit der Vollendung der Geburt und endet mit dem Eintritt des Todes.

Beispiel

Rechtsfähigkeit eines zweijährigen Kindes

Die zweijährige Mia Feldt hat aufgrund eines Testaments ihres verstorbenen Großvaters eine Briefmarkensammlung geerbt. Da sie rechtsfähig ist, erwirbt sie das Eigentum an dieser Sammlung.

Juristische Personen sind Vereinigungen von Personen, denen die Möglichkeit eingeräumt wird, als Träger von Rechten und Pflichten am Rechtsverkehr teilzunehmen.

Von den **juristischen Personen des privaten Rechts** (eingetragene Vereine, Aktiengesellschaften, Genossenschaften, Stiftungen wie die Stiftung Warentest) sind die **juristischen Personen des öffentlichen Rechts** (Körperschaften wie Bund, Länder und Gemeinden; Anstalten wie Rundfunkanstalten, Sparkassen; Stiftungen wie die Stiftung Preußischer Kulturbesitz) zu unterscheiden.

Beispiel

Die Chemo-Werke AG – eine juristische Person des privaten Rechts

Die Chemo-Werke AG – nicht aber deren Aktionäre – ist Eigentümerin von Grundstücken, Maschinen, Waren usw., da sie als juristische Person rechtsfähig ist. Die AG hat die Pflicht, Körperschaftsteuer, Gewerbesteuer, Grundsteuer usw. zu zahlen. Die Aktionäre können zur Begleichung von Verbindlichkeiten der AG nicht herangezogen werden.

Juristische Personen können ihre Rechte und Pflichten nur durch ihre Vertreter wahrnehmen.

Kapitalgesellschaften und Genossenschaften erlangen durch Eintragung in das Handelsregister bzw. das Genossenschaftsregister Rechtsfähigkeit. **Vereine** werden durch Eintragung in das Vereinsregister rechtsfähig. **Juristische Personen des öffentlichen Rechts** erlangen Rechtsfähigkeit durch Gesetz, Erlass oder Verleihung.

Beispiel

Rechtsfähigkeit der Industrie- und Handelskammer Südlicher Oberrhein

Die Industrie- und Handelskammer Südlicher Oberrhein hat ihren Geschäftssitz in Freiburg. Sie ist verpflichtet, dafür zu sorgen, dass vor ihrem Geschäftsgebäude in Freiburg der Winterdienst (z. B. Streupflicht) geleistet wird.

§ 14 Abs. 2 BGB

Aufgaben 1 und 2 Seite 16

„Eine **rechtsfähige Personengesellschaft** ist eine Personengesellschaft, die mit der Fähigkeit ausgestattet ist, Rechte zu erwerben und Verbindlichkeiten einzugehen."

Beispiel

Rechtsfähigkeit der Fritz Klumpp OHG

Fritz Klumpp hat für die Fritz Klumpp OHG eine Werkzeugmaschine bei der Emmendinger Maschinenfabrik AG gekauft. Gegebenenfalls kann die Emmendinger Maschinenfabrik AG die Fritz Klumpp OHG auf Zahlung verklagen. Die OHG ist eine rechtsfähige Personengesellschaft.

1.1.2 Geschäftsfähigkeit

Von der Rechtsfähigkeit zu unterscheiden ist die **Geschäftsfähigkeit**.

> **Geschäftsfähigkeit ist die Fähigkeit, Rechtsgeschäfte (z. B. Verträge) rechtswirksam abschließen zu können.** !

Beispiel

Rechtsfähigkeit ohne Geschäftsfähigkeit

Die zweijährige Mia Feldt hat durch die Erbschaft das Eigentumsrecht an der Briefmarkensammlung erworben. Sie selbst kann die Sammlung aber nicht verkaufen. Sie ist zwar rechtsfähig, aber es fehlt die Geschäftsfähigkeit.

Juristische Personen sind nicht geschäftsfähig. Sie sind im Rechtsverkehr nur handlungsfähig durch ihre Organe.

Beispiel

Verträge mit der Chemo-Werke AG

Vertreten durch ihren Vorstand schließt die Chemo-Werke AG Verträge mit Lieferanten und Kunden, Banken und Arbeitnehmern.

Der **Umfang der Geschäftsfähigkeit natürlicher Personen** hängt von deren Lebensalter ab:

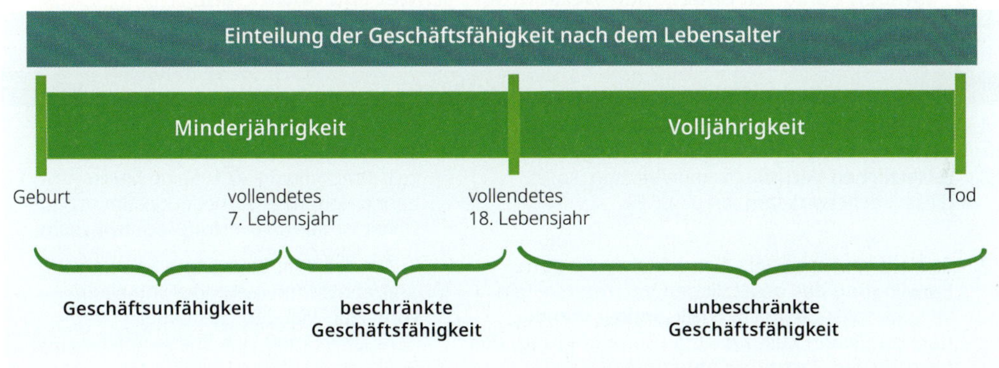

Unbeschränkt geschäftsfähig ist, wer ohne Einschränkung selbstständig rechtswirksame Willenserklärungen abgeben kann. Er ist damit gleichzeitig vertragsfähig.

Geschäftsunfähig sind Personen bis zum vollendeten siebten Lebensjahr und Personen, die dauerhaft geistig beeinträchtigt sind. **Willenserklärungen** Geschäftsunfähiger sind **nichtig**. Für sie handeln gesetzliche Vertreter (Eltern, Vormund, Betreuer). **Vormundschaft** gibt es im Bedarfsfall nur für Minderjährige. Für Volljährige wird z. B. bei einer geistigen Behinderung ein **Betreuer** bestellt. Dieser übernimmt in festgelegten Aufgabenkreisen die gesetzliche Vertretung. Ist es zur Abwehr einer

§ 104 BGB

§ 1773 BGB

§ 1896 BGB

geschäftsunfähig

erheblichen Gefahr für die Person oder das Vermögen des Betreuten erforderlich, kann das Betreuungsgericht Einschränkungen für die Teilnahme des Betreuten am Rechtsverkehr anordnen. Der Betreute bedarf dann zu einer Willenserklärung der Einwilligung des Betreuers (**Einwilligungsvorbehalt**).

§ 1903 BGB

beschränkt geschäftsfähig

§ 106 BGB

Beschränkt geschäftsfähig sind Minderjährige, die das siebte Lebensjahr vollendet haben. **Willenserklärungen** beschränkt geschäftsfähiger Personen bedürfen grundsätzlich der **Zustimmung** durch den gesetzlichen Vertreter, entweder als **Einwilligung** (= vorherige Zustimmung) oder als **Genehmigung** (= nachträgliche Zustimmung). Für diesen Personenkreis gelten einige Sonderregelungen.

§ 183 BGB
§ 184 BGB

unbeschränkt geschäftsfähig

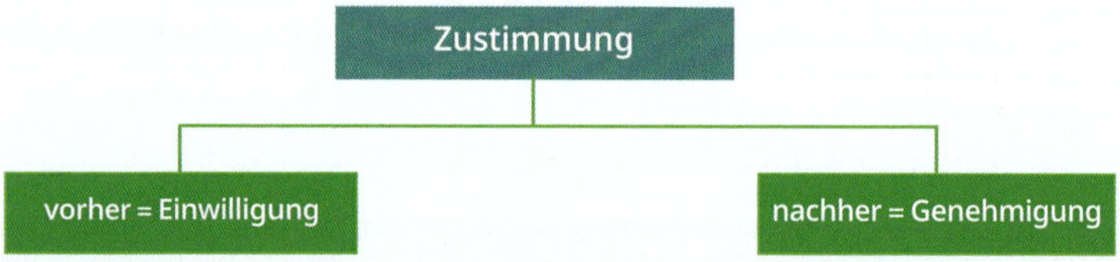

Willenserklärungen geschäftsunfähiger Personen sind nichtig. Willenserklärungen, die ohne Einwilligung des gesetzlichen Vertreters von beschränkt geschäftsfähigen Personen abgegeben werden, sind schwebend unwirksam.

Rechtswirksamkeit von Willenserklärungen, die beschränkt Geschäftsfähige abgeben	
1. Schließt ein beschränkt Geschäftsfähiger **mit vorheriger Zustimmung (Einwilligung) des gesetzlichen Vertreters** einen Vertrag, so ist dieser **rechtswirksam** (§ 107 BGB).	**Beispiele**: Der zwölfjährige Emil Kolb kauft drei CDs zum Preis von 24,00 €. Seine Eltern haben dem Kauf vorher zugestimmt. Damit ist der Kaufvertrag rechtswirksam.
2. Schließt ein beschränkt Geschäftsfähiger **ohne Einwilligung des gesetzlichen Vertreters** einen Vertrag, so ist die **Rechtswirksamkeit von der nachträglichen Zustimmung (Genehmigung) des gesetzlichen Vertreters abhängig.** Bis zur Erteilung der Genehmigung ist der Vertrag schwebend unwirksam (§ 108 BGB). Das BGB schützt somit den beschränkt Geschäftsfähigen. Vertragsschließende müssen den Grundsatz kennen: „Guter Glaube an die Geschäftsfähigkeit wird nicht geschützt."	In Abwesenheit ihrer Eltern kauft die dreizehnjährige Alexandra von einem vorbeikommenden Obstbauern (Straßenverkauf) eine Stiege Äpfel zum Preis von 12,00 €. Der Vertrag ist zunächst schwebend unwirksam. Er wird rechtswirksam, wenn die Eltern nachträglich zustimmen (genehmigen). Verweigern die Eltern dies und fordern sie die Rücknahme des Obstes gegen Erstattung des Geldes, so muss der Verkäufer dieser Forderung entsprechen.
3. **Willenserklärungen sind voll rechtswirksam ohne Einwilligung des gesetzlichen Vertreters**, wenn sie dem beschränkt Geschäftsfähigen lediglich einen **rechtlichen Vorteil** bringen (§ 107 BGB). Dabei kommt es nicht auf die wirtschaftliche Bewertung, sondern allein auf die Rechtsfolgen an.	Der vierzehnjährige Michael Junk erhält drei CDs im Wert von 72,00 € von seiner Tante geschenkt. Da für Michael keine rechtliche Pflicht (Bezahlung) besteht, ist das Rechtsgeschäft Schenkung gültig.

Rechtswirksamkeit von Willenserklärungen, die beschränkt Geschäftsfähige abgeben	
4. **Willenserklärungen sind voll rechtswirksam auch ohne Zustimmung des gesetzlichen Vertreters,** wenn der beschränkt Geschäftsfähige Verträge schließt und für die **Erfüllung der Verträge Mittel verwendet, die ihm zu diesem Zweck oder zur freien Verfügung** von seinem gesetzlichen Vertreter oder mit dessen Zustimmung von einem Dritten überlassen worden sind (§ 110 BGB).	Kauft der vierzehnjährige Michael Junk eine CD für 15,00 € von seinem monatlichen Taschengeld, so ist der Kaufvertrag auch ohne Zustimmung seiner Eltern rechtswirksam.
5. **Beschränkt Geschäftsfähige** gelten in zwei Fällen als **voll geschäftsfähig**: a) Der beschränkt Geschäftsfähige wird durch **seinen gesetzlichen Vertreter ermächtigt, ein Dienst- oder Arbeitsverhältnis einzugehen**. Er ist dann im Rahmen dieses Vertragsverhältnisses unbeschränkt geschäftsfähig (§ 113 BGB). b) Der beschränkt Geschäftsfähige wird **durch seinen gesetzlichen Vertreter mit Genehmigung des Familiengerichts zum selbstständigen Betrieb eines Erwerbsgeschäftes ermächtigt (§ 112 BGB)**. Er ist dann für solche Rechtsgeschäfte unbeschränkt geschäftsfähig, die der Geschäftsbetrieb mit sich bringt.	Die sechzehnjährige Yeliz Weiß hat mit Einwilligung ihrer Eltern eine Tätigkeit in einem Betrieb übernommen. Der Betrieb zahlt den Lohn bargeldlos. Yeliz Weiß darf sich ein Bankkonto einrichten lassen, also einen Girovertrag mit einer Bank oder Sparkasse schließen, da sie im Rahmen des Arbeitsverhältnisses[1] voll geschäftsfähig ist. Aus Gesundheitsgründen überträgt die Geschäftsinhaberin Elisabeth Haber ihren Betrieb auf ihren siebzehnjährigen Sohn Peter. Für den Betrieb darf der beschränkt Geschäftsfähige rechtswirksame Verträge schließen.

Aufgaben 3–6 Seite 17

Zusammenfassende Übersicht zu Kapitel 1.1: Rechts- und Geschäftsfähigkeit

Rechtsfähigkeit
= Fähigkeit von Personen, Träger von Rechten und Pflichten zu sein

natürliche Personen	juristische Personen	rechtsfähige Personengesellschaften
Menschen von der Geburt bis zum Tod	Personenvereinigungen, die durch staatliche Mitwirkung (z. B. Gesetz) oder durch Eintragung in das Vereins- oder Handelsregister rechtsfähig werden	Personengesellschaften, die fähig sind, Rechte zu erwerben und Verbindlichkeiten einzugehen (OHG, KG)

Geschäftsfähigkeit

Fähigkeit, Rechtsgeschäfte (z. B. Verträge) selbstständig abschließen zu können

1 Für ein Ausbildungsverhältnis gilt dies nicht, da Ausbildungsverhältnisse aus rechtlicher Sicht nicht als Arbeitsverhältnisse gelten.

Aufgaben

1. Juristische Personen

Geben Sie an, bei welchen der nachstehend aufgeführten Institutionen es sich um juristische Personen handelt.

a) Sportclub Freiburg e. V.
b) BASF AG
c) Industrie- und Handelskammer (IHK) Stuttgart
d) Metallbau Richard Kellner e. K.
e) Vorstand der Adam Opel AG
f) Sparkasse Mannheim
g) Universität Hohenheim
h) Richter am Amtsgericht Heilbronn
i) Alex Weber OHG

2. Rechtsfähigkeit von Personen

Die schwerkranke Alice Männer will ihr Barvermögen in Höhe von 40.000,00 € ihrer fünfjährigen Nichte Anna Wieber vererben.

Beurteilen Sie anhand des Gesetzes, ob die fünfjährige Anna Wieber rechtmäßige Erbin sein kann.

3. Abschluss eines Kaufvertrages durch einen 16-jährigen Auszubildenden
Der 16-jährigen Auszubildende Georg Krahn kauft eine Stereoanlage zum Preis von 950,00 €. Im Kaufvertrag ist vereinbart, dass der Kaufpreis in zwölf Monatsraten beglichen werden soll.

a) Begründen Sie, ob Georg Krahns Vater vom Verkäufer die Rücknahme des Gerätes verlangen kann.
b) Beurteilen Sie, ob die Rechtslage anders wäre, wenn Georg Krahn den Kaufpreis aus angesparter Ausbildungsvergütung sofort in einer Summe bezahlt und ihm sein Vater die Ausbildungsvergütung zur freien Verfügung überlassen hätte.

4. Schenkung an eine Minderjährige
Die 15-jährige Elke Saumer erhält von ihrer 82-jährigen Tante ein Sparbuch mit einem Betrag in Höhe von 10.000,00 €. Elke Saumer musste sich dafür bereit erklären, für ihre Tante die Einkäufe in einem nahe gelegenen Supermarkt zu erledigen.
Beurteilen Sie, ob die zwischen Elke Saumer und ihrer Tante getroffenen Vereinbarungen rechtswirksam sind.

5. Wirksamkeit von Rechtsgeschäften beschränkt Geschäftsfähiger
Geben Sie an, unter welchen Voraussetzungen die Rechtsgeschäfte eines beschränkt Geschäftsfähigen bereits von Anfang an wirksam sind.

6. Abschluss eines Girovertrages (Zahlungsdienstrahmenvertrag) durch einen 17-jährigen Schüler
Der 17-jährige Luca Wilhelm hat mit Zustimmung seiner Eltern bei der Firma Kellermann GmbH während der Sommerferien einen Job angenommen. Die Kellermann GmbH ist aus praktischen Gründen nicht bereit, den Arbeitslohn bar auszubezahlen. Deshalb schließt Luca Wilhelm ohne Zustimmung seiner Eltern mit der Volksbank Kehl einen Girovertrag (Zahlungsdiensterahmenvertrag) ab. Beurteilen Sie, ob der Girovertrag gültig ist.

1.2 Rechtsgeschäfte

1.2.1 Zustandekommen von Rechtsgeschäften

Rechtsgeschäfte entstehen aufgrund von **Willenserklärungen**, die bestimmte Rechtsfolgen nach sich ziehen. Sie können durch eine Willenserklärung (**einseitige Rechtsgeschäfte**) oder mehrere Willenserklärungen (**mehrseitige Rechtsgeschäfte**) zustande kommen.

Einseitige Rechtsgeschäfte

Einseitige Rechtsgeschäfte kommen durch **eine Willenserklärung** zustande. Diese kann empfangsbedürftig (z. B. Kündigung) oder nicht empfangsbedürftig (z. B. Testament) sein.

Beispiel

Kündigung
Ella Freitag kündigt ihr Arbeitsverhältnis. Der Arbeitgeber muss die Willenserklärung erhalten, damit sie wirksam wird.

Testament
Ferdinand Schulte legt seinen letzten Willen in seinem Testament fest. Seine Willenserklärung ist gültig, auch ohne dass seine Erben Kenntnis davon haben.

Mehrseitige Rechtsgeschäfte (Verträge)

Ein Vertrag kommt durch gegenseitige, übereinstimmende Willenserklärungen zustande. Am häufigsten sind dabei Verträge mit zwei Partnern, z. B. Käufer und Verkäufer beim **Kaufvertrag**, Kreditnehmer und Kreditgeber beim **Kreditvertrag** (zweiseitige Rechtsgeschäfte). Rechtsgeschäfte, bei denen häufig mehr als zwei Personen beteiligt sind, liegen z. B. bei **Gesellschaftsverträgen** vor.

Beispiel

Ein Mietvertrag entsteht

Der Student Toni Pfleiderer liest eine Anzeige, in der eine geeignete Studentenwohnung für ein halbes Jahr angeboten wird. Er sucht den Vermieter auf, verhandelt mit ihm über nötige Kleinreparaturen und über den Mietpreis. Man ist sich schließlich einig. Am 1. Oktober soll eingezogen werden. Der Mietvertrag ist durch die mündliche Vereinbarung entstanden.

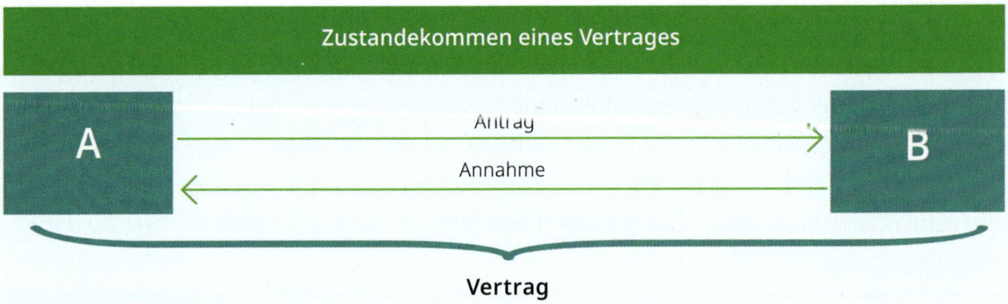

Zwei Willenserklärungen liegen vor:

1. Der **Antrag** ist die Willenserklärung, mit der einem anderen der **Abschluss eines Vertrages angeboten** wird.
2. Die **Annahme** ist die Willenserklärung, mit der dem Antragenden die **Zustimmung zum Vertragsabschluss** gegeben wird.

! **Rechtsgeschäfte entstehen durch Willenserklärungen. Einseitige Rechtsgeschäfte bedürfen einer Willenserklärung, mehrseitige Rechtsgeschäfte (Verträge) mehrerer Willenserklärungen.**

Überblick über die Rechtsgeschäfte

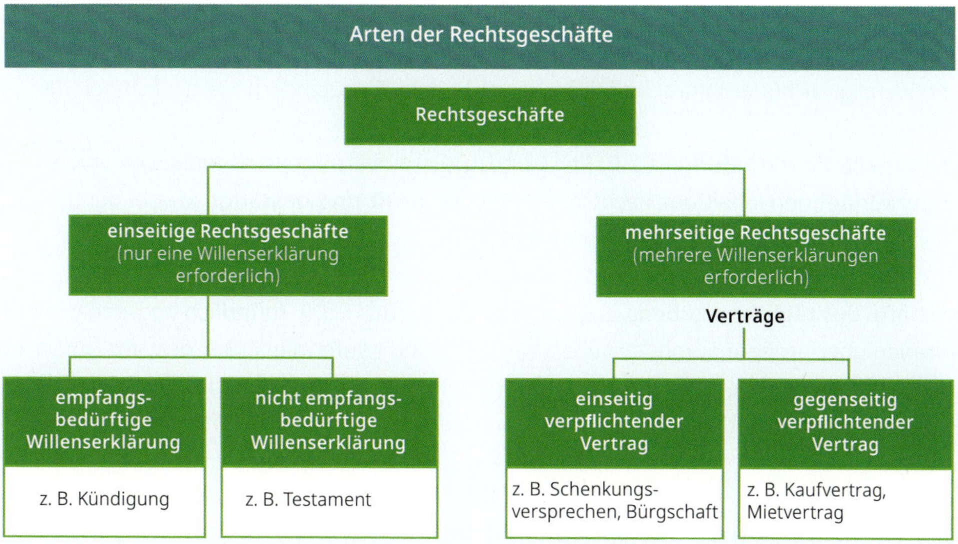

Aufgabe 1 Seite 23

1.2.2 Formvorschriften für Rechtsgeschäfte

Rechtsgeschäfte können **grundsätzlich formfrei** abgeschlossen werden. Willenserklärungen können mündlich, telefonisch, schriftlich, per Telefax, E-Mail, online, aber auch durch schlüssiges Handeln (konkludentes Handeln) abgegeben werden. Jedoch sind folgende **Ausnahmen** zu beachten:

- **Schriftform** (schriftliche Abgabe der Willenserklärung ist z. B. erforderlich für Bürgschaftserklärungen von Nicht-Kaufleuten sowie für die Kündigung eines Arbeitsvertrages). Ist Schriftform vorgeschrieben, muss der Inhalt des Rechtsgeschäfts schriftlich abgefasst und eigenhändig durch Namensunterschrift unterzeichnet werden. **§ 126 BGB § 766 BGB § 623 BGB**

  Die **schriftliche Form** kann durch die **elektronische Form** (E-Mail, Bestellformular im Internet, Telefax) ersetzt werden, wenn sich aus dem Gesetz nichts anderes ergibt. So ist z. B. im Falle einer Bürgschaftserklärung oder eines Schuldversprechens die Erteilung in elektronischer Form vom Gesetz ausdrücklich ausgeschlossen. **§ 766 Abs. 1 BGB § 780 Abs. 1 BGB**
- Die Verwendung der **elektronischen Form** erfordert, dass der Aussteller der Erklärung seinen Namen hinzufügt und das elektronische Dokument mit einer **qualifizierten Signatur** nach dem Signaturgesetz versieht. Eine qualifizierte elektronische Signatur ist eine Art Siegel zu digitalen Daten. Durch deren Verschlüsselung mithilfe besonderer Programme soll der Missbrauch im Computerbereich vermieden werden. **§ 126a BGB**
- Ist vom Gesetz **Textform** vorgesehen (z. B. Verlangen einer Mieterhöhung, Garantieerklärung an einen Verbraucher), muss die Erklärung **§ 126b BGB**
  1. lesbar (also nicht verschlüsselt) sein,
  2. die Person des Erklärenden nennen und
  3. auf einem dauerhaften Datenträger abgegeben werden.

§ 129 BGB
- **Öffentliche (notarielle) Beglaubigung**[1] (schriftliche Abgabe der Willenserklärung und Beglaubigung der Unterschrift durch Notar oder Behörde) ist z. B. für Anträge auf Handelsregister- und Vereinsregistereintragungen und für Erklärungen zwecks Grundbucheintragung notwendig. Nicht der Inhalt der Erklärung wird beglaubigt, sondern nur die Echtheit der Unterschrift.

§ 128 BGB
- **Notarielle Beurkundung** ist z. B. für Grundstückskaufverträge notwendig. Der Notar **beurkundet** den Inhalt des Rechtsgeschäfts und **prüft und bestätigt** sowohl den **Inhalt** als auch die **Unterschrift** der Vertragspartner.

Aufgaben 2 und 3 Seite 23 f.

Geschäfte des täglichen Lebens, z. B. Ladenkäufe, werden i. d. R. **mündlich** abgeschlossen. Bei Verträgen über größere Summen ziehen Verkäufer und Käufer die Schriftform vor, um in möglichen Streitfällen eindeutige Beweise zu haben. Kaufleute untereinander schließen Verträge fast immer schriftlich ab.

1.2.3 Nichtigkeit und Anfechtbarkeit von Rechtsgeschäften und Willenserklärungen

In einigen besonderen Fällen, die im Bürgerlichen Gesetzbuch geregelt sind, können **Rechtsgeschäfte von Anfang an ungültig** sein oder **durch besondere Erklärung nachträglich ungültig** gemacht werden.

Nichtige Willenserklärungen

Willenserklärungen sind von Anfang an ungültig, wenn der eigentliche Wille des Erklärenden nicht zum Ausdruck kommt oder wenn gegen gesetzliche Vorschriften verstoßen wird, die dem Schutz des Schwächeren dienen sollen.

> **!** **Nichtige Willenserklärungen sind ungültige Willenserklärungen. Ein Rechtsgeschäft ist erst gar nicht entstanden.**

Beispiel — Ein nichtiges Rechtsgeschäft

Erna Gruber bietet einer Familie, die durch einen Brand ihre Wohnung verloren hat, eine leer stehende Dachgeschosswohnung an. Der Mietpreis ist allerdings doppelt so hoch wie bei einer vergleichbaren Wohnung. Der Familienvater unterschreibt in seiner Not den Mietvertrag.
Seine Unterschrift ist aber dann ungültig, wenn sich herausstellt, dass dies eine Wuchermiete war.

Anfechtbarkeit von Willenserklärungen

§ 119 BGB
Wer eine Willenserklärung abgibt, über deren Inhalt er im Irrtum war (Inhaltsirrtum), kann sie **im Nachhinein** für ungültig erklären, er kann das Rechtsgeschäft anfechten. Das Gleiche gilt,

---

[1] Von der öffentlichen Beglaubigung ist die behördliche Beglaubigung von Urkunden nach § 33 ff. Verwaltungsverfahrensgesetz zu unterscheiden (Beispiel: Beglaubigung der Abschrift eines Abiturzeugnisses).

wenn sich der Erklärende verspricht oder verschreibt (Erklärungsirrtum) oder wenn er durch eine widerrechtliche Drohung zu deren Abgabe gezwungen wurde. § 123 BGB

Beispiel

Ungültigkeit eines Rechtsgeschäfts durch Anfechtungserklärung

Herr Geiger will bei einem Versandhaus eine Pulsuhr mit der Bestellnummer 2504 bestellen. Aus Versehen schreibt er auf die Bestellkarte die Bestellnummer 2405 und erhält deshalb einen Tennisschläger zugeschickt.

Wer das Recht auf Anfechtung hat, dem bleibt die freie Wahl, ob er das Rechtsgeschäft durch Anfechtungserklärung ungültig machen will oder nicht. Ohne Anfechtungserklärung bleibt das Rechtsgeschäft gültig.

Beispiel

Inhaltsirrtum

Carla Senne bestellt in der *Krone* Hagnau Knurrhahn. Sie weiß nicht, dass es sich dabei um ein Fischgericht handelt und nicht um Geflügel.
Carla Senne kann deshalb die abgegebene Willenserklärung anfechten (**Inhaltsirrtum**).

Anfechtbare Rechtsgeschäfte können durch Erklärung rückwirkend für ungültig erklärt werden. Werden sie angefochten, so sind sie von Anfang an ungültig.

!

Beispiel

Erklärungsirrtum

Der Vertrag über den Tennisschläger ist durch übereinstimmende Willenserklärungen gültig zustande gekommen. Herr Geiger kann jedoch die abgegebene Willenserklärung wegen **Irrtums in der Erklärung** anfechten und den Tennisschläger zurückschicken. Er muss jedoch die dem Versandhaus entstandenen Kosten ersetzen (§ 122 BGB).

Überblick über die Ungültigkeit von Rechtsgeschäften

Nichtige Rechtsgeschäfte sind:

- Geschäfte von Geschäftsunfähigen (§ 105 BGB)
- Scheingeschäfte (§ 117 BGB)
- Scherzgeschäfte (§ 118 BGB)
- Geschäfte, die gegen Gesetz oder gute Sitten verstoßen (§ 134 und § 138 BGB)
- Geschäfte, die gegen Formvorschriften verstoßen (§ 125 BGB)

Rechtsgeschäfte sind anfechtbar wegen:

- Irrtums (Beispiel und § 119 BGB)
- widerrechtlicher Drohung (§ 123 BGB)
- arglistiger Täuschung (§ 123 BGB)

Hat sich der Erklärende im Beweggrund geirrt (= **Motivirrtum**), so ist eine Anfechtung nicht möglich.

Beispiel

Irrtum bei Aktienkauf

Aufgabe 4 Seite 24

Fabian Keller hat sich über die Sendung „Börse online" Informationen über eine Geldanlage in Aktien der Solar AG eingeholt. In dieser Sendung wurde glaubhaft vermittelt, dass innerhalb eines Geschäftsjahres mit Kurssteigerungen in Höhe von 20 % gerechnet werden kann.
Tatsächlich ist der Kurs aber um 5 % gesunken.
Fabian Keller kann das Rechtsgeschäft nicht anfechten, da er sich im Beweggrund (Motiv) geirrt hat.

Bei einem Irrtum im Beweggrund (Motivirrtum) ist das Rechtsgeschäft nicht anfechtbar.

Zusammenfassende Übersicht zu Kapitel 1.2: Rechtsgeschäfte

Zustandekommen von Rechtsgeschäften

einseitige Rechtsgeschäfte (Abgabe nur einer einzigen Willenserklärung)

- nicht empfangsbedürftig (z. B. Testament) → abgegebene Willenserklärung genügt
- empfangsbedürftig (z. B. Kündigung) → Willenserklärung muss zugegangen sein

mehrseitige Rechtsgeschäfte (Abgabe von mindestens zwei übereinstimmenden Willenserklärungen)

- einseitig verpflichtende Verträge (z. B. Schenkungsversprechen – § 516 BGB; Bürgschaft – § 765 BGB)
- mehrseitig verpflichtende Verträge (z. B. Kaufvertrag – § 433 BGB; Mietvertrag – § 535 BGB)

Formvorschriften

Grundsatz: Formfreiheit

↓

Ausnahmen: gesetzliche Vorschriften für bestimmte Rechtsgeschäfte

Formvorschriften

Textform § 126b BGB	Schriftform § 126 BGB	elektronische Form § 126a BGB	öffentliche Beglaubigung § 129 BGB	notarielle Beurkundung § 128 BGB
lesbare Erklärung auf dauerhaftem Datenträger Nennung des Erklärenden	schriftliche Abfassung des Rechtsgeschäfts und eigenhändige Namensunterschrift(en)	Name des Ausstellers der Erklärung qualifizierte Signatur nach Signaturgesetz	schriftliche Abfassung des Rechtsgeschäfts + Beglaubigung der Unterschrift	Notar beurkundet Inhalt und Unterschrift

Grundsatz (Schriftform und elektronische Form):
Schriftform ist durch elektronische Form ersetzbar, soweit sich aus dem Gesetz nicht ein anderes ergibt (§ 126 Abs. 3 BGB).

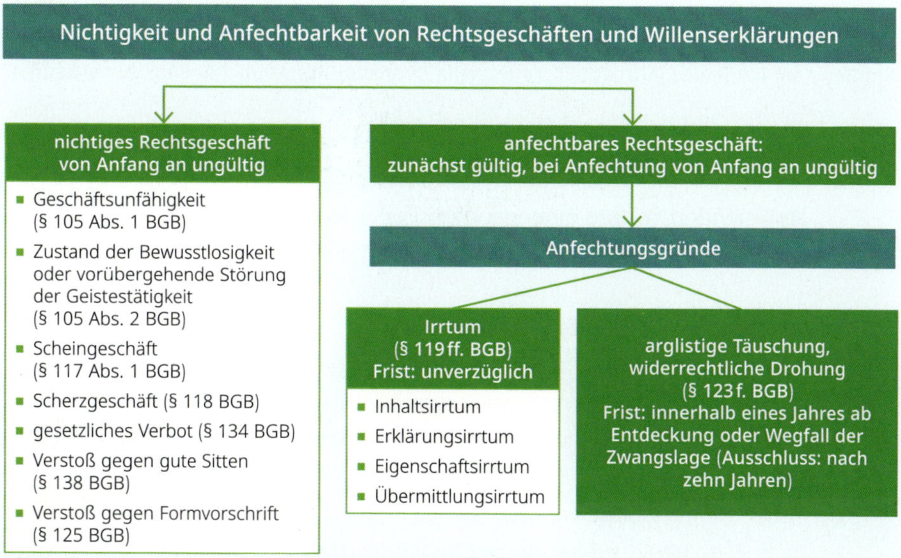

Aufgaben

1. Arten von Rechtsgeschäften

Erstellen Sie eine Tabelle nach folgendem Muster und kennzeichnen Sie, um welches Rechtsgeschäft es sich jeweils handelt.

	einseitige Rechtsgeschäfte		mehrseitige Rechtsgeschäfte (= Verträge)
	empfangsbedürftige Willenserklärung	nicht empfangsbedürftige Willenserklärung	
a) Testament			
b) Beförderungsvertrag			
c) Auftragsbestätigung			
d) Erbvertrag			
e) Kündigung			

2. Grundstücksveräußerung

Eugenia Frey ist seit Jahren am Kauf seines Nachbargrundstücks interessiert, dessen Eigentümer Roland Beck ist. Roland Beck ist auch bereit, das Grundstück zu gegebener Zeit an seine Nachbarin zu verkaufen. Der von beiden unterzeichnete Vertrag hat folgenden Inhalt (Auszug):

Roland Beck verpflichtet sich, das Grundstück .... – eingetragen im Grundbuchamt Staufen – im Laufe des Jahres 2024 an Eugenia Frey zum Preis von 160 €/m² zu verkaufen.
...

a) Nennen Sie die Verpflichtungen, die Roland Beck und Eugenia Frey durch den vorliegenden Vertrag eingegangen sind.
b) Beurteilen Sie, ob der vorliegende Vertrag gültig ist.

3. Formvorschriften für Rechtsgeschäfte

Überprüfen Sie, ob bei den folgenden Rechtsgeschäften Formvorschriften verletzt werden:

a) Susanne erhält von einem Hundezüchter einen acht Wochen alten Colliewelpen. Sie bezahlt dafür 300,00 €.
b) Bauer Himmelsbach verkauft seinen Acker an den Unternehmer Eble. Beide unterschreiben den vorformulierten Kaufvertrag im Beisein des Zeugen Muttach.
c) Unternehmerin Rhode kündigt ihrem Mitarbeiter Schmitz mündlich, nachdem dieser trotz intensiver Schulung das Finanzbuchhaltungsprogramm immer noch nicht beherrscht.
d) Einkäufer Bühler und Verkäuferin Haag vereinbaren in einem Vertrag, dass zukünftige Preiserhöhungen erst nach einer schriftlichen Vorankündigung von zwei Wochen wirksam werden.

4. Nichtigkeit und Anfechtbarkeit von Rechtsgeschäften und Willenserklärungen

Begründen Sie für nachstehende Rechtsfälle, ob diese gegebenenfalls nichtig oder anfechtbar sind:

a) Teppichimporteur Heyn bietet seinen Kunden in einem persönlichen Schreiben einen indischen Teppich irrtümlich zum Preis von 510,00 € an. Der kalkulierte Verkaufspreis beläuft sich allerdings auf 5.100,00 €.
b) Eine Schlosserin droht ihrem Arbeitgeber, ihren Arbeitsvertrag zu kündigen, wenn sie keine Lohnerhöhung um mindestens 6 % erhält.
c) Herr Kammerer kauft ein Haus in der Annahme, dass es sich um ein solides Fachwerkhaus handelt. Er übersieht dabei, dass es sich um ein in Leichtbauweise erstelltes Holzhaus handelt.
d) Eine Kapitalanlegerin kauft die in der Zeitschrift „Börsenbrief" empfohlenen Gamma-Aktien in der Erwartung, dass der Aktienkurs wie angegeben steigen wird. Wegen dramatischer Verschlechterung der Absatzlage der Gamma AG sinkt der Kurs jedoch um 25 %.
e) Ein Fliesenleger kauft bei einem Waffenhändler eine nach dem Waffengesetz waffenerwerbscheinpflichtige seltene Selbstladepistole (Sammlerstück). Er erklärt dem Waffenhändler, dass er den Waffenerwerbschein innerhalb von zwei Wochen vorlegen wird, weiß aber jetzt schon, dass er keinen erhalten kann.

f) Egon bietet Heiko anlässlich eines geselligen Beisammenseins zu vorgerückter Stunde den wertvollen Diamantring seiner Frau für 5,00 € an. Heiko zahlt den Betrag sofort und verlangt die Übergabe des Ringes.
g) Güler und Lea sind Bildjournalistinnen. Lea befindet sich in Zahlungsschwierigkeiten, verfügt aber über eine doppelte Kameraausrüstung. Lea vereinbart mit Güler die Übereignung einer Ausrüstung, wobei sich beide darüber einig sind, dass sie zurückgegeben wird, wenn die Gefahr einer möglichen Pfändung durch Gläubiger vorbei ist.
h) Peter Kunze zwingt Julian Schlömer zur Vertragsunterschrift unter Androhung einer Tracht Prügel.

1.3 Rechtliche Grundlagen der Beschaffung

1.3.1 Anfrage und Angebot

Das Wesen der Anfrage

Durch eine **Anfrage** können

- Geschäftsbeziehungen neu angebahnt werden,
- seitherige Lieferer zur Abgabe eines Angebotes aufgefordert werden.

Die Anfrage ist völlig unverbindlich. Sie hat keine rechtliche Wirkung. !

Da mit einer Anfrage keine rechtliche Bindung ausgelöst wird, können bei der Suche nach einem bestimmten Artikel beliebig viele Lieferer angeschrieben werden.

Von der Einkaufsabteilung werden Preisanfragen geschrieben, wenn ein Bedarf an Waren oder Materialien festgestellt wird. Man wird i. d. R. gleichzeitig bei mehreren Lieferern anfragen, ob und zu welchem Preis und unter welchen Bedingungen eine bestimmte Ware oder ein Material geliefert werden kann.

Eine Anfrage kann **allgemein** oder **bestimmt** abgefasst sein.
Eine **allgemeine Anfrage** richtet sich auf das gesamte Lieferprogramm eines Lieferanten.

Beispiel

Allgemeine Anfrage

„Senden Sie uns bitte Ihren Gesamtkatalog mit Preisliste zu."

Die **bestimmte Anfrage** bezieht sich auf ein konkretes Produkt.

Beispiel

Bestimmte Anfrage

„Bieten Sie uns 10 000 Blatt Schreibpapier, weiß, A4-Format, 80 g/m² mit Muster an."

Die Anfrage ist an **keine bestimmte Form** gebunden (= formfrei). Sie kann mündlich, telefonisch, schriftlich, per Fax, E-Mail usw. erfolgen.

Das Wesen des Angebotes

Ein **Angebot** ist **eine an eine bestimmte Person gerichtete „Willenserklärung“**, durch die sich der Anbietende bereit erklärt, unter den angegebenen Bedingungen Waren und Materialien zu überlassen oder eine Dienstleistung zu bewirken.

Grundsätzlich ist für Angebote **keine bestimmte Form** vorgeschrieben; sie können mündlich, telefonisch, schriftlich, per Fax, E-Mail usw. abgegeben werden, aber auch stillschweigend, durch eine „schlüssige (konkludente) Handlung“, aus der auf den Willen, ein Angebot abgeben zu wollen, geschlossen werden kann (Automatenverkauf, Kauf am Zeitungs-Kiosk).

Im **rechtlichen Sinn** ist das Angebot des Lieferers **ein „Antrag“,** d.h. der erste Schritt zum Abschluss eines (Kauf-)Vertrages. Wenn der Kunde das Angebot rechtzeitig und unverändert annimmt, ist der Kaufvertrag abgeschlossen.

Anpreisungen von Waren beispielsweise in Katalogen, Werbeprospekten, Preislisten, Plakaten, Zeitungsanzeigen und Schaufensterauslagen sind keine Angebote im rechtlichen Sinne, da sie nicht an eine bestimmte Person, sondern an die Allgemeinheit gerichtet sind; sie gelten nur als Aufforderung zum Kauf.

Sie sollen also lediglich die Kunden anregen, ihrerseits einen Kaufantrag abzugeben, der jedoch noch der Annahme durch den Verkäufer bedarf.

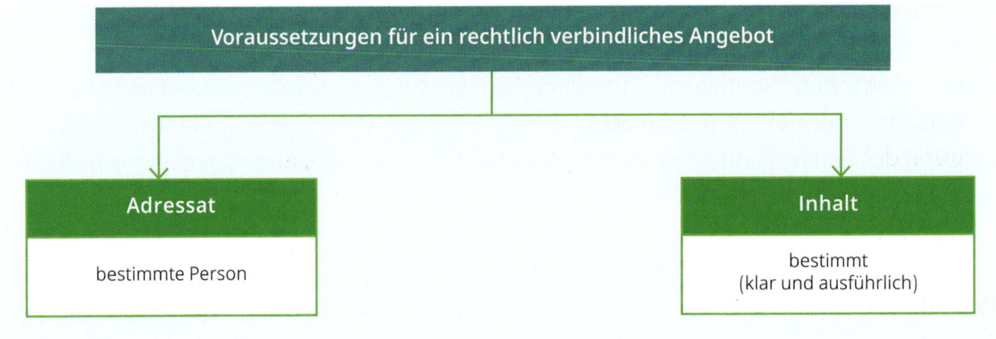

Ein Angebot kann erfolgen:

1. Wenn eine Anfrage des Kunden eingeht;
2. wenn man sich beim Kunden von Zeit zu Zeit in Erinnerung bringen will;
3. wenn man Kunden auf Sonderangebote aufmerksam machen will;
4. wenn besondere Anlässe vorliegen, wie z.B. Messeneuheiten, Wechsel der Jahreszeiten (Saisonwaren), Modewaren.

Der Anbieter ist an sein Angebot **rechtlich gebunden**. Für die **zeitliche Bindungsfrist** sind folgende Besonderheiten zu beachten:

Bei einem **Angebot ohne Zusatz** gilt Folgendes:

1. Der einem **Anwesenden** gemachte Antrag kann **nur sofort** angenommen werden. Dies gilt auch von einem mittels Telefon oder einer sonstigen technischen Einrichtung von Person zu Person gemachten Antrag. § 147 BGB
2. Der einem **Abwesenden** gemachte Antrag kann nur bis zu dem Zeitpunkt angenommen werden, in welchem der Antragende den Eingang der Antwort unter regelmäßigen Umständen erwarten darf.

Diese Regelung wirft manche Schwierigkeiten auf. Bei Berechnung der Annahmefrist sind die regelmäßige Beförderungszeit des Antrags, eine angemessene Überlegungsfrist des Empfängers und die normale Zustellungsdauer der Antwort zu berücksichtigen, z.B. Brief (ca. eine Woche), Fax (ca. drei Tage), E-Mail (unverzüglich).

- Bei einem **befristeten Angebot** ist der Lieferer bis **zum Ablauf der genannten Frist gebunden** (z.B. „Die Preise gelten bis zum 31. August d.J. einschließlich“). § 148 BGB
- Bei einem **freibleibenden Angebot (mit sog. Freizeichnungsklausel)** ist der Lieferer nur **eingeschränkt oder gar nicht gebunden**, auch wenn ein Auftrag unverzüglich erteilt wird. § 145 BGB Solche Klauseln lauten z.B.: „Freibleibendes Angebot“, „ohne Gewähr“, „Lieferung solange der Vorrat reicht“, „unverbindliches Angebot“, „Preise freibleibend“, „Preisänderungen vorbehalten“, „gute Ernte vorausgesetzt“ usw.

Die Bindung an das Angebot erlischt:

1. Wenn der Kunde das Angebot **ablehnt**;
2. wenn die **Frist für die Annahme** des Angebotes **abgelaufen** ist. Die verspätete Annahme des Antrags gilt als ein neuer Antrag des Annehmenden; § 150 Abs. 1 BGB
3. wenn der Kunde das Angebot **nur teilweise oder mit Änderungen** annimmt. Dann gilt die Annahme als Ablehnung verbunden mit einem neuen Antrag; § 150 Abs. 2 BGB
4. wenn der Anbietende **rechtzeitig widerruft**. Der Widerruf muss spätestens gleichzeitig mit dem Angebot beim Kunden eintreffen. Es empfiehlt sich also, ein briefliches Angebot mittels E-Mail oder Fax zu widerrufen.

Der Inhalt des Angebotes

Da das Angebot die Grundlage für den zu schließenden Vertrag bildet, sollte es bereits **alle wesentlichen Punkte** des gewollten Vertrages enthalten.

Das Angebot sollte demnach **inhaltlich** so **bestimmt** (klar und ausführlich) sein, dass ein einfaches **„Ja“** des anderen Teils zum Zustandekommen des Vertrages genügt.

Da Form und rechtlicher Inhalt des Angebotes gesetzlich nicht vorgeschrieben sind, werden Kaufleute die mündlich oder telefonisch gemachten Angebote i.d.R. schriftlich bestätigen und alle Einzelheiten genau festlegen, um etwaige Missverständnisse und spätere Streitigkeiten auszuschließen.

!

Inhalt eines ausführlichen Angebotes

- **Art, Beschaffenheit und Güte (Qualität) der Sachgüter**
- **Menge der Sachgüter**
- **Preis und Preisnachlässe**
- **Kosten der Versandverpackung**
- **Lieferungsbedingungen**
- **Zahlungsbedingungen**
- **Erfüllungsort und Gerichtsstand**
- **Allgemeine Geschäftsbedingungen**

Fehlen vertragliche Vereinbarungen, treten die jeweiligen gesetzlichen Regelungen an ihre Stelle.

1. **Art, Beschaffenheit und Güte (Qualität) der Sachgüter**

Die **Art** der Sachgüter wird mit ihrer genauen Bezeichnung (Namen) festgelegt. Die **Beschaffenheit** der Sachgüter kann festgelegt werden durch:

- Muster (bei Papier, Stoffen, Lederwaren),
- Ausfallmuster (bei Kaffee, Tee),
- Proben (bei Chemikalien, Erzen, Lebensmitteln),
- Standards (Baumwolle, Getreide u. a.),
- Typen (Mehl),
- Warenzeichen (Originalprodukte),
- Abbildungen und genaue Beschreibung (Maschinen, Werkzeuge),
- Augenschein (Tiere, Kunstwerke).

Die **Güte (Qualität)** wird durch verschiedene Qualitätskennzeichen festgelegt, z. B. Auslese, I. Wahl, II. Wahl, Ausschuss, DIN-Normen, Handelsklassen[1] (bei Geflügel, Eiern, Obst, Gemüse). Die Bezeichnung „faq" (fair average quality) bedeutet wörtlich „angemessene Durchschnittsqualität". Als EU-Qualitätsnorm für Obst und Gemüse hat der Gesetzgeber zwecks besserer Marktübersicht und zum Schutz des Verbrauchers vor minderwertiger Ware folgende Güteklassen bindend festgelegt:

- Klasse Extra
  höchste Qualität; frei von jeglichen Fehlern (ganz, glatt, fest, prall), gut geformt, einheitliche Farbbeschaffenheit, gleiche Größe.
- Klasse I
  gute Qualität; leichte Form- und Entwicklungsfehler, leichte Farbfehler, sehr leichte Quetschungen, ausreichende Festigkeit.
- Klasse II
  mittlere Qualität; gröbere Fehler, gröbere Farbabweichungen sind zulässig. In jedem Fall sind die Mindesteigenschaften einzuhalten.

§ 243 Abs. 1 BGB, § 360 HGB

Gesetzliche Regelung: Ist nichts Besonderes vereinbart, so ist mittlere Art und Güte zu liefern.

[1] Anmerkung: Im deutschen Sprachgebrauch wird häufig die Bezeichnung „Handelsklassen" benutzt, damit sind jedoch meist die Güteklassen, die durch das EU-Recht geregelt sind, gemeint.

2. **Menge der Sachgüter**

Die **Menge** der angebotenen Sachgüter ist u. U. ausschlaggebend für den Preis. Wird eine Mindestmenge unterschritten, wird oft ein Kleinmengenzuschlag erhoben. Bei größeren Mengen wird dagegen oft ein Preisnachlass (Rabatt) eingeräumt. Die Menge selbst muss genau durch **metrische (gesetzliche) Maßeinheiten** bestimmt sein, z. B. l, hl, m, m², m³, g, kg; möglich sind auch **handelsübliche Bezeichnungen**, wie Ballen, Kiste, Pack, Palette, Sack, Stück, Waggon.

3. **Preis und Preisnachlässe**

Dem **Preis** für die angebotenen Sachgüter wird meist die größte Bedeutung beigemessen. Von besonderer Bedeutung sind die **Preisnachlässe** sowie die Übernahme der Kosten der Versandverpackung. Bei Angeboten von z. B. Maschinen sollte auch angegeben werden, ob die Aufstellung (Montage) im Preis eingeschlossen ist oder nicht.

- **Rabatt**
  - Mengenrabatt (für Abnahme einer größeren Warenmenge)
  - Treuerabatt (für langjährige Kunden, Stammkunden)
  - Wiederverkäuferrabatt (für Groß- und Einzelhändler als Preisempfehlung)
  - Sonderrabatt (bei Geschäftsjubiläum, Räumungsausverkäufen u. a.)
  - Personalrabatt (an Betriebsangehörige)
  - Naturalrabatt (Rabatt wird in Form von Waren gewährt)
  - **Bonus** (nachträglich gewährter Rabatt – Umsatzrückvergütung)
- **Skonto**
  - Preisnachlass für Bezahlung innerhalb einer bestimmten Frist; er soll den Kunden zu schnellerer Zahlung veranlassen.

4. **Kosten der Versandverpackung**

Die im Preis einkalkulierten Kosten der Verkaufs- und Umverpackung trägt der Verkäufer. Wird nichts anderes vereinbart, so hat **der Käufer** die **Kosten der Versandverpackung** (Tara), die dem Schutz der Ware bei Transport dient, zu tragen. Denn der Preis der Einheit bezieht sich auf das Reingewicht (Nettogewicht) der Ware. **§ 380 HGB**

Vertraglich kann vereinbart sein:

- Preis einschl. Verpackung
- Preis ausschließlich Verpackung
- Preis brutto für netto: Versandverpackungsgewicht (Tara) wird wie Warengewicht in Rechnung gestellt.

Zum Schutz der Umwelt sind Hersteller und Vertreiber grundsätzlich zur Rücknahme und Wiederverwendung/Wiederverwertung der Transport-, Verkaufs- und Umverpackung verpflichtet. **§§ 3–6 VerpackV**

5. **Lieferungsbedingungen**

- **Beförderungskosten**

  Die Frage der Übernahme der Beförderungskosten wird meistens in den **Lieferungsbedingungen** gesondert geregelt.

  An Beförderungskosten können u. a. anfallen:
  - Rollgeld für Anfuhr (am Versandort),

- Ladegebühr,
- Fracht,
- Entladegebühr,
- Rollgeld für Zufuhr (am Bestimmungsort).

§ 448 Abs. 1 BGB

Wenn nichts anderes vereinbart ist, hat der Käufer die Beförderungskosten zu tragen.

Denn **Warenschulden sind Holschulden**, da nach der gesetzlichen Regelung der Geschäftsbetrieb des Lieferers sein Erfüllungsort ist. Der Käufer muss sich demnach die Waren beim Lieferer auf seine Kosten holen.

Je nach den getroffenen Vereinbarungen trägt der Käufer:

a) sämtliche Beförderungskosten,
b) nur einen Teil der Kosten oder
c) überhaupt keine.

Übernahme der Beförderungskosten						
Verkäufer	Anfuhr	Versandstation		Empfangsstation	Zufuhr	**Käufer**
Abmachungen	Rollgeld	Ladegebühr	Fracht	Entladegebühr	Rollgeld	
„ab Werk“ „ab Lager“	Käufer trägt alle Kosten					
„unfrei“, „ab hier“, „ab Versandstation“	Verkäufer	Käufer				
„frei Waggon“, „frei Schiff“	Verkäufer		Käufer			
„frei“, „frachtfrei“, „frei Empfangs-station“	Verkäufer			Käufer		
„frei Haus“, „frei Lager“	Verkäufer trägt alle Kosten					

Vertragliche Vereinbarungen zur Übernahme der Beförderungskosten haben keinen Einfluss auf den gesetzlichen Erfüllungsort.

Im internationalen Handel können speziell die **Incoterms** (International Commercial Terms = Internationale Handelsbestimmungen) für die Übernahme der Beförderungskosten Vertragsbestandteil werden.

- **Lieferzeit**

§ 271 BGB

Wenn nichts über die **Lieferzeit** vereinbart ist, kann der Käufer **sofortige** Lieferung verlangen, der Lieferer kann seinerseits sofort liefern. Über den Zeitpunkt der Lieferung kann z. B. vereinbart werden:

§ 376 HGB

„Lieferung sofort“, „Ende September d. J.“, „Lieferung binnen vier Wochen“, „innerhalb zwei Monaten“, „Lieferung auf Abruf“, „Lieferung bis zum 1. August d. J. mit dem Zusatz fix oder fest, genau, pünktlich“; im letzten Beispiel liegt ein sog. Fixgeschäft vor.

6. Zahlungsbedingungen

Die **Zahlungsbedingungen** verpflichten den Käufer, den Kaufpreis zu bezahlen und das Geld auf seine Kosten und Gefahr dem Lieferer zu übermitteln, denn **Geldschulden sind Bringschulden**. § 270 ff. BGB

Wurden keine Abmachungen getroffen, muss der Käufer **sofort**, d. h. Zug um Zug, gegen Übergabe der Ware bezahlen. § 271 BGB

Abweichend von der gesetzlichen Regelung können jedoch andere Zahlungstermine vereinbart werden, z. B.:

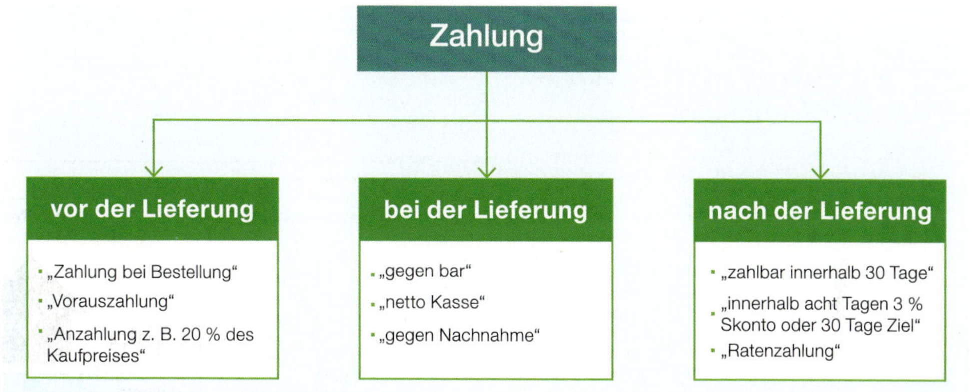

7. Erfüllungsort und Gerichtsstand

Der **Erfüllungsort** – im BGB auch Leistungsort genannt – ist der Ort, an dem der Schuldner seine Verpflichtungen zu erfüllen hat. § 270 Abs. 4 i. V. m. § 269 Abs. 1 BGB

Gesetzlicher Erfüllungsort

Ist der Erfüllungsort weder vereinbart noch aus den Umständen zu entnehmen, gilt gesetzlich der Wohnsitz bzw. Geschäftssitz (gewerbliche Niederlassung) des jeweiligen Schuldners als Erfüllungsort. Da es aber bei jedem Kaufvertrag zwei Schuldner gibt (der Lieferer schuldet die Ware, der Käufer den Kaufpreis), gibt es auch zwei Erfüllungsorte, es sei denn, beide Parteien wohnen an demselben Ort.

Erfüllungsort für Geldschulden ist i. d. R. der Wohnsitz bzw. Geschäftssitz des Schuldners (Käufers). Da aber bei Geldschulden der Schuldner nicht nur die Kosten und die Gefahr der Übermittlung (Schickschuld), sondern auch die Gefahr der Verzögerung trägt (z. B. bei einer Banküberweisung), wird aus der Geldschuld eine Bringschuld und somit wechselt der Erfüllungsort zum Wohnsitz bzw. Geschäftssitz des Gläubigers (Verkäufers). § 270 BGB i. V. m. ZVerzugsRL und die Rspr. des EuGH

Der Gerichtsstand bleibt jedoch bei dem Wohnsitz bzw. Geschäftssitz des Schuldners.

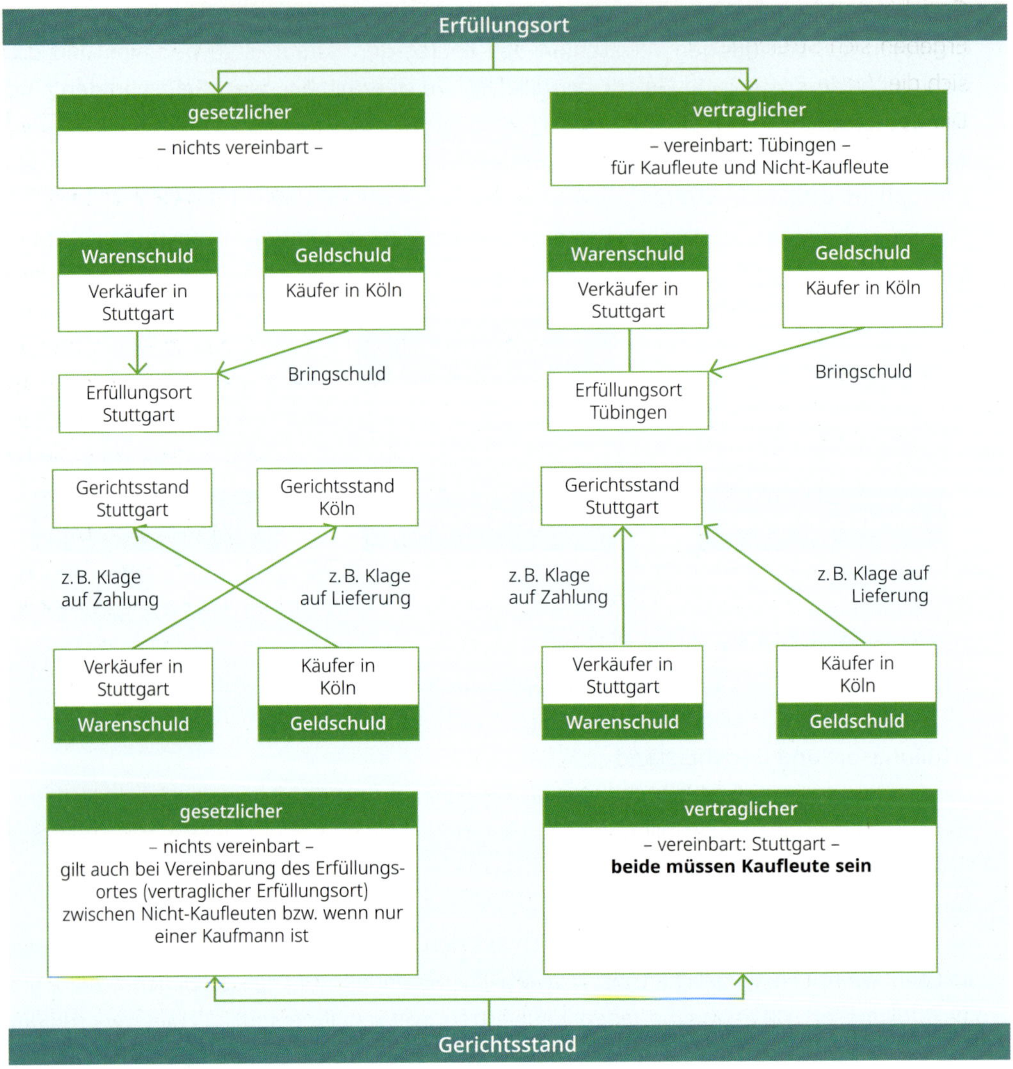

Vertraglicher Erfüllungsort

Durch vertragliche Vereinbarung kann eine andere Regelung getroffen und z. B. der Wohnort bzw. der Geschäftssitz des Lieferers als Erfüllungsort bestimmt werden. Das geschieht i. d. R. dadurch, dass der Lieferer meist in den Allgemeinen Geschäftsbedingungen oder in die Auftragsbestätigung eine entsprechende **Klausel** aufnimmt, z. B. **„Erfüllungsort für beide Teile ist Tübingen"**. Falls der Kunde mit dieser einseitigen Festlegung des Erfüllungsortes, die die rechtliche Stellung des Lieferers verbessert, nicht einverstanden ist, muss er sofort widersprechen. Stillschweigen würde als Zustimmung ausgelegt werden.

Die Klausel muss dem Kunden, spätestens beim Vertragsabschluss für dieses Geschäft, bekannt sein.

Der Käufer trägt bei Geldschulden generell nicht nur die Kosten und das Risiko der Geldübermittlung (Schickschuld), er **schuldet auch den pünktlichen Geldeingang beim Lieferer** (Bringschuld).

Gerichtsstand

Ergeben sich Streitigkeiten, z. B. weil der Verkäufer mangelhafte Ware lieferte, so können sich die Vertragspartner an das zuständige Gericht wenden.

Die **sachliche Zuständigkeit** ist vom Streitwert abhängig. Bis zu einem Streitwert von 5.000,00 € ist das Amtsgericht, darüber hinaus das Landgericht zuständig.

Die **örtliche Zuständigkeit (Gerichtsstand)** regelt den Ort des Gerichts, an dem die Klage von den jeweiligen Vertragspartnern einzureichen ist.

Das Gesetz geht davon aus, dass das Gericht örtlich zuständig ist, an dem der **Beklagte seinen Wohnsitz** hat **(allgemeiner Gerichtsstand)**. § 12 ZPO

Für **Kaufleute**, juristische Personen des öffentlichen Rechts oder öffentlich-rechtliche Sondervermögen gilt der Gerichtsstand des Erfüllungsortes **(besonderer Gerichtsstand)**. § 29 ZPO Zuständig ist das Gericht des Bezirks, in dem der Erfüllungsort liegt. Nach § 29 ZPO besteht also ein besonderer Gerichtsstand auch am Erfüllungsort und man kann auch den Erfüllungsort (der Ort, an dem die Leistung zu bewirken ist) vereinbaren. Damit lässt sich aber nicht durch die Hintertür eine Gerichtsstandsvereinbarung für Nicht-Kaufleute treffen.

Durch eine vertragliche Vereinbarung über den **Erfüllungsort** und den **Gerichtsstand** kann der Verkäufer (Kaufmann) seine Stellung stärken, da z. B. alle Streitfälle beim für den Lieferer zuständigen Gericht verhandelt würden.

Im Interesse des Verbraucherschutzes ist eine solche Vereinbarung jedoch nur möglich, wenn beide Vertragspartner Kaufleute sind.

Aufgabe 1 Seite 47

8. Allgemeine Geschäftsbedingungen

Die Vertragsbedingungen werden häufig in Form **Allgemeiner Geschäftsbedingungen (AGB)** für eine Vielzahl von Verträgen von einer Vertragspartei (Verwender = Verkäufer) vorformuliert und als **Vertragsbestandteil** zugrunde gelegt.

In den AGB sind u. a. oft der Eigentumsvorbehalt, die Verpackungs- und Versandkosten, die Zahlungsbedingungen, der Erfüllungsort, die Gewährleistungsansprüche bei Schlechtleistung sowie die Rechte bei sonstigen Pflichtverletzungen aus einem Kaufvertrag (Zahlungs-, Lieferverzug usw.) geregelt.

Wirksamkeitsvoraussetzungen

Vertragsbestandteil werden AGB grundsätzlich nicht allein dadurch, dass im Geschäftsverkehr derartige Bedingungen einfach aufgestellt werden. Folgende **Voraussetzungen** müssen gegeben sein: § 305 Abs. 2 BGB

- Es muss ein ausdrücklicher Hinweis auf diese Bedingungen erfolgen.
- Möglichkeit, in zumutbarer Weise Kenntnis zu nehmen
- Einverständniserklärung des Vertragspartners
- Somit haben nach Abschluss des Kaufvertrages vorgebrachte Verkaufsbedingungen, z. B. auf der Rückseite der Rechnung, rechtlich keine Bedeutung.

  Die **AGB** bewirken, dass der Vertragsabschluss durch ein vorformuliertes Klauselwerk (das sog. „Kleingedruckte") vereinfacht, beschleunigt und standardisiert wird. Sie verändern i. d. R. gegenüber dem Gesetz die Risikoverteilung und Haftung häufig zugunsten des Verwenders (Verkäufers) und erleichtern diesem die Vertragsabwicklung.

Darin liegt zugleich die Gefahr, dass der Verwender, meist Kaufleute und/oder Unternehmer, die oft wirtschaftlich stärker und geschäftlich erfahrener sind, einseitige und/oder überraschende Regelungen gegenüber einem Verbraucher durchsetzen können, die sich von Wertungen des Gesetzes zu weit entfernen.

§§ 305c, 307 BGB

Grundsätzlich unwirksam sind überraschende und mehrdeutige Klauseln sowie Bestimmungen in den AGB, die den Vertragspartner des Verwenders entgegen den Geboten von Treu und Glauben unangemessen benachteiligen.
Nach § 305b BGB haben **individuelle Vertragsabreden** vor den AGB **Vorrang**.

Angebotsvergleich

Aufgaben 2-6 Seite 47 f.

Durch einen Vergleich verschiedener Angebote soll der Lieferer ausfindig gemacht werden, bei dem das benötigte Material zu den günstigsten Bedingungen beschafft werden kann. Anhand des Einstandspreises können verschiedene Angebote hinsichtlich Listenpreis, Versandkosten, Liefer- und Zahlungsbedingungen rechnerisch miteinander verglichen werden. Darüber hinaus ist eine Lieferantenauswahl in Bezug auf Qualität, Zuverlässigkeit, Serviceleistungen usw. beispielsweise mithilfe einer Entscheidungsbewertungstabelle möglich.

1.3.2 Lieferantenauswahl

Durch die **Lieferantenauswahl** wird festgelegt, bei welchen Lieferanten der Material- und Warenbedarf bezogen wird. Die Lieferantenauswahl erfolgt anhand von Entscheidungskriterien.

Für die **Auswahl** der geeigneten Lieferanten spielen folgende **Kriterien** eine besondere Rolle:

Quantitatives Kriterium

Einstandspreis bestimmt durch:

- Listenpreis
- Lieferantenrabatt
- Lieferantenskonto/Zahlungsziel
- Bezugskosten (Verpackungskosten, Transportkosten)

Qualitative Kriterien

- Qualität und Umweltverträglichkeit der Produkte
- Lieferzeit (Erfüllungsort)
- Zuverlässigkeit des Lieferanten (Termineinhaltung)
- Lieferbereitschaft (Kapazität)
- Sortimentsumfang
- Gewährleistungsbedingungen
- Serviceleistungen (Beratung, Informationsaustausch, Kundendienst, Nachkaufsicherheit, Kulanz)
- persönlicher Eindruck und Kontakt (gute Referenzen)
- Dauer der Geschäftsbeziehungen

Ein **Verfahren** der Lieferantenauswahl ist die **Entscheidungsbewertungstabelle (Scoring-Modell)**. Bei diesem Verfahren werden die in Betracht kommenden Entscheidungskriterien nach ihrer Bedeutung mit unterschiedlichen Punkten gewichtet. Die einzelnen Lieferanten werden dann bewertet (1 – 6) und die Bewertungen mit den Gewichtungspunkten multipliziert. Die Addition der Punkte (gewichtete Bewertung) ergibt eine Rangfolge der Lieferanten.

Entscheidungsbewertungstabelle (Scoring-Modell)							
Kriterien	Gewichtung	Lieferant A		Lieferant B		Lieferant C	
		Bewertung (1 – 6)	Punkte	Bewertung (1 – 6)	Punkte	Bewertung (1 – 6)	Punkte
Einstandspreis	25	6	150	3	75	4	100
Qualität	25	3	75	1	25	5	125
Lieferzeit	20	5	100	2	40	6	120
Zuverlässigkeit	20	4	80	1	20	5	100
Service	5	3	15	2	10	6	30
Gewährleistungs-bedingungen	5	1	5	5	25	4	20
Summe	**100**		**425**		**195**		**495**

Ergebnis: Der Lieferant C mit der höchsten Punktzahl ist der geeignetste.

Aufgaben 7-9 Seite 48 f.

Bei der Lieferantenauswahl ist auch das **Problem** einer zu starken Lieferantenbindung zu beachten, z. B. Abhängigkeit von nur einem oder wenigen Lieferanten.

1.3.3 Bestellung und Auftragsbestätigung

Mit der **Bestellung** – auch häufig Auftrag genannt – erklärt der Käufer seinen Willen, z. B. eine bestimmte Ware zu den angegebenen Bedingungen (lt. Angebot) zu kaufen.

Die Bestellung ist die Willenserklärung des Käufers, bestimmte Waren, Materialien oder Dienstleistungen zu bestimmten Bedingungen zu kaufen.

!

Eine Bestellung **wird erteilt**:
- bei sofortigem Bedarf,
- wenn der Meldebestand angegriffen wird,
- bei günstigen Gelegenheiten.

Der Meldebestand (Bestellpunkt) ist der Lagerbestand, der unter normalen Umständen für die Zeit von dem Abgang der Bestellung bis zum Eingang der bestellten Ware bzw. Material ausreicht.

Wenn der Meldebestand „angegriffen" wird, muss sofort bestellt werden.

In der Bestellung sollen alle für den Kaufvertrag wesentlichen Punkte wiederholt werden, wie: Art, Beschaffenheit und Güte, Menge, Preis, Versandkosten, genaue Lieferungs- und Zahlungsbedingungen, Erfüllungsort und Gerichtsstand. Liegt der Bestellung ein ausführliches Angebot zugrunde, mit dessen Bedingungen der Käufer (einschl. der AGB) einverstanden ist, so genügt es, wenn er sich auf diese bezieht.

Für die Bestellung ist **keine bestimmte Form** vorgeschrieben, d.h., sie kann mündlich, telefonisch, schriftlich, per Fax, E-Mail usw. erteilt werden. Besonders bei größeren Bestellungen ist, um Irrtümer auszuschließen, die Schriftform üblich und als Beweismittel bei Rechtsstreitigkeiten von Bedeutung.

Wer eine Bestellung abgibt, ist an diese **gebunden.** Die Bindung wird jedoch erst wirksam, wenn sie dem Empfänger zugegangen ist (empfangsbedürftige Willenserklärung). Eine Bestellung kann **widerrufen** werden. Voraussetzung für die Wirksamkeit ist jedoch, dass der Widerruf spätestens gleichzeitig mit der Bestellung beim Verkäufer eintrifft.

Eine besondere **Bestellungsannahme (Auftragsbestätigung)** durch den Lieferer (Verkäufer) **ist nicht erforderlich,** wenn der Besteller (Käufer) das Angebot unverändert und rechtzeitig annimmt.

Üblich ist die Bestätigung der Bestellung:

1. Bei Bestellungen von neuen Kunden (um Dank auszudrücken),
2. bei großen Bestellungen (um vielleicht Irrtümer aufzuklären),
3. bei mündlichen oder telefonischen Bestellungen (zur Absicherung gegen Hörfehler),
4. wenn Bestellungen erst längere Zeit später ausgeführt werden sollen oder können.

§ 145 BGB

§ 150 Abs. 1 und 2 BGB

Notwendig ist die Bestätigung der Bestellung, wenn das der Bestellung vorausgehende **Angebot freibleibend** war oder wenn der Kunde „wie gehabt" bestellt hat, **ohne** dass ihm vorher ein **Angebot** gemacht wurde. Erst durch die **Annahme des Lieferers (Auftragsbestätigung)** kommt hier der Kaufvertrag zustande. Das Gleiche gilt, wenn die Bestellung **zu spät** eintrifft oder **inhaltlich vom Angebot abweicht**.

!

Die Bestellungsannahme (Auftragsbestätigung) ist eine Willenserklärung des Verkäufers, mit der er sich bereit erklärt, die bestellten Waren, Materialien oder Dienstleistungen zu den angegebenen Bedingungen zu liefern.

Die Bestellungsannahme (Auftragsbestätigung) ist an keine Form gebunden, sie kann auch durch schlüssiges Handeln (sofortige Lieferung) erfolgen.

1.3.4 Abschluss von Kaufverträgen

Für den Abschluss eines Kaufvertrages gilt:

Ein Kaufvertrag kommt – als sog. „zweiseitiges Rechtsgeschäft" – durch zwei übereinstimmende Willenserklärungen (Antrag und Annahme) der Vertragspartner zustande.

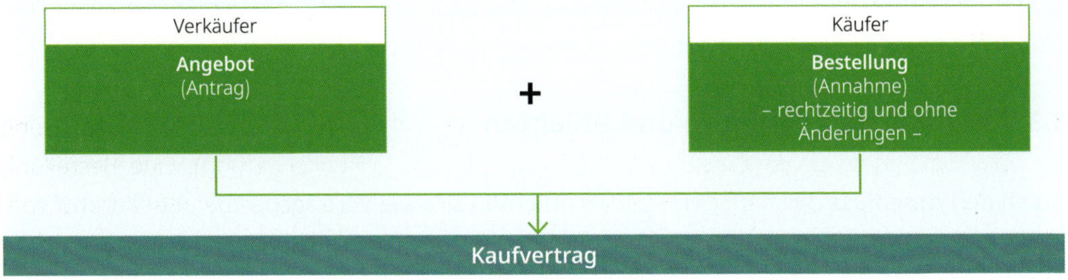

Der Antrag, d. h. der Anstoß zum Abschluss des Kaufvertrages, geht im Normalfall vom Verkäufer aus, indem er dem Käufer ein **Angebot** macht.

Dabei ergeben sich folgende Möglichkeiten:

1. Der Käufer nimmt das Angebot **rechtzeitig und unverändert** an. Der Kaufvertrag ist abgeschlossen, sobald der Verkäufer die Bestellung erhalten hat.
2. Der Käufer nimmt das Angebot **nur mit Einschränkungen (Abänderungen)** an. („Wenn Sie mir Skonto von 3 % gewähren, ..."). Diese Bestellung gilt als Ablehnung des Angebotes. Der Käufer stellt durch diese Abänderung einen neuen Antrag, den der Verkäufer annehmen oder ablehnen kann.
3. Der Käufer **bestellt zu spät**. Seine Bestellung gilt als neuer Antrag. Auch in diesem Fall kommt ein Kaufvertrag erst zustande, wenn der Verkäufer diesen Antrag bestätigt.
4. Hat der Verkäufer ein **„freibleibendes Angebot"** gemacht, d. h. die Bindung an das Angebot ausgeschlossen, so kommt der Kaufvertrag erst durch die Annahme der Bestellung seitens des Lieferers zustande.

Erfolgt eine Bestellung ohne Angebot (Antrag), so wird der Kaufvertrag durch die **Bestellungsannahme (Annahme) des Verkäufers** geschlossen. Wird unverzüglich geliefert, so ist dies als Bestellungsannahme zu werten. Eine ausdrückliche Auftragsbestätigung ist in diesem Fall nicht erforderlich.

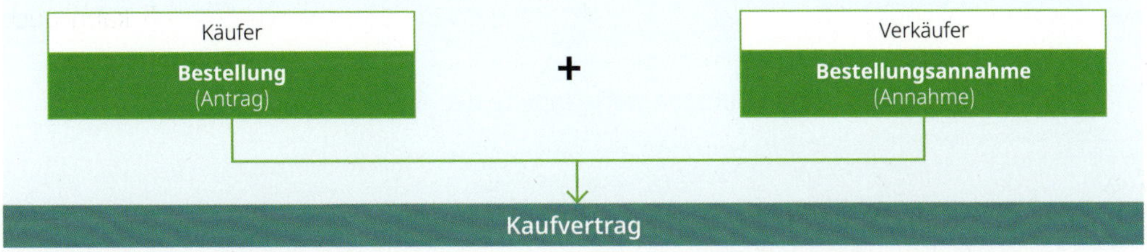

Auch die **Zusendung unbestellter Waren** (Sachen) ist nur als **Vertragsantrag** zu betrachten.

Der Vertrag kommt zustande, wenn der Empfänger den Kaufpreis bezahlt, die Ware in Gebrauch nimmt oder erklärt, dass er die Ware annehmen wird.

§ 241a BGB
§ 362 HGB

Aufgabe 10 Seite 49

Der Privatmann hat keine Aufbewahrungs- und Rücksendepflicht für die unbestellt zugesandte Ware, Schweigen bedeutet Ablehnung. Bei einem Kaufmann ohne bisherige Geschäftsverbindung bedeutet Schweigen auch Ablehnung. Der Kaufmann hat aber eine Aufbewahrungspflicht. Ist der Empfänger der unbestellten Ware dagegen Kaufmann mit bestehender Geschäftsverbindung (übliche Lieferung), so gilt das Schweigen als Annahme.

1.3.5 Kaufvertrag – Inhalte und Pflichten

§ 433 i. V. m. § 362 und § 929 BGB

Durch den **Abschluss** des Kaufvertrages **verpflichten** sich die Vertragspartner (Käufer und Verkäufer), ihre Leistungen entsprechend den getroffenen Vereinbarungen zu erbringen **(Verpflichtungsgeschäft)**. Durch Einhaltung dieser Pflichten **erfüllen** die Vertragspartner den Kaufvertrag **(Erfüllungsgeschäft)**.
Das Verpflichtungsgeschäft und das Erfüllungsgeschäft können zeitlich auseinander liegen. Oft fallen sie jedoch zeitlich zusammen (z. B. Kauf an einem Kiosk oder im Einzelhandelsgeschäft).
Die **Erfüllungsvereinbarungen** müssen eindeutig getroffen werden. Deshalb sollte der Kaufvertrag folgende Fragen klären:

1. **Wie** ist zu erfüllen?
2. **Wann** ist zu erfüllen?
3. **Wo** ist zu erfüllen?

Inhalte

Der Kaufvertrag enthält im Normalfall Vereinbarungen über:

- Art, Beschaffenheit und Güte (Qualität) der Sachgüter
- Menge der Sachgüter
- Preis und Preisnachlässe
- Kosten der Versandverpackung
- Lieferungsbedingungen
- Zahlungsbedingungen
- Erfüllungsort und Gerichtsstand
- Allgemeine Geschäftsbedingungen

Fehlen solche Vereinbarungen, so treten an ihre Stelle die jeweiligen gesetzlichen Bestimmungen des BGB bzw. des HGB.

Erläuterungen zu den einzelnen Punkten siehe Inhalte des Angebotes.

Pflichten der Vertragspartner

Der **Verkäufer** ist verpflichtet:

- dem Käufer den Kaufgegenstand rechtzeitig und mangelfrei zu übergeben,
- dem Käufer das Eigentum daran zu übertragen,
- den Kaufpreis anzunehmen.

Der **Käufer** ist verpflichtet:

- den vereinbarten Kaufpreis rechtzeitig (fristgemäß) zu zahlen,
- den ordnungsgemäßen Kaufgegenstand abzunehmen.

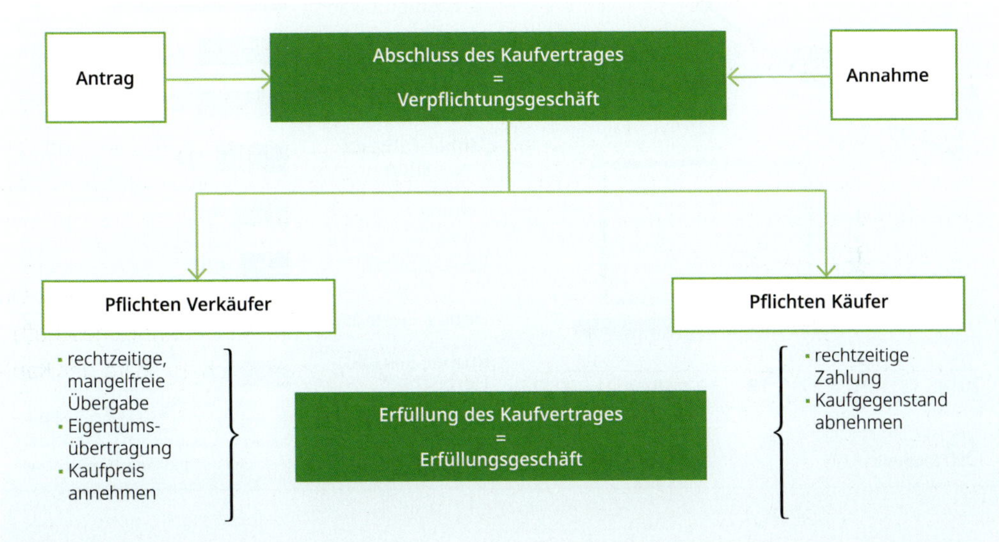

1.3.6 Besonderheiten bei Verträgen über Fernkommunikationsmittel

E-Commerce

Die zunehmende Bedeutung des Abschlusses von Verträgen unter Inanspruchnahme von Onlinediensten (z. B. Internet, T-Online der Deutschen Telekom) macht insbesondere im Interesse des Verbraucherschutzes gesetzliche Regelungen erforderlich.

Von E-Commerce (Electronic Commerce = elektronischer Handel) wird gesprochen, wenn der Kauf von Waren oder Dienstleistungen und/oder deren Bezahlung über das Internet abgewickelt werden.[1]

Hinsichtlich der Geschäftspartner lässt sich **E-Commerce** wie folgt einteilen:

- Beziehungen zwischen Unternehmen: Business to Business
- Beziehungen zwischen Unternehmen und Endverbrauchern: Business to Consumer

1 Der Begriff „E-Commerce" wird nicht überall einheitlich verwendet.

Vielfach wird der Begriff E-Commerce auch mit „Onlineshopping“ oder „Verkaufen über das Internet“ gleichgesetzt.

Superwachstum im Verbrauchersegment

Der deutsche Onlinehandel hat erstmals weniger Umsätze gemacht als im Vorjahr. Im Jahr 2022 lag der Umsatz mit Waren aus dem Internet bei 90,4 Milliarden Euro. Das waren 8,8 Prozent weniger als im Vorjahr. Zwar startete der Onlinehandel gut ins Jahr 2022, doch der Kriegsausbruch in der Ukraine Ende Februar führte schlagartig zu Umsatzeinbußen, erklärt der Bundesverband E-Commerce und Versandhandel. Dabei fielen vor allem die spontanen Einkäufe in den Bereichen Mode, Hobby und Freizeit sowie Unterhaltungselektronik weg. Die Umsätze mit wichtigen, alltäglichen Waren wie Lebensmitteln oder Medikamenten, sind dagegen stabil geblieben. Denn sie wurden in der Pandemiezeit verstärkt online gekauft. Der Bundesverband geht davon aus, dass Verbraucher, die während des Lockdowns ihren täglichen Bedarf im Internet gedeckt haben, dies auch weiterhin tun werden. Am gesamten Einzelhandel hatte der Onlinehandel.

Grafik/Text: (c) dpa-infografik GmbH

Callcenter

Zunehmend gehen die Unternehmen dazu über, sich ihren Kunden gegenüber „serviceorientiert“ zu präsentieren und telefonische Servicezentralen (**Callcenter**) einzurichten. Ein Callcenter kann dabei alle Tätigkeiten von der Verkaufsanbahnung bis zur Verkaufsabwicklung übernehmen. So rufen z. B. die Mitarbeiter eines Callcenters, die im Direktverkauf tätig sind (Callcenteragents), ihre Kunden an und bieten ihnen ein Produkt oder eine Dienstleistung zum Kauf an. Häufig stellen Callcenter im Auftrag von Unternehmen auch Produkte am Telefon vor und versuchen, einen Termin für einen Außendienstmitarbeiter zu vereinbaren.

Telefonwerbung bei Verbraucherinnen und Verbrauchern ist unzulässig, wenn diese ohne deren Einwilligung erfolgt. Ein Werbeanruf ist nur zulässig, wenn der/die Angerufene vorher ausdrücklich erklärt hat, Werbeanrufe erhalten zu wollen. Ein Verstoß gegen das Verbot unlauterer Telefonwerbung stellt eine Ordnungswidrigkeit dar, die gegebenenfalls mit einem Bußgeld bis zu 50.000,00 € geahndet werden kann. Bei Werbeanrufen darf der Anrufer seine Rufnummer nicht unterdrücken, um seine Identität nicht preiszugeben. Ein solcher Anruf verstößt gegen das Telekommunikationsgesetz (TKG) und kann mit einer Geldbuße bis zu 10.000,00 € belegt werden.

§ 7 Abs. 2 Nr. 2, § 20 UWG

Fernabsatzverträge

Ein Fernabsatzvertrag liegt vor, wenn zwischen einem Unternehmer und einem Verbraucher (Business to Consumer) ein Vertrag über die Lieferung von Waren oder die Erbringung von Dienstleistungen unter ausschließlicher Verwendung von Fernkommunikationsmitteln (Briefe, Kataloge, Telefonanrufe, E-Mails, Internet) abgeschlossen wird.

§ 312c BGB

Haben im Vorfeld des Vertragsschlusses Verkaufsverhandlungen stattgefunden, bei denen der Verbraucher die Ware besichtigen und den Verkäufer persönlich kennenlernen konnte, so liegt kein Fernabsatzvertrag vor, wenn die Bestellung kurze Zeit später z. B. per E-Mail erfolgt und die Auftragsbestätigung ebenfalls per E-Mail zugeht.

Da sich bei einem Fernabsatzvertrag – anders als bei einem Ladenkauf – Kunde und Unternehmer nicht persönlich begegnen und die Ware nicht vor oder beim Vertragsabschluss geprüft werden kann, ergeben sich für den Verbraucher nicht unerhebliche Risiken. Die Vorschriften über die Fernabsatzverträge dienen daher vornehmlich dem Schutz des Verbrauchers.

Widerrufsrecht

Ein Verbraucher hat das Recht, seine auf Abschluss eines Fernabsatzvertrages abgegebene Willenserklärung **innerhalb von 14 Tagen ohne Angabe von Gründen** zu widerrufen. Eine kommentarlose Rücksendung der Ware wird als Widerruf nicht anerkannt. Der Widerruf muss auf einem dauerhaften Datenträger (z. B. E-Mail, Fax, Brief) erklärt werden. Die Widerrufsfrist beginnt im Normalfall mit Vertragsschluss, aber keinesfalls bevor der Unternehmer den Verbraucher über dessen Rechte informiert hat und die Ware beim Verbraucher eingegangen ist. Im Rahmen dieser Widerrufsbelehrung ist der Unternehmer insbesondere verpflichtet, den Verbraucher über sein Widerrufsrecht und die möglichen Folgen eines Widerrufs zu informieren. Außerdem kann er dem Verbraucher ein Muster-Widerrufsformular zur Verfügung stellen. Der Verbraucher kann sich aber auch für eine eigene Formulierung für den Widerruf entscheiden.

§§ 312d, 355, 356 BGB

Beispiel

Widerruf eines Fernabsatzvertrages

Greta Beck sucht über das Internet nach Ersatzteilen für ihre alte Vespa 200 E. Über eine Suchmaschine gelangt sie auf die Seite des virtuellen Ersatzteilhändlers „Rollershop". Per Mausklick bestellt sie am 5. Mai d.J. die gesuchten Ersatzteile. Durch eine E-Mail wird der Auftrag bereits nach kurzer Zeit zusammen mit einer Widerrufsbelehrung bestätigt (Auftragswert 260,00 €). Am 08.05. findet er in der Zeitschrift „Schnapp" eine Anzeige, in der die Ersatzteile zum halben Preis angeboten werden.
Greta Beck kann seine Internetbestellung innerhalb von 14 Tagen ohne Angabe von Gründen widerrufen. Der Vertrag ist bis zum Ablauf dieser Frist **schwebend wirksam.**

Informationspflichten

§§ 312d, 312e, BGB

Vor Abschluss des Fernabsatzvertrages muss der Unternehmer den Verbraucher klar und verständlich informieren z.B. über seine Identität (Name, Anschrift), wesentliche Merkmale der Ware oder Dienstleistung, den Gesamtpreis sowie eventuell anfallende Liefer- und Versandkosten. Fracht-, Liefer- oder Versandkosten und sonstige Kosten kann der Unternehmer nur verlangen, wenn er den Verbraucher darüber vorab informiert hat.

§ 356 Abs. 3 BGB

Verletzt der Unternehmer seine **Informationspflichten** (z.B. zu späte oder unzureichende Informationen), so verlängert sich das Widerrufsrecht auf **zwölf Monate und 14 Tage.**

1.3.7 Zahlungsabwicklung im Versandhandel

Bei einem Ladenverkauf werden Lieferung und Zahlung im Normalfall Zug um Zug am Ort des Verkaufs (Laden) abgewickelt. Beim Versandhandel hingegen ist eine solche Abwicklung aus praktischen Gründen nicht möglich.

Vorauskasse

Damit das Risiko des Lieferers, für seine Leistung keine oder nur eine verspätete Zahlung zu erhalten, ausgeschlossen wird, wird häufig vereinbart, dass der Kunde die Ware per Vorauskasse bezahlen muss. Bei einer solchen Zahlungsvereinbarung setzt der Kunde darauf, dass der Verkäufer die Ware auch wirklich verschickt.

Beispiel

Zahlungsabwicklung bei eBay

Wer bei eBay einen Artikel ersteigert, ist meist gezwungen, die Ware per Vorauskasse zu bezahlen. Der Kunde sollte deshalb unbedingt auf den Leumund des Verkäufers achten und die Bewertungen genau lesen. Dennoch ist die Gefahr, „Abzockern" aufzusitzen, die eBay-Konten unter falschem Namen führen und abkassieren, ohne die Ware zu schicken, nicht ausgeschlossen.

Nachnahme

Auch bei der Vereinbarung **Lieferung gegen Nachnahme** ist das Risiko des Käufers, eine falsche oder eine mit Mängeln behaftete Ware gegen Bezahlung zu erhalten, nicht auszuschließen, da die Nachnahme-Sendung direkt bei Erhalt und nicht erst nach dem Öffnen bezahlt werden muss.

Lastschrift

Hat der Zahlungspflichtige seinen Lieferer ermächtigt, die fällige Zahlung über seine Bank vom Konto des Zahlungspflichtigen abbuchen zu lassen, so handelt es sich um ein Lastschriftverfahren.

Will ein **Unternehmen** (= Zahlungsempfänger) fällige Zahlungen von **Verbrauchern** durch seine Bank über das **SEPA[1]-Basislastschriftverfahren** einziehen lassen, muss es zuvor mit der Bank eine „Vereinbarung zum Lastschrifteinzug mittels SEPA-Basislastschriftverfahren" (Inkassovereinbarung) treffen. Unter der Voraussetzung, dass ein **vom Verbraucher** (= Zahlungspflichtiger) unterschriebenes **Lastschriftmandat[2]** vorliegt, kann der Forderungseinzug über das Lastschriftverfahren erfolgen. Der Verbraucher hat die Möglichkeit, einer Lastschrift innerhalb von **acht Wochen** ohne Angabe von Gründen zu widersprechen.

§ 675x Abs. 4 BGB

Eine unautorisierte (= unberechtigte) Lastschrift kann vom Zahlungspflichtigen innerhalb von **13 Monaten nach der Kontobelastung** zurückgegeben werden.

Kreditkarte

Viele Onlineshops vereinbaren mit ihren Kunden **Zahlung mit Kreditkarte**. Bei diesem Verfahren gibt der Kunde Daten der Kreditkarte (z. B. Name, Kreditkartennummer, Kartenprüfnummer) über das Internet ein und gestattet damit dem Empfänger, den ausstehenden Betrag vom Kreditkartenkonto des Kunden einzuziehen. Da in diesem Falle die Bezahlung ausschließlich über das Internet abgewickelt wird, handelt es sich um eine Zahlungsart des **E-Payment**.

Unter E-Payment wird eine Bezahlung über das Internet verstanden, bei deren Abwicklung alle für die Geldübertragung notwendigen Informationen, z. B. Name und Kontoinformationen, über das Internet übertragen werden.

Damit die Informationen aus der Kreditkarte während des Onlineeinkaufs nicht abgefangen werden, bieten die Kreditkartenunternehmen Schutzmechanismen an. Bei Nutzung dieser Verfahren gibt der Kunde zusätzlich noch ein Passwort oder einen Sicherheitscode ein. Auf diese Weise könnte ein Dieb selbst mit einer gestohlenen Kreditkarte nicht online einkaufen. Voraussetzung für die Nutzung dieser Verfahren ist aber, dass die Onlinehändler ihre Onlineshops mit diesen **Sicherheitsmechanismen** schützen.

Der Einsatz von Kreditkarten beim Einkauf von Onlinehändlern gilt als weitgehend sicher, wenn die Bezahlung über verschlüsselte Seiten erfolgt. Ein Risiko besteht aber, wenn Karte und/oder Nummer gestohlen werden.

---

1 SEPA (**S**ingle **E**uro **P**ayments **A**rea) ist ein Abkommen zur Regulierung des Zahlungsverkehrs im Euro-Zahlungsverkehrsraum. Ziel von SEPA ist es, Überweisungen, Lastschriften und Kartenzahlungen innerhalb Europas zu vereinheitlichen.

2 Ein Mandat (von lateinisch **mandare** = „aus der Hand geben", „beauftragen", „befehlen") ist ein Auftrag oder eine Ermächtigung ohne genaue Handlungsanweisungen.

PayPal

Entscheidet sich ein Internetkäufer für eine Zahlung mit PayPal[1], so kann er seiner Zahlungsverpflichtung wahlweise mit Kreditkarte oder Lastschrift nachkommen.

Damit ein Internetkäufer von dieser Zahlungsmethode Gebrauch machen kann, muss er sich zuvor bei PayPal registrieren und ein Käuferkonto erstellen lassen. Nach erfolgreicher Registrierung und unter der Voraussetzung, dass der Zahlungsempfänger ebenfalls registriert ist, werden Zahlungsvorgänge über PayPal i. V. m. einem Onlinekauf wie folgt abgewickelt:

1. Der Onlineanbieter stellt dem Käufer als sichere Zahlungsmöglichkeit u. a. PayPal zur Verfügung.
2. Der Internetkäufer loggt sich mit seiner E-Mail-Adresse und einem Passwort bei PayPal ein.
3. Auf dem nunmehr erscheinenden Bildschirmauszug sind der Empfänger und der Rechnungsbetrag bereits eingetragen, sodass der Käufer lediglich noch die Zahlung bestätigen muss.
4. Der Verkäufer erhält eine sofortige Zahlungsbestätigung und kann die bestellte Ware umgehend versenden bzw. einen Dienst oder Download freischalten.

Vorteile für den Käufer:

- Da PayPal zu den schnellsten Zahlungsarten im Internet zählt, kann der Käufer mit einer schnellen Lieferung rechnen.
- Käuferschutz: Ist ein Artikel nicht angekommen oder entspricht er nicht der Beschreibung, so erstattet PayPal im Normalfall den vollen Betrag sowie die Versandkosten.
- Für den Käufer ist die Abwicklung des Zahlungsverkehrs über PayPal kostenfrei (ausgenommen: Geldsendungen in einer anderen Währung als in Euro).

Aufgaben 11-13 Seite 49 ff.

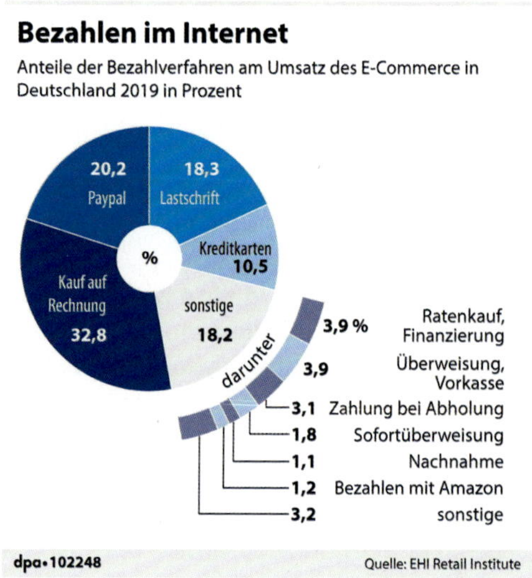

[1] PayPal (engl. wörtlich Bezahlfreund) ist Betreiber eines Online-Bezahldienstes, der zur Begleichung von Mittel- und Kleinbeträgen zum Beispiel beim Einkauf im Online-Handel genutzt werden kann.

So bezahlen Sie sicher

- **Über den Shop informieren**
  Im Internet sprechen sich unseriöse Praktiken schnell herum, also Bewertungen und Kommentare lesen.
- **Geschütze Umgebung nutzen**
  Achten Sie darauf, dass die Shopseite SSL-verschlüsselt ist. Das erkennen Sie an einem „https://" in der Adresszeile des Browsers.
- **Das Impressum anschauen**
  Prüfen Sie, ob die Angaben vollständig sind. Außerdem muss sich der Verkäufer vor dem Kauf die AGB bestätigen lassen.
- **Onlinebezahldienste nutzen**
  Bei Firstgate oder PayPal kommt der Händler gar nicht in den Besitz Ihrer Daten.
- **Mit Kreditkarte sicher bezahlen**
  Shoppen Sie nur unter Angabe des Sicherheitscodes oder mit den Sicherheitsmechanismen der Kreditkartenunternehmen.
- **Nicht auf Phishing hereinfallen**
  Banken verlangen in E-Mails nie die Eingabe einer TAN. Inzwischen versenden Banken in E-Mails meist auch keine Links mehr.

Zusammenfassende Übersicht zu Kapitel 1.3: Rechtliche Grundlagen der Beschaffung

Anfragen = Einholung von Angeboten

- Die Anfrage ist **rechtlich unverbindlich**.

Angebote im Rechtssinne
- Person bestimmt
- Inhalt vollständig und bestimmt

- Das Angebot ist **grundsätzlich rechtlich bindend**. Die Bindung kann erlöschen oder durch eine Freizeichnungsklausel ausgeschlossen sein.

Inhalt eines ausführlichen Angebotes:
- Art, Beschaffenheit und Güte (Qualität) der Sachgüter
- Menge der Sachgüter
- Preis und Preisnachlässe
- Kosten der Versandverpackung
- Lieferungsbedingungen
- Zahlungsbedingungen
- Erfüllungsort und Gerichtsstand
- Allgemeine Geschäftsbedingungen

Beim **Angebotsvergleich** werden neben **quantitativen (rechnerischen) Entscheidungskriterien** auch **qualitative Kriterien** berücksichtigt.

Lieferantenauswahl

Kriterien

- Einstandspreis
- Qualität
- Dauer der Geschäftsbeziehungen
- Lieferzeit
- persönlicher Eindruck und Kontakt
- Zuverlässigkeit
- Serviceleistungen
- Lieferbereitschaft
- Sortimentsumfang
- Gewährleistungsbedingungen

Auswahlverfahren der Lieferanten mithilfe der **Entscheidungsbewertungstabelle (Scoring-Modell)**

Abschluss des Kaufvertrages (Verpflichtungsgeschäft)
durch zwei übereinstimmende Willenserklärungen

Angebot des Verkäufers (Antrag) + Bestellung des Käufers (Annahme)

ODER

Bestellung des Käufers (Antrag) + Bestellungsannahme des Verkäufers (Annahme)

→ **Kaufvertrag**

Erfüllung des Kaufvertrages (Erfüllungsgeschäft)

Verkäufer
- rechtzeitige, mangelfreie Übergabe
- Eigentumsübertragung
- Kaufpreis annehmen

Käufer
- rechtzeitige Zahlung
- Kaufgegenstand abnehmen

Besonderheiten bei Verträgen über Fernkommunikationsmittel

Fernabsatzvertrag (§ 312c BGB). Vertrag eines Unternehmers mit einem Verbraucher, der unter ausschließlicher Verwendung von Fernkommunikationsmitteln geschlossen wurde.

↓

Widerrufsrecht des Verbrauchers (Frist: 14 Tage – § 312 g, § 355 BGB)

↓

Vertrag ist schwebend wirksam

↓

Informationspflichten des Unternehmers (§ 312d, § 312e BGB)
(Identität, Merkmale der Ware, Gesamtpreis, eventuell anfallende Liefer- und Versandkosten)

Zahlungsabwicklung: Vorauskasse, Nachnahme, Lastschrift, Kreditkarte, PayPal

Aufgaben

1. Gerichtsstand

Die Firma KATA GmbH in Köln schuldet der Firma Justus Baum KG in Stuttgart aus einem Kaufvertrag 8.750,00 €. Trotz schriftlicher, wiederholter Mahnung kommt die Firma KATA GmbH den Zahlungsverpflichtungen nicht nach.
Geben Sie an, bei welchem Gericht die Justus Baum KG Klage erheben muss, wenn keine vertragliche Vereinbarung getroffen wurde.

2. Auszeichnungsfehler

In einem Schaufenster ist ein Anzug mit 398,00 € ausgezeichnet.
Erläutern Sie, ob der Verkäufer an den Preis gebunden ist, wenn es sich um einen Auszeichnungsfehler handelt und der Anzug 698,00 € kostet.

3. Befristetes Angebot

Ein Unternehmen prüft ein bis zum 31. Januar gültiges Angebot eines Lieferers erst am 4. Februar.
Erklären Sie, ob der Lieferer an sein Angebot gebunden ist.

4. Anpreisungen von Waren mit einem Katalog

In einem Katalog wird ein Hemd für 41,00 € angeboten. Ein Kunde bestellt das Hemd zu 35,00 €.

a) Begründen Sie, ob ein Kaufvertrag zustande kommt.
b) Geben Sie an, welche rechtliche Wirkung sich ergibt, wenn das Hemd zu 35,00 € geliefert wird.

5. Vertraglicher Erfüllungsort

Erläutern Sie, weshalb Lieferanten häufig den Erfüllungsort für beide Teile an den Ort des Verkäufers legen.

6. Rechtliche Bedeutung der AGB

Geben Sie an, welche rechtliche Bedeutung die AGB bei der Bestellung haben, wenn diese
a) auf dem zugegangenen Angebot abgedruckt sind,
b) im Angebot nicht enthalten, sondern auf der Rückseite der Rechnung vorgebracht werden.

7. Verfahren der Lieferantenauswahl

Erläutern Sie die Vorgehensweise zur Lieferantenauswahl mithilfe der Entscheidungsbewertungstabelle.

8. Lieferantenauswahl mit der Entscheidungsbewertungstabelle (Scoring-Modell)

Für die Einrichtung eines neuen Hochregallagers benötigt ein Möbelhausunternehmen neue Beförderungsroboter. Die Beschaffungspräferenzen wurden bestimmt und die Kriterien wie folgt gewichtet:
Einstandspreis = 30
Qualität = 25
Lieferzeit = 10
Zuverlässigkeit = 15
Service = 15
Gewährleistungsbedingungen = 5
In einer Fachzeitschrift für Logistik wurden drei mögliche Lieferanten entdeckt und unter Beibehaltung der Reihenfolge der Kriterien (vgl. Seite 35) bewertet.
Lieferant A: 2 – 4 – 3 – 3 – 5 – 1
Lieferant B: 4 – 3 – 2 – 5 – 4 – 2
Lieferant C: 5 – 3 – 1 – 2 – 1 – 2
Begründen Sie, für welchen Lieferanten sich das Unternehmen entscheiden wird, wenn die festgelegten Kriterien berücksichtigt werden sollen.

9. Lieferantenauswahl

Für die Einrichtung eines Ausbildungszentrums mit 200 Ausbildungsplätzen benötigt ein renommierter Autohersteller für jeden Ausbildungsplatz einen 21"-Flachbildschirm. Über drei mögliche Lieferanten konnten die folgenden Informationen in Erfahrung gebracht werden.

Heinzco GbR
- Einstandspreis 240,00 €/Stück
- Reklamationen werden schnell und kulant bearbeitet
- Lieferung innerhalb 14 Tagen ohne Verzögerung
- großzügiges Entgegenkommen bei kurzfristigen Zahlungsproblemen
- Qualitätsnachweis vorhanden
- Garantieleistung drei Jahre

Manu GmbH
- Einstandspreis 4.000,00 €/20 Stück
- Reklamationen werden kulant bearbeitet
- Lieferung innerhalb von zehn Tagen (bekannte Lieferverzögerungen zwischen zwei und zehn Tagen)
- Qualitätsnachweis vorhanden
- Garantieleistung zwei Jahre

Usus Prall KG
- Einstandspreis 180,00 €/Stück
- Lieferung 50 Stück wöchentlich nach Terminvereinbarung (bekannte Lieferverzögerungen bis zu zwei Wochen)
- kein Entgegenkommen bei kurzfristigen Zahlungsverzögerungen
- Garantieleistung fünf Jahre
- kein Qualitätsnachweis vorhanden

Begründen Sie, für welchen Lieferanten sich das Unternehmen entscheiden sollte, wenn neben quantitativen Kriterien auch qualitative Kriterien bei der Auswahl herangezogen werden.
Erstellen Sie dazu eine Entscheidungsbewertungstabelle (Scoring-Modell).

10. Zusendung unbestellter Waren (Sachen)

Eine Buchhandlung verschickt Fachbücher an vermutete Interessenten. Bestellungen lagen nicht vor.
Erläutern Sie, welche rechtlichen Folgen sich an die unterschiedliche Rechtsstellung der Vertragspartner knüpfen lassen.

11. Bestellung über das Internet

Matthias Weiss hat am 14. Februar d.J. bei einem Anbieter von Sportartikeln auf dessen Internetseite ein Snowboard zum Setpreis von 310,00 € bestellt. Noch am gleichen Tag erhält er per E-Mail die Auftragsbestätigung sowie eine Belehrung über seine Möglichkeiten zum Widerruf der Bestellung.
Nachdem Matthias Weiss zwischenzeitlich einen Skikurs besucht hat, will er das Snowboardfahren aufgeben.

a) Begründen Sie, ob Matthias Weiss seine Willenserklärung (Bestellung) auch nach Eingang der Auftragsbestätigung widerrufen kann.

b) Erläutern Sie, wie der Fall zu entscheiden ist, wenn sich Matthias Weiss erst am Tag der Lieferung (10. März d.J.) zum Widerruf entschließt.

12. Rücksendung einer über das Internet bestellten CD

Kirsten Reith – 22 Jahre alt – bestellt bei Amazon die CD „The Rolling Stones Exile on Main St." zum Preis von 18,00 €. Gleich nach Eingang der CD erstellt Kirsten Reith eine Raubkopie und schickt das Original ohne weitere Begründung wieder zurück. Von Amazon verlangt sie Rücküberweisung des zwischenzeitlich abgebuchten Betrages.

Begründen Sie, ob Amazon die CD wieder zurücknehmen und den Kaufpreis erstatten muss.

13. Internetauktion - Kauf gestohlener Ware

Irmhilde Ruf hat am 14. April d.J. im Rahmen einer Internetauktion über eBay ein Navigationsgerät zum Preis von 148,00 € ersteigert. Im Elektrohandel wird das gleiche Gerät derzeit zu Preisen zwischen 450,00 € und 600,00 € angeboten. Noch am gleichen Tag überweist sie diesen Betrag zuzüglich Versandkosten an den Verkäufer. Das Gerät wird ihr nach ca. einer Woche von einem Paketdienst zugestellt. Am 2. Mai d.J. erhält sie ein Schreiben der Staatsanwaltschaft Lübeck mit folgendem Inhalt (Auszug):

„Unsere Ermittlungen haben ergeben, dass Sie am 14. April d.J. ein Navigationsgerät der Marke Supernavi (Modell Navi 4001, Geräte-Nr. 123456) erhalten haben, das zusammen mit anderen Geräten anlässlich eines Einbruchs in eine Lagerhalle gestohlen wurde. Sie werden gebeten, das gestohlene Gerät an den rechtmäßigen Eigentümer ‚Elektromarkt Huser, Industriestraße 9, 23552 Lübeck' zu schicken.
Bezüglich einer eventuellen Rückerstattung des Kaufpreises bitten wir Sie, sich gegebenenfalls direkt mit dem Verkäufer in Verbindung zu setzen."

Irmhilde Ruf teilt daraufhin der Staatsanwaltschaft Lübeck in einem Schreiben mit, dass sie das Gerät bezahlt habe und nicht bereit ist, dieses an die angegebene Adresse zurückzuschicken. Dem an die Staatsanwaltschaft gerichteten Schreiben fügt sie „als Beweis" eine Kopie des Überweisungsauftrags bei.

Beurteilen Sie die Rechtslage.

1.4 Störungen bei der Erfüllung von Verträgen

1.4.1 Erfüllungsstörungen im Überblick

Aus jedem Vertrag ergeben sich für die Vertragspartner Pflichten und Rechte.

Werden Pflichten aus einem Vertrag nicht oder nicht vertragsgemäß erfüllt, so handelt es sich um Störungen bei der Erfüllung eines Vertrages.

Bei der Erfüllung z. B. eines **Kaufvertrages** können folgende Störungen auftreten:

Beispiel

Erfüllungsstörungen	
	Karl Müller, Inhaber eines Geschäfts für Bürobedarf, hat folgende Problemfälle zu erledigen:
① Der Verkäufer liefert falsche oder fehlerhafte Ware oder Ware in zu geringer Menge (**Schlechtleistung**).	① Bei einer Sendung von Faxgeräten wird festgestellt, dass die Großbuchstaben nicht funktionieren.
② Der Verkäufer liefert nicht oder verspätet (**nicht rechtzeitige Lieferung**).	② Seit einer Woche ist eine Lieferung Heizöl fällig.
③ Der Käufer zahlt nicht oder verspätet (**nicht rechtzeitige Zahlung**).	③ Ein Kunde hat eine fällige Rechnung nicht beglichen.
④ Der Käufer nimmt die gelieferte Ware nicht an (**Annahmeverzug**).	④ Eine Kundin weigert sich, zwei bestellte Faxgeräte abzunehmen.

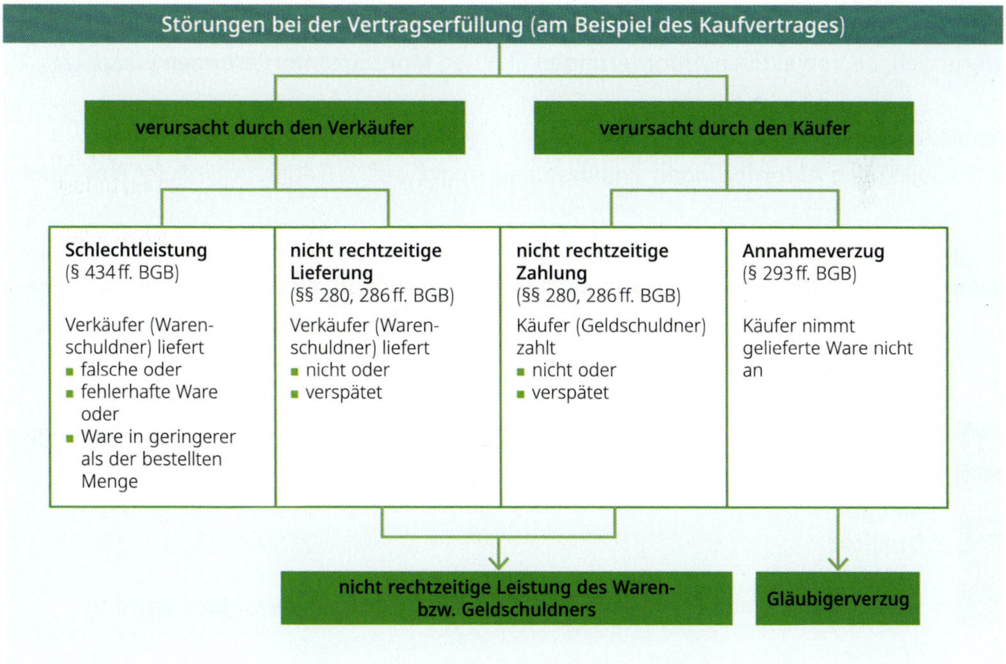

Wenn die Erfüllung eines Vertrages gestört ist, kann der andere Vertragspartner Rechte geltend machen. Diese Rechte sind abhängig von den vertraglichen Vereinbarungen oder – wenn diese fehlen – von den gesetzlichen Vorschriften.

1.4.2 Schlechtleistung

Mängelarten

§ 433 Abs. 1 BGB

! **Der Verkäufer hat dem Käufer die Sache frei von Sach- und Rechtsmängeln zu verschaffen (Gewährleistungspflicht).**

Wenn der Verkäufer mangelhaft liefert, verletzt er eine Vertragspflicht mit der Folge, dass der Käufer Rechte geltend machen kann.

§§ 434, 435 BGB

! **Ein Sachmangel liegt vor, wenn die Sache zum Zeitpunkt der Übergabe (Gefahrenübergang) nicht**

- **den subjektiven Anforderungen,**
- **den objektiven Anforderungen und**
- **den Montageanforderungen entspricht.**

Ein Rechtsmangel liegt vor, wenn Dritte an der gelieferten Sache Rechte gegen den Käufer geltend machen können.

Erfüllt der Verkäufer seine Vertragspflicht, nämlich mangelfrei – d. h. ohne Sach- oder Rechtsmängel – zu leisten, nicht, so liegt **Schlechtleistung** vor.

§ 434 Abs. 1 BGB

Eine Sache ist frei von Sachmängeln, wenn sie bei Gefahrenübergang den **subjektiven Anforderungen,** den **objektiven Anforderungen** und den **Montageanforderungen** entspricht.

Subjektive Anforderungen

Die **subjektiven Anforderungen** sind davon abhängig, was Verkäufer und Käufer miteinander vertraglich vereinbart haben.

§ 434 Abs. 2 BGB

Eine Sache entspricht nicht den subjektiven Anforderungen, wenn sie

1. nicht die vereinbarte Beschaffenheit hat,

! **Zur Beschaffenheit gehören insbesondere:**

- **Art**
- **Menge**
- **Qualität**
- **Funktionalität**
- **sonstige Merkmale der Sache, für die Anforderungen vereinbart wurden**

2. sich nicht für die nach dem Vertrag vorausgesetzte Verwendung eignet und

3. nicht mit dem vereinbarten Zubehör und den vereinbarten Anleitungen, einschließlich Montage- und Installationsanleitungen übergeben wird.

Sachmängel bei fehlenden subjektiven Anforderungen	
① • Es wurden vertragliche Vereinbarungen über die Eigenschaften (Qualität) getroffen. Jedoch: Die tatsächliche Beschaffenheit der Sache weicht von der vereinbarten Beschaffenheit ab. • Der Verkäufer hat eine zu geringe Menge geliefert.	① • Die tatsächliche Beschaffenheit weicht von der vereinbarten Beschaffenheit ab. Bestellt wurde: Füllfederhalter mit Goldfeder Geliefert wurde: *Füllfederhalter mit Stahlfeder* • Lieferung einer zu geringen Menge Bestellt: 1000 Blatt Druckerpapier Geliefert: 100 Blatt Druckerpapier
② Es wurden keine ausdrücklichen Vereinbarungen hinsichtlich der Beschaffenheit getroffen, der Verwendungszweck war aber dem Verkäufer bekannt. Aber: Die Sache eignet sich nicht für den nach dem Vertrag vorausgesetzten Zweck.	② Die Sache eignet sich nicht für den nach dem Vertrag vorausgesetzten Zweck. Vincenco Gasny kauft in einem Baumarkt Folie, mit der ein Flachdach abgedichtet werden soll. Heuer informiert den Verkäufer ausdrücklich über den beabsichtigten Verwendungszweck der Folie. Die gekaufte Folie ist jedoch nicht UV-beständig und hält dadurch der Sonneneinstrahlung nicht stand. Die Folie ist für den nach dem Vertrag vorausgesetzten Zweck nicht geeignet.
③ Die Sache wird nicht mit dem vereinbarten Zubehör und den vereinbarten Anleitungen einschließlich Montage- und Installationsanleitungen übergeben.	③ Die mitgelieferte Montageanleitung enthält keine technische Zeichnung und bezieht sich auf das Vorgängermodell. Carla Quanto kauft einen in Einzelteilen verpackten Saunaofen. Ein Zusammenbau ist ihr nicht möglich, da sich die Montageanleitung auf ein Vorgängermodell bezieht.
④ Ein Sachmangel liegt auch dann vor, **wenn der Verkäufer eine andere als die bestellte Sache liefert.**	④ Bestellt: Kommentar zum Bürgerlichen Gesetzbuch (BGB) Geliefert: Kommentar zum Handelsgesetzbuch (HGB)

§ 434 Abs. 2 BGB

BGB § 434 Abs. 5

Objektive Anforderungen

Um frei von Sachmängeln zu sein, muss eine Kaufsache **neben den subjektiven Anforderungen** grundsätzlich auch **objektive Anforderungen** erfüllen.

BGB § 434 Abs. 3

Eine Sache entspricht nicht den objektiven Anforderungen, wenn sie sich

1. nicht für die gewöhnliche Verwendung eignet,
2. nicht eine Beschaffenheit aufweist, die bei Sachen derselben Art üblich sind und die der Käufer erwarten kann unter Berücksichtigung
   - der Art der Sache,
   - der öffentlichen Äußerung des Verkäufers, der Werbung oder dem Etikett,
   - dem Zubehör einschließlich der Verpackung, der Montage oder Installationsanleitung sowie anderen Anleitungen, die übergeben werden, deren Erhalt der Käufer erwarten kann.

In gleicher Weise wie bei den subjektiven Anforderungen gehören zur üblichen Beschaffenheit insbesondere die Menge, die Qualität und sonstige Merkmale der Sache einschließlich Haltbarkeit, Funktionalität und Sicherheit.

Sachmängel bei fehlenden objektiven Anforderungen		
§ 434 Abs. 3 BGB	① Die Kaufsache enthält ein Haltbarkeitsdatum, das aber bereits überschritten wurde.	Güler Temir kauft in einem Supermarkt ein tiefgefrorenes Speiseeis, dessen Haltbarkeitsdatum überschritten wurde. Das Eis eignet sich damit nicht für eine gewöhnliche Verwendung.
§ 434 Abs. 4 BGB	② Die Montageanleitung des Verkäufers ist fehlerhaft.	Sascha Cerus bohrt - wie in der Anleitung angegeben - bei einem Möbelstück an der falschen Stelle ein Loch, so dass das Äußere des Möbelstücks unansehnlich wird.

Fehlt es an nur einem der genannten Punkte, so ist die Ware mangelhaft. Anders als bei Neuware ist es bei einer **gebrauchten Ware** nicht immer einfach, zu beurteilen, ob die **objektiven Anforderungen** erfüllt sind. Bei Gebrauchtwaren kommt es darauf an, wie alt die Ware ist, welchen Zustand der Käufer einer derartigen Ware erwarten kann und wie der Preis der Ware ist. Es kann davon ausgegangen werden, dass die objektiven Anforderungen umso geringer sind, je preiswerter die Ware ist. Jedenfalls reicht es nicht aus, wenn ein Unternehmen in seinem Angebot den Zustand der Gebrauchtware z. B. in Schulnoten von 1 bis 6 mit einer Erläuterung in der Artikelbeschreibung ausdrückt.

§ 476 Abs. 1 BGB

Will der Verkäufer (Unternehmen) ausschließen, dass der Käufer **Rechte aus Mängeln geltend machen** kann, so muss er eventuell vorhandene Mängel in den Vertrag einbeziehen (**negative Beschaffenheitsvereinbarung**).

Das bedeutet:

- Der Verbraucher muss **vor Abgabe seiner Vertragserklärung** eigens davon **in Kenntnis gesetzt werden**, dass ein bestimmtes Merkmal von den objektiven Anforderungen abweicht. Die Vertragsunterlagen müssen so gestaltet sein, dass dem Verbraucher bei Abgabe seiner Vertragserklärung bewusst wird, dass er eine Kaufsache erwirbt, die von den objektiven Anforderungen abweicht.
- Zusätzlich ist notwendig, dass die Abweichung, über die **eigens** informiert werden muss, **ausdrücklich** und **gesondert** vereinbart wird. Dabei reicht es, wenn der Unternehmer im Onlinehandel auf der Webseite ein Kästchen oder eine Schaltfläche vorsieht, die der Verbraucher anklicken oder auf andere Weise betätigen kann.
- Es reicht aber nicht aus, ein schon vorangekreuztes Kästchen vorzusehen, das der Verbraucher deaktivieren kann.

Beispiel

Negative Beschaffenheitsvereinbarung eines Onlinehändlers

Zusammen mit der Ware erhält Verbraucher Abuan von Möbelhändler Siefert einen Lieferschein mit folgendem Zusatz:
„Leichte Kratzer auf der Oberfläche unserer Möbel sind transportbedingt und können nicht als Mängel geltend gemacht werden."

Da Verbraucher Abuan vor Abschluss seiner Vertragserklärung **nicht ausdrücklich und gesondert** auf diese Vereinbarung hingewiesen wurde, kann sich der Möbelhändler nicht darauf berufen.

Rechtsmängel

Ein **Rechtsmangel** liegt vor, wenn Dritte an der gelieferten Sache **Rechte** gegen den Käufer geltend machen können.

Beispiel

Abel kauft von Bertram ein Haus. Abel wusste nicht, dass das Haus an Mussler vermietet ist. Da Mussler nach dem Grundsatz „Kauf bricht nicht Miete" (§ 566 BGB) auch dem Erwerber Abel gegenüber zum Verbleib in dem Haus berechtigt ist, kann er Rechte gegen Abel geltend machen. Damit ist das Hausgrundstück mit einem Rechtsmangel behaftet (§ 435 BGB).

§ 435 BGB

Im Hinblick auf die **Erkennbarkeit** lassen sich folgende Mängel unterscheiden:

Offene Mängel	Sie sind bei einer Prüfung der Kaufsache sofort erkennbar.	Beim Auspacken einer CD stellt sich heraus, dass diese starke Kratzer aufweist.
Versteckte Mängel	Sie sind bei einer Prüfung nicht sofort erkennbar.	Obwohl das Haltbarkeitsdatum auf einer Dose noch nicht überschritten ist, ist das Fleisch verdorben.
Arglistig verschwiegene Mängel	Der Verkäufer verschweigt dem Käufer absichtlich einen Mangel.	Der Verkäufer eines gebrauchten Autos verschweigt, dass es sich um einen Unfallwagen handelt.

Rechte des Käufers bei Schlechtleistung

Da der Verkäufer im Falle einer Schlechtleistung eine Vertragspflicht nicht erfüllt hat, stehen dem Käufer verschiedene Rechte zu. Um diese jedoch geltend machen zu können, muss **der Käufer im Normalfall** zunächst **beweisen**, dass es sich bei der gelieferten Ware um eine Schlechtleistung handelt. Dieser Nachweis kann in den meisten Fällen nur schwer erbracht werden. Deshalb gelten im Sinne des Verbraucherschutzes für einen **Verbrauchsgüterkauf** besondere Bestimmungen.

Ein Verbrauchsgüterkauf liegt vor, wenn ein Verbraucher von einem Unternehmer eine bewegliche Ware kauft.

!

§§ 13, 14, 474 Abs. 1 BGB

Mängelansprüche sind im Normalfall innerhalb von **zwei Jahren** geltend zu machen (**Rügefrist**). Zugunsten des Verbrauchers wird vermutet, dass ein Mangel, der **innerhalb eines Jahres** nach Übergabe der Kaufsache bemerkt wird, bereits zum Zeitpunkt der Übergabe vorhanden war (**Beweislastumkehr**). Kann der Verkäufer allerdings beweisen, dass die Sache zum Zeitpunkt des Gefahrenübergangs (i. d. R. Übergabe der Ware an den Käufer) einwandfrei war, so entstehen für den Käufer keine Ansprüche. Dieser Beweis dürfte jedoch in den meisten Fällen kaum zu erbringen sein. Während der restlichen 12 Monate der zweijährigen gesetzlichen Gewährleistungsfrist ist hingegen der Verbraucher beweispflichtig.

§§ 438 Abs. 1 Nr. 3, 477 BGB

Beispiel

Beweislast beim Kauf eines Reiseweckers

Agnes Kern kauft beim Juwelier Knapp einen Reisewecker. Der Wecker funktionierte während der ersten vier Monate einwandfrei. Danach ging er zunehmend ungenauer.

Agnes Kern kann die Rechte aus einer Schlechtleistung geltend machen, falls Juwelier Knapp nicht beweisen kann, dass der Wecker zum Zeitpunkt des Gefahrenübergangs keine Mängel aufwies. Allein die Tatsache, dass der Wecker während der ersten vier Monate einwandfrei funktioniert hat, reicht als Beweis nicht aus. Möglicherweise ist aufgrund eines Materialfehlers (fehlerhafter Anker) der Fehler erst zu einem späteren Zeitpunkt erkennbar. Kann der Juwelier jedoch beweisen, dass der Fehler z. B. durch einen Stoß verursacht wurde, so stehen Agnes Kern keine Ansprüche aus einer Schlechtleistung zu.

Liefert der Verkäufer eine mit Mängeln behaftete Sache (Schlechtleistung), so kann der Käufer folgende Rechte geltend machen:

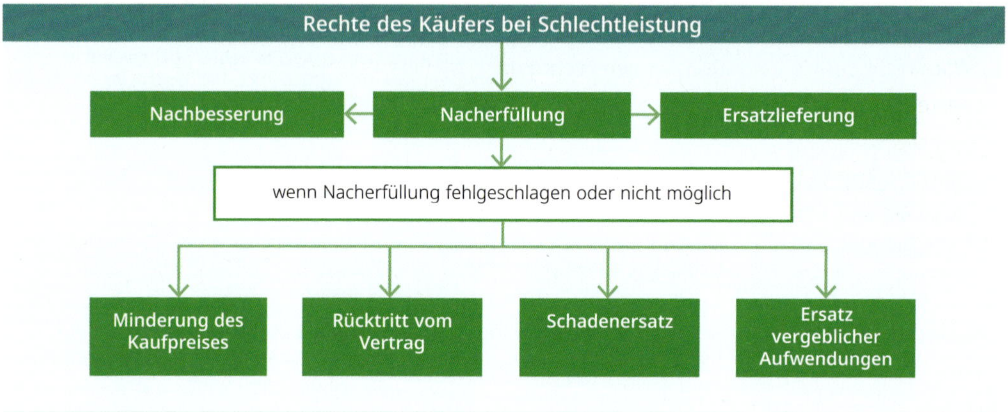

1. Nacherfüllung

§§ 437 Nr. 1, 439, Abs. 1 BGB

Im Rahmen dieses Rechts hat der Käufer ein Wahlrecht zwischen

① **Beseitigung des Mangels (Nachbesserung)** und

② **Lieferung einer mangelfreien Sache (Ersatzlieferung)**.

§ 440 Satz 2, BGB

§ 475d Abs. 1 Zi. 2

§ 439 Abs. 4 BGB

Eine Nachbesserung gilt im Normalfall als fehlgeschlagen, wenn auch der zweite Nachbesserungsversuch erfolglos war. Lässt sich ein **Sachmangel** nicht beheben (Unmöglichkeit), so entfällt naturgemäß der Anspruch auf Nacherfüllung. In bestimmten Fällen gilt aber eine Nachbesserung auch schon nach dem ersten Nachbesserungsversuch als fehlgeschlagen. Das ist dann der Fall, wenn sich z. B. nach der ersten Nacherfüllung durch den Unternehmer noch ein Mangel zeigt (Einzelfallprüfung). Der Verkäufer kann die Nacherfüllung verweigern, wenn diese bei ihm mit unverhältnismäßig hohen Kosten verbunden ist.

Beispiel

Nachbesserung

An einem neu gekauften Rasenmäher ist der Querschnitt der Benzindüse zu gering. Dadurch läuft der Motor nicht einwandfrei. In der Werkstatt des Verkäufers wird die Düse durch eine größere ersetzt.

Ersatzlieferung

Der Käufer eines undichten Regenmantels gibt diesen wieder zurück und erhält dafür einen einwandfreien Regenmantel.

Fehlgeschlagene Nachbesserung

Eine Telefonanlage ist mit Mängeln behaftet. Nach dem zweiten erfolglosen Nachbesserungsversuch kann der Käufer eine neue Anlage verlangen.

Ersatzlieferung kommt nur bei sog. **Gattungswaren** (= vertretbare, d. h. mehrfach vorhandene, Sachen wie z. B. Obst) in Betracht. Bei einem Originalgemälde z. B. ist Ersatzlieferung naturgemäß nicht möglich.

Die zum Zwecke der Nacherfüllung anfallenden Aufwendungen (Transportkosten, Materialkosten etc.) hat grundsätzlich der Verkäufer zu tragen. § 439 Abs. 2 BGB

Der Begriff **Ersatzlieferung** darf nicht mit dem Begriff **Umtausch** verwechselt werden. Ein Umtausch liegt vor, wenn ein Kunde eine andere Ware erhalten will, weil ihm die gekaufte Ware nicht gefällt (Umtausch wegen Nichtgefallens). Ein gesetzlicher Anspruch auf Umtausch besteht nicht. Allerdings kann dieses Recht vertraglich vereinbart werden.

Beispiel

Nicht behebbarer Sachmangel

Ein Sammler hat einen 50 Jahre alten Vespa-Motorroller gekauft. Kurz nach dem Kauf stellt sich heraus, dass der Vergaser einen nicht zu reparierenden Schaden aufweist. Dadurch ist der Betrieb des Fahrzeugs nur eingeschränkt möglich. Da der Vergaser nicht erhältlich ist, lässt sich der Mangel nicht beheben.

Bei der Nacherfüllung (Nachbesserung, Lieferung einer mangelfreien Sache) handelt es sich um ein vorrangiges Recht. Erst wenn im Rahmen der mit diesem Recht verbundenen gesetzlichen Regelungen keine Lösung gefunden wird, können die nachstehenden nachrangigen Rechte geltend gemacht werden.

!

2. **Rücktritt vom Vertrag**

   Rücktritt bedeutet, dass Käufer und Verkäufer alles aus dem Vertragsverhältnis Empfangene (Kaufgegenstand und/oder Geld) wieder zurückgeben. Dieses Recht kann der Käufer aber nur dann geltend machen, wenn er dem Verkäufer **erfolglos** eine **angemessene Nachfrist zur Nacherfüllung** gesetzt hat. Hat der Verkäufer allerdings die Nachbesserung oder Ersatzlieferung verweigert oder ist die Nacherfüllung fehlgeschlagen, so kann der Käufer auch **ohne Nachfristsetzung** vom Vertrag zurücktreten. § 323 Abs. 2 BGB § 440 BGB

   Der Verbraucher kann aber auch schon dann vom Vertrag zurücktreten, wenn der Unternehmer die Nacherfüllung trotz Ablauf einer angemessenen Frist, ab dem Zeitpunkt, zu dem der Verbraucher ihn über den Mangel unterrichtet hat, nicht vorgenommen hat. Ein ausdrückliches Nacherfüllungsverlangen des Verbrauchers ist also nicht unbedingt erforderlich, um die Nacherfüllungsfrist in Gang zu setzen. § 475d Abs. 1 BGB

Beispiel

Rücktritt nach fehlgeschlagener Reparatur

Der Verkäufer des Rasenmähers (s. Seite 56) sieht sich nicht in der Lage, den Fehler innerhalb einer angemessenen Nachfrist von z. B. zwei Wochen zu beheben. Der Käufer kann vom Vertrag zurücktreten. Macht er von diesem Recht Gebrauch, muss er den defekten Rasenmäher zurückgeben und erhält – falls bereits bezahlt – im Gegenzug das Geld zurück.

Für mögliche zwischenzeitliche Gebrauchsvorteile aus der Nutzung des Rasenmähers muss der Käufer kein Nutzungsentgelt (Wertersatz) entrichten, da es sich um einen Verbrauchsgüterkauf handelt. Würde der Kaufvertrag von zwei Unternehmern (B2B-Geschäftsverkehr) geschlossen, so könnte der Verkäufer vom Käufer gegebenenfalls ein Nutzungsentgelt verlangen.

§ 323 Abs. 5 BGB

Bei einem nur unerheblichen Mangel steht dem Käufer das Recht auf Rücktritt nicht zu. In diesem Fall wird er normalerweise Minderung verlangen. Nach der gängigen Rechtsprechung sind Sachmängel, deren Beseitigung Aufwendungen für bis zu fünf Prozent des Kaufpreises erfordern, als unerheblich einzustufen.[1]

3. Minderung des Kaufpreises

§ 441 Abs. 1 BGB

Statt vom Vertrag zurückzutreten, kann der Käufer eine Minderung (Herabsetzung) des Kaufpreises verlangen. Das Recht auf Minderung ist – anders als das Recht zum Rücktritt – auch in Bagatellfällen (unerhebliche Mängel) nicht ausgeschlossen.

> **Beispiel**
>
> **Preisminderung nach Ablauf der Nachfrist**
>
> Ein gekauftes Diktiergerät weist leichte Kratzer auf. Nachdem die angemessene Nachfrist für die Nacherfüllung abgelaufen ist, verlangt der Käufer eine Preisminderung.

§ 441 Abs. 1 BGB

Falls der Lieferer die Pflichtverletzung zu vertreten hat, kann der Käufer neben der Minderung auch noch **Schadenersatz neben der Leistung** verlangen, sofern ein Schaden entstanden ist.

4. Schadenersatz

Ist dem Käufer aus einer Schlechtleistung ein Schaden entstanden, so kann er vom Verkäufer **Schadenersatz** verlangen, wenn folgende Voraussetzungen erfüllt sind:

① Der Schuldner (Lieferer) oder sein Erfüllungsgehilfe (z. B. angestellter Verkäufer) hat die Vertragspflicht „Lieferung einer einwandfreien Sache" verletzt.

§ 280 Abs. 1 BGB

② Der Schuldner (Lieferer) hat die Pflichtverletzung zu vertreten, da er vorsätzlich oder fahrlässig gehandelt hat.

§ 276 Abs. 2 BGB

Fahrlässig handelt, wer die im Verkehr erforderliche Sorgfalt außer Acht lässt. Zugunsten des Käufers **wird vermutet,** dass der Verkäufer die Pflichtverletzung aufgrund von **vorsätzlichem oder fahrlässigem Handeln zu vertreten hat**. Die für den Verkäufer nachteiligen Rechtsfolgen treten nicht ein, wenn er beweisen kann, dass er weder vorsätzlich noch fahrlässig gehandelt hat.

In Abhängigkeit davon, ob der Käufer auf **Erfüllung (Nacherfüllung) besteht** oder die **Erfüllung ablehnt,** lassen sich folgende Schadenersatzregelungen unterscheiden:

§ 280 Abs. 1 BGB

- **Schadenersatz neben der Leistung**

  Bei Inanspruchnahme dieses Rechts behält der Käufer die Sache und erhält Ersatz des Minderwertes.

> **Beispiel**
>
> **Schadenersatz neben der Leistung**
>
> Die Firma Radio Stephan e. K. hat zur Installation von Satellitenantennen ein spezielles Messgerät gekauft. Bei der ersten Inbetriebnahme stellt sich heraus, dass eine Platine defekt ist. Damit die Installateure dennoch ihrer Arbeit nachgehen können, mietet Frau Stephan ein solches Gerät für 250,00 €.
> Frau Stephan kann von ihrem Lieferer Nacherfüllung und Schadenersatz in Höhe von 250,00 € verlangen.

[1] BGH-Urteil vom 28.05.2014 - VIII ZR 94/13

- **Schadenersatz statt der Leistung**
  Macht der Käufer diesen Schadenersatzanspruch geltend, so gibt er dem Verkäufer die mangelhafte Sache zurück und verlangt Ersatz des Schadens, der ihm infolge Nichterfüllung des Vertrages entstanden ist. Der Käufer erhält den gezahlten Kaufpreis zurück und kann als Nichterfüllungsschaden z. B. die Kosten der Ersatzbeschaffung und/oder den entgangenen Gewinn geltend machen. Dabei ist er vom Lieferer so zu stellen, als wäre der Vertrag ordnungsgemäß erfüllt worden (**positives Interesse**). § 281 Abs. 1 BGB
  Dieses Recht kann nur geltend gemacht werden, wenn der Lieferer eine **angemessene Nachfrist zur Nacherfüllung** verstreichen ließ und der **Mangel erheblich** ist.

Beispiel

Schadenersatz statt der Leistung

Taxiunternehmer Schießle kann wegen der defekten Elektronik einen eben gekauften Neuwagen nicht benutzen. Nachdem auch das Autohaus Leser den Fehler nicht beseitigen kann, kauft Schießle nach Ablauf einer angemessenen Frist zur Nacherfüllung bei einem anderen Autohaus ein entsprechendes Fahrzeug (Deckungskauf). Das Auto kostet allerdings 2.500,00 € mehr. Weiterhin entgeht Schießle wegen der defekten Elektronik ein Gewinn in Höhe von 2.000,00 €.

Schießle kann vom Autohaus Leser Schadenersatz in Höhe von 4.500,00 € bei Rückgabe des defekten Fahrzeugs verlangen.

5. **Ersatz vergeblicher Aufwendungen**
   Anstelle des Schadenersatzes kann der Käufer Ersatz der Aufwendungen verlangen, die er im Vertrauen auf den Erhalt einer einwandfreien Leistung gemacht hat. Der Käufer ist vom Lieferer so zu stellen, als wäre der Vertrag nie zustande gekommen (**negatives Interesse**). § 284 BGB

Beispiel

Ersatz vergeblicher Aufwendungen

Emma Horn hat bei einem Kunsthändler ein Originalgemälde gekauft. Zum Zeitpunkt des Kaufs befand sich das Bild noch in einer Ausstellung. Es wurde vereinbart, dass das Bild sofort nach Beendigung der Ausstellung (nach ca. drei Wochen) geliefert werden sollte. Da das Bild beim Ausräumen der Ausstellung beschädigt wurde, hat Emma Horn kein Interesse mehr daran. Sie kann daher die entstandenen Kosten für einen Gutachter (250,00 €), der bei Vertragsschluss die Echtheit des Bildes festgestellt hat, als Aufwendungsersatz verlangen.

Besonderheiten bei der Inanspruchnahme von Gewährleistungsansprüchen

1. Aus Gründen des Verbraucherschutzes sind Vertragsvereinbarungen zwischen einem **Unternehmer** und einem **Verbraucher**, die den Ausschluss von Gewährleistungsrechten (z. B. Nacherfüllung, Rücktritt) zum Gegenstand haben, weitgehend nicht möglich. Sind derartige Vereinbarungen dennoch im Vertrag enthalten, so kann sich der Unternehmer im Normalfall nicht darauf berufen. § 476 Abs. 1 und 3 BGB
   In gleicher Weise ist die Einschränkung von Gewährleistungsansprüchen durch Allgemeine Geschäftsbedingungen unwirksam. §§ 307, 309 Nr. 5 und 8 BGB

2. **Mangelkenntnis des Käufers**
   Der Käufer (Verbraucher) kann die ihm zustehenden Rechte aus der Schlechtleistung auch dann geltend machen, wenn er zum Zeitpunkt des Vertragsschlusses den Mangel bereits kannte. § 476 Abs. 1 BGB

Nur dann, wenn der Unternehmer den Verbraucher **vor Abgabe der Vertragserklärung eigens und ausdrücklich** über einem Mangel informiert und dessen Einwilligung einholt, ist eine Einschränkung der Gewährleistung möglich.

§§ 438 Abs. 1 Nr. 3, 438 Abs. 2 BGB

3. Verjährung von Mängelansprüchen

Die gesetzliche Verjährungsfrist für die Sachmängelhaftung bei beweglichen Sachen – unabhängig davon, ob diese gebraucht oder neu sind – beträgt **zwei Jahre.** Zeigt sich ein Mangel innerhalb der Verjährungsfrist, so tritt die Verjährung nicht vor dem Ablauf von **vier Monaten** nach dem Zeitpunkt ein, in dem sich der Mangel erstmals gezeigt hat. Nach erfolgloser Nachbesserung beginnt die zweijährige Gewährleistungsfrist wieder neu. Die Nacherfüllungshandlung ist im Regelfall als Anerkenntnis zu werten, was dann zum Neubeginn der Verjährung führt. Verschweigt der Verkäufer einen Mangel arglistig, so erhöht sich die Verjährungsfrist auf **drei Jahre**.

§ 212 Abs. 1 BGB

§ 438 Abs. 2 BGB

Die Verjährung beginnt mit der Ablieferung der Sache. Wurde jedoch ein Mangel arglistig verschwiegen, so beginnt die Verjährung erst am Schluss des Jahres, in dem

§§ 195, 199 BGB

1. der Anspruch entstanden ist und
2. der Käufer Kenntnis vom Mangel erlangt.

§ 475e Abs. 3

§ 476 Abs. 2 BGB

Zum Schutz des Verbrauchers kann bei einem **Verbrauchsgüterkauf** die **gesetzliche Verjährungsfrist** trotz vertraglicher Vereinbarungen bei neuen Sachen **nie unter zwei Jahre** und **bei gebrauchten Sachen nie unter ein Jahr** verkürzt werden (Ausnahme: ausdrückliche und gesonderte Vereinbarung vor Abgabe der Vertragserklärung des Käufers).

Prüf- und Rügefristen bei Schlechtleistung (Verjährungsfristen)			
Prüfpflicht	**Rügepflicht bei**		
keine gesetzliche Regelung	**offenen Mängeln**	**versteckten Mängeln**	**arglistig verschwiegenen Mängeln**
	innerhalb von **zwei Jahren** (§ 438 Abs. 1 Nr. 3 BGB) Beginn: mit Ablieferung der Sache (§ 438 Abs. 2 BGB) Mangel innerhalb der Verjährungsfrist: Viermonatsregelung gem. § 475e Abs. 3 BGB.		innerhalb von **drei Jahren** (§ 438 Abs. 3 BGB) Beginn: am Ende des Jahres der Entdeckung des Mangels (§§ 438 Abs. 3, 195, 199 BGB)

4. Garantieerklärung

§ 443 Abs. 1 BGB

Gibt der Verkäufer dem Käufer gegenüber eine Garantieerklärung ab, so verpflichtet er sich zu Leistungen, die über die gesetzliche Gewährleistung hinausgehen. Garantiezusagen sind für Kunden häufig ein wichtiges Kriterium für ihre Kaufentscheidung. Zum Schutz des Verbrauchers sollen folgende gesetzlichen Bestimmungen zur Garantieerklärung Irreführungen eines Verbrauchers vermeiden:

§ 479 BGB

Die Garantieerklärung eines Unternehmers gegenüber einem Verbraucher muss einfach und verständlich abgefasst sein. Sie muss enthalten:

- den Hinweis auf die gesetzlichen Rechte des Verbrauchers und dass diese durch die Garantieerklärung nicht eingeschränkt werden,

- das vom Verbraucher einzuhaltende Verfahren zur Geltendmachung der Garantie,
- den Inhalt der Garantie sowie deren Geltungsdauer und -raum,
- Namen und Anschrift des Garantiegebers.

Zusammenfassende Übersicht zu Kapitel 1.4.2: Schlechtleistung

Aufgaben 1–5 Seite 63 f.

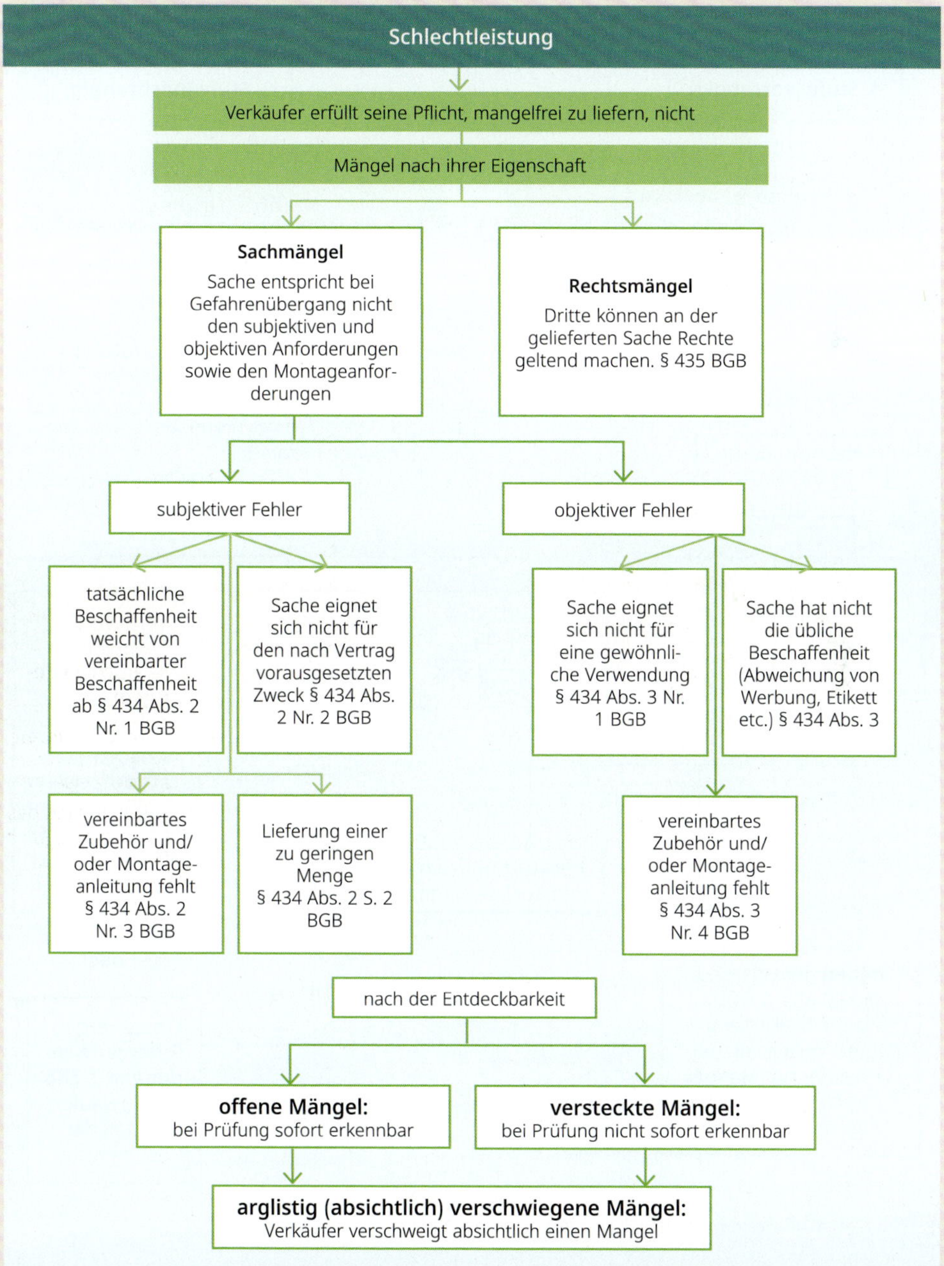

Zusammenfassende Übersicht zu Kapitel 1.4.2: Schlechtleistung (Fortsetzung)

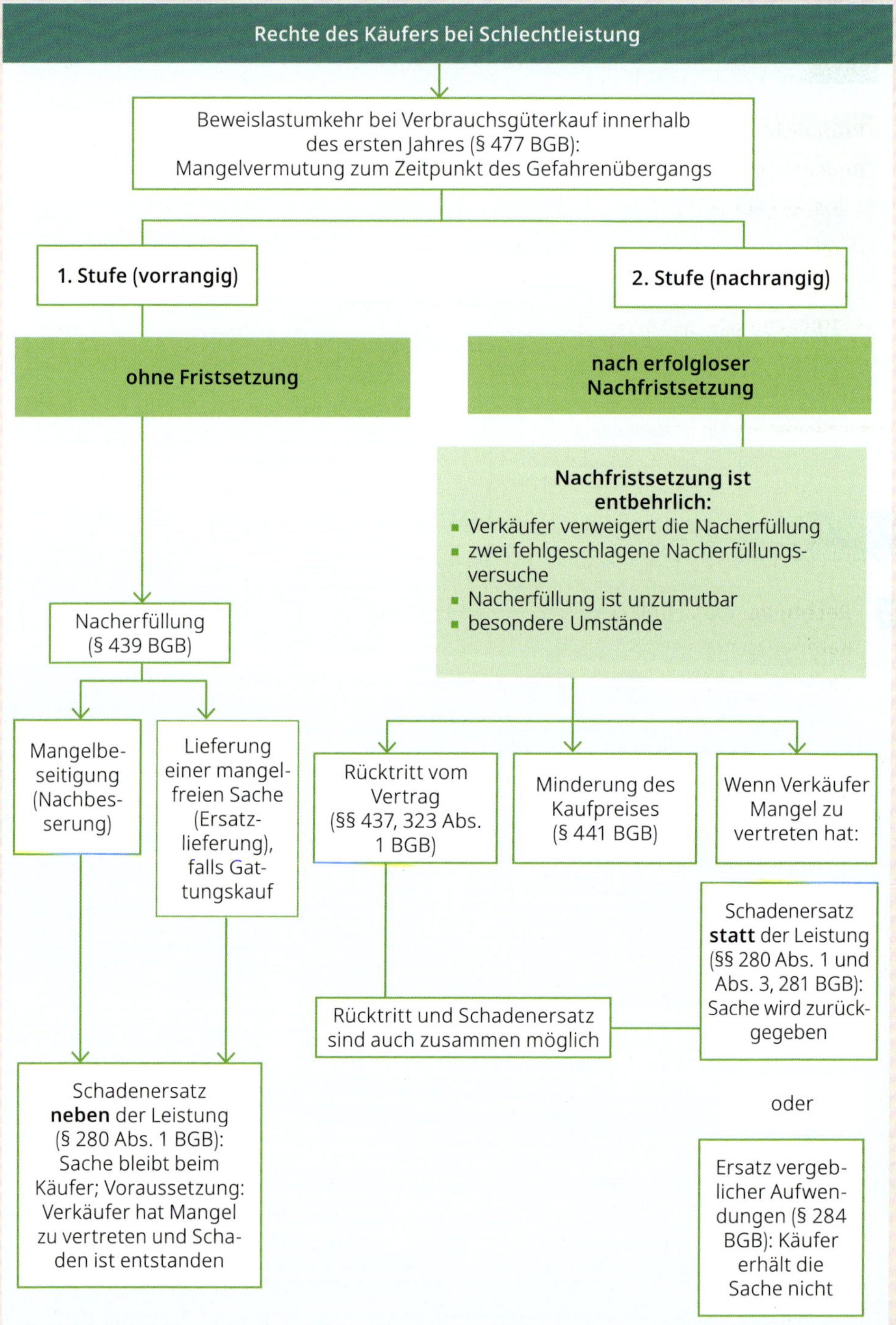

Zusammenfassende Übersicht zu Kapitel 1.4.2: Schlechtleistung (Fortsetzung)

Prüf- und Rügefristen bei Schlechtleistung

Prüfpflicht	keine gesetzliche Regelung
Rügepflicht bei	
– offenen Mängeln	innerhalb von **zwei Jahren** ab Ablieferung der Sache (§ 438 Abs. 1 Nr. 3 BGB). Mangel innerhalb der Verjährungsfrist: Viermonatsregelung gem. § 475e Abs.3 BGB
– versteckten Mängeln	
– arglistig verschwiegenen Mängeln	innerhalb von **drei Jahren** ab Ende des Jahres der Mangelentdeckung (§ 438 Abs. 3 BGB)

Aufgaben

1. Rechte bei Lieferung einer zu geringen Menge

Kathrin Fischer hat von einem Landwirt telefonisch 50 kg Kartoffeln bestellt. Als sie die Lieferung nachprüft, stellt sich heraus, dass der Lieferer nur 40 kg statt der bestellten und berechneten 50 kg geliefert hat.
Geben Sie an, welche Rechte Kathrin Fischer hat.

2. Rechte bei unverständlicher Montageanleitung

Hubert Hassler kauft in einem Möbelgeschäft einen Schuhschrank zum Selbstaufbau. Da die Montageanleitung vom Schwedischen wörtlich ins Deutsche übersetzt wurde, ist kaum ein Satz verständlich. Gleichwohl gelingt es Hassler, das Gerät nach einigen Versuchen einwandfrei zusammenzubauen. Hassler ist der Meinung, der Schrank sei mit einer unbrauchbaren Montageanleitung trotzdem weniger wert. Falls er ihn einmal weiterverkaufen solle, könne er keinen angemessenen Preis erzielen, weil er keine brauchbare Montageanleitung mitliefern könne.
Begründen Sie, ob Hassler den Kaufvertrag rückgängig machen kann.

3. Rechte bei Falschaussage in der Werbung

Der Werbeprospekt eines Schulbuchverlages enthält u. a. folgenden Satz:
Das Buch „Wirtschaftslehre für Technische Gymnasien – Profil Technik und Management“ entspricht dem neuen Lehrplan für Baden-Württemberg.
Die Sekretärin eines Technischen Gymnasiums bestellt nach Absprache mit dem zuständigen Fachbereichsleiter 90 Exemplare zu je 29,80 €. Nach intensiver Beschäfti-

gung mit dem Buch stellen Lehrer und Schülerinnen und Schüler fest, dass wesentliche Inhalte des Lehrplanes von den Buchautoren nicht bearbeitet wurden. Der Fachlehrer ist deshalb gezwungen, die fehlenden Inhalte durch Kopien aus anderen Büchern und durch eigene zeitraubende Ausarbeitungen zu ergänzen. Da zwischenzeitlich von einem anderen Verlag ein Buch zum Preis von 32,00 € erschienen ist, das vollständig dem Lehrplan entspricht, will die Schule die vollständige Sendung gegen Rückerstattung des bereits überwiesenen Betrages zurückschicken. Zusätzlich verlangt sie eine Entschädigung für die Kopien in Höhe von 80,00 € sowie Erstattung des Mehrpreises.
Beurteilen Sie die Rechtslage.

4. Rechte bei Kauf eines Gebrauchtfahrzeugs mit Getriebeschaden

Privatfrau Michaela Fuchs kauft bei einem Gebrauchtwagenhändler einen zehn Jahre alten Kleinwagen (Laufleistung: 120 000 km). Im Kaufvertrag wurde jegliche Gewährleistung ausgeschlossen. Nach kurzer Zeit tritt ein Getriebeschaden auf, der auf Verschleiß beruht. Zum Zeitpunkt des Verkaufs bestand allerdings noch kein Erneuerungsbedarf. Michaela Fuchs wendet sich erbost an den Gebrauchtwagenhändler, der unter Hinweis auf den vereinbarten Gewährleistungsausschluss jegliche Haftung ablehnt. Im Übrigen sei es ganz normal, dass bei einer so hohen Fahrleistung Verschleißerscheinungen aufträten.
Begründen Sie, ob Fuchs vom Vertrag zurücktreten und den Kaufpreis zurückverlangen kann.

5. Rechte bei Kauf einer Kaffeemaschine bei aufgetretenem Schaden

Privatmann Josef Trensel kauft bei einem Elektrohandel eine Kaffeemaschine. Drei Monate nach Übergabe der Maschine fällt das Mahlwerk aus. Es kann nicht geklärt werden, ob dieser Defekt auf einen schon bei Übergabe vorliegenden Materialfehler der Kaffeemaschine oder auf eine unsachgemäße Benutzung durch Trensel zurückzuführen ist.
Geben Sie an, welche Rechte Trensel dem Händler gegenüber geltend machen kann.

1.4.3 Verbrauchsgüterkaufverträge über Waren mit digitalen Elementen und digitalen Produkten

Bei Verbrauchsgüterkaufverträgen im Zusammenhang mit der Verwendung digitaler Elemente bezieht, sind zu unterscheiden:

Verbrauchsgüterkaufverträge über

Sachen mit digitalen Elementen	Digitale Produkte
(BGB § 327a) = Sache , die digitale Produkte enthält oder mit ihnen verbunden ist (BGB § 327a Abs. 3). Der Unternehmer wird durch derartige Verträge verpflichtet, auch die digitalen Inhalte oder digitale Dienstleistungen bereitzustellen (BGB § 327a Abs. 3 S. 2). Die Ware kann ohne diese digitalen Produkte **ihre Funktionen nicht erfüllen** (z. B. Smartwatch, Smart-TV, intelligenter Kühlschrank, Mähroboter). Sie funktioniert also nur mittels Anwendung z. B. auf dem Smartphone.	(BGB §§ 327 ff. , 475a BGB) = körperlicher Datenträger als Träger ausschließlich digitaler Inhalte (z. B. DVD, CD, USB-Stick).

Waren mit digitalen Elementen

Anders als bei einem **Verbrauchsgüterkaufvertrag über Waren** ohne digitale Elemente ist eine Sache **mit digitalen Elementen** frei von Sachmängeln, wenn sie zusätzlich neben der **Aktualisierungspflicht** noch

- den subjektiven Anforderungen,
- den objektiven Anforderungen,
- den Montageanforderungen und
- den Installationsanforderungen entspricht.

§ 475b Abs. 2 BGB

Subjektive Anforderungen
Zusätzlich zu den subjektiven Anforderungen für Sachen Waren ohne digitale Elemente kommt bei Waren mit digitalen Elementen noch die Verpflichtung des Verkäufers hinzu, die im Kaufvertrag vereinbarten Aktualisierungen (Update, Upgrade) der digitalen Elemente während des nach dem Vertrag maßgeblichen Zeitraums bereitzustellen.

§ 434 Abs. 2 BGB

§ 475b Abs. 3 BGB

Kommt der Verkäufer dieser Verpflichtung nicht nach, so handelt es sich um einen **Sachmangel**.

Beispiel

Aktualisierung der Software für eine Fitnessuhr

Ein Internethändler vereinbart mit seiner Kundschaft, beim Kauf einer per App gesteuerten Fitnessuhr für die Dauer von 5 Jahren kostenfrei Updates zu technischen Entwicklungen zur Verfügung zu stellen.

§§ 434 Abs. 3, 475b Abs. 4 BGB

Objektive Anforderungen
Zusätzlich zu den objektiven Anforderungen für Waren kommt bei Waren mit digitalen Elementen noch die Verpflichtung des Verkäufers hinzu, dem Verbraucher diejenigen digitalen Elemente zur Verfügung zu stellen, die er unter Berücksichtigung der Umstände und der Art des Vertrages erwarten kann und darüber hinaus über die Aktualisierungen informiert wird.

Auch dann, wenn der Verbraucher mit dem Unternehmer **keine ausdrücklichen vertraglichen Vereinbarungen** zu einer Aktualisierung getroffen hat, so kann er davon ausgehen, dass der Unternehmer trotzdem verpflichtet ist, ein Update bereitzustellen, wenn erwartet werden kann, dass unter Berücksichtigung der Umstände und der Art des Vertrags eine solche Aktualisierung üblich ist. Über welchen Zeitraum eine Aktualisierung bereitgestellt werden muss richtet sich u. a. nach den **Werbeaussagen** sowie nach der üblichen Nutzungs- und Verwendungsdauer von Waren der gleichen Art. Kommt der Unternehmer der Aktualisierungsverpflichtung nicht nach, so führt das zu einem **Sachmangel der gesamten Sache** und ist nicht allein auf das Softwareupdate beschränkt.

§ 476 Abs. 1 Nr. 2 BGB

Wie bei Waren ohne digitale Elemente können auch hier anderweitige vertragliche Vereinbarungen (z. B. ganzer oder teilweiser Ausschluss) getroffen werden. Jedoch sind in gleicher Weise wie bei Waren ohne digitale Elemente die strengen Vorgaben über eine solche Vereinbarung (ausdrückliche und gesonderte Vereinbarung) zu beachten.

§ 475b Abs. 4 Nr. 2 BGB

Zu den objektiven Anforderungen hinsichtlich der Aktualisierung gehört auch die **Verpflichtung** des Unternehmers, den Verbraucher über die Aktualisierung zu informieren.
Unterlässt es der Verbraucher, eine bereitgestellte Aktualisierung innerhalb einer angemessenen Frist zu installieren, so **haftet der Unternehmer nicht** für einen Sachmangel.

§ 475b Abs. 5 BGB

§ 475c BGB

Wurde eine vertragliche Vereinbarung getroffen, dass die digitalen Elemente **nicht einmalig** mit der Lieferung der Sache, sondern dauerhaft über einen längeren Zeitraum zur Verfügung gestellt werden, so haftet der Unternehmer dafür, dass die digitalen Elemente während des Bereitstellungszeitraumes mindestens aber für einen Zeitraum von **zwei Jahren** ab der Ablieferung der Ware den entsprechenden Anforderungen genügen.

Digitale Produkte

§§ 327, 327b BGB

Bei Verbraucherverträgen über **digitale Produkte** geht es hauptsächlich darum, in welcher Weise (Art und Umfang) ein Unternehmer gegen Entgelt dem Verbraucher die digitalen Produkte bereitstellen muss. Je nach vertraglicher Vereinbarung kann es sich dabei um eine **einmalige Bereitstellung** (z. B. im Zusammenhang mit einem Kaufvertrag) oder um eine **fortgesetzte Bereitstellung** (z. B. Programm zur Erstellung von Steuererklärungen) handeln. Der Unternehmer ist jedenfalls verpflichtet, dem Verbraucher den digitalen Inhalt **zur Verfügung zu stellen**. Diese Verpflichtung hat der Unternehmer im Regelfall dann erfüllt, wenn er dem Verbraucher einen ungehinderten Zugriff (z. B. durch Herunterladen) ermöglicht hat.

§ 327c BGB

Kommt der Unternehmer seiner Bereitstellungspflicht nicht nach, so kann der Verbraucher den **Vertrag beenden**. Außerdem kann er **Schadensersatz** oder **Ersatz der vergeblichen Aufwendungen** verlangen.

Das **digitale Produkt** ist frei von Produktmängeln, wenn es neben §§ 327e Abs. 1 S. 1, Abs. 4 S. 2

- den subjektiven Anforderungen und
- den objektiven Anforderungen

zusätzlich noch den **Anforderungen an die Integration** entspricht.

Unter Integration ist dabei die Einbindung eines digitalen Produkts in die Komponenten der digitalen Umgebung des Verbrauchers zu verstehen (Hardware, Software oder Netzverbindungen).

Subjektive Anforderungen

§ 327e Abs. 2 BGB

Das digitale Produkt entspricht den **subjektiven Anforderungen**, wenn es

- die vereinbarte Beschaffenheit (z. B. Menge, Funktionalität) hat,
- wie vertraglich vereinbart Zubehör, Anleitungen und Kundendienst sowie
- die im Vertrag vereinbarten Aktualisierungen bereitstellt.

Objektive Anforderungen

§ 327e Abs. 3 BGB

Das digitale Produkt entspricht den **objektiven Anforderungen**, wenn

- es sich für die gewöhnliche Verwendung eignet,
- es eine Beschaffenheit (z. B. Menge, Funktionalität, Sicherheit) aufweist, die bei digitalen Produkten derselben Art üblich ist,
- es der Beschaffenheit einer Testversion entspricht,
- es mit dem Zubehör und den Anleitungen bereitgestellt wird, deren Erhalt der Verbraucher erwarten kann,
- dem Verbraucher Aktualisierungen bereitgestellt werden,
- sofern in der zum Zeitpunkt des Vertragsschlusses neuesten verfügbaren Versionen bereitgestellt werden.

Beispiel

Software zur Einbindung eines Staubsaugerroboters in eine Smarthome-Umgebung

§ 327e Abs. 2 S. 1a BGB

Claudia Holle hat sich zum Kaufpreis von 20,00 EUR eine Software zur Steuerung eines bereits vorhandenen Staubsaugerroboters gekauft. Damit will sie den Staubsauger über ihr Smartphone mit dem WLAN der Wohnung verbinden. Da das Programm nicht korrekt funktioniert liegt ein Produktmangel vor.

Ist das digitale Produkt mangelhaft, so kann der Verbraucher gegebenenfalls

§§ 327i, 327 m, 327n 280 Abs. 1, 327 m Abs. 3, 284 BGB

1. Nacherfüllung verlangen,
2. den Vertrag beenden oder den Preis mindern und
3. Schadensersatz oder Ersatz vergeblicher Aufwendungen verlangen.

1.4.4 Nicht rechtzeitige Lieferung – Lieferungsverzug

Voraussetzungen des Lieferungsverzugs

!

Erfüllt der Lieferer seine Lieferverpflichtung aus einem Kaufvertrag nicht zu dem vorgesehenen Zeitpunkt bzw. nicht innerhalb einer bestimmten Frist, so liegt eine nicht rechtzeitige Lieferung vor. Hat er die nicht rechtzeitige Lieferung zu vertreten, so handelt es sich um Lieferungsverzug (Schuldnerverzug des Lieferers).

Damit eine nicht rechtzeitige Lieferung gleichzeitig auch zu einem Lieferungsverzug führt, müssen drei Voraussetzungen erfüllt sein:

1. **Fälligkeit:**

   § 271 BGB

   Ohne Vereinbarung eines Liefertermins kann der Käufer die Lieferung sofort verlangen.

2. **Mahnung (Leistungsaufforderung):**

   Der Käufer ist verpflichtet, den Lieferer nach Eintritt der Fälligkeit zu mahnen, d.h. zur Leistung aufzufordern. Für eine Mahnung sind keine besonderen Formvorschriften zu beachten. Es ist auch nicht vorgeschrieben, dass das Wort „Mahnung" in der Erklärung des Käufers enthalten sein muss.

   § 286 Abs. 2 BGB

   Auf eine Mahnung kann verzichtet werden, wenn
   - für die Leistung eine Zeit nach dem Kalender bestimmt ist (z.B. „Lieferung am 18. Mai d.J."),
   - der Leistung ein Ereignis vorauszugehen hat und die Leistungszeit so bestimmt ist, dass sie sich von dem Ereignis an nach dem Kalender berechnen lässt (Liefertermin ist bestimmbar, z.B. „Lieferung sieben Tage nach Bestellung"),
   - der Lieferer die Leistung endgültig verweigert (z.B., wenn der Verkäufer erklärt, dass er nicht liefern kann) oder
   - aus besonderen Gründen unter Abwägung der Interessen beider Vertragspartner der sofortige Verzug gerechtfertigt ist (z.B., wenn der Verkäufer die alsbaldige Lieferung ausdrücklich angekündigt hat und trotzdem nicht liefert).

- **Vertretenmüssen:**

  §§ 286 Abs. 4, 276 Abs. 1 BGB

  Der Schuldner (Lieferer) hat grundsätzlich Vorsatz und Fahrlässigkeit zu vertreten. Er kommt grundsätzlich nur dann in Verzug, wenn die verspätete Leistung auf **Vorsatz oder Fahrlässigkeit** zurückzuführen ist. Der Lieferer trägt die Beweislast, wenn er die verspätete Lieferung nicht zu vertreten hat. Es wird also so lange von einem Verschulden des Lieferers ausgegangen, bis dieser das Gegenteil bewiesen hat (= **vermutetes Verschulden**). Handelt es sich bei der zu liefernden Sache jedoch nicht um eine **Stückschuld**, sondern um eine **Gattungsschuld**[1]), so hat der Lieferer aufgrund des Inhalts des Schuldverhältnisses automatisch das Beschaffungsrisiko übernommen. Damit liegt es an ihm, sich diese Ware

---

1 Eine Gattungsschuld liegt vor, wenn der Schuldner nur „der Gattung nach" bestimmte Sachen – also mehrfach vorhandene Sachen – schuldet (z.B. 2 Sack Kartoffeln, 10 Zentner Weizen u.Ä.) Bei einer Stückschuld (Speziesschuld) wird eine nur einmal vorhandene Sache (z.B. Originalgemälde) geschuldet.

anderweitig zu beschaffen und zu liefern. Bei Gattungswaren hat der Verkäufer demnach die Nichtleistung auch dann zu vertreten, wenn ihn keinerlei Verschulden trifft.

Fallbeispiele

Lieferungsverzug nach Mahnung

Frieda Müller e. K. hat am 1. Februar 10 000 l Heizöl zu 0,70 € je Liter bestellt. Am 28. Februar mahnt **Müller** den Heizöllieferanten **Neumann**, weil für eine Ausstellung die Beheizung von zwei Großräumen gesichert sein muss. Daraufhin teilt **Neumann** mit, dass er bedauere, zurzeit nicht liefern zu können, weil die Mineralölgesellschaft aufgrund bestehender Förderbegrenzungen selbst nicht liefern kann.
Heizöllieferant Neumann kommt durch die Mahnung am 28. Februar in Lieferungsverzug.

Lieferungsverzug ohne Mahnung

Fall 1:
Als Lieferungstermin für einen Sack Kartoffeln wurde „Lieferung am 15. Februar ..“ vereinbart. Der Lieferer gerät auch ohne Mahnung in Verzug, weil der Liefertermin kalendermäßig **bestimmt** ist („der Kalender mahnt“). **§ 286 Abs. 2 Nr. 1 BGB**

Fall 2:
Als Lieferungstermin für ein Schülerlexikon wurde „zwei Wochen nach Bestellung“ vereinbart. Der Lieferer gerät ohne Mahnung in Verzug, falls er nicht innerhalb von zwei Wochen nach Bestellung geliefert hat, weil der Liefertermin **bestimmbar** ist. **§ 286 Abs. 2 Nr. 2 BGB**

Fall 3: Lieferungsverzug aufgrund besonderer Umstände
Pizzeriabesitzer Alfonso bemerkt in seiner Pizzeria eines Morgens, dass der Pizzaofen defekt ist. Sofort ruft er Elektriker God an, der ihm zusagt, die Reparatur sofort auszuführen. Alfonso weist darauf hin, dass mit erheblichen Umsatzeinbußen zu rechnen ist, wenn er die Pizzeria nicht um 12:00 Uhr öffnen kann. God trifft jedoch erst um 15:00 Uhr ein, deshalb entgeht Alfonso ein Gewinn von 400,00 €.
Da God – trotz zugesagter unverzüglicher Reparatur – erst Stunden später erscheint, ist es gerechtfertigt, den Verzug auch ohne Mahnung eintreten zu lassen.

Hinweis:
Bei der Reparatur handelt es sich um einen Werkvertrag und nicht um einen Kaufvertrag.

Rechte des Käufers bei Lieferungsverzug

Die Rechte, die dem Käufer bei einem Lieferungsverzug des Verkäufers zustehen, sind davon abhängig, ob er dem Lieferer noch eine Nachfrist zur Erfüllung setzt oder ohne Nachfristsetzung auf Erfüllung des Vertrages besteht:

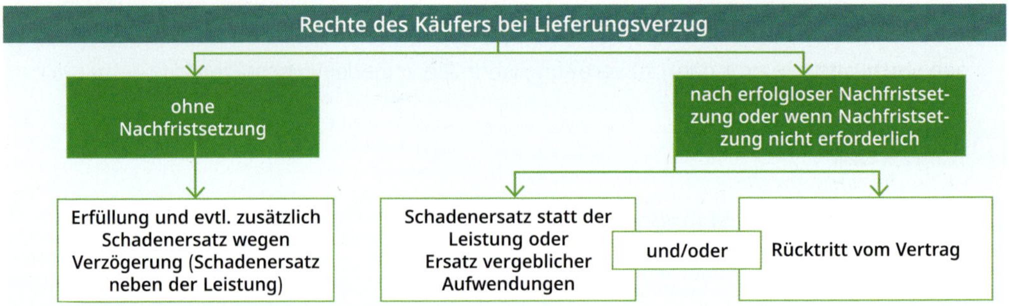

Rechte des Käufers ohne Nachfristsetzung

1. **Recht auf Erfüllung und zusätzlich evtl. Schadenersatz wegen Verzögerung (Verzögerungsschaden)**

   Der Käufer kann ohne Nachfristsetzung auf Erfüllung bestehen, da der Verkäufer den Vertrag bislang nicht erfüllt hat. Entsteht dem Käufer aus dem Lieferungsverzug ein Schaden, so kann er – falls die entsprechenden Voraussetzungen (Fälligkeit, Mahnung, Vertretenmüssen) erfüllt sind – neben dem Erfüllungsanspruch einen **Schadenersatzanspruch** geltend machen. Dabei ist der Käufer vermögensmäßig so zu stellen, wie er bei ordnungsmäßiger Erfüllung des Vertrages gestanden hätte (positives Interesse).

Beispiel

Rechte des Käufers bei Lieferungsverzug ohne Nachfristsetzung

Martha Burger hat am 20. Oktober beim Bastelshop Karle Spezialkleber im Wert von 32,00 € bestellt. Als der Kleber am 10. November immer noch nicht eingetroffen ist, mahnt Martha Burger den Bastelshop. Am 12. Dezember trifft die Lieferung ein. Wegen der verspäteten Lieferung musste Martha Burger ihre Teilnahme an einem Weihnachtsmarkt absagen (entgangener Gewinn: 150,00 €).

Martha Burger kann neben der Erfüllung vom Lieferer den entgangenen Gewinn in Höhe von 150,00 € verlangen (Verzögerungsschaden). Dadurch ist sie so gestellt, wie sie gestanden hätte, wenn der Vertrag ordnungsgemäß erfüllt worden wäre. Dann wäre sie im Besitz des Klebers und hätte 150,00 € Gewinn erzielt (positives Interesse).

§§ 281, 323 BGB

Rechte des Käufers nach erfolgloser oder bei nicht erforderlicher Nachfristsetzung

Damit der Käufer **andere Rechte** als die nachträgliche Erfüllung des Vertrags und Ersatz des Verzögerungsschadens geltend machen kann, muss er dem Lieferer noch eine letzte Möglichkeit einräumen **(angemessene Nachfrist setzen)**, den Vertrag doch noch zu erfüllen. Eine Nachfrist ist angemessen, wenn der Lieferer die Möglichkeit erhält, eine begonnene Leistung zu vollenden. Unter bestimmten Voraussetzungen ist allerdings eine solche Nachfrist aufgrund gesetzlicher Bestimmungen nicht erforderlich.

§ 281 Abs. 1 BGB

1. **Schadenersatz statt der Leistung (Nichterfüllungsschaden)**

   Macht der Käufer von diesem Recht Gebrauch, so verzichtet er auf Erfüllung des Vertrages und verlangt stattdessen Ersatz des durch die Nichterfüllung entstandenen Schadens (Leistungsanspruch wird in einen Schadenersatzanspruch umgewandelt).

   Das Setzen einer **Nachfrist** als Voraussetzung für die Inanspruchnahme dieses Rechts **ist nicht erforderlich, wenn**

§ 281 Abs. 2 BGB

- der Lieferer die Leistung verweigert,
- besondere Umstände vorliegen, die unter Abwägung der beiderseitigen Interessen die sofortige Geltendmachung des Schadenersatzanspruchs rechtfertigen.

Anstelle des Schadenersatzes statt der Leistung kann der Käufer Ersatz der Aufwendungen verlangen, die er im Vertrauen auf den Erhalt der Leistung gemacht hat (**vergebliche Aufwendungen**).

2. **Rücktritt vom Vertrag** § 323 Abs. 1 BGB
   Der Käufer hat neben dem Recht auf Schadenersatz auch das Recht auf **Rücktritt vom Vertrag.** Ein Rücktritt vom Vertrag ist nur dann möglich, wenn der Käufer dem Lieferer eine angemessene Nachfrist gesetzt hat, die inzwischen abgelaufen ist. Das Setzen einer **Nachfrist** als Voraussetzung für den Rücktritt **ist nicht erforderlich, wenn** § 323 Abs. 2 Nr. 1–3 BGB
   - der Lieferer die Leistung verweigert,
   - die Leistung für einen bestimmten Termin oder eine bestimmte Frist vereinbart wurde,
   - besondere Umstände vorliegen (s. oben).

Beispiel

Schadenersatz nach abgelaufener Nachfrist

Martha Burger (s. Seite 70) hat am 10. November dem Lieferer eine angemessene Nachfrist von 14 Tagen gesetzt. Als nach dieser Zeit die Lieferung noch nicht eingetroffen ist, verzichtet sie auf Erfüllung und kauft den Kleber von einem anderen Lieferer (Deckungskauf), der allerdings nur zu einem Preis von 40,00 € liefert. Martha Burger kann die entstandenen Mehraufwendungen in Höhe von 8,00 € zuzüglich evtl. entstandener weiterer Bestellkosten vom Lieferer verlangen.

Ersatz vergeblicher Aufwendungen

Katja Noel hat einem Radio- und Fernsehfachgeschäft den Auftrag erteilt, auf ihrem Dach eine Satellitenanlage zu montieren. Für die Montage wurde lt. Vertrag der 24. März (Fixtermin) vorgesehen. Um den Monteuren entsprechende Anweisungen zu geben, hat sie an diesem Tag Urlaub genommen. Katja Noel kann Verdienstausfall geltend machen, wenn am 24. März nicht geliefert wird (§ 284 BGB).

Rücktritt bei fest vereinbartem Termin

Björn Bauer hat bei einem Sportgeschäft ein Snowboard bestellt (fest vereinbarter Liefertermin: 10. Dezember). Nachdem das Snowboard an diesem Tag nicht eingetroffen ist, tritt Björn Bauer vom Vertrag zurück. Zwischenzeitlich hat er herausgefunden, dass ein anderer Händler das Snowboard zu einem erheblich günstigeren Preis liefern kann. Der Rücktritt vom Vertrag ist ohne das Setzen einer Nachfrist möglich, weil für die Leistung ein fester Termin vereinbart wurde.

Rechte des Käufers bei Vereinbarung eines Fixgeschäfts und Fixkaufs

Haben Verkäufer und Käufer durch Klauseln wie z. B. „fix", „genau" oder „spätestens" die Lieferung zu einem festen Liefertermin vereinbart, so tritt der Lieferungsverzug automatisch ein, wenn der Verkäufer seine Pflicht, rechtzeitig zu liefern, verletzt. Abhängig davon, ob der **Kaufvertrag zwischen einem Kaufmann und einem Nichtkaufmann (= einseitiger Handelskauf)** oder zwischen **zwei Nichtkaufleuten (= bürgerlicher Kauf)** geschlossen wurde, sind unterschiedliche Käuferrechte zu unterscheiden.

bürgerlicher Kauf (= Fixgeschäft § 323 Abs. 2 BGB)	einseitiger Handelskauf (= Fixkauf bzw. Fixhandelskauf § 376 HGB)
▪ sofortiger Rücktritt vom Vertrag (§ 323 Abs. 2 Nr. 2 und 3 BGB) ▪ Schadenersatz statt der Leistung ohne **Nachfristsetzung**, wenn die nachträgliche Lieferung für den Käufer sinnlos und die vertragsgemäße Erfüllung somit unmöglich ist (z. B: Hochzeitskleid = absolutes Fixgeschäft); §§ 275, 281 Abs. 2 BGB ▪ Schadenersatz statt der Leistung **mit Nachfristsetzung**, wenn die Nichteinhaltung des Liefertermins das Geschäft nicht hinfällig macht (relatives Fixgeschäft); § 281 Abs. 1 BGB	▪ sofortiger Rücktritt vom Vertrag (§ 376 Abs. 1 HGB wie beim Fixgeschäft) **Immer:** Schadenersatz wegen Nichterfüllung ohne Nachfristsetzung (§ 376 Abs. 1 HGB)

Beispiel

Fixgeschäfte

Vereinbarungen
- über die Lieferung einer Hochzeitstorte oder eines Weihnachtsbaumes;
- einer Taxifahrt für eine bestimmte Uhrzeit, um einen bestimmten Zug oder Flug zu erreichen.

Rechte bei Überschreiten eines Liefertermins bei einem Fixgeschäft
Richard und Elvi Sommer haben bei der Bäckerei Kammerer verschiedene Backartikel (Preis 120,00 €) für einen Sektempfang anlässlich ihrer Hochzeit für den 16. Juni d.J. 10:00 Uhr bestellt. Als um 10:15 Uhr die Backwaren nicht eingetroffen sind, erklärt die Bäckerei Kammerer auf eine telefonische Rückfrage, dass der Auftrag „vergessen“ wurde. Daraufhin bestellt Richard Sommer die Backwaren bei der Bäckerei Berner, die umgehend zum Preis von 140,00 € liefert.

Da es sich um ein Fixgeschäft handelt, können Richard und Elvi Sommer ohne Nachfristsetzung vom Vertrag zurücktreten und Schadenersatz statt der Leistung mindestens in Höhe von 20,00 € verlangen.

Aufgaben 1 und 2 Seite 73

Zusammenfassende Übersicht zu Kapitel 1.4.4: Nicht rechtzeitige Lieferung – Lieferungsverzug

Voraussetzungen für den Eintritt eines Lieferungsverzugs

Schuldverhältnis (gültiger Vertrag – z. B. Kaufvertrag)

Nichtleistung trotz Fälligkeit (§ 271 BGB) + **Mahnung (§ 286 Abs. 1 BGB)** + **Vertretenmüssen (§§ 286 Abs. 4, 276 BGB)**

Nicht erforderlich (§ 286 Abs. 2 BGB), wenn:
- ❶ Zeit nach Kalender bestimmt (z. B. Lieferung erfolgt am ...)
- ❷ Zeit bestimmbar (z. B. Lieferung erfolgt zehn Kalendertage nach Auftragsbestätigung)
- ❸ Schuldner erklärt, dass er die Lieferung verweigert.

Rechte des Käufers bei Lieferungsverzug

ohne Nachfristsetzung

Lieferung verlangen (= Erfüllung des Vertrages § 433 Abs. 1 BGB)

und bei entstandenem Verzögerungsschaden:

Schadenersatz zusätzlich zur Leistung (Verzögerungsschaden – § 280 BGB)

nach erfolgloser oder nicht erforderlicher Nachfristsetzung

- Schadenersatz statt der Leistung (§§ 280 Abs. 1, Abs. 3, 281 BGB, 376 HGB)
- oder Ersatz vergeblicher Aufwendungen (§ 284 BGB)
- Rücktritt (§§ 323 Abs. 1 BGB, 376 HGB)

Rücktritt und Schadenersatz sind auch zusammen möglich (§ 325 BGB).

Aufgaben

1. Geltendmachung von Rechten bei eingetretenem Lieferungsverzug

Geben Sie an, unter welchen Voraussetzungen der Käufer im Falle eines Lieferungsverzugs die nachstehenden Rechte geltend machen wird:

a) auf Erfüllung des Vertrages bestehen,
b) auf Erfüllung des Vertrages bestehen und Ersatz des Verzögerungsschadens verlangen,
c) vom Vertrag zurücktreten,
d) Rücktritt und Schadenersatz wegen Nichterfüllung verlangen.

2. Eintritt und Rechte bei Lieferungsverzug

Linus Elsässer bestellte bei der Sport-Versand GmbH, Heilbronn, ein Rennrad für 1.400,00 €, Katalog-Nr. 7550, zur Lieferung fest für den 25. Juli (Beginn der Sommerferien). Elsässer hat geplant, zusammen mit Freunden seines Radsportclubs eine Portugal-Rundfahrt zu unternehmen. Bereits zwei Tage nach Bestellung hat die Sport-Versand GmbH per E-Mail den Auftrag bestätigt. Da das Rennrad bis zum 26. Juli nicht geliefert wurde, besorgt er sich ein vergleichbares Rad beim örtlichen Fahrradgeschäft Mertens für allerdings 1.600,00 €.

Prüfen Sie,

a) ob sich die Sport-Versand GmbH in Lieferungsverzug befindet und
b) Elsässer vom Vertrag zurücktreten und den Mehrpreis geltend machen kann.

1.4.5 Nicht rechtzeitige Zahlung – Zahlungsverzug

Während der Lieferer Warenschuldner ist, schuldet der Käufer die Zahlung des vereinbarten Kaufpreises. Mit Abschluss des Vertrages hat er sich verpflichtet, den vereinbarten Kaufpreis zu den vereinbarten Zahlungsbedingungen zu entrichten, entweder sofort nach Lieferung, nach Ablauf einer bestimmten Frist (Zahlungsziel) oder in Raten zu bestimmten Terminen.

Erfüllt ein Käufer seine Zahlungsverpflichtung aus einem Kaufvertrag nicht zum vereinbarten Zeitpunkt bzw. nicht innerhalb einer bestimmten Frist, so liegt eine nicht rechtzeitige Zahlung vor.

Der Käufer hat seine Zahlungsverpflichtung rechtzeitig erfüllt, wenn der Gläubiger den Geldbetrag innerhalb der Zahlungsfrist erhalten hat (Geldschulden sind Bringschulden).

Um Zahlungsverzug handelt es sich, wenn der Käufer die nicht rechtzeitige Zahlung zu vertreten hat.

Erfüllt er diese Verpflichtung nicht oder nicht rechtzeitig, gerät er unter bestimmten Voraussetzungen in **Zahlungsverzug** (Schuldnerverzug des Käufers). Für den Eintritt des Zahlungsverzugs gelten ähnliche Voraussetzungen wie für den Lieferungsverzug.

Voraussetzungen des Zahlungsverzugs

1. **Fälligkeit**

   In gleicher Weise wie beim Lieferungsverzug ist auch für den Eintritt des Zahlungsverzugs Voraussetzung, dass die Leistung **fällig** ist.

§ 286 Abs. 2 BGB

- Wurde für die Fälligkeit der Zahlung ein kalendermäßiger Zeitpunkt bestimmt, so kommt der Schuldner mit dem Eintritt der Fälligkeit **ohne Mahnung** in Verzug. Das Gleiche gilt, wenn ein solcher Zeitpunkt bestimmbar ist (z. B. „Zahlung zwei Wochen nach Lieferung").

§ 283 Abs. 3 BGB

- Wurde für die Fälligkeit der Zahlung **kein** kalendermäßiger Zeitpunkt bestimmt, so ist die Zahlung sofort fällig. Der Schuldner (Käufer) kommt **ohne Mahnung spätestens 30 Tage nach Fälligkeit und Zugang der Rechnung** (oder einer Zahlungsaufstellung) in Verzug. Durch die Formulierung „spätestens" wird zum Ausdruck gebracht, dass der Verkäufer die Möglichkeit hat, durch eine Mahnung einen früheren Eintritt des Zahlungsverzugs herbeizuführen.

Ist der Käufer **Verbraucher (Verbrauchsgüterkauf)**, so gilt diese Vorschrift nur dann, wenn er in der Rechnung besonders auf den Verzugseintritt nach 30 Tagen hingewiesen wurde (**Verbraucherprivileg**).

2. **Mahnung**

   Falls der Kaufvertrag keine Vereinbarungen zum Zahlungstermin enthält, kann der Verkäufer die Zahlung sofort nach Lieferung verlangen. Deshalb kann er auch schon vor Ablauf der 30-Tagesfrist in Verzug geraten, wenn er vom Verkäufer vorher gemahnt wurde.

§ 276 Abs. 1 Satz 2 BGB

Die Mahnung des Lieferers soll dem säumigen Schuldner deutlich machen, dass er bei jeder weiteren Zahlungsverzögerung mit nachteiligen Folgen zu rechnen hat. Der Verkäufer wird im Regelfall bereits mit der Mahnung eine angemessene Nachfrist für die Zahlung setzen. Damit ist er berechtigt, sofort nach Ablauf der Nachfrist vom Vertrag zurückzutreten bzw. weitere Rechte geltend zu machen.

§ 286 Abs. 2 Nr. 1 BGB

Der Käufer kommt in bestimmten Fällen auch ohne Mahnung in Zahlungsverzug. Eine Mahnung ist in den nachstehend genannten Fällen nicht erforderlich:

- Ein Zahlungstermin ist **kalendermäßig bestimmt**.
- Ein Zahlungstermin ist **kalendermäßig bestimmbar**. (Die Bestimmung eines kalendermäßig bestimmten oder bestimmbaren Termins muss Gegenstand einer Vereinbarung im Kaufvertrag sein.)
- Der Käufer (Geldschuldner) erklärt, dass er die Zahlung nicht leisten werde.
- Die 30-Tagesfrist ist abgelaufen.

3. **Vertretenmüssen**

§ 276 Abs. 1 BGB

Kann der Käufer seine Geldschuld wegen **finanzieller Leistungsunfähigkeit** nicht erfüllen, so hat er dies auch dann zu vertreten, wenn ihn kein Verschulden trifft. Es gilt der Grundsatz „Geld hat man zu haben". Der Käufer gerät also in diesem Fall – ähnlich wie beim Lieferungsverzug bei Gattungsschulden – wegen der Übernahme eines Beschaffungsrisikos in Verzug.

Beispiel

Eintritt des Zahlungsverzugs
1. Als Zahlungstermin wurde vereinbart: „Zahlbar bis spätestens 17.09. d.J. „Der Schuldner kommt ohne Mahnung in Verzug, wenn der Lieferer nicht spätestens am 17.09. d.J. über den Geldbetrag verfügen kann (z.B. Gutschrift auf seinem Konto).
2. Frieda Aman kauft am 15.05. d.J. bei einem Gardinenstudio eine Gardinenleiste für ihr Wohnzimmer zum Preis von 380,00 €. Bei Lieferung erhält sie eine Rechnung mit dem Verbraucherhinweis:
   „Um zu vermeiden, dass Sie in Zahlungsverzug geraten, bezahlen Sie diese Rechnung innerhalb von 30 Tagen nach Rechnungsdatum".

Eintritt des Zahlungsverzugs: 14.06. d.J. 24:00 Uhr
Beginn des Zahlungsverzugs (erster Verzugstag): 15.06. d.J. 00:00 Uhr (Mahnung ist nicht erforderlich.)
Fehlt in der Rechnung der Verbraucherhinweis, so kann Frau Aman nur durch eine Mahnung in Verzug geraten.

Zahlungsverzug bei Eintritt von Arbeitslosigkeit
Katja Ibert kann ihre Ratenzahlungen beim Versandhaus Kehrer in Höhe von 1.200,00 € (gesamte Restschuld) nicht mehr erfüllen, da sie zwischenzeitlich - ohne eigenes Verschulden - arbeitslos geworden ist.
Katja Ibert kommt in Verzug, wenngleich die Zahlungsschwierigkeiten im vorliegenden Fall auf die Geschäftsaufgabe ihres Arbeitgebers zurückzuführen sind. Bei Geldschulden hat der Schuldner die Nichtleistung fast immer zu vertreten. Nur in seltenen Ausnahmen (z.B. bei plötzlichem Auftreten einer schweren Krankheit) hat der Geldschuldner seine Leistungsunfähigkeit nicht zu vertreten.

Rechte des Gläubigers bei Zahlungsverzug

Beim Zahlungsverzug stehen dem Gläubiger **wahlweise** Rechte zu, ähnlich wie sie dem Käufer im Falle des Lieferungsverzugs eingeräumt werden:

1. **Rechte ohne Nachfristsetzung**

   Recht auf Erfüllung (Zahlungsanspruch) und evtl. Schadenersatz wegen Verzögerung (Verzögerungsschaden) §§ 280, 286 BGB

   Dem Verkäufer entsteht ein Verzögerungsschaden, wenn er erst verspätet über die Gegenleistung verfügen kann. Ist er z.B. wegen der noch nicht eingegangenen Zahlung gezwungen, einen Kredit aufzunehmen, so errechnet sich der entstandene Schaden aus den Kreditzinsen und den zusätzlichen Kosten (z.B. Mahngebühr). Aber selbst dann, wenn der Verkäufer keinen Kredit aufgenommen hat, können Verzugszinsen geltend gemacht werden. Der Zinssatz für **Verzugszinsen** beträgt:
   - 5 Prozentpunkte über dem **Basiszinssatz**[1] bei Rechtsgeschäften, an denen ein Verbraucher beteiligt ist (**Verbrauchsgüterkauf**).
   - 9 Prozentpunkte über dem **Basiszinssatz** bei Rechtsgeschäften, an denen ein Verbraucher nicht beteiligt ist (**zweiseitiger Handelskauf**).

2. **Rechte nach abgelaufener oder nicht erforderlicher Nachfrist**
   - **Rücktritt vom Vertrag**
     Der Verkäufer kann nach Ablauf einer angemessenen Nachfrist für die Zahlung die gelieferte Ware wieder zurückverlangen. Von diesem Recht wird er Gebrauch machen, wenn er die Ware zwischenzeitlich zu einem höheren Preis verkaufen kann. § 323 Abs. 1 BGB
   - **Schadenersatz statt der Leistung (Nichterfüllungsschaden)** § 281 Abs. 1 BGB
     Macht der Lieferer von diesem Recht Gebrauch, so verlangt er die gelieferte Ware wieder zurück und kann gegebenenfalls Rücknahmekosten, Verzugszinsen, Kosten für die Abnutzung und Ersatz des entgangenen Gewinns verlangen.

1 Der Basiszinssatz kann über die Homepage der Deutschen Bundesbank abgefragt werden. Er betrug zum 1. Juli 2023 3,12%.

Beispiel

Inanspruchnahme verschiedener Rechte bei Zahlungsverzug

Reifenhändler Link liefert dem Kunden Kubin (Verbraucher) einen Satz Winterreifen zum vereinbarten Kaufpreis von 450,00 €. Auf der Rechnung war kein Verbraucherhinweis über den Eintritt des Zahlungsverzugs enthalten. Die Rechnung ging Kubin zusammen mit der Lieferung am 16.02. d.J. zu. Am 08.03. d.J. erhält Kubin eine Mahnung.

1. Rechte des Lieferers ohne Nachfristsetzung:

Kubin begleicht die Rechnung am 18.03. d.J. Der Lieferer hat einen Zahlungsanspruch (450,00 €) zuzüglich Verzögerungsschaden (Zinsen für zehn Tage – vom 08.03. bis 18.03.). Berechnung: Basiszinsfuß zuzüglich 5 Prozentpunkte, da es sich um einen Verbrauchsgüterkauf handelt. Kann ein höherer Schaden nachgewiesen werden (z.B. bei Aufnahme eines Überziehungskredits zu höheren Zinsen), kann dieser geltend gemacht werden.

2. Rechte des Lieferers mit Nachfristsetzung:

Nach Ablauf einer angemessenen Nachfrist kann Reifenhändler Link:

Vom Vertrag zurücktreten: Der Käufer müsste in diesem Falle die Reifen wieder zurückgeben und gegebenenfalls bei Abnutzung Wertersatz leisten (§ 346 BGB). Da der Verkäufer aber ein Verkaufsinteresse hat, wird von diesem Recht eher selten Gebrauch gemacht.

Schadenersatz statt der Leistung (Nichterfüllungsschaden) verlangen: Reifenhändler Link nimmt die Reifen wieder zurück und verlangt Rücknahmekosten, Verzugszinsen, Kosten für die Abnutzung und Ersatz des entgangenen Gewinns.

Zusammenfassende Übersicht zu Kapitel 1.4.5: Nicht rechtzeitige Zahlung – Zahlungsverzug

Aufgaben 1 und 2 Seite 78

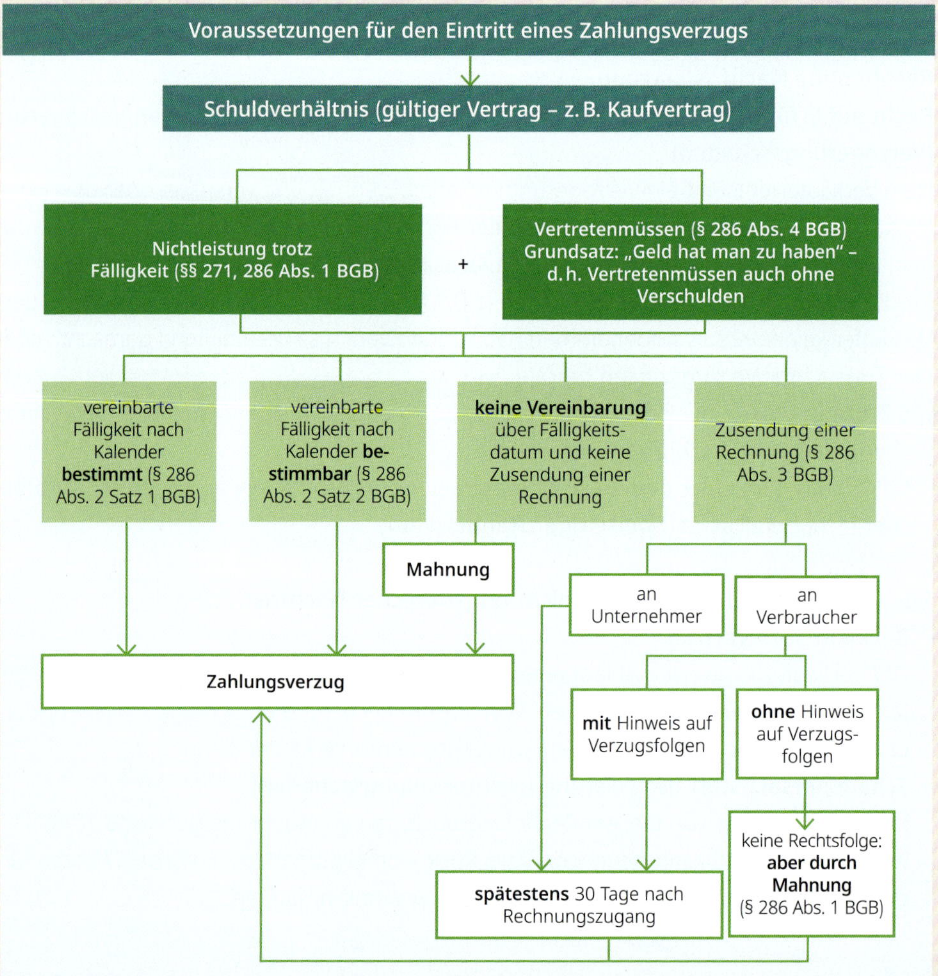

Zusammenfassende Übersicht zu Kapitel 1.4.5: Nicht rechtzeitige Zahlung – Zahlungsverzug (Fortsetzung)

Rechte des Lieferers bei Zahlungsverzug des Käufers

ohne Nachfristsetzung	nach verstrichener oder nicht erforderlicher Nachfrist (z. B. bei fest vereinbartem Zahlungstermin)
Zahlungsanspruch (§ 433 Abs. 1 BGB) + evtl. Schadenersatz wegen Verzögerung (Verzögerungsschaden – § 280 Abs. 1 BGB)	**Schadenersatz statt der Leistung (Nichterfüllungsschaden – §§ 280 Abs. 1, Abs. 3, 281 BGB)** **und/oder** **Rücktritt vom Vertrag (§ 323 Abs. 1 BGB)** **anstatt Schadenersatz Ersatz vergeblicher Aufwendungen (§ 284 BGB) – eher selten**

Höhe der Verzugszinsen

Verträge, an denen ein Verbraucher beteiligt ist		Verträge, an denen ein Verbraucher *nicht* beteiligt ist (z. B. zweiseitiger Handelskauf)
Basiszinssatz (§ 247 BGB)	1. Juli 2023: 3,12 %	Basiszinssatz (§ 247 BGB)
+ 5 Prozentpunkte		+ 9 Prozentpunkte
(§ 288 Abs. 1 BGB)		(§ 288 Abs. 2 BGB)

bei Nachweis: Geltendmachung eines höheren Schadens möglich (§ 288 Abs. 4 BGB)

Aufgaben

1. Eintritt des Zahlungsverzuges – Verzugszinsen

Das Autohaus Link hat seinem Kunden Leo Munz am 5. Oktober d.J. einen Pkw im Wert von insgesamt 28.300,00 € geliefert. Entsprechend der getroffenen vertraglichen Vereinbarungen über Lieferung und Zahlung ging Munz zusammen mit der Lieferung folgende Rechnung (Auszug) zu:

Warenwert	%	MwSt.-Betrag	Zahlungs-bedingungen	Rechnungsbetrag
23.781,51 €	19	4.518,49 €	zahlbar sofort ohne Abzug	28.300,00 €
Hinweis: Um zu vermeiden, dass Sie in Zahlungsverzug geraten, bezahlen Sie diese Rechnung innerhalb von 30 Tagen nach Rechnungsdatum.				

Die Buchhalterin des Autohauses Link stellt fest, dass Munz am 30. November d.J. den ausstehenden Rechnungsbetrag noch nicht beglichen hat.

a) Prüfen Sie, ob sich Munz in Zahlungsverzug befindet.
b) Begründen Sie, ob das Autohaus Link Verzugszinsen verlangen kann. Geben Sie an, welcher Zinssatz dabei gegebenenfalls zugrunde gelegt werden kann.

2. Zahlungsverzug - Rücktritt vom Vertrag

Leonie Bieber hat am 16. Juni d.J. einen „antiken" Schrank an Julius Burg verkauft. Es wurde vereinbart, dass Julius Burg innerhalb von acht Tagen den Kaufpreis in Höhe von 2.600,00 € auf das Girokonto von Leonie Bieber überweist. Nachdem der ausstehende Betrag nicht eingegangen ist, erhält Julius Burg von Leonie Bieber am 26. Juni d.J. eine Mahnung mit der Bitte um umgehende Begleichung des ausstehenden Betrags.

a) Prüfen Sie, ob sich Julius Burg in Zahlungsverzug befindet.
b) Nachdem der Betrag bei Leonie Bieber am 10. Juli d.J. immer noch nicht eingegangen ist, will sie vom Vertrag zurücktreten, da sie den Schreibtisch zwischenzeitlich zu einem wesentlich höheren Preis verkaufen könnte. Stellen Sie fest, ob – gegebenenfalls unter welchen Voraussetzungen – Frau Bieber vom Vertrag zurücktreten kann.

1.5 Verjährung

Wesen der Verjährung

§ 194 BGB

Ansprüche auf Leistungen (z.B. auf Zahlung des vereinbarten Kaufpreises) können nach Ablauf bestimmter Fristen nicht mehr geltend gemacht werden; sie unterliegen der **Verjährung.** Wenngleich der Anspruch auch weiterhin bestehen bleibt, so kann der Schuldner nach Eintritt der Verjährung die Leistung verweigern; ihm steht die **Einrede der Verjährung** zu. Ist jedoch ein bereits verjährter Anspruch erfüllt worden, kann die erbrachte Leistung nicht mehr zurückgefordert werden.

Ist Verjährung eingetreten, dann hat ein Schuldner das Recht, die Leistung zu verweigern. § 214 BGB

Die Verjährung dient dem Rechtsfrieden und der Rechtssicherheit.

Verjährungsfristen

Wichtige gesetzliche Verjährungsfristen (Auszug)	
Fristen	**Gültigkeit (Beispiele)**
regelmäßige Verjährungsfrist: drei Jahre (§ 195 BGB)	Ansprüche der Privatleute, Gewerbetreibenden, Darlehensgeber
verlängerte Verjährungsfristen: zehn Jahre (§ 196 BGB)	▪ Ansprüche auf Übertragung des Eigentums an einem Grundstück ▪ Ansprüche auf Gegenleistung (Zahlung) bei einem Grundstück
30 Jahre (§ 197 BGB) drei Jahre, falls diese Ansprüche regelmäßig wiederkehrende Leistungen beinhalten	▪ Herausgabeansprüche aus Eigentum und anderen dinglichen Rechten ▪ familien- und erbrechtliche Ansprüche ▪ rechtskräftig festgestellte Ansprüche (Urteile) ▪ Ansprüche aus vollstreckbaren Vergleichen oder vollstreckbaren Urkunden ▪ vollstreckbare Ansprüche aus einem Insolvenzverfahren
verkürzte Verjährungsfrist: zwei Jahre (§ 438 Abs. 1 Nr. 3 BGB)	Gewährleistungsansprüche auf Nacherfüllung, Schadenersatz oder Aufwendungsersatz aus **Kaufverträgen** **Ausnahme:** regelmäßige Verjährungsfrist (drei Jahre), wenn der Verkäufer den Mangel arglistig verschwiegen hat (§ 438 Abs. 3 BGB)

Beginn der Verjährungsfrist

Die **regelmäßige Verjährungsfrist** beginnt mit dem **Schluss des Jahres,** in dem der Anspruch **entstanden ist** und der Gläubiger davon Kenntnis hat. § 199 Abs. 1 BGB

Bei Ansprüchen, die **nicht der regelmäßigen Verjährungsfrist** unterliegen, beginnt die Verjährungsfrist **mit der Entstehung des Anspruchs.** § 200 BGB

Hemmung der Verjährung

Ist die Verjährung gehemmt, so wird der Ablauf der Frist für eine bestimmte Zeit **angehalten**. Dadurch verlängert sich die Verjährungsfrist um die Zeitspanne der Hemmung. § 203 ff. BGB

Die Verjährung ist gehemmt bei:

1. **Rechtsverfolgung** § 204 BGB
   - Erhebung von Klage auf Leistung
   - Zustellung des Mahnbescheids im Mahnverfahren
   - Anmeldung von Ansprüchen im Insolvenzverfahren

   Die Hemmung endet **sechs Monate** nach der rechtskräftigen Entscheidung bzw. anderweitigen Beendigung des eingeleiteten Verfahrens.

§ 203 BGB

2. **Verhandlungen über den Anspruch**
Finden zwischen dem Schuldner und dem Gläubiger Verhandlungen über den Anspruch oder die den Anspruch begründenden Umstände statt, so ist die Verjährung gehemmt, bis einer der Beteiligten die Fortsetzung der Verhandlungen verweigert.
Die Verjährung tritt frühestens **drei Monate** nach der Hemmung ein.

§ 205 BGB

3. **Leistungsverweigerungsrecht des Schuldners (205 BGB)**
Die Verjährung ist gehemmt, solange der Schuldner aufgrund einer Vereinbarung mit dem Gläubiger vorübergehend zur Verweigerung der Leistung berechtigt ist.

§ 206 BGB

4. **Höherer Gewalt (§ 206 BGB)**
Die Verjährung ist gehemmt, solange der Gläubiger innerhalb der **letzten sechs Monate der Verjährungsfrist** durch höhere Gewalt an der Rechtsverfolgung gehindert ist.

Beispiel

Hemmung der Verjährung
Automobilhändler Gerhardt erhebt am 31.12. d.J. beim zuständigen Amtsgericht Klage auf Zahlung des Kaufpreises durch seinen Kunden Schlick. Schlick verweigert die Zahlung, weil das gekaufte Auto seiner Meinung nach Mängel aufweist. Durch ein rechtskräftiges Urteil wird der Klage von Gerhardt entsprochen.

Mit der Einreichung der Klage will Gerhardt verhindern, dass sein Anspruch verjährt. Durch die Klageerhebung wird die Verjährung gehemmt. Sechs Monate nach der rechtskräftigen Entscheidung endet die Hemmung. Die Verjährungsfrist beträgt nunmehr jedoch 30 Jahre ab Rechtskraft des Urteils (§§ 197 Abs. 1 Nr. 3, 201 BGB).

Zwischen einem Maschinenhersteller und dessen Kunde finden Verhandlungen über einen Nachbesserungsanspruch an einer gelieferten Spezialmaschine statt. Der Maschinenhersteller behauptet, dass der aufgetretene Schaden auf einen Bedienungsfehler zurückzuführen ist, während der Kunde sich auf einen Sachmangel beruft.

Die Verjährung des Nachbesserungsanspruchs ist **gehemmt.**

Fahrradhändler Schulz erfährt, dass sein Kunde Kern unverschuldet in Zahlungsschwierigkeiten geraten ist. In einem Schreiben teilt er Kern mit, dass er sich mit der bereits fälligen Zahlung des vor zwölf Monaten erworbenen Fahrrades noch zwei Monate Zeit lassen kann.

Aufgrund der getroffenen Vereinbarung ist Kern für zwei Monate zur Verweigerung der Zahlung berechtigt. Dadurch ist die Verjährung gehemmt.

Neubeginn der Verjährungsfrist

Die Verjährungsfrist beginnt erneut, wenn

§ 212 BGB

1. **der Schuldner** seine Schuld anerkennt (Beispiele: Abschlagszahlung, Zinszahlung, Bitte um Stundung).

Aufgaben 1 und 2 Seite 82

2. **der Gläubiger** eine gerichtliche Vollstreckungshandlung beantragt (Beispiel: Antrag auf Zwangsvollstreckung nach erfolglosem gerichtlichen Mahnverfahren). Ein außergerichtliches Mahnschreiben des Gläubigers führt **nicht zu einem Neubeginn der Verjährungsfrist**.

§ 187 Abs. 1 BGB

Im Falle eines Neubeginns der Verjährung beginnt diese mit dem auf das Ereignis (z.B. Schuldanerkenntnis, Abschlagszahlung, Vollstreckungshandlung) folgenden Tag.

Zusammenfassende Übersicht zu Kapitel 1.5: Verjährung

Verjährung (Recht des Schuldners, Leistung zu verweigern, wenn ein Anspruch verjährt ist)

Verjährungsfristen	Verjährungsbeginn
Regelmäßige Verjährungsfrist: **drei Jahre (§ 195 BGB)**	Schluss des Jahres, in dem der Anspruch entstanden ist (§ 199 Abs. 1 BGB)
Verlängerte Verjährungsfristen: **zehn Jahre (§ 196 BGB)** **30 Jahre (§ 197 BGB)**	mit der Entstehung des Anspruchs (§ 200 BGB) bzw. mit der Rechtskraft einer Entscheidung (§ 201 BGB)
Verkürzte Verjährungsfristen: **zwei Jahre (§ 438 Abs. 1 Nr. 3 BGB)**	mit der Ablieferung der Sache (§ 438 Abs. 2 BGB)

Hemmung und Neubeginn der Verjährungsfrist (z. B. regelmäßige Verjährungsfrist: drei Jahre)

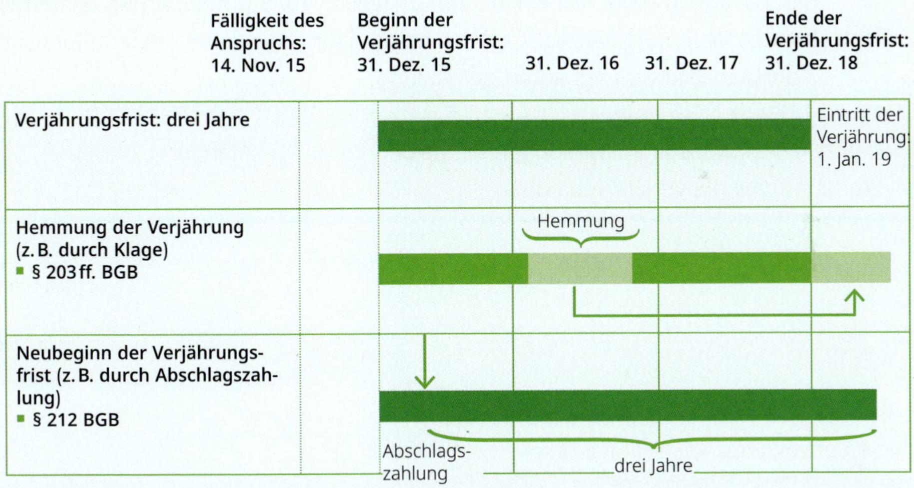

Aufgaben

1. Rückforderung eines trotz Verjährung überwiesenen Rechnungsbetrages

Christel Talosi hat sich vor drei Jahren neue Küchenmöbel einbauen lassen. Endlich überweist sie den noch ausstehenden Restbetrag in Höhe von 1.500,00 €. Kurz danach meint sie, die Forderung sei doch verjährt und fordert den überwiesenen Betrag zurück. Schreinermeister Blank lehnt dies unter Hinweis auf § 214 BGB ab. Klären Sie die Rechtslage anhand des BGB.

2. Verjährung - Auswirkungen einer Bitte um Stundung

Isabel Link hat am 16. Oktober 2022 beim Autohändler Kraus einen gebrauchten Pkw (80 000 km) gekauft, der sofort ausgeliefert wurde. Als Zahlungsziel wurde vereinbart: Zahlung innerhalb von 30 Tagen nach Lieferung netto Kasse.

a) Geben Sie an, wann der Anspruch des Autohändlers Kraus auf Zahlung des Kaufpreises verjährt ist.

b) Am 18. Dezember 2022 schickt Autohändler Kraus an Isabel Link ein selbst verfasstes Mahnschreiben, weil er bislang noch keine Zahlungsleistung erhalten hat. Daraufhin bittet Isabel Link am 10. Januar 2023 um Stundung des ausstehenden Rechnungsbetrages um ein halbes Jahr. Kraus lehnt die Stundungsbitte jedoch ab und verlangt sofortige Zahlung.

Beurteilen Sie, welche Auswirkungen die beiden Vorgänge (Mahnung, Bitte um Stundung) auf die Verjährung haben.

Themenkreis 2 (Bildungsplaneinheit 6):

Lagerhaltung

Um welche Probleme geht es in diesem Kapitel?

Damit ein Unternehmen seine Produkte und Dienstleistungen effizient herstellen bzw. anbieten kann, muss das notwendige Material in der benötigten Menge mit den geforderten Eigenschaften (Qualität) zum gewünschten Termin und möglichst kostengünstig am richtigen Lager- und Einsatzort zur Verfügung stehen. Somit ist eine gut organisierte Lagerhaltung ein wesentlicher Erfolgsbestandteil für ein Unternehmen.

Welche Kompetenzen werden angestrebt?

Die Schülerinnen und Schüler bewerten die Bedeutung der Lagerhaltung. Sie berechnen die optimale Bestellmenge. Sie führen eine ABC-Analyse durch, analysieren die Ergebnisse und berechnen die Lagerkennziffern.

2.1 Grundlagen der Lagerhaltung

2.1.1 Funktionen und Ziele der Lagerhaltung

Die **Lagerhaltung** (Gütereinlagerung und -lagerung) ist Teil der innerbetrieblichen Logistik. Sie dient der Überbrückung von Versorgungsschwankungen vor, während und nach der Fertigung. Die Lagerhaltung muss systematisch geplant und organisiert werden. Heute wird versucht, durch logistische Maßnahmen auf die Lagerhaltung möglichst zu verzichten.

Nach der Material- bzw. Warenannahme und Prüfung erfolgt die **Einlagerung.** Unter Einlagerung werden die körperliche **Übernahme des Materials bzw. der Ware ins Lager** und die Erfassung in der Lagerbuchhaltung verstanden.

Durch die **Lagerung** (Lagerhaltung) der Materialien bzw. Waren werden grundsätzlich folgende **Funktionen (= Aufgaben)** erfüllt:

1. **Ausgleichs- und Pufferfunktion**
   Das Lager übernimmt den zeitlichen Ausgleich zwischen
   - Beschaffung/Einkauf und Materialbedarf in der Fertigung,
   - den verschiedenen Fertigungsgängen (Stockungen im Produktionsablauf),
   - Fertigung und Absatz (Absatzschwankungen).

2. **Umformungs- bzw. Produktionsfunktion**
   Dabei werden die gelagerten Materialien und Waren den produktionstechnischen oder vertriebsmäßigen Erfordernissen angepasst.
   Es werden wichtige vorbereitende Funktionen für den anschließenden Fertigungsprozess durchgeführt (Veredelungen, Reifeprozesse z. B. Holztrocknung).
   Durch die Lagerung erfolgt eine Verbesserung der Produkte (z. B. Kaffee, der geröstet wird, oder Cognac, der in Fässern gelagert reift).

3. **Spekulationsfunktion**
   Ware wird eingelagert, weil Preissteigerungen erwartet werden, z. B. Stahl, Kupfer.
   Die Vorteile von Großeinkäufen (Mengenrabatte), Sonderangeboten, also von Preisbewegungen, werden ausgenutzt.

4. **Sicherungs- und Versorgungsfunktion**
   Das Lager dient zur Überbrückung von Lieferengpässen bzw. saisonalen Schwankungen bei der Gütererzeugung (z. B. Ernten) und um jederzeit Kundenwünsche befriedigen zu können (z. B. Mode-, Saisonartikel).

2.1.2 Lagerarten

Lagerarten lassen sich nach **Standort der Lager, Eigentum, Bauart/Bauform, Lagerstufen (Produktionsstufen)** unterscheiden.

1. **Standort der Lager:** Innerhalb der Standortfrage wird entschieden, ob **zentral** oder **dezentral** gelagert werden soll. Dezentrale Lagerung bedeutet, dass die Lageraufgaben und Lagergüter auf mehrere Standorte aufgeteilt sind. Die Entscheidung, ein Zentrallager oder mehrere dezentrale Lager zu führen, ist meist nur bei größeren Unternehmen mit mehreren Produktions- und Verkaufsstätten notwendig.

zentrales Lager

Vorteile

- einfache, übersichtliche Verwaltung
- geringere Gesamtbestände und dadurch geringere Kapitalbindung
- effizienter Personaleinsatz
- günstige Raumausnutzung
- günstige Auslastung der Transport- und Lagergeräte
- bessere Kontrolle

Nachteile

- längere Transportwege
- höhere Beförderungskosten

dezentrales Lager

Vorteile

- kurze Transportwege
- geringere Beförderungskosten
- schnellere Material- und Warenausgabe

Nachteile

- ungünstige Raumausnutzung
- höhere Personalkosten
- geringere Übersicht
- weniger Kontrolle

2. **Eigentum:** Die Frage des **Eigen-** oder **Fremdlagers** wird mit einer Kosten-Nutzen-Rechnung beantwortet. Wenn es für eine Unternehmung innerhalb eines absehbaren Zeitraums günstiger ist, ein eigenes Lager zu führen, so wird dies einem Fremdlager vorgezogen. Für das Fremdlager werden evtl. hohe Mietkosten fällig. Vorteilhaft ist eine Fremdlagerung dann, wenn die Güter eine spezielle Art der Lagerung erfordern (z. B. Kühlhauslagerung).

3. **Bauart/Bauform:**

- **Offene Lager (Freilager):** Die Lagerung der Materialien und Waren erfolgt im Freien (z. B. Baustoffe, Fahrzeuge).
- **Halboffene Lager:** Sie haben eine Überdachung, sind aber seitlich offen oder umgekehrt.
- **Geschlossene Lager:** Materialien und Waren, die durch Feuchtigkeit, Sonnenlicht, Wärme, Kälte gefährdet sind und/oder einen hohen Wert haben, werden in geschlossenen Räumen gelagert (z. B. Lebensmittel).
- **Regallager:** Lager, die mit Flachregalen, Palettenregalen, Schieberegalen oder ähnlichen Materialträgern ausgestattet sind.
- **Hochregallager:** Moderne Form mit großer Lagerkapazität bei geringster Bodenfläche. Die Regalhöhe kann bis zu 50 Meter betragen. Meist werden diese Lager vollelektronisch mit einem Lagerverwaltungssystem bewirtschaftet.
- **Blocklager:** Hier werden die Materialien und Waren blockweise ohne Nutzung von Regalen, durch stapelfähige Behälter oder Verpackungen, innerhalb von Gebäuden gelagert.
- **Speziallager:** Das sind alle Lagerformen, bei welchen für Güter mit besonderen Lagererfordernissen die geeigneten Bedingungen geschaffen werden (z. B. Silo-, Gas-, Tank-, Trocken-, Kühl- und Tiefkühllager usw.).

4. **Lagerstufen (Produktionsstufen):** Lagerstufen sind in Fertigungsbetrieben mit mehr als einer Produktionsstufe üblich. Die Stufen reichen vom **Beschaffungs- bzw. Eingangslager** über diverse **Zwischenlager** bis zum **Erzeugnislager.**
   - **Beschaffungs- bzw. Eingangslager:** Lager für eingehendes Material und Waren, die noch nicht ver- oder bearbeitet wurden.
   - **Zwischenlager:** Gibt es nur bei mehrstufiger Fertigung, also nur wenn zur Fertigstellung der Leistung mehrere Arbeitsgänge notwendig sind, um noch nicht absatzreife Erzeugnisse zu lagern sowie Abfälle und Ausschüsse zu sammeln.
   - **Erzeugnislager:** Auch Vertriebslager bzw. Absatzlager genannt. Hier werden alle fertigen Erzeugnisse zur Weitergabe an den Kunden gelagert.

Zusammenfassende Übersicht zu Kapitel 2.1: Grundlagen der Lagerhaltung

Funktionen (= Aufgaben) der Lagerhaltung

- Ausgleichs- und Pufferfunktion
- Umformungs- bzw. Produktionsfunktion
- Spekulationsfunktion
- Sicherungs- und Versorgungsfunktion

Lagerarten

Standort der Lager	Eigentum	Bauart/Bauform	Lagerstufen (Produktionsstufen)
• zentrale Lager • dezentrale Lager	• Eigenlager • Fremdlager	• offene Lager (Freilager) • halboffene Lager • geschlossene Lager • Regallager • Hochregallager • Blocklager • Speziallager	• Beschaffungs- bzw. Eingangslager • Zwischenlager • Erzeugnislager

2.2 Wirtschaftliche Aspekte und Optimierung des Lagerbestandes

Ein **Lagerbestand** als solcher ist die zu einem bestimmten Zeitpunkt im Lager befindliche Menge eines Gutes.

Folgende **Bestandsarten** sind für die unterschiedlichen Unternehmensstrategien und -planungen in Bezug auf die Lagerhaltung von Bedeutung:

1. **Höchstbestand:** Der Höchstbestand ist der Bestand, der maximal im Lager vorhanden sein darf. Eine Überschreitung hat eine sehr hohe Kostensteigerung (z. B. durch überhöhte Lagervorräte oder durch Anmieten eines Fremdlagers) und somit eine hohe Kapitalbindung zur Folge. Der Höchstbestand wird i. d. R. nach Eintreffen der bestellten Güter erreicht.

Höchstbestand
=
Mindestbestand + Gütereingang

!

2. **Mindestbestand** (eiserner Bestand oder Sicherheitsbestand): Der Mindestbestand ist der Lagerbestand, der nicht unterschritten werden darf. Er darf nur in „Notfällen“, um die Produktion/Lieferung aufrechtzuerhalten, angegriffen werden. Die Höhe des Mindestbestandes ist abhängig vom Beschaffungsrisiko. Je nach Unternehmensphilosophie ist die Risikokalkulation eher knapp oder aber großzügig bemessen.

3. **Meldebestand:** Bei Erreichen des Meldebestandes muss eine „Meldung“ an den Einkauf zwecks Nachbestellung erfolgen. Dieser Bestand reicht zur Überbrückung der Lieferfrist aus.

Meldebestand
=
Ø Tagesbedarf · Beschaffungszeit + Mindestbestand (eiserner Bestand)

!

Nachfolgende Grafik zeigt die Zusammenhänge der einzelnen Bestandsarten:

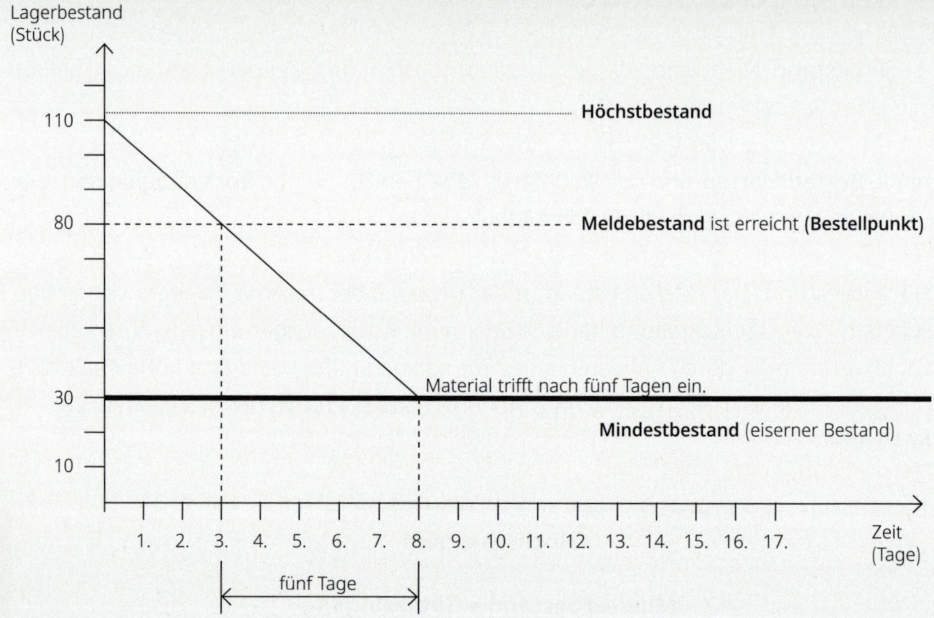

Ziel einer wirtschaftlichen Lagerhaltung ist es, die **Lagerkosten** so gering wie möglich zu halten.

Die **Lagerkosten** setzen sich zusammen aus:

- **Kosten für Lagerräume:** Energiekosten (Strom, Heizung), Versicherungsprämien, Instandhaltungskosten, Zinsen (Verzinsung des Kapitals für Lagergebäude und Lagereinrichtungen), Abschreibungen auf Lagergebäude und -einrichtungen, gegebenenfalls Mieten
- **Kosten für Personal und Verwaltung:** Löhne und Gehälter für Lagerpersonal, Sozialkosten, Büromaterial, Telefonkosten
- **Kosten für die Lagerbestände:** Kosten des Bestandsrisikos (Verderb, Schwund, Diebstahl, Veralterung, Preisschwankungen), Versicherungsprämien, Zinskosten für das in den Lagergütern gebundene Kapital (= entgangene Zinsen)

Bestellrhythmusverfahren

Beim Bestellrhythmusverfahren wird die Bestellung immer nach einem gleichen bestimmten Zeitraum (Zeitintervall), z. B. jeweils am Anfang eines Monats oder monatlich, jeweils am 15., unabhängig vom Lagerbestand automatisch ausgelöst.

Ziel ist es, dass der Lagerbestand durch eine im Voraus festgelegte regelmäßige Bestellmenge (meist die optimale Bestellmenge) zum Zeitpunkt der Lieferung bis zum optimalen Bestand aufgefüllt wird.

Diese Vorgehensweise ist sinnvoll, wenn der Bedarf über einen längeren Zeitraum (nahezu) konstant bleibt.

2.2.1 Lagerkennzahlen

Die Wirtschaftlichkeit der Lagerhaltung kann mithilfe von **Kennzahlen** beurteilt werden. Zu den wichtigsten **Lagerkennzahlen** gehören:

Durchschnittlicher Lagerbestand

Der durchschnittliche Lagerbestand gibt an, wie groß die Vorräte durchschnittlich im Laufe eines Geschäftsjahres sind.

Er ist ein Indikator für die Höhe des im Lager gebundenen Kapitals und damit auch ein Indikator der durchschnittlichen Ausgaben einer Unternehmung für die Lagerhaltung.

$$\text{Durchschnittlicher Lagerbestand} = \frac{\text{Jahresanfangsbestand (1. Jan.)} + \text{Jahresendbestand (31. Dez.)}}{2}$$

Diese Berechnungsart ist zwar sehr einfach, aber auch ungenau. Denn innerhalb eines Geschäftsjahres werden nur Anfangs- und Endbestand (AB + EB) berücksichtigt. Zugänge oder Entnahmen während des Geschäftsjahres finden keine Beachtung.

Genauer geht es nach folgender Formel:

$$\text{Durchschnittlicher Lagerbestand} = \frac{\text{Jahresanfangsbestand (1. Jan.)} + \text{12 Monatsendbestände}}{13}$$

Bei dieser Berechnung werden neben dem Anfangsbestand auch alle Monatsendbestände mit einbezogen. Aufgrund der vielen Daten, die hier verwendet werden, ist diese Berechnung die exaktere Methode, um den durchschnittlichen Lagerbestand zu berechnen.

Umschlagshäufigkeit

Die Umschlagshäufigkeit gibt an, wie oft die Menge oder der Wert des durchschnittlichen Lagerbestandes während eines Geschäftsjahres durch neue Bestände ersetzt wurde. Die Umschlagshäufigkeit ist umso höher, je geringer der durchschnittliche Lagerbestand ist. Die Kenntnis der Umschlagshäufigkeit ist sehr wichtig, da sie Auskunft über die Kapitalbindung im Lager gibt.

$$\text{Umschlagshäufigkeit} = \frac{\text{Jahresabsatz in Stück}}{\text{durchschnittlicher Lagerbestand in Stück}}$$

oder

$$\text{Umschlagshäufigkeit} = \frac{\text{Warenwert zu Einstandspreisen in Euro}}{\text{durchschnittlicher Lagerbestand in Euro}}$$

Die Ermittlung der Umschlagshäufigkeit dient der Kontrolle des Lagerbestandes, damit nicht zu hohe Bestände und Kosten entstehen. Materialien und Waren, die lange lagern, verursachen nicht nur Kosten, sie sind auch der Gefahr von Verderb, Schwund oder Diebstahl ausgesetzt.

Durchschnittliche Lagerdauer

Die durchschnittliche Lagerdauer gibt an, wie viele Tage sich das Material im Durchschnitt am Lager befindet, bevor es weiterverarbeitet wird. Je kürzer die durchschnittliche Lagerdauer, umso höher die Lagerumschlagshäufigkeit und desto weniger Kosten entstehen dem Unternehmen.

$$\textbf{Durchschnittliche Lagerdauer} = \frac{\textbf{360 Tage}}{\textbf{Umschlagshäufigkeit}}$$

Lagerzinssatz

Der Lagerzinssatz ist ein auf die durchschnittliche Lagerdauer angepasster Jahreszinssatz. Er ist umso geringer, je niedriger die durchschnittliche Lagerdauer ist.

$$\textbf{Lagerzinssatz} = \frac{\textbf{marktüblicher Jahreszinssatz} \cdot \textbf{durchschnittliche Lagerdauer in Tagen}}{\textbf{360 Tage}}$$

Lagerzinsen

Die Lagerzinsen geben die während des Zeitraums der durchschnittlichen Lagerdauer anfallenden Zinskosten an. Für den Unternehmer ist das Kapital im Lager gebunden und kann nicht anderweitig angelegt werden. Zur Berechnung der Lagerzinsen wird der Lagerzinssatz herangezogen. Die Lagerzinsen sind umso geringer, je niedriger der Lagerzinssatz und je geringer der Wert des durchschnittlichen Lagerbestandes ist.

$$\textbf{Lagerzinsen} = \frac{\textbf{Wert des durchschnittlichen Lagerbestandes} \cdot \textbf{Lagerzinssatz}}{\textbf{100}}$$

Eine Verringerung des durchschnittlichen Lagerbestandes hat bei konstantem Umsatz folgende Auswirkungen:

- die Umschlagshäufigkeit steigt,
- die durchschnittliche Lagerdauer sinkt,
- der Lagerzinssatz und die Lagerzinsen sinken,
- die Kapitalbindung sinkt,
- das Bestandsrisiko (Verderb, Schwund, Diebstahl, Veralterung, Preisverfall, Modeänderungen usw.) sinkt,
- die sonstigen Lagerkosten (z. B. Raum- und Personalkosten, Kosten der Materialpflege) sinken.

Somit hat die Verringerung der Lagerbestände einerseits größere Wirtschaftlichkeit zur Folge. Andererseits erhöht sich dadurch aber das Risiko eines Produktionsstillstandes bei Lieferproblemen.

Ein optimaler Lagerbestand kann in einer Unternehmung nur erreicht werden, wenn sich die Unternehmensleitung mit den Lagerproblemen intensiv befasst und die Möglichkeiten, die angewandt werden können (z. B. Kauf auf Abruf, Just-in-time-Beschaffung), tatsächlich nutzt.

Aufgaben 1–4 Seite 98 f.

2.2.2 Optimale Bestellmenge

Der Materialwirtschaft kommt im Rahmen der Beschaffungsdisposition die Aufgabe zu, die Bestellmengen so festzulegen, dass die **Gesamtkosten** möglichst gering sind. Die Gesamtkosten setzen sich aus folgenden Einzelpositionen zusammen:

1. **Einstandspreis** (Anschaffungskosten) des zu beschaffenden Materials. Der Einstandspreis setzt sich aus dem Anschaffungspreis zuzüglich der Nebenkosten (Fracht, Rollgeld etc.) zusammen.

2. **Bestellkosten:** Kosten für die Abwicklung der Bestellung wie z. B. Angebotsvergleich, Bearbeitung der Bestellung, Kontrolle des Wareneingangs, Rechnungskontrolle etc. Die Bestellkosten fallen für jede einzelne Bestellung in gleicher Höhe an und sind unabhängig von der Bestellmenge (= **bestellfixe Kosten**). Bezogen auf ein einzelnes Stück ergeben sich jedoch umso geringere Bestellkosten, je größer die Bestellung ist.

3. **Lagerkosten:** Fortschreibung der Lagerbestände, Pflege der Materialien, Abschreibung des Lagers, Miete etc.). Die Höhe der Lagerkosten ist abhängig vom durchschnittlichen Lagerbestand. Große Bestellmengen führen zu einem höheren durchschnittlichen Lagerbestand und damit auch zu höheren Lagerkosten.

$$\textbf{Durchschnittlicher Lagerbestand} = \frac{\textbf{Anfangsbestand + Endbestand}}{\textbf{2}}$$

Bestellung kleiner Mengen führt zu

geringen Lagerkosten
(kleine Mengen machen z. B. nur eine geringe Lagerfläche und damit nur ein kleines Lager erforderlich)

hohen Bestellkosten
(viele Bestellungen machen viele Prüfvorgänge erforderlich)

Die Bestellmenge ist optimal, wenn die Summe aus Lagerkosten und Bestellkosten am geringsten ist.

Unter der vereinfachenden Annahme, dass der Einstandspreis je Einheit des zu beschaffenden Materials unverändert ist (z. B. keine Mengenrabatte), haben lediglich die Lagerkosten und die Bestellkosten Einfluss auf die optimale Bestellmenge.

Beispiel

Optimale Bestellmenge eines Herstellers von Flachbildschirmen

Ermittlung der optimalen Bestellmenge für die Platine:
Jahresbedarf: 9000 Stück
Einstandspreis je Platine: 200,00 €
Kosten je Bestellung (bestellfixe Kosten): 200,00 €
Lagerkosten: 5 % des durchschnittlichen Lagerbestandes

Bestellmenge	Bestellhäufigkeit	Bestellkosten	Lagerkosten	Kostensumme
9000 Stück	1	200,00 €	45.000,00 €[1]	45.200,00 €
1800 Stück	5	1.000,00 €	9.000,00 €	10.000,00 €
900 Stück	10	2.000,00 €	4.500,00 €	6.500,00 €
600 Stück	15	3.000,00 €	3.000,00 €	6.000,00 €
450 Stück	20	4.000,00 €	2.250,00 €	6.250,00 €
300 Stück	30	6.000,00 €	1.500,00 €	7.500,00 €

[1] Berechnung:
- Durchschnittlicher Lagerbestand = $\frac{1.800.000{,}00\ €}{2}$ = 900.000,00 €
- Lagerkosten = 5 % von 900.000,00 € = 45.000,00 €

Ergebnis: Bei einer Bestellmenge von 600 Stück (= 15 Bestellungen) ist die optimale Bestellmenge erreicht. Die Gesamtkosten erreichen bei dieser Bestellmenge ihr Minimum.

Grafische Darstellung

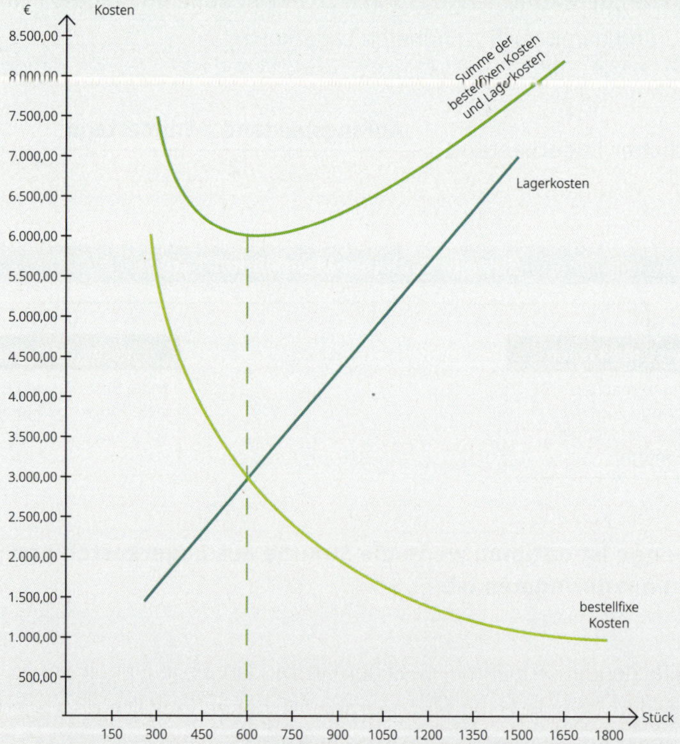

Die optimale Bestellmenge lässt sich auch mithilfe folgender Formel berechnen:

Formel zur Berechnung der optimalen Bestellmenge

$$\textbf{Optimale Bestellmenge} = \sqrt{\frac{\textbf{200} \cdot \textbf{Jahresbedarf} \cdot \textbf{Bestellkosten}}{\textbf{Einstandspreis je Stück} \cdot \textbf{Lagerkostensatz}}}$$

Beispiel

Berechnung der optimalen Bestellmenge mithilfe der Formel

Mithilfe der Formel kann die optimale Bestellmenge des Bildschirmherstellers wie folgt berechnet werden:

$$\text{optimale Bestellmenge} = \sqrt{\frac{200 \cdot 9000 \cdot 200}{200 \cdot 5}} = 600 \text{ Stück}$$

Wegen des hohen Aufwands für die Ermittlung der optimalen Bestellmenge wird dieses Verfahren nur für Materialien angewandt, deren Beschaffung mit hohen Bestell- und Lagerkosten verbunden ist (= A-Güter). Deshalb werden diese Materialien zuvor anhand einer **ABC-Analyse** ermittelt.

vgl. Seite 94

Bestimmung der optimalen Bestellmenge

Vereinfachende Annahmen:

- **Einstandspreis bleibt konstant (unabhängig von Bestellmenge).**
- **Bestellkosten je Bestellung sind konstant (unabhängig von der Bestellmenge).**

tabellarische Ermittlung	grafische Ermittlung	Ermittlung mithilfe der Formel
Veränderung der Bestellmenge/Bestellhäufigkeit – Untersuchung, wie sich Gesamtkosten (Summe von Lagerkosten und Bestellkosten) verändern.	Schnittpunkt zwischen Bestellkosten- und Lagerkostenkurve = Minimum der Summe aus bestellfixen Kosten und Lagerkosten	Optimale Bestellmenge = $\sqrt{\frac{200 \cdot \text{Jahresbedarf} \cdot \text{Bestellkosten}}{\text{Einstandspreis je Stück} \cdot \text{Lagerkostensatz}}}$

Aufgaben 5–7 Seite 99

2.2.3 Just-in-time-Beschaffung (fertigungssynchrone Beschaffung)

Bei der Just-in-time-Beschaffung erfolgt die Beschaffung so, dass die gelieferten Materialien sofort in den Fertigungsprozess einfließen. Bei dieser Art der Beschaffung wird kein oder aus Sicherheitsgründen nur ein niedriger Lagerbestand = eiserner Bestand (Mindestbestand) eingehalten.

Der Kaufvertrag wird nicht über die jeweiligen „Tagesmengen“, sondern über größere Abnahmemengen abgeschlossen, die dann vertragsgemäß in Einzellieferungen gesandt werden. Besonders Großbetriebe mit gleichbleibender Großserienproduktion, z. B. Automobilwerke, schließen solche Lieferverträge ab. Damit die Liefertermine pünktlich eingehalten werden, wird für den Fall von Lieferverzögerungen meist eine Vertragsstrafe (Konventionalstrafe) vereinbart.

Für den Lieferanten ergibt sich als Vorteil, bei gesicherter Abnahme größere Stückzahlen kostengünstig herstellen zu können.

Vorteile:
- keine bzw. niedrige Lagerbestände („Das Lager liegt auf der Straße.")
- keine bzw. geringe Kapitalbindung (Lagerkosten und Lagerrisiken werden auf den Zulieferer abgewälzt.)
- kurze Lieferzeiten
- langfristige Versorgungs- und Preissicherheit durch Rahmenverträge, oftmals mit Absicherung einer hohen Konventionalstrafe bei verspäteter oder fehlerhafter Lieferung
- starke, langfristige Anbindung des Lieferanten

Nachteile:
- hohes Ausfall- und Stillstandsrisiko durch verspätete oder fehlerhafte Lieferung
- Abhängigkeit von den Lieferanten

2.2.4 ABC-Analyse

Um das Beschaffungswesen wirtschaftlich zu organisieren, ist es bei der Vielzahl der zu beschaffenden Materialien erforderlich, Schwerpunkte zu setzen. Dabei gilt es, zeitaufwendige und kostenintensive Planungs- und Kontrollmaßnahmen auf Materialarten zu konzentrieren, die einen **verhältnismäßig hohen Anteil am Gesamtwert** aller Beschaffungsgüter haben.

Beispiel

Beschaffungsaktivitäten bei unterschiedlichen Materialien

Ein Garnhersteller beschafft das Druckerpapier vom Büromarkt Strecker. Die Bestellungen erfolgen im Normalfall ca. alle drei Monate, ohne dass zuvor verschiedene Angebote geprüft werden. Das Druckerpapier wird zwar in großen Mengen bezogen, jedoch ist dessen prozentualer Anteil am Gesamtwert **aller bezogenen Materialien** gering. Deshalb wird im Rahmen der Beschaffung auf aufwendige Verwaltungsarbeiten wie z. B. Angebotsvergleich weitgehend verzichtet. Ebenso wenig achtet der Garnhersteller beim Druckerpapier auf die Einhaltung einer optimalen Bestellmenge.

Die ABC-Analyse hat die Aufgabe, den prozentualen Anteil einzelner Materialien am Gesamtwert zu berechnen und die Materialien entsprechend ihrer Bedeutung als A-, B- oder C-Güter einzustufen.

Bei der **ABC-Analyse** werden zunächst die Verbrauchswerte ermittelt, indem die innerhalb eines Jahres verbrauchte Menge mit dem Einstandspreis je Stück multipliziert wird. Anschließend werden die Verbrauchswerte ihrer Höhe nach sortiert und in Gruppen zusammengefasst. Üblicherweise erfolgt eine Zuordnung in eine der drei Gruppen: **A-Güter, B-Güter und C-Güter**. Häufig wird für die Zuordnung folgende Einteilung zugrunde gelegt:

Materialart	Anteil am Gesamtwert	prozentualer Mengenanteil an der Gesamtmenge
A-Güter	ca. 75 % des Gesamtwertes	ca. 5 % Anteil an der Gesamtmenge
B-Güter	ca. 20 % des Gesamtwertes	ca. 20 % Anteil an der Gesamtmenge
C-Güter	ca. 5 % des Gesamtwertes	ca. 75 % Anteil an der Gesamtmenge

Beispiel

ABC-Analyse eines Industriebetriebes

Nachstehende Übersicht enthält für alle Materialien den mengen- und wertmäßigen Verbrauch. Die Verbrauchswerte sind nach dem Wert der Materialien geordnet.

Materialart	Verbrauchsmenge		Verbrauchswert		Kumulierte Verbrauchswerte in Prozent	Gütereinteilung (A, B oder C-Gut)
	Stück	Prozent	€	Prozent		
G9	50	1,0	1.400.000,00	46,7	46,7	A
G3	200	4,0	600.000,00	20,0	66,7	A
G7	250	5,0	400.000,00	13,3	80,0	B
G1	300	6,0	240.000,00	8,0	88,0	B
G4	300	6,0	150.000,00	5,0	93,0	B
G5	400	8,0	60.000,00	2,0	95,0	C
G10	500	10,0	60.000,00	2,0	97,0	C
G8	1400	28,0	56.000,00	1,9	98,9	C
G6	600	12,0	18.000,00	0,6	99,5	C
G2	1000	20,0	16.000,00	0,5	100,0	C
	5000	**100**	**3.000.000,00**	**100,0**		

Gruppe	Anteil am Gesamtwert in %	Anteil an der Gesamtmenge in %
A-Güter	**ca. 67**	**5**
B-Güter	**ca. 26**	**17**
C-Güter	**ca. 7**	**78**

Gruppenzuordnung der einzelnen Güter bei der ABC-Analyse

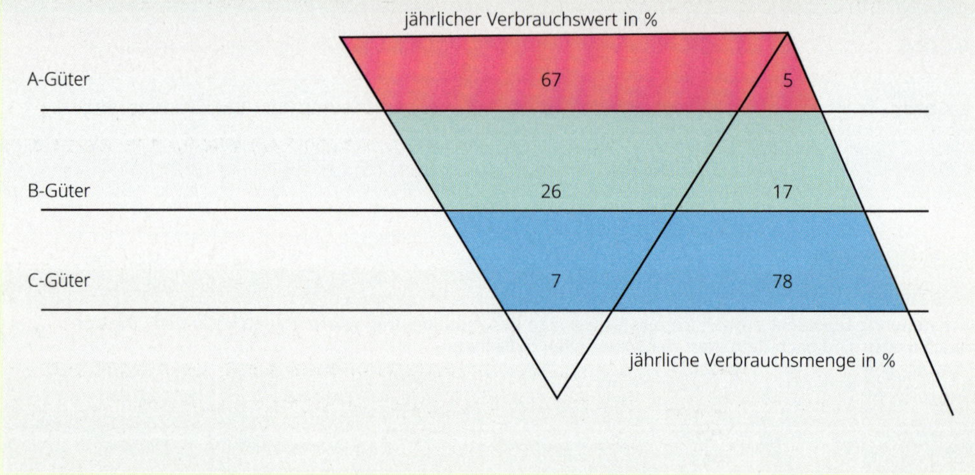

ABC-Analyse

Maßnahme: Gliederung der Materialarten nach ihrem Verbrauchswert und Einteilung in Gruppen

Zweck: Konzentration und Beschränkung von Kontroll- und Planungsmaßnahmen auf die besonders wichtigen Materialarten

Materialgruppen

A-Güter	B-Güter	C-Güter
besonders teure und/oder häufig benötigte Materialien; (Prüfvorgänge erforderlich)	Materialien mit mittlerem Preis und/oder mittlerer Bedarfshäufigkeit	besonders billige und/oder selten benötigte Materialien

Folgerungen

Durch die Einteilung in Klassen wird die unterschiedliche Wichtigkeit der Güter symbolisiert. Güter der A-Klasse müssen besonders sorgfältig und vorrangig behandelt werden, da in ihnen die meisten Kapitalbindungskosten enthalten sind.

Folgende Maßnahmen bei den einzelnen Klassen sind denkbar:

Bei der A-Klasse:

- exakte Bestandsführung
- permanente Inventur
- sorgfältige (möglichst niedrige) Festlegung von Mindestbestand (eiserner Bestand), Meldebestand und optimaler Bestellmenge
- auftragsbezogene statt verbrauchsbezogene Bewirtschaftung
- exakte Disposition bezüglich Menge und Termin (gegebenenfalls „Just-in-time-Beschaffung")
- genaue Überwachung der Verweildauer im Lager
- alternative Lieferanten qualifizieren
- Marktforschung, Markt- und Preisanalyse

- intensive Preisverhandlungen
- schneller Rechnungsdurchlauf, um vereinbarte Skontofristen zu sichern

Bei der B-Klasse:
- den Mittelweg zwischen der Klasse A und C einschlagen
- programmgesteuerte Disposition statt auftrags- bzw. verbrauchsgesteuerter Disposition

Bei der C-Klasse:
- geringer Aufwand in der Bestandsführung
- Stichprobeninventur
- geringer Aufwand in der Bestandsüberwachung
- höherer Mindestbestand (eiserner Bestand) und Meldebestand
- vorratsbezogene statt bedarfsbezogener Bewirtschaftung
- einfache Bestellabwicklung

Die ABC-Analyse ist eine wertvolle Entscheidungshilfe für die Unternehmensleitung. Sie dient der besseren Unterteilung von Entscheidungen großer, mittlerer und geringerer Wichtigkeit. Durch den entsprechenden Umgang mit A-, B- und C-Gütern kann sie die Wirtschaftlichkeit des Unternehmens steigern.

Aufgaben 8 und 9 Seite 100

Zusammenfassende Übersicht zu Kapitel 2.2: Wirtschaftliche Aspekte und Optimierung des Lagerbestandes

Lagerkennzahlen

$$\frac{AB + EB}{2} = \text{durchschnittlicher Lagerbestand}$$

↓

$$\frac{\text{Jahresabsatz}}{\text{Ø Lagerbestand}} = \text{Umschlagshäufigkeit}$$

↓

$$\frac{360}{\text{Umschlagshäufigkeit}} = \text{durchschnittliche Lagerdauer}$$

↓

$$\frac{\text{Jahreszinssatz} \cdot \text{Ø Lagerdauer}}{360} = \text{Lagerzinssatz}$$

↓

$$\frac{\text{Wert des Ø Lagerbestandes} \cdot \text{Lagerzinssatz}}{100} = \text{Lagerzinsen}$$

Optimale Bestellmenge

= Bestellmenge, bei der Beschaffungs- und Lagerhaltungskosten am geringsten sind.

Einlagerung/Lagerhaltung
+
optimaler Materialfluss
(unter Beachtung des Wirtschaftlichkeitsprinzips)

innerbetriebliche Logistik

$$\text{Optimale Bestellmenge} = \sqrt{\frac{200 \cdot \text{Jahresbedarf} \cdot \text{Bestellkosten}}{\text{Einstandspreis je Stück} \cdot \text{Lagerkostensatz}}}$$

ABC-Analyse

Ziel: Herauszufinden, welchen Gütern besondere Aufmerksamkeit geschenkt werden soll.

- **Klasse A:** wichtig, hochwertig
- **Klasse B:** mittelwichtig, mittelwertig
- **Klasse C:** weniger wichtig, niedrigwertig

Aufgaben

1 Berechnung der Umschlaghäufigkeit und der durchschnittlichen Lagerdauer

In einem Unternehmen werden bei einem durchschnittlichen Lagerbestand von 136.000,00 € im Kalenderjahr 1.140.000,00 € zu Einstandspreisen umgesetzt.

a) Errechnen Sie die Umschlagshäufigkeit.
b) Errechnen Sie die durchschnittliche Lagerdauer.

2. Ermittlung des durchschnittlichen Lagerbestandes, der Umschlaghäufigkeit, der durchschnittlichen Lagerdauer und des Lagerzinssatzes

Bei dem Unternehmen „Hampe GmbH & Co. KG" beträgt der Anfangsbestand 350.000,00 € (Bilanzwert zum 01.01.) und der Endbestand 450.000,00 € (Bilanzwert zum 31.12.). Der Lagerabgang zu Einstandspreisen während des Jahres (Wareneinsatz) hat 1.000.000,00 € betragen. Der marktübliche Jahreszinssatz beträgt 8 %.
Ermitteln Sie:

a) den durchschnittlichen Lagerbestand,
b) die Umschlagshäufigkeit des Warenlagers,
c) die durchschnittliche Lagerdauer,
d) den Lagerzinssatz.

3. **Auswirkungen bei Senkung des durchschnittlichen Lagerbestandes**
Erklären Sie, wie sich eine Senkung des durchschnittlichen Lagerbestandes bei konstantem Umsatz auf die anderen Lagerkennzahlen auswirkt.

4. **Berechnung des Meldebestands**
Das Unternehmen Engel GmbH hat bei einem Artikel einen durchschnittlichen Tagesverbrauch von 20 Stück, die Wiederbeschaffungszeit beträgt sechs Tage und der eiserne Bestand (Mindestbestand) liegt bei 35 Stück.

a) Bestimmen Sie den Meldebestand.
b) Erklären Sie, was der Meldebestand angibt.

5. **Berechnung der optimalen Bestellmenge**
Das Unternehmen Hampe GmbH & Co. KG stellt Sattelstützen für Fahrräder her. Für den Jahresbedarf benötigt das Unternehmen 20 000 Spezialschrauben. Der Einstandspreis liegt bei 1,50 €/Stück. Die Beschaffungskosten für eine Bestellung betragen 150,00 €. Der durchschnittliche Lagerhaltungskostensatz (inkl. Zinsen) liegt bei 9 %.
Berechnen Sie die optimale Bestellmenge.

6. **Tabellarische Darstellung aller Kosten der Beschaffung – optimale Bestellmenge – grafische Darstellung**
Ein Unternehmen benötigt für die Fertigung von Kaffeemaschinen jährlich 12 000 Stück eines bestimmten elektronischen Bauteils. In der Beschaffungsabteilung ist zu entscheiden, ob der Jahresbedarf auf einmal, monatlich, vierteljährlich, viermonatlich oder halbjährlich bestellt wird.
Weitere Daten:
Einstandspreis = 3,00 €/Teil
Lagerhaltungskostensatz (inkl. Zinsen) = Ø 10 %
Beschaffungskosten für eine Bestellung = 200,00 €

a) Ermitteln Sie tabellarisch alle Kosten der Beschaffung (unmittelbare Beschaffungskosten, jährliche Beschaffungskosten, jährliche Lagerhaltungskosten, Gesamtkosten) für die verschiedenen Bestellmengen.
b) Berechnen Sie die optimale Bestellmenge.
c) Stellen Sie die unmittelbaren Beschaffungskosten, die jährlichen Beschaffungskosten, die jährlichen Lagerhaltungskosten und die Gesamtkosten der Beschaffung grafisch dar.

7. **Optimale Bestellmenge – nicht berücksichtigte Gesichtspunkte**
Geben Sie fünf Gesichtspunkte an, die bei der Ermittlung der optimalen Bestellmenge nicht berücksichtigt werden.

8. ABC-Analyse – Zuordnung der Materialien

Bei einem Industriebetrieb hat eine ABC-Analyse zu folgendem Ergebnis geführt.

	Jahresverbrauchswert in €	Wertanteil	Mengenanteil
Materialien mit hohem Wert	82.500,00	66,74 %	4,76 %
Materialien mit mittlerem Wert	24.820,00	20,08 %	23,81 %
Materialien mit niedrigem Wert	16.298,00	13,18 %	71,43 %

a) Erläutern Sie das Zustandekommen der Tabelle.

b) Ordnen Sie den Materialien die Klassen A, B und C zu.

9. ABC-Analyse – Konsequenzen für die Unternehmensleitung

Erklären Sie, welche Konsequenzen sich aus der ABC-Analyse für die Unternehmensleitung ergeben.

Themenkreis 3 (Bildungsplaneinheit 7):

Fertigung

Um welche Probleme geht es in diesem Kapitel?

In der Industrie stehen verschiedene Fertigungsverfahren zu Verfügung. Um das richtige Verfahren zu wählen, muss man nach der Art und dem Umfang fragen und danach, ob die Güter in sich ständig wiederholenden Vorgängen gefertigt werden. Des Weiteren besteht die Frage, ob die Betriebsmittel zu fertigungstechnischen Einheiten zusammengefasst werden, in Form von Fertigung in den Werkstätten oder Fertigung nach dem Flussprinzip.

Welche Kompetenzen werden angestrebt?

Die Schülerinnen und Schüler vergleichen Fertigungsverfahren anhand verschiedener Kriterien und leiten die jeweiligen Vor- und Nachteile der einzelnen Verfahren ab. Sie untersuchen verschiedene Möglichkeiten der Rationalisierung.

3.1 Fertigungsverfahren

3.1.1 Überblick

Die Fertigungsverfahren werden nach der Menge gleichartiger Erzeugnisse (= Fertigungstypen) und nach der Fertigungsorganisation (= Organisationstypen) unterschieden.

Überblick über die wichtigsten Fertigungsverfahren:

Fertigungsverfahren

Fertigungstypen
- Einzelfertigung
- Serienfertigung
- Sortenfertigung
- Massenfertigung

Organisationstypen
- Werkstattfertigung
- Fertigung nach dem Flussprinzip
  - Reihenfertigung
  - Fließbandfertigung
- Gruppenfertigung

3.1.2 Fertigungsverfahren nach der Menge gleichartiger Erzeugnisse (Fertigungstypen)

Bezüglich der hergestellten Menge eines Produktes lassen sich die Fertigungstypen nach Einzelfertigung und Mehrfachfertigung unterscheiden. Unterformen der Mehrfachfertigung sind die Serien-, Sorten- und Massenfertigung.

Einzelfertigung

Bei der Einzelfertigung wird jedes Erzeugnis individuell bzw. nur einmal hergestellt.

Die Einzelfertigung erfolgt meistens aufgrund eines individuellen Kundenauftrages (Bestellung). Die Fertigungsplanung ist dadurch sehr aufwendig. Die Produktionskosten sind hoch, da nur geringe Rationalisierungsmöglichkeiten bestehen. Ein Problem stellen die Unsicherheit beim Auftragseingang und die langen Lieferzeiten dar.

Beispiel

Spezialmaschinen, Stahlkonstruktionen, Spezialgeräte, Brückenbau, Schiffsbau, Sonderwerkzeuge usw.

Serienfertigung

Bei der Serienfertigung wird eine begrenzte Anzahl einheitlicher Erzeugnisse hergestellt.

Kennzeichen der Serienfertigung ist die Häufigkeit der sich wiederholenden Leistung. Nach der Anzahl der gefertigten Einheiten wird zwischen Groß- und Kleinserienfertigung unterschieden.

Beispiel

Kühlschränke, Waschmaschinen, Autotypen, Spielwaren usw.

Sortenfertigung

Bei der Sortenfertigung werden nacheinander verschiedene Varianten gleichartiger Erzeugnisse produziert.

In der Regel unterscheiden sich die Sorten in der Abmessung, Ausführung oder Qualität; der Fertigungsverlauf und die verwendeten Betriebsmittel sind gleich.

Beispiel

Schrauben, Biere, Autos, Papiere usw.

Massenfertigung

Bei der Massenfertigung werden für einen unbestimmten Zeitraum gleichartige, standardisierte Erzeugnisse hergestellt.

Die Produktion erfolgt für den „anonymen Markt", d.h. in der Regel Vorrats- oder Lagerfertigung. Die Fertigung ist weitgehend automatisiert.

Aufgabe 1 Seite 107

Beispiel

Zement, Nägel, Flaschen, Glühlampen usw.

3.1.3 Fertigungsverfahren nach der Fertigungsorganisation (Organisationstypen)

Der Fertigungsablauf kann nach dem Einsatz der Betriebsmittel und ihrer Anordnung unterschiedlich organisiert sein. Dabei lassen sich als Grundformen die Werkstattfertigung, die Reihenfertigung, die Fließbandfertigung und die Gruppenfertigung unterscheiden.

Werkstattfertigung (Werkstättenfertigung)

Bei der Werkstattfertigung werden die Maschinen, maschinelle Anlagen und Arbeitsplätze mit gleicher oder ähnlicher Aufgabe und Arbeitsverrichtung räumlich in einer Werkstatt zusammengefasst.

Diese Organisationsform entspricht dem Verrichtungsprinzip. Der Fertigungsablauf wird vom Standort der Maschinen, maschinellen Anlagen und Arbeitsplätze bestimmt. Diese Fertigungsorganisation findet überwiegend bei Einzelfertigung und Kleinserienfertigung Anwendung. Die Werkstätten werden nach den in ihnen ausgeführten Verrichtungen unterschieden, z.B. Stanzerei, Fräserei, Dreherei, Bohrerei, Schleiferei oder Montage. In der Werkstattfertigung hat die manuelle Fertigung (Handarbeit) größere Bedeutung als bei den anderen Organisationsformen.

Vorteile:

- hohe Flexibilität bezüglich Änderungen des Produktionsprogramms
- gute Anpassungsfähigkeit an neue Fertigungsaufgaben
- geringe Umstellungskosten
- geringe Störanfälligkeit des Fertigungsablaufes

- gute Auslastung der Betriebsmittel
- abwechslungsreiche Tätigkeiten für die Arbeitskräfte
- bei Qualitätsmängeln sind Nacharbeitungen problemlos möglich

Nachteile:
- lange Transportwege und dadurch lange Durchlaufzeiten
- hohe Transportkosten
- Erfordernis von Zwischenlager mit der Folge hoher Kapitalbindung und Lagerkosten
- meist qualifizierte Arbeitskräfte (Facharbeiter) erforderlich
- hohe Lohnkosten durch den Einsatz von Facharbeitern

Prinzip der Werkstattfertigung

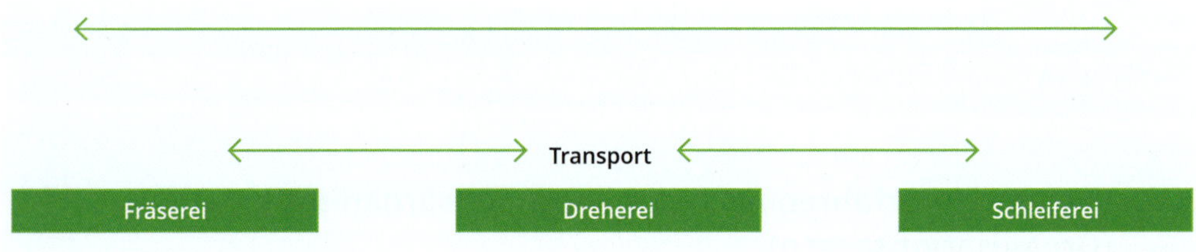

Fertigung nach dem Flussprinzip

Reihenfertigung (Straßen- oder Linienfertigung)

> **Bei der Reihenfertigung (Straßen- oder Linienfertigung) sind die Maschinen und Arbeitsplätze nach dem Fertigungsablauf angeordnet, jedoch ohne zeitlichen Zwangsablauf (kein Fließband als Fördermittel).**

Die Arbeitskräfte können ihr Arbeitstempo weitgehend selbst bestimmen und gleichzeitig verschiedene Produktionsvarianten fertigen. Der Arbeitsablauf ist so festgelegt, dass die zu bearbeitenden Materialien die einzelnen Maschinen und Arbeitsplätze in dauernder Folge durchlaufen. Zwischen den einzelnen Arbeitsplätzen und Produktionsstufen können sich in diesem Fall Materialpuffer ergeben.

Vorteile:
- kurze Transportwege und somit kurze Durchlaufzeiten
- Minimierung der Transportkosten
- keine oder wenige Zwischenlager erforderlich
- Leistungssteigerung durch Spezialisierung von angelernten Arbeitskräften
- übersichtliche Fertigung
- Qualitätsprobleme werden schnell erkannt
- Arbeitskräftequalifikation geringer als bei Werkstattfertigung
- geringe Lohnkosten durch den Einsatz angelernter Arbeitskräfte

Nachteile:

- nur bedingt flexibel gegenüber Änderungen des Produktionsprogramms
- geringe Anpassungsfähigkeit an wechselnde Fertigungsaufgaben
- psychologische Probleme der Mitarbeiter durch Arbeitsmonotonie
- hohe Umstellungskosten
- erhebliche Störanfälligkeit (bei Ausfall einer Station Blockade der gesamten Fertigung)
- hoher Instandhaltungs- und Wartungsaufwand

Prinzip der Reihenfertigung

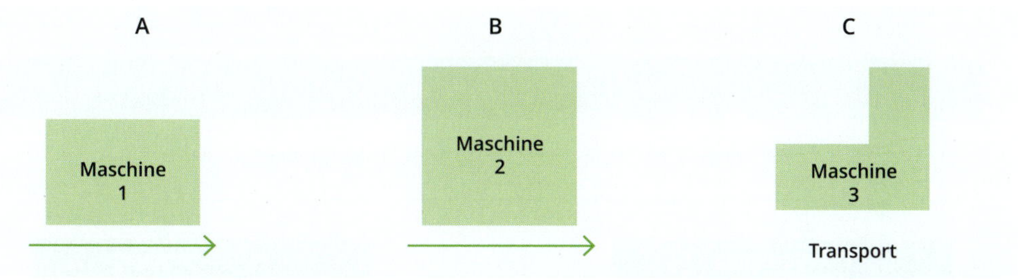

Fließbandfertigung (Fließfertigung)

> **Bei der Fließbandfertigung sind die Maschinen und Arbeitsplätze räumlich entsprechend der Reihenfolge der auszuführenden Arbeiten angeordnet.**

Hier werden die zu bearbeitenden Materialien mit Fördereinrichtungen entweder kontinuierlich oder mit einer bestimmten Taktzeit transportiert. Durch die Fördergeschwindigkeit des Fließbandes oder seine Taktzeit wird die Arbeitszeit für die Werkstücke bestimmt.

Vor- und Nachteile:
Die Vor- und Nachteile entsprechen denen bei der Reihenfertigung, jedoch kommt bei der Fließbandfertigung ein zusätzlicher Druck auf den Arbeitnehmer durch das vorgegebene Tempo hinzu.

Prinzip der Fließbandfertigung

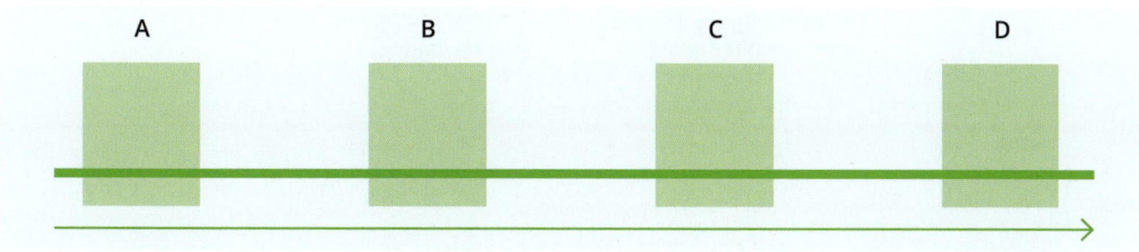

Gruppen- oder Gemischtfertigung

> **Die Gruppen- oder Gemischtfertigung stellt eine Kombination von Werkstattfertigung und Fertigung nach dem Flussprinzip dar.**

Aufgaben 2 und 3 Seite 107f.

Hier wird versucht, die Vorteile beider Organisationstypen zu nutzen. Die Maschinen und Arbeitsplätze, die für einen bestimmten Teilfertigungsablauf benötigt werden, sind zu einer Gruppe zusammengefasst und innerhalb dieser nach dem Flussprinzip angeordnet.

Zusammenfassende Übersicht zu Kapitel 3.1: Fertigungsverfahren

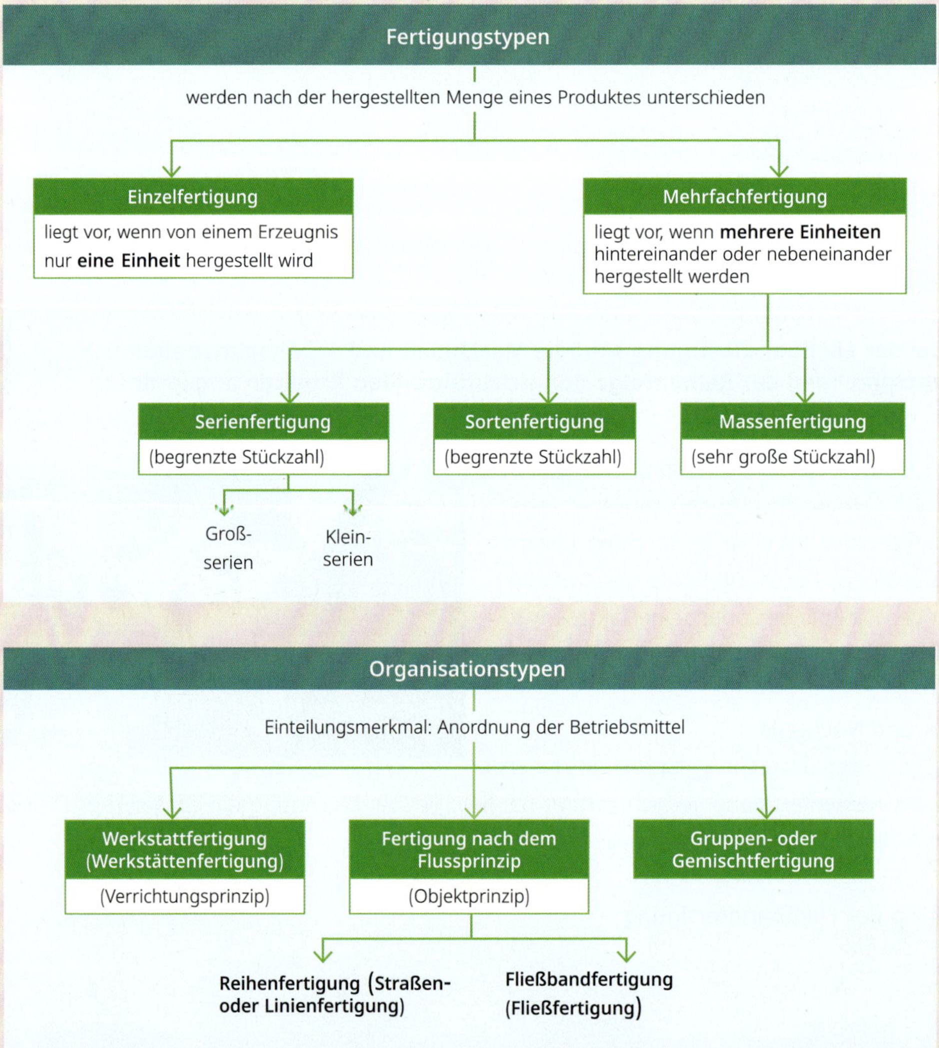

Aufgaben

1. Zuordnung der Produkte: Einzelfertigung – Serienfertigung – Sortenfertigung – Massenfertigung

Ordnen Sie die folgenden Produkte einem der Fertigungstypen zu und begründen Sie Ihre Zuordnung.

a) Nägel
b) Kühlschränke
c) Biere
d) Spezialmaschinen
e) Spielwaren

2. Zuordnung verschiedener Aussagen: Werkstattfertigung – Fließbandfertigung

Begründen Sie, welche der folgenden Aussagen für die Werkstattfertigung, welche für die Fließbandfertigung zu treffen.

a) Lange Transportwege und dadurch lange Durchlaufzeiten
b) Keine oder wenige Zwischenlager erforderlich
c) Psychologische Probleme der Mitarbeiter durch Arbeitsmonotonie
d) Geringe Störanfälligkeit des Fertigungsablaufes
e) Gute Anpassungsfähigkeit an neue Fertigungsaufgaben

3. Fertigungstyp – Organisationstyp

Die Montage von unterschiedlichen Druckmaschinen erfolgt in einer Produktionshalle mit folgendem schematischen Aufbau:

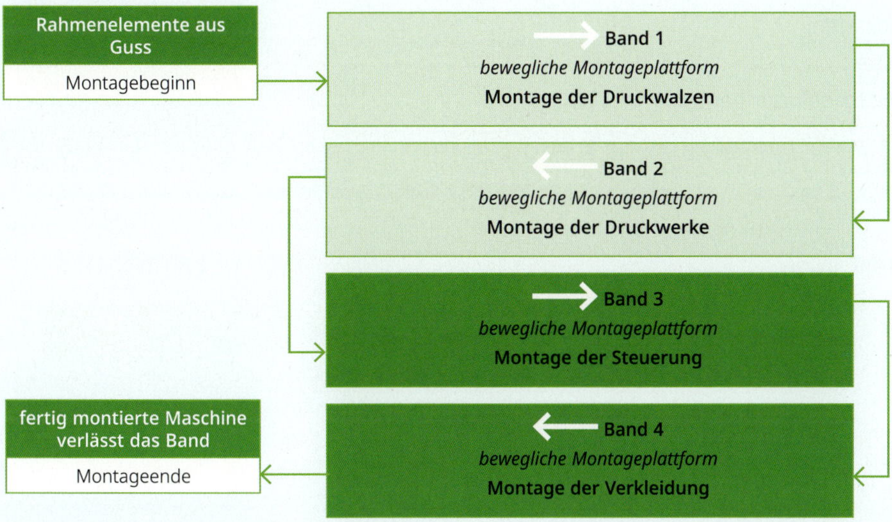

Die Montage erfolgt in Handarbeit unter Einsatz von Lastkranen für schwere Teile. Jede Maschine wird individuell nach den Wünschen der Kunden gefertigt.

Die beweglichen Montageplattformen transportieren die im Aufbau begriffene Druckmaschine von Montageplatz zu Montageplatz.

a) Nennen Sie den Fertigungstyp, der hier angewendet wird.
b) Nennen Sie den Organisationstyp, der hier eingerichtet ist.

3.2 Fertigungssteuerung

3.2.1 Integrierte Fertigungssysteme

Die Aufgabe der Fertigungssteuerung liegt darin, alle Maßnahmen zu treffen, die für die aktuelle Produktion notwendig sind.

Die Fertigungssteuerung basiert auf den Ergebnissen aus der Fertigungsplanung.

Unter **Fertigungssteuerung** versteht man das Veranlassen, Überwachen und Sichern der

- Menge,
- Termine,
- Qualitäten,
- Kosten,
- Arbeitsbedingungen.

Die **Aufgaben** der Fertigungssteuerung:

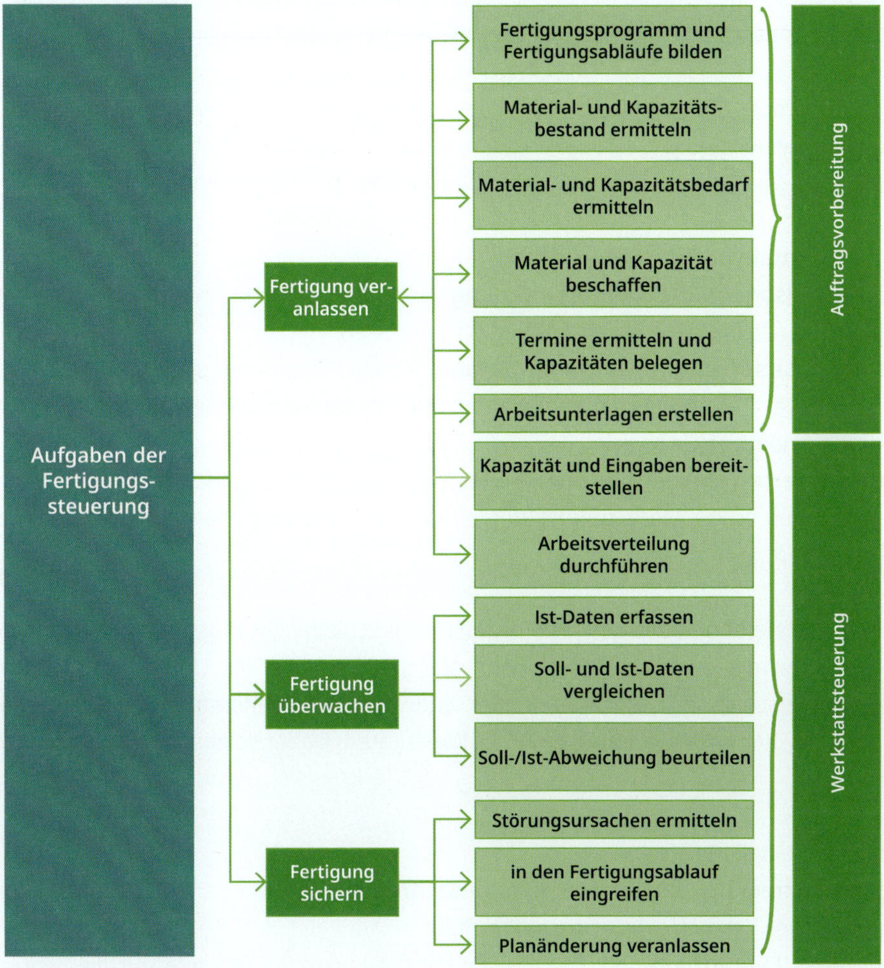

Damit die Fertigung reibungslos verläuft, sollten immer wieder in bestimmten Abständen Besprechungen stattfinden. Zu den Themen können gehören:

- Engpässe
- Störungen und Entstörungen
- Fehlteile
- Kapazitätsplanung
- Prioritätenregelung

Terminermittlung

Im Mittelpunkt der Fertigungssteuerung und der Veranlassung der Auftragsdurchführung steht die Terminermittlung. Hierbei geht es um die genaue Festlegung des Zeitpunktes (Kalenderwoche, Datum, Uhrzeit), zu dem der Auftrag bzw. die Arbeitsverrichtung begonnen werden bzw. beendet sein soll.

!

Die Ausgangssituation hierbei ist:
Die durchzuführende Aufgabe ist nach Art und Menge in Form von Aufträgen oder Programmen festgelegt und damit der Kapazitäts-, Material- und Informationsbedarf bekannt.

Des Weiteren muss der verfügbare Kapazitäts- und Materialbestand bekannt sein. Für die Kapazität wird unterstellt, dass ein längerfristiger Bedarf den Bestand nicht wesentlich über- oder unterschreitet (die Grobabstimmung erfolgt bereits bei der Programmbildung).

Es gibt drei **Arten von Terminermittlung**:
- Die **auftragsorientierte Terminermittlung**: Nur der einzelne Auftrag wird berücksichtigt; konkurrierende Aufträge werden außer Acht gelassen.
- Die **kapazitätsorientierte Terminermittlung**: Konkurrierende Aufträge werden berücksichtigt. Kapazitätsbestand und -bedarf werden miteinander abgeglichen und in die Terminermittlung einbezogen.
- Die **integrierte Terminermittlung**: Die Verfügbarkeit der Produktionsfaktoren (z. B. Material, Werkzeuge, Mess- und Prüfmittel) wird berücksichtigt; sie wird kapazitätsorientiert durchgeführt.

Zwischen Theorie und Praxis gibt es meistens Unterschiede. Oft müssen infolge betrieblicher Störungen wie Werkzeugbruch, Maschinenausfälle, Personalausfälle, Lieferschwierigkeiten und Lieferterminverschiebung durch den Kunden Änderungen vorgenommen werden. Demgegenüber steht die gleichmäßige Auslastung der Kapazitäten. Daher sollten Prioritätsregeln festgelegt werden.

Nachstehend einige Beispiele:
Belegungszeitregel (= kürzeste Operationszeitregel): Der Arbeitsgang mit der kürzesten Belegungsdauer bekommt die höchste Priorität.
Festzeitregel (Endterminregel): Der Auftrag mit der kürzesten Zeitdauer für die Bearbeitung aller noch durchzuführenden Arbeitsgänge bekommt die höchste Priorität.
Dynamische Wertregel: Der Auftrag mit der bisher größten Wertschöpfung bekommt die höchste Priorität.
Schlupfzeitregel: Der Auftrag mit der kürzesten Schlupfzeit bekommt die höchste Priorität (Schlupfzeit = Zeitdauer bis zum Endtermin des Auftrags – Summe aller Belegzeiten).

Rüstzeitregel: Der Arbeitsgang mit der geringsten Rüstzeit bekommt die höchste Priorität.
Kundenregel: (A-, B- oder C-Kunde) Welcher Kunde ist für das Unternehmen wichtig?
Fifo-Regel: First in – first out.
Verzugszeitregel: Der Auftrag mit dem größten Verzug bekommt die höchste Priorität.
Leistungsgradregel: Der Gewinn oder die Höhe der Entlohnung sind entscheidend.
Externe Prioritätsregeln: Verpflichtung zu Konventionalstrafen oder absatzpolitische Gründe.

In der Praxis werden mehrere Prioritätsregeln miteinander verknüpft (mehrdimensionale Regeln). Man unterscheidet additive, multiplikative und alternative Verknüpfung.

3.2.2 Manuelles Fertigungssystem

Kanban

Kanban ist ein visuelles Erkennungssystem (Zettel, Etiketten, mehrfarbige Behälter etc.) für die rasche und sichere Umsetzung der Fertigungsaufträge der Kunden.

Kanban ist japanisch und heißt „Etikett".

Merkmale:

- verbrauchsgesteuerte Materialbeschaffung
- Materialfluss durch Hol-Prinzip
- Der durchschnittliche Bestand und die Durchlaufzeit der Teile in einem Pufferspeicher können durch die Anzahl der sich im Umlauf befindlichen Zettel beeinflusst werden. Der Zettel ist der Auftrag, das Pufferlager wieder aufzufüllen.
- geringere zentrale Arbeitsverteilung durch selbstregelnden Mechanismus

Ein konsequent umgesetztes Kanban-System reduziert die Durchlaufzeiten erheblich.

Prinzip des Kanban-Systems

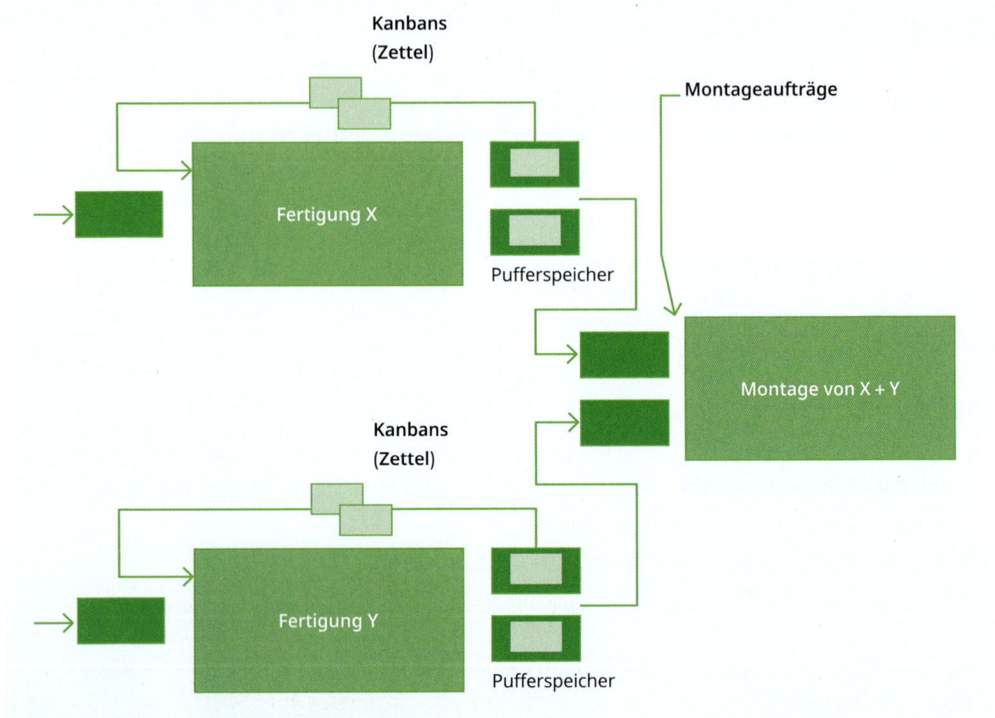

Folgen des Kanban-Prinzips:

- Reduzierung der Lagerbestände
- weniger Raumbedarf erforderlich
- Verringerung der Durchlaufzeiten

Zusammenfassende Übersicht zu Kapitel 3.2: Fertigungssteuerung

Aufgaben der Fertigungssteuerung

Fertigung

Veranlassen | Überwachen | Sichern

der

Menge, Termine, Qualitäten, Kosten, Arbeitsbedingungen

Arten von Terminermittlung

- auftragsorientierte Terminermittlung
- kapazitätsorientierte Terminermittlung
- integrierte Terminermittlung

3.3 Rationalisierung

Unter Rationalisierung sind alle technischen und organisatorischen Maßnahmen in einem Betrieb zu verstehen, die auf ein besseres Verhältnis zwischen dem Produktionsergebnis und den dafür eingesetzten Produktionsfaktoren abzielen (= Realisierung des ökonomischen Prinzips).

Rationalisierung zielt hauptsächlich auf:
- Kostensenkung
- Ertragssteigerung
- Verbesserung der Qualität der Erzeugnisse bzw. Dienstleistungen
- Bestgestaltung der Arbeit und der Arbeitsbedingungen

Rationalisierungsmaßnahmen lassen sich mithilfe von **betrieblichen Leistungskennzahlen** wie Produktivität, Wirtschaftlichkeit und Rentabilität beurteilen.

Produktivität

Die Produktivität ist die Kennzahl für das Verhältnis von Produktionsmenge (Output) zum mengenmäßigen Einsatz an Produktionsfaktoren (Input).

Berechnung der **Produktivität (Grundformel):**

$$\textbf{Produktivität} = \frac{\textbf{Produktionsmenge (z. B. kg, t, m, Stück)}}{\textbf{Faktoreinsatzmenge (z. B. Arbeitszeit, Kapital)}} = \frac{\textbf{Output}}{\textbf{Input}}$$

Gemessen an dieser Kennzahl sind Rationalisierungsmaßnahmen erfolgreich, wenn die Produktivität steigt.

Berechnung der **Arbeitsproduktivität:**

$$\textbf{Arbeitsproduktivität} = \frac{\textbf{Produktionsmenge}}{\textbf{Arbeitseinsatz}}$$

(z. B. Zahl der Beschäftigten, Arbeitsstunden)

Arbeitsproduktivität ist die meist angewandte Kennzahl zum Nachweis des Erfolges einer Rationalisierungsmaßnahme.

Berechnung der **Kapitalproduktivität**:

$$\textbf{Kapitalproduktivität} = \frac{\textbf{Produktionsmenge}}{\textbf{Kapitaleinsatz (z. B. investiertes Kapital, Maschinenstunden)}}$$

Beispiel

Die Moritz KG Stuttgart fertigte im Februar unter Einsatz von 16150 Arbeitsstunden und einem Kapital von 3.500.000,00 € insgesamt 122656 Stück eines bestimmten Produkts. Das Unternehmen realisierte eine Rationalisierungs- und Erweiterungsinvestition von 510.000,00 €. Bei unveränderter Beschäftigungszahl wurden im März 134 555 Stück in 15 386 Arbeitsstunden gefertigt.

Februar:

$$\text{Arbeitsproduktivität} = \frac{\text{Produktionsmenge}}{\text{geleistete Stunden}} = \frac{122656 \text{ Stk.}}{16150 \text{ Std.}} = 7{,}59479876 \text{ Stk./Std.}$$

$$\text{Kapitalproduktivität} = \frac{\text{Produktionsmenge}}{\text{Kapital}} = \frac{122656 \text{ Stk.}}{3.500.000 \text{ €}} = 0{,}03504457 \text{ Stk./€}$$

März:

$$\text{Arbeitsproduktivität} = \frac{134555 \text{ Stk.}}{15386 \text{ Std.}} = 8{,}74528792 \text{ Stk./Std.}$$

$$\text{Kapitalproduktivität} = \frac{134555 \text{ Stk.}}{4.010.000 \text{ €}} = 0{,}03355486 \text{ Stk./€}$$

Ergebnis: Die Investitionsmaßnahme hat damit zu einer deutlichen Erhöhung der Arbeitsproduktivität pro Stunde geführt, von 7,59 auf 8,75 Stück je Stunde. Dies entspricht einer Steigerung von 15,28 %. Die Kapitalproduktivität hat sich dagegen geringfügig verschlechtert.

Wirtschaftlichkeit

Die Wirtschaftlichkeit ist die Kennzahl für das Verhältnis von in Geldeinheiten bewertetem Produktionsergebnis (Leistung) zu in Geldeinheiten bewertetem Faktoreinsatz (Kosten).

Vereinfacht werden zur Berechnung oft Ertrag und Aufwand zueinander in Beziehung gesetzt.

$$\textbf{Wirtschaftlichkeit} = \frac{\textbf{Leistung in €}}{\textbf{Kosten in €}} \textbf{ oder } \frac{\textbf{Ertrag}}{\textbf{Aufwand}}$$

Wirtschaftlich sein heißt, nichts zu verschwenden und das „ökonomische Prinzip" einzuhalten.

- Wenn das Ergebnis > 1 ist, liegt Wirtschaftlichkeit vor (wenig Verschwendung), d. h. das Unternehmen erwirtschaftet Gewinn.
- Wenn das Ergebnis = 1 ist, liegt kostendeckende Wirtschaftlichkeit vor.
- Wenn das Ergebnis < 1 ist, handelt es sich um Unwirtschaftlichkeit (viel Verschwendung), d. h. das Unternehmen macht Verlust.

Rentabilität

Mit Rentabilität wird allgemein das Verhältnis des Gewinns in einer Periode (z. B. Monat, Quartal, Jahr) zu durchschnittlich eingesetztem Kapital bezeichnet.

$$\text{Rentabilität} = \frac{\text{Gewinn} \cdot 100}{\text{Kapital}}$$

Ein Unternehmen strebt vor allem eine hohe Eigenkapitalrentabilität an.

$$\text{Eigenkapitalrentabilität} = \frac{\text{Gewinn} \cdot 100}{\text{Eigenkapital}}$$

Eine hohe Rentabilität ist nur dann gewährleistet, wenn eine wirtschaftlich sinnvolle Produktivität mit einer hohen Wirtschaftlichkeit (also wenig Verschwendung) kombiniert wird.

Rationalisierungseffekte können u. a. durch **Automation, Arbeitsteilung und Vereinheitlichung (Standardisierung)** erreicht werden.

Die **Automation** hat den Einsatz von Automaten (z. B. CNC-Maschinen) zur Durchführung von Arbeitsvorgängen zum Ziel, wodurch ganz oder teilweise menschliche Arbeitskraft eingespart wird.

Die **Arbeitsteilung** beinhaltet die Zerlegung eines zusammenhängenden Arbeitsvorganges in Einzeltätigkeiten. Durch die Ausrichtung einer Arbeitskraft oder Maschine auf nur einen Arbeitsvorgang werden ein hoher Spezialisierungsgrad und eine erhöhte Produktivität erreicht.

Die **Vereinheitlichung (Standardisierung)** von Produkten, Bauteilen oder Verfahren auf eine oder wenige Varianten ist eine der wichtigsten Aufgaben der Rationalisierung. Dies geschieht durch Normung, Typung, Baukastensystem und Spezialisierung. Die Vorteile sind:

- vereinfachte Konstruktion von Erzeugnissen mit Normteilen
- schnelle und problemlose Beschaffung
- geringere Lagerhaltung durch Beschränkung auf wenige Teile und Erzeugnisse
- Verkürzung der Durchlaufzeiten
- Reduzierung der Fertigungskosten
- Qualitätssicherung bzw. -verbesserung
- verbesserte Servicefreundlichkeit (Austauschbarkeit, Ersatzteilbeschaffung)

Eine zu starke Vereinheitlichung kann sich aber auch nachteilig auswirken:

- Beschränkung der Produktvielfalt am Markt
- Einengung kreativer Produktgestaltung
- mangelnde Typenvielfalt kann Absatzchancen behindern

Der Kreislauf der betriebswirtschaftlichen Auswirkungen von Rationalisierungsmaßnahmen

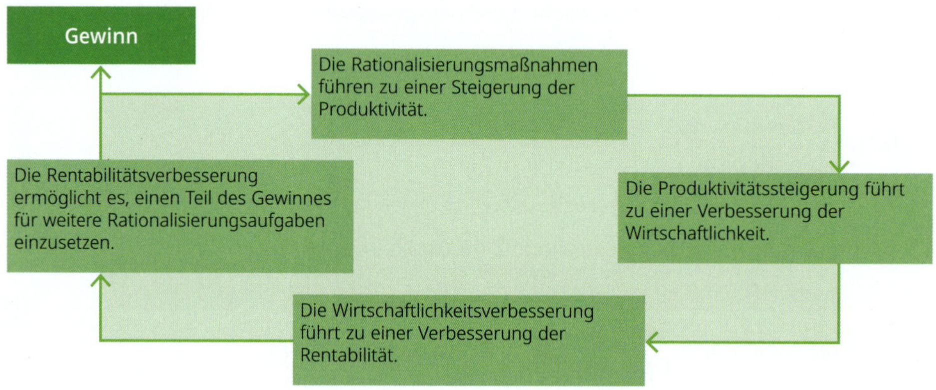

Fazit:

Aufgaben 1-3 Seite 117

Für erfolgreiches Wirtschaften sind nicht die Produktivität und die Wirtschaftlichkeit einer Rationalisierungsmaßnahme entscheidend, sondern die Rentabilität.

Zusammenfassende Übersicht zu Kapitel 3.3: Rationalisierung

Betriebliche Leistungskennzahlen zur Messung der Rationalisierungswirkung

Produktivität
$$\frac{\text{Produktionsmenge (Output)}}{\text{Faktoreinsatzmenge (Input)}}$$

- **Arbeitsproduktivität** $\frac{\text{Produktionsmenge}}{\text{Arbeitseinsatz}}$
- **Kapitalproduktivität** $\frac{\text{Produktionsmenge}}{\text{Kapitaleinsatz}}$

Wirtschaftlichkeit
$$\frac{\text{Leistung in €}}{\text{Kosten in €}}$$

Rentabilität
$$\frac{\text{Gewinn} \cdot 100}{\text{Kapital}}$$

Rationalisierungsmaßnahmen durch:

- **Automation**
- **Arbeitsteilung**
- **Vereinheitlichung (Standardisierung)**
  - Normung
  - Typung
  - Spezialisierung
  - Normung und Typung → Baukastensystem

Aufgaben

1. Vergleich vor und nach der Rationalisierung: Produktivität – Wirtschaftlichkeit

Ein Möbelhersteller stellt in 30 Stunden 400 Stühle her, die zu je 35,00 € verkauft werden. Der Stundenlohn beträgt 17,85 €. Nach einer Rationalisierungsmaßnahme werden in der gleichen Zeit 450 Stühle hergestellt, die zu je 30,00 € verkauft werden. Durch die Arbeitnehmer-Überlassung einer Zeitarbeitsfirma sinkt der durchschnittliche Stundenlohn auf 14,90 €.

a) Berechnen Sie die Produktivität und die Wirtschaftlichkeit vor und nach der Rationalisierung.

b) Berechnen Sie die prozentualen Veränderungen.

c) Beurteilen Sie die Ergebnisse.

2. Berechnung der Arbeitsproduktivität und der Kapitalproduktivität

Ein Flachbildschirm-Hersteller hat folgende Größen ermittelt:

	vor der Rationalisierung	nach der Rationalisierung
Kapitaleinsatz (monatlich)	190.000,00 €	210.000,00 €
Arbeitsstunden	130	130
hergestellte Flachbildschirme	860	1120

Berechnen Sie die Arbeitsproduktivität und die Kapitalproduktivität vor und nach der Rationalisierung.

3. Rationalisierungsziele

Adam Smith, englischer Volkswirtschaftler, trifft in seinem Hauptwerk „An inquiry into the nature and causes of the wealth of nations" bereits 1776 u. a. folgende Aussage: „Nehmen wir an, ein Arbeiter hätte die Aufgabe, Stecknadeln herzustellen. Wenn er sämtliche Arbeitsvorgänge selber besorgen muss, so wird er vielleicht pro Tag zwei Stecknadeln produzieren. Werden künftig zehn Arbeiter mit der Erzeugung von Stecknadeln betraut und wird die Arbeit so zerlegt, dass jeder Arbeiter nur einen bestimmten Teilprozess übernimmt, so gelingt es, pro Tag 48 000 Stecknadeln (pro Arbeiter also 4800) zu produzieren."

Erklären Sie, welches Rationalisierungsziel bei dem von Adam Smith erläuterten Stecknadelbeispiel vorrangig war.

Themenkreis 4 (Bildungsplaneinheit 8.1):

Rechnungswesen 1: Buchführung

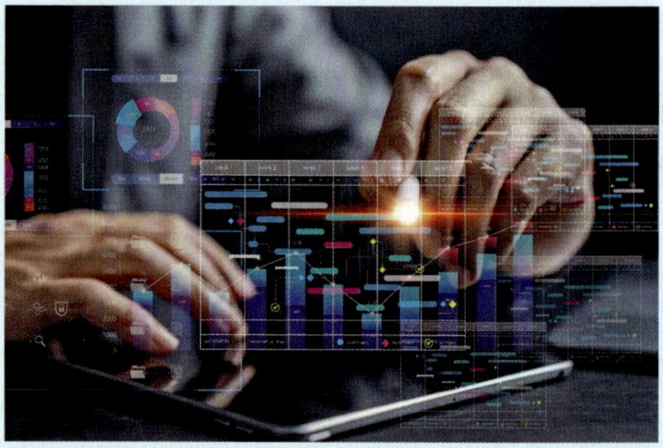

Die Leitung eines Unternehmens erfordert es, auf kurzfristige und langfristige Entwicklungen im wirtschaftlichen Umfeld des Unternehmens zu reagieren, oder auch zu agieren, um Entwicklungen anzustoßen. Die **Risiken** und **Chancen** dieser **Managemententscheidungen** hängen stark von der **Qualität** der herangezogenen **Daten** zur Einschätzung der Entwicklungen ab. So kann z.B. die Entscheidung für eine Anschaffung oder Investition in einem Unternehmen, ohne vorherige genaue Einschätzung der finanziellen Möglichkeiten des Unternehmens zu großem wirtschaftlichen Schaden beitragen. Wenn sich diese im Nachhinein als finanziell nicht tragbar oder nicht rentabel erweist.

Ein systematisches **Erfassen aller** im Unternehmen stattfindenden **Geschäftsvorfälle** ist daher die wichtigste **Voraussetzung**, um eine zuverlässige Datengrundlage für **Managemententscheidungen** zu erhalten.

Die **Buchführung**[1] liefert hierzu die nötigen **Regeln**, **Struktur** und **Instrumente**. Als **Ergebnis** der Buchführung werden die **Veränderungen** in der **Vermögens- und Kapitalstruktur**, sowie die **Gewinn- und Verlustrechnung** des Unternehmens für ein Geschäftsjahr[2] ermittelt. Die **Ergebnisse** der Buchführung werden in Form von **Bilanzen** (Veränderungen Vermögens- und Kapitalstruktur) und **Gewinn- und Verlustrechnungen** festgehalten. Sie sind aber nicht nur für die Leitung des Unternehmens interessant. Auch externe Interessenten, wie z.B. Kapitalgeber, oder auch staatliche Organisationen, wie z.B. das Finanzamt, sind an den Ergebnissen der Buchführung interessiert.

Welche Kompetenzen werden angestrebt?

Die Schülerinnen und Schüler können verschiedene Bereiche des Rechnungswesens beschreiben und die Grundsätze der Buchführung darstellen. Ausgehend vom Inventar bis zur Abschlussbilanz können sie ausgewählte Buchungen durchführen und den Gewinn bzw. Verlust des Unternehmens ermitteln.

---

1 Folgende Begriffe werden synonym benutzt: Buchhaltung, Geschäftsbuchführung, Finanzbuchhaltung.

2 Ein Geschäftsjahr entspricht in der Regel einem Kalenderjahr, muss es aber nicht unbedingt.

4.1 Bedeutung der Buchführung

Im **Rechnungswesen** eines Unternehmens werden alle **Geld- und Güterströme** entsprechend den gesetzlichen Vorgaben oder den betriebsinternen Zielsetzungen systematisch **erfasst, ausgewertet, zusammengestellt und gesteuert.**

Gliedern lässt sich das betriebliche **Rechnungswesen** in **externes** Rechnungswesen (= **Buchführung**), **internes** Rechnungswesen **(= Kosten- und Leistungsrechnung)**, **Statistik** und **Planung**.

Diese Gliederung ergibt sich aus den gesetzlichen Vorgaben oder den betrieblichen Zielsetzungen.

Beim externen Rechnungswesen (= Buchführung) verweist der Begriff **extern** auf die **Zielgruppe** der Interessenten. Die Buchführung muss strikt nach gesetzlichen Vorgaben durchgeführt werden. Dadurch erfüllt sie einige wichtige Funktionen, die darauf ausgelegt sind, die Interessen von außerhalb der Unternehmung stehenden Personen (z. B. Eigentümer[1], Investoren, Lieferanten und Kunden) und Institutionen (z. B. Banken, Finanzamt) zu berücksichtigen. Diese wollen in erster Linie eine Übersicht über die wirtschaftliche Situation des Unternehmens erhalten. Die **Übersichten** ergeben sich in Form von **Bilanzen und Gewinn- und Verlustrechnungen** als **Ergebnisse der Buchführung**.

Vgl. Kapitel 4.2.1

Anhand dieser Ergebnisse bestimmt z. B. das Finanzamt die Höhe der Steuern, die ein Unternehmen bezahlen muss. Oder ein Investor kann anhand der Bilanz[2] eines Unternehmens einschätzen, wie hoch das Risiko einer Investition ist.

Vgl. Kapitel 4.4.1

Damit diese Übersichten erstellt werden können, müssen alle wirtschaftlichen Tätigkeiten eines Unternehmens in einem Geschäftsjahr lückenlos dokumentiert werden. Diese wirtschaftlichen Tätigkeiten werden in der Buchführung als Geschäftsvorfälle bezeichnet.

Die Buchführung ermöglicht es durch ein lückenloses Erfassen aller Geschäftsvorfälle in einem Geschäftsjahr, als Ergebnis eine Übersicht zur Vermögens- und Kapitalstruktur (Bilanz) und zur Gewinn- und Verlustsituation des Unternehmens zu liefern.

!

---

1 Es erscheint etwas befremdlich, aber tatsächlich werden im Rechnungswesen die Eigentümerinnen und Eigentümer als Außenstehende bzw. lediglich als Eigenkapitalgeberinnen und Eigenkapitalgeber betrachtet.

2 Die Bilanz gibt Auskunft darüber, was alles an Vermögen und Kapital bzw. Schulden im Unternehmen vorhanden ist.

Zur Erstellung von aussagekräftigen Bilanzen und Gewinn- und Verlustrechnungen gibt es klare gesetzliche Vorgaben. Die Bedeutung der Buchführung lässt sich auch daran messen, dass die anderen Bereiche des Rechnungswesens ohne eine ordentliche Buchführung keine verlässlichen Ergebnisse liefern können.

Die **Buchführung** ermittelt die Ergebnisse des **gesamten Unternehmens**. Ein Unternehmen kann aber aus verschieden Bereichen bestehen. Um die Leistungsfähigkeit der einzelnen Geschäftsbereiche einschätzen zu können werden sie im **internen Rechnungswesen voneinander abgegrenzt**.

Beispiel

Vgl. Kapitel 6

Die TuM GmbH (Tuning und Mehr GmbH) beschäftigt sich neben dem Modifizieren von E-Autos auch mit dem Vertrieb von nachhaltiger Sportbekleidung für den Rennsport. Die Geschäftsleitung möchte nun die wirtschaftliche Situation und Leistungsfähigkeit des Tuningbereiches einschätzen. Dazu werden im **internen Rechnungswesen** nur die **Kosten und Leistungen** des Tuningbereichs ermittelt und die Ergebnisse dieses betrieblichen Teils zur Grundlage für Entscheidungen im Tuningbereich herangezogen.

Die Ergebnisse des externen und internen Rechnungswesen dienen wiederum als Grundlage für die beiden Bereiche Statistik und Planung.

Beispiel

Die Geschäftsleitung der TuM GmbH möchte einen Überblick darüber gewinnen, wie sich das Unternehmen in den letzten fünf Jahren wirtschaftlich entwickelt hat. Hierzu werden die Bilanzen und Gewinn- und Verlustrechnungen (externes Rechnungswesen) der letzten fünf Jahre miteinander verglichen. Im nächsten Schritt werden Ergebnisse von Konkurrenten oder Brancheergebnisse zum Vergleich herangezogen. Ergebnis dieser Vergleichsrechnung sind Kennzahlen, Schaubilder und Statistiken.

Zum Teil dienen die Ergebnisse dieser **Vergleichsrechnung** dann als **Grundlage** zur betrieblichen **Planung und Prognose** von Entwicklungen (= **Vorausrechnung**). An den Statistiken lassen sich Aufwärts- und Abwärtstrends im Unternehmen, der Konkurrenz oder dem Markt erkennen und die Planungen für die kommende Geschäftsperiode können sich vorausschauend hierauf beziehen.

Zusammenfassende Übersicht zu Kapitel 4.1: Betriebliches Rechnungswesen

Externes Rechnungswesen	Internes Rechnungswesen	Statistik	Planung
= ermittelt Unternehmensergebnis	= ermittelt Betriebsergebnis	= Vergleichsrechnung	= Vorschaurechnung
▪ lückenloses erfassen aller Geschäftsvorfälle eines Geschäftsjahres ▪ folgt gesetzlichen Vorgaben ▪ Ergebnis sind Bilanzen und Gewinn- und Verlustrechnungen ▪ Adressat sind externe Interessenten wie z. B. das Finanzamt	▪ Abgrenzung des Unternehmensergebnisses ▪ Konzentration auf Kosten und Leistungen eines betrieblichen Teils ▪ Ergebnis ist das Betriebsergebnis ▪ wichtig für betriebsinterne Entscheidungsträger wie z. B. die Geschäftsleitung	▪ Überblick zur Entwicklung vergangener Perioden durch Kennzahlen, Schaubilder und Statistiken ▪ ermöglicht Abbildung betriebsinterner Entwicklung ▪ Vergleich mit Konkurrenten und der Branche wird ermöglicht	▪ zukünftige Entwicklungen werden mithilfe von Daten geplant bzw. geschätzt ▪ Ergebnis sind Entscheidungen zur Unternehmensentwicklung ▪ Umsetzung in Form von Plänen wie z. B. Personalplan, Finanzplan usw.

Aufgaben

1. Beschreiben Sie den Unterschied zwischen der Buchführung und der Kosten- und Leistungsrechnung.

2. Ein Unternehmen möchte ein neues Produkt auf den Markt bringen. Begründen Sie, wie die Unternehmensleitung Anhaltspunkte für den möglichen Verkaufspreis erhalten kann.

4.2 Aufgaben und Grundsätze ordnungsmäßiger Buchführung

4.2.1 Aufgaben der Buchführung

Eine lückenlose Erfassung aller Geschäftsvorfälle ermöglicht es, die Vermögens- und Kapitalstruktur sowie die Gewinn- und Verlustsituation eines Unternehmens zu bestimmen.

Deshalb hat die Buchführung folgende wichtige Aufgaben:

- **Informationsfunktion**
  Betriebsinterne Adressaten, z. B. die Geschäftsleitung, wie auch externe Adressaten, z. B. Investoren, erhalten verlässliche Informationen zum Unternehmen.

§ 257 HGB

- **Dokumentationsfunktion**
  Damit die Ergebnisse der Buchführung überprüft werden können, z. B. durch das Finanzamt oder einem interessierten Investor, müssen Dokumente und Briefe geordnet und archiviert werden.
- **Rechenschaftslegung**
  Anhand der Ergebnisse der Buchführung (Gewinn- und Verlustrechnung) wird die Höhe der Steuern durch das Finanzamt bestimmt.
- **Kontrollfunktion**
  Dadurch, dass die Belege im Unternehmen geordnet und archiviert werden, können z. B. Zahlungseingänge von Kunden kontrolliert werden, aber auch, ob erwartete Lieferungen anstehen oder sich verspätet haben.
- **Planungsfunktion**
  Informationen der Buchführung können statistisch aufbereitet und als Grundlage für Entscheidungen für zukünftige Entwicklungen verwendet werden.

4.2.2 Grundsätze ordnungsmäßiger Buchführung

§§ 238, 239 HGB

Alle Unternehmen müssen sich an **gesetzlich vorgeschriebene und einheitliche Vorgaben** zum Aufbau und zur Organisation ihrer Buchführung **halten**. Dies ist **wichtig**, damit externe Interessenten, wie z.B. das Finanzamt sich bei der Überprüfung der Buchführung jedes Unternehmens genauso gut und schnell **zurechtfinden** kann. Ohne einheitliche Vorgabe, wäre auch ein **Vergleich** der Ergebnisse der Buchführung im Unternehmen, als auch mit den Ergebnissen anderen Unternehmen oder der gesamten Branche **nicht möglich**.

Zusammenfassende Übersicht zu Kapitel 4.2.2: Grundsätze ordnungsmäßiger Buchführung

= Die Buchführung muss so organisiert werden, dass sich ein sachverständiger Dritter (Fachleute aus Finanzamt, Steuerberatung, Banken) innerhalb einer angemessenen Zeit einen Überblick verschaffen kann. Hierzu muss die Buchführung:

- in einer lebenden Sprache,
- vollständig (lückenlos),
- richtig,
- zeitgerecht und
- geordnet vorgenommen werden.

Die Buchführung kann entweder in Papierform oder in elektronischer Form geführt werden.

Aufgaben

1. Stellen Sie dar, warum auch im Privatbereich eine einfache Buchhaltung Sinn machen kann.
2. Begründen Sie, warum gesetzliche Vorschriften zur Ordnungsmäßigkeit der Buchführung sinnvoll sind.

4.3 Inventar und Inventur

4.3.1 Gesetzliche Regelung

Um Veränderungen in der Vermögens- und Kapitalstruktur zu erfassen, **muss** zur Unternehmensgründung und am Ende jedes Geschäftsjahres eine detaillierte **Auflistung aller Vermögenswerte** (Gegenstände und Mittel, die das Unternehmen für seine wirtschaftliche Tätigkeit verwendet = Mittelverwendung) **und Kapitalwerte** (Geldquellen, die das Unternehmen dazu verwendet die Vermögenswerte zu beschaffen = Mittelherkunft) **vornehmen**. Diese **Auflistung** wird als **Inventar** bezeichnet und die **Tätigkeit**, alle Vermögens- und Kapitalwerte zu erfassen, wird als **Inventur** bezeichnet. Hierzu sind alle Kaufleute **gesetzlich verpflichtet**. § 240, HGB

Bei der Inventur werden alle Gegenstände und Mittel entweder körperlich oder wertmäßig erfasst. Das Ergebnis der Inventur wird jedes Geschäftsjahr nach dem gleichen Schema erfasst und als Inventar aufgelistet. Dadurch können eben die Veränderungen in den einzelnen Positionen (Vermögens- und Kapitalwerte) übersichtlich dargestellt werden.

Die Durchführung einer Inventur ist sehr zeit- und kostenaufwendig. Ohne eine aufwändige Aufnahme aller Vermögens- und Kapitalwerte würden aber Veränderungen nicht genau erfasst. Gleichzeitig können dadurch im Unternehmen Unregelmäßigkeiten und auffällige Abweichungen festgestellt werden.

Des Weiteren bilden die Inventare der zurückliegenden Geschäftsjahre die Veränderungen ab und zum anderen dienen sie als Grundlage zur Aufstellung der Bilanz des Unternehmens. siehe Kapitel 4.4.

4.3.2 Inventurverfahren nach der Art der Durchführung

Körperliche Inventur

Bei der körperlichen Bestandsaufnahme werden Gegenstände, z. B. Maschinen, Waren und Rohstoffe, durch Zählen, Messen, Wiegen und ausnahmsweise auch durch Schätzen aufgenommen. Anschließend ist jeder erfasste Gegenstand grundsätzlich einzeln zu bewerten. Das ist sehr zeitaufwendig, aber jeder Gegenstand muss grundsätzlich für sich erfasst und bewertet werden.

Bei den beweglichen Gegenständen des **Anlagevermögens** (Vermögensgegenstände, die dauernd im Unternehmen dem Betriebszweck dienen, z. B. Maschinen, Kraftfahrzeuge) kann auf die jährliche körperliche Bestandsaufnahme verzichtet werden, wenn jeder Zugang und jeder Abgang dieser Gegenstände fortlaufend in ein **Bestandsverzeichnis (Anlagenverzeichnis)** eingetragen wird und aufgrund dieses Verzeichnisses die am Abschlussstichtag vorhandenen Gegenstände einwandfrei ermittelt werden können.

Buchinventur

Der Wert der körperlich nicht erfassbaren Wirtschaftsgüter (wie z. B. Bankguthaben und Lieferantenschulden) wird durch die Buchinventur ermittelt. Dabei erfolgt die Bestandsaufnahme mithilfe von Belegen, Aufzeichnungen, Kontoauszügen bzw. Kontenabstimmung (Saldenbestätigung) mit Lieferanten und Kunden.

4.3.3 Inventurverfahren nach dem Zeitpunkt der Durchführung

Was den Zeitpunkt der körperlichen Bestandsaufnahme betrifft, bestehen für die Unternehmen folgende „Wahlrechte“:

Aufgaben 2 und 3 Seite 127

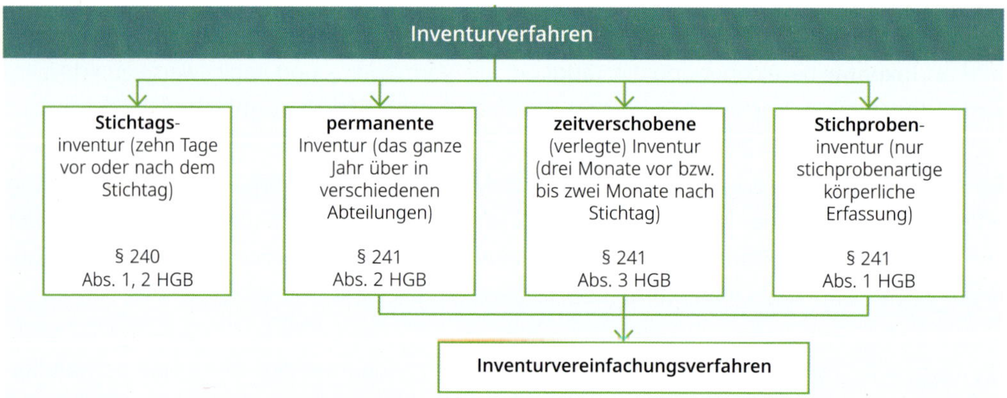

In einem besonderen Inventar wird der festgestellte Bestand nach Art und Menge auf den Tag der Bestandsaufnahme (Inventurstichtag) bewertet. Bei den Inventurvereinfachungsverfahren wird der ermittelte **Gesamtwert** des Bestandes dann **wertmäßig** (nicht mengenmäßig) auf den Abschlussstichtag **fortgeschrieben** bzw. **zurückgeschrieben**.

Hinweise zur Durchführung der Inventur

Die Inventur muss sorgfältig geplant und vorbereitet werden, um alle Bestände vollständig und richtig zu erfassen; Doppelzählungen bzw. Nichterfassung sind zu vermeiden. Der Leiter der Inventurarbeiten erstellt einen Inventurplan und erteilt alle Inventuranweisungen.

4.3.4 Inventar bei Geschäftsaufnahme

Bei der Neugründung hat der Kaufmann zum Zeitpunkt seiner Geschäftsaufnahme alle Vermögensgegenstände zu erfassen, die zu diesem **Stichtag** dazu bestimmt sind, dem Geschäftsbetrieb zu dienen.

Da das gesamte Betriebsvermögen neu beschafft wurde, ist die Bestandsaufnahme noch gut überschaubar, sodass die durch Eröffnungsinventur körperlich erfassten Ist-Bestände mit den Soll-Beständen lt. Rechnungen, Lieferscheinen, Lagerkartei und sonstigen Buchbelegen exakt übereinstimmen. Mit Ist-Beständen sind die tatsächlich vorhandenen Bestände gemeint, also die Ergebnisse der Inventur. Soll-Bestände ergeben sich aus der Fortführung der Bestände mithilfe von z. B. Belegen wie Lieferscheine und Rechnungen. Gerade die Abweichungen zwischen Ist- und Soll-Beständen zu erfassen und Gründe für diese Abweichungen zu finden, ist eines der Hauptziele der Inventur.

Folgendes Beispiel bildet den Aufbau eines Inventars ab. Dieser Aufbau ist allgemeingültig und stellt schematisch die Ergebnisse einer Inventur dar.

Beispiel

Aufgaben 4 und 5 Seite 127

A. Vermögen	**€**	**€**
I. Anlagevermögen		
1. Bebaute Grundstücke, Schmollerstraße 1		300.000,00
2. Bauten auf eigenen Grundstücken		
– Fabrikgebäude	450.000,00	
– Verwaltungsgebäude	150.000,00	600.000,00
3. Technische Anlagen, Maschinen lt. Anlagenkartei		250.000,00
4. Fuhrpark lt. Fahrzeugkartei		220.000,00
5. Betriebs- und Geschäftsausstattung lt. Verzeichnis		60.000,00
II. Umlaufvermögen		
1. Rohstoffe und Fremdbauteile lt. Inventarliste 1		520.000,00
2. Hilfsstoffe lt. Inventarliste 2		130.000,00
3. Betriebsstoffe lt. Inventarliste 3		70.000,00
4. Bankguthaben		
– Kreissparkasse Heilbronn	200.000,00	
– Postbank Stuttgart	90.000,00	290.000,00
5. Kassenbestand lt. Kassenbericht		60.000,00
Summe des Vermögens (Rohvermögen)		**2.500.000,00**
B. Schulden		
Darlehensschulden		
– Kreissparkasse Heilbronn	500.000,00	
– Landeskreditbank Baden-Württemberg	1.000.000,00	1.500.000,00
Summe der Schulden		**1.500.000,00**

Heilbronn, 15. März ..

Als Nebenrechnung[1]:

C. Ermittlung des Reinvermögens (Eigenkapital)

Summe des Vermögens	2.500.000,00 €
– Summe der Schulden	1.500.000,00 €
= Reinvermögen (Eigenkapital)	1.000.000,00 €

Aufgabe 6 Seite 127

[1] Die Reinvermögensrechnung ist nicht Bestandteil des Inventars. Sie ist eine Nebenrechnung zur Bestimmung des Reinvermögens (Eigenkapitals). In Übungsaufgaben wird sie meist wie ein Bestandteil des Inventars behandelt.

Erläuterungen zum obigen Inventar

Anlagevermögen

Es sind die Vermögensgegenstände, die dazu bestimmt sind, **dauernd** (längere Zeit) dem Geschäftsbetrieb zu dienen, z. B. Gebäude, Maschinen. Das Anlagevermögen bildet die Grundlage jeder betrieblichen Tätigkeit. Es dient zur Erfüllung aller Aufgaben, wie Einkauf, Produktion, Absatz.

Umlaufvermögen

Auf ein Industrieunternehmen bezogen, sind hervorzuheben:

- *Roh-, Hilfs- und Betriebsstoffe sowie bezogene Fertigteile (Fremdbauteile)* werden zusammengefasst als **Werkstoffe** bezeichnet.
- *Flüssige (liquide) Mittel* wie Bankguthaben, Kassenbestand. Sie stehen bereit für zusätzliche Investitionen, zum Ausgleich von Schulden und für die Zahlung betrieblicher Aufwendungen, wie Personalaufwendungen, Miete, Zinsen.

Weitere Positionen des Umlaufvermögens (zum Zeitpunkt der Gründung bzw. vor der Fertigung noch nicht in der obigen Aufstellung enthalten):

1. *Erzeugnisse:*
   Sie sind erstmals in der auf die Gründung folgenden Vermögensaufstellung zu erfassen. Bei den Erzeugnissen sind im Umlaufvermögen zu unterscheiden:
   - *Unfertige Erzeugnisse:*
     Jeder Grad der Be- und Verarbeitung kann vorliegen, wobei jede mögliche Zwischenstufe der Produktion noch kein absatzfähiges Erzeugnis ist.
   - *Fertige Erzeugnisse:*
     Es sind die absatzfähigen Produkte, die im Fertigwarenlager bereitstehen.

2. *Forderungen aus Lieferungen und Leistungen (Kundenforderungen, auch kurz als „Forderungen" bezeichnet):*
   Sie entstehen beim Verkauf mit Zahlungsziel („Zielverkauf", wir haben eine Bestellung bereits ausgeliefert und unsere Kundschaft hat von uns ein Zahlungsziel, meistens 30 Tage, erhalten) der fertigen Erzeugnisse und bestehen bis zur Zahlung durch die Kunden.

Gliederung der Vermögensgegenstände und des Fremdkapitals

Bei der obigen Aufstellung der Vermögensgegenstände sind bereits die Gliederungsvorschriften für die Bilanz beachtet worden.

1. **Grundsatz der „Flüssigkeit" bei den Vermögensgegenständen**
   Nach diesem Grundsatz sind die einzelnen Positionen nach dem „Grad ihrer Geldnähe" angeordnet, d. h., mit den im Allgemeinen schwer verkäuflichen Grundstücken und Gebäuden wird begonnen und am Ende der Gliederung stehen die flüssigen Mittel (Bank, Kasse). Die Leitfrage für die Gliederung lautet: Ist der Vermögensgegenstand leichter oder schwerer „zu Geld zu machen"?

2. **Grundsatz der Fälligkeit bei den Schulden**
Das Fremdkapital (= fremde Mittel, Schulden) kann aus Darlehensschulden und aus Liefererschulden (Verbindlichkeiten aus Lieferungen und Leistungen, d.h., wir haben bereits Lieferungen und Leistungen erhalten, haben diese aber noch nicht beglichen) bestehen. Die Schulden werden nach der Fälligkeit gegliedert, also in der Reihenfolge beginnend mit den langfristigen Schulden (Darlehen) und endend mit den kurzfristigen Verbindlichkeiten (z.B. Liefererschulden).

Aufgaben

1. Beschreiben Sie den Unterschied zwischen Inventur und Inventar.

2.
a) Erklären Sie den Unterschied zwischen einer „Stichtagsinventur" und einer „permanenten Inventur".
b) Beurteilen Sie die Vorteile einer „vorgelegten" bzw. einer „nachverlegten" Inventur.
c) Nennen Sie die wesentlichen Inventurziele und erklären Sie die jeweilige Zielsetzung.

3. Prüfen Sie die folgenden Aussagen auf ihre Richtigkeit bzw. Vollständigkeit:
a) Ein Kaufmann muss eine Inventur jeweils am Schluss eines Geschäftsjahres durchführen.
b) Durch die Inventur sollen alle Vermögensgegenstände mengen- und wertmäßig erfasst werden.
c) Der Inventurplan legt ausschließlich den jeweils günstigsten Zeitpunkt für die Inventuraufnahme fest.
d) Bei den beweglichen Gegenständen des Anlagevermögens kann auf die körperliche Bestandsaufnahme verzichtet werden.

4.
a) Beschreiben Sie den Aufbau eines Inventars.
b) Erklären Sie, wie das Eigenkapital (Reinvermögen) ermittelt wird.

5.
a) Ist es zutreffend, dass bei jeder Inventur „bewertet" werden muss?
b) Erläutern Sie die Bewertung an einem Beispiel.

6. Stellen Sie aufgrund der folgenden Angaben das Inventar der Möbelwerkstätte Feix e.K., Ludwigsburg, zum 31. Dezember d.J. auf.
Berechnen Sie das Eigenkapital und achten Sie auf die richtige Reihenfolge der Posten (Beträge in €).
Darlehensschuld 300.000,00; Kundenforderungen 72.000,00 (davon Kunde A 40.000,00; Kunde B 18.000,00; Kunde C 14.000,00); Grund und Boden (Grundstücke) 130.000,00; Liefererschulden (Verbindlichkeiten) 120.000,00 (davon Lieferer D 62.000,00; Lieferer E 31.000,00; Lieferer F 27.000,00); Fuhrpark 67.000,00 (Lastwagen LB – SU 153 48.000,00, Personenwagen LB – HN 33 19.000,00); Kasse 16.000,00;

Gebäude 250.000,00 (Hölderlinstraße 17: 140.000,00, Keltenweg 9: 110.000,00); Rohstoffe 56.000,00; Hilfsstoffe 20.000,00; Betriebsstoffe 10.000,00; unfertige Erzeugnisse 9.000,00; fertige Erzeugnisse 11.000,00; Bank 29.000,00 (Kreissparkasse 13.000,00; Volksbank 16.000,00); Betriebs- und Geschäftsausstattung (lt. Anlagenverzeichnis) 38.000,00; Maschinen 200.000,00.

4.4 Bilanz

4.4.1 Eröffnungsbilanz

Vom Inventar zur Bilanz

§§ 242 ff. HGB

Gesetzliche Regelung

Nach Aufnahme aller Vermögensgegenstände und der Schulden (Inventur und Inventar) hat der Kaufmann „zu Beginn eines Handelsgewerbes und zum Schluss eines jeden Geschäftsjahres" eine Bilanz aufzustellen. Die Bilanz wird aus dem Inventar abgeleitet.

Zudem sind „in der Bilanz ... das Anlage- und das Umlaufvermögen, das Eigenkapital, die Schulden ... gesondert auszuweisen und hinreichend aufzugliedern". Im Gesetz wird von der „Aktivseite" und der „Passivseite" der Bilanz gesprochen. Das schreibt u. a. vor: „Die Bilanz ist in **Kontoform** aufzustellen." Das bedeutet jedoch nicht, dass die Bilanz selbst ein Konto ist. Sie hat lediglich – wie jedes Konto – zwei Seiten, wie die unten stehende Darstellung zeigt.

Nach dem ist der Jahresabschluss, zu dem die Bilanz gehört, „vom Kaufmann unter Angabe des Datums zu unterzeichnen". Das Inventar hingegen muss nur datiert sein, braucht aber nicht unterzeichnet zu werden. Es gehört nicht zum Jahresabschluss. Der Jahresabschluss besteht bei Kapitalgesellschaften aus der Bilanz, der Gewinn- und Verlustrechnung, einem Anhang sowie einem Lagebericht.

Grundstruktur der Bilanz

Aus dem Inventar wird die Grundstruktur der Bilanz (Inventar in „anderer Form") entwickelt:

Vermögen = Aktiva (A)	Bilanz		Eigen- und Fremdkapital = Passiva (P)
Anlagevermögen	...	Eigenkapital	...
Umlaufvermögen	...	Fremdkapital	...
Bilanzsumme	...	Bilanzsumme	...

Summe des Vermögens (Gesamtvermögen) ≙ Summe aus Eigen- und Fremdkapital (Gesamtkapital)

A ≙ P

„Bilanzgleichung"
(Summe der Aktiva = Summe der Passiva)

Der Zusammenhang zwischen Aktiva und Passiva

Die linke Seite der Bilanz wird Aktivseite (Aktiva = A), die rechte Passivseite (Passiva = P) genannt.

Die Bilanz gibt Auskunft:

- auf der Passivseite über Herkunft und Betrag der eingesetzten Mittel **(„Mittelherkunft")** **= Finanzierung (F),**
- auf der Aktivseite über die Verwendung der eingesetzten Mittel **(„Mittelverwendung")** **= Konstitution des Vermögens (K).**

Die Überführung der eingesetzten Mittel in Vermögensgegenstände heißt **Investierung (I).**

Schema für den Zusammenhang zwischen F, I und K

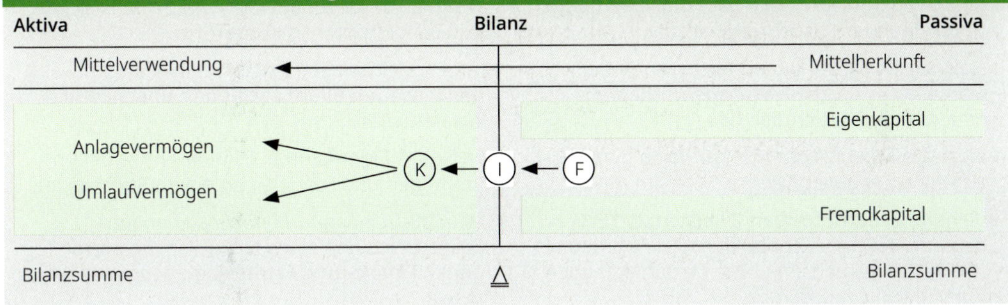

Die Summen auf den beiden Bilanzseiten (Aktiv- bzw. Passivseite) entsprechen einander, weil nicht mehr und auch nicht weniger investiert (= Vermögensteile eingesetzt) werden kann, als finanziert (= Eigen- und Fremdkapital beschafft) worden ist.

Die Bilanz als Kurzfassung des Inventars in Kontoform

Aus dem Inventar auf S. 125 ergibt sich unter Beachtung der gesetzlichen Gliederungsvorschriften die folgende Eröffnungsbilanz (hier Gründungsbilanz):

s. Kapitel 4.3.4

Aktiva	Eröffnungsbilanz		Passiva
I. Anlagevermögen		**I. Eigenkapital**	1.000.000,00
1. Grundstücke und Bauten	900.000,00	**II. Fremdkapital**	
2. Technische Anlagen und Maschinen	250.000,00	1. Verbindlichkeiten bei Kreditinstituten	1.500.000,00
3. Fuhrpark	220.000,00		
4. Andere Anlagen, Betriebs- u. Geschäftsausstattung	60.000,00		
II. Umlaufvermögen			
1. Roh-, Hilfs- und Betriebsstoffe	720.000,00		
2. Guthaben bei Kreditinstituten	290.000,00		
3. Kassenbestand	60.000,00		
	2.500.000,00		2.500.000,00

Aufgabe 3 Seite 136

Hinweise zur Gliederung der Bilanz

Die **Eröffnungsbilanz** wurde in Anlehnung an § 266 HGB ***gegliedert.***

Bei *Nichtkapitalgesellschaften* (z. B. Personenunternehmen, wie „Jürgen Wagner e. Kfm. – Das private Büro", bzw. Personengesellschaften, z. B. OHG) sind im Gesetz lediglich die *Hauptgliederungspunkte: Anlagevermögen und Umlaufvermögen* für die Aktiva sowie *Eigenkapital* und *Verbindlichkeiten* (Fremdkapital) für die Passiva vorgegeben.

Vergleich von Inventar und Bilanz

Das Inventar ...	Die Bilanz ...
▪ stellt alle Vermögensgegenstände und Schuldposten **ausführlich wert- und mengenmäßig untereinander** („in Staffelform") dar.	▪ ist eine **kurz gefasste**, übersichtliche, wertmäßige Gegenüberstellung der Vermögens- und Schuldposten in **Kontoform**.
▪ stellt alle selbstständig bewertbaren Gegenstände eines Postens **sehr ausführlich** und dadurch **unübersichtlich** dar.	▪ fasst die einzelnen Posten des Inventars zu **gleichartigen Bilanzpositionen übersichtlich** zusammen.
▪ stellt das Ergebnis der Inventur grob gegliedert zu einem Zeitpunkt dar.	▪ weist das **Eigenkapital** als Differenz zwischen Vermögen und Schulden an einem **Stichtag** aus.
▪ dient **innerbetrieblichen Zwecken**; die Ergebnisse der Inventur (Kontrollfunktion) werden als „Ist-Werte" festgehalten und mit der laufenden Buchführung abgestimmt.	▪ ermöglicht innen- und außenstehenden Bilanzadressaten einen Einblick in die **Vermögens-, Finanz- und Ertragslage** des Unternehmens.
▪ unterliegt **nicht** gesetzlichen Gliederungsvorschriften.	▪ ist unter Einhaltung der gesetzlichen Gliederungsvorschriften zu erstellen.

Inventar und **Bilanz** werden bei folgenden **Anlässen** erstellt: bei Gründung und Übernahme eines Unternehmens, am Ende des Geschäftsjahres, bei Auflösung und Veräußerung des Unternehmens.

4.4.2 Schlussbilanz

Grundsatz des Bilanzzusammenhangs

Im HGB sind Bewertungsgrundsätze aufgestellt worden, die für alle Kaufleute gelten. Der **Grundsatz der Bilanzidentität** (auch Grundsatz des Bilanzzusammenhangs oder der formellen Bilanzkontinuität genannt) schreibt vor, dass die Eröffnungsbilanz eines Geschäftsjahres mit der Schlussbilanz des vorangegangenen Geschäftsjahres übereinstimmen muss.

Beispiel

Schlussbilanz zum 31. Dezember 2023 entspricht der Eröffnungsbilanz zum 1. Januar 2024.

Ergebnisermittlung mithilfe der Bilanz

Ein Unternehmen kann mithilfe eines Bilanzvergleiches genau ermitteln, wie hoch der tatsächlich erwirtschaftete Gewinn oder auch Verlust im abgelaufenen Geschäftsjahr ist.

Aus den Veränderungen von Vermögen, Schulden und Eigenkapital kann durch den Vergleich von zwei aufeinanderfolgenden Bilanzen das Ergebnis (Gewinn oder Verlust) des Geschäftsjahres bestimmt werden.

Beispiel

Veränderungen zwischen 1. Januar und 31. Dezember

Auswirkungen der Veränderung von Bilanzposten (Vermögen und Fremdkapital) auf das Reinvermögen (Eigenkapital) und auf das unternehmerische Ergebnis (Gewinn/Verlust), dargestellt an zwei Möglichkeiten der Veränderung.

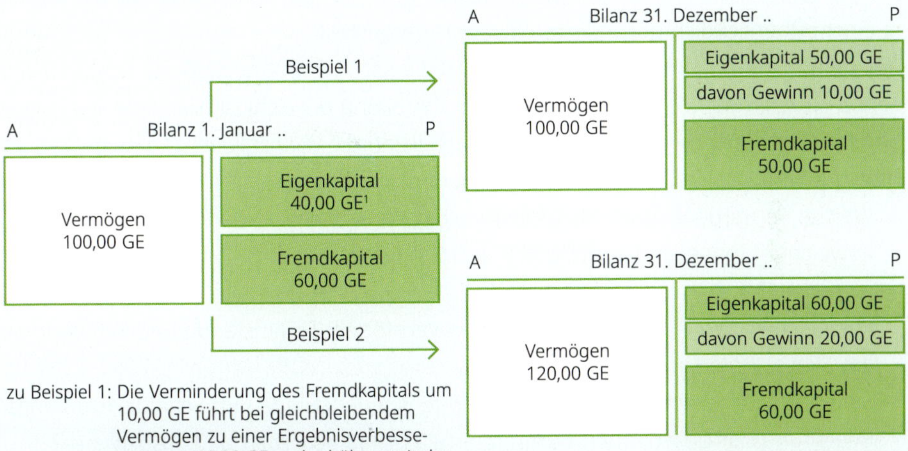

zu Beispiel 1: Die Verminderung des Fremdkapitals um 10,00 GE führt bei gleichbleibendem Vermögen zu einer Ergebnisverbesserung von 10,00 GE und erhöht somit das Eigenkapital von 40,00 GE auf 50,00 GE.

zu Beispiel 2: Die Vermehrung des Vermögens um 20,00 GE bei gleichbleibendem Fremdkapital verbessert das Ergebnis um 20,00 GE und erhöht das ursprüngliche Eigenkapital von 40,00 GE auf 60,00 GE.

1 GE = Geldeinheiten

Fallbeispiel

Fallbeispiel (Veränderung des Eigenkapitals, vorläufiges Ergebnis)

Ein Unternehmen wählt folgende **Problemlösungsstrategie**, um den Gewinn durch „Betriebsvermögensvergleich" feststellen zu können.

vgl. Seite 129 vgl. Seite 125

Ausgehend von den vorhandenen Zahlen werden weitere Ermittlungen vorgenommen:

① Es liegt bereits die Eröffnungsbilanz (Gründungsbilanz) zum 1. Januar .. vor.

② Die Ergebnisse, die mithilfe der permanenten Inventur gewonnen worden sind, werden in einem übersichtlich gegliederten Inventar dargestellt.

③ Aus dem Inventar zum 31. Dezember .. wird die sachgerecht gegliederte Schlussbilanz zum 31. Dezember .. erstellt. Wenn bei der Erstellung der Schlussbilanz die vier folgenden Problembereiche ganz exakt abgearbeitet und die Bilanzgliederung nach HGB zu Hilfe genommen wird, kann nichts schiefgehen!
- Welche Vermögens- und Schuldposten sind *der Art nach* vorhanden?
- In welcher Menge sind Vermögens- und Schuldposten *als Ist-Bestand nachweisbar vorhanden*?
- Mit welchem Wert sind die vorhandenen Vermögensgegenstände und Schuldposten am *Bilanzstichtag* anzusetzen?
- Sind alle sachgerecht bewerteten Vermögensgegenstände und Schuldposten unter Beachtung der gesetzlichen Bestimmungen *richtig gegliedert* und *ausgewiesen*?

④ Es wird der Betriebsvermögensvergleich durchgeführt, auf der
- *Aktivseite durch Ermittlung des Nettovermögenszuwachses,*
- *Passivseite durch Ermittlung der Eigenkapitalveränderung.*

Dabei wird untersucht, welche Bilanzpositionen gegenüber der Gründungsbilanz hinzugekommen sind. Man überprüft, inwieweit sich das Ergebnis der betrieblichen Tätigkeit aus der Bilanz ablesen lässt (*Ergebnisermittlungsfunktion der Bilanz*).

Aufgabe 4–6 Seite 136

Inventurergebnisse zum 31. Dezember .. (Bestände in €):

Bebaute Grundstücke 300.000,00; Gebäude 620.000,00; technische Anlagen und Maschinen 260.000,00: Fuhrpark 200.000,00; Betriebs- und Geschäftsausstattung 70.000,00; Rohstoffe und Fremdbauteile 530.000,00, davon (Gruppe 1) 300.000,00 und (Gruppe 2) 230.000,00; Hilfsstoffe 160.000,00; Betriebsstoffe 140.000,00; unfertige Erzeugnisse 15.000,00; fertige Erzeugnisse 35.000,00; Forderungen lt. Kundenliste 220.000,00, davon gegen Kunde Beck 100.000,00, Kunde Körner 70.000,00, Kunde Lutz 50.000,00; Bankguthaben bei KSK Heilbronn 90.000,00, Postbank Stuttgart 80.000,00; Kasse 10.000,00; Darlehensschulden lt. Bankauszügen: KSK Heilbronn 500.000,00, Landeskreditbank B. W. 1.000.000,00; Verbindlichkeiten lt. Liste der Lieferer insgesamt 180.000,00, davon gegenüber Lieferer Schulz 120.000,00, Lieferer Gerber 60.000,00.

vgl. Seite 129 vgl. Seite 125

Lösung

① Eröffnungsbilanz (Gründungsbilanz) zum 1. Januar heranziehen

② Inventar zum 31. Dezember ..

③ Schlussbilanz zum 31. Dezember ..

④

Inventar zum 31. Dezember d. J.

	€	€	€
A. Vermögen			
I. Anlagevermögen			
1. Bebaute Grundstücke, Schmollerstraße 1		300.000,00	
2. Bauten auf eigenen Grundstücken			
– Fabrikgebäude	470.000,00		
– Verwaltungsgebäude	150.000,00	620.000,00	
3. Technische Anlagen, Maschinen lt. Anlagenkartei		260.000,00	
4. Fuhrpark lt. Fahrzeugkartei		200.000,00	
5. Betriebs- und Geschäftsausstattung lt. Verzeichnis		70.000,00	1.450.000,00
II. Umlaufvermögen			
1. Rohstoffe und Fremdbauteile lt. Inventarliste 1			
– Gruppe 1	300.000,00		
– Gruppe 2	230.000,00	530.000,00	
2. Hilfsstoffe lt. Inventarliste 2		160.000,00	
3. Betriebsstoffe lt. Inventarliste 3		140.000,00	
4. Unfertige Erzeugnisse		15.000,00	
5. Fertige Erzeugnisse		35.000,00	
6. Forderungen a. LL.			
– Kunde Beck	100.000,00		
– Kunde Körner	70.000,00		
– Kunde Lutz	50.000,00	220.000,00	
7. Bankguthaben			
– KSK Heilbronn	90.000,00		
– Postbank Stuttgart	80.000,00	170.000,00	
8. Kassenbestand lt. Kassenbericht		10.000,00	1.280.000,00
Summe des Vermögens			2.730.000,00
B. Schulden			
1. Darlehensschulden			
– Kreissparkasse Heilbronn		500.000,00	
– Landeskreditbank B.W.		1.000.000,00	1.500.000,00
2. Verbindlichkeiten a. LL.			
– Lieferer Schulz		120.000,00	
– Lieferer Gerber		60.000,00	180.000,00
Summe der Schulden			1.680.000,00

C. Ermittlung des Reinvermögens (Eigenkapital)

Summe des Vermögens	2.730.000,00
Summer der Schulden	1.680.000,00
Reinvermögen (Eigenkapital)	1.050.000,00

Bilanz zum 31. Dezember d. J. in EUR (Schlussbilanz)

Aktiva		Passiva	
I. Anlagevermögen		**I. Eigenkapital**	1.050.000,00
1. Grundstücke und Bauten	920.000,00	**II. Verbindlichkeiten**	
2. Technische Anlagen und Maschinen	260.000,00	1. Verbindlichkeiten bei Kreditinstituten	1.500.000,00
3. Fuhrpark	200.000,00	2. Verbindlichkeiten a. LL.	180.000,00
4. Andere Anlagen, Betriebs- u. Geschäftsausstattung	70.000,00		
II. Umlaufvermögen			
1. Roh-, Hilfs- und Betriebsstoffe	830.000,00		
2. Unfertige Erzeugnisse	15.000,00		
3. Fertige Erzeugnisse	35.000,00		
4. Forderungen a. LL.	220.000,00		
5. Bankguthaben	170.000,00		
6. Kassenbestand	10.000,00		
	2.730.000,00		2.730.000,00

Ergebnisermittlungsfunktion der Bilanz

Das Ergebnis (Gewinn als Erhöhung des Eigenkapitals, Verlust als Minderung des Eigenkapitals) lässt sich aus dem Vergleich der Eröffnungsbilanz mit der Schlussbilanz des jeweiligen Wirtschaftsjahres feststellen.

Aufgabe 2 Seite 136

	Anfangsbestand am 1. März ..	Endbestand am 31. Dezember ..	Veränderungen	Ergebnis-auswirkung (+/–)
Vermögen	2.500.000,00 →	2.730.000,00 →	+ 230.000,00 →	+ 230.000,00
– Schulden	1.500.000,00 →	1.680.000,00 →	+ 180.000,00 →	– 180.000,00
= Eigenkapital	1.000.000,00	1.050.000,00		+ 50.000,00

Die Tabelle zeigt, dass der Gewinn von 50.000,00 € auf zweifache Weise ermittelt werden kann:

- auf der Aktivseite durch die Nettovermögenszunahme
- auf der Passivseite durch die Eigenkapitalzunahme

Nettovermögenszunahme (Aktivseite)		Eigenkapitalzunahme (Passivseite)	
Vermögen am 31. Dezember ..	2.730.000,00 €	Eigenkapital am 31. Dezember ..	1.050.000,00 €
Vermögen am 1. Januar ..	2.500.000,00 €	Eigenkapital am 1. Januar ..	1.000.000,00 €
Vermögenszuwachs (brutto) (eigen- und fremdfinanziert)	230.000,00 €	= Gewinn (Zunahme des Eigenkapitals) ②	**50.000,00 €**
– fremdfinanzierter Vermögenszuwachs	180.000,00 €		
Nettovermögenszunahme (eigenfinanziert) ①	**50.000,00 €**	←	

Der Gewinn kann auf der Passivseite durch Eigenkapitalvergleich festgestellt werden. Diese Form der Gewinnermittlung ist zwingend für alle Kaufleute.

	Betriebsvermögen[1] am Schluss des Wirtschaftsjahres (31. Dezember ..)	**1.050.000,00 €**
–	**Betriebsvermögen am Anfang des Wirtschaftsjahres (1. Januar ..) (bzw. am Ende des vorangegangenen Wirtschaftsjahres)**	**1.000.000,00 €**
=	**Gewinn (Zunahme des Eigenkapitals)**	**50.000,00 €**

Die **Ergebnisermittlungsfunktion der Bilanz** ist also dadurch gekennzeichnet, dass das Ergebnis (Gewinn/Verlust) sichtbar gemacht werden kann

- auf der Aktivseite durch die *Nettovermögensveränderung*,
- auf der Passivseite durch die *Eigenkapitalveränderung*.

1 Betriebsvermögen bedeutet hier Reinvermögen = Eigenkapital (EK).

Durch eine entsprechende Darstellung mit Vorspalten kann die *„Ergebnisermittlungsfunktion"* der Bilanz weiter veranschaulicht werden:

Aktiva	**Bilanz zum 31. Dezember .. in € (Zusammenfassung aus Fallbeispiel)**			**Passiva**
Anlagevermögen	1.450.000,00	Eigenkapital		
Umlaufvermögen	1.280.000,00	Stand 1. Januar ..	1.000.000,00	
		Gewinn	50.000,00	1.050.000,00
		Fremdkapital		1.680.000,00
	2.730.000,00			2.730.000,00

Aktiva	**Gründungsbilanz zum 1. Januar ..**		**Passiva**
Anlagevermögen	1.430.000,00	Eigenkapital	1.000.000,00
Umlaufvermögen	1.070.000,00	Fremdkapital	1.500.000,00
	2.500.000,00		2.500.000,00

Zusammenfassende Übersicht zu Kapitel 4.4: Bilanz

Die Bilanz wird auf der **Grundlage des Inventars** erstellt; sie ist die **gesetzlich vorgeschriebene** kurz gefasste Werteübersicht des Inventarinhaltes.

In der Bilanz werden alle Vermögenswerte (**Aktiva**) den Kapitalposten (**Passiva**) in Kontoform gegenübergestellt.

Die Passivseite der Bilanz zeigt die **Mittelherkunft (Finanzierung)** der Unternehmung. Die Aktivseite die **Mittelverwendung (Investierung)** und die **Zusammensetzung der Vermögenswerte (Konstitution)**.

Nach der **Bilanzgleichung** ist die Summe des Vermögens (Aktivseite) zwangsläufig gleich der Summe des Kapitals (Passivseite).

Die **Ergebnisermittlungsfunktion** der Bilanz bedeutet, dass das Ergebnis (Gewinn/ Verlust)

- auf der **Aktivseite** durch die **Nettovermögensveränderung**,
- auf der Passivseite durch die **Eigenkapitalveränderung** sichtbar gemacht wird.

Endbestand Eigenkapital > Anfangsbestand Eigenkapital = **Gewinn**
Endbestand Eigenkapital < Anfangsbestand Eigenkapital = **Verlust**

Aufgaben

1. Unterscheiden Sie Inventar und Bilanz.

2. Erläutern Sie folgende Aussage: „Das Ergebnis (Gewinn/Verlust) kann in der Bilanz auf zweifache Weise ermittelt werden."

3. Erklären Sie, nach welchen Kriterien Aktiv- und Passivseite der Bilanz gegliedert sind.

4.
a) Stellen Sie aufgrund des Inventars der Möbelwerkstätte Feix e. K. (s. Aufgabe 6, Seite 127) zum 31. Dezember .. die dazugehörige Bilanz auf.

b) Stellen Sie aufgrund der folgenden Angaben das Inventar und die Bilanz der Möbelwerkstätte Feix e. K., Ludwigsburg, zum 31. Dezember .. des Folgejahres auf. Berechnen Sie das Eigenkapital (Reinvermögen). Weisen Sie die Ergebnisermittlungsfunktion der Bilanz nach (Beträge in €).
Fuhrpark 82.000,00 (Lastwagen LB – KV 2715 50.000,00; Personenwagen LB – MN 1450 32.000,00); Werkstoffe lt. Inventurliste 205.000,00; davon Rohstoffe 120.000,00; Hilfsstoffe 60.000,00; Betriebsstoffe 25.000,00; unfertige Erzeugnisse 20.000,00; fertige Erzeugnisse 30.000,00; Darlehensschuld 400.000,00; bebaute Grundstücke 120.000,00; Gebäude 300.000,00 (Hölderlinstr. 17: 220.000,00; Keltenweg 9: 80.000,00); Kundenforderungen 145.000,00 (A 50.000,00; B 20.000,00; C 75.000,00); Bank 62.000,00 (Kreissparkasse 40.000,00; Volksbank 22.000,00); Betriebs- und Geschäftsausstattung lt. Anlagenverzeichnis 28.000,00; Liefererschulden 210.000,00 (Lieferer D 90.000,00; Lieferer E 50.000,00; Lieferer F 70.000,00); Kasse 26.000,00 Maschinen 200.000,00.

5. Berechnen Sie die fehlenden Größen (Beträge in €).

	Eigenkapital	Vermögen		Schulden (Fremdkapital)
		Anlagevermögen	Umlaufvermögen	
a)	?	600.000,00	400.000,00	380.000,00
b)	900.000,00	700.000,00	800.000,00	?
c)	160.000,00	?	210.000,00	240.000,00

6. Aus zwei aufeinanderfolgenden Bilanzen wurden nach Zusammenfassung der Einzelposten die folgenden Beträge (€) entnommen:

	Anfangsbestand (1. Januar ..)	Endbestand (31. Dezember ..)
Vermögen	6.700.000,00	6.200.000,00
Schulden	4.100.000,00	3.900.000,00

a) Ergänzen Sie die Tabelle und bestimmen Sie das Ergebnis des Geschäftsjahres.
b) Beurteilen Sie die Veränderungen von Vermögen und Schulden.

4.5 Bestands- und Ergebniskonten

4.5.1 Bestandskonten

Folgende **Bilanzen** liegen vor (Beträge in €):

Aktiva	Bilanz zum 31. Dezember des Vorjahres		Passiva
Anlagevermögen		**Eigenkapital**	770.000,00
Grundstücke und Gebäude	600.000,00	**Fremdkapital**	
Maschinen	300.000,00	Darlehen	600.000,00
Fuhrpark	170.000,00	Verbindlichkeiten	300.000,00
Geschäftsausstattung	60.000,00		
Umlaufvermögen			
Roh-, Hilfs- und Betriebsstoffe	150.000,00		
Erzeugnisse	50.000,00		
Forderungen	90.000,00		
Bank, Kasse	250.000,00		
	1.670.000,00		1.670.000,00

Aktiva	Bilanz zum 31. Dezember dieses Jahres		Passiva
Anlagevermögen		**Eigenkapital**	900.000,00
Grundstücke und Gebäude	650.000,00	**Fremdkapital**	
Maschinen	280.000,00	Darlehen	500.000,00
Fuhrpark	150.000,00	Verbindlichkeiten	350.000,00
Geschäftsausstattung	80.000,00		
Umlaufvermögen			
Roh-, Hilfs- und Betriebsstoffe	130.000,00		
Erzeugnisse	70.000,00		
Forderungen	100.000,00		
Bank, Kasse	290.000,00		
	1.750.000,00		1.750.000,00

Zwei Meinungen stehen einander gegenüber:

- Die Aufstellung von Bilanzen zum jeweiligen Stichtag genügt. Begründung: Das Ergebnis dieses Jahres, ein Gewinn von 130.000,00 €, ist klar zu erkennen.
- Die Aufstellung von Bilanzen allein genügt nicht, § 238 Abs. 1 HGB ist nicht beachtet worden: Der „Überblick" fehlt, „sachverständige Dritte" können nicht in „angemessener Zeit" die Entwicklung und die Lage des Unternehmens beurteilen.

Die Bilanz weist Bestände aus – Vermögensbestände (Aktiva), Schulden (Passiva) und als Saldo (Unterschiedsbetrag zwischen Vermögen und Schulden) das Eigenkapital (als Passivposten).

Im Geschäftsjahr treten Geschäftsvorfälle auf, die zu Veränderungen dieser Bestände führen. Die einzelnen Veränderungen können jedoch nicht in der Bilanz (Bilanzveränderungen) vermerkt werden, denn die **Bilanz** zum jeweiligen Ende eines Geschäftsjahres ist eine **„Momentaufnahme"** mit jeweils festen, durch Inventur ermittelten Posten. Es müssen deshalb Wege gefunden werden, der im HGB vorgeschriebenen „Buchführungspflicht" nachzukommen, mit der Möglichkeit, einen „Überblick über die Geschäftsvorfälle und über die Lage des Unternehmens" zu vermitteln. „Die Geschäftsvorfälle müssen sich in ihrer Entstehung und Abwicklung verfolgen lassen."

§ 238 Abs. 1 HGB

Beispiel

Beispiele für Geschäftsvorfälle, die Bestände verändern (+ = Vermehrung, – = Verminderung)

Ein Kunde zahlt mit Bankscheck: Bank +, Forderungen –
Kauf von Rohstoffen auf Ziel: Rohstoffe +, Verbindlichkeiten + Banküberweisung an einen Lieferer: Bank –, Verbindlichkeiten –

§ 238 HGB

Bildung von Bestandskonten

Folgende Gesetzesvorschriften sind in die Buchführungspraxis umzusetzen:

§ 239 Abs. 2, § 239 Abs. 3 HGB

- Alle Bilanzposten sind einzeln als Konten = Verrechnungsstellen für die mengen- und zahlenmäßige Erfassung der Geschäftsvorfälle des Geschäftsjahres (Abrechnungsperiode) anzulegen.
- Alle „Eintragungen in Büchern" sind ... „vollständig ... geordnet" vorzunehmen.
- Das HGB verbietet die Eintragung oder die Veränderung einer Aufzeichnung in der Weise, dass „der ursprüngliche Inhalt nicht mehr feststellbar ist." Demnach sind Streichungen, zeitliche Verschleierungen (falsche Buchungsdaten) u. Ä. untersagt.

Anschauliche Form durch Darstellung auf Konten in T-Form („T-Konten"):

vgl. Seite 137

Beispiel

Beispiel (Anfangs- und Endbestände aus der Bilanz zum 31.12. des Vorjahres, mit angenommenen Zu- und Abgängen; €)

Soll (S)		Aktivkonto Forderungen	Haben (H)
AB (Anfangsbestand)	**90.000,00**	Abgänge	70.000,00
Zugänge	40.000,00		40.000,00
	20.000,00		20.000,00
	80.000,00		
		Saldo = Schlussbestand (SB)	100.000,00
	230.000,00		230.000,00

Soll (S)		Passivkonto Verbindlichkeiten	Haben (H)
Abgänge	70.000,00	**AB (Anfangsbestand)**	**300.000,00**
	75.000,00	Zugänge	110.000,00
			85.000,00
Saldo = Schlussbestand (SB)	350.000,00		
	495.000,00		495.000,00

Erläuterungen:

1. **Anfangsbestände (AB):** In Anlehnung an die Bilanz stehen die Anfangsbestände (= Schlussbestände aus der vorausgegangenen Bilanz),
   - der **Aktivkonten** „links", auf dem Konto im **Soll** (abgekürzt S),
   - der **Passivkonten** „rechts", auf dem Konto im **Haben** (abgekürzt H).
2. **Zugänge** auf den Konten = Vermehrung der Anfangsbestände sinngemäß auf der Seite der Anfangsbestände (AB).
3. **Abgänge** = Verminderungen der AB entsprechend auf der Gegenseite der Konten.
4. **Saldo** (Mehrzahl „Salden"): Unterschiedsbetrag zwischen den Summen, die sich auf der S-Seite und der H-Seite ergeben. Die Salden werden zum Kontenausgleich auf der betragsmäßig „kleineren" Seite des Kontos eingesetzt. Sie entsprechen dem Schlussbestand (SB) lt. Inventur, wenn nicht durch falsche bzw. noch fehlende Buchungen oder falsche Bewertung von Bilanzposten zwischen Inventurbeständen und Salden eine Differenz (Inventurdifferenz) besteht. **Vorrang hat der Inventurwert!**

Buchungssatz und Buchungsregeln

Geschäftsvorfälle – Bestandsveränderungen

Die Beträge der Geschäftsvorfälle sind als Zugänge bzw. Abgänge auf den Konten einzutragen. Nach jedem Geschäftsvorfall könnte „rein theoretisch" eine Folgebilanz erstellt werden, d.h., die Bilanzgleichung Aktivseite = Passivseite bleibt bestehen. Dies wird in den folgenden vier Fällen gezeigt (A = Aktivkonto, P = Passivkonto):

Beispiel

Beispiele	**Veränderungen bei Aktivkonten (A) bzw. Passivkonten (P)**	
① Barkauf von Büromöbeln, 600,00 €	A +	A –
② Aus Verbindlichkeit wird eine Darlehensschuld, 100.000,00 €	P –	P +
③ Kauf von Rohstoffen auf Ziel, 30.000,00 €	A +	P +
④ Rückzahlung einer Darlehensschuld über die Bank, 200.000,00 €	A –	P –

Die in den Beispielen abgebildeten Wertveränderungen stellen die vier Grundfälle dar:

1. **Aktivtausch:** Hier findet eine Tausch der Bestände auf der Aktivseite der Bilanz statt.
2. **Passivtausch:** Hier sind zwei Konten auf der Passivseite betroffen und durch den Geschäftsvorfall ist lediglich die Passivseite der Bilanz betroffen.
3. **Aktiv-Passiv-Mehrung:** Durch den Geschäftsvorfall werden die Bestände auf einem Aktiv- und einem Passivkonto vermehrt. Die Bilanzsumme erhöht sich folglich um den Betrag.
4. **Aktiv-Passiv-Minderung:** Der Geschäftsvorfall reduziert die Bestände eines Aktiv- und eines Passivkontos um den gleichen Betrag. Die Bilanzsumme verringert sich um den Betrag.

Buchungssatz

Die obigen Veränderungen auf Konten werden im Buchungssatz ausgedrückt. Zuerst wird die Soll-Buchung, dann die Haben-Buchung genannt. Also bezogen auf die obigen Beispiele (Beträge in €):

Einfacher Buchungssatz

① Geschäftsausstattung	600,00	an Kasse	600,00
② Verbindlichkeiten	100.000,00	an Darlehensschuld	100.000,00
③ Rohstoffe	30.000,00	an Verbindlichkeiten	30.000,00
④ Darlehensschuld	200.000,00	an Bank	200.000,00

Die betroffenen Konten werden im Buchungssatz durch das Wort „an" verbunden. Es besteht auch die Möglichkeit, statt „an" einen Schrägstrich einzusetzen, z. B. Geschäftsausstattung/ Kasse 600,00, und den betreffenden Betrag nur einmal zu nennen.

Aufgaben 1 und 2 Seite 143

Zusammengesetzter Buchungssatz

Mehr als zwei Konten werden angesprochen, z. B. Kauf von Büromöbeln zum Preis von 600,00 €, davon 200,00 € bar, 400,00 € durch Scheck bezahlt.

Buchung: Geschäftsausstattung 600,00 €, an Kasse 200,00 € und Bank 400,00 €

vgl. Erläuterungen 138 und 139

Die folgenden Fragestellungen führen vom Geschäftsvorfall zum Buchungssatz:

1. Welche Konten sind beteiligt?
2. Handelt es sich um Aktiv- oder Passivkonten?
3. Liegen Zugänge bzw. Abgänge vor?
4. Auf welchem Konto erfolgt, unter Beachtung der Buchungsregeln, die Soll-Buchung, auf welchem Konto die Haben-Buchung?

Buchungsregeln für Aktiv- und Passivkonten

	Aktivkonten	Passivkonten
Anfangsbestände	Soll	Haben
Zugänge	Soll	Haben
Abgänge	Haben	Soll
Saldo	Haben	Soll

Belegzwang

! **Es gilt: Keine Buchung ohne Beleg. Der Beleg ist der schriftliche Nachweis für eine Buchung.**

Man unterscheidet

- interne Belege, z. B. Geldentnahme aus der Kasse für den Haushalt, Zahlung von Gehältern,
- externe Belege, z. B. Ein- und Verkäufe mit Rechnungen als Belege.

Fallbeispiel

Fallbeispiele mit Lösungen (Beträge in €)

Anfangsbestände: Fahrzeuge 100.000,00, Bank 200.000,00, Verbindlichkeiten 170.000,00, Darlehensschuld 400.000,00, Hilfsstoffe 15.000,00, Kasse 25.000,00.

Geschäftsvorfälle

① Kauf eines Fahrzeugs zum Preis von 40.000,00 gegen Bankscheck
② Eine Liefererschuld von 80.000,00 wird in eine Darlehensschuld umgewandelt.
③ Kauf von Hilfsstoffen im Wert von 30.000,00 auf Ziel
④ Eine Liefererschuld von 10.000,00 wird in bar beglichen.

Stellen Sie die Buchungssätze auf und tragen Sie die Buchungen auf T-Konten ein.

Lösungen

① Fuhrpark 40.000,00 an Bank 40.000,00

② Verbindlichkeiten 80.000,00 an Darlehensschuld 80.000,00

③ Hilfsstoffe 30.000,00 an Verbindlichkeiten 30.000,00

④ Verbindlichkeiten 10.000,00 an Kasse 10.000,00

S	Fuhrpark		H
AB	100.000,000		
①	40.000,000		

S	Bank		H
AB	200.000,000	①	40.000,000

S	Hilfsstoffe		H
AB	15.000,000		
③	30.000,000		

S	Kasse		H
AB	25.000,000	④	10.000,000

S	Verbindlichkeiten		H
②	80.000,000	AB	170.000,000
④	10.000,000	③	30.000,000

S	Darlehensschuld		H
		AB	400.000,000
		②	80.000,000

Abschluss der Bestandskonten

Am Ende des Geschäftsjahres stellt sich die Frage, ob die Schlussbilanz

- aus den Salden der Bestandskonten (Umbuchen der Salden auf die Schlussbilanz) entwickelt oder
- unabhängig von der Geschäftsbuchführung der Abrechnungsperiode (Jahr) nur durch Inventur festgestellt wird.

Aufgabe 3 Seite 144

Die **Salden** der Bestandskonten sind lediglich „**rechnerische Schlussbestände**". Sie bedürfen der Bestätigung durch die Inventur, sind in vielen Fällen mit den Schlussbeständen lt. Inventur identisch und dann als Grundlage für die Bilanzerstellung geeignet.

Abweichungen dieser Salden von den Inventurwerten (**Inventurdifferenzen**) sind möglich. Nach dem klaren Wortlaut des HGB genießt die Bestandsermittlung durch Inventur Vorrang.

§ 240 Abs. 1, 2 und § 242 Abs. 1 HGB

Es ergeben sich zwei Möglichkeiten für die Erstellung der Schlussbilanz:

1. **Zuerst Inventar und Schlussbilanz erstellen. Vergleich der Bilanzposten mit den Kontensalden, Berichtigung von Inventurdifferenzen durch Korrektur der Kontensalden – soweit erforderlich. Diese Vorgehensweise entspricht der „Buchführungspraxis". Hier ergibt sich die Bilanz zwingend (und unmittelbar) aus den „Ist-Werten" der Inventur. Die Kontrollfunktion der Inventur kommt voll zum Tragen.**
2. **Übernahme der Kontensalden, nach Abstimmung mit evtl. abweichenden Inventurwerten, „buchhalterisch" auf die Schlussbilanz, Buchungssätze hierbei:**
   - **Schlussbilanz an Aktivkonten,**
   - **Passivkonten an Schlussbilanz.**

Im Rahmen vereinfachter und **einführender** Darstellungen hat sich auch das zweite Verfahren, ungeachtet einer gewissen Praxisferne, als zweckmäßig und **anschaulich** erwiesen. Allerdings nur, soweit dabei besonders darauf geachtet wird, dass die **Kontrollfunktion** der Inventur **nicht verdeckt** wird!

Nach Beachtung möglicher Inventurdifferenzen führt es dann genau wie das erste Verfahren zum richtigen Ergebnis!

Zusammenfassende Übersicht zu Kapitel 4.5.1: Bestandskonten

Zu jedem Bilanzposten gehört ein Konto.
Die Geschäftsvorfälle sind auf Konten abzubilden.
Die Buchungsregeln legen die Einträge auf den Bestandskonten fest. Sie sind aus den Eintragungen in der Bilanz abgeleitet.
Die Eintragungen auf Konten werden durch Buchungssätze beschrieben.

Zu jeder S-Buchung gehört eine gleich große H-Buchung.

Schema der Buchungen auf Bestandskonten:

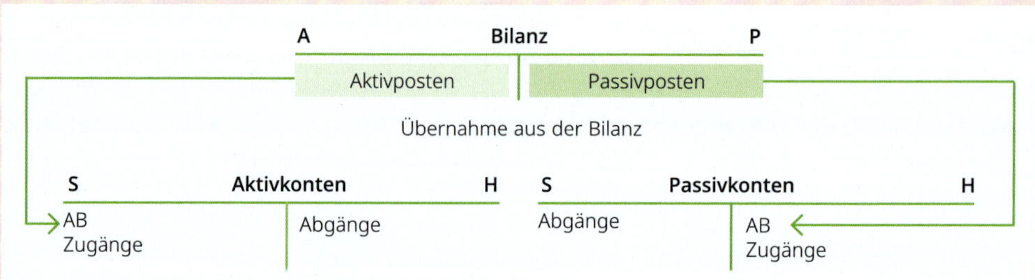

Vielfach entsprechen die Kontensalden den Inventurwerten:

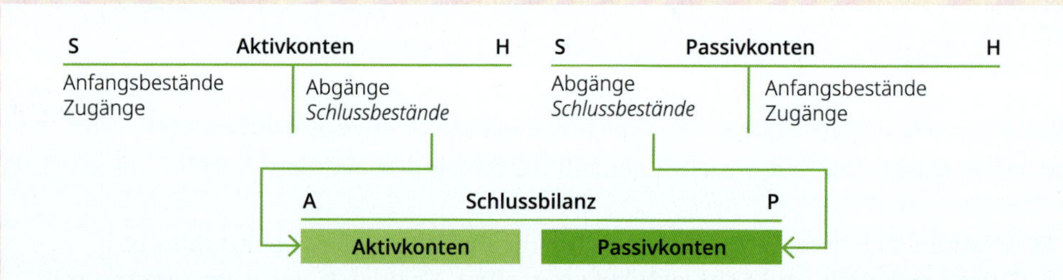

Bei Inventurdifferenzen sind die vorläufigen Kontensalden so zu berichtigen, dass sie mit den Inventurwerten übereinstimmen (Buchen von Inventurdifferenzen).

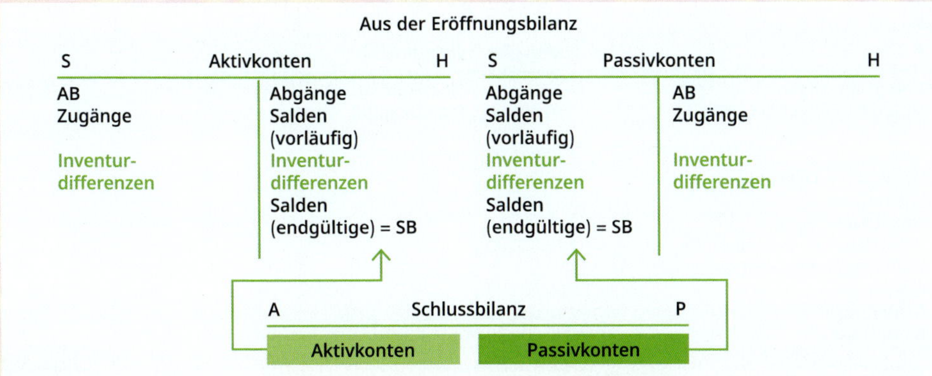

Geschäftsvorfälle, die ausschließlich die Bestände der Vermögenswerte (Aktiva) und/bzw. der Schulden verändern, wirken sich nicht auf das Ergebnis (Gewinn bzw. Verlust) aus.

Aufgaben

1. Stellen Sie zu den folgenden Geschäftsvorfällen die Buchungssätze auf (Beträge in €).

a) Kauf von Betriebsstoffen auf Ziel, 24.000,00.

b) Verkauf eines unbebauten Grundstücks zum Preis von 200.000,00. Der Käufer begleicht 150.000,00 durch die Bank und bleibt zunächst 50.000,00 schuldig.

c) Ein Kunde schuldet 30.000,00, zahlt davon durch Bankscheck 20.000,00 und übergibt über den Rest der Summe einen Gebrauchtwagen.

d) Ein Lieferer hat 60.000,00 zu fordern. Er ist mit der Umwandlung in ein verzinsliches Darlehen einverstanden.

e) Ein Lagerhaus wird zum Preis von 300.000,00 erworben. 180.000,00 Zahlung durch die Bank. Über den Rest wird eine Hypothekenschuld eingetragen.

2. Beschreiben Sie die Geschäftsvorfälle, die folgende Buchungen ausgelöst haben (Beträge in €).

a) Rohstoffe 12.000,00 an Bank 4.000,00, Verbindlichkeiten 8.000,00

b) Bank 14.000,00 an Fuhrpark 14.000,00

c) Bank 100.000,00 an Darlehensschuld 100.000,00

d) Geschäftsausstattung 800,00 an Kasse 800,00

e) Postbank 9.000,00, Kasse 2.000,00 an Forderungen 11.000,00

3.

A	Bilanz zum 1. Januar .. (€)		P
Anlagevermögen		**Eigenkapital**	501.000,00
Grundstücke und Gebäude	450.000,00	**Fremdkapital**	
Technische Anlagen	320.000,00	Darlehensschuld	600.000,00
Fuhrpark	130.000,00	Verbindlichkeiten	280.000,00
Betriebs- und Geschäftsausstattung	75.000,00		
Umlaufvermögen			
Roh-, Hilfs- und Betriebsstoffe	110.000,00		
Unfertige und fertige Erzeugnisse	66.000,00		
Forderungen	140.000,00		
Bank, Kasse	90.000,00		
	1.381.000,00		1.381.000,00

Übernehmen Sie die Bestände auf T-Konten und buchen Sie die folgenden Geschäftsvorfälle (Buchungssätze und Eintragungen auf Konten; Beträge in €):

① Kauf eines Abstellplatzes gegen Bankscheck, 40.000,00

② Kunden zahlen durch Banküberweisungen, 80.000,00

③ Einkäufe von Roh-, Hilfs- und Betriebsstoffen auf Ziel, 71.000,00

④ Zahlung von Liefererschulden 100.000,00 über Konto Bank

⑤ Aufnahme von Bankdarlehen 150.000,00

⑥ Verkauf einer Maschine gegen bar 15.000,00

⑦ Kauf eines Lieferwagens zum Preis von 80.000,00, davon die Hälfte durch Bankscheck, der Rest auf Ziel.

⑧ Kauf von zehn Drehstühlen zu je 250,00 gegen Barzahlung.

Schließen Sie die Konten ab und legen Sie die Schlussbilanz an. Die Kontensalden entsprechen den Inventurwerten.

4.5.2 Ergebniskonten

Ein Jungunternehmer hat im abgelaufenen Geschäftsjahr nur einen geringen Gesamtgewinn erwirtschaftet.

Er untersucht nun die **„Ergebnisquellen"** seines Unternehmens, um herauszufinden, wie sich sein Gesamterfolg im Einzelnen zusammensetzt, damit er seine künftigen unternehmerischen Entscheidungen danach ausrichten kann.

1. Wie soll der Unternehmer vorgehen, um die **Erfolgskomponenten** seines Unternehmens nach **Arten** und **Quellen** zu ergründen?
2. Beraten Sie den Jungunternehmer.

Ergebnisermittlung mit Aufwendungen und Erträgen

Im vorausgegangenen Kapitel sind die Bestände und ihre Veränderungen auf Konten dargestellt und die Buchungsregeln für Geschäftsvorfälle auf Bestandskonten entwickelt worden. Dabei wurde das Ergebnis (Gewinn oder Verlust) mithilfe des Betriebsvermögensvergleichs ermittelt.

Im Abschnitt 4.4.2 wurde u. a. die Ergebnisermittlungsfunktion der Bilanz dargestellt. Gewinn ist z. B. dann entstanden, wenn das Eigenkapital am Ende des Geschäftsjahres größer ist als das Eigenkapital am Beginn dieses Geschäftsjahres und sofern dieser Reinvermögenszuwachs in der Unternehmung erwirtschaftet wurde.

Das HGB verlangt neben der Bilanz die Aufstellung einer Gewinn- und Verlustrechnung. Außerdem muss „eine Gegenüberstellung der **Aufwendungen** und **Erträge** des Geschäftsjahres (Gewinn- und Verlustrechnung)" erfolgen. **§ 242 Abs. 3 HGB**

Abgesehen vom gesetzlichen Zwang, eine Gewinn- und Verlustrechnung (GuV-Rechnung) aufzustellen, muss die Unternehmung daran interessiert sein, die **Quellen des Ergebnisses** (Gewinn bzw. Verlust) möglichst genau und weitgehend aufgeschlüsselt zu kennen. Bei der Ergebnisermittlung in der Bilanz bleiben die einzelnen Ergebnisquellen verborgen.

Die Ermittlung des Unterschiedsbetrages zwischen den Aufwendungen und den Erträgen ist eine Möglichkeit, außerhalb der Bilanz das Ergebnis (Gewinn oder Verlust) festzustellen:

Aufwendungen < Erträge ⟶ Gewinn
Aufwendungen > Erträge ⟶ Verlust

!

Aufwendungen sind keine Verluste. Sie sind als Einsatz von **„Produktionsfaktoren" (Input)** wie Werkstoffe, Arbeitsleistung, Betriebsmittel, z. B. Maschinen, zu sehen und für die Erzielung von Erträgen und Gewinn notwendig.

Erträge (Output) zeigen den Erfolg der Unternehmung am Markt (**Absatz** von Erzeugnissen, Dienstleistungen). Sie führen dann zu einem Gewinn, wenn sie die Aufwendungen übersteigen.

Buchen von Aufwendungen und Erträgen

Die Inventurwerte der Eröffnungsbilanz (Aktiva und Passiva) sind als Anfangsbestände (AB) auf Bestandskonten übertragen worden („Eröffnungsbuchungen"). Geschäftsvorfälle treten nun auf, die nicht nur diese Bestandskonten betreffen, sondern

- als **Aufwendungen** eine *Verminderung des Eigenkapitals,*
- als **Erträge** eine *Vermehrung des Eigenkapitals*

bewirken. Entsprechend den Buchungsregeln für Aktiv- und Passivkonten (Ab- und Zugänge) sind die folgenden Geschäftsvorfälle gebucht worden (Beispiele, Beträge in €):

Geschäftsvorfall	Soll		Haben	
Der Betrieb zahlt durch Banküberweisung 600,00 Miete.	*Eigenkapital*	600,00	Bank	600,00
Der Betrieb erhält Provisionen in bar 1.000,00.	Kasse	1.000,00	*Eigenkapital*	1.000,00

Die Miete stellt einen Aufwand dar, weil das Unternehmen durch die Mietzahlung „ärmer" wird. Sie bewirkt eine Minderung des Eigenkapitals (Passivkonto), die im Soll zu buchen ist. Durch die

Provisionszahlung wird das Unternehmen „reicher". Als Ertrag erhöht sie das Eigenkapital. Zugänge beim Passivkonto (Eigenkapital) werden auf der Haben-Seite gebucht.

Auswirkungen der Geschäftsvorfälle auf das Eigenkapital
Alle Aufwendungen und Erträge werden anstatt über das Konto „Eigenkapital" zunächst über einzelne zweck- und ursachenbezogene Aufwands- und Ertragskonten („Unterkonten" des Kontos „Eigenkapital") gebucht. Auf Unterkonten (Aufwands- und Ertragskonten) wird genauso gebucht wie auf dem Hauptkonto (Eigenkapital). Aufwendungen schmälern das Eigenkapital. Ein Abgang des Eigenkapitals wird auf dem Eigenkapitalkonto im Soll gebucht, deshalb werden Aufwendungen im Soll und Erträgen, die das Eigenkapitel vermehren im Haben gebucht.

Vorteil: Die entsprechend den *betrieblichen Sachverhalten aufgeteilten* und benannten *Aufwands- und Ertragskonten eröffnen den Blick auf die Ergebnisquellen.* Sie erst erlauben eine frühzeitige *Handlungs- und Entscheidungsorientierung.*

Ergebniskonten (Aufwands- und Ertragskonten)
Während des Abrechnungszeitraums, im Allgemeinen ein Jahr, sind nach Art und Anzahl verschiedene Aufwendungen und Erträge zu buchen. Es wird für jede Art von Aufwand und Ertrag ein eigenes Konto mit entsprechender Bezeichnung eingerichtet. Dabei werden gebucht:

- **Aufwendungen**: Zugänge im Soll ihres Kontos, z.B. Mietzahlungen im Soll des Kontos Mietaufwand. Abgänge, z.B. durch zu viel bezahlte Miete, im Haben dieses Kontos.
- **Erträge**: Zugänge im Haben ihres Kontos, z.B. eine erhaltene Provision im Haben des Kontos Provisionsertrag. Abgänge, z.B. durch zu viel erhaltene Provision, im Soll dieses Kontos.

Der Sammelbegriff für Aufwendungen und Erträge ist **Ergebniskonten** (auch „Erfolgskonten").

4.6 Gewinn- und Verlustkonto

! **Beim Abschluss des Geschäftsjahres sammelt man die Salden der Aufwands- und Ertragskonten auf einem Konto „*Gewinn und Verlust*" (Gewinn- und Verlustrechnung, abgekürzt GuV).**

Aufgabe 1 Seite 152

1. Buchungssätze: Bei Aufwandskonten „GuV an Aufwandskonto", bei Ertragskonten „Ertragskonto an GuV".
2. Der Saldo des Kontos GuV ist das *Ergebnis.*
   Ein Gewinn wird zum Ausgleich auf der Soll-Seite, ein Verlust auf der Haben-Seite des GuV-Kontos eingetragen. Im Sinne eines „buchhalterischen" Kontenabschlusses kann nach Korrektur von Inventurdifferenzen der Saldo des Kontos „GuV" auch auf das Konto „Eigenkapital" umgebucht werden (bei Gewinn: „GuV an Eigenkapital", bei Verlust: „Eigenkapital an GuV").

Sofern alle Geschäftsvorfälle aufgrund von Belegen lückenlos und sachlich richtig gebucht wurden, muss das Ergebnis lt. GuV-Rechnung mit dem durch Betriebsvermögensvergleich (Vergleich des Anfangs- mit dem Endkapital in zwei aufeinanderfolgenden Bilanzen) ermittelten Ergebnis übereinstimmen.

Beispiel

Beispiel (Beträge in €)

A	Eröffnungsbilanz 1. Januar		P
Vermögenswerte	600.000,00	Eigenkapital	200.000,00
		Schulden	400.000,00
	600.000,00		600.000,00

S	Betriebssteuern		H
Bank	4.500,000	GuV	6.000,00
Bank	1.500,000		

S	Zinserträge		H
GuV	10.000,000	Bank	8.000,000
		Bank	2.000,000

S	Mietaufwand		H
Bank	10.000,000	GuV	14.000,00
Bank	4.000,000		

S	Provisionsertrag		H
GuV	18.000,000	Bank	11.000,000
		Bank	7.000,000

Aufwendungen	Gewinn- und Verlustrechnung (Geschäftsjahr)		Erträge
Steuern	6.000,00	Zinserträge	10.000,00
Mietaufwand	14.000,00	Provisionsertrag	18.000,00
Saldo (Gewinn)	**8.000,00**		
	28.000,00		28.000,00

[1]

A	Eröffnungsbilanz 1. Januar		P
Vermögenswerte	605.000,00	Eigenkapital	208.000,00
		Schulden	397.000,00
	605.000,00		605.000,00

Buchungsregeln für Aufwands- und Ertragskonten

Aus den Texthinweisen und Kontenaufstellungen ergeben sich die Buchungsregeln für Aufwands- und Ertragskonten:

Art des Ergebniskontos	Zugänge	Abgänge	Abschluss des Kontos; Buchungssatz
Aufwandskonto	S	H	Saldo der H-Seite auf die S-Seite von GuV; GuV/Aufwandskonto
Ertragskonto	H	S	Saldo der S-Seite auf die H-Seite von GuV; Ertragskonto/GuV
GuV-Konto	Gewinn- bzw. Verlustsaldo ▪ als Ausgleichsposten (G im Soll, V im Haben) auf GuV einsetzen oder ▪ diesen Ausgleichsposten auf GuV einsetzen und auf Konto „Eigenkapital" umbuchen		

Aufgaben 2 und 3 Seite 152 f.

Geschäftsgang: Kontenabschluss mit doppelter Ergebnisermittlung

Bei der buchungstechnischen Bearbeitung von Geschäftsgängen erfolgt die Darstellung von der Eröffnungsbilanz bis zur Schlussbilanz.

---

1 Das Ergebnis lt. Inventur und Bilanz 208.000,00 – 200.000,00 = 8.000,00 stimmt mit dem Ergebnis in der Gewinn- und Verlustrechnung (28.000,00 – 20.000,00 = 8.000,00) überein.

Fallbeispiel

Fallbeispiel mit Lösungen (Beträge in €)

A	Eröffnungsbilanz zum 1. Januar ..		P
Anlagevermögen		**Eigenkapital**	120.000,00
Grundstücke und Gebäude	100.000,00	**Fremdkapital**	
Maschinen, Fuhrpark und Geschäftsausstattung	140.000,00	Darlehensschuld	206.000,00
		Verbindlichkeiten	60.000,00
Umlaufvermögen			
Roh-, Hilfs- und Betriebsstoffe	50.000,00		
Unfertige und fertige Erzeugnisse	30.000,00		
Forderungen	40.000,00		
Bank, Kasse	26.000,00		
	386.000,00		386.000,00

Arbeitsanweisung für die buchungstechnische Bearbeitung:

Eröffnen Sie die Bestandskonten und buchen Sie die folgenden Geschäftsvorfälle (Beträge in €):

- Bilden Sie die Buchungssätze (vorkontieren).
- Legen Sie die erforderlichen Konten an und buchen Sie die Geschäftsvorfälle.
- Schließen Sie die Aufwands- und Ertragskonten über GuV ab.
- Stellen Sie die Schlussbilanz zum 31. Dezember .. auf. Die Salden der Bestandskonten entsprechen hier den Inventurwerten.
- Ermitteln Sie auf der Schlussbilanz das Eigenkapital. Stellen Sie das Ergebnis durch einen Vergleich des Eigenkapitals zum 1. Januar .. mit dem Eigenkapital zum 31. Dezember .. (Betriebsvermögensvergleich) fest.
- Bestimmen Sie durch Saldieren auf Konto GuV das Ergebnis und tragen Sie den Saldo zum Ausgleich des Kontos ein.

Aufgabe 4 Seite 153

① Werkstoffeinkauf auf Ziel 15.000,00
② Barzahlung von Löhnen 1.200,00
③ Tilgung[1] der Darlehensschuld durch Banküberweisung 4.000,00
④ Bareinnahme von Miete 6.000,00
⑤ Kauf eines PC mit Bankscheck 2.500,00
⑥ Eingang von Provisionserträgen auf dem Bankkonto 9.000,00
⑦ Barzahlung von Zinsaufwendungen 1.800,00
⑧ Zahlung einer Betriebssteuer durch Banküberweisung 4.000,00
⑨ Verkauf eines Grundstücks gegen bar 15.000,00
⑩ Verschiedene Verwaltungsaufwendungen, Barzahlung 3.000,00
⑪ Eingang von Forderungen auf Bank 18.000,00
⑫ Zahlung von Verbindlichkeiten über Bank 10.000,00

Lösungen

Buchungssätze: (vorkontieren)

① Roh-, Hilfs- und Betriebsstoffe	an Verbindlichkeiten	15.000,00
② Löhne	an Kasse	1.200,00
③ Darlehensschuld	an Bank	4.000,00
④ Kasse	an Mietertrag	6.000,00
⑤ Geschäftsausstattung	an Bank	2.500,00
⑥ Bank	an Provisionsertrag	9.000,00
⑦ Zinsaufwand	an Kasse	1.800,00
⑧ Steuern	an Bank	4.000,00
⑨ Kasse	an Grundstücke	15.000,00
⑩ Versch. Verwaltungsaufwendungen	an Kasse	3.000,00
⑪ Bank	an Forderungen	18.000,00
⑫ Verbindlichkeiten	an Bank	10.000,00

Bestandskonten

Grundstücke und Gebäude

S			H
AB	100.000,00	①	15.000,00
		Saldo	85.000,00
	100.000,00		100.000,00

Maschinen, Fuhrpark, Geschäftsausstattung

S			H
AB	140.000,00	Saldo	142.500,00
⑤	2.500,00		
	142.500,00		142.500,00

Roh-, Hilfs- und Betriebsstoffe

S			H
AB	50.000,00	Saldo	65.000,00
①	15.000,00		
	65.000,00		65.000,00

Unfertige und fertige Erzeugnisse

S			H
AB	30.000,00	Saldo	30.000,00
	30.000,00		30.000,00

Bank, Kasse

S			H
AB	26.000,00	②	1.200,00
④	6.000,00	③	4.000,00
⑥	9.000,00	⑤	2.500,00
⑨	15.000,00	⑦	1.800,00
⑪	18.000,00	⑧	4.000,00
		⑩	3.000,00
		⑫	10.000,00
		Saldo	47.500,00
	74.000,00		74.000,00

Forderungen

S			H
AB	40.000,00	⑪	18.000,00
		Saldo	22.000,00
	40.000,00		40.000,00

Eigenkapital

S			H
Saldo	125.000,00	AB	125.000,00
		GuV	5.000,00
	125.000,00		125.000,00

Verbindlichkeiten

S			H
⑫	100.000,00	AB	60.000,00
Saldo	65.000,00	①	15.000,00
	75.000,00		75.000,00

Darlehensschuld

S			H
③	4.000,00	AB	206.000,00
Saldo	202.000,00		
	206.000,00		206.000,00

1 Tilgung: Ein Teil der Darlehensschuld wird zurückbezahlt.

Ergebniskonten

Aufwendungen

S	Löhne		H
②	1.200,00	GuV	1.200,00

S	Zinsaufwand		H
⑦	1.800,00	GuV	1.800,00

S	Steuern		H
⑧	4.000,00	GuV	4.000,00

S	Verschiedene Verwaltungsaufwendungen		H
⑩	3.000,00	GuV	3.000,00

Erträge

S	Mietertrag		H
GuV	6.000,00	④	6.000,00

S	Provisionsertrag		H
GuV	9.000,00	⑥	9.000,00

Abschluss der Ergebnis- und Bestandskonten

S (Aufwendungen)	GuV		(Erträge) H
Löhne	1.200,00	Mietertrag	6.000,00
Zinsaufwand	1.800,00	Provisionsertrag	9.000,00
Steuern	4.000,00		
Verschiedene Verwaltungsaufwendungen	3.000,00		
Saldo[1] (Gewinn)	5.000,00		
	15.000,00		15.000,00

A	Bilanz zum 31. Dezember ..		P
Anlagevermögen		**Eigenkapital**[2]	125.000,00
Grundstücke und Gebäude	85.000,00	**Fremdkapital**	
Maschinen, Fuhrpark, Geschäftsausstattung	142.500,00	Darlehensschuld	202.000,00
Umlaufvermögen		Verbindlichkeiten	65.000,00
Roh-, Hilfs- und Betriebsstoffe	65.000,00		
Unfertige und fertige Erzeugnisse	30.000,00		
Forderungen	22.000,00		
Bank, Kasse	47.500,00		
	392.000,00		392.000,00

1 Nur als Kontenausgleich oder als Kontenausgleich und Umbuchung auf Konto Eigenkapital (hier Umbuchung).

2 Eigenkapital am 31. Dezember .. Vermögen 392.000,00 € – Schulden 267.000,00 € = 125.000,00 € – Ergebnis: Eigenkapital am 31. Dezember .. 125.000,00 € (hier Inventurwert) – Eigenkapital am 1. Januar .. 120.000,00 € = 5.000,00 € (Gewinn)

Doppelte Ergebnisermittlung

Gegenüberstellung: Betriebsvermögensvergleich und GuV-Rechnung (Beträge in €)

	Eröffnungsbilanz	Schlussbilanz	Wertveränderungen	GuV
Summen des Vermögens	386.000,00	392.000,00	+ 6.000,00	Aufwendungen 10.000,00
Summen der Schulden	266.000,00	267.000,00	+ 1.000,00	Erträge 15.000,00
Eigenkapital	120.000,00	125.000,00	+ 5.000,00	
Gewinn	**5.000,00**		**5.000,00**	+ 5.000,00

Anmerkungen:

1. Der vorausgegangene **Abschluss** stützt sich auf das HGB und orientiert sich an der Praxis.
   - Der Stand des Eigenkapitals wurde durch Inventur und **Bilanzvergleich** festgestellt.
   - Das Konto **GuV** beschränkt sich auf seine Hauptaufgabe als **Darstellung der Ergebnisquellen.** Der Saldo bestätigt das Ergebnis der Bilanz (Doppelte Ergebnisermittlung).
2. Möglich wäre auch ein Umbuchen des Saldos von Konto „GuV" auf „Konto Eigenkapital" und die Übernahme aller Salden der Aktiv- und Passivkonten auf die Schlussbilanz durch die Buchungen:
   - Schlussbilanz an Aktivkonten und
   - Passivkonten an Schlussbilanz.

Zusammenfassende Übersicht zu Kapitel 4.6: Gewinn- und Verlustkonto

Schematische Darstellung des Weges von den Ergebniskonten über GuV zu Eigenkapital und Schlussbilanz:

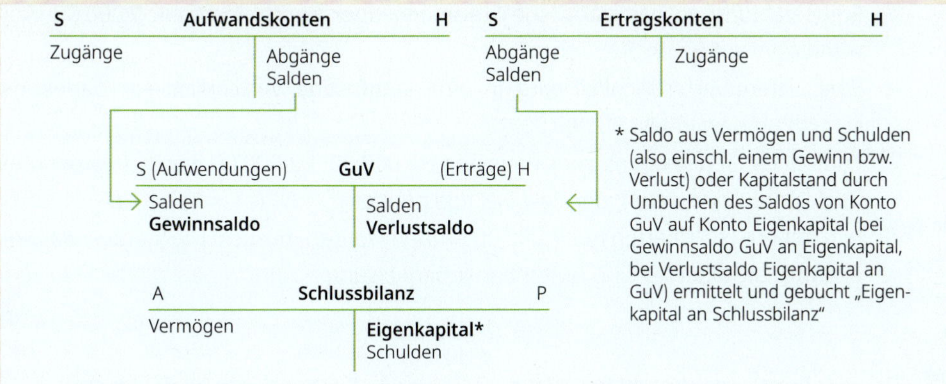

Aufgaben

1. Bilden Sie die Buchungssätze für folgende Geschäftsvorfälle (Beträge in €):

① Verkauf von Handelswaren auf Ziel 10.000,00
② Bareingang von Zinsen 11.000,00
③ Einkauf von Rohstoffen auf Ziel 24.000,00
④ Barzahlung für Werbemaßnahmen 7.000,00
⑤ Gehaltszahlung in bar 5.800,00
⑥ Kunde zahlt durch Scheck 9.200,00
⑦ Barzahlung für Verwaltungskosten 4.400,00
⑧ Gutschrift für Provisionen auf Bankkonto 1.600,00
⑨ Teilrückzahlung des Darlehens über Bank 10.000,00
⑩ Bankscheck für Treibstoffe und Fahrzeugwartung 2.200,00
⑪ Mietzahlung über Bank 24.000,00
⑫ Rückzahlung von Verbindlichkeiten durch Banküberweisung 8.400,00

2. Bilden Sie die Buchungssätze für folgende Geschäftsvorfälle (Beträge in €):

① Belastung des Bankkontos mit 12.000,00; davon 2.000,00 für Darlehenszinsen, der Rest Rückzahlungsrate Darlehen
② Zahlung einer Liefererschuld, durch Bankscheck 6.000,00, in bar 3.000,00
③ Belastung des Bankkontos mit Kontoführungsgebühren, 39,60
④ Bareingang für Provisionen, 800,00
⑤ Banküberweisungen für Büromaterial 225,00 und für Heizöl, 6.870,00
⑥ Versehentlich wurden 200,00 Provision zu viel gezahlt (s. ④). Ausgleich durch Übergabe eines Bankschecks.
⑦ Steuerzahlung an das städtische Steueramt über Konto Postbank 9.000,00 (Aufwandskonto „Steuern")
⑧ Eine Liefererverbindlichkeit wird in eine langfristige Verbindlichkeit (Darlehensschuld) umgewandelt, 35.000,00.
⑨ Kauf eines Lieferwagens zum Preis von 32.000,00; 12.000,00 werden sofort über Bankkonto überwiesen, der Rest wird gestundet.
⑩ Für Steuern (s. ⑦) hätten nur 7.000,00 bezahlt werden müssen. Die Stadtverwaltung erstattet die Überzahlung durch Banküberweisung.

3. Beschreiben Sie die Geschäftsvorfälle, die folgende Buchungen ausgelöst haben (Beträge in €).
Stellen Sie fest, wie sich die Buchungen ① bis ④ insgesamt auf das Ergebnis auswirken.

① Hypothekenschuld,	20.000,00			
Zinsaufwand	1.700,00	an	Bank	21.700,00
② Bank	2.600,00	an	Zinsertrag	600,00
			Provisionsertrag	470,00
			Mietertrag	1.530,00
③ Postbank	17.000,00			
Kasse	3.000,00	an	Forderungen	20.000,00
④ Bank	5.000,00	an	Kasse	5.000,00
⑤ Verbindlichkeiten	16.000,00	an	Postbank	6.000,00
			Fuhrpark	10.000,00
⑥ Geschäftsausstattung	21.000,00	an	Verbindlichkeiten	20.000,00
			Kasse	1.000,00
⑦ Löhne und Gehälter	11.000,00	an	Kasse	2.000,00
			Bank	9.000,00
⑧ Bank	100.000,00	an	Darlehen	100.000,00

4.

A	**Bilanz zum 1. Januar .. (€)**		P
Grundstücke und Gebäude	250.000,00	Eigenkapital	210.000,00
Maschinen und Fuhrpark	30.000,00	Darlehensschuld	140.000,00
Geschäftsausstattung	18.000,00	Verbindlichkeiten	29.000,00
Roh-, Hilfs- und Betriebsstoffe	40.000,00		
Unfertige und fertige Erzeugnisse	20.000,00		
Forderungen	12.000,00		
Bank	7.000,00		
Kasse	2.000,00		
	379.000,00		379.000,00

Eröffnen Sie die Bestandskonten und buchen Sie die folgenden Geschäftsvorfälle (Beträge in €):

① Verkauf eines Fahrzeugs gegen Bankscheck 10.000,00
② Gehaltszahlung über Bank 4.000,00
③ Überweisung für eine Liefererschuld 8.000,00
④ Barzahlung für Provisionsaufwand 1.500,00
⑤ Barverkauf eines Lagerschuppens 19.000,00
⑥ Mieteingang auf Bankkonto 26.000,00
⑦ Barkauf von Roh-, Hilfs- und Betriebsstoffen 10.000,00, eines Computers 3.500,00
⑧ Aufnahme eines zusätzlichen Darlehens 5.000,00, Einzahlung auf Bank
⑨ Bankbelastung für Zinsen 9.600,00
⑩ Barzahlung einer Fahrzeugreparatur 1.000,00
⑪ Barzahlung für verschiedene Verwaltungskosten 500,00
⑫ Ein Kunde zahlt auf Bankkonto ein, 3.800,00.

Stellen Sie das Ergebnis durch Bilanzvergleich und über die GuV-Rechnung fest. Die Salden der Bestandskonten entsprechen den durch Inventur ermittelten Werten.

4.7 Kontenrahmen, Kontenklassen

In einem Industrieunternehmen, das Einbauküchen herstellt, ist die Gewinnentwicklung seit über zwei Jahren rückläufig. Die Geschäftsleitung ordnet u. a. an, in der Buchhaltung die Posten der Bilanz sowie die Aufwands- und Ertragspositionen der letzten Jahre miteinander zu vergleichen. Die erforderliche Durchsicht der Konten ergab, dass bedeutendere Aufwandsarten, wie Reparaturaufwendungen für die maschinellen Anlagen, auf dem Konto „Sonstige Aufwendungen" erfasst wurden. Bestimmte Aufwendungen sind im Zeitablauf auf unterschiedlichen Konten gebucht worden: Die Kraftfahrzeugsteuer wurde z. B. sowohl auf dem Konto „Fuhrparkkosten" als auch auf dem Konto „Steuern" festgehalten. Außerdem wird für die Geschäfts- und Betriebsausstattung sowie den Fuhrpark nur ein Konto geführt.

Wie ist das bisherige „Vorgehen" im Hinblick auf den durchzuführenden Vergleich der verschiedenen Jahre (Zeitvergleich) zu beurteilen?

4.7.1 Kontenrahmen

Aufgaben des Kontenrahmens

Die **Grundsätze ordnungsmäßiger Buchführung** verlangen ein übersichtliches Kontensystem, das auch Außenstehenden und Sachverständigen erlaubt, in angemessener Zeit einen Überblick über die Geschäftsvorfälle sowie die Vermögens- und Ertragslage des Unternehmens zu gewinnen.

!

Kontenrahmen sind *Organisationsmittel*, in denen die Konten in einem Wirtschaftszweig bzw. innerhalb einer Branche (Geschäftszweig) *einheitlich benannt* und *systematisch gegliedert* werden.

§§ 238, 239, 243 HGB

Aufgabe 1 Seite 157

So gibt es nicht nur Kontenrahmen für die Industrie, den Groß- und Einzelhandel, sondern innerhalb dieser einzelnen Wirtschaftszweige wurden vielfach branchenspezifische Kontenrahmen entwickelt, z. B. für die chemische Industrie oder für den Großhandel im Bereich des Kraftfahrzeugbedarfs.

Kontenrahmen ermöglichen

- innerbetriebliche Vergleiche (Zeitvergleiche);
- zwischenbetriebliche Vergleiche (Betriebsvergleiche), z. B. Vergleiche der Zahlen einer Textilfabrik mit den Durchschnittszahlen aller Betriebe der Textilindustrie;

- Überprüfungen der Buchhaltung, z. B. durch Betriebsprüfer des Finanzamtes, Gläubiger und nicht geschäftsführende („außenstehende") Gesellschafter;
- die exakte Erfassung der einzelnen Aufwendungen und Erträge, um Unterlagen für eine genaue Kostenrechnung (Kalkulation) zu erhalten.

Der Industriekontenrahmen (IKR) und sein Aufbau

Der Industriekontenrahmen (IKR) ist 1971 vom „Betriebswirtschaftlichen Ausschuss des Bundesverbandes der Deutschen Industrie" empfohlen worden. Nach Inkrafttreten des Bilanzrichtliniengesetzes zum 1. Januar 1986 wurde der Kontenrahmen den Anforderungen des neuen Gesetzes angepasst. Der IKR ist nach dem **Abschluss- oder Bilanzgliederungsprinzip** aufgebaut, d. h., er orientiert sich inhaltlich an der Reihenfolge der einzelnen Positionen in der Bilanz und in der Gewinn- und Verlustrechnung. Dabei finden die handelsrechtlichen Gliederungsvorschriften Anwendung.

Aufgaben 2 und 3 Seite 157

In formaler Hinsicht baut der Industriekontenrahmen (IKR) – wie alle Kontenrahmen – auf dem **dekadischen** System (Zehnersystem) auf.

§§ 266, 275 HGB

Von den zehn Kontenklassen (0–9) ist die Klasse 9 für die Kosten- und Leistungsrechnung freigehalten.

Kontenklasse	Inhalt der Kontenklasse	Zuordnung im Jahresabschluss (Abschlussgliederungsprinzip)	
0 1 2	Immaterielle Vermögensgegenstände und Sachanlagen Finanzanlagen Umlaufvermögen und aktive Rechnungsabgrenzung	Aktivkonten	**Bilanz**
3 4	Eigenkapital und Rückstellungen Verbindlichkeiten und passive Rechnungsabgrenzung	Passivkonten	**Bilanz**
5	Erträge	Ertragskonten	**Gewinn- und Verlustrechnung**
6 7	Betriebliche Aufwendungen Weitere Aufwendungen	Aufwandskonten	**Gewinn- und Verlustrechnung**
8	Ergebnisrechnungen	**Eröffnung- und Abschlusskonten**	
9	frei für Kosten- und Leistungsrechnung des einzelnen Betriebes		

§ 266 HGB

§ 275 HGB

Die zehn **Kontenklassen** (0–9) sind in zehn **Kontengruppen**, jede Kontengruppe ist in zehn **Kontenarten** und jede Kontenart in zehn **Kontenunterarten** aufgegliedert.

Beispiel

Beispiel	Kontenklasse	0	Immaterielle Vermögensgegenstände und Sachanlagen
	Kontengruppe	05	Grundstücke, grundstücksgleiche Rechte und Bauten
	Kontenart	051	Bebaute Grundstücke
	Kontenunterart	0530	Betriebsgebäude
	Kontenunterart	0540	Verwaltungsgebäude

Aufgaben 4 und 5 Seite 157

Bei einer vierstelligen *Kontenunterart* (z. B. 0540 Verwaltungsgebäude) entspricht die 1. Ziffer (Ordnungszahl 1) der ***Kontenklasse,*** die 2. Ziffer der *Kontengruppe* (Ordnungszahl 2), die 3. Ziffer (Ordnungszahl 3) der *Kontenart* und die letzte Ziffer (Ordnungszahl 4) der *Kontenunterart*.

4.7.2 Der Kontenplan

Kontenrahmen und Kontenplan

Kontenrahmen können immer nur allgemein gehalten sein, da sie z. B. für einen gemeinsamen Wirtschaftszweig empfohlen werden. Vielfach benötigen Unternehmen nicht alle im Kontenrahmen aufgeführten Konten.

Auf der anderen Seite gibt es Unternehmen, für deren Bedürfnisse die Tiefengliederung des Kontenrahmens nicht ausreicht.

Beispiel

- Ein Unternehmen, das in gemieteten Räumen produziert, benötigt kein Konto „Betriebsgebäude".
- Ein größeres Unternehmen kommt mit der Kontengruppe „280 Bank" des IKR nicht aus; eine weitere Untergliederung in die Kontenarten „2800 Kreissparkasse", „2801 Volksbank", „2802 Deutsche Bank" usw. wird erforderlich, wenn Konten bei diesen Geldinstituten unterhalten werden.

Aufgabe 6 Seite 158

Das auf der Grundlage des jeweils geltenden Kontenrahmens erstellte Kontensystem, das die Belange des einzelnen Unternehmens berücksichtigt, wird als Kontenplan bezeichnet.

Der Kontenplan stellt demnach die *konkrete, betriebsindividuelle Kontenorganisation* dar.

Bedeutung des Kontenplans für die Buchungsarbeit

Aufgabe 7 Seite 158

Die Nummerierung der Konten ist Voraussetzung für den Einsatz von modernen Buchungsautomaten und elektronischen Datenverarbeitungsanlagen (EDV). Die EDV verlangt für die Verarbeitung des Buchungsmaterials eine gleiche Anzahl von Stellen (Ordnungszahlen) bei den Kontennummern. Deshalb werden Kontennummern im Kontenplan im Allgemeinen vierstellig angegeben.

Der Einsatz des Kontenplans erlaubt darüber hinaus die Angabe des *Buchungssatzes mit Kontennummern*. Dabei kann das Wörtchen „an" durch einen Schrägstrich („/") ersetzt werden (vgl. nachstehendes Beispiel).

Beispiel

Geschäftsvorfall:

Reparaturrechnung für Kopiergerät	100,00 €
Rechnungsbetrag	100,00 €

Buchungssatz:

In *Worten:*

6130 Fremdinstandhaltung	100,00 €	an	4400	Verbindlichkeiten	100,00 €

In *Kontennummern:*

6130	100,00 €	an	4400		100,00 €

Dieser verkürzte Buchungssatz wird auf dem Beleg notiert, wobei i.d.R. ein Buchungsstempel zur **Vorkontierung** verwendet wird.

Aufgaben

1. Erklären Sie, warum das formale dekadische System des Kontenrahmens als besonders flexibel gilt.

2. Erklären Sie das Abschlussgliederungsprinzip des IKR.

3. Kontieren Sie die folgenden Geschäftsvorfälle nach dem IKR. Geben Sie den Buchungssatz verkürzt an.

① Verkauf von Erzeugnissen an einen Kunden auf Ziel
② Zahlung dieses Kunden (vgl. ①) in bar
③ Barabhebung vom Bankkonto
④ Kauf einer Maschine gegen Banküberweisung

4. Ein Buchungsstempel enthält die folgende Vorkontierung:

Konto	Soll	Haben
2000	1.200,00 €	
4400		1.200,00 €

a) Formulieren Sie den Buchungssatz in Worten.
b) Auf welchem Beleg ist diese Vorkontierung notiert?
c) Nennen Sie den zugrundeliegenden Geschäftsvorfall.

5. Stellen Sie zu den folgenden Geschäftsvorfällen die Buchungssätze auf (Beträge in €). Geben Sie nur Kontennummern und Beträge an.

a) Kauf von Maschinen auf Ziel 40.000,00
b) Verkauf von Erzeugnissen gegen Barzahlung 2.500,00
c) Bankgutschrift für eingegangene Miete 3.800,00
d) Eine Rechnung für Gebäudereparaturen geht ein: 9.600,00

6. Erläutern Sie den Zusammenhang zwischen Kontenrahmen und Kontenplan.

7. Beschreiben Sie, inwiefern durch den Einsatz von Kontenplänen in der Buchführungsorganisation Rationalisierungserfolge erreicht werden können.

4.8 Grundlegende Geschäftsvorfälle der Finanzbuchhaltung

4.8.1 Umsatzsteuer/Vorsteuer

Susanne wird seit zwei Monaten beim Büromöbelhersteller Jürgen Wagner zur Industriekauffrau ausgebildet. Sie hat gerade am PC eine **Ausgangsrechnung** mit dem folgenden Inhalt erstellt (verkürzte Angaben):

Büroschrank „Life-Style"	10.000,00 €
+ 19 % Umsatzsteuer	1.900,00 €
Rechnungsbetrag	11.900,00 €

Zahlbar ohne jeden Abzug innerhalb von 14 Tagen.

Susanne hat heute morgen in ihrer Tageszeitung gelesen: „Zur Finanzierung wachsender Staatsausgaben kann auch eine Erhöhung der Umsatzsteuer auf 20 % nicht mehr ausgeschlossen werden."

Sie überlegt, welche Auswirkungen dies für ihren Ausbildungsbetrieb hätte. Anhand der Ausgangsrechnung kommt sie zum Ergebnis: „Optimal! 100,00 € (1 % von 10.000,00 €). Mehreinnahmen und somit 100,00 € Zusatzgewinn aus einer Lieferung!"

Prüfen und begründen Sie, ob Susannes Argumentation sachlich richtig ist.

Die bisherigen Geschäftsvorfälle wurden aus Gründen der Vereinfachung ohne Umsatzsteuer (USt.) gebucht. Im folgenden Kapitel werden das Umsatzsteuersystem und die buchtechnische Erfassung der Umsatzsteuer dargestellt.

System der Umsatzsteuer

§ 1 Abs. 1 Nr. 1 UStG

Lieferungen und sonstige Leistungen, die ein Unternehmer im Inland gegen Entgelt im Rahmen seines Unternehmens ausführt, unterliegen der Umsatzsteuer.

Danach muss jeder Unternehmer seine „Absatzleistung", nämlich

1. Lieferungen (Verkauf von Erzeugnissen und Handelswaren) und
2. sonstige Leistungen (z. B. erbrachte Serviceleistungen, Beratungen, sonstige typische Dienstleistungen),

der USt. unterwerfen. Alle Ausgangsrechnungen (AR) sind mit dem allgemeinen Steuersatz von 19 % (Regelsteuersatz) oder mit 7 % Umsatzsteuer (ermäßigter Steuersatz, z. B. für Lebensmittel und Bücher) zu belasten, soweit der Umsatz nicht ausdrücklich von der Umsatzsteuer befreit ist (z. B. Kauf, Vermietung und Verpachtung von Grundstücken, von der Bank berechnete Kreditzinsen). § 12 UStG § 4 UStG

Der Unternehmer ist verpflichtet, Rechnungen auszustellen, in denen die Umsatzsteuer gesondert ausgewiesen wird. § 14 UStG

„Kleinbetragsrechnungen", deren Gesamtbetrag 250,00 € (einschl. USt.) nicht übersteigt, müssen u. a. nur den Steuersatz (ohne Steuerbetrag) enthalten. Kassenzettel, Fahrkarten, Provisionsabrechnungen gelten im Sinne des UStG ebenfalls als Rechnungen.

Die Umsatzsteuer, die beim Verkauf entsteht, indem sie dem Kunden in Rechnung (AR) gestellt wird, stellt eine Verbindlichkeit des Unternehmers (Verkäufer) gegenüber dem Finanzamt dar.

Die **Bemessungsgrundlage** für die Umsatzsteuer ist das **Entgelt** (Nettowert).
Entgelt · Steuersatz = Umsatzsteuer

Die Umsatzsteuer, die beim Einkauf entsteht, indem sie vom Lieferanten in Rechnung (ER) gestellt wird, nennt man Vorsteuer (Eingangsumsatzsteuer). Sie stellt eine Forderung des Unternehmers gegenüber dem Finanzamt dar.

Die **Umsatzsteuer**, die der Unternehmer an das **Finanzamt zu zahlen hat**, ist die **Umsatzsteuer-Zahllast**, die sich durch Abzug der Vorsteuer von der Umsatzsteuer-Traglast ergibt. § 15 Abs. 1 § 16 Abs. 2 UStG

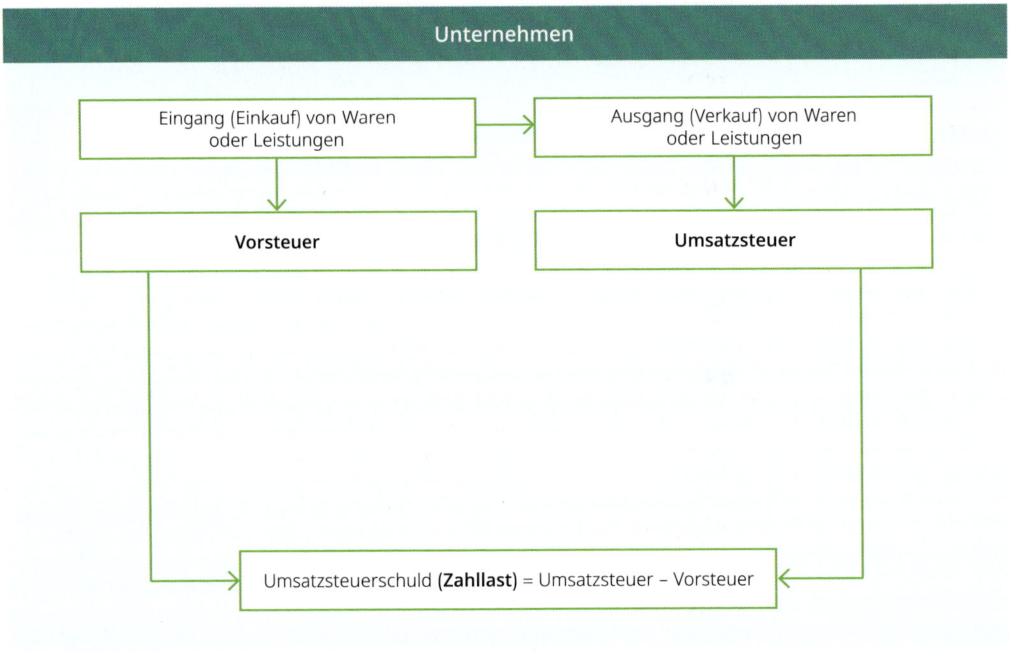

Der Unternehmer führt im Normalfall die Zahllast am Zehnten jedes Monats für den vorausgegangenen Monat an das Finanzamt. In bestimmten Fällen überwiegt die Vorsteuer (z. B. es wurde mehr eingekauft als verkauft. Der Unternehmer hat dann einen **Erstattungsanspruch** gegen die Finanzverwaltung (Vorsteuer > Umsatzsteuer = **„Vorsteuerguthaben“**).

Schema zum System der Umsatzsteuer (Mehrwertsteuer)

Stufen von Erzeugung und Vertrieb	Eingangsrechnung (ER) Ausgangsrechnung (AR) (angenommene Mehrwerte in €)	Identität von VoSt. €	Identität von USt. €	Zahllast €
1. Betrieb der Rohstoffförderung: (Annahme: ohne fremde Lieferung und Leistung)	ER 0,00	0,00		**19,00** (19 % von 100,00, bzw. 19,00 – 0,00 = 19,00)
	0,00 + Mehrwert 100,00 = 100,00 + USt. 19 % 19,00 AR 119,00		19,00	
2. Industriebetrieb	ER: 100,00 + 19,00 USt. = 119,00	19,00		**38,00** (19 % von 200,00, bzw. 57,00 – 19,00 = 38,00)
	100,00 + Mehrwert 200,00 = 300,00 + USt. 19 % 57,00 AR 357,00		57,00	
3. Großhandelsbetrieb	ER: 300,00 + 57,00 USt. = 357,00	57,00		**22,80** (19 % von 120,00, bzw. 79,80 – 57,00 = 22,80)
	300,00 + Mehrwert 120,00 = 420,00 + USt. 19 % 79,80 AR 499,80		79,80	
4. Einzelhandelsbetrieb	ER: 420,00 + 79,80 USt. = 499,80	79,80		**34,20** (19 % von 180,00, bzw. 114,00 – 79,80 = 34,20)
	420,00 + Mehrwert 180,00 = 600,00 + USt. 19 % 114,00 AR 714,00		96,00	
5. Endverbraucher (kein VoSt.-Abzug, da kein Unternehmer)	ER bzw. Kassenzettel 714,00			**114,00** (19 % von 600,00) **Summe der Zahllast** („Wertschöpfung"/ Mehrwert auf allen Stufen · Steuersatz)

Erläuterung:

In der ersten Stufe (Urproduktion) gibt es keinen Wareneingang. Deshalb fällt auch keine Vorsteuer an. Die Wertschöpfung auf dieser Produktionsstufe (Mehrwert) beträgt 100,00 EUR und unterliegt beim Verkauf der Umsatzsteuer in Höhe von 19,00 EUR. Es gilt:

Umsatzsteuer – Vorsteuer = Zahllast
19,00 EUR – 0,00 EUR = 19,00 EUR

In der zweiten bis vierten Stufe führt der dort jeweils erzielte Mehrwert zu einer entsprechenden Zahllast.

Die **Umsatzsteuer** in der fünften Stufe entspricht der **Summe der Zahllasten**. Im Endergebnis wird der auf den einzelnen Produktionsstufen jeweils erzielte Mehrwert (Wertschöpfung) besteuert: 19 % von 600,00 € = 114,00 €.

Die Ausgangsrechnungen einer Vorstufe werden Eingangsrechnungen einer Nachstufe, entsprechend wird die **Umsatzsteuer** der Vorstufe zu **Vorsteuer** der Nachstufe.

Das Beispiel macht deutlich, dass nur der Endverbraucher, nicht aber ein Unternehmer, mit der Umsatzsteuer belastet wird, da ein Endverbraucher keine Vorsteuer geltend machen kann. Er ist der eigentliche Träger der Umsatzsteuer, während für die Unternehmer die Umsatzsteuer nur ein Durchlaufposten ist.
Der Konsument zahlt 19 % vom gesamten Mehrwert 600,00 € = 114,00 €.

> **Der Mehrwert (Wertschöpfung) ist der Unterschiedsbetrag zwischen den Einkaufspreisen von Lieferungen und Leistungen und den Verkaufspreisen der Lieferungen und Leistungen. Die schematische Darstellung zeigt, dass die Umsatzsteuer ein „durchlaufender Posten" ist.**

Sofern im Rahmen der EU-Steuerharmonisierung die USt. z. B. um 1 % erhöht würde, so hat dies **keine Auswirkung** auf das Ergebnis des Unternehmens. Der **Endverbraucher** hätte eine solche USt.-Erhöhung allein zu tragen.

Buchung der Umsatzsteuer

Rechnungstechnische Auswirkungen

Angelegt werden

1. ein **Konto „Vorsteuer"** (Umsatzsteuer, die vom Lieferer berechnet wird) = eine Forderung gegen die Finanzverwaltung (Aktivkonto) und
2. ein **Konto „Umsatzsteuer"** (Umsatzsteuer, die dem Kunden berechnet wird) = eine Verbindlichkeit gegenüber der Finanzverwaltung (Passivkonto).

Aufgaben 1–6 Seite 164 f.

Um die **Zahllast** zu errechnen, wird die *Vorsteuer mit der Umsatzsteuer verrechnet.*

Zahlung der Umsatzsteuer und Jahresabschluss (Annahme: Umsatzsteuer > Vorsteuer)

Die meisten Unternehmen zahlen monatlich Umsatzsteuer: Monatlich wird deshalb die Vorsteuer auf Konto Umsatzsteuer umgebucht.

- *Buchungssatz:* Umsatzsteuer an Vorsteuer.
  Der Saldo auf Konto Umsatzsteuer ist die „Zahllast", sie wird an die Finanzverwaltung abgeführt.
- *Buchungssatz:* Umsatzsteuer an Bank.
  Am 31. Dezember ist die **Umsatzsteuer** bis Monat November mit dem Finanzamt abgerechnet (Zahlung am 10. Dezember für Monat November). Die Vorsteuer des Monats Dezember wird am 31. Dezember auf das Konto Umsatzsteuer umgebucht.
- *Buchungssatz* am 31.12.: Umsatzsteuer an Vorsteuer.
  Der Saldo auf Konto Umsatzsteuer **„Zahllast"** für Dezember ist beim Jahresabschluss eine Verbindlichkeit. Dieser Saldo wird als *Passivposten auf die Schlussbilanz* übernommen. Am 10. Januar des Folgejahres wird die Verbindlichkeit durch Zahlung an das Finanzamt ausgeglichen.
- *Buchungssatz am 10.01.:* Umsatzsteuer an Bank.

Fallbeispiel

Fallbeispiel mit Lösungen

Buchen von Vorsteuer, Umsatzsteuer und Zahllast; Beträge in Euro

① und ② Buchen Sie die nachfolgenden gekürzten Eingangs- und Ausgangsrechnungen (ER und AR).

② Schließen Sie das Konto Vorsteuer auf das Konto Umsatzsteuer ab.

③ Bilden Sie den Buchungssatz für die Überweisung der Zahllast und nehmen Sie die Buchung auf den Konten vor.

④ Weisen Sie nach, dass die Zahllast eine Steuer vom „Mehrwert" ist.

Rechnung des Lieferers (ER)			Rechnung an den Kunden (AR)	
Rechnung			Rechnung	
Rohstoffe	10.000,00	Mehrwert 5.000,00 € →	Erzeugnisse	15.000,00
+ Umsatzsteuer 19 %	1.900,00		+ Umsatzsteuer 19 %	2.850,00
Rechnungsbetrag	11.900,00		Rechnungsbetrag	17.850,00

Ergebniskonten

S	4400 Verbindlichkeiten		H
		①	11.900,00

S	2400 Forderungen		H
②	17.850,00		

S	2000 Rohstoffe		H
①	10.000,00		

S	5000 Umsatzerlöse		H
		②	15.000,00

S	2600 Vorsteuer		H
①	1.900,00	③	1.900,00

S	4800 Umsatzsteuer		H
③	1.900,00	②	2.850,00
④	950,00		

19 % des Mehrwerts (5.000 EUR) = 950,00 € Mehrwertsteuer

S	Bank		H
		④	950,00

Buchungssätze und Erläuterungen:

	Soll	Betrag		Haben	Betrag
①	2000 Rohstoffe	10.000,00 €	an	4400 Verbindlichkeiten	11.900,00 €
	2600 Vorsteuer	1.900,00 €			
	Die Vorsteuer ist eine Forderung gegen die Finanzverwaltung.				
②	2400 Forderungen	17.850,00 €	an	5000 Umsatzerlöse	15.000,00 €
				4800 Umsatzsteuer	2.850,00 €
	Die Umsatzsteuer ist eine Verbindlichkeit gegenüber der Finanzverwaltung.				
③	4800 Umsatzsteuer	1.900,00 €	an	2600 Vorsteuer	1.900,00 €
	Die Vorsteuer (Forderung) und die Umsatzsteuer (Verbindlichkeit) werden einander gegenübergestellt.				
④	4800 Umsatzsteuer	950,00 €	an	2800 Bank	950,00 €
	Umsatzsteuer minus Vorsteuer = Zahllast. Der Betrag der Zahllast wird an die Finanzverwaltung überwiesen.				
⑤	Der Mehrwert von 5.000,00 € wird mit 19 % = 950,00 € besteuert.				

Zusammenfassende Übersicht zu Kapitel 4.8.1: Umsatzsteuer/Vorsteuer

Für das System der Umsatzsteuer gelten nachstehende Zusammenhänge:

- Die Besteuerung der Umsätze erfolgt auf **allen Wirtschaftsstufen.**
- Die Bemessungsgrundlage der Umsatzsteuer ist das **Entgelt (Nettowert).**
- Der **Unternehmer** ist zum **Vorsteuerabzug** berechtigt, daraus folgt:
  erhaltene USt. auf Ausgangsrechnungen
  ./. bezahlte Vorsteuer auf Eingangsrechnungen
  = Zahllast (Mehrwert · Steuersatz)
- Auf jeder **Wirtschaftsstufe** wird nur die **„Wertschöpfung" (der „Mehrwert")** besteuert.
- Die Umsatzsteuer ist für den **Unternehmer** ein **durchlaufender Posten**.

Eine gleichwertige Gesamtleistung (Summe aller Wertschöpfungen) führt unabhängig von der Anzahl der Handelsstufen zu einer USt.-Belastung in gleicher Höhe. Das heißt, die USt. wirkt insofern nicht „konzentrationsfördernd", sondern „wettbewerbsneutral".

Eingangsrechnungen aufgrund fremder Lieferungen und Leistungen enthalten Umsatzsteuer. Diese Umsatzsteuer wird auf dem **Konto Vorsteuer** (Aktivkonto) gebucht. Sie stellt eine Forderung an die Finanzverwaltung dar.

Ausgangsrechnungen aufgrund eigener Lieferungen und Leistungen enthalten Umsatzsteuer. Diese Umsatzsteuer wird auf dem **Konto Umsatzsteuer** (Passivkonto) gebucht. Sie stellt eine Verbindlichkeit gegenüber der Finanzverwaltung dar.

Vorsteuer und Umsatzsteuer werden verrechnet:

Umsatzsteuer > Vorsteuer:	Zahlung des Differenzbetrages = **Zahllast** an die Finanzverwaltung **(Umsatzsteuer an Bank**).
Umsatzsteuer < Vorsteuer:	Erstattung des Differenzbetrages = des Vorsteuerüberschusses durch die Finanzverwaltung **(Bank an Vorsteuer**).

Aufgaben

1. Buchen Sie aufgrund der folgenden (vereinfachten und gekürzten) Rechnungen ① den Rohstoffkauf und ② den Verkauf von Erzeugnissen auf Ziel. Buchen Sie die Vorsteuer um. Die „Zahllast" wird durch Banküberweisung bezahlt.

Rechnung (ER):

20 Paletten mit Rohstoffen zu je 1.600,00 € =	32.000,00 €
+ Umsatzsteuer 19 %	6.080,00 €
Rechnungsbetrag	38.080,00 €

Rechnung (AR):

40 Plasma-Fernsehgeräte zu je 1.000,00 € =	40.000,00 €
+ Umsatzsteuer 19 %	7.600,00 €
Rechnungsbetrag	47.600,00 €

2. Nennen Sie die Buchungssätze zu den folgenden Geschäftsvorfällen.

a) Rohstoffeinkauf auf Ziel 7.500,00 € zuzüglich 19 % Umsatzsteuer.

b) Verkauf von Erzeugnissen auf Ziel 9.000,00 € zuzüglich 19 % Umsatzsteuer.

c) Umbuchen des Vorsteuerbetrags.

d) Bezahlen der Umsatzsteuer (Zahllast) durch Banküberweisung.

e) Das Unternehmen zahlt die Liefererrechnung (Eingangsrechnung) und der Kunde die Ausgangsrechnung jeweils durch Überweisung.

3. Wie lauten die Buchungssätze?

a) Eingangsrechnung (ER) Nr. 126; Betriebsstoffe 8.000,00 €; zuzüglich 19 % Umsatzsteuer.

b) Der Lieferer teilt Ihnen nachträglich mit, dass der Warenwert aus Versehen nur mit 8.000,00 € statt mit dem richtigen Betrag von 8.500,00 € angesetzt worden ist. Führen Sie eine entsprechende Korrekturbuchung durch.

c) Angenommen, der Warenwert nach ER Nr. 126 werde nach einer Reklamation auf 7.000,00 € ermäßigt. Wie kann in diesem Falle ER Nr. 126 (s. a) berichtigt werden?

4. Buchen Sie auf Konten.

a) Einkauf von Hilfsstoffen auf Ziel 25.000,00 € + 19 % Umsatzsteuer.

b) Verkauf von Erzeugnissen auf Ziel 16.000,00 € + 19 % Umsatzsteuer.

c) Ermitteln Sie den Vorsteuerüberschuss. Buchen Sie den Betrag von Konto Umsatzsteuer auf Konto Vorsteuer um.

d) Die Finanzverwaltung erstattet den „Vorsteuerüberhang" durch Banküberweisung.

5. Barkauf von Bürobedarf (Kleinbetragsrechnungen) über:

a) 95,20 € einschl. 19 % Umsatzsteuer.

b) 51,36 € einschl. 7 % Umsatzsteuer.

6. Mietzahlungen durch Banküberweisung

a) Monatsmiete für zwei Lagerhallen; zusammen 2.500,00 €.

b) Monatsmiete für einen Großcomputer 3.500,00 € zuzüglich 19 % Umsatzsteuer = 665,00 €; Rechnungsbetrag 4.165,00 €.

4.8.2 Beschaffung und Verbrauch

Beispiel

Die Heinz GmbH stellt vor allem Krankenstühle her. Die Beschaffungsplanung in der Materialwirtschaft bezieht sich u. a. auf getrocknetes Holz, Lacke und Schmieröle sowie für fahrbare Krankenstühle auf Rollen für die Fertigmontage. Um das Sortiment zu ergänzen, werden über die eigene Produktion hinaus verschiedene Arten von Krücken bezogen und weiterverkauft. – Für die Zustellung der verschiedenen Sachgüter erhält die Heinz GmbH Frachtabrechnungen des Spediteurs.

- Welche Konten werden durch die Beschaffungsvorgänge angesprochen?

Beschaffung in der Materialwirtschaft

Stoffe-Bestandskonten – Bestandskonto Waren (Handelswaren)

Der Einkauf im Industriebetrieb ist vor allem dadurch gekennzeichnet, dass Werkstoffe – das sind Rohstoffe, Fremdbauteile (bezogene Fertigteile), Hilfs- und Betriebsstoffe – bezogen werden.

Neben den Werkstoffen für die Fertigung beziehen viele Industriebetriebe zur Ergänzung ihres Programms noch Fertigwaren, die sie unverändert als Handelswaren verkaufen.

Rohstoffe	wesentliche Bestandteile des Erzeugnisses	z. B. Holz, Blech, Kunststoffe
Bezogene Fertigteile (Fremdbauteile)	gehen unverändert als Bestandteile in das Erzeugnis ein	z. B. Rollen für Krankenstühle
Hilfsstoffe	unwesentliche Bestandteile des Erzeugnisses	z. B. Lacke, Leime, Kleinteile
Betriebsstoffe	gehen nicht in das Erzeugnis ein, sind aber notwendig, um Erzeugnisse herzustellen	z. B. Strom, Schmieröle
Handelswaren	zur Ergänzung des Fertigungsprogramms bezogene Waren	z. B. Krücken, Sitzkissen

Aufgaben 1–3 Seite 171 f.

Der Industriekontenrahmen (IKR) enthält in der Kontenklasse 2 (Kontengruppe 20) die Werkstoffe, die in die Kontenarten (2000, 2010, 2020, 2030) unterteilt werden. Die Waren (Handelswaren) gehören in die Kontengruppe 22 Fertigerzeugnisse und Waren und hier in die Kontenart 2210 Waren (Handelswaren).

Verbrauch von Werkstoffen und Handelswaren

Beispiel

Bei einem Hersteller von Fitnessgeräten wird der Verbrauch an Roh-, Hilfs- und Betriebsstoffen in der Fertigung laufend bei jeder Entnahme aus dem Lager mithilfe von „Materialentnahmescheinen" erfasst. Das verwendete EDV-Programm übernimmt die jeweils „aktuellen" Bestände auf die Konten für Werkstoffe und Handelswaren der Geschäftsbuchführung.

– Wird durch diese Bestandsermittlung die Bestandsaufnahme (Inventur) am Jahresende entbehrlich?
– Wie wird der Verbrauch an „Handelswaren" erfasst?

Ermittlung des Verbrauchs – Inventur- und Fortschreibungsmethode

Werkstoffe

Mit der Abgabe der Rohstoffe, Fremdbauteile, Hilfs- und Betriebsstoffe vom Lager *in die Fertigung* bzw. mit dem *Verbrauch* („Verzehr") der Stoffe im Fertigungsprozess werden diese zu **Aufwendungen**.

Je nach der Art des einzelnen Werkstoffs werden diese auf verschiedenen *Stoffe-Aufwandskonten* der Kontenklasse 6 erfasst:

6000	Rohstoffaufwand
6010	Fremdbauteile-Aufwand
6020	Hilfsstoffaufwand
6030	Betriebsstoffaufwand

Der **Verbrauch der Werkstoffe** kann im Wesentlichen nach zwei verschiedenen Verfahren ermittelt werden.

- Ermittlung ***am Ende der Abrechnungsperiode*** durch Bestandsaufnahme (= **Inventurmethode**).
- Ermittlung ***unmittelbar beim Verbrauch*** aufgrund von Materialentnahmescheinen (= **Fortschreibungsmethode**).

Verbrauchsermittlung durch die Inventurmethode (Bestandsdifferenzrechnung)

Bei der **Inventurmethode** – auch *Bestandsdifferenzrechnung* genannt – wird der gesamte Verbrauch *indirekt (mittelbar)* ***erfasst***, d.h. als Unterschied zwischen dem Anfangsbestand (einschl. Zugängen) und dem Endbestand lt. Inventur:

1. Januar ..		Anfangsbestand an Werkstoffen
1. Januar bis 31. Dezember ..		Zugänge in Abrechnungsperiode
	=	**Summe aus Anfangsbestand und Zugängen**
31. Dezember ..	–	**Endbestand lt. Inventur**
1. Januar bis 31. Dezember ..	=	**Verbrauch** an Werkstoffen in der Abrechnungsperiode

Bei der Anwendung der Inventurmethode wird unterstellt, dass der als Bestandsdifferenz ermittelte Verbrauch ausschließlich produktionsabhängig und durch die Erstellung der betrieblichen Leistungen bedingt ist. Fehlbestände, z.B. durch Vernichtung, Schwund, Diebstahl, lassen sich mit diesem Verfahren nicht feststellen. Hierzu sind besondere Kontrollen notwendig.

Aufgaben 4–5 Seite 172

Unabhängig von der Methode der Verbrauchserfassung muss der Bestand mindestens einmal im Jahr durch eine körperliche Bestandsaufnahme (Inventur) ermittelt werden.

Verbrauchsermittlung durch die Fortschreibungsmethode (Soll-Ist-Vergleich)

Die Anwendung dieser Methode setzt voraus, dass eine Lagerdatei geführt wird, in der die Lagerabgänge belegmäßig mithilfe von Materialentnahmescheinen (MES) erfasst werden. Der

Materialentnahmeschein enthält u.a. die Auftragsnummer und die empfangende Fertigungsstelle, z.B. Lackiererei, an welche die Werkstoffe abgegeben werden.

Beispiel

Monatliche Verbrauchsermittlung durch Materialentnahmescheine (Fortschreibungsmethode)

1. März ..:	Anfangsbestand an Werkstoffen	
5. März ..:	Zugänge lt. Lieferschein	
5. März ..:	Bestand (Soll-Bestand)	
9. März ..:	**Abgang lt. Materialentnahmeschein (MES)**	
9. März ..:	Bestand (Soll-Bestand)	
18. März ..:	**Abgang lt. Materialentnahmeschein (MES)**	→ **Verbrauch = Summe der Verbrauchswerte** in der Abrechnungsperiode
18. März ..:	Bestand (Soll-Bestand)	
25. März ..:	**Abgang lt. Materialentnahmeschein (MES)**	
31. März ..:	Endbestand (Soll-Bestand)	

Der mithilfe der **Materialentnahmescheine (MES) ermittelte Verbrauch** und die durch Lieferscheine bzw. Eingangsrechnungen aufgezeichneten Zugänge ermöglichen es, nach jedem Vorgang den jeweiligen **buchmäßigen Bestand** (Soll-Bestand) festzustellen.

Durch Vergleich des Soll-Bestandes mit dem Inventurwert (Ist-Bestand) am Ende der Abrechnungsperiode, z.B. am Ende des Geschäftsjahres, können sich **Bestandsdifferenzen** ergeben **(= Soll-Ist-Abweichung).**

Ist der *Ist-Bestand lt. Inventur niedriger* als der mit der Fortschreibungsmethode ermittelte Soll-Bestand, so kann diese nicht produktionsbedingte Bestandsdifferenz auf Schwund, Verderb, Diebstahl u.a. zurückzuführen sein. Umgekehrt: Sind die *Ist-Bestände höher* als die Soll-Bestände, so kann diese Differenz in einer fehlerhaften, in diesem Falle zu hoch ermittelten Verbrauchserfassung auf den Materialentnahmescheinen begründet sein.

Beispiel

Beispiel (Fortschreibungsmethode)

In einem Industriebetrieb wird bei der Ermittlung des Rohstoff-Verbrauchs die Fortschreibungsmethode angewandt. Im gesamten Abrechnungszeitraum vom 1. Januar bis 31. Dezember .. ergibt sich folgende Soll-Ist-Abweichung aufgrund der nachfolgend zusammengefassten Beträge:

1. Januar ..	Anfangsbestand	300 kg zu je 150,00 €	=	45.000,00 €
Zugänge (lt. ER) im Abrechnungszeitraum		1700 kg zu je 150,00 €	=	255.000,00 €
31. Dezember ..	Soll-Bestand	2000 kg zu je 150,00 €	=	300.000,00 €
Abgänge (lt. MES) im Abrechnungszeitraum		1900 kg zu je 150,00 €	=	285.000,00 €
31. Dezember ..	*Soll-Bestand*	100 kg zu je 150,00 €	=	15.000,00 €
31. Dezember ..	*Ist-Bestand lt. Inventur*	90 kg zu je 150,00 €	=	13.500,00 €
Soll-Ist-Abweichung (Bestandsdifferenz)		**10 kg zu 150,00 €**	**=**	**1.500,00 €**

Im vorliegenden Beispiel ist die **Bestandsdifferenz** von 10 kg (Wert 1.500,00 €) ein **Minderbestand**. Falls die Erfassung der Materialentnahme für die Fertigung fehlerfrei verlaufen ist, dann kann dieser Fehlbestand auf außergewöhnliche Umstände zurückzuführen sein, z.B. auf Verderb, Schwund, Diebstahl.

Vergleicht man die **Fortschreibungsmethode** (unmittelbare Verbrauchsermittlung) mit der **Inventurmethode** (indirekte Verbrauchsermittlung), so hat die Fortschreibungsmethode einen höheren Informationsgehalt: Der Soll-Bestand zeigt sich laufend, z. B. monatlich. Die Ursachen von Soll-Ist-Abweichungen lassen sich durch Inventur ermitteln.

Der Handelswareneinsatz lässt sich ebenfalls mit der **Fortschreibungsmethode** ermitteln. In diesem Falle wird *jede Entnahme* vom Lager für den Verkauf (Ware liegt jetzt in den Verkaufsräumen) unmittelbar *als Verbrauch erfasst*.

Beispiel

	(Fortschreibungsmethode)	
1. Januar ..	Anfangsbestand an Handelswaren	50.000,00 €
1. Januar .. bis 31. Dezember	Zugänge in der Abrechnungsperiode	160.000,00 €
31. Dezember ..	Anfangsbestände und Zugänge	210.000,00 €
31. Dezember ..	Inventurbestand	70.000,00 €
Verbrauch (Verkauf) an Handelswaren (Handelswareneinsatz)		140.000,00 €

Buchen des Verbrauchs

Der **Verbrauch an Werkstoffen** (Roh-, Hilfs- und Betriebsstoffe, Fremdbauteile) sowie an **Handelswaren** wird gebucht, indem die ermittelten Verbrauchswerte von den Stoffe-Bestandskonten der Klasse 2 auf die Stoffe-Aufwandskonten der Klasse 6 und von dort aus auf die GuV übertragen werden.

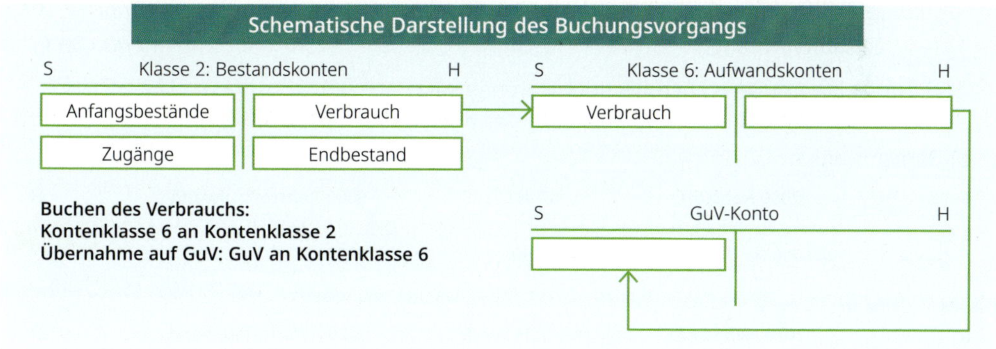

Fallbeispiel

Fallbeispiel mit Lösung

Werkstoffe	Verbrauchs-ermittlung (Verfahren)	Anfangs-bestände + Zugänge	Material-entnahme lt. MES	Endbestand lt. Inventur
① Rohstoffe	Inventurmethode	980.000,00 €		195.800,00 €
② Hilfsstoffe	Fortschreibungsmethode	38.500,00 €	14.000,00 €	21.500,00 €
③ Handelswaren	Inventurmethode	232.250,00 €		93.850,00 €

a) Berechnen Sie den Verbrauch ①–③ der Roh- und Hilfsstoffe sowie der Handelswaren.
b) Buchen Sie den Verbrauch.
c) Stellen Sie anhand der vorliegenden Situationen fest, welche Vorteile die Fortschreibungsmethode aufweist.

Lösung

a) Berechnungen:

① Rohstoffverbrauch: 980.000,00 € – 195.800,00 € = 784.200,00 €

② Hilfsstoffverbrauch:

	AB einschl. Zugänge	38.500,00 €	
–	Abgänge lt. MES	14.000,00 €	14.000,00 €
	Soll-Bestand	24.500,00 €	
	Ist-Bestand lt. Inventur	21.500,00 €	
	Mehrverbrauch		3.000,00 €
	Gesamtverbrauch		17.000,00 €

③ Handelswarenverbrauch (Handelswareneinsatz)
= AB einschl. Zugänge 232.250,00 € – 93.850,00 € = 138.400,00 €

b) Berechnungen:

S	2000 Rohstoffe		H
AB und Zugänge	980.000,00	①	784.200,00

S	6000 Rohstoffaufwand		H
①	784.200,00		

S	2020 Hilfsstoffe		H
AB und Zugänge	38.500,00	②	14.000,00
		②a	3.000,00
		SB	21.500,00
	38.500,00		38.500,00

S	6020 Hilfsstoffaufwand		H
②	14.000,00		
②a	3.000,00		
	17.000,00		

S	2010 Handelswaren		H
AB und Zugänge	232.250,00	③	138.400,00

S	6080 Handelswarenaufwand		H
③	138.400,00		

①	6000	Rohstoff-aufwand	784.200,00 €	an	2000	Rohstoffe	784.200,00 €
②	6020	Hilfsstoff-aufwand	17.000,00 €	an	2020	Hilfsstoffe	17.000,00 €
②a	6026	Hilfsstoff-aufwand	3.000,00 €	an	2020	Hilfsstoffe	3.000,00 €
③	6080	Handelswaren-aufwand	138.400,00 €	an	2210	Handelswaren	138.400,00 €

c) Es kann festgestellt werden, in welcher Höhe der Verbrauch produktionsabhängig bzw. produktionsunabhängig ist. Bei ②a kann der Mehrverbrauch von 3.000,00 € auf Schwund und Verderb zurückzuführen sein. – Ein Minderverbrauch (Ist-Bestand lt. Inventur ist höher als der ermittelte Soll-Bestand) würde darauf schließen lassen, dass die Verbrauchsermittlung durch Materialentnahmescheine fehlerhaft war.

Aufgaben

Bilden Sie die Buchungssätze zu den Aufgaben 1 bis 3.

1. *Eingangsrechnung Nr. 130 bei der Heinz GmbH*

	Lacke, Leim lt. Bestellung	1.000,00 €
+	19 % Umsatzsteuer	190,00 €
	Rechnungsbetrag	1.190,00 €

Zahlbar nach 30 Tagen ohne Abzug.

	Barzahlung der Fracht auf diese Sendung an den Spediteur	100,00 €
+	19 % Umsatzsteuer	19,00 €
	insgesamt	119,00 €

a) Erfassen Sie die Eingangsrechnung.

b) Buchen Sie die Frachtabrechnung.

2. *Eingangsrechnung Nr. 135 bei der Heinz GmbH*

	1000 Rollen für Krankenstühle	4.000,00 €
	Transportkosten	50,00 €
		4.050,00 €
+	19 % Umsatzsteuer	769,50 €
	Rechnungsbetrag	4.819,50 €

3. *Eingangsrechnung Nr. 124 bei der Heinz GmbH*

	Holz (Buche) lt. Bestellung	4.000,00 €
–	12,5 % Rabatt	500,00 €
		3.500,00 €
+	19 % Umsatzsteuer	665,00 €
	Rechnungsbetrag	4.165,00 €

Zahlbar binnen 10 Tagen ohne Abzug!

4. In einem Industriebetrieb wird der Verbrauch an Werkstoffen mithilfe der Inventurmethode ermittelt:

Werkstoffe	Anfangsbestände und Zugänge	Inventurbestände
Rohstoffe	150.500,00 €	25.250,00 €
Hilfsstoffe	42.750,00 €	12.650,00 €
Betriebsstoffe	36.155,00 €	22.110,00 €

a) Ermitteln Sie den Verbrauch bei den einzelnen Werkstoffen in der Abrechnungsperiode.

b) Buchen Sie den Verbrauch. Schließen Sie die Stoffe-Bestandskonten und die Stoffe-Aufwandskonten auf die entsprechenden Abschlusskonten ab.

5. Ein Hersteller von Werkzeugen verwendet bei der Erfassung des Werkstoffverbrauchs verschiedene Verfahren (Beträge in €):

Werkstoffe und Handelswaren	Anfangsbestände und Zugänge	Materialentnahme lt. MES	Inventurbestände
Rohstoffe	350.545,00	245.300,00	105.245,00
Betriebsstoffe	187.350,00	100.250,00	85.050,00
Handelswaren	73.480,00	–	32.400,00

Buchen Sie den Verbrauch der Werkstoffe und den Einsatz der Handelswaren. Berücksichtigen Sie dabei auch die Differenz zwischen Soll- und Ist-Bestand bei den Betriebsstoffen.

4.8.3 Abschreibungen auf Anlagen

Die Eröffnungsbilanz, die GuV-Rechnung und die Schlussbilanz einer Unternehmung für das laufende Geschäftsjahr liegen vor.

A	Eröffnungsbilanz zum 1. Januar .. (€)		P
Anlagevermögen		**Eigenkapital**	500.000,00
Gebäude	200.000,00	**Fremdkapital**	
Maschinen	100.000,00	Darlehen	370.000,00
Fuhrpark	80.000,00	Verbindlichkeiten	160.000,00
Betriebsausstattung	50.000,00		
Umlaufvermögen			
Roh-, Hilfs- und Betriebsstoffe	300.000,00		
Unfertige und fertige Erzeugnisse	40.000,00		
Forderungen	170.000,00		
Bank, Kasse	90.000,00		
	1.030.000,00		1.030.000,00

S (Aufwendungen)	GuV .. (€)		(Erträge) H
Aufwendungen für Roh-, Hilfs- und Betriebsstoffe	900.000,00	Umsatzerlöse	1.681.000,00
Löhne und Gehälter	420.000,00	Mietertrag	24.000,00
Werbung und Reise	8.000,00	Bestandsveränderungen	20.000,00
Energieaufwand	15.000,00		
Verschiedene Verwaltungsaufwendungen	212.000,00		
Zinsaufwand	20.000,00		
Gewinn	150.000,00		
	1.725.000,00		1.725.000,00

A	Schlussbilanz zum 31. Dezember .. (€)		P
Anlagevermögen		**Eigenkapital**	650.000,00
Gebäude	200.000,00	**Fremdkapital**	
Maschinen	100.000,00	Darlehen	220.000,00
Fuhrpark	80.000,00	Verbindlichkeiten	190.000,00
Betriebsausstattung	50.000,00		
Umlaufvermögen			
Roh-, Hilfs- und Betriebsstoffe	260.000,00		
Unfertige und fertige Erzeugnisse	60.000,00		
Forderungen	200.000,00		
Bank, Kasse	110.000,00		
	1.060.000,00		1.060.000,00

Es fällt auf, dass das während des laufenden Geschäftsjahres genutzte Anlagevermögen in der Eröffnungsbilanz und in der Schlussbilanz in gleicher Höhe ausgewiesen werden. Damit ist die durch die Produktion erfolgte Abnutzung des Vermögens nicht berücksichtigt.

Vergleich der beiden Bilanzen

Im Rechnungswesen des Unternehmens ist demnach die Nutzung und damit Abnutzung der Sachanlagen nicht zum Ausdruck gekommen: Es wurde nicht abgeschrieben.

Berichtigung und Auswirkung der Abschreibung im Rechnungswesen

Die Abnutzung der Anlagen ist als

- Vermögensminderung (wie ein Abgang) bei den Posten des Anlagevermögens – Haben-Buchung auf den betreffenden Aktivkonten – und
- als Aufwand – Soll-Buchung auf Konto Abschreibungen –

zu erfassen. Abschreibungen führen zu einer Verminderung des ausgewiesenen Ergebnisses.

! **Buchungssatz: Abschreibungen an Anlagenkonto**

Höhe der Abschreibung

Die Abschreibung bemisst sich weitgehend nach der mutmaßlichen (betriebsgewöhnlichen) Nutzungsdauer einer Anlage und wird in einem Prozentsatz der Anschaffungskosten bzw. des Bilanzwertes (Buchwert, Restwert) ausgedrückt.

Fallbeispiel

Fallbeispiel mit Lösungen

Gehen Sie von den Zahlen in Euro aus der Einführung zu diesem Abschnitt (Seite 173) aus.

1. Berechnen und buchen Sie aufgrund der folgenden Angaben die Abschreibungsbeträge: Gebäude 2 % von 40.000,00 € (Anschaffungskosten), Maschinen 20 % von 100.000,00 € (Buchwert), Fuhrpark $16\frac{2}{3}$ % von 96.000,00 € (Anschaffungskosten), Betriebsausstattung 10 % von 50.000,00 € (Buchwert).
2. Zeigen Sie, welche Veränderungen auf der Bilanz zum 31. Dezember und in der GuV-Rechnung d. J. auftreten.
3. Nehmen Sie Stellung zur Auswirkung von Abschreibungen auf das Ergebnis.

Lösung Buchungssätze

6500 Abschreibungen	8.000,00	an	0540 Gebäude	8.000,00
6500 Abschreibungen	20.000,00	an	0710 Maschinen	20.000,00
6500 Abschreibungen	16.000,00	an	0840 Fuhrpark	16.000,00
6500 Abschreibungen	5.000,00	an	0850 Betriebsausstattung	5.000,00
Summe der Abschreibungen	49.000,00			

vgl. Seite 175

A	Schlussbilanz zum 31. Dezember ..		P
Anlagevermögen		**Eigenkapital**	601.000,00
Gebäude	*192.000,00*	**Fremdkapital**	
Maschinen	*80.000,00*	Darlehen	220.000,00
Fuhrpark	*64.000,00*	Verbindlichkeiten	190.000,00
Betriebsausstattung	*45.000,00*		
Umlaufvermögen			
Roh-, Hilfs- und Betriebsstoffe			
Unfertige und fertige Erzeugnisse	260.000,00		
Forderungen	60.000,00		
Bank, Kasse	200.000,00		
	110.000,00		
	1.011.000,00		1.011.000,00

S (Aufwendungen)	GuV 20..(€)		(Erträge) H
Aufwendungen für Roh-, Hilfs- und Betriebsstoffe	900.000,00	Umsatzerlöse	1.681.000,00
Löhne und Gehälter	420.000,00	Mietertrag	24.000,00
Abschreibungen	49.000,00	Bestandsveränderungen	20.000,00
Werbung und Reise	8.000,00		
Energieaufwand	15.000,00		
Verschiedene Verwaltungsaufwendungen	212.000,00		
Zinsaufwand	20.000,00		
Gewinn	**101.000,00**		
	1.725.000,00		1.725.000,00

1. Durch die Berücksichtigung der Abschreibung vermindert sich das in der Bilanz ausgewiesene Vermögen um 49.000,00 €. Der im Geschäftsjahr erwirtschaftete Gewinn beträgt somit nur 101.000,00 € (150.000,00 € – 49.000,00 €).

Abschreibungen kürzen das Ergebnis.

Aufgaben

1. In einem Industrieunternehmen liegen das GuV-Konto für das Geschäftsjahr und das Schlussbilanzkonto das zum 31. Dezember (zum Teil zusammengefasst) in Euro vor:

S	GuV-Konto 20..		H
verschiedene Aufwendungen	1.885.000,00	Umsatzerlöse	2.000.000,00
Gewinn	220.000,00	Zinserträge	60.000,00
		Bestandsveränderungen	45.000,00
	2.105.000,00		2.105.000,00

A	Schlussbilanzkonto zum 31. Dezember 20..				P
Anlagevermögen			**Eigenkapital**		1.500.000,00
Grundstücke und Gebäude	700.000,00		**Fremdkapital**		
Maschinen	300.000,00		Darlehen	700.000,00	
Fuhrpark	180.000,00		Verbindlichkeiten	300.000,00	1.000.000,00
Betriebs- und Geschäftsausstattung	120.000,00	1.300.000,00			
Umlaufvermögen		1.200.000,00			
		2.500.000,00			2.500.000,00

Das Anlagevermögen war am 1. Januar in gleicher Höhe (insgesamt 1.300.000,00 €) bilanziert worden. Wie sind die noch ausstehenden Abschreibungen gemäß folgenden Angaben zu buchen: Grundstücke und Gebäude 4 % von 800.000,00 € (Gebäudeanschaffungskosten vor dem 01.01.2001)[1], Maschinen 20 % von 300.000,00 €, Fuhrpark $16\frac{2}{3}$ % von 180.000,00 €, Betriebs- und Geschäftsausstattung $8\frac{1}{3}$ % der Anschaffungskosten (240.000,00 €)?

Wie verändern sich Bilanz und GuV-Rechnung, wie das Ergebnis?

1 Betriebsgebäude in massiver Bauweise, die nach dem 31.12.2000 angeschafft oder hergestellt wurden, dürfen nur noch mit 3 % linear abgeschrieben werden.

2.

a) Unternehmen A benötigt dringend einen Kredit. Die Bank verlangt die Vorlage seines Jahresabschlusses (Schlussbilanz und GuV-Rechnung). Der Geschäftsleiter gibt Anweisung, die Abschreibungen zu unterlassen. Welche Absicht erkennen Sie? Beurteilen Sie die Anweisung.

b) Unternehmen B hat, ohne Abschreibungen vorgenommen zu haben, einen Gewinn von 130.000,00 € ausgewiesen. Als Abschreibungen werden insgesamt 200.000,00 € errechnet. Wie hoch ist das „echte" Ergebnis?

c) Unternehmerin C hat sein Anlagevermögen voll abgeschrieben und freut sich im Folgejahr über die Höhe seines Gewinns. Beurteilen Sie seine Auffassung.

d) Warum gibt die Finanzverwaltung amtliche Abschreibungstabellen für die verschiedenen abnutzbaren Vermögensgegenstände heraus, in denen die betriebsgewöhnliche Nutzungsdauer und der Abschreibungssatz festgelegt sind?

3.

a) Ein Unternehmer muss am Ende seines ersten Geschäftsjahres noch die folgenden Abschreibungen berechnen und buchen:
Gebäude 4 % von 900.000,00 € für sieben Monate, Maschinen $16\frac{2}{3}$ % von 300.000,00 €, Fuhrpark 20 % von 200.000,00 €, Geschäftsausstattung 12,5 % von 120.000,00 €. (Bei den beweglichen, abnutzbaren Vermögensgegenständen des Anlagevermögens ist hier die volle Jahresabschreibung anzusetzen.)

b) Bilden Sie die Buchungssätze für den Abschluss der aktiven Bestandskonten und des Kontos Abschreibungen.

Themenkreis 5 (Bildungsplaneinheit 8.2):

Rechnungswesen 2: Kennzahlenanalyse

Um welche Probleme geht es in diesem Kapitel?

Für jedes Unternehmen sind die Bilanz und die Gewinn- und Verlustrechnung wichtige Instrumente, um die Anteilseigner, Gläubiger, Arbeitnehmer und andere Gruppen über die wirtschaftliche Lage des Unternehmens zu informieren. Da die Zahlenwerke sehr komplex sind, können sich diese Interessengruppen durch die Aufbereitung des Jahresabschlusses und die Bildung von Kennzahlen einen einfacheren und schnelleren Einblick in die Vermögens- und Kapitalstruktur sowie die Ertragslage des Unternehmens verschaffen.

Welche Kompetenzen werden angestrebt?

Die Schülerinnen und Schüler können Unternehmensbilanzen auswerten.
Sie können Kennzahlen zur Vermögens- und Kapitalstruktur sowie zur Finanzierung, Liquidität und Rentabilität ermitteln und beurteilen.

5.1 Ausgewählte Bilanzkennzahlen – Bilanzanalyse

Die Bilanzanalyse ist ein Verfahren der Informationsgewinnung und -auswertung, mit deren Hilfe aus den Angaben des Jahresabschlusses Erkenntnisse über die Vermögens- und Kapitalstruktur sowie die Ertragslage der Unternehmung gewonnen werden.

Jahresabschlüsse sind das zahlenmäßige Spiegelbild der finanziellen und wirtschaftlichen Lage einer Unternehmung. Durch die systematische Auswertung werden Vergangenheit und Gegenwart des Unternehmens sichtbar und die zu erwartende Entwicklung prognostiziert.

Analyse des Jahresabschlusses

Bilanzanalyse	Erfolgsanalyse
- Vermögensstrukturanalyse - Kapitalstrukturanalyse - Analyse der Finanzstruktur, z. B. Anlagendeckung	Analyse der Rentabilität

Schlüsselgrößen für die erste Grobanalyse

Als Schlüsselgrößen für eine erste Grobanalyse des Unternehmens werden die Entwicklungen von **Umsatz** als Motor des Unternehmens, **Gewinn** als Maßstab für rentables Wirtschaften, **Eigenkapital** als Indikator für die Unabhängigkeit und **Liquidität** als Aufrechterhaltung des finanziellen Gleichgewichts herangezogen.

Eine detaillierte Untersuchung zur Erkennung möglicher Risiken im (1) Vermögens- und Kapitalbereich, im (2) Finanzierungs- und Liquiditätsbereich und im (3) Erfolgs- und Rentabilitätsbereich erstreckt sich auf folgende Fragen:

- im **Vermögensbereich** auf das Anlagevermögen (Struktur-, Verwertungsrisiken?) und auf das Umlaufvermögen (Struktur- und Liquidierbarkeitsrisiken?),
- im **Kapitalbereich** auf die Eigenkapitalbasis (ausreichend Eigenkapital zur Deckung des unternehmerischen Risikos?) und auf das Fremdkapital (Zusammensetzung in kurz- und langfristig?),
- im **Finanzbereich** auf die Anlagendeckung (Anlagevermögen langfristig finanziert?) und auf die Finanzierung des Umlaufvermögens (kurzfristiges Deckungsverhältnis in Ordnung?),
- im **Liquiditätsbereich** auf die Frage der jederzeitigen Zahlungsfähigkeit,
- im **Rentabilitätsbereich** auf die Frage des angemessenen Gewinns (Umsatz-, Eigenkapital-, Gesamtkapitalrentabilität?).

Arten der Auswertung

Interne und externe Auswertung

Wenn interne Zahlen der Unternehmung vorliegen (Buchführung, Kostenrechnung, vorläufige Bilanzen und Gewinn- und Verlustrechnungen u. a.), so spricht man von *interner Auswertung*. Da diese Zahlenwerte dem „Außenstehenden" im Allgemeinen nicht zur Verfügung stehen, muss bei der Auswertung des Jahresabschlusses von *externen Zahlen*, d. h. dem veröffentlichten Jahresabschluss, ausgegangen werden.

Statische und dynamische Auswertung

Wird der Analyse und Kritik das Zahlenmaterial nur eines Jahresabschlusses zugrunde gelegt, so spricht man von **statischer Auswertung**.

Eine **dynamische Auswertung** liegt vor, wenn

- Abschlussergebnisse eines Unternehmens in **aufeinanderfolgenden Jahren** analysiert werden, um Aufschluss über Entwicklungen zu erhalten,
- das Zahlenmaterial mit anderen Unternehmen **desselben Geschäftszweigs** verglichen wird, um den Stand innerhalb der Branche zu erfahren oder
- ein Vergleich mit **branchenfremden Unternehmen** durchgeführt wird, um Erkenntnisse über typische Merkmale der Geschäftszweige zu gewinnen.

Der Vergleich des Zahlenmaterials mit anderen Unternehmen wird **zwischenbetrieblicher Vergleich** genannt.

Interessenten für die Kennzahlen sind der Unternehmer bzw. die Teilhaber, die Gläubiger (Lieferer und Banken), die Öffentlichkeit (mögliche Teilhaber bzw. Gläubiger), die Verantwortlichen für die Wirtschaftspolitik, statistische Ämter, die Medien (z. B. die Wirtschaftspresse), in bestimmten Bereichen auch die Finanzverwaltung.

Kennzahlen

Unter Auswertung des Jahresabschlusses versteht man – nach Aufbereitung des Zahlenmaterials – eine Untersuchung der einzelnen Elemente und ihrer Beziehungen (Analyse) **und ihre kritische Beurteilung mithilfe allgemein anerkannter Vergleichszahlen** (Kritik). **Die Vergleichszahlen werden als *Kennzahlen* (Kennziffern) bezeichnet.**

!

Beispiel

Setzt man in der Bilanz das Eigenkapital in Beziehung zum Gesamtkapital, so lässt die errechnete Kennzahl (Eigenkapital in Prozent des Gesamtkapitals) einen (kritischen) Vergleich zu, inwieweit die errechnete Eigenkapitalquote mit der „durchschnittlichen Branchenquote" übereinstimmt bzw. abweicht.

5.1.1 Bilanzaufbereitung

Aufstellen einer Strukturbilanz

Die Jahresbilanz kann nicht in unveränderter Form für die Auswertung verwendet werden. Die nach den Vorschriften des HGB aufgestellten Abschlüsse müssen vielmehr nach einheitlichen betriebswirtschaftlichen Gesichtspunkten zu einer Strukturbilanz umgestaltet werden, sodass eine unmittelbare Vergleichbarkeit erreicht und eine Auswertung vorgenommen werden kann, die dem Bilanzadressaten einen möglichst umfassenden Einblick in die Situation des Unternehmens gestattet.

Bilanzaufbereitung

Die Umgestaltung der Bilanz in die Strukturbilanz wird Bilanzaufbereitung genannt.

!

Die folgenden Arbeitsschritte sind notwendig:

Zusammenfassen und Gruppieren von Bilanzpositionen

Die Bilanzpositionen des veröffentlichten Jahresabschlusses werden nach bestimmten Kriterien *zugeordnet, zusammengefasst* und *gruppiert* (Aufteilung in „Blöcke"). Wesentliche Gesichtspunkte sind auf der Aktivseite der *Grad der Liquidierbarkeit* der Bilanzpositionen (Rangordnung der Vermögensgegenstände nach der Zeitdauer, in der sie wieder zu Geld werden), auf der Passivseite *Herkunft* bzw. *Fristigkeit* des Kapitals (Eigenkapital, lang- und kurzfristiges Fremdkapital).

Verkürzung der Zahlenwerte – Gliederungs- und Beziehungszahlen

In einem weiteren Schritt werden die absoluten Zahlen – wenn erforderlich – gerundet und auf Tausend Euro (Tsd. €) bzw. Mio. Euro verkürzt. Dadurch wird das Zahlenmaterial übersichtlicher.

Der Informationsgehalt einer *aufbereiteten* Bilanz wird weiter verbessert, wenn *relative Zahlen – Gliederungszahlen der Bilanz* auf der Basis der Bilanzsumme (100 %) – ermittelt werden, z. B. das Anlagevermögen in Prozent der Bilanzsumme. Die Gliederungszahlen ergänzen die absoluten Zahlen.

Beispiel

In einem Unternehmen beträgt das Anlagevermögen 1.200.364,52 €, die Bilanzsumme beläuft sich auf 4.800.450,25 €. „Verkürzt" man die absoluten Zahlen auf „Tsd. €" und setzt dann das Anlagevermögen in Beziehung zur Bilanzsumme, so ergibt sich als „Gliederungszahl" (relative Zahl) der Anteil des Anlagevermögens an der Bilanzsumme (≙ 100 %). Dieser Anteil wird „Anlagenquote" genannt.

$$\text{Anlagenquote (Gliederungszahl)} = \frac{1.200.000{,}00\ €}{4.800.000{,}00\ €} = 0{,}25 \triangleq 25\,\%$$

Von den Gliederungszahlen werden **Beziehungszahlen** unterschieden. Dabei werden wesensverschiedene, jedoch in einem sinnvollen Zusammenhang stehende Größen in Beziehung gesetzt, z. B. Eigenkapital zum Anlagevermögen, Umsatz zu Kopfzahl der Belegschaft, Anteil der Materialaufwendungen an den gesamten betrieblichen Aufwendungen, Umsatz je 1.000,00 € Gesamtkapital.

Schema einer Strukturbilanz (aufbereitete Bilanz):

Aktiva	Tsd. €	%	**Strukturbilanz** / **Passiva**	Tsd. €	%
Anlagevermögen			**Eigenkapital**		
Immaterielle Vermögensgegenstände					
Sachanlagen			**Fremdkapital**		
Finanzanlagen			Lang- und mittelfristiges Fremdkapital		
Zwischensumme Anlagevermögen			Kurzfristiges Fremdkapital (Restlaufzeit bis zu einem Jahr)		
Umlaufvermögen					
Vorräte					
Forderungen					
▪ lang- und mittelfristig					
▪ kurzfristig (Restlaufzeit bis zu einem Jahr)					
Flüssige Mittel					
Zwischensumme Umlaufvermögen			**Zwischensumme Fremdkapital**		
Gesamtvermögen (Bilanzsumme)		**100**	**Gesamtkapital** (Bilanzsumme)		**100**

Gliederung der Bilanzkennzahlen

Nachdem die Bilanz **aufbereitet** ist, lassen sich aus dieser entwickelten **Strukturbilanz** Kennzahlen ablesen bzw. ermitteln, mit deren Hilfe die Bilanz analysiert und kritisch ausgewertet werden kann.

Die Bilanzkennzahlen kann man – entsprechend der Strukturbilanz – gliedern in Kennzahlen der Kapitalstruktur, der Vermögensstruktur und in Kennzahlen, die durch eine vergleichende Betrachtung der Kapital- und Vermögensstruktur gewonnen werden. Beginnend bei der Kapitalstruktur als „Finanzierungsseite" der Bilanz geht man zur Vermögensseite über, wo die Mittel in ihrer konkreten Form erscheinen. Anschließend werden diejenigen Kennzahlen ermittelt, die Zusammenhänge zwischen Finanzierung und Investition (Kapitalstruktur und Vermögensstruktur) aufzeigen.

Die nachfolgende vereinfachte Strukturbilanz zeigt den Zusammenhang bzw. die Positionen, die für die Ermittlung der Bilanzkennzahlen maßgebend sind.

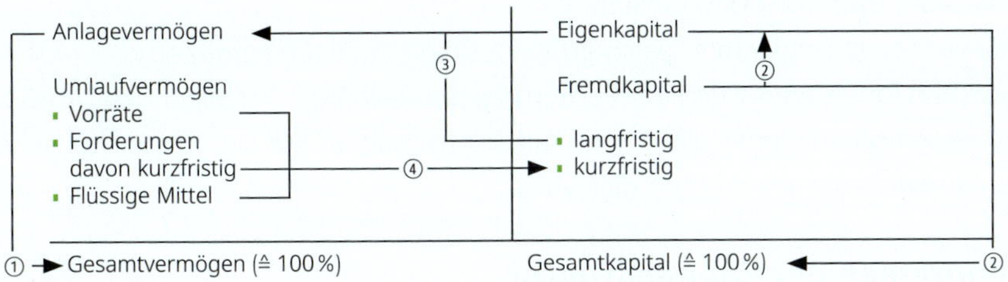

Erläuterungen

①	Vermögensstruktur	(Anlage- bzw. Umlaufvermögen im Verhältnis zum Gesamtvermögen)
②	Kapitalstruktur	(Verhältnis des Eigen- bzw. Fremdkapitals zum Gesamtkapital und des Fremdkapitals zum Eigenkapital)
③	Anlagendeckung	(Eigenkapital bzw. Eigenkapital zuzüglich langfristiges Fremdkapital im Verhältnis zum Anlagevermögen)
④	Deckung kurzfristiger Verbindlichkeiten (Liquidität)	(Umlaufvermögen bzw. Teile des Umlaufvermögens im Verhältnis zu den kurzfristigen Verbindlichkeiten)

5.1.2 Kennzahlen der Vermögensstruktur

Bei der Analyse der Vermögensstruktur werden die Zusammensetzung des Vermögens und die Dauer der Vermögensbindung untersucht.

$$\textbf{Anlagenintensität (in \%)} = \frac{\textbf{Anlagevermögen} \cdot \textbf{100}}{\textbf{Gesamtvermögen}}$$

Allgemeine Aussagen für die Beurteilung

- Je höher die Anlagenintensität ist, umso geringer ist die Anpassungsfähigkeit des Unternehmens an Beschäftigungs- und Strukturveränderungen.
- Mit einem hohen Anteil an Anlagevermögen steigen i. d. R. auch die fixen Kosten, die sich bei einem Rückgang der Beschäftigung negativ auf die Ertragslage auswirken können.

Aufgaben 1–5 Seite 189 ff.

$$\textbf{Umlaufintensität (in \%)} = \frac{\textbf{Umlaufvermögen} \cdot \textbf{100}}{\textbf{Gesamtvermögen}}$$

Allgemeine Aussagen für die Beurteilung

- Je größer der Anteil des Umlaufvermögens, umso höher ist die Flexibilität des Unternehmens.
- Je kurzfristiger das Vermögen gebunden ist, umso größer sind das Liquiditätspotenzial und der Fixkostenanteil.

$$\textbf{Forderungsquote (in \%)} = \frac{\textbf{Forderungen aus Lieferungen und Leistungen} \cdot \textbf{100}}{\textbf{Gesamtvermögen}}$$

Allgemeine Aussagen für die Beurteilung

- Je höher die Forderungsquote, umso größer ist das Liquiditätspotenzial.
- Die Ursachen für einen Anstieg der Forderungsquote können in steigenden Umsätzen (positiv) liegen oder in einer schlechten Zahlungsmoral der Kunden durch Überschreiten des Zahlungsziels (negativ) begründet sein.

5.1.3 Kennzahlen der Kapitalstruktur

$$\text{Eigenkapitalintensität (Eigenkapitalanteil)} = \frac{\text{Eigenkapital (EK)} \cdot 100}{\text{Gesamtkapital (GK)}} \text{ in \% bzw. } \frac{EK}{GK}$$

Allgemeine Aussagen für die Beurteilung

- Durch die Höhe der Eigenkapitalquote wird die Höhe der Haftungs- und Garantiefunktion gegenüber dem Fremdkapital bestimmt.
- Die Höhe des Eigenkapitalanteils kann Ausdruck sein für den Stellenwert, der dem Unternehmensziel „Stabilität und Sicherheit“ eingeräumt wird.

$$\text{Fremdkapitalintensität (Fremdkapitalanteil)} = \frac{\text{Fremdkapital (FK)} \cdot 100}{\text{Gesamtkapital (GK)}} \text{ in \% bzw. } \frac{FK}{GK}$$

Allgemeine Aussagen für die Beurteilung

Aufgaben 1–4 Seite 189 ff.

- Die Formel hat – sinngemäß – den gleichen Aussagewert wie die Eigenkapitalquote, sodass man das finanzielle Schwergewicht aus beiden Kennzahlen ersehen kann. Aus dem *Verhältnis lang- bzw. mittelfristiges Fremdkapital zum kurzfristigen* lassen sich zusätzlich Aufschlüsse über die finanzielle Anspannung des Unternehmens gewinnen.
- Eine Veränderung des Fremdkapitals in Richtung langfristige Verbindlichkeiten wird im Allgemeinen positiv, ein Übergewicht des kurzfristigen Fremdkapitals eher negativ bewertet.
- Bei einem relativ hohen Anteil an mittel- bzw. langfristigem Fremdkapital gegenüber den kurzfristigen Schulden spricht man von einer „konsolidierten“ Finanzierung.

$$\text{Verschuldungsgrad} = \frac{\text{Fremdkapital (FK)} \cdot 100}{\text{Eigenkapital (EK)}} \text{ in \% bzw. } \frac{FK}{EK}$$

Allgemeine Aussagen für die Beurteilung

- Dem Verschuldungsgrad kommt für die Analyse besondere Bedeutung zu, wenn bei der Entscheidung über die Höhe des Fremd- bzw. Eigenkapitaleinsatzes unter Rentabilitäts- und Sicherheitsgesichtspunkten entschieden wird.
- Befolgt man die vertikale Finanzierungsregel, so ist das Verhältnis 100 % bzw. 1 anzustreben, d. h., Fremd- und Eigenkapital sollten möglichst gleich groß sein. Diese „starre“ Regel

lässt jedoch Rechtsform, Betriebsgröße, Branche und unternehmensbedingte Risiken unbeachtet und kann deshalb nur als Faustregel angesehen werden.

- Durch die Erhöhung des Verschuldungsgrades steigt die Rentabilität des Eigenkapitals, solange die Rentabilität des Gesamtkapitals größer ist als der Fremdkapitalzinssatz (Leverage-Effekt; siehe Kapitel 5.2.3).
  Andererseits wächst das Finanzierungsrisiko durch einen hohen Verschuldungsgrad. Die optimale Verschuldung liegt deshalb im Spannungsfeld zwischen Rentabilität und Liquidität.

5.1.4 Kennzahlen zur Finanzierung und Liquidität

Deckungsgrade

$$\textbf{Deckungsgrad I} = \frac{\textbf{Eigenkapital (EK)} \cdot 100}{\textbf{Anlagevermögen (AV)}} \textbf{ in \% bzw. } \frac{\textbf{EK}}{\textbf{AV}}$$

Allgemeine Aussagen für die Beurteilung

In der engen Fassung der „goldenen Bilanzregel“ soll das angestrebte Verhältnis 100 % bzw. 1 sein. Das langfristig im Anlagevermögen gebundene Kapital soll durch Eigenkapital gedeckt sein, um die Betriebsbereitschaft durch Erhaltung der Anlagen zu sichern.

Die deutschen Unternehmungen erreichen in den meisten Fällen dieses Ziel nicht und begnügen sich mit dem

$$\textbf{Deckungsgrad II} = \frac{\textbf{(Eigenkapital + langfristiges Fremdkapital)} \cdot 100}{\textbf{Anlagevermögen (AV)}} \textbf{ in \%}$$

Allgemeine Aussagen für die Beurteilung

In der weiten Fassung der „goldenen Bilanzregel“ soll das anzustrebende Verhältnis mindestens 100 % betragen. Bei zinsgünstiger Beschaffung von Fremdkapital kann das Anlagevermögen auch mit langfristigem Fremdkapital finanziert werden, um die Rentabilität des Eigenkapitals zu erhöhen (Leverage-Effekt); andererseits wird der Grundsatz der Fristenparallelität eingehalten, wenn man davon ausgeht, dass die Kapitalfreisetzungen aus dem Anlagevermögen (Abschreibungsfinanzierung) dem Rückzahlungsrhythmus (Tilgung) des Fremdkapitals angepasst werden können.

Liquidität (Zahlungsbereitschaft)

Während die Berechnung von Deckungsgraden als langfristige Liquiditätsanalyse bezeichnet wird, handelt es sich bei der *kurzfristigen Liquiditätsanalyse* um Kennzahlen, die als Verhältnis mehrerer zusammengefasster Posten des Umlaufvermögens zu den kurzfristigen Verbindlichkeiten ermittelt werden. Dabei werden zwei verschiedene Liquiditätsgrade berechnet, die Indikatoren dafür sein sollen, inwieweit das Unternehmen in der Lage ist, seinen fälligen Verbindlichkeiten fristgerecht nachzukommen. Da bei dieser Berechnung der Liquidität der jeweilige **Bilanzstichtag** zugrunde gelegt wird, spricht man von **Stichtagsliquiditäten**.

Von **Periodenliquidität** wird dann gesprochen, wenn zu erwartende Einnahmen und Ausgaben nicht statisch auf einen Zeitpunkt bezogen, sondern dynamisch für einen bestimmten zukünftigen Zeitraum (Monat, Halbjahr, Jahr) in einem **Finanzplan** (Geldmittelvorschaurechnung) ermittelt werden.

$$\textbf{Liquidität 1. Grades (Barliquidität)} = \frac{\textbf{Flüssige Mittel} \cdot 100}{\textbf{kurzfristige Verbindlichkeiten}} \textbf{ in \%}$$

Aufgabe 5 Seite 191

Zu den flüssigen Mitteln (liquide Mittel 1. Grades) zählen: Kasse, Guthaben bei Kreditinstituten, Schecks, diskontfähige Wechsel und börsengängige Wertpapiere. Zu den kurzfristigen Verbindlichkeiten werden diejenigen Verbindlichkeiten gerechnet, die eine **Restlaufzeit bis zu einem Jahr** aufweisen.

$$\textbf{Liquidität 2. Grades (einzugsbedingte Liquidität)} = \frac{\textbf{(Flüssige Mittel + kurzfristige Forderungen)} \cdot 100}{\textbf{kurzfristige Verbindlichkeiten}} \textbf{ in \%}$$

Bei der Liquidität 2. Grades werden über den Zahlungsmittelbestand hinaus auch die kurzfristigen Forderungen einbezogen und zusammen als liquide Mittel 2. Grades bezeichnet. Zu den kurzfristigen Forderungen zählen solche Forderungen, die eine Restlaufzeit bis zu einem Jahr aufweisen. Die kurzfristigen Forderungen können durch Forderungsverkauf (Factoring) oder Einzug der Forderung relativ schnell in flüssige Mittel umgewandelt werden.

Allgemeine Aussagen für die Beurteilung

- Bei der Liquidität 1. Grades sollen die Barbestände ca. 20 % der kurzfristigen Verbindlichkeiten betragen.
- Bei der Liquidität 2. Grades sollen die liquiden Mittel (2. Grades) die kurzfristigen Verbindlichkeiten decken, sodass die Kennzahl 100 % erreicht.

Bei allen Liquiditätskennzahlen kann es sich nur um grobe Faustregeln handeln, die für die Beurteilung der Liquidität lediglich eine Orientierungshilfe sind. Unberücksichtigt bleiben die Besonderheiten der einzelnen Branche und saisonale Einflussgrößen.

Fallbeispiel

Für den durchzuführenden zwischenbetrieblichen Vergleich liegen vor: Die nachfolgende veröffentlichte Bilanz der Hirschbräu-GmbH, Informationen dieser Unternehmung sowie die durchschnittlichen Bilanzkennzahlen der Branche.

Aktiva	Bilanz der Hirschbräu-GmbH zum 31. Dezember .. (€)		Passiva
A. Anlagevermögen		**A. Eigenkapital**	**45.100.000,00**
I. Immaterielle Vermögensgegenstände		**B. Verbindlichkeiten**	
1. Konzessionen	2.500.000,00	1. Verbindlichkeiten ggü. Kreditinstitutionen	24.000.000,00
II. Sachanlagen		2. Verbindlichkeiten aus Lieferungen und Leistungen	13.500.000,00
1. Grundstücke und Bauten	11.000.000,00	3. Sonstige Verbindlichkeiten	3.400.000,00
2. Technische Anlagen und Maschinen	19.000.000,00		
3. Betriebs- und Geschäftsausstattung	8.600.000,00		
III. Finanzanlagen	17.500.000,00		
B. Umlaufvermögen			
I. Vorräte			
1. Roh-, Hilfs- und Betriebsstoffe	7.600.000,00		
2. Unfertige Erzeugnisse	2.300.000,00		
3. Fertige Erzeugnisse	6.100.000,00		
II. Forderungen und sonstige Vermögensgegenstände			
1. Forderungen aus Lieferungen und Leistungen	5.200.000,00		
2. Sonstige Vermögensgegenstände	1.700.000,00		
III. Wertpapiere der Umlaufvermögens	700.000,00		
IV. Kasse, Bank, Postgiro	3.800.000,00		
	86.000.000,00		**86.000.000,00**

Weitere Informationen

Die Forderungen aus Lieferungen und Leistungen (B.II.1.) und die sonstigen Vermögensgegenstände (B.II.2.) haben eine **Restlaufzeit bis zu einem Jahr**.

Die Verbindlichkeiten (B.2 und B.3) haben eine **Restlaufzeit bis zu einem Jahr**, die Verbindlichkeiten unter B.1. sind **langfristig**.

Durchschnittliche Kennzahlen der Branche	
Kapitalstruktur:	
Eigenkapitalintensität	35 %
Fremdkapitalintensität	
– lang- und mittelfristig	22 %
– kurzfristig	43 %
Vermögensstruktur:	
Anlageintensität	64 %
Forderungsintensität	15 %
Anlagendeckung:	
Deckungsgrad I	55 %
Deckungsgrad II	89 %
Liquidität:	
1. Grad	26 %
2. Grad	60 %

1. Erstellen Sie die Strukturbilanz (aufbereitete Bilanz). Die absoluten Zahlen sind auf 1.000,00 € (Tsd. €) zu verkürzen. Gliederungszahlen sind zu berechnen (Bilanzpositionen auf der Basis der Bilanzsumme = 100 %).
2. Werten Sie die Strukturbilanz aus. Vergleichen Sie dabei die Bilanzkennzahlen mit den Durchschnittszahlen der Branche. Folgende Positionen sind zu berechnen und zu beurteilen:
   a) Kennzahlen der Kapital- und Vermögensstruktur,
   b) Kennzahlen der Anlagendeckung und der Liquidität ersten und zweiten Grades.

Lösung

1. **Strukturbilanz (aufbereitete Bilanz)**

Immaterielle Vermögensgegenstände

Aktiva **Bilanz der Hirschbräu-GmbH** **Passiva**

	Tsd. €	in %	Branchendurchschnitt in %		Tsd. €	in %	Branchendurchschnitt in %
Anlagevermögen				**Eigenkapital**	**45.100**	**52,4**	-
Immaterielle Vermögensgegenstände	2.500	2,9					
Sachanlagen	38.600	44,9	44				
Finanzanlagen	17.500	20,4	20				
Zwischensumme Anlagevermögen	58.600	68,1	64	**Zwischensumme Eigenkapital**	45.100	52,4	35
Umlaufvermögen				**Fremdkapital**			
Vorräte	16.000	18,6	10				
Forderungen – lang- und mittelfristig	–	–		Lang- und mittelfristiges Fremdkapital	24.000	27,9	
– kurzfristige (bis zu einem Jahr)	6.900	8,0	15	Kurzfristiges Fremdkapital (bis ein Jahr)	16.900	19,7	
Flüssige Mittel	4.500	5,2	11				
Zwischensumme Umlaufvermögen	27.400	31,9	36	**Zwischensumme Fremdkapital**	40.900	47,6	
Gesamtvermögen (Bilanzsumme)	86.000	100	100	**Gesamtkapital** (Bilanzsumme)	86.000	100	100

2. Berechnung und Beurteilung der Bilanzkennzahlen

a) Kennzahlen der Kapitalstruktur

$$\textbf{Eigenkapitalintensität in \%} = \frac{EK \cdot 100}{GK} = \frac{45.100 \cdot 100}{86.000} = 52{,}4\,\%$$

$$\textbf{Fremdkapitalintensität in \%} = \frac{FK \cdot 100}{GK} = \frac{40.900 \cdot 100}{86.000} = 47{,}6\,\%$$

Beurteilung

Die Eigenkapitalquote ist für die Hirschbräu-GmbH unter dem Gesichtspunkt des Unternehmensziels „Stabilität und Sicherheit" als sehr günstig zu bezeichnen. So liegt die Eigenkapitalquote um 17,4 Prozentpunkte über dem Branchendurchschnitt der Brauereiunternehmen (etwa 35 %).

Auch bei der Fremdfinanzierung liegt eine „konsolidierte Finanzierung" vor, da nicht nur der Anteil der kurzfristigen Schulden niedriger liegt als das lang- und mittelfristige Fremdkapital, sondern wegen des hohen Eigenfinanzierungsanteils auch erheblich unter den Werten des Branchendurchschnitts bleibt. So betragen die kurzfristigen Schulden (19,7 %) am Gesamtkapital nur ein Bruchteil des Branchendurchschnitts (43 %).

$$\textbf{Verschuldungsgrad in \%} = \frac{FK \cdot 100}{EK} = \frac{40.900 \cdot 100}{45.100} = 90{,}7\,\%$$

$$\text{bzw. } \frac{40.900 \cdot 100}{45.100} = 0{,}907$$

Beurteilung

Auch diese Kennzahl bestätigt den hohen Grad an Sicherheit und Stabilität in der Finanzierung. Das Fremdkapital ist kleiner als das Eigenkapital, es liegt ca. 9 % unter dem Eigenkapital.

b) Kennzahlen der Anlagendeckung (Deckungsgrade) und Liquidität

$$\textbf{Eigenkapitalintensität in \%} = \frac{\text{EK} \cdot 100}{\text{AV}} = \frac{45.100 \cdot 100}{58.600} = 77{,}0\,\%$$

$$\textbf{Deckungsgrad II in \%} = \frac{(\text{EK} + \text{langfristiges FK}) \cdot 100}{58.600} = \frac{69.100 \cdot 100}{58.600} = 117{,}9\,\%$$

Beurteilung

Der Deckungsgrad I in der Brauereiwirtschaft beträgt im Durchschnitt etwa 55 %. Aus branchenspezifischer Sicht ist damit ein ausreichender Deckungsgrad erreicht. Der Deckungsgrad II zeigt, dass das Eigenkapital zuzüglich des langfristigen Fremdkapitals nicht nur das Anlagevermögen, sondern auch Teile des Umlaufvermögens deckt.

Dieser Deckungsgrad II liegt weit über dem Durchschnitt der Branche (89 %).

$$\textbf{Liquidität 1. Grades in \%} = \frac{\text{Flüssige Mittel} \cdot 100}{\text{kurzfristiges FK}} = \frac{4.500 \cdot 100}{16.900} = 26{,}6\,\%$$

$$\textbf{Liquidität 2. Grades \%} = \frac{(\text{Flüssige Mittel} + \text{kurzfristige Forderungen}) \cdot 100}{\text{kurzfristiges FK}} = \frac{11.400 \cdot 100}{16.900} = 67{,}5\,\%$$

Beurteilung

Im Ganzen kann man, wenn die zwei Grade der Stichtagsliquidität zugrunde gelegt werden, von einer ausreichenden Liquidität sprechen. Unter Beachtung der Faustregel ist beim Liquiditätsgrad 1 die Liquidität höher (anzustrebende Größe 20 %), die Liquidität 2. Grades ist nicht ganz erreicht (anzustrebendes Verhältnis 100 %). Jedenfalls liegen die Zahlen ungefähr auf dem Niveau der Branchendurchschnitte.

Zusammenfassende Übersicht zu Kapitel 5.1 Ausgewählte Bilanzkennzahlen – Bilanzanalyse

Kennzahlen zur Bilanzanalyse

Analyse der Vermögenstruktur
- Anlagen- und Umlaufintensität
- Forderungsquote

Analyse der Kapitalstruktur
- Eigen- und Fremdkapitalintensität
- Verschuldungsgrad

Analyse der Finanzierung und Liquidität
- Deckungsgrad I und II
- Liquidität I und II

Aufgaben

1. Kennzahlenanalyse zur Kapitalstruktur, Finanzierung und Liquidität

Die Oberhausener Schleifmittel GmbH legt am 5. Juli des Folgejahres die Bilanz für das zurückliegende Geschäftsjahr .. vor.

Aktiva — **Strukturbilanz der Schleifmittel GmbH** — **Passiva**

	Tsd. €	%		Tsd. €	%
Anlagevermögen			**Eigenkapital**		
Sachanlagen	3.130,0	70,3			
Finanzanlagen	400,0	9,0			
Zwischensumme Anlagevermögen	3.530,0	79,3	Zwischensumme Eigenkapital	2.508,0	56,3
Umlaufvermögen			**Fremdkapital**		
Vorräte	465,0	10,4	lang- und mittelfristiges Fremdkapital	812,0	18,2
Forderungen	267,5	6,0			
Flüssige Mittel	190,0	4,3			
			kurzfristiges Fremdkapital	1.132,5	25,4
Zwischensumme Umlaufvermögen	922,5	20,7	Zwischensumme Fremdkapital	1.944,5	43,7
Gesamtvermögen	4.452,5	100	**Gesamtkapital**	4.452,5	100

Berechnen und beurteilen Sie soweit möglich die Bilanzkennzahlen der
- Kapitalstruktur (mit Verschuldungsgrad),
- Anlagendeckung (Deckungsgrade I und II),
- Liquidität 1. und 2. Grades.

2. Begriffe und Formeln der Bilanzanalyse

Ordnen Sie die folgenden Begriffe bzw. Formeln den Bereichen Kapitalstruktur (K), Anlagendeckung (A) und Vermögensstruktur (V) zu.

	K	A	V
a) Verschuldungsgrad	?	?	?
b) $\frac{\text{Fremdkapital}}{\text{Eigenkapital}}$	?	?	?
c) $\frac{\text{Eigenkapital + langfristiges Fremdkapital}}{\text{Anlagevermögen}}$	?	?	?
d) $\frac{\text{Umlaufvermögen}}{\text{Gesamtvermögen}}$	?	?	?
e) Deckungsgrad I	?	?	?
f) Kennzahl für Risiken bei Fälligkeiten von Fremdkapital	?	?	?

3. Wertung von Aussagen zur Bilanzanalyse

Begutachten und begründen Sie die folgenden Aussagen. Berichtigen Sie, soweit erforderlich.

a) Unter Deckungsgrad I verstehen wir das Verhältnis $\frac{\text{Fremdkapital}}{\text{Anlagevermögen}}$

b) Eine Zurechnung der Darlehensschuld zum kurzfristigen Fremdkapital, des Roh-, Hilfs- und Betriebsstoffbestands zum Anlagevermögen und eines Teils der Kraftfahrzeuge sowie sämtlicher Grundstücke zum Umlaufvermögen ist unter bestimmten Voraussetzungen bei der Aufbereitung der Bilanz denkbar.

c) $\frac{\text{Anlagevermögen} \cdot 100}{\text{Umlaufvermögen}}$ = 130 % ist typisch für den Warenhandelsbetrieb.

d) $\frac{\text{Eigenkapital} \cdot 100}{\text{Anlagevermögen}}$ > 100 % ist ein Idealzustand.

e) $\frac{\text{Eigenkapital} \cdot 100}{\text{Fremdkapital}}$ = 0 % ist nicht vorstellbar.

f) Die Kennzahl $\frac{\text{Eigenkapital} \cdot 100}{\text{Anlagevermögen}}$ erbrachte 150 %.

4. Verständnisfragen zur Bilanzanalyse

a) Aus welchen Bilanzkennzahlen können Sie entnehmen, ob die folgenden Unternehmungsziele erreicht worden sind: Sicherung der Zahlungsfähigkeit, Erhöhung der Eigenkapitalquote?

b) Die Kennzahlen der Kapitalstruktur eines Industriebetriebs entsprechen dem langjährigen Branchendurchschnitt. Dennoch kommt die Geschäftsführung zu einer weniger günstigen Beurteilung. Nennen Sie weitere Gesichtspunkte, die die Geschäftsführung herangezogen haben könnte.

c) Schlagen Sie Maßnahmen vor, die zu empfehlen sind, wenn der Deckungsgrad II deutlich geringer als 100 % ist.

d) Bei ständig hervorragender Liquidität 1. Grades weist der Jahresabschluss ein eher bescheidenes Ergebnis aus. Begründen Sie, woran dies liegen kann und schlagen Sie geeignete Gegenmaßnahmen vor.

e) Aussage der Geschäftsführerin: „Auf eine günstige Kennzahl der Liquidität ersten Grades können wir durchaus verzichten, solange nur im Rahmen der Liquidität zweiten Grades die Schulden abgedeckt sind."
Beurteilen Sie diese Feststellung.

5. Liquiditätsanalyse

Aktiva	Bilanz des 1. Jahres in EUR (vereinfacht)		Passiva
Anlagevermögen	250.000,00	Eigenkapital	87.000,00
Vorräte	40.000,00	Darlehen	50.000,00
Forderungen	28.000,00	Verbindlichkeiten	192.000,00
Bank	9.000,00		
Kasse	2.000,00		
	329.000,00		329.000,00

Aktiva	Bilanz des 2. Jahres in EUR (vereinfacht)		Passiva
Anlagevermögen	235.000,00	Eigenkapital	142.000,00
Vorräte	56.000,00	Darlehen	200.000,00
Forderungen	43.000,00	Verbindlichkeiten	210.000,00
Bank	214.000,00		
Kasse	4.000,00		
	552.000,00		552.000,00

a) Beurteilen Sie die Bilanzen beider Jahre im Hinblick auf die Liquidität 2. Grades.
b) Nennen Sie Gründe für die Veränderung und beurteilen Sie die Maßnahme(n).

5.2 Kennzahlen zur Rentabilität - Erfolgsanalyse

5.2.1 Rentabilität als unternehmerisches Ziel

Allgemein gesehen versteht man unter Rentabilität das Verhältnis des Ergebnisses aus unternehmerischer Tätigkeit zu dem eingesetzten Kapital bzw. das Ergebnis als Prozentsatz des Umsatzes. Das Streben nach einer möglichst hohen Rentabilität ist ein wesentliches unternehmerisches Ziel.

Ohne eine angemessene Rentabilität (≙ Rendite), d.h. Verzinsung des Kapitals, unterbleiben Kapitalanlagen und damit Investitionen. Rentabilitätsrechnungen aufgrund der Abschlusszahlen zeigen, ob die Geschäftsentwicklung positiv oder negativ verläuft. Sie sind Entscheidungshilfen für die Kapitalanleger.

Durch Aufstellen aussagekräftiger Kennzahlen sollen z.B. die folgenden Bereiche untersucht werden:

- Berechnung von Zinssätzen als übliche Messzahlen für die Rentabilität von Kapitalanlagen (Gewinn als Verzinsung des eingesetzten Kapitals). Die Passivseite = „Finanzierungsseite" der Bilanz bedarf einer differenzierten Betrachtung, weil eigenes und fremdes Kapital eingesetzt ist.

- Bei außerbetrieblichen Vergleichen, beim Branchenvergleich und bei Trendbetrachtungen wird als Grundlage der Rentabilitätsrechnung oft das Verhältnis Gewinn zu Umsatz herangezogen.
- Die Analyse der Wechselbeziehungen zwischen Gewinn und Umsatz auf der einen und Umsatz und Kapital auf der anderen Seite kann helfen, Maßnahmen zur Verbesserung der Rentabilität einzuleiten.
- Bei Aktiengesellschaften schwankt der Wert der Aktien ständig und kann über den Börsenkurs in Euro ausgedrückt werden. Der auf eine Aktie entfallende Anteil am Gewinn (Jahresüberschuss) beeinflusst neben anderen Faktoren Kauf- und Verkaufsentscheidungen.

5.2.2 Rentabilitätskennzahlen

Orientierungsmaßstäbe für die Höhe der „angemessenen“ Rentabilität sind die Verzinsung von Kapitalanlagen bei den Banken und die Zinssätze festverzinslicher Wertpapiere. In Unternehmungen eingesetztes Kapital ist **Risikokapital**. Die Hemmschwelle der Anleger kann deshalb nur durch eine Verzinsung überwunden werden, die deutlich höher liegt als bei den „sicheren“ Kapitalanlagen.

Eigenkapitalrentabilität (R_{EK})

Der *Gewinn* (Jahresüberschuss) wird als *Prozentsatz* des Eigenkapitals ausgedrückt.

$$R_{EK} = \frac{\text{Gewinn} \cdot 100}{\text{Eigenkapital (Jahresanfang)}} \text{ in \%}$$

Als Berechnungsgrundlage kann das Eigenkapital zu Beginn der Abrechnungsperiode (Anfangskapital) oder das Eigenkapital am Ende der Abrechnungsperiode zugrunde gelegt werden. Häufig wird auch der Mittelwert aus dem „Anfangs- und dem Endkapital“ als Bezugsgrundlage gewählt, der zu einem genaueren Ergebnis führt, weil aus zwei Stichtagswerten der aussagefähigere Mittelwert gebildet wird.

Aufgaben 1–2 Seite 197

Gesamtkapitalrentabilität (R_{GK})

Wenn die Summe aus *Jahresüberschuss (Gewinn) und Zinsaufwendungen auf das Gesamtkapital* (Eigenkapital + Fremdkapital) bezogen wird, ergibt sich die *Verzinsung des Gesamtkapitals*.

$$R_{GK} = \frac{\text{(Gewinn+ Fremdkapitalzinsen)} \cdot 100}{\text{Gesamtkapital (Jahresanfang)}} \text{ in \%}$$

Das Gesamtkapital setzt sich aus Eigen- und Fremdkapital zusammen. Deswegen muss dem Gesamtkapital die Summe aus Gewinn und Zinsaufwand für das Fremdkapital gegenübergestellt werden.

Durch Vergleich der Eigenkapital- mit der Gesamtkapitalrentabilität kann entschieden werden, ob bei der Zusammensetzung der Kapitalstruktur (Finanzierung) Eigenkapital oder Fremdkapital vorgezogen werden soll (Leverage-Effekt siehe Kapitel 5.2.3).

Umsatzrentabilität (R_U)

Der Gewinn wird als *Prozentsatz des Umsatzes* ausgedrückt und mit anderen Betrieben verglichen bzw. die Entwicklung wird über mehrere Jahre hinweg beobachtet.

$$R_U = \frac{\textbf{Gewinn} \cdot 100}{\textbf{Umsatzerlös}} \text{ in \%}$$

Die Umsatzrentabilität kann auch als „Beziehungszahl" errechnet werden. Dabei wird der Gewinn je 1,00 € des Umsatzerlöses ermittelt (Gewinn dividiert durch den Umsatzerlös).

Fallbeispiele

In zusammengefasster und teilweise verdichteter Form zeigen die Passivseiten der Bilanzen einer GmbH das folgende Bild (Beträge in €):

	Berichtsjahr	Vorjahr
Eigenkapital	56.200,00	45.000,00
Verbindlichkeiten:		
– langfristig	40.000,00	40.000,00
– kurzfristig	5.000,00	3.500,00
	101.200,00	88.500,00

Hinweis: Das Eigenkapital zu Beginn des Vorjahres beträgt 40.000 €.

Auszug aus den GuV-Rechnungen des Berichts- und des Vorjahres:

	Berichtsjahr	Vorjahr
Umsatz, €	389.000,00	300.000,00
–		
Zinsaufwendungen, €	2.500,00	2.300,00
Gewinn, €	4.275,00	3.000,00

Berechnen Sie für beide Jahre die Kennzahlen der Rentabilität des Eigenkapitals, für das Berichtsjahr die Rentabilität des Gesamtkapitals und für beide Jahre die Umsatzrentabilität. Beurteilen Sie die Ergebnisse.

Lösung

Rentabilität des Eigenkapitals

Vorjahr

Eigenkapital des Vorjahres (Anfangsbestand): 40.000,00

$$R_{EK} = \frac{\text{Gewinn} \cdot 100}{\text{Eigenkapital (Jahresanfang)}}$$

$$= \frac{3.000,00 \cdot 100}{40.000,00} = 7,5\,\%$$

Berichtsjahr

Eigenkapital des Berichtsjahres (Anfangsbestand): 45.000,00

$$R_{EK} = \frac{4.275,00 \cdot 100}{45.000,00} = 9,5\,\%$$

Rentabilität des Gesamtkapitals (nur Berichtsjahr)

Gesamtkapital des Berichtsjahres (Anfangsbestand):
Eigenkapital 45.000,00 + Fremdkapital 43.500,00 = 88.500,00

$$R_{GK} = \frac{(\text{Gewinn} + \text{Fremdkapitalzinsen}) \cdot 100}{\text{Gesamtkapital}}$$

$$= \frac{(4.275,00 + 2.500,00) \cdot 100}{88.500,00}$$

$$= 7,66\,\%$$

Umsatzrentabilität

$$R_U = \frac{\text{Gewinn} \cdot 100}{\text{Umsatzerlös}}\,\%\ \text{bzw. als Beziehungszahl}\ \frac{\text{Gewinn}}{\text{Umsatzerlös}}$$

Vorjahr

$$R_U = \frac{3.000,00 \cdot 100}{300.000,00} = 1\,\%\ \text{bzw.} = \frac{3.000,00}{300.000,00} = 0,01$$

Berichtsjahr

$$R_U = \frac{4.275,00 \cdot 100}{389.000,00} = 1,1\,\%\ \text{bzw.} = \frac{4.275,00}{389.000,00} = 0,011$$

Beurteilung

- Es ist ein Anstieg der Eigenkapital- und Umsatzrendite festzustellen, wobei die Eigenkapitalrendite stärker gewachsen ist als die Umsatzrendite. Dies liegt u. a. an einem sehr deutlichen Zuwachs der Umsatzerlöse.

- Im Vorjahr ist die Belastung durch Fremdkapitalzinsen nicht risikoreich, weil die Verzinsung des Fremdkapitals niedriger als diejenige des Eigenkapitals liegt (das Fremdkapital „kostet weniger als es abwirft").
- Verzinsung des Fremdkapitals 5,3 % (2.300,00 € Zinsen bezogen auf 43.500,00 € Fremdkapital) Eigenkapitalverzinsung = 7,5 %.

Im Berichtsjahr liegt die Verzinsung des Eigenkapitals ebenfalls höher, d. h. es kann mit geringem Risiko das weniger zinsbelastete Fremdkapital aufgenommen werden (das Fremdkapital „wirft mehr ab als es kostet"). 2.500,00 € Zinsaufwand sind 5,6 % von 45.000,00 € Fremdkapital, Eigenkapitalverzinsung = 9,5 %.

5.2.3 Leverage-Effekt[1]

Bestimmung des Verhältnisses Eigen- zu Fremdkapital

Leverage-Effekt = Eine Steigerung der Eigenkapitalrendite kann durch zusätzliche Aufnahme von Fremdkapital erreicht werden, wenn der Fremdkapitalzinssatz niedriger als die Gesamtkapitalverzinsung ist.

!

Der Unternehmer wird, wenn er zwischen den externen Quellen Eigen- und Fremdfinanzierung wählen kann, das Verhältnis dieser beiden Größen so festlegen, dass er eine Steigerung der Rentabilität des Eigenkapitals erzielen kann.

Aufgabe 3 Seite 197

Dies ist bei Investitionen dann der Fall, wenn der Gewinn, der sich aus dem Kapitaleinsatz erzielen lässt (Gesamtkapitalrentabilität), höher ist als der Zinssatz für das Fremdkapital.

Beispiel

Alternative I: Es wird unterstellt, dass eine Investition von 1.000.000,00 € ausschließlich mit Eigenkapital finanziert wird. Aus der Investition lässt sich ein Gewinn von 15 % erwirtschaften.
Alternative II: Eigen- und Fremdfinanzierung werden gemischt, d. h., die Investition wird mit 40 % Eigenkapital und mit 60 % Fremdkapital finanziert.
Der Zinssatz für das Fremdkapital beträgt 9 %.

Finanzierungsalternativen	Alternative I Eigenfinanzierung (100 %)	Alternative II Eigenfinanzierung (40 %) Fremdfinanzierung (60 %)
Investition (Gesamtkapital)	1.000.000,00	1.000.000,00
Eigenkapital Fremdkapital	1.000.000,00 –	400.000,00 (40 %) 600.000,00 (60 %)
Investitionsgewinn 15 % von 1.000.000,00 abzüglich Fremdkapitalzins 9 % Reingewinn	150.000,00 – 150.000,00	150.000,00 54.000,00 96.000,00
Eigenkapitalrentabilität* (R_{EK})	$\frac{150.000,00 \cdot 100}{1.000.000,00} = 15\,\%$	$\frac{96.000,00 \cdot 100}{400.000,00} = 24\,\%$

[1] lever (engl.), Hebel; leverage, Hebelkraft, Hebelwirkung

$$*R_{EK} = \frac{\text{Gewinn} \cdot 100}{\text{Eigenkapital}} \text{ in } \%$$

Das obige Beispiel zeigt, dass durch einen zusätzlichen Einsatz von Fremdkapital die Eigenkapitalrentabilität zunimmt, sofern der Fremdkapitalzinssatz kleiner ist als der Gewinn in Prozent aus der Investition (Gesamtkapital). Wird immer mehr Eigenkapital durch Fremdkapital ersetzt, so steigt die Eigenkapitalrentabilität bei gleichen Bedingungen weiter an. Man nennt diese Erscheinung in der angelsächsischen Literatur „Leverage-Effekt" (Hebelwirkung).

Optimaler Verschuldungsgrad und maximale Eigenkapitalrentabilität

Zusammenhang Verschuldungsgrad und Eigenkapitalrentabilität

Wird unterstellt, dass die Unternehmung die größte Eigenkapitalrentabilität **(Maximierung der Eigenkapitalrentabilität)** anstrebt, so verlangt die Verwirklichung dieses Ziels, zwischen dem Fremdkapital und dem Eigenkapital ein optimales Verhältnis **herzustellen (optimaler Verschuldungsgrad)**. Das Fremdkapital muss unabhängig von der Ertragslage der Unternehmung verzinst werden. Solange jedoch die Rentabilität des Gesamtkapitals höher ist als der feste Fremdkapitalzinssatz, so verbleibt dem Unternehmer ein Überschuss. Wird nun immer mehr Eigenkapital durch Fremdkapital ersetzt, so erhöht sich – solange dieser Überschuss noch erzielt werden kann – die Eigenkapitalrentabilität. Die Eigenkapitalrentabilität ist somit eine **Funktion des Verschuldungsgrades**, d. h. des Verhältnisses von Fremd- und Eigenkapital.

Zielkonflikt

Das Ziel, durch eine ständige Vergrößerung des Verschuldungsgrades die Eigenkapitalrentabilität zu maximieren, führt zum Zielkonflikt (Zielkonkurrenz):

Das Verlangen der Kreditgeber nach Stabilität, d. h. nach einem im Verhältnis zum Fremdkapital angemessenen Bestand an voraushaftendem Eigenkapital (vgl. vertikale Finanzierungsregeln), und die Sorge des Unternehmers um seine Zahlungsfähigkeit (Liquidität) verhindern die volle Ausnützung des Leverage-Effektes und zwingen zu einem Zielkompromiss.

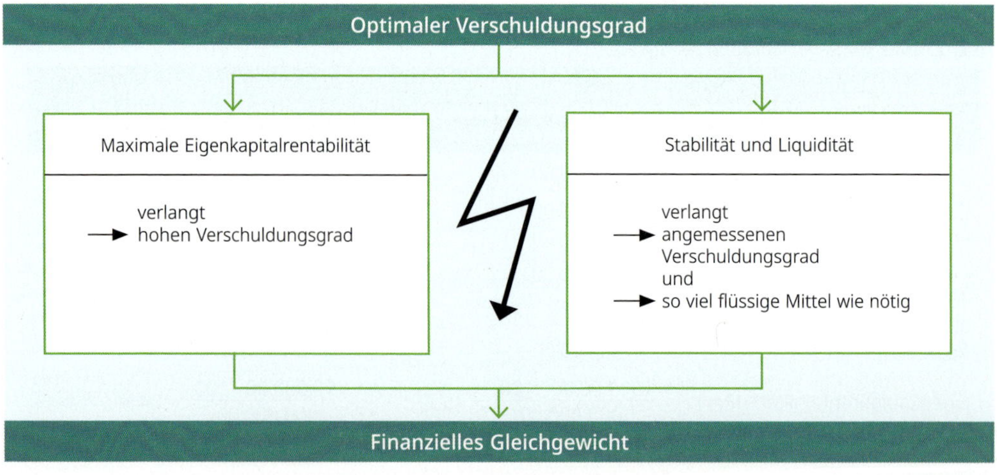

Aufgaben

1. Berechnung von Rentabilitätskennzahlen

Aus den aufbereiteten Bilanzen und Gewinn- und Verlustrechnungen eines Industriebetriebs werden die für Rentabilitätsrechnungen erforderlichen Zahlen entnommen (Beträge in €):

	Berichtsjahr	Vorjahr
Eigenkapital	145.000,00	122.000,00
Verbindlichkeiten:		
– langfristig	160.000,00	120.000,00
– kurzfristig	50.000,00	60.000,00
Umsatzerlöse	560.000,00	640.000,00
Zinsaufwendungen	8.500,00	6.800,00
Gewinn	9.500,00	14.800,00

Berechnen und beurteilen Sie die Kennzahlen der Rentabilität des Eigenkapitals für Vor- und Berichtsjahr, des Gesamtkapitals für das Berichtsjahr sowie die Umsatzrentabilität für beide Jahre.

Das Eigenkapital zu Beginn des Vorjahres betrug 112.000,00 €.

2. Gesamtkapitalrentabilität

a) Erläutern Sie, weshalb bei der Berechnung der Rentabilität des Gesamtkapitals der Fremdkapitalzins dem Jahresüberschuss zugerechnet werden muss.

b) Bei der Berechnung der Gesamtkapitalrentabilität kommt es zu Ungenauigkeiten, wenn Unternehmen ihre Lieferschulden, bei denen eine Skontierung eingeräumt ist, als „zinsfreies" Fremdkapital behandeln. Nehmen Sie Stellung zu dieser Aussage.

3. Eigenkapitalrentabilität – Leverage-Effekt

Die Stabilo GmbH, Schwerin, hat sich bisher ausschließlich mit Eigenkapital finanziert. Mit 1 Mio. Euro Eigenkapital erzielt die GmbH eine Rendite von 15 %.

Welche Auswirkung auf die Rentabilität des Eigenkapitals ergibt sich, wenn 500.000,00 € des Eigenkapitals durch Fremdkapital ersetzt werden? Für das Fremdkapital müssen 8 % Zins bezahlt werden.

a) Berechnen Sie die Rentabilität des Eigenkapitals nach der Kreditaufnahme von 500.000,00 €.

b) Berechnen Sie die Rentabilität des Eigenkapitals, wenn 250.000,00 € Eigenkapital und 750.000,00 € Fremdkapital unter sonst gleichen Bedingungen in der GmbH eingesetzt werden.

c) Begründen Sie, unter welcher Bedingung beim Ersatz von Eigen- durch Fremdkapital die Wirkung eintritt, dass sich die Rentabilität des Eigenkapitals erhöht.

d) Erläutern Sie, gegen welche Finanzierungsgrundsätze die GmbH verstoßen würde, wenn sie aus Rentabilitätsgründen das Unternehmen ausschließlich mit Fremdkapital finanzieren wollte.

5.3 Cashflow, EBIT und ROI

In der Gewinn- und Verlustrechnung stehen Erträge und Aufwendungen. Dies sind aber nicht zwingend auch Ein- und Auszahlungen. So ist es denkbar, dass ein Unternehmen einen Jahresüberschuss ausweist, etwa beim Verkauf und Lieferung auf Ziel, und dennoch insolvenzgefährdet ist, weil die Einzahlungen erst in einer späteren Periode erfolgen, die Auszahlungen aber sofort. Außerdem ist es interessant zu wissen, wofür ein Unternehmen seine finanziellen Mittel verwendet.

Kapitalflussrechnung (cash flow statement)

Gegenstand der Kapitalflussrechnung ist die Darstellung der Zu- und Abflüsse von Zahlungsmitteln und Zahlungsmitteläquivalenten. Zahlungsmitteläquivalente sind kurzfristige, äußerst liquide Finanzinvestitionen, die jederzeit in Zahlungsmittel umgewandelt werden können und nur unwesentlichen Wertschwankungsrisiken unterliegen.

Die Kapitalflussrechnung muss alle Mittelzuflüsse und alle Mittelabflüsse aus betrieblichen Tätigkeiten, Investitions- und Finanzierungstätigkeiten einer Berichtsperiode abbilden.

Berechnung des Cashflows[1]

Dem Unternehmen fließen aus dem Umsatzerlös flüssige Mittel zu, die dazu dienen, die fälligen Ausgaben, z. B. für Personal, Material u. a., zu bestreiten. Der darüber hinaus aus den Umsatzerlösen verbleibende Betrag kann verwendet werden für

Aufgabe 1 Seite 201

- Gewinnausschüttungen,
- Schuldentilgungen und
- Investitionen.

Dieser „Einnahmeüberschuss" wird **Cashflow** genannt. Der Cashflow kann nach **zwei Verfahren** berechnet werden.

Direktes Verfahren

	Einnahmewirksame Erträge, z. B. Umsatzerlöse, Erträge aus Anlageverkäufen
–	Ausgabewirksame Aufwendungen, z. B. Personalaufwendungen, Werbeaufwendungen
=	Cashflow

Indirektes Verfahren

	Jahresüberschuss
+	ausgabelose Aufwendungen, z. B. Abschreibungen auf Anlagen
–	einnahmelose Erträge, z. B. Herabsetzungen von langfristigen Rückstellungen
=	Cashflow

1 Cashflow (engl.), Finanzüberschuss

Beim indirekten Verfahren in vereinfachter Form werden nicht alle ausgabelosen Aufwendungen und einnahmelosen Erträge erfasst. Man beschränkt sich in der Berechnung vielmehr auf die Einbeziehung einiger bedeutsamer Positionen der GuV-Rechnung. Da diese Berechnungsart von der Praxis bevorzugt wird, spricht man von der „Praktikerformel".

Aussagefähigkeit des Cashflows

Aufgaben 2 und 3 Seite 202

Der Cashflow gilt als Messgröße (Indiz) für die

- *Selbstfinanzierungskraft des Unternehmens.*

Beispiel

Sind in einem Unternehmen Investitionen von 100 Mio. Euro zu finanzieren bei einem „erwirtschafteten" Cashflow von 80 Mio. Euro, so bedeutet dies, dass das Unternehmen über die selbst erwirtschafteten 80 Mio. Euro („Innenfinanzierung") hinaus 20 Mio. Euro durch Außenfinanzierung (Kredit- bzw. Beteiligungsfinanzierung) beschaffen muss.

Aus der Entwicklung des Cashflows können darüber hinaus Rückschlüsse auf die

- *Ertragskraft des Unternehmens* gezogen werden.

Der Cashflow als Messgröße für die Ertragskraft (Erfolg) des Unternehmens zeigt auch die Ergebnisbestandteile, die z. B. durch überhöhte Abschreibungen auf Anlagen im Jahresüberschuss nicht erkennbar sind, im Cashflow jedoch durch Hinzurechnung zum Jahresüberschuss „aufgedeckt" werden. In der Literatur besteht deshalb mitunter sogar die Auffassung, den Cashflow für die Beurteilung der Ertragskraft des Unternehmens nicht nur ergänzend, sondern anstelle des Jahresüberschusses heranzuziehen.

EBIT

Mit der Ertragskennzahl EBIT (Earnings Before Interest and Taxes) wird der Gewinn vor Zinsen und Steuern ausgewiesen. Diese absolute Ertragskennzahl ist eine international gebräuchliche Messgröße für die operative Ertragskraft eines Unternehmens.

Der EBIT zeigt an, welches Ergebnis ein Unternehmen nach folgenden Kriterien erwirtschaftet hat. Der Jahresüberschuss vor Zins- und Beteiligungsergebnis, vor Abzug der Ertragsteuern und vor dem außerordentlichen Ergebnis ergibt das EBIT. Ausgehend vom Jahresüberschuss wird der EBIT berechnet:

	Jahresüberschuss
+	Zinsergebnis (falls Zinszahlungen > Zinseinnahmen, ansonsten minus)
+	Ertragsteuern
+	außerordentliches Ergebnis (falls a.o. Aufwendungen > a.o. Erträge, ansonsten minus)
=	EBIT

Return on Investment (ROI)

Der Return on Investment (ROI) ist eine Kennzahl, die das Verhältnis zwischen Gewinn und investiertem Kapital angibt.

Der ROI wird häufig als Maßstab für die Leistung und die Rentabilität eines Unternehmens verwendet. Mit dem ROI ist eine vergleichende Ergebnisanalyse von unterschiedlich großen Unternehmen möglich.

Der Return on Investment ist das Gewinnziel, das aus dem Investment erwirtschaftet werden und ins Unternehmen zurückfließen soll. Der Gewinn wird auf das investierte betriebsnotwendige Kapital bezogen, weil die Unternehmensleitung den Gewinn mit dem investierten Kapital erzielen muss. Der in Deutschland übliche Begriff für den ROI ist Gesamtkapitalrentabilität. Diese Kennziffer schlägt die Brücke zwischen Umsatzrentabilität und Kapitalumschlag (= Kapitalertragszahlen).

Berechnung von ROI:

$$\frac{\text{Jahresüberschuss} \quad \cdot \quad \text{Umsatzerlös}}{\text{Umsatzerlöse} \quad \cdot \quad \text{Gesamtkapital}}$$

Umsatzerlöse ↓		Gesamtkapital ↓
Zwischenergebnis (= Kennzahl für **Umsatzrentabilität)**	·	Zwischenergebnis (= Kennzahl für **Umschlagshäufigkeit des Gesamtkapitals)**

Wenn auf die Zwischenergebnisse verzichtet wird, so kann die Formel mit dem Faktor Umsatzerlös gekürzt werden. Es verbleibt

$$\frac{\text{Jahresüberschuss}}{\text{Gesamtkapital}}$$

Dies entspricht der Rentabilität des Gesamtkapitals.

Beispiel

Berechnung der Gesamtkapitalrentabilität ohne Beachtung von Fremdkapitalzinsen.
Eine GmbH erwirtschaftet bei einem Umsatz von 30 Mio. € und einem Gesamtkapitaleinsatz von 24 Mio. € einen Jahresüberschuss von 1,2 Mio. €.
Daraus Berechnung der Kapitalertragszahl:

$$\frac{\text{Jahresüberschuss} \cdot \text{Umsatzerlös}}{\text{Umsatzerlös} \cdot \text{Gesamtkapital}}$$

$$= \frac{1{,}2 \cdot 30}{30 \cdot 24}$$

Umsatzrendite	·	Kapitalumschlag	=	Kapitalertragszahl (ROI)
0,04	·	1,25	=	0,05

Eliminiert man den Umsatz durch Kürzen (30 Mio. €), so ergibt sich sofort die Kapitalertragszahl (ROI).
Die aussagefähigen Komponenten des ROI, also Umsatzrendite und Kapitalumschlag als „verursachende Erfolgsfaktoren", werden jedoch verdeckt. Die Kapitalertragszahl (ROI) ist der Prozentsatz des Jahresüberschusses, bezogen auf das Gesamtkapital (0,05 ROI ≙ 5 %).

Bedeutung von ROI

Die Formel für ROI lässt Wechselbeziehungen zwischen Gewinn, Umsatz und (Gesamt)Kapital erkennen, z. B.

- Bei gleichbleibendem Gewinn reduziert ein erhöhter Umsatz die Umsatzrentabilität und verlangt zum Ausgleich einen raschen Kapitalumschlag.

- Ein höherer Gewinn bei reduziertem Umsatz verbessert die Umsatzrentabilität; der Betrieb kommt mit einem langsameren Kapitalumschlag aus bzw. kann bei gleichbleibend hohem Kapitalumschlag Kapital für andere Zwecke freistellen.

Zusammenfassende Übersicht zu Kapitel 5.3 Cashflow, EBIT und ROI

Weitere Kennzahlen zur Erfolgsanalyse

Cashflow
- Einahmenüberschuss
- Maßstab für die Innenfinanzierungs- und Ertragskraft eines Unternehmens

EBIT
- Gewinn vor Zinsen und Steuern
- Maßstab für die operative Ertragskraft eines Unternehmens

ROI
- In das Unternehmen zurückfließender Gewinn aus einer Investition

Aufgaben

1. Berechnung von Cashflow, EBIT und ROI

Die Fuchs GmbH, Schwäbisch Hall, hat die Ergebnisse der GuV-Rechnung der letzten Jahre zusammengefasst und in der folgenden vereinfachten Übersicht aufgelistet (Beträge in Mio. Euro):

	Geschäftsjahre		
	01	02	03
Umsatzerlöse	310	352	342
Sonstige betr. Erträge, davon aus:	72	38	22
(Herabsetzung langfr. Rückstellungen)	(3)	(–)	(4)
Materialaufwand	212	185	160
Personalaufwand	82	86	89
Abschreibungen auf Sachanlagen	35	50	42
sonstige betr. Aufwendungen, davon:	15	13	23
(Erhöhung langfr. Rückstellungen)	(–)	(6)	(–)
Zinsergebnis (+ oder –)	+ 2	– 8	– 3
Ergebnis der gewöhnlichen Geschäftstätigkeit	40	48	47
a. o. Ergebnis	– 3	– 5	+ 2
Steuern (von E u. E)	16	19	18
Jahresüberschuss (JÜ)	**21**	**24**	**31**

Hinweis: langfristige Rückstellungen = ungewisse Verbindlichkeiten (z. B. für noch zu zahlende Pensionen)

a) Berechnen Sie anhand der obigen Übersicht zur GuV-Rechnung jeweils für die Geschäftsjahre 02 und 03 die folgenden Größen:
   - den Cashflow nach dem indirekten Verfahren (Praktikerverfahren nach DVFA/SG),
   - den EBIT,
   - den ROI bei einem Gesamtkapital von 165 Mio. Euro im Jahr 02 und von 175 Mio. Euro im Jahr 03.

b) Beurteilen Sie den Cashflow, wenn zu Beginn des Geschäftsjahrs 04 Investitionen in Höhe von 60 Mio. Euro geplant sind.

2. Gewinn und Cashflow

Das deutsche Handels- und Steuerrecht räumt den Unternehmen zahlreiche Bewertungsspielräume im Ansatz einzelner Bilanzpositionen ein.
Beurteilen Sie, ob der Gewinn oder der Cashflow vor diesem Hintergrund aussagefähiger ist.

3. Projekt: Jahresabschlussanalyse in der Praxis

- Besuchen Sie die Hauptversammlung einer börsennotierten Aktiengesellschaft möglichst im Einzugsgebiet/Großraum Ihres Schulortes. Beschaffen Sie sich bei dieser Gelegenheit den aktuellen Geschäftsbericht[1] und weiteres Informationsmaterial über diese AG.
- Führen Sie bei dieser AG eine Betriebsbesichtigung durch. Vereinbaren Sie, dass im Anschluss an die Betriebsbesichtigung eine Aussprache/Diskussion über den aktuellen Geschäftsbericht (Jahresabschlussanalyse) stattfindet.
- Beschaffen Sie sich rechtzeitig einen weiteren Geschäftsbericht von einer börsennotierten AG im Einzugsgebiet Ihrer Schule und vergleichen Sie die beiden Geschäftsberichte.
- Sofern Sie wesentliche Unterschiede zwischen „Theorie" und der praktischen Umsetzung feststellen, notieren Sie die festgestellten Abweichungen und ergründen Sie die möglichen Ursachen für diese Unterschiede.
- Ermitteln Sie die gängigen *Bilanz-, Erfolgs- und Rentabilitätskennzahlen* sowie den *Cashflow* der AG.

1 Sofern dieser HV-Besuch nicht möglich sein sollte, versuchen Sie, über die entsprechenden AGs direkt, über Banken oder über den „kostenlosen Handelsblatt Geschäftsbericht-Service" die erforderlichen Geschäftsberichte zu erhalten.

Analysieren und beurteilen Sie die verfügbaren Ergebnisse im Zeit- und Branchenvergleich.

Anhaltspunkte für die Begutachtung der **äußeren Form**:

Gesamtauftritt:	Welcher Geschäftsbericht reizt spontan zum Lesen, bietet Kreativität?
Transparenz:	Welches Unternehmen präsentiert Daten und Aktivitäten anschaulich?
Gestaltung:	Wer hat das kreativste Layout in einem durchgängigen Gestaltungsprinzip?
Bildkonzeption:	Wessen Fotos transportieren zusätzliche, emotionale Botschaften?
Grafiken:	Wer setzt wichtige Themen optisch am besten um?
Jahresabschluss:	Wer sorgt mit lesefreundlichen Tabellen für einen kompakten Überblick?
Tech. Umsetzung:	Welcher Bericht hat die beste Druck- und Verarbeitungsqualität?

Themenkreis 6 (Bildungsplaneinheit 13): Kostenrechnung

Um welche Probleme geht es in diesem Kapitel?

Jedes Unternehmen, das seine Leistungen auf dem Markt absetzen will, muss hierfür Preise nennen. Damit ein Unternehmen überleben kann, müssen langfristig die Kosten der Leistungserstellung gedeckt werden. Darüber hinaus muss ein angemessener Gewinn erzielt werden, damit der oder die Eigentümer des Unternehmens bereit sind, ihrem Unternehmen die Produktionsfaktoren Kapital und gegebenenfalls Arbeit zur Verfügung zu stellen.
Der Kostenrechnung kommt damit die Aufgabe zu, zunächst alle Kosten und Leistungen zu erfassen. Auf dieser Grundlage lässt sich ein Angebotspreis kalkulieren und das Ergebnis der Leistungserstellung (Betriebsergebnis) ermitteln.

Welche Kompetenzen werden angestrebt?

Die Schülerinnen und Schüler analysieren die verschiedenen Kosten eines Betriebes, können die Grundbegriffe der Kostenrechnung darstellen, ermitteln Angebotspreise mithilfe der Vollkostenrechnung und beurteilen den Einsatz der Teilkostenrechnung.

6.1 Aufgaben der Kosten- und Leistungsrechnung (KLR)

Die Kostenrechnung erfasst und bewertet den Einsatz der betrieblichen Produktionsfaktoren, der durch die Erstellung der Leistung bedingt ist. Die Leistungsrechnung ermittelt das Ergebnis der Leistungserstellung. Leistungen ergeben sich aus Verkaufserlösen und Bestandsveränderungen.

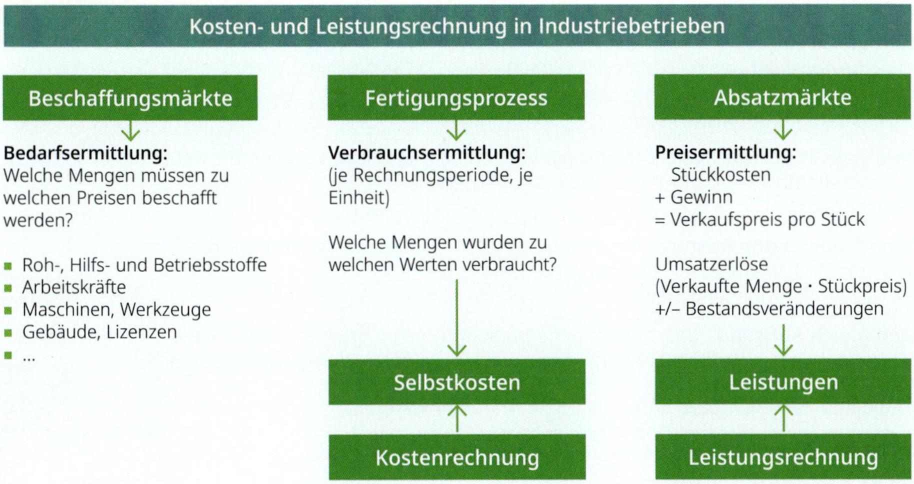

6.2 Grundbegriffe der Kostenrechnung: Aufwand – Kosten

Die Ermittlung wettbewerbsfähiger Preise setzt eine genaue Erfassung des leistungsbedingten Verbrauchs an betrieblichen Produktionsfaktoren voraus. Hierzu ist eine Abgrenzung der Begriffe Kosten und Aufwand (Aufwendungen) erforderlich.

Aufwendungen erfassen jeden in Geld bewertbaren Verbrauch an Gütern und Dienstleistungen, die das Ergebnis (Gewinn oder Verlust) eines Unternehmens beeinflussen.
Kosten sind der bewertete Verbrauch an Gütern und Dienstleistungen, der bei der **Leistungserstellung** entstanden ist. Kosten sind betriebsbedingter Aufwand.

Der **Aufwand** eines Unternehmens umfasst demnach den **gesamten Verbrauch an Gütern** ohne Rücksicht darauf, ob ein Zusammenhang zur betrieblichen Leistungserstellung besteht. Die **Kosten** eines Unternehmens hingegen umfassen lediglich den **in Zusammenhang mit der Leistungserstellung** angefallenen **Verbrauch an Gütern**. Die Unterscheidung in Aufwand und Kosten ist notwendig, weil für die Kalkulation des Verkaufspreises nur der Güterverbrauch berücksichtigt werden darf, der unmittelbar mit der Leistungserstellung zusammenhängt.

Kosten sind demnach durch drei Merkmale gekennzeichnet:

1. Es muss ein **Verbrauch** von Gütern (Sachgüter oder Dienstleistungen) stattfinden.
2. Der Verbrauch muss im Zusammenhang mit der betrieblichen **Leistungserstellung** stehen.
3. Der Verbrauch muss in Geld bewertbar sein.

} betrieblich bedingter Werteverbrauch (= Kosten)

Zusammenhang von Aufwand und Kosten anhand von Beispielen	
Kosten gleich Aufwand. Der Einsatz bzw. Verbrauch von Produktionsfaktoren (z. B. Material, Löhne) ist ausschließlich durch die Leistungserstellung bedingt und gleichzeitig ergebniswirksam.	Miete für das Bürogebäude, Lohn- und Gehaltszahlungen
Aufwand nicht Kosten. Außerordentliche, aber nicht leistungsbedingte Verminderungen des betrieblichen Reinvermögens	Ein nicht versicherter Gebäudeteil brennt ab.
Aufwand, aber keine Kosten. Betrag steht in keinem Zusammenhang zur betrieblichen Leistungserstellung.	Spende an „Brot für die Welt"
Kosten gleich Aufwand. Maschinen oder eingekaufte Stoffe werden in der Produktion eingesetzt.	Abschreibung von Anlagen, Verbrauch von Roh-, Hilfs- und Betriebsstoffen

Aufgaben 1 und 2 Seite 206 f.

Zusammenfassende Übersicht zu Kapitel 6.2: Grundbegriffe der Kostenrechnung: Aufwand – Kosten

Aufwand
= gesamter in Geld bewerteter Verbrauch an Gütern ohne Rücksicht auf den betrieblichen Zweck

Kosten
= durch betriebliche Leistungserstellung verursachter, in Geld bewerteter Verbrauch an Gütern

Aufgaben

1. Aufwand – Kosten

Egon Idler ist alleiniger Inhaber der Möbelfabrik „Möbeldesign Egon Idler e. K.". Im laufenden Monat sind u. a. folgende Vorgänge angefallen:

① Privatentnahme Egon Idler in bar 12.000,00 €

② Einkauf von Pressspanplatten (Rohstoffe) auf Ziel 15.000,00 €

③ Gehaltszahlung an verschiedene Angestellte 40.000,00 €

④ Verbrauch von Rohstoffen, die im vergangenen Monat beschafft und bezahlt wurden, 15.000,00 €

⑤ Verrechnung des Wertes der Arbeitsleistung, die Egon Idler seinem Unternehmen zur Verfügung stellt 6.000,00 €

- Entscheiden Sie, ob Aufwand und/oder Kosten vorliegen und tragen Sie die Beträge der Vorgänge 1 bis 5 in die jeweils zutreffende Spalte der Tabelle ein (vgl. untenstehendes Muster).

Vorgang	Geschäftsbuchführung	Kostenrechnung	Weder Kosten noch Aufwand
	Aufwand	Kosten	
1.			
2.			
...	......	.....	

Muster

2. Geschäftsvorfälle – Zuordnung als Aufwand und/oder Kosten

Die Großschreinerei Pfaff OHG fertigt Türrahmen aller Art, Fensterrahmen mit und ohne Kippflügel sowie Kleinmöbel für den Versandhandel. In der Betriebsbuchhaltung wurden in der letzten Zeit folgende Geschäftsvorfälle festgehalten:

- Überweisung von Gewerbesteuer,
- Verbrauch von Spanplatten,
- Barzahlung an Gebäudereiniger,
- Überweisung von Hundesteuer für den Hund eines Gesellschafters,
- Überweisung des Lohnes eines Möbelschreiners,
- sehr hoher Hochwasserschaden im Rohstofflager (nicht versichert),
- Einbau von Möbelschlössern aus dem Lagerbestand,
- Kauf einer Hobelbank auf Ziel.

Geben Sie an, bei welchen Geschäftsvorfällen Kosten und/oder Aufwendungen entstanden sind.

Begründen Sie Ihre Entscheidung.

6.3 Kostenartenrechnung

6.3.1 Kalkulatorische Kosten

Notwendigkeit der Erfassung kalkulatorischer Kosten

Bei der Ermittlung von Kosten greift die Kostenrechnung auf die in der Finanzbuchhaltung bereits erfassten Werte zu. In der Finanzbuchhaltung wird aber lediglich zwischen Aufwendungen und Erträgen unterschieden, nicht aber zwischen Kosten und Leistungen.

Größtenteils stimmen die Aufwendungen in der Finanzbuchhaltung mit den Kosten überein (z. B. Löhne). Ein anderer Teil der Kosten wird aber in der Finanzbuchhaltung überhaupt nicht oder in anderer Höhe als Aufwand berücksichtigt. In der Kostenrechnung ist jedoch eine Erfassung als **kalkulatorische Kosten** erforderlich, weil deren Entstehung durch den Güterverbrauch im Interesse der betrieblichen Leistungserstellung begründet ist.

Kosten, denen in der Finanzbuchhaltung gar kein Aufwand oder ein Aufwand in anderer Höhe gegenübersteht, werden als kalkulatorische Kosten bezeichnet.

!

Zu diesen kalkulatorischen Kosten zählen:

- **kalkulatorischer Unternehmerlohn**
- **kalkulatorische Abschreibungen**
- **kalkulatorische Zinsen**
- **kalkulatorische Wagnisse**

Kalkulatorischer Unternehmerlohn

Einzelunternehmer oder mitarbeitende Gesellschafter einer Personengesellschaft erhalten von ihrem Unternehmen für ihren Arbeitseinsatz keine unmittelbare **Gegenleistung** in Form von **Lohn und Gehalt.** Vielmehr erfolgt die entsprechende Vergütung über den Gewinn. Damit Einzelunternehmer und Gesellschafter einer Personengesellschaft aber ihren Lebensunterhalt bestreiten können, sind sie berechtigt, während eines Jahres **Privatentnahmen** zu machen.

Aus kostenrechnerischer Sicht stellt dieser Personenkreis dem Unternehmen u. a. den **Produktionsfaktor Arbeit** zum Zwecke der betrieblichen Leistungserstellung zur Verfügung. Deshalb handelt es sich hierbei um **Kosten**.

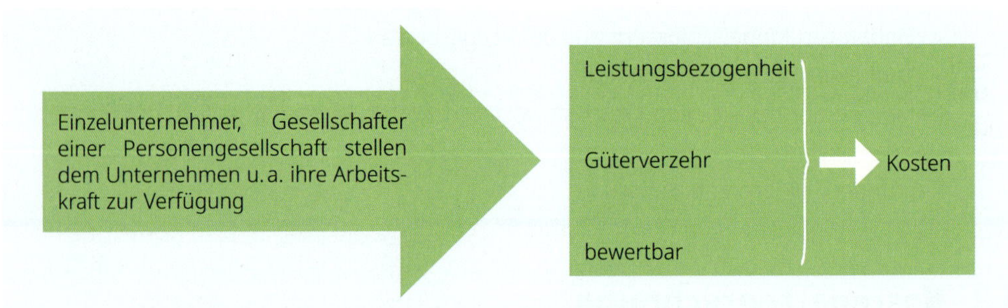

Da Unternehmen unabhängig von ihrer Rechtsform kalkulieren, muss bei Einzelunternehmen und Personengesellschaften ein entsprechender **kalkulatorischer Unternehmerlohn** in der Kostenrechnung berücksichtigt werden. Es handelt sich dabei um „Verzichtskosten" (Opportunitätskosten), die dem Unternehmen dadurch entstehen, dass ein Einzelunternehmer oder ein Gesellschafter im eigenen Unternehmen seine Arbeitskraft einsetzt, anstatt bei einem anderen Unternehmen gegen Entgelt tätig zu sein. Der **kalkulatorische Unternehmerlohn** stellt in vollem Umfang **Zusatzkosten** dar, weil in der Gewinn- und Verlustrechnung für diesen Posten überhaupt kein Aufwand ausgewiesen wird. Die Höhe des anzusetzenden kalkulatorischen Unternehmerlohns richtet sich nach dem Gehalt, das ein **vergleichbares Unternehmen** einem leitenden Angestellten zahlt. Vergleichsgrundlage sind z. B. der Umsatz, die Zahl der Mitarbeiter und die Bilanzsumme.

Aufgabe 1 Seite 215

Kalkulatorische Abschreibungen

Der Abschreibungsaufwand, der in der Gewinn- und Verlustrechnung eines Unternehmens enthalten ist (= **bilanzielle oder buchhalterische Abschreibung**), enthält den Aufwand für den im laufenden Geschäftsjahr eingetretenen Werteverbrauch für das abnutzbare Anlagevermögen (z. B. Maschinen). Der Abschreibungsbetrag wurde dabei durch Schätzung der **voraussicht-**

lichen betriebsgewöhnlichen Nutzungsdauer bzw. auf der Grundlage der von der Finanzverwaltung herausgegebenen **AfA[1]-Tabellen** (Abschreibungstabellen) ermittelt. Gesetzliche Grundlage für die Vornahme der bilanziellen Abschreibungen sind das **Handelsgesetzbuch (HGB)** und das **Einkommensteuergesetz (EStG).** Diese Gesetze schreiben vor, dass die **Anschaffungskosten** die Grundlage für die Berechnung des Abschreibungsbetrages bilden.

§ 6 (1), Satz 1 EStG

Wirtschaftsgüter des Anlagevermögens, die der Abnutzung unterliegen, sind mit den Anschaffungs- oder Herstellungskosten, vermindert um die Absetzung für Abnutzung ... anzusetzen.

Für die Berechnung der Höhe der bilanziellen Abschreibung ist demnach nicht der durch den Produktionsprozess bedingte (= tatsächliche) Werteverbrauch entscheidend. Daher können zwischen der bilanziellen und der kostenrechnerischen (kalkulatorischen) Abschreibung erhebliche Unterschiede bestehen.

Ziel der kalkulatorischen Abschreibung ist es, zu ermitteln, ob und in welcher Höhe die als Abschreibung zu berücksichtigenden Wertminderungen in ursächlichem Zusammenhang zur betrieblichen Leistungserstellung stehen.

Der als kalkulatorische Abschreibung anzusetzende Betrag geht als Kosten in die Kalkulation ein. Er ist demnach so zu berechnen, dass sichergestellt ist, dass auch **bei steigenden Wiederbeschaffungskosten** die Ersatzbeschaffung z. B. einer Maschine am Ende der Nutzungsdauer sichergestellt ist (= **Substanzerhaltung, reale Kapitalerhaltung**). Sinnvolle Bemessungsgrundlage für die Kostenrechnung sind somit die **Wiederbeschaffungskosten**, die gleichmäßig – also **linear** – auf die tatsächliche Nutzungsdauer zu verteilen sind. Werden statt der Wiederbeschaffungskosten lediglich die Anschaffungskosten als Grundlage für die Berechnung der kalkulatorischen Abschreibung gewählt, so ermöglicht der Abschreibungsrückfluss auch nur eine Ersatzbeschaffung in Höhe der ursprünglichen (historischen) Anschaffungskosten (= **nominale Kapitalerhaltung**).

[1] AfA bedeutet Absetzung für Abnutzung. Das Steuerrecht verwendet nicht den Ausdruck Abschreibung, sondern Absetzung für Abnutzung.

Beispiel

Berechnung der kalkulatorischen Abschreibung bei steigenden Wiederbeschaffungskosten

Aufgabe 2 Seite 215 f.

Die Anschaffungskosten einer Maschine (Nutzungsdauer fünf Jahre) zu Beginn des Jahres 01 betragen 100.000,00 €. Es wird mit einer Preissteigerung in Höhe von 2 % jeweils gegenüber dem Vorjahr gerechnet.

Ende Jahr	aktualisierte Wiederbeschaffungskosten (€)	gesamte bisherige Wertminderung (€)
1	102.000,00	20.400,00
2	104.040,00	41.616,00
3	106.120,80	63.672,48
4	108.243,22	86.594,58
5	110.418,08	110.408,08

$$\text{Kalkulatorische Abschreibung} = \frac{\text{Wiederbeschaffungskosten}}{\text{Nutzungsdauer}} = \frac{110.408{,}08\ €}{5\ \text{Jahre}} = 22.081{,}62\ €/\text{Jahr}$$

Ergebnis: Zur Sicherung des realen Kapitals muss jährlich ein Betrag von 22.081,62 € kalkulatorisch abgeschrieben werden.

!

$$\textbf{Kalkulatorische Abschreibung} = \frac{\textbf{Wiederbeschaffungskosten}}{\textbf{Nutzungsdauer}}$$

Kalkulatorische Zinsen

Die Finanzbuchhaltung erfasst die Zinsen, die für die Aufnahme von Fremdkapital **tatsächlich gezahlt bzw. berechnet** wurden. Grundlage dieser Erfassung sind Zinsabrechnungen der Kreditgeber (z. B. Banken).

In der **Kostenrechnung** wird als **kalkulatorischer Zins** der Werteverbrauch erfasst, der durch die Bereitstellung des zu verzinsenden **betriebsnotwendigen Kapitals** entsteht. Das betriebsnotwendige Kapital ist im betriebsnotwendigen Vermögen gebunden. Daher wird zunächst das **betriebsnotwendige Vermögen** ermittelt. Sofern dem Unternehmen Fremdkapital zinslos überlassen wurde (z. B. zinsloser Liefererkredit, Anzahlungen von Kunden), muss dieser Betrag von dem vorab ermittelten betriebsnotwendigen Vermögen abgezogen werden, um das zu verzinsende betriebsnotwendige Kapital zu erhalten.

!

Zinslos überlassenes Fremdkapital
Ein Lieferantenkredit ist zinslos, wenn der Lieferer keine Möglichkeit eines Skontoabzugs einräumt. Die Zahlungsbedingung lautet z. B. in einem solchen Fall: „Zahlbar innerhalb von 30 Tagen netto Kasse“.
Leisten Kunden Anzahlungen für einen Auftrag vor der endgültigen Fertigstellung, so erhält das Unternehmen in Höhe der erhaltenen Anzahlungen zinsloses Fremdkapital.

Grundlage für die Berechnung der kalkulatorischen Zinsen ist das betriebsnotwendige Kapital.

Ermittlung des zu verzinsenden betriebsnotwendigen Kapitals und der kalkulatorischen Zinsen

betriebsnotwendiges Anlagevermögen
+ betriebsnotwendiges Umlaufvermögen
= betriebsnotwendiges Vermögen
– Abzugskapital (zinslos überlassenes Fremdkapital)
= zu verzinsendes betriebsnotwendiges Kapital

kalkulatorische Zinsen = betriebsnotwendiges Kapital · landesüblicher Zinssatz

Durch diese Berechnungsweise ist gewährleistet, dass in der Kostenrechnung auch Zinsen für das Eigenkapital, das der Unternehmer dem Unternehmen zur Verfügung stellt, berücksichtigt werden, obwohl dafür keine Zinszahlungen anfallen. Es handelt sich dabei um „Verzichtskosten" (Opportunitätskosten), die dem Unternehmer in Form entgangener Zinsen entstehen, weil er sein Kapital dem eigenen Unternehmen zur Verfügung stellt, anstatt es anderweitig zinsbringend (z. B. in Aktien) anzulegen.

Aufgabe 3 Seite 216

Kalkulatorische Wagnisse

Mit der Aufnahme einer unternehmerischen Tätigkeit sind das **allgemeine Unternehmerrisiko (Allgemeines Unternehmerwagnis)** und **betriebliche Einzelrisiken** verbunden.

Unter dem Begriff allgemeines Unternehmerrisiko werden alle nicht erfassbaren und somit auch nicht kalkulierbaren Risiken zusammengefasst (z. B. konjunkturelle, strukturelle und politische Risiken).

Diese allgemeinen Risiken sind mit dem im Unternehmen erzielten Gewinn abzugelten. Im Gegensatz zu den Einzelwagnissen ist das allgemeine Unternehmerwagnis auch nicht versicherbar.

Als **Einzelwagnisse** eines Unternehmens kommen in Betracht:

Einzelwagnisse	
Anlagewagnis	▪ Durch fehlerhafte Bedienung wird eine Maschine zerstört. ▪ Ein betrieblicher Pkw kommt durch einen Unfall zu Schaden.
Vorrätewagnis (Beständewagnis)	▪ Ein Rohstofflager wird durch Hochwasser vernichtet. ▪ Diebstahl von Waren
Vertriebswagnis	▪ Ein Kunde wird zahlungsunfähig. ▪ Fertigerzeugnisse lassen sich nicht verkaufen.
Gewährleistungswagnis	▪ Fehlerhafte Produkte müssen zurückgenommen werden. ▪ Nachbesserung bei Schlechtleistung

Aufgabe 4 Seite 216

Sind die Einzelwagnisse über den Abschluss von Versicherungsverträgen gedeckt, so gehen die Versicherungsprämien als **aufwandsgleiche Kosten** in die Kostenrechnung ein. Andernfalls werden kalkulatorische Wagniskosten als „Selbstversicherung" in der Kostenrechnung angesetzt. Um die Kostenrechnung von Zufallsschwankungen freizuhalten, die sich aus dem unregelmäßigen Eintreten der Schadensfälle ergeben, werden die kalkulatorischen Wagniskosten häufig vereinfacht aus Durchschnittswerten von Schadensfällen vergangener Rechnungsperioden berechnet.

Aufwand – Kosten

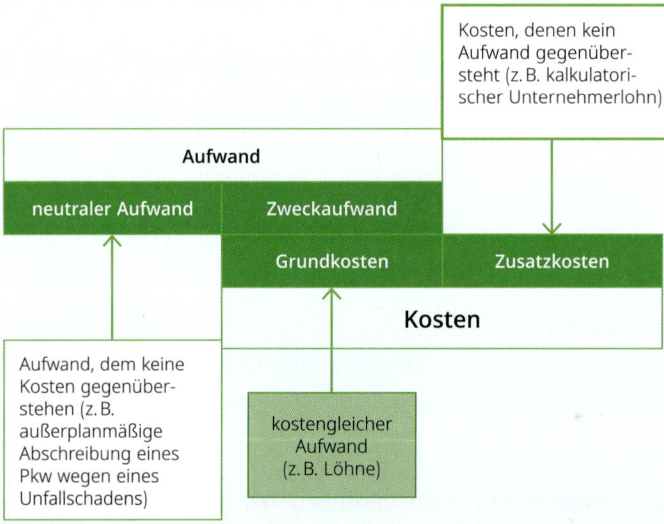

Aufgaben 5 und 6 Seite 217

6.3.2 Einteilung der Kosten

!

Die Kosten eines Unternehmens lassen sich einteilen
- **nach der Art der verbrauchten Güter und Dienstleistungen,**
- **nach der Art der Zurechenbarkeit zu den Produkten,**
- **nach dem Verhalten bei Beschäftigungsänderungen.**

Kosten nach der Art der verbrauchten Güter

▪ für Arbeitsleistungen	Löhne, Gehälter, Sozialaufwendungen
▪ für Materialverbrauch	Roh-, Hilfs-, Betriebsstoffe
▪ für Abnutzung von Anlagegütern	Abschreibungen auf Maschinen
▪ für Kapitalbeschaffung	Zinsen, Provisionen
▪ für Fremdleistungen	Strom- und Wasserkosten, Telefon- und Portokosten
▪ für staatliche Aufgaben	Steuern, Gebühren, Beiträge
▪ für Unternehmerleistung	kalkulatorischer Unternehmerlohn

Kosten nach der Art der Verrechnung auf die Erzeugnisse (Kostenträger)

Einige Kostenarten sind dem herzustellenden Erzeugnis, **dem Kostenträger**, direkt zurechenbar. Sie können, teilweise bereits konstruktionsbedingt, genau vorausberechnet werden. Diese Kosten werden daher als **Einzelkosten** bezeichnet.

Sondereinzelkosten lassen sich meist nur einem Gesamtauftrag oder einer Produktgruppe zuordnen. Abhängig davon, wo die Sondereinzelkosten anfallen, sind **Sondereinzelkosten der Fertigung und Sondereinzelkosten des Vertriebs** zu unterscheiden.

Beispiel Kosten bei der Montage eines Fahrrades

Einzelkosten:
Rahmen im Rohzustand, Felgen und Reifen, Lampe und Dynamo, Montagelohn
Sondereinzelkosten der Fertigung:
Modellierungskosten für Spezialmodelle, Spezialwerkzeuge, Stücklizenzen, Speziallackierung
Sondereinzelkosten des Vertriebs:
Vertreterprovision, Spezialverpackung

Einzelkosten sind Kostenarten, die sich aufgrund von Belegen (Stücklohnberechnung, Stücklisten, Materialentnahmescheine, Fremdrechnungen) dem einzelnen Erzeugnis oder Auftrag direkt zurechnen lassen.

Sondereinzelkosten werden ebenso wie alle anderen Einzelkosten mithilfe von Belegen erfasst. Sie können aber nicht immer jedem einzelnen Kostenträger, sondern häufig nur dem jeweiligen Gesamtauftrag oder der gesamten Produktgruppe zugerechnet werden.

Andere Kostenarten sind nur für die Gesamtproduktion in einer Rechnungsperiode zu erfassen. Sie werden als **Gemeinkosten** bezeichnet.

vgl. Kapitel 6.4

Beispiel Gemeinkosten:

Lack, Schmierfett, Schweißdraht, Lohn des Hausmeisters, Abnutzung der Werkzeuge

Gemeinkosten sind Kostenarten, die sich nicht unmittelbar auf einen Kostenträger verrechnen lassen.

Kosten nach der Abhängigkeit vom Beschäftigungsgrad

Aufgaben 7 und 8 Seite 218

Fixe Kosten sind unabhängig von der Höhe der Ausbringung. Sie fallen innerhalb eines Zeitraums immer in gleicher Höhe an – unabhängig, ob z. B. die Maschinen mit nur 10 % oder mit 70 % ausgelastet sind.

Beispiel

Fixe Kosten:

Miete für Lagerhalle und Garagen, Zins für einen Kredit, Abschreibungen auf das Verwaltungsgebäude

Fixe Kosten bleiben bei einer Änderung der Produktionsmenge unverändert.

Variable Kosten ändern sich mit der Ausbringungsmenge. Die Gesamtkosten können dabei proportional, über- oder unterproportional wachsen oder abnehmen.

Beispiel

Variable Kosten:

Materialverbrauch, Löhne für die Montage am Fließband, Stromkosten für Maschinen

Variable Kosten verändern sich, wenn sich die Produktionsmenge ändert.

Zusammenfassende Übersicht zu Kapitel 6.3: Kostenartenrechnung

Aufgabe der Kostenartenrechnung: Erfassung der Kosten

↓

kalkulatorische Kosten

	kalkulatorischer Unternehmerlohn	kalkulatorische Abschreibung	kalkulatorische Zinsen	kalkulatorische Wagnisse
Zielsetzung	Erfassung des Wertes der Arbeitsleistung eines Einzelunternehmers oder von Gesellschaftern von Personengesellschaften	Substanzerhaltung (Reale Kapitalerhaltung) ↓ Erfassung des Werteverzehrs, der in ursächlichem Zusammenhang mit der Leistungserstellung eines Industriebetriebes steht	Erfassung des Diensteverzehrs für das in einem Unternehmen eingesetzte Kapital	Erfassung der nicht versicherten Einzelwagnisse eines Unternehmens
Berechnung	Gehalt eines Geschäftsführers eines vergleichbaren Unternehmens	Wiederbeschaffungskosten	betriebsnotwendiges Kapital	Durchschnittswerte der in der Vergangenheit eingetretenen Schadensfälle

Einteilung der Kosten

nach der Art der verbrauchten Güter	nach der Art der Verrechnung auf die Erzeugnisse (Kostenträger)		nach der Abhängigkeit vom Beschäftigungsgrad	
Kosten für ▪ **Material** ▪ **Arbeitsleistungen** ▪ **Abnutzung von Anlagegütern** ▪ **Kapitalbeschaffung** ▪ **Fremdleistungen** ▪ **staatliche Abgaben** ▪ **Unternehmerleistung**	**Einzelkosten** ↓ lassen sich den Kostenträgern direkt zurechnen (z. B. Materialverbrauch) **Sondereinzelkosten:** ▪ **der Fertigung** ▪ **des Vertriebs**	**Gemeinkosten** ↓ lassen sich den Kostenträgern nicht direkt zurechnen (z. B. Abschreibungen)	**fixe Kosten** ↓ fallen unabhängig von der produzierten Menge an	**variable Kosten** ↓ verändern sich, wenn sich die produzierte Menge ändert

Aufgaben

1. Kalkulatorischer Unternehmerlohn bei einer OHG

Bei der Vogel Werkzeugbau OHG ist nach dem Gesellschaftsvertrag ausschließlich Gesellschafter Vogel geschäftsführungs- und vertretungsbefugt. Zur Berechnung des in der Kostenrechnung und Kalkulation anzusetzenden kalkulatorischen Unternehmerlohnes liegen folgende Informationen vor:

	Singener Werkzeugmaschinenfabrik AG	Vogel Werkzeugbau OHG
Monatsgehalt zuzüglich Sozialleistungen eines Geschäftsführers bzw. Vorstandes eines vergleichbaren Unternehmens	18.000,00 €	
Umsatz	500 Mio. €	400 Mio. €

a) Berechnen Sie auf der Grundlage obiger Informationen den kalkulatorischen Unternehmerlohn für OHG-Gesellschafterin Vogel.

b) Erläutern Sie, warum für die Vorstandsmitglieder der Singener Werkzeugmaschinenfabrik AG kein kalkulatorischer Unternehmerlohn angesetzt werden muss.

2. Bilanzmäßige und kalkulatorische Abschreibungen

Die Biberacher Maschinenfabrik beschafft im Januar des laufenden Jahres eine vollautomatische Fräsmaschine, deren Anschaffungskosten 810.000,00 € betragen (Nutzungsdauer lt. amtlicher Abschreibungstabelle sechs Jahre). Es wird erwartet, dass die Wiederbeschaffungskosten am Ende der Nutzungsdauer von sieben Jahren auf 1.036.000,00 € ansteigen werden.

a) Berechnen Sie die bilanzmäßigen und die kalkulatorischen Abschreibungen für das erste Nutzungsjahr, wenn jeweils linear abgeschrieben wird.
b) Geben Sie an, wie hoch im vorliegenden Falle die Grundkosten, der Zweckaufwand sowie die Zusatzkosten sind.
c) Erklären Sie, unter welcher Voraussetzung bei der kalkulatorischen Abschreibung auf die Wiederbeschaffungskosten die reale Kapitalerhaltung gesichert ist.

3. Berechnung kalkulatorischer Zinsen

Errechnen Sie aus folgenden Angaben (soweit nicht anderes angegeben, der Schlussbilanz zum 31.12. d.J. entnommen) die kalkulatorischen Zinsen einer Kolbenfabrik. Der kalkulatorische Zinssatz beträgt 10 %.

- Grundstücke und Gebäude: 320.000,00 €; davon: spekulativ zum Weiterverkauf erworbenes Baugelände: 45.000,00 €; an Betriebsfremde vermietete Garagen: 25.000,00 €
- Maschinen: 150.000,00 €; kalkulatorischer Restwert: 160.000,00 €; davon: stillgelegte Maschinen 30.000,00 €
- durchschnittlich gebundene Roh- , Hilfs- und Betriebsstoffe: 85.000,00 €
- Forderungen: 20.000,00 € (Jahresdurchschnittswert)
- flüssige Mittel (Kasse, Bankguthaben): 20.000,00 € (Jahresdurchschnittswert)
- Eigenkapital: 485.000,00 €
- Darlehensverbindlichkeiten: 90.000,00 €
- Anzahlungen von Kunden: 4.000,00 €
- zinsloses Darlehen: 1.000,00 €

4. Berechnung kalkulatorischer Wagnisse

In der Chemie-Werke AG wurden in der laufenden Abrechnungsperiode für 105.000,00 € Rohstoffe verbraucht. In den letzten fünf Jahren wurden für den Rohstoffverbrauch folgende Werte ermittelt: 50.000,00 €, 70.000,00 €, 85.000,00 €, 110.000,00 € und 115.000,00 €.

Im gleichen Zeitraum betrugen die Wertminderungen durch Verderb, Schwund u. a. durchschnittlich 1.720,00 €. Die in der Abrechnungsperiode tatsächlich eingetretenen Wagnisverluste betragen 4.500,00 €.

a) Ermitteln Sie den Wagniszuschlag für das Beständewagnis aus dem Rohstofflager.
b) Geben Sie an, in welcher Höhe kalkulatorische Wagnisse in der Kostenrechnung zu berücksichtigen sind.
c) Ermitteln Sie, in welcher Höhe gegebenenfalls jeweils Grundkosten, Zweckaufwand bzw. Grundkosten oder Zusatzkosten entstanden sind.

5. Zuordnung von Geschäftsvorfällen: Grundkosten – Zweckaufwand – neutraler Aufwand

Stellen Sie für nachstehende Geschäftsvorfälle fest, in welcher Höhe neutrale Aufwendungen, Zweckaufwendungen und Grundkosten vorliegen.

- Stromverbrauch für die Produktion 6.000,00 €
- Abschreibungen: auf Konto Abschreibungen als Aufwand gebucht: 13.000,00 €, im Zusammenhang mit der Produktion tatsächlich angefallen: 8.000,00 €
- Zinsen: an Bank gezahlte Zinsen für Fremdkapital 2.000,00 €, im Zusammenhang mit der betrieblichen Tätigkeit angefallene Zinsen für das gesamte Kapital 5.000,00 €
- eingetretener Wagnisverlust 20.000,00 €, in Zusammenhang mit der betrieblichen Tätigkeit zu berücksichtigende Wagnisse 22.000,00 €
- Wert der Arbeitsleistung eines Einzelunternehmers 24.000,00 €

6. Neutraler Aufwand – Zweckaufwand – Grundkosten – Zusatzkosten

Bei einem Farbenhersteller liegen zum Ende des laufenden Geschäftsjahres folgende Informationen vor:

①	bilanzielle Abschreibungen:	739.000,00 €
	kalkulatorische Abschreibungen:	675.000,00 €
②	Diebstahl aus dem Warenlager: (nicht versichert)	33.820,00 €
③	kalk. Unternehmerlohn:	98.700,00 €

a) Ordnen Sie in einem Schema nach folgendem Muster die oben aufgeführten Sachverhalte entsprechend ein:

	Neutrale Aufwendungen	Zweckaufwand	Grundkosten	Zusatzkosten
①				
②				
③				

Muster

b) Unterscheiden Sie bilanzielle und kalkulatorische Abschreibungen im Hinblick auf

- die Bezugsgröße der jeweiligen Abschreibung,
- den Zweck der Abschreibung,
- die Nutzungsdauer und
- die Beachtung gesetzlicher Vorschriften.

c) Erläutern Sie, weshalb eine Abgrenzung zwischen Aufwendungen und Erträgen bzw. Kosten und Leistungen für das Unternehmen von Bedeutung ist.

7. Zuordnung der Kostenarten: Einzelkosten – Sondereinzelkosten – Gemeinkosten

In der Kostenrechnung eines Industriebetriebs werden u. a. folgende Kostenarten erfasst:

- Rohstoffverbrauch
- Hilfsstoffverbrauch
- Betriebsstoffverbrauch
- Fertigungslöhne
- Gehälter
- kalkulatorische Abschreibung
- Vertreterprovision
- Kosten für Werbung
- Lizenzgebühren (Stücklizenzen)
- Verpackungskosten (Spezialbehälter)
- Instandhaltungskosten

Ordnen Sie diese Kostenarten in das nachfolgende Schema ein (auf einem gesonderten Blatt).

Kostenarten	Kosten nach der Zurechenbarkeit auf die Kostenträger		
	Einzelkosten	Sondereinzelkosten	Gemeinkosten
Rohstoffverbrauch	? . .	? . .	? . .

8. Anteil der Einzelkosten an den Gesamtkosten einer Metallwarenfabrik

In der Kostenrechnung wurden in der Metallwarenfabrik Klein e. K. für das zurückliegende Quartal folgende Werte ermittelt:

Fertigungslöhne	280.200,00 €
Arbeitgeberanteil zur Sozialversicherung	55.480,00 €
Gehälter	70.230,00 €
Arbeitgeberanteil zur Sozialversicherung	21.280,00 €
Hilfslöhne	83.450,00 €
Arbeitgeberanteil zur Sozialversicherung	23.230,00 €
Büromaterialverbrauch	34.870,00 €
kalkulatorische Abschreibungen	57.600,00 €
kalkulatorischer Unternehmerlohn	60.000,00 €
Ausgangsfrachten	55.800,00 €
Rohstoffkosten	380.000,00 €
Hilfs- und Betriebsstoffkosten	40.980,00 €
Provisionen für Handelsvertreter	27.500,00 €

Einer Branchenstatistik ist zu entnehmen, dass in dieser Branche der Anteil der Einzelkosten an den Gesamtkosten durchschnittlich 64 % beträgt.

a) Berechnen Sie, wie hoch der Anteil der Einzelkosten an den Gesamtkosten (in %) bei der Metallwarenfabrik Klein e. K. ist.

b) Vergleichen Sie die in a) errechnete Lösung mit dem Branchenwert und beurteilen Sie das Ergebnis.

6.4 Kostenstellenrechnung

6.4.1 Aufgabe der Kostenstellenrechnung

Je vielfältiger das Fertigungsprogramm eines Betriebes ist, desto schwieriger ist es, die Gemeinkosten den Produkten (Kostenträger) verursachungsgerecht zuzurechnen.

In einem arbeitsteiligen Fertigungsprozess durchlaufen die Produkte eine Vielzahl von Abteilungen, Werkstätten und Arbeitsplätzen.

Alle Gemeinkosten in einem einzigen prozentualen Zuschlag auf der Basis der Einzelkosten den Kostenträgern anzulasten, kann zu ungenauen Selbstkosten und damit zu falschen Preisen führen. Nur in seltenen Fällen verändern sich die Gemeinkosten im gleichen Verhältnis wie die Einzelkosten.

Beispiel

Der Herstellungsweg eines Meißels

Holen des Stahls vom Lager, Ablängen des Rohlings und Schmieden von Form und Schneide, Härten und Vergüten der Schneide, Schleifen, ...
Jeder Arbeitsgang erfolgt von anderen Personen, in anderen Werkstätten, mit unterschiedlichen Maschinen und Werkzeugen bei unterschiedlichem Lohnanteil.

In einem Industriebetrieb ist die Erfassung der **Einzelkosten** für die verschiedenen Produkte (Kostenträger) zumeist problemlos. Die Verrechnung der Einzelkosten auf die Kostenträger erfolgt im Normalfall auf der Grundlage von Stücklisten und Arbeitsplänen. Schwieriger ist es, für die Kostenträger den Anteil an **Gemeinkosten** zu ermitteln, den sie bei der Leistungserstellung mit verursacht haben.

Deshalb wird der Betrieb in eine Vielzahl von **Kostenstellen** aufgegliedert, in denen die Gemeinkosten erfasst werden können. Auf diesem Wege lassen sich die Gemeinkosten in einem weiteren Schritt verursachungsgerechter auf die Kostenträger verrechnen.

Die Kostenstellenrechnung hat die Aufgabe, die Gemeinkosten an den Verursachungsorten (Kostenstellen) zu erfassen, um sie genauer den Erzeugnissen zurechnen zu können.

!

6.4.2 Bildung von Kostenstellen

In den Industriebetrieben werden die Kostenstellen hauptsächlich nach **Funktionsbereichen** gebildet, wobei aber auch zusätzlich noch weitere Gesichtspunkte (z. B. Raumorientierung) berücksichtigt werden können. Am Ende einer Rechnungsperiode (Monat, Quartal, Geschäftsjahr) werden für jeden Kostenbereich die Gemeinkosten festgestellt, die dort bei der Aufgabenerfüllung entstanden sind.

Kostenverursachung in den Kostenbereichen				
	Material	**Fertigung**	**Verwaltung**	**Vertrieb**
Gemeinkosten verursacht durch	Beschaffung Materialprüfung Lagerung ...	Konstruktion Teilefertigung Montage Endmontage ...	Personaleinstellung/ Personalverwaltung Lohnabrechnung/ Lohnbuchhaltung Kalkulation Organisation ...	Verkauf Versand Kundenberatung Werbung Reklamations-Bearbeitung ...

Die Kostenerfassung in den einzelnen Kostenstellen ist umso aussagekräftiger, je überschaubarer die Kostenstellen sind. Insofern wäre die Ermittlung der Gemeinkosten für jeden einzelnen Arbeitsplatz als Kostenstelle die geeignetste Lösung (Platzkostenrechnung). Einer Kostenstellenbildung nach Arbeitsplätzen widersprechen jedoch Wirtschaftlichkeitsüberlegungen. Je mehr Kostenstellen gebildet werden, desto umfangreicher sind auch die damit verbundenen Verrechnungs- und Kontrollarbeiten. Wie stark der Betrieb tatsächlich in einzelne Kostenstellen gegliedert wird, hängt u.a. von der Betriebsgröße und dem Fertigungsprogramm ab. Die Kostenstellengliederung eines Betriebes wird in einem **Kostenstellenplan** ausgewiesen.

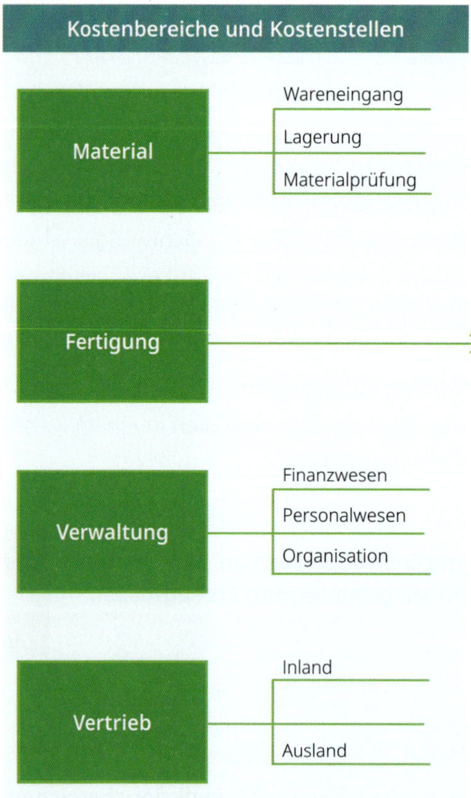

Beispiel

Auszug aus dem Kostenstellenplan

1–2 Fertigungsbereich/Fertigungsstellen
100 2 Allgemein
113 2 Härterei und Richterei (HAE), Geb. 2/35
120 2 Einspindel-Automaten (AUD), Geb. 2/35
121 2 Mehrspindel-Automaten (AUD), Geb. 2/35
122
123 2 Futter- und Halbautomaten (AUD), Geb. 2/35
124 2 Revolverdreherei und Dreherei (AUD), Geb. 2/35
125 2 Fräserei (AUD), Geb. 2/35
126 2 Schleiferei (AUD), Geb. 2/35
127 2 Bohrerei (AUD), Geb. 2/35
129 2 Kleinteilefertigung (AUD), Geb. 2/35
153 2 Zahnradfertigung: Antriebswelle, Hauptwelle, Vorgeleräder einschl. AVS (ZFG), Geb. 2/35
154 2 Getriebe-Zahnräder-Vorbearbeitung (ZFG), Geb. 2/35
155 2 Zahnradfertigung: Vorlegewellen, Schiebemuffen (ZFG), Geb. 2/35
157 2 Zahnradfertigung: Schraubenrad III. Gang ZB-Antriebswelle, Schraubenrad III. Gang mit Gleichlaufkegel, Zahnflanken schleifen, Radsatz zusammenstellen (ZFG), Geb. 2/35

Aufgabe 1 Seite 234

6.4.3 Einstufiger Betriebsabrechnungsbogen

Die Erfassung der Gemeinkosten eines Betriebes erfolgt über den **Betriebsabrechnungsbogen (BAB)**. Er spiegelt die Gliederung in Kostenstellen wider, die je nach Bedarf und Zweckmäßigkeit gebildet wurden.

Mithilfe des Betriebsabrechnungsbogens (BAB) wird die Aufteilung der Gemeinkosten auf die Kostenstellen vorgenommen.

Die erfassten Gemeinkosten werden auf die Kostenstellen des **Betriebsabrechnungsbogens** verteilt. Lassen sich Kostenarten für eine Kostenstelle genau erfassen, dann handelt es sich dabei um **Kostenstelleneinzelkosten**. Ist eine solch genaue Erfassung nicht möglich, werden für die Verteilung der Gemeinkosten Schlüsselzahlen zu Hilfe genommen, die dem Verursachungsprinzip möglichst nahekommen. Diese Kostenarten werden als **Kostenstellengemeinkosten** bezeichnet.

Stelleneinzelkosten	
Kostenart	**erfasst durch**
Strom, Gas, Wasser	Strom-, Gas-, Wasserzähler
Fuhrparkkosten	Kilometerzähler
Hilfslöhne	nach Lohnlisten
Abschreibung auf Maschinen	Anlagenkartei (Standort der Maschine)

Stellengemeinkosten	
Kostenart	**erfasst durch**
Heizkosten	m^3 der beheizten Räume
Beleuchtungskosten	Anzahl der Lampen
Reinigungskosten	m^2 der Räume
Abschreibung auf Verwaltungsgebäude	nach Beschäftigtenzahl

Kostenstelleneinzelkosten lassen sich direkt auf die Kostenstellen verteilen. Kostenstellengemeinkosten werden mithilfe von Verteilungsschlüsseln verrechnet.

Schematischer Aufbau eines Betriebsabrechnungsbogens

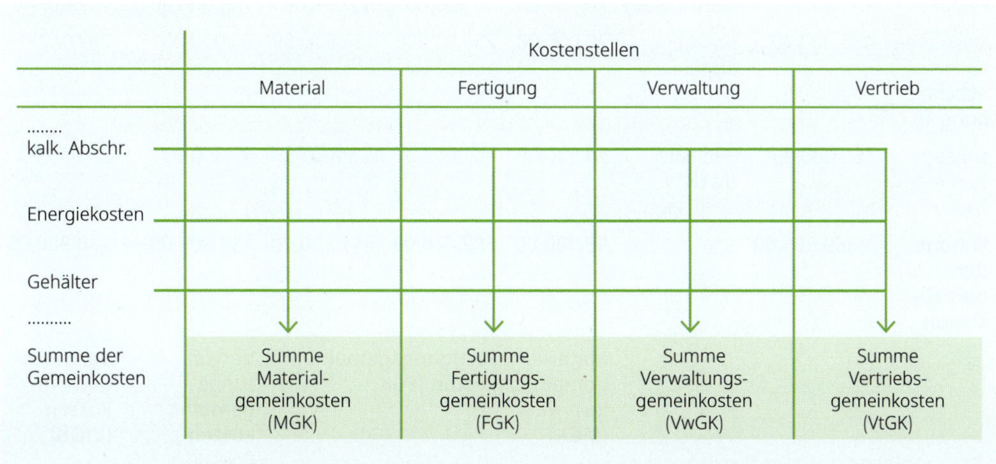

Vorgehensweise zur Erstellung eines BAB

1. Schritt

Die Kosten aus der Kostenartenrechnung werden in **Einzel- und Gemeinkosten** aufgeteilt. Die **Gemeinkostenarten** werden in den Betriebsabrechnungsbogen übernommen.

2. Schritt

Die **Gemeinkosten** werden möglichst verursachungsgerecht auf die Kostenstellen verteilt. Stelleneinzelkosten lassen sich direkt verteilen, Stellengemeinkosten werden über Verteilungsschlüssel verrechnet.

3. Schritt

Ermittlung der Summe der Gemeinkosten insgesamt und der Summen in den einzelnen Kostenstellen: Materialgemeinkosten (MGK), Fertigungsgemeinkosten (FGK), Verwaltungsgemeinkosten (VwGK) und Vertriebsgemeinkosten (VtGK).

Hinweis: Ist der Fertigungsbereich in mehrere Fertigungsstellen aufgeteilt (= erweiterter BAB), dann muss für jede einzelne Fertigungsstelle die Summe der angefallenen Gemeinkosten ermittelt werden. Bei nachstehendem Betriebsabrechnungsbogen der Karosseriebau-GmbH handelt es sich um einen erweiterten Betriebsabrechnungsbogen mit zwei Fertigungsstellen.

Betriebsabrechnungsbogen der Karosseriebau-GmbH							
Gemeinkostenarten	**Kosten (€)**	**Verteilungsschlüssel**	**Kostenstellen**				
			Material (€)	**Fertigung (€)**		**Verwaltung (€)**	**Vertrieb (€)**
				Karosserie	Lackiererei		
Hilfsstoffe	72.500,00	Materialentnahmescheine	500,00	34.400,00	35.300,00	2.000,00	300,00
Energiekosten	319.000,00	Stromzähler	400,00	190.000,00	127.000,00	800,00	800,00
Hilfslöhne	92.000,00	Lohnlisten	1.000,00	50.000,00	40.000,00	200,00	800,00
Gehälter	250.000,00	Gehaltlisten	10.000,00	20.000,00	30.000,00	120.000,00	70.000,00
kalkulatorische Abschreibung	456.000,00	Anlagenkartei	20.000,00	250.000,00	136.000,00	30.000,00	20.000,00
sonstige Gemeinkosten	180.000,00	Verschiedene Schlüssel	24.500,00	38.000,00	43.000,00	35.500,00	39.000,00
Summe der Gemeinkosten	**1.369.500,00**		**56.400,00**	**582.400,00**	**411.300,00**	**188.500,00**	**130.900,00**
			Materialgemeinkosten (MGK)	**Fertigungsgemeinkosten (FGK)**		**Verwaltungsgemeinkosten (VwGK)**	**Vertriebsgemeinkosten (VtGK)**

Aufgaben 2–5 Seite 234 ff.

6.4.4 Mehrstufiger Betriebsabrechnungsbogen

Haupt- und Hilfskostenstellen

Beim einstufigen BAB wurden die Gemeinkosten auf die vier **Hauptkostenstellen** Material, Fertigung, Verwaltung und Vertrieb verteilt. Diese vier Hauptkostenstellen erbringen ihre Leistungen unmittelbar für Erzeugnisse, die für den Absatzmarkt bestimmt sind. Daneben kann es in einem Betrieb aber auch Kostenstellen geben, deren Leistungen nicht unmittelbar für die Erzeugnisse des Absatzmarktes (Kostenträger) bestimmt sind, sondern für andere Kostenstellen. Dabei handelt es sich um **Hilfskostenstellen** (Vorkostenstellen).

Hilfskostenstellen geben – im Unterschied zu Hauptkostenstellen – ihre Leistungen nicht direkt an die Kostenträger, sondern an andere Kostenstellen (Hauptkostenstellen, Hilfskostenstellen) ab.
Werden auch Leistungsströme zwischen den Kostenstellen eines Unternehmens erfasst, liegt ein mehrstufiger BAB vor.

Bei den Hilfskostenstellen lassen sich **allgemeine Hilfskostenstellen** und **besondere Hilfskostenstellen** unterscheiden.

Beispiel

Allgemeine Hilfskostenstellen in einer Metallwarenfabrik

- Betriebsfeuerwehr
- Betriebsarzt
- Betriebskantine
- zentrale Stromversorgung
- zentrale Wasserversorgung
- betriebliches Heizkraftwerk

Leistungen dieser Kostenstellen werden im Normalfall **von allen anderen** Kostenstellen der Metallwarenfabrik in Anspruch genommen.

Allgemeine Hilfskostenstellen (z. B. Stromversorgung, Kantine) dienen dem Gesamtbetrieb. Sie geben ihre Leistungen als innerbetriebliche Leistungen an alle oder fast alle übrigen Haupt- und Hilfskostenstellen ab.

Beispiel

Besondere Hilfskostenstellen einer Metallwarenfabrik

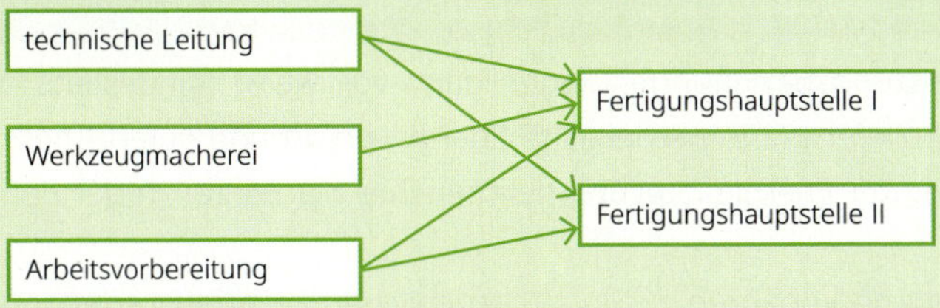

Leistungen der Fertigungshilfskostenstellen werden von den beiden Fertigungshauptstellen in Anspruch genommen.

Besondere Hilfskostenstellen (z. B. Konstruktionsbüro, Arbeitsvorbereitung) geben ihre Leistungen nur an bestimmte Hauptkostenstellen weiter, denen sie zugeordnet sind.

Umlage der Hilfskostenstellen

Die in den Hilfskostenstellen anfallenden Gemeinkosten müssen entsprechend der tatsächlichen Inanspruchnahme durch die anderen Kostenstellen intern verteilt werden (**innerbetriebliche Leistungsverrechnung**). Dazu werden die während einer Abrechnungsperiode anfallenden Gemeinkosten entsprechend den Verteilungsschlüsseln zunächst auf die Haupt- und Hilfskostenstellen verrechnet. Dann werden die Kosten der Hilfskostenstellen nach folgender Reihenfolge auf die Hauptkostenstellen verteilt:

Umlage 1

1. Schritt: Umlage der **allgemeinen Hilfskostenstellen** auf die übrigen Kostenstellen.

Umlage 2

2. Schritt: Umlage der **speziellen Hilfskostenstellen** auf die entsprechenden Hauptkostenstellen.

Liegen mehrere allgemeine oder spezielle Hilfskostenstellen vor, so können neben einseitigen auch wechselseitige innerbetriebliche Leistungsbeziehungen bestehen. Bei einseitigen Leistungsbeziehungen können die Kostenstellen so angeordnet werden, dass jeweils vorgelagerte Kostenstellen nur an nachgelagerte Kostenstellen Leistungen abgeben.

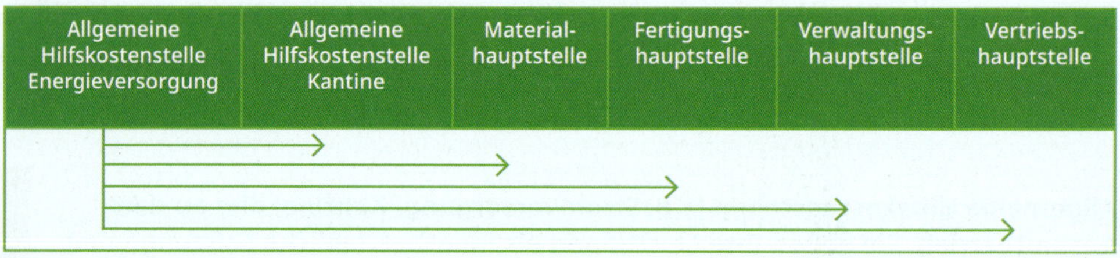

Zwischen der Allgemeinen Kostenstelle Energieversorgung und der Allgemeinen Kostenstelle Kantine werden einseitige Leistungsbeziehungen (Kostenstelle Energieversorgung beliefert Kostenstelle Kantine) angenommen.

Wechselseitige Leistungsbeziehungen liegen dann vor, wenn mindestens zwei Kostenstellen sich gegenseitig beliefern (z.B. betriebliche Energieversorgung liefert Energie an die Kantine und die Mitarbeiter der Energieabteilung nehmen ihre Mahlzeiten in der Betriebskantine ein).

Das hier beschriebene Verfahren zur innerbetrieblichen Leistungsverrechnung wird als **Treppenverfahren (Stufenleiterverfahren)** bezeichnet. Dabei werden die Gemeinkosten der Hilfskostenstellen stufenweise auf die empfangenden Kostenstellen verteilt. Es wird dazu unterstellt, dass der betriebliche Leistungsaustausch nur in einer Richtung erfolgt, obwohl möglicherweise ein gegenseitiger Leistungsaustausch zwischen den einzelnen Kostenstellen vorliegt. Solche wechselseitigen innerbetrieblichen Leistungsbeziehungen werden aber beim Treppenverfahren nicht berücksichtigt. Um die damit verbundene Ungenauigkeit so gering wie möglich zu halten, muss versucht werden, die Umlage der Hilfskostenstellen in einer Reihenfolge vorzunehmen, bei der der Umfang der nicht erfassten gegenläufigen Leistungsströme der nachgeordneten Stellen an vorgelagerte Stellen so gering wie möglich ist. Dies ist dann der Fall, wenn die Hilfskostenstellen, die am meisten Leistungen an andere Hilfskostenstellen abgeben, im BAB am weitesten links stehen. Eine exakte Lösung des innerbetrieblichen Leistungsaustauschs ist jedoch nur mithilfe eines linearen Gleichungssystems möglich.

Beispiel

BAB mit innerbetrieblicher Leistungsverrechnung eines Industriebetriebes

Der mehrstufige erweiterte BAB (zusammengefasst) eines Industriebetriebes weist folgende Daten auf:

		Kostenstellen						
Kostenarten	Kosten	Allg. Hilfskostenstelle (Tsd. €)	Material (Tsd. €)	Fertigung I (Tsd. €)	Fertigung II (Tsd. €)	Fertigungshilfskostenstelle (Tsd. €)	Verwaltung (Tsd. €)	Vertrieb (Tsd. €)
Summe Gemeinkosten	840	**80**	120	240	270	50	50	30
zuschl. Grundlagen			MEK 880	FEK I 320	FEK II 200		HK der Produktion	

Die Kosten der allgemeinen Kostenstelle sind nach m² Grundfläche auf die anderen Kostenstellen zu verteilen. Das Lager umfasst 1 400 m², die Fertigungsstelle I 3 000 m², die Fertigungsstelle II 2 400 m², die Fertigungshilfskostenstelle 400 m², die Verwaltung 600 m², der Vertrieb 200 m².
Die Kosten der Fertigungshilfskostenstelle werden nach der Zahl der Mitarbeiter auf Fertigungshauptstellen umgelegt. In der Fertigungsstelle I sind 17, in der Fertigungsstelle II sind zehn Arbeitnehmer beschäftigt.
Daraus ergibt sich folgender BAB:

		Kostenstellen						
Kostenarten	Kosten	Allg. Hilfskostenstelle (Tsd. €)	Material (Tsd. €)	Fertigung I (Tsd. €)	Fertigung II (Tsd. €)	Fertigungshilfskostenstelle (Tsd. €)	Verwaltung (Tsd. €)	Vertrieb (Tsd. €)
Summe Gemeinkosten	840	**80**	120	240	270	50	50	30
Umlage der Allgemeinen Hilfskostenstelle		→	14	30	24	4	6	2
Zwischensumme			134	270	294	**54**	56	32
Umlage der Fertigungshilfskostenstelle				34	20	←		
Zwischensumme			134	304	314		56	32
Zuschl. Grundlagen			880	320	200		2 152	
Zuschl. Sätze			15,2 %	95 %	157 %		2,6 %	1,5 %

Arten von Kostenstellen

Hauptkostenstellen (Endkostenstellen)				Hilfskostenstellen (Vorkostenstellen)	
Material	Fertigung	Verwaltung	Vertrieb	geben Leistungen an andere **Kostenstellen** ab	
				Allgemeine Hilfskostenstellen dienen dem Gesamtbetrieb (Leistungsabgabe an alle oder fast alle übrigen Haupt- und Hilfskostenstellen)	**Besondere Hilfskostenstellen** geben Leistungen an bestimmte Hauptkostenstellen ab

Ein mehrstufiger BAB ist erforderlich, wenn allgemeine oder besondere Hilfskostenstellen eingerichtet sind.

Schritte der innerbetrieblichen Leistungsverrechnung

1. Schritt:
Umlage der Allgemeinen Hilfskostenstelle(n)

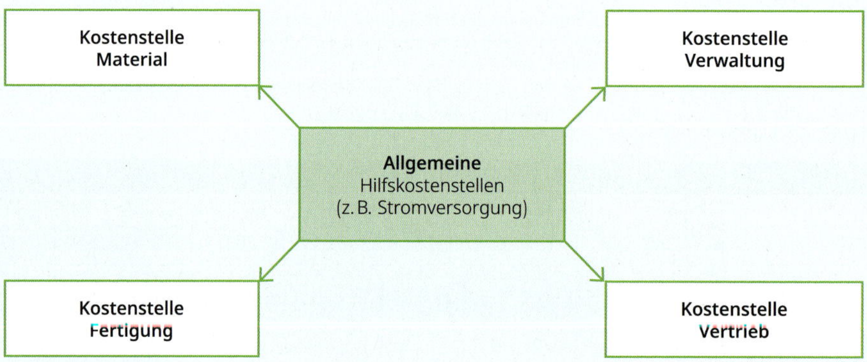

2. Schritt:
Umlage der Fertigungshilfsstellen auf die Fertigungshauptstellen

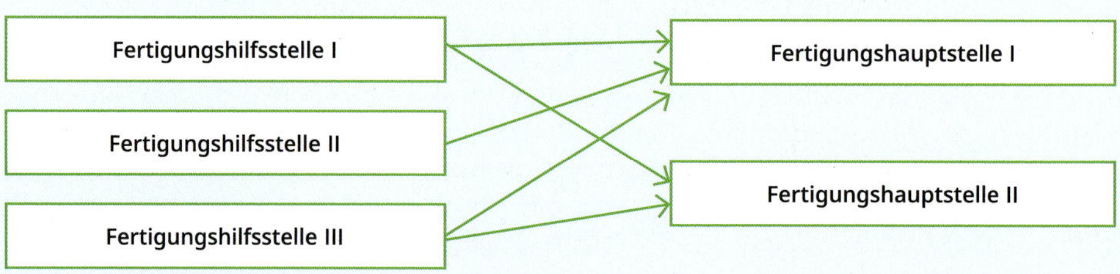

6.4.5 Ermittlung der Zuschlagssätze

Während die Einzelkosten den einzelnen Kostenträgern direkt zugerechnet werden können, erfolgt die Zurechnung der Gemeinkosten über den Umweg des BAB. Hierzu werden für die Gemeinkosten der einzelnen Kostenstellen Zuschlagssätze berechnet. Diese aus den Zahlen des BAB ermittelten Zuschlagssätze werden als **Ist-Zuschläge** bezeichnet, da sie auf der Grundlage der in der vergangenen Abrechnungsperiode **tatsächlich angefallenen** Kosten (Ist-Kosten) ermittelt wurden.

Beispiel

	Zuschlagssätze	Erläuterungen zur Berechnung
①	**Materialgemeinkosten-zuschlagssatz (MGKZ)** $MGKZ = \frac{\text{Fertigungsgemeinkosten} \cdot 100}{\text{Fertigungseinzelkosten}}$	Für die **Materialgemeinkosten** wird angenommen, dass sie in ihrer Höhe proportional abhängig sind vom Wert des verbrauchten Fertigungsmaterials (Materialeinzelkosten). Deshalb bilden die **Materialeinzelkosten** die Zuschlagsgrundlage zur Berechnung des Zuschlagssatzes für die Materialgemeinkosten.
②	**Fertigungsgemeinkosten-zuschlagssatz (FGKZ)** $FGKZ = \frac{\text{Materialgemeinkosten} \cdot 100}{\text{Materialeinzelkosten}}$	Für die **Fertigungsgemeinkosten** wird eine proportionale Abhängigkeit zu den Fertigungslöhnen (Fertigungseinzelkosten) unterstellt. Die **Fertigungseinzelkosten** bilden deshalb die Zuschlagsgrundlage zur Berechnung des Zuschlagssatzes für die Fertigungsgemeinkosten.

Als Zuschlagsgrundlage für die Verwaltungs- und Vertriebsgemeinkosten werden die **Herstellkosten** verwendet. Um diese Bezugsgröße zu ermitteln, muss zunächst eine Gesamtkalkulation der bei der Herstellung in der Abrechnungsperiode angefallenen Kosten vorgenommen werden.

Beispiel

Berechnung der Herstellkosten

Materialeinzelkosten + Materialgemeinkosten	Materialkosten
+ Fertigungseinzelkosten + Fertigungsgemeinkosten + Sondereinzelkosten der Fertigung[1]	Fertigungskosten
= Herstellkosten	

③ **Verwaltungsgemeinkosten-zuschlagssatz (VwGKZ)**

$$VwGKZ = \frac{\text{Verwaltungsgemeinkosten} \cdot 100}{\text{Herstellkosten}}$$

Verwaltungsgemeinkosten (z. B. Gehälter für die Geschäftsleitung und das Büropersonal) stehen in direktem Zusammenhang mit **allen** betrieblichen Funktionsbereichen. Die Zuschlagsgrundlage zur Berechnung des Zuschlagssatzes für die Verwaltungsgemeinkosten bilden deshalb alle Kosten, die im Rahmen der Herstellung der Erzeugnisse (= **Herstellkosten**) während einer bestimmten Abrechnungsperiode – z. B. Monat, Quartal, Jahr – entstanden sind.

1 Beispiele für Sondereinzelkosten der Fertigung: Konstruktionskosten, Speziallackierung eines Pkw

Entspricht die während eines Geschäftsjahres produzierte Menge an Erzeugnissen der abgesetzten Menge (= keine Bestandsveränderungen), so wird der Vertriebsgemeinkostenzuschlagssatz von der gleichen Grundlage berechnet wie der Zuschlagssatz für die Verwaltungsgemeinkosten.

Beispiel

④ **Vertriebsgemeinkostenzuschlagssatz (VtGKZ)**

$$\text{VtGKZ} = \frac{\text{Vertriebsgemeinkosten} \cdot 100}{\text{Herstellkosten}}$$

Für die Berechnung des Zuschlagssatzes der Vertriebsgemeinkosten gilt der gleiche Zusammenhang wie für die Verwaltungsgemeinkosten. Deshalb werden auch in diesem Fall die **Herstellkosten** als Zuschlagsgrundlage verwendet.

Häufig kommt es jedoch vor, dass fertige und/oder unfertige Erzeugnisse auf Lager produziert werden. Der Verkauf erfolgt dann in einer späteren Periode. Da aber die Vertriebsgemeinkosten und möglicherweise auch ein Teil der Verwaltungsgemeinkosten nicht durch die **Produktion**, sondern durch den **Absatz** verursacht werden, muss zwischen folgenden beiden Arten von Herstellkosten unterschieden werden:

Herstellkosten	
für die in dieser Abrechnungsperiode **hergestellten** Erzeugnisse ↓ Herstellkosten der Produktion bzw. Herstellkosten der Abrechnungsperiode	für die in dieser Abrechnungsperiode **verkauften** Erzeugnisse ↓ Herstellkosten des Umsatzes

Im Normalfall werden **die Herstellkosten der Produktion** als verursachungsgerechte **Zuschlagsgrundlage für die Verwaltungsgemeinkosten** und die **Herstellkosten des Umsatzes** als verursachungsgerechte **Zuschlagsgrundlage für die Vertriebsgemeinkosten** verwendet. Es kommt aber auch vor, dass aus Vereinfachungsgründen für beide Zuschlagssätze die Herstellkosten des Umsatzes als gemeinsame Bezugsgröße dienen.

Ermittlung der Zuschlagsgrundlage bei Bestandsmehrungen (Endbestand > Anfangsbestand)

Werden in einer Periode mehr Erzeugnisse produziert als abgesetzt, so führt das zu einer **Erhöhung des Lagerbestandes (= Bestandsmehrung)**. Die in dieser Periode entstandenen Herstellkosten (= Herstellkosten der Produktion) umfassen also sowohl die Kosten für die verkauften als auch die Kosten der auf Lager produzierten Erzeugnisse. Um aber die Kosten zu ermitteln, die lediglich für die **verkauften Erzeugnisse** entstanden sind (**= Herstellkosten des Umsatzes**), müssen daher die Kosten der auf Lager produzierten Erzeugnisse von den Herstellkosten der Produktion abgezogen werden.

> **Bei Bestandsmehrung gilt: Herstellkosten des Umsatzes = Herstellkosten der Produktion – Bestandsmehrung** !

Ermittlung der Zuschlagsgrundlage bei Bestandsminderung (Endbestand < Anfangsbestand)

Werden in einer Periode mehr Erzeugnisse verkauft als produziert, so führt dies zu einer **Minderung des Lagerbestands (Bestandsminderung).** Die in dieser Periode entstandenen Herstellkosten (= **Herstellkosten der Produktion**) umfassen aber nur die Kosten für diejenigen verkauften Erzeugnisse, die auch in dieser Periode hergestellt wurden. Zur Ermittlung der Kosten, die für die **verkauften Erzeugnisse** entstanden sind (= **Herstellkosten des Umsatzes**), müssen die Kosten für die Lagerbestandsminderungen zu den Herstellkosten der Produktion hinzugezählt werden.

> **Bei Bestandsminderung gilt: Herstellkosten des Umsatzes = Herstellkosten der Produktion + Bestandsminderung** !

Gesamtkalkulation bei Bestandsmehrungen und Bestandsminderungen

Fertigungsmaterial
\+ Materialgemeinkosten
\+ Fertigungslöhne
\+ Fertigungsgemeinkosten
\+ Sondereinzelkosten der Fertigung

bei Bestandsmehrungen ← *= Herstellkosten der Produktion* → *bei Bestandsminderungen*

bei Bestandsmehrungen:
– *Mehrbestand* an **unfertigen Erzeugnissen**
– *Mehrbestand* an **fertigen Erzeugnissen**
= **Herstellkosten des Umsatzes**

bei Bestandsminderungen:
\+ *Minderbestand* der **unfertigen Erzeugnisse**
\+ *Minderbestand* der **fertigen Erzeugnisse**
= **Herstellkosten des Umsatzes**

Berechnung der Gemeinkostenzuschläge mithilfe des BAB

Beispiel

	Kostenstellen			
	Material	Fertigung	Verwaltung	Vertrieb
....				
kalk. Abschr.	↓	↓	↓	↓
Energiekosten	↓	↓	↓	↓
Gehälter	↓	↓	↓	↓
....				
Summe der Gemeinkosten	Summe Material-gemeinkosten (MGK)	Summe Fertigungs-gemeinkosten (FGK)	Summe Verwaltungs-gemeinkosten (VwGK)	Summe Vertriebs-gemeinkosten (VtGK)
Zuschlags-grundlagen (= 100 %)	Materialeinzelkosten: Kosten für Fertigungs-material (FM)	Fertigungseinzel-kosten: Fertigungslöhne (FL)	Herstell-kosten der Produktion (HEKO d. Prod.)	Herstell-kosten des Umsatzes (HEKO des Ums.)
Zuschlags-sätze	$\frac{\text{MGK} \cdot 100}{\text{FM}}$	$\frac{\text{FGK} \cdot 100}{\text{FM}}$	$\frac{\text{VwGK} \cdot 100}{\text{HEKO d. Prod.}}$	$\frac{\text{VtGK} \cdot 100}{\text{HEKO d. Ums.}}$

Für die Karosseriebau GmbH (vgl. BAB auf Seite 222) lassen sich auf der Grundlage folgender zusätzlicher Informationen die Gemeinkostenzuschlagssätze in einer Gesamtkalkulation berechnen.

Fertigungsmaterial	564.000,00 €	Minderbestand an unfertigen Erzeugnissen	45.700,00 €
Fertigungslöhne Karosseriebau	232.960,00 €	Mehrbestand an fertigen Erzeugnissen	25.500,00 €
Fertigungslöhne Lackierung	131.616,00 €		

Gesamtkalkulation der Karosseriebau GmbH

	Fertigungsmaterial		564.000,00 €	
+	Materialgemeinkosten	10 %	56.400,00 €	
=	Materialkosten			**620.400,00 €**
	Fertigungslöhne Karosseriebau		232.960,00 €	
+	Fertigungsgemeinkosten Karosseriebau	250 %	582.400,00 €	
=	Fertigungskosten Karosseriebau			
	Fertigungslöhne Lackiererei		131.616,00 €	815.360,00 €
+	Fertigungsgemeinkosten Lackiererei	312,5 %	411.300,00 €	
=	Fertigungskosten Lackiererei			**542.916,00 €**
=	Fertigungskosten			**1.358.276,00 €**
=	Herstellkosten der Produktion			1.978.676,00 €
+	Bestandsminderung der unfertigen Erzeugnisse			45.700,00 €
–	Bestandsmehrung der fertigen Erzeugnisse			25.500,00 €
=	Herstellkosten des Umsatzes			**1.998.876,00 €**
+	Verwaltungsgemeinkosten	9,43 %		188.500,00 €
+	Vertriebsgemeinkosten	6,55 %		130.900,00 €
=	Selbstkosten des Umsatzes			**2.318.276,00 €**

Aufgaben 6 und 7 Seite 237 f.

6.4.6 Kostenabweichungen

Um den Angebotspreis für einen Auftrag bzw. für ein bestimmtes Erzeugnis kalkulieren zu können, muss ein Unternehmen über Informationen verfügen, welche Kosten dafür **voraussichtlich** anfallen werden. Für die Kalkulation des Angebotspreises gilt folgender Zusammenhang:

Kalkulierter Angebotspreis = Selbstkosten + Gewinnzuschlag

Die voraussichtlich anfallenden **Einzelkosten** (Material, Fertigungslöhne etc.) lassen sich aus den im Betrieb vorhandenen Unterlagen (z. B. Stücklisten, Arbeitspläne) einfacher ermitteln als die voraussichtlich anfallenden **Gemeinkosten**. Da die Gemeinkosten z. B. aufgrund unterschiedlicher Auslastung eines Betriebes starken Schwankungen unterliegen, reicht es häufig nicht aus, für die Kalkulation des Angebotspreises die zuletzt ermittelten Gemeinkostenzuschlagssätze zu verwenden. Zur Ermittlung der Selbstkosten und des Angebotspreises ist das Unternehmen vielmehr darauf angewiesen, auf der Grundlage von Erfahrungen aus der Vergangenheit eine **Vorkalkulation** mit **Normal-Zuschlagssätzen (Soll-Zuschlagssätze)** zu erstellen. Die mit Normal-Zuschlagssätzen kalkulierten Kosten weichen i. d. R. von den erst nachträglich – auf der Grundlage der angefallenen **tatsächlichen Kosten (Ist-Kosten)** – feststellbaren Zuschlagssätzen **(Ist-Zuschlagssätze)** ab.

Grundlage für die Ermittlung der Normal-Gemeinkostenzuschlagssätze sind i. d. R. die Durchschnittswerte der Ist-Gemeinkosten mehrerer zurückliegender Abrechnungsperioden.

Für die **Einzelkosten** wird unterstellt, **dass die Ist-Kosten den Normal-Kosten entsprechen**, da der Rohstoffverbrauch und die Fertigungslöhne sowohl mengen- als auch wertmäßig für einen überschaubaren Zeitraum im Normalfall exakt vorkalkuliert werden können.

Beispiel

Betriebsabrechnungsbogen (BAB) mit Normal-Kosten

Dem Betriebsabrechnungsbogen (BAB) eines Presswerks sind folgende Informationen zu entnehmen:

Gemeinkosten-arten	**Kostenstellen**				
	Gesamt-kosten (Tsd. €)	**Material (Tsd. €)**	**Fertigung (Tsd. €)**	**Verwaltung (Tsd. €)**	**Vertrieb (Tsd. €)**
Summe der Gemeinkosten	3.800	160 MGK	2.880 FGK	240 VwGK	360 VtGK
Zuschlags-grundlagen		4.000 FM	3.600 FL	Herstellkosten der Produktion	
Normal-Zuschlags-sätze		9 %	75 %	2 %	3,1 %

Die Bestände an fertigen und unfertigen Erzeugnissen haben sich im laufenden Geschäftsjahr nicht verändert.

Mithilfe eines Tabellenkalkulationsprogramms erstellt das Unternehmen eine Vor- und Nachkalkulation, aus der die Kostenabweichungen (Soll-Ist-Abweichungen) ersichtlich sind:

Microsoft Excel - Normalkosten - Abweichungen

	A	B	C	D	E	F
1		Nachkalkulation		Vorkalkulation		
2		Istkosten	Istzuschlags-sätze	Normalkosten	Normal-zuschlags-sätze	Kosten-abweichung
3	Fertigungsmaterial	4.000.000,00 €		4.000.000,00 €		0,00 €
4	+ Materialgemeinkosten	160.000,00 €	4,00%	360.000,00 €	9,00%	200.000,00 €
5	+ Fertigungslöhne	3.600.000,00 €		3.600.000,00 €		0,00 €
6	+ Fertigungsgemeinkosten	2.880.000,00 €	80,00%	2.700.000,00 €	75,00%	-180.000,00 €
7	**= Herstellkosten der Produktion**	10.640.000,00 €		10.660.000,00 €		20.000,00 €
8	+ Verwertungsgemeinkosten	240.000,00 €	2,26%	213.200,00 €	2,00%	-26.800,00 €
9	+ Vertriebsgemeinkosten	360.000,00 €	3,38%	330.460,00 €	3,10%	-29.540,00 €
10	**= Selbstkosten**	11.240.000,00 €		11.203.660,00 €		**-36.340,00 €**

Die tatsächlich angefallenen Selbstkosten (Ist-Kosten) sind um 36.340,00 € höher als die kalkulierten Normal-Kosten. Die festgestellte **Unterdeckung** muss im Rahmen einer Ursachenforschung analysiert werden.

Eine Unterdeckung liegt vor, wenn die im Voraus kalkulierten Kosten (Normal-Kosten) niedriger sind als die tatsächlich angefallenen Kosten. Sind die Normal-Kosten höher als die Ist-Kosten, so liegt eine Überdeckung vor.

Ursachen von Kostenabweichungen

Eine Abweichung von Ist- und Normal-Gemeinkosten kann folgende Ursachen haben:

① **Veränderungen beim Verbrauch von Gütern und Diensten**

Zu einer Kostenabweichung kommt es, wenn eine Kostenstelle gegenüber der Ausgangssituation, zu der ein Gemeinkostenzuschlag errechnet wurde, wirtschaftlicher oder unwirtschaftlicher arbeitet. Geht eine Kostenstelle z. B. mit dem Energieverbrauch sparsamer um, so kommt es zu einer **Überdeckung,** weil die am Ende der Abrechnungsperiode angefallenen Ist-Kosten geringer sind als die verrechneten Normal-Kosten.

② **Preisänderungen für die in der Produktion eingesetzten Güter und Dienste**

Verändern sich die Beschaffungspreise (z. B. steigende Energiekosten) gegenüber der Ausgangssituation, so führt das ebenfalls zu Kostenabweichungen.

③ **Beschäftigungsschwankungen**

Aufgaben 8 und 9 Seite 238 f.

Erhöht sich die produzierte Menge an Erzeugnissen (steigende Beschäftigung), so führt das zu einer entsprechenden Erhöhung der variablen Kosten. Für die **Einzelkosten** (z. B. Materialkosten, Fertigungslöhne) wird unterstellt, dass sich diese im gleichen Verhältnis verändern wie die Beschäftigung. Da sich aber die **Gemeinkosten** – anders als die Einzelkosten – sowohl aus fixen wie auch aus variablen Bestandteilen zusammensetzen, führt eine Änderung der Beschäftigung lediglich zu einer Änderung der darin enthaltenen variablen Kosten. Eine Aufteilung der Gemeinkosten in deren fixe und variable Bestandteile ist aber häufig nicht oder nur mit großem Aufwand möglich. Deshalb wird bei der Verrechnung der Gemeinkosten angenommen, dass sich die Gemeinkosten in gleicher Weise verändern wie die Einzelkosten (Proportionalisierung der in den Gemeinkosten enthaltenen fixen Kosten). Deshalb führen Beschäftigungsschwankungen auch immer zu Kostenabweichungen.

Zusammenfassende Übersicht zu Kapitel 6.4: Kostenstellenrechnung

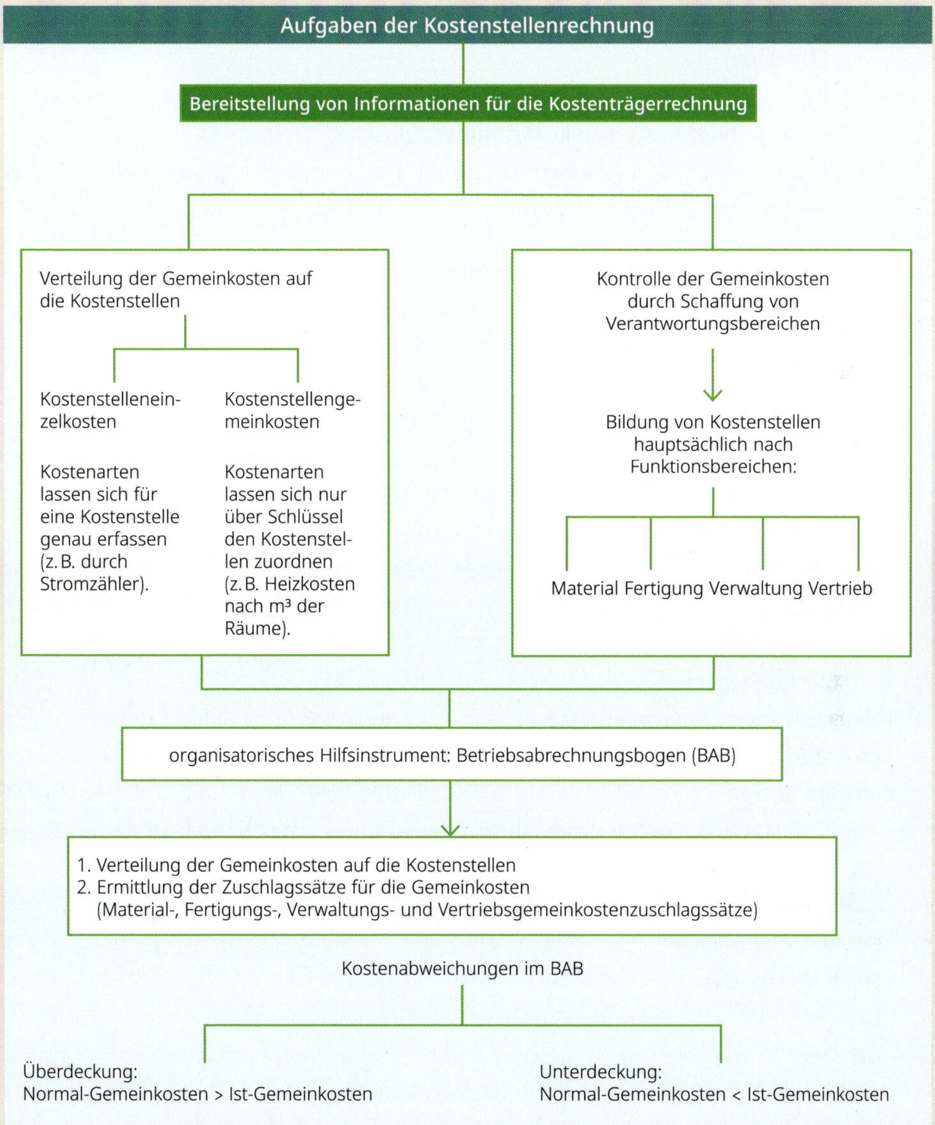

Aufgaben

1. Gliederung in Kostenbereiche und Kostenstellen

Die Niederlassung eines japanischen Automobilwerks unterhält im Landkreis Esslingen mehrere Verkaufsstellen, zwei Reparaturwerkstätten für Pkw und Transporter und ein zentrales Ersatzteillager in Esslingen, wo sich auch der Sitz der Verwaltung befindet.

a) Machen Sie Vorschläge für eine sinnvolle Gliederung in Kostenbereiche und Kostenstellen.

b) Begründen Sie, weshalb es wichtig ist, die Kosten beider Reparaturwerkstätten nicht in einer Kostenstelle zusammenzufassen.

c) Geben Sie an, aus welchem Grund die Ergebnisse der Kostenstellen meistens einige Jahre aufbewahrt werden.

2. Erstellung eines Betriebsabrechnungsbogens

Der Betriebsergebnisrechnung der Maschinenfabrik Kaier OHG sind für die vergangene Rechnungsperiode folgende Kosten zu entnehmen:

Rohstoffverbrauch	320.900,00 €
Gemeinkostenmaterial	170.000,00 €
Strom, Wasser, Gas	28.200,00 €
Fertigungslöhne	200.000,00 €
Hilfslöhne	44.000,00 €
Gehälter	73.080,00 €
Sozialkosten	63.416,00 €
Reparaturen	22.000,00 €
Betriebliche Steuern	16.000,00 €
kalkulatorischer Unternehmerlohn	40.800,00 €
kalkulatorische Abschreibungen	27.600,00 €
sonstige Kosten	56.800,00 €

a) Erstellen Sie einen Betriebsabrechnungsbogen unter Berücksichtigung folgender Verteilungsschlüssel:

Kostenarten	Material	Fertigung	Verwaltung	Vertrieb
Gemeinkostenmaterial	1	7	–	–
Strom, Wasser, Gas	3	13	5	3
Hilfslöhne	2	8	–	1
Gehälter	1	5	7	1
Sozialkosten	im Verhältnis der angefallenen Löhne und Gehälter			
Reparaturen	3	6	1	1
Steuern	2	4	1	1
kalkulatorischer Unternehmerlohn	2	5	3	2
kalkulatorische Abschreibungen	2	7	4	2
sonstige Kosten	3	8	3	2

b) Errechnen Sie die Gemeinkostenzuschlagssätze.

3. Betriebsabrechnungsbogen einer Möbelfabrik

Die Möbelfabrik Möschle GmbH hat ihren Fertigungsbereich in die Hauptkostenstellen Serienfertigung (Fertigung I) und Einzelfertigung (Fertigung II) aufgeteilt, um eine verursachungsgerechte Gemeinkostenverteilung zu erreichen.

a) Verteilen Sie unter Berücksichtigung der nachfolgenden Tabelle die Gemeinkosten für das vergangene Jahr auf die Hauptkostenstellen.

Kostenarten	Tsd. €	Material	Fertigung I	Fertigung II	Verwaltung	Vertrieb
Rohstoffverbrauch	800	800.000,00 €				
Gemeinkostenmaterial	120	20.000,00 €	50.000,00 €	40.000,00 €	5.000,00 €	5.000,00 €
Energie (Verbrauch in KW/h)	32	2000 kW/h	60000 kW/h	10000 kW/h	4000 kW/h	4000 kW/h
Fertigungslöhne	600		150.000,00 €	450.000,00 €		
sonst. Personalkosten	280	25.000,00 €	110.000,00 €	32.000,00 €	68.000,00 €	45.000,00 €
Mieten (Flächen in m^2)	15	400 m^2	1200 m^2	600 m^2	200 m^2	100 m^2
kalk. Abschreibungen	240	15.000,00 €	172.000,00 €	18.000,00 €	17.000,00 €	18.000,00 €
Zinsen (in vollem Umfang Kosten)	640	80.000,00 €	360.000,00 €	96.000,00 €	48.000,00 €	56.000,00 €

b) Ermitteln Sie die Gemeinkostenzuschlagssätze.

4. Erstellung eines Betriebsabrechnungsbogens mit Excel

Die Kartonagenfabrik Ewald Kleinschmidt e. K. erstellt ihren Betriebsabrechnungsbogen mithilfe des Tabellenkalkulationsprogramms Microsoft Excel. Nachstehender Bildschirmauszug enthält die für die Abrechnung wesentlichen Informationen:

Microsoft Excel - Betriebsabrechnung

	A	B	C	D	E	F	G	H	I
1									
2									
3	Gemeinkostenarten	Kosten	Verteilungsschlüssel				Kostenstellen		
4							Material	Fertigung	Verwaltung
5		EUR	M	F	Vw	Vt	EUR	EUR	EUR
6	Gemeinkostenmaterial	70.000,00	2	8		1			
7	Energiekosten	35.300,00	2	6	4	3			
8	Hilfslöhne	42.800,00	1	7	5	2			
9	Gehälter	74.680,00		5	6	1			
10	Sozialkosten	10.680,00	1	12	11	3			
11	Instandhaltungen	32.200,00	1	5	2	2			
12	Steuern	10.300,00	1	4	2	1			
13	Werbung	12.800,00	1		3	5			
14	Kalk. Abschreibungen	24.000,00	1	9	2	1			
15	Zinsen (Kosten)	14.000,00	1	7	2	1			
16	sonstige Kosten	38.950,00	2	10	5	3			
17	**Summe Gemeinkosten**								
18									
19	**Zuschlagsgrundlagen**						240.000,00	180.000,00	
20									
21	**Zuschlagssätze**						-	-	-

a) Vervollständigen Sie mithilfe eines Tabellenkalkulationsprogramms den vorstehenden BAB.

Hinweis: Die Sozialkosten werden in voller Höhe als Gemeinkosten verrechnet. Die fehlenden Größen sind mithilfe der in das Tabellenkalkulationsprogramm einzugebenden Formeln zu berechnen.

b) Aufgrund neuer Tarifabschlüsse erhöhen sich die Personalkosten (Fertigungslöhne, Gehälter, Hilfslöhne, Sozialkosten) um 4,5 %. Ermitteln Sie über das Tabellenkalkulationsprogramm Excel die Auswirkungen auf die Gemeinkosten-Zuschlagssätze.

5. Ermittlung der Gemeinkostenzuschlagssätze

Bei der Werkzeugfabrik Helga Braun GmbH ergaben sich im vergangenen Monat auf den Hauptkostenstellen folgende Gemeinkosten:

Material	38.000,00 €
Fertigung I	113.400,00 €
Fertigung II	325.000,00 €
Verwaltung	142.230,00 €
Vertrieb	56.892,00 €

Im gleichen Zeitraum wurden für Fertigungslöhne im Fertigungsbereich I 210.000,00 €, im Fertigungsbereich II 260.000,00 € bezahlt; der Rohstoffverbrauch belief sich auf 950.000,00 €.

Ermitteln Sie die Gemeinkostenzuschlagssätze.

6. Betriebsabrechnungsbogen mit allgemeinen Kostenstellen und Hilfskostenstellen

Bei der Anlagenbau Willer GmbH stehen für die Betriebsabrechnung des zurückliegenden Monats folgende Angaben zur Verfügung:

Kostenstellen	Kosten	Anzahl der Beschäftigten
Allgemeine Hilfskostenstellen:		
Energieversorgung	360.000,00 €	2
Kantine	120.000,00 €	5
Spezielle Hilfskostenstelle:		3
Arbeitsvorbereitung	240.000,00 €	
Hauptkostenstellen:		
Material	1.200.000,00 €	3
Fertigung I	800.000,00 €	6
Fertigung II	3.600.000,00 €	27
Fertigung III	1.750.000,00 €	15
Verwaltung	450.000,00 €	4
Vertrieb	320.000,00 €	2

Zuschlagsgrundlagen	
Für die Materialgemeinkosten:	
Rohstoffverbrauch	12,5 Mio. €
Für die Fertigungsgemeinkosten:	
Fertigungslöhne I	2,8 Mio. €
Fertigungslöhne II	10,6 Mio. €
Fertigungslöhne III	7,5 Mio. €
Für die Verwaltungsgemeinkosten:	Herstellkosten der Produktion
Für die Vertriebsgemeinkosten:	Herstellkosten des Umsatzes

Im zurückliegenden Monat sind folgende Bestandsveränderungen zu verzeichnen:

	Anfangsbestand	Schlussbestand
Unfertige Erzeugnisse	600.000,00 €	380.000,00 €
Fertige Erzeugnisse	750.000,00 €	400.000,00 €

Die Kosten der Energieversorgung werden nach Verbrauch im Verhältnis 2 : 1 : 10 : 8 : 5 : 1 : 1 : 2 auf alle anderen Kostenstellen verteilt.

Die Kosten für die Kantine werden nach Anzahl der Beschäftigten auf die Hauptkostenstellen und die spezielle Hilfskostenstelle verteilt.

Die Kosten der Arbeitsvorbereitung werden nach der Anzahl der Beschäftigten in den Fertigungshauptkostenstellen umgelegt.

Erstellen Sie einen BAB und ermitteln Sie die Gemeinkostenzuschlagssätze (eine Nachkommastelle).

7. Betriebsabrechnungsbogen und Gesamtkostenkalkulation

Die Carla Krenz e. K. stellt für die Automobilindustrie verschiedene Kunststoffteile her. Für die Betriebsabrechnung stehen folgende Zahlen zur Verfügung:

Fertigungsmaterial	732.800,00 €
Hilfs- und Betriebsstoffe	16.000,00 €
Fertigungslöhne	325.638,00 €
Gehälter	300.000,00 €
Kalk. Abschreibungen	126.000,00 €
Kalk. Unternehmerlohn	120.000,00 €
Sonstige Gemeinkosten	354.000,00 €

a) Verteilen Sie die Summe der Gemeinkosten auf die 7 Kostenstellen (Kantine, Material, Fertigung I und II, Technisches Büro, Verwaltung und Vertrieb) des Betriebsabrechnungsbogens nach folgendem Schlüssel: 2 : 3 : 12 : 8 : 4 : 6 : 5.

b) Die Kostenstelle Kantine ist auf die übrigen Kostenstellen nach der Zahl der beschäftigten Personen aufzuteilen:

Material	Fertigung I	Fertigung II	technisches Büro	Verwaltung	Vertrieb
5	15	6	4	12	8

c) Die Kostenstelle Technisches Büro ist auf die übergeordneten Hauptkostenstellen zu gleichen Teilen umzulegen.

d) Erstellen Sie eine Gesamtkalkulation und ermitteln Sie die Zuschlagssätze für die Gemeinkosten.

Fertigungslöhne (Fertigung I): 240.000,00 €

Fertigungslöhne (Fertigung II): 85.638,00 €

Unfertige Erzeugnisse (€)		Fertige Erzeugnisse (€)	
Anfangsbestand 5.000,00	Schlussbestand 7.218,00	Anfangsbestand 52.000,00	Schlussbestand 64.000,00

8. Kostenüber- und Kostenunterdeckung

Ermitteln Sie die Kostenüber- bzw. Kostenunterdeckung in einem Industriebetrieb unter Berücksichtigung folgender Angaben:

Fertigungsmaterial: 360.000,00 €

Fertigungslöhne: 450.000,00 €

Stellengemeinkosten	Zuschlagsgrundlage	Normal-Zuschläge	Ist-Zuschläge
Materialgemeinkosten	MEK	4,5 %	6 %
Fertigungsgemeinkosten	FEK	101 %	100 %
Verwaltungsgemeinkosten	HK d. Prod.	14 %	12 %
Vertriebsgemeinkosten	HK d. Prod.	7 %	7 %

9. Ermittlung der Kostenüber- und Kostenunterdeckung mithilfe von Excel

Der BAB eines Industriebetriebs weist am Ende der Rechnungsperiode folgende Summen auf:

Kostenarten	Kostenstellen €			
	Material	Fertigung	Verwaltung	Vertrieb
Summe Einzelkosten	144.000,00	310.000,00		
Summe Gemeinkosten	20.000,00	68.000,00	46.000,00	56.000,00

Das Unternehmen kalkulierte mit folgenden Normal-Zuschlägen:
Materialgemeinkosten 14 %, Fertigungsgemeinkosten 26 %, Verwaltungsgemeinkosten 7 %, Vertriebsgemeinkosten 10 %.

a) Ermitteln Sie mithilfe eines Tabellenkalkulationsprogramms die Kostenüber- bzw. Kostenunterdeckung je Hauptkostenstelle.
b) Nennen Sie für jede der festgestellten Abweichungen mögliche Gründe.

6.5 Kostenträgerrechnung als Kostenträgerstückrechnung

6.5.1 Aufgaben der Kostenträgerrechnung

Die **Kostenträgerrechnung** soll die Frage beantworten: Wofür sind die Kosten im Betrieb entstanden? Welches Produkt hat sie verursacht?

Sie hat die Aufgabe, die Kosten der Leistungserstellung den verschiedenen Erzeugnissen möglichst verursachungsgemäß zuzurechnen. Die Kostenträgerrechnung wird im Folgenden ausschließlich als Stückrechnung verstanden.[1]

1 In der betriebswirtschaftlichen Fachliteratur wird die Kostenträgerrechnung unterschieden in Kostenträgerstückrechnung und Kostenträgerzeitrechnung.

Vereinfachte schematische Darstellung der Kostenrechnung (Kostenarten-, Kostenstellen-, Kostenträgerrechnung)

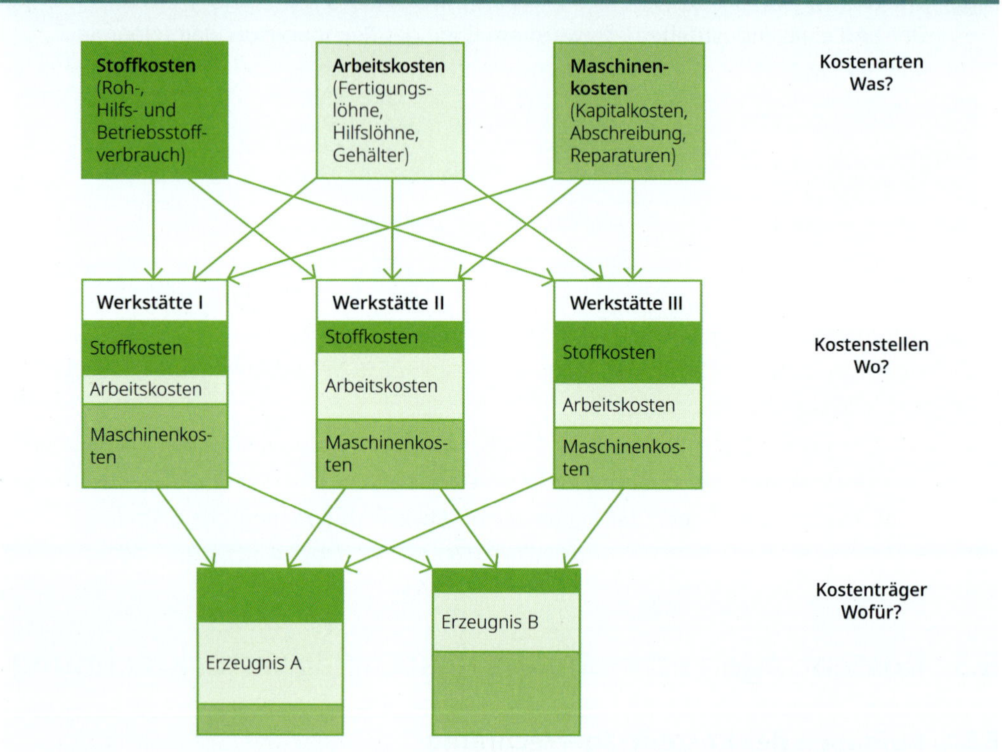

6.5.2 Kalkulationsverfahren

Divisionskalkulation[1]

Produziert ein Unternehmen **völlig gleichartige Erzeugnisse** (Einproduktunternehmung), so lassen sich die Selbstkosten je Erzeugnis mithilfe der **Divisionskalkulation** ermitteln. Die Stückkosten lassen sich errechnen, indem die Gesamtkosten einer Rechnungsperiode durch die Menge der produzierten (= abgesetzten) Erzeugnisse dividiert werden.[2]

!

$$\textbf{Selbstkosten pro Stück} = \frac{\textbf{Gesamtkosten}}{\textbf{Produktionsmenge}}$$

Beispiel

Einem Hersteller von Zement entstanden während eines Monats Kosten in Höhe von 7.600.000,00 €. Insgesamt wurden in diesem Zeitraum 3800000 Sack Zement hergestellt. Mithilfe der Divisionskalkulation lassen sich folgende Selbstkosten/Stück errechnen:

$$\text{Selbstkosten/Stück} = \frac{7.600.000{,}00\ €}{3\,800\,000\ \text{Sack}} = 2{,}00\ €/\text{Sack}$$

---

1 Die Divisionskalkulation wird im Bildungsplan nicht ausdrücklich genannt.

2 Weichen produzierte und abgesetzte Menge voneinander ab (Bestandsveränderungen), so sind entsprechende Korrekturen erforderlich.

Zuschlagskalkulation

Die Zuschlagskalkulation findet Anwendung in Betrieben, die verschiedene Produkte herstellen, z. B. Küchengeräte aller Art, verschiedene Werkzeuge, unterschiedliche Typen von Motoren. Während die **Einzelkosten** (Fertigungsmaterial, Fertigungslöhne, Sondereinzelkosten) jedem Kostenträger direkt zugerechnet werden können, müssen die **Gemeinkosten** mithilfe von Zuschlagssätzen möglichst verursachungsgerecht auf die Kostenträger verteilt werden.

In der Zuschlagskalkulation werden die Einzelkosten (Fertigungsmaterial, Fertigungslöhne, Sondereinzelkosten) direkt auf die Erzeugnisse (Kostenträger) verrechnet. Die Verrechnung der Gemeinkosten erfolgt mithilfe von Normal-Zuschlagssätzen.

!

Voraussetzung für die Anwendung der Zuschlagskalkulation ist eine Kostenstellenrechnung (BAB). Die Anzahl der Kostenstellen und die dort gewählten Zuschlagsgrundlagen bestimmen den Umfang und den Inhalt des Kalkulationsschemas.

Die **Vorwärtskalkulation (Verkaufskalkulation)** hat die Aufgabe, die Selbstkosten und den Verkaufspreis zu ermitteln. In Anlehnung an die Kostenstellenrechnung werden folgende **Zuschlagsgrundlagen** verwendet:

- für die Materialgemeinkosten: die Materialeinzelkosten (= Fertigungsmaterial)
- für die Fertigungsgemeinkosten: die Fertigungseinzelkosten (= Fertigungslöhne)
- für die Verwaltungsgemeinkosten: die Herstellkosten
- für die Vertriebsgemeinkosten: die Herstellkosten

Der **Verkaufspreis (Listenverkaufspreis)** errechnet sich wie folgt:

Beispiel

Listenverkaufspreis eines Motorenherstellers

Ein Motorenhersteller hat ermittelt, dass für die Produktion eines Elektromotors 400,00 € für Fertigungsmaterial und 200,00 € für Fertigungslöhne entstehen. Das Unternehmen rechnet mit 6 % Materialgemeinkosten, 120 % Fertigungsgemeinkosten, 12,5 % Verwaltungsgemeinkosten und $8^1/_3$ % Vertriebsgemeinkosten.
Unter Berücksichtigung von 3 % Kundenskonto, 20 % Kundenrabatt, $16^2/_3$ % Gewinn und 19 % Umsatzsteuer errechnet sich folgender Listenpreis (Listenverkaufspreis brutto):

1	Materialeinzelkosten		400,00 €		
2	+ Materialgemeinkosten	**6,0 %**	24,00 €		vom Hundert
3	**= Materialkosten**		**424,00 €**	**424,00 €**	(1 + 2)
4	Fertigungseinzelkosten		200,00 €		
5	+ Fertigungsgemeinkosten	**120,0 %**	240,00 €		vom Hundert
6	**= Fertigungskosten**		**440,00 €**	**440,00 €**	(4 + 5)
7	**Herstellkosten**			864,00 €	(3 + 6)
8	+ Verwaltungsgemeinkosten	**12,5 %**		108,00 €	vom Hundert
9	+ Vertriebsgemeinkosten	**8,3333 %**		72,00 €	vom Hundert

10	= **Selbstkosten**		1.044,00 €	(7 + 8 + 9)
11	+ Gewinn	**16,6666 %**	174,00 €	vom Hundert
12	= **Barverkaufspreis**		**1.218,00 €**	(10 + 11)
13	+ Kundenskonto	**3,0 %**	37,67 €	im Hundert
14	= **Zielverkaufspreis**		**1.255,67 €**	(12 + 13)
15	+ Kundenrabatt	**20,0 %**	313,92 €	im Hundert
16	= **Listenverkaufspreis netto**		**1.569,59 €**	(14 + 15)
17	+ Umsatzsteuer	**19,0 %**	298,22 €	vom Hundert
18	= **Listenverkaufspreis brutto**		**1.867,81 €**	(16 + 17)

Als Besonderheit der **Verkaufskalkulation** ist zu beachten, dass der Kunde seinen Rabatt vom Listenverkaufspreis (ohne Umsatzsteuer) berechnet; vom dann verbleibenden Zielverkaufspreis kann er – sofern entsprechende Zahlungsbedingungen vereinbart wurden – bei Rechnungsbegleichung innerhalb der Skontofrist zusätzlich Kundenskonto abziehen. Der Zielverkaufspreis ist i. d. R. auch Berechnungsgrundlage für die Vertreterprovision. Daher sind Kundenrabatt, Kundenskonto und Vertreterprovision bei der Vorwärtskalkulation **im Hundert** zu verrechnen.

Aufgaben 1–5 Seite 246 f.

Der Listenverkaufspreis wird von Industriebetrieben in aller Regel netto – also ohne Umsatzsteuer – angegeben, weil deren Kunden im Normalfall auch Unternehmen sind, die zum Vorsteuerabzug berechtigt sind und die Umsatzsteuer für sie daher keine Kosten darstellt. Lediglich gegenüber Endverbrauchern wird der Listenverkaufspreis brutto angegeben.

Maschinenstundensatzrechnung

Gründe

Viele industrielle Fertigungsprozesse vollziehen sich heute mit einem hohen Einsatz an Maschinen, Automaten oder Robotern. Der Anteil an menschlicher Facharbeit nimmt ab. In den Fertigungsgemeinkosten sind daher große Kostenanteile enthalten, die ausschließlich mit dem Maschineneinsatz zusammenhängen und weniger durch die menschliche Arbeitskraft bedingt sind.

Eine Abhängigkeit der Fertigungsgemeinkosten von den Fertigungslöhnen wie bei manueller Fertigung ist daher nicht mehr gegeben. Die **Maschinenstundensatzrechnung** will diese Mängel beheben.

Verhältnis von Einzel- und Gemeinkosten bei unterschiedlicher Fertigung

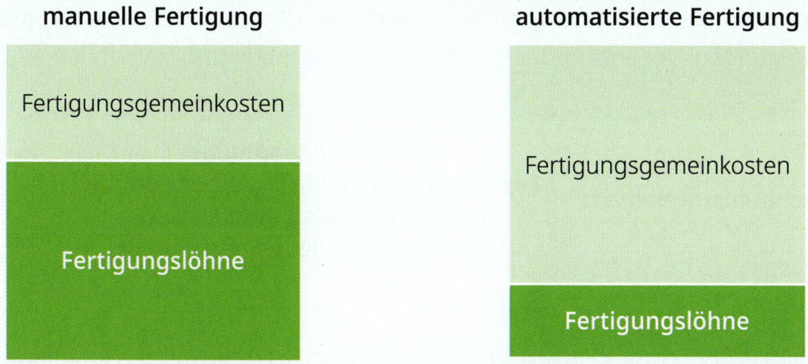

hohe Fertigungslöhne, **niedrige** Fertigungsgemeinkosten

niedrige Fertigungslöhne, **hohe** Fertigungsgemeinkosten

Eine automatisierte Fertigung macht den Einsatz teurer Anlagen erforderlich. Die dadurch entstehenden vergleichsweise hohen Anschaffungskosten wiederum führen zu hohen kalkulatorischen Abschreibungen und Zinsen (= Fertigungsgemeinkosten), die auch dann anfallen, wenn keine oder nur sehr niedrige Fertigungslöhne entstehen. Gleichzeitig bedingt ein verstärkter Maschineneinsatz die Entstehung von Instandhaltungskosten. Die **Fertigungslöhne** sind daher bei stark automatisierter Fertigung als Zuschlagsgrundlage für die Fertigungsgemeinkosten **nicht geeignet**. Bei Beibehaltung der Fertigungslöhne als Zuschlagsgrundlage würden sich sehr hohe Zuschlagssätze für die Fertigungsgemeinkosten ergeben. Schon eine geringe Veränderung der Fertigungslöhne würde zu einer großen Veränderung bei den kalkulierten Fertigungsgemeinkosten führen, ohne dass dafür eine wirtschaftliche Begründung vorliegt. Außerdem führt die Verwendung eines einheitlichen Zuschlagssatzes für die Fertigungsgemeinkosten zu Kalkulationsfehlern, wenn einzelne Produkte die Maschinen unterschiedlich stark beanspruchen.

Unter den gegebenen Voraussetzungen empfiehlt es sich, aus den gesamten Fertigungsgemeinkosten **diejenigen Kosten herauszurechnen, die unmittelbar dem Maschineneinsatz zugerechnet werden** können. Die Maschinen werden in diesem Fall als selbstständige Kostenstellen behandelt, die dann verbleibenden **Restgemeinkosten** werden auf die Fertigungslöhne bezogen.

Die Maschinenstundensatzrechnung ist von Vorteil, wenn Maschinen einzelner Kostenstellen durch die Produktion verschiedener Erzeugnisse unterschiedlich beansprucht werden. !

Vorgehensweise

Die in einer Fertigungskostenstelle entstehenden Gemeinkosten werden aufgeteilt in

- maschinenabhängige Gemeinkosten und
- Restgemeinkosten.

Dazu ist es erforderlich, die entsprechende Kostenstelle im BAB in zwei Spalten aufzuteilen. Die **maschinenabhängigen Fertigungsgemeinkosten** werden auf die **Maschinenlaufzeiten (Maschinenstunden)** der entsprechenden Abrechnungsperiode (z. B. Monat, Quartal) bezogen.

$$\textbf{Maschinenstundensatz} = \frac{\textbf{Maschinenabhängige Fertigungsgemeinkosten einer Periode}}{\textbf{Maschinenlaufzeit in Stunden (Maschinenstunden) einer Periode}}$$

Für die **Rest-Fertigungsgemeinkosten** hingegen werden weiterhin die Fertigungslöhne als Zuschlagsgrundlage verwendet.

Beispiel

Berechnung eines Maschinenstundensatzes in der Kostenstelle Formerei

Kostenarten	gesamte Gemeinkosten	Maschinenkosten	Restgemeinkosten
Hilfsstoffe	11.970,00 €		11.970,00 €
Betriebsstoffe	21.043,00 €		21.043,00 €
Energiekosten	3.810,00 €	2.720,00 €	1.090,00 €
Hilfslöhne/Gehälter	10.791,00 €		10.791,00 €
Instandhaltungskosten	26.104,00 €	15.040,00 €	11.064,00 €
Raumkosten	21.250,00 €	11.200,00 €	10.050,00 €
Abschreibungen	32.910,00 €	22.000,00 €	10.910,00 €
Kalkulatorische Zinsen	6.510,00 €	2.480,00 €	4.030,00 €
Sonstige Kosten	5.612,00 €	4.160,00 €	1.452,00 €
Summe	**140.000,00 €**	**57.600,00 €**	**82.400,00 €**
Bezugsgrundlagen:			
Laufstunden		3200 Stunden	
Fertigungslöhne			65.920,00 €

Maschinenstundensatz: $\frac{57.600{,}00\ €}{3200\ \text{Stunden}}$ **= 18 €/Stunde**

Restgemeinkostenzuschlagssatz: $\frac{82.400{,}00\ € \cdot 100\,\%}{65.920{,}00\ €}$ **= 125 %**

Bei der Kalkulation von Angebotspreisen werden die maschinenabhängigen Kosten eines Fertigungsbereichs in Maschinenstundensätzen verrechnet. Die Restgemeinkosten werden in Prozent auf die Fertigungslöhne zugeschlagen.

Berechnung der Fertigungskosten
maschinenabhängige Fertigungskosten
+ Fertigungslöhne
+ Rest-Fertigungsgemeinkosten (lohnabhängige Fertigungsgemeinkosten)
= Fertigungskosten

Beispiel

Berechnung der Fertigungskosten unter Berücksichtigung von Maschinenstundensätzen in einer Formerei

Für einen Kundenauftrag wurde ermittelt, dass in der Kostenstelle Formerei (s. Beispiel) voraussichtlich folgende Fertigungskosten anfallen:

Fertigungslöhne	500,00 €
50 Maschinenstunden	

Daraus lassen sich für die Kostenstelle Formerei die Fertigungskosten wie folgt errechnen:

maschinenabhängige Fertigungskosten (50 Maschinenstunden à 18,00 €/Std.)	900,00 €
Fertigungslöhne	500,00 €
+ Rest-Fertigungsgemeinkosten (125 % von 500,00 €)	625,00 €
= Fertigungskosten der Kostenstelle Formerei	**2.025,00 €**

Aufgaben 6–8 Seite 248 f.

Zusammenfassende Übersicht zu Kapitel 6.5: Kostenträgerrechnung als Kostenträgerstückrechnung

Aufgaben der Kostenträgerstückrechnung

↓

möglichst verursachungsgerechte Zurechnung der Kosten der Leistungserstellung auf die verschiedenen Erzeugnisse

↓

Kalkulationsverfahren

Divisionskalkulation

Anwendung bei Produktion völlig gleichartiger Erzeugnisse

$$\text{Stückkosten} = \frac{\text{Gesamtkosten}}{\text{hergestellte Stückzahl}}$$

Zuschlagkalkulation

Anwendung bei Produktion völlig verschiedener Erzeugnisse (heterogenes Produktionsprogramm)

Verrechnung von Einzel- und Gemeinkosten auf jeden Kostenträger (Erzeugnis)
Annahme: Abhängigkeit der Gemeinkosten von den Einzelkosten bzw. von den Herstellkosten

Maschinenstundensatzrechnung

Anwendung, wenn Fertigungsgemeinkosten hauptsächlich durch Maschineneinsatz veranlasst

Trennung der Fertigungskosten in
- maschinenabhängige Fertigungsgemeinkosten
- Restgemeinkosten

$$\text{Maschinenstd.satz} = \frac{\text{maschinenabhäng. FGK}}{\text{Maschinenlaufzeit}}$$

$$\text{Zuschlag f. Rest-FGK} = \frac{\text{RestFGK} \cdot 100}{\text{Fert. Löhne}}$$

Aufgaben

1. Betriebsabrechnungsbogen und Zuschlagskalkulation

Der Betriebsabrechnungsbogen eines Betriebes der elektrotechnischen Industrie weist für den vergangenen Monat folgende Zahlenwerte auf:

Kostenstellen	Material	Fertigung I	Fertigung II	Verwaltung	Vertrieb
Summe der Gemeinkosten	300.000,00 €	80.000,00 €	120.000,00 €	40.000,00 €	60.000,00 €
Einzelkosten (Zuschlagsgrundlagen)	900.000,00 € Fertigungsmaterial	400.000,00 € Fertigungslöhne I	240.000,00 € Fertigungslöhne II		

Die Bestände an Erzeugnissen haben sich gegenüber der Vorperiode nicht verändert.

a) Errechnen Sie die Gemeinkostenzuschlagssätze.

b) Das Unternehmen soll ein Angebot für einen Spezialauftrag unterbreiten. Es wurde ermittelt, dass für diesen Auftrag voraussichtlich folgende Einzelkosten anfallen:
Fertigungsmaterial 60.000,00 €, Fertigungslöhne I 20.000,00 €, Fertigungslöhne II 30.000,00 €.
Errechnen Sie in Form einer Zuschlagskalkulation den Barverkaufspreis, wenn das Unternehmen mit einem Gewinnzuschlag von 15 % arbeitet und der Kalkulation die in a) errechneten Zuschlagssätze zugrunde legt.

2. Gesamtkostenkalkulation mit mehreren Fertigungsstellen

Zur Herstellung von Müllzerkleinerungsanlagen sind drei Fertigungsstellen zu durchlaufen. Für die Kalkulation einer nach den Wünschen eines Kunden gefertigten Anlage werden jeweils die Gemeinkostenzuschläge der letzten Abrechnungsperiode zugrunde gelegt:

Materialgemeinkostenzuschlag:	8 %
Fertigungsgemeinkostenzuschlag I:	60 %
Fertigungsgemeinkostenzuschlag II:	90 %
Fertigungsgemeinkostenzuschlag III:	130 %
Verwaltungs- und Vertriebsgemeinkostenzuschlag:	18 %

Das Unternehmen hat auf der Grundlage der Planungsunterlagen ermittelt, dass für die Produktion einer Abfüllanlage (Sonderfertigung) folgende Einzelkosten entstehen:

Fertigungsmaterial	108.000,00 €
Fertigungslöhne I	24.000,00 €
Fertigungslöhne II	18.250,00 €
Fertigungslöhne III	14.600,00 €
Kosten für ein Modell	4.000,00 €
Kosten für Spezialverpackung, Spediteur und Transportversicherung	5.750,00 €

Ermitteln Sie den Listenverkaufspreis, wenn das Unternehmen 5 % Rabatt, 3 % Skonto und $8\frac{1}{3}$ % Gewinn einkalkuliert.

3. **Kalkulation mit zwei Fertigungshauptstellen**

In einem Metall verarbeitenden Betrieb, der Dreh- und Fräsaufträge für Maschinenbauunternehmen übernimmt, wurden im letzten Monat folgende Kosten ermittelt: Fertigungsmaterial 210.000,00 €, Fertigungslöhne 120.000,00 € und Gemeinkosten 432.000,00 €.

a) Mit welchen Selbstkosten wurde ein Fräsauftrag kalkuliert, bei dem aufgrund von Fertigungsunterlagen Fertigungslöhne in Höhe von 65 Stunden zu 30,00 € und ein Fertigungsmaterial im Wert von 6.000,00 € vorgesehen wurden?
Hinweis: Die Gemeinkosten werden ohne weitere Aufgliederung pauschal den Fertigungslöhnen zugeschlagen.

b) Zur gleichen Zeit wurde der Betriebsabrechnungsbogen eingeführt, wobei der Fertigungsbereich unterteilt wurde in F I für die Dreherei und F II für die Fräserei. Die Abteilung Kostenrechnung hat die Kosten des Vormonats neu aufgeteilt:

Kostenbereiche	Material	Fertigung I	Fertigung II	Verwaltung und Vertrieb
Gemeinkosten	70.000,00 €	80.000,00 €	120.000,00 €	162.000,00 €
Fertigungsmaterial	210.000,00 €	–	–	–
Fertigungslöhne	–	70.000,00 €	50.000,00 €	–

- Ermitteln Sie die Zuschlagssätze nach dem Betriebsabrechnungsbogen.
- Kalkulieren Sie den Auftrag unter a) mit den neuen Daten.
- Beurteilen Sie die Entscheidung, den Betriebsabrechnungsbogen einzuführen und den Fertigungsbereich zu unterteilen.

4. **Kalkulation: Errechnung des Zielverkaufspreises**

Ein Hersteller von Fertighäusern legt der Kalkulation des Fertighauses vom „Typ Schwarzwald Exklusiv" folgende Kalkulationswerte zugrunde:
Fertigungsmaterial 89.000,00 €
Fertigungslöhne 166.000,00 €
Gemeinkostenzuschläge:
Material 18,5 %, Fertigung 104,0 %, Verwaltung 6,0 % Vertrieb 8 1/3 %, Gewinn 15 %, Kundenskonto 2 %.

a) Errechnen Sie den Zielverkaufspreis.

b) Ein Konkurrenzunternehmen bietet ein Haus mit vergleichbarer Ausstattung zu 620.000,00 € an. Berechnen Sie, wie viel Gewinn in Euro und in Prozent (auf zwei Stellen genau) verbleibt, wenn der Verkaufspreis der Konkurrenz um 10.000,00 € unterboten werden soll.

5. **Vor- und Nachkalkulation**

Ein Industriebetrieb kalkulierte einen Auftrag unter Berücksichtigung folgender Angaben: Fertigungsmaterial 1.280,00 €, Fertigungslöhne 2.800,00 €, Materialgemeinkosten 12,5 %, Fertigungsgemeinkosten 160 %, Verwaltungs- und Vertriebsgemeinkosten 25 %, Gewinn 20 %, Kundenskonto 2 %.

a) Ermitteln Sie den Angebotspreis aufgrund der Vorkalkulation.

b) Vergleichen Sie den Gewinn in Vor- und Nachkalkulation in Euro und in Prozent, wenn der Kunde für den Auftrag 13.600,00 € bezahlt. Als tatsächliche Kosten sind angefallen: Materialgemeinkosten 120,00 €, Fertigungsgemeinkosten 3.176,00 €, Verwaltungs- und Vertriebsgemeinkosten 1.594,00 €. Bei den Einzelkosten ergaben sich keine Abweichungen.

6. Kalkulation mit Maschinenstundensätzen

Eine Haushaltsgerätefabrik arbeitet in der Kostenrechnung mit Maschinenstundensätzen. In der Fertigungsstelle I fallen pro Jahr insgesamt 480.000,00 € Fertigungsgemeinkosten an. Davon können 60 % direkt auf die drei Maschinensätze verteilt werden:

	Maschine 1	Maschine 2	Maschine 3
Verteilungsschlüssel	2	3	1
Laufzeit in Stunden	1250	2000	800

a) Berechnen Sie die drei Maschinenstundensätze.

b) Berechnen Sie den Zuschlagssatz für die Restfertigungsgemeinkosten, wenn 250.000,00 € Fertigungslöhne angefallen sind.

7. Kalkulation mit Maschinenstundensätzen bei zwei Fertigungshauptstellen

Die Lörracher Stahlbau OHG kalkuliert ein zerlegbares Gerüst aufgrund folgender Angaben:

Fertigungsmaterial	5.500,00 €
Fertigungslöhne I (Abteilung „Einzelteile“)	3.200,00 €
Fertigungslöhne II (Abteilung „Endmontage“)	1.800,00 €
Sondereinzelkosten des Vertriebs	530,00 €

Ein Teil der Gemeinkosten wird durch Maschinenstundensätze verrechnet:
Bearbeitung auf Maschine A 20 Stunden; Maschinenstundensatz 18,50 €
Bearbeitung auf Maschine B 35 Stunden; Maschinenstundensatz 24,00 €

Die Zuschläge für die restlichen Gemeinkosten betragen:

Materialgemeinkosten	20 %
Fertigungsgemeinkosten I	80 %
Fertigungsgemeinkosten II	60 %
Verwaltungs- und Vertriebsgemeinkosten	25 %

In die Kalkulation werden noch folgende Positionen eingerechnet:

Gewinn	8 %
Skonto	2 %

Berechnen Sie, zu welchem Preis (ohne Umsatzsteuer; auf volle 100,00 € aufgerundet) die Lörracher Stahlbau OHG das Gerüst anbieten wird.

8. Probleme bei der Einführung einer Maschinenstundensatzrechnung
Die Heilbronner Gaswerke GmbH beabsichtigt, eine Maschinenstundensatzrechnung einzuführen.

a) Begründen Sie, in welchen Fällen die Einführung einer Maschinenstundensatzrechnung sinnvoll ist.

b) Ein Drehautomat soll mit 900 Stunden pro Jahr in Anspruch genommen werden. Ermitteln Sie den Maschinenstundensatz auf der Grundlage nachstehender Informationen:

Anschaffungskosten des Drehautomaten	80.000,00 €
Geplante Nutzungsdauer	vier Jahre
Zinssatz für die kalkulatorischen Zinsen	6 %
Belegte Fläche im Fertigungsbereich	40 m²
Raumkosten pro m² im Fertigungsbereich	90,00 €/ m²
Stromkosten	0,19 €/kWh
Leistungsaufnahme des Automaten	12 kW
Instandhaltungskosten	1.200,00 €/Jahr

c) Beschreiben Sie (ohne Berechnung), welche Änderungen sich beim Maschinenstundensatz ergeben, wenn die geplante Auslastung des Automaten um 25 % unterschritten wird.

6.6 Unterscheidung Vollkostenrechnung – Teilkostenrechnung

Im Wettbewerb kann es für ein Unternehmen manchmal erforderlich sein, die Preise seiner Erzeugnisse so herabzusetzen, dass teilweise auf Gewinn, in besonderen Fällen sogar auf die Erstattung der vollen Kosten verzichtet werden muss. Gründe hierfür können sein, dass absatzschwache Zeiten überbrückt werden sollen, ohne Personal entlassen zu müssen. Es kann auch im Interesse des Unternehmens liegen, gegenüber den Kunden die Lieferbereitschaft für das gesamte Produktionsprogramm aufrechtzuerhalten, selbst wenn bei einigen Produkten Gewinn nicht mehr zu erzielen ist.

vgl. Kapitel 6.5.2

Die **Vollkostenrechnung** unterscheidet zwar zwischen Einzel- und Gemeinkosten, nicht aber zwischen **fixen und variablen Kosten**.

Fixe Kosten sind unabhängig von der Produktionsmenge. Sie entstehen, egal ob der Betrieb produziert oder stillsteht (z. B. Miete, Zinsen, Versicherungsprämien, Abschreibungen).
Variable Kosten verändern sich mit den Beschäftigungsschwankungen: eine steigende Produktion führt zu einem Anstieg, eine sinkende Produktion bewirkt einen Rückgang dieser Kostenarten (z. B. Materialverbrauch, Strom).

Dies kann dazu führen, dass Entscheidungen, die ausschließlich auf der Grundlage der Vollkostenrechnung getroffen werden, für das Unternehmen zu nachteiligen Folgen führen (z. B. schlechteres Betriebsergebnis).

Die Vollkostenrechnung kann folgende Fragen nicht beantworten:

1. **Zu welchem Preis kann ein Auftrag gerade noch angenommen werden (Preisuntergrenze)? Diese Information ist aber insbesondere bei intensivem Preiswettbewerb für die Außendienstmitarbeiter (Vertreter, Reisende) eines Unternehmens von entscheidender Bedeutung.**
2. **Soll ein Zusatzauftrag auch dann angenommen werden, wenn der Kunde nur kauft, wenn er einen geringeren Preis als den bisher üblichen Preis zahlen muss?**
3. **Welche Produkte müssen in welcher Menge produziert werden, damit das Unternehmen den größtmöglichen Gewinn (Gewinnmaximum) erreicht?**

Auswirkungen verschiedener Verkaufspreise auf die Ertragslage eines Unternehmens bei Informationen über die Höhe der fixen und der variablen Kosten

Prod. Menge (x)	Kosten in Tsd. €			Erlöse (E), Gewinn/Verlust in Tsd. € bei einem Preis von							
	fixe Kosten	variable Kosten	Gesamtkosten	P = 9.000,00 €		P = 10.000,00 €		P = 11.000,00 €		P = 13.000,00 €	
				Erlöse	Gewinn/ Verlust	Erlöse	Gewinn/ Verlust	Erlöse	Gewinn/ Verlust	Erlöse	Gewinn/ Verlust
0	150	–	150	–	- 150	–	- 150	–	- 150	–	- 150
10	150	100	250	90	- 160	100	- 150	110	- 140	130	- 120
20	150	200	350	180	- 170	200	- 150	220	- 130	260	- 90
30	150	300	450	270	- 180	300	- 150	330	- 120	390	- 60
40	150	400	550	360	- 190	400	- 150	440	- 110	520	- 30
50	150	500	650	450	- 200	500	- 150	550	- 100	650	0
60	150	600	750	540	- 210	600	- 150	660	- 90	780	+ 30

Die Tabelle zeigt, dass bei einer vorübergehenden Stilllegung auf jeden Fall ein Verlust in Höhe der fixen Kosten entsteht. Aus der Tabelle wird auch ersichtlich, dass bei einem Preis von 9.000,00 € dieser Verlust mit zunehmender Ausbringung noch größer wird.

Bei einem Preis von 10.000,00 € deckt der erzielte Erlös die variablen Kosten. Der Verlust fällt – unabhängig von der Produktionsmenge – in Höhe der fixen Kosten an, ist also genau so groß wie bei einer Betriebsstilllegung. Damit ist bei einem Stückpreis von 10.000,00 € die **kurzfristige Preisuntergrenze** erreicht. **Langfristig** muss ein Unternehmen alle Kosten – also fixe und variable Kosten – decken. Die **langfristige Preisuntergrenze** ist erreicht, wenn der Preis die **gesamten Stückkosten** deckt.

Bei Preisen von über 10.000,00 €/Stück lässt sich dieser Verlust mit zunehmender Ausbringung vermindern bzw. der Gewinn erhöhen.

Die kurzfristige Preisuntergrenze für ein Produkt ist dann erreicht, wenn durch den Verkaufspreis gerade noch die variablen Stückkosten gedeckt werden.

Damit die kurzfristige Preisuntergrenze ermittelt werden kann, muss aber bekannt sein, welche variablen Kosten pro Stück für ein Erzeugnis anfallen. Deshalb ist eine Aufteilung der Kosten in deren fixe und variable Bestandteile erforderlich.

Die Teilkostenrechnung ist ein Kostenrechnungssystem, das fixe und variable Kosten unterscheidet. Den Kostenträgern werden zunächst lediglich die variablen Kosten zugerechnet.

6.7 Deckungsbeitragsrechnung als Teilkostenrechnung

6.7.1 Deckungsbeitrag und Betriebsergebnis

Deckungsbeitrag

Die Deckungsbeitragsrechnung ist eine **Form der Teilkostenrechnung.** In diesem Kostenrechnungssystem werden nur die variablen Kosten auf die Kostenträger verrechnet, da sich nur diese Kosten durch die Produktion ändern. Da die **fixen Kosten** als **Kosten der Betriebsbereitschaft** unabhängig von der Produktion in gleichbleibender Höhe anfallen, gehen diese direkt in die Betriebsergebnisrechnung ein.

Lassen sich auf dem Markt für die Erzeugnisse Preise erzielen, die höher als die variablen Stückkosten sind, dann können mit diesem Mehrerlös die fixen Kosten entweder ganz oder teilweise gedeckt werden. Diese Mehrerlöse werden daher als **Deckungsbeitrag** bezeichnet.

Der Deckungsbeitrag ist der über die variablen Kosten hinausgehende Erlös, der zur Deckung der fixen Kosten verwendet werden kann.
Deckungsbeitrag je Stück (db): Nettoverkaufspreis je Stück (p)
– variable Kosten je Stück (kv)
= Deckungsbeitrag je Stück (db)

Hinweis: Bei Handelswaren (= Waren, die das Unternehmen nicht selbst produziert) entspricht der Einstandspreis den variablen Kosten je Stück.

Beispiel

Deckungsbeiträge eines Obst- und Gemüsehändlers

Deckungsbeiträge eines Obst- und Gemüsehändlers
Obst- und Gemüsehändler Wohlfarth verkauft auf dem Freiburger Wochenmarkt Obst und Gemüse. An die Stadt Freiburg zahlt er eine „Standmiete" von monatlich 300,00 €. Die Ein- und Verkaufspreise sowie die Deckungsbeiträge einiger seiner Artikel sind nachstehender Tabelle zu entnehmen:

	Einkaufspreis	Verkaufspreis	Stückdeckungsbeitrag (db)
Karotten	0,40 €/kg	0,70 €/kg	**0,30 €/kg**
Äpfel	0,80 €/ kg	1,20 €/kg	**0,40 €/kg**
Salat	0,30 €/Einheit	0,90 €/Einheit	**0,60 €/kg**

db 0,30 €	db 0,30 €	db 0,30 €	db 0,30 €	...	...	...
db 0,40 €	db 0,40 €	db 0,40 €	...	...	...	
db 0,60 €	db 0,60 €	.....	...		**fixe Kosten** **300,00 €**	

Ergebnis: Die Deckungsbeiträge aller Produkte sind positiv. Damit leistet jede verkaufte Einheit einen Beitrag zur Deckung der fixen Kosten. Sobald die Summe der Stückdeckungsbeiträge größer ist als die fixen Kosten, arbeitet das Unternehmen mit Gewinn.

Hinweis: Aus Vereinfachungsgründen wurden weitere fixen Kosten wie z. B. der kalkulatorische Unternehmerlohn nicht berücksichtigt.

Zusammenhang von Deckungsbeitrag und Betriebsergebnis

Fallbeispiele

Ein Hersteller von Alu-Rollläden und Jalousien hat im vergangenen Quartal von jedem seiner beiden Produkte nachstehende Stückzahlen in einer bestimmten Normgröße produziert.

Aufgabe 1 Seite 260

Ausgangssituation

	Alu-Rollläden	Jalousien
Produktions- und Absatzmenge (x)	12 000 Stück	8000 Stück
Barverkaufspreis je Stück (p)	60,00 €	150,00 €
Variable Kosten je Stück (k_v)	40,00 €	110,00 €
Gesamte fixe Kosten des Unternehmens für das zurückliegende Quartal (K_f)	410.000,00 €	

Berechnung des Betriebsergebnisses mithilfe der Deckungsbeitragsrechnung

Stückpreis (p) · Menge (x)		
= Umsatzerlös (U)	60 €/St. · 12 000 St. = 720.000,00 €	150 €/St • 8000 St. = 1.200.000,00 €
– variable Kosten (K_v) = k_v · x	– 40 €/St. · 12 000 St. = 480.000,00 €	– 110 €/St · 8000 St. = 880.000,00 €
= Gesamtdeckungsbeitrag (DB)	= 20 €/St. · 12 000 St. = 240.000,00 €	= 40 €/St. · 8000 St. = 320.000,00 €
= db · x		
	560.000,00 €	
– gesamte fixe Kosten des Unternehmens (K_f)	410.000,00 €	
= Betriebsgewinn	**150.000,00 €**	

Ergebnis: Im abgelaufenen Quartal hat das Produkt „Alu-Rollläden" einen Beitrag zur Deckung der in dieser Zeit angefallenen fixen Kosten in Höhe von 240.000,00 € geleistet. Das Produkt „Jalousien" hat mit 320.000,00 € zur Fixkostendeckung beigetragen. Da der Gesamtdeckungsbeitrag (560.000,00 €) die gesamten fixen Kosten (410.000,00 €) übersteigt, konnte ein Betriebsgewinn in Höhe von 150.000,00 € erzielt werden.

Ermittlung des Betriebsergebnisses mithilfe der Deckungsbeitragsrechnung:
Umsatzerlöse (U)
- Gesamte variable Kosten (Kv)
= Gesamtdeckungsbeitrag (DB)
- Fixe Kosten des gesamten Unternehmens (Kf)
= Betriebsergebnis

6.7.2 Bestimmung der kurz- und langfristigen Preisuntergrenze

Da die fixen Kosten auch dann anfallen, wenn die Produktion eines Erzeugnisses aufgegeben wird, kann ein Unternehmen den Preis so weit absenken, dass zumindest die variablen Kosten noch gedeckt sind. Demnach kann ein Auftrag noch angenommen werden, wenn der Stückpreis (p) über den variablen Stückkosten (kv) liegt. Solange diese Bedingung erfüllt ist, erzielt das Unternehmen einen positiven Stückdeckungsbeitrag (db).

Beispiel

Kurzfristige und langfristig Preisuntergrenze eines Herstellers von Taschenrechnern

Die Alltex GmbH stellt als einziges Produkt Taschenrechner her. Die Abteilung Controlling hat für die abgelaufene Produktionsperiode folgende Daten ermittelt:
Variable Stückkosten 3,00 €
Gesamte fixe Kosten 200.000,00 €
Produktionsmenge 500 000 Taschenrechner
Kurzfristige Preisuntergrenze: 3,00 €/Taschenrechner
Langfristige Preisuntergrenze : $3{,}00\ € + \frac{2.000.000{,}00\ €}{500\,000\ \text{Stück}} = 3{,}40\ €/\text{Stück}$

Die kurzfristige (absolute) Preisuntergrenze liegt bei dem Verkaufspreis, bei dem die variablen Kosten pro Stück gerade noch gedeckt sind.
Die langfristige Preisuntergrenze liegt bei dem Verkaufspreis, bei dem die Selbstkosten pro Stück gedeckt sind.

Aufgabe 2 Seite 261

Würde das Unternehmen die Produktion einstellen, so entstünde ein Verlust in Höhe der fixen Kosten. Dieser Verlust ergibt sich auch dann, wenn der Verkaufspreis so hoch ist wie die variablen Kosten pro Stück. Deshalb ist es **kurzfristig** vertretbar, zu diesem

Preis zu verkaufen. **Langfristig** jedoch muss das Unternehmen darauf bedacht sein, alle Kosten – also fixe und variable – zu decken. Deshalb muss der Verkaufspreis langfristig so hoch sein, dass die gesamten Kosten pro Stück gedeckt sind.

6.7.3 Entscheidung über einen Zusatzauftrag

Beispiel

Zusatzauftrag eines Möbelproduzenten

Ein Möbelproduzent stellt in einer Werksfiliale Schreibtische her, die zum Nettoverkaufspreis von 450,00 € an den Fachhandel abgegeben werden. Die Monatskapazität für dieses Produkt beträgt 5000 Stück. Die Kapazität des Unternehmens ist derzeit zu 80 % ausgelastet. Die Fixkosten betragen 380.000,00 €, die variablen Stückkosten 300,00 €.
In dieser Situation ist über die Anfrage eines Fachhändlers zu entscheiden, der vorübergehend monatlich 800 Schreibtische zu 350,00 € abnehmen würde.

Betriebsergebnis bei Ablehnung des Auftrags		Betriebsergebnis bei Annahme des Auftrags	
Erlös (4000 Stck. à 450,00 €/Stck.)	1.800.000,00 €	zusätzliche Erlöse (800 Stck. à 350,00 €)	280.000,00 €
– variable Kosten (4000 Stck. à 300,00 €/Stck.)	1.200.000,00 €	– variable Kosten (800 Stck. à 300,00 €)	240.000,00 €
= Deckungsbeitrag	**600.000,00 €**	**Deckungsbeitrag Zusatzauftrag**	**40.000,00 €**
– fixe Kosten	380.000,00 €	+ Betriebsgewinn ohne Zusatzauftrag	220.000,00 €
= Betriebsgewinn	**220.000,00 €**	**= Betriebsgewinn mit Zusatzauftrag**	**260.000,00 €**

Ergebnis: Die **Preisuntergrenze** liegt in vorliegendem Fall bei 300,00 € (variable Stückkosten). Da der Abnehmer aber bereit ist, pro Schreibtisch einen Betrag in Höhe von 350,00 € zu zahlen, wird ein Deckungsbeitrag (= **Stückdeckungsbeitrag)** von 50,00 € (350,00 € – 300,00 €) erzielt. Demnach verbessert sich das Betriebsergebnis um den aus dem Zusatzauftrag insgesamt erzielten Deckungsbeitrag in Höhe von 40.000,00 € (800 Stck. à 50,00 €/Stck.).

Aufgabe 3 Seite 261

Bei nicht ausgelasteter Kapazität empfiehlt sich die Annahme eines Zusatzauftrags, wenn die variablen Stückkosten geringer sind als der Stückpreis. In diesem Fall wird ein positiver Deckungsbeitrag erzielt, der unter den gegebenen Bedingungen zu einer Verbesserung des Betriebsergebnisses führt.

Gesamtdeckungsbeitrag = Deckungsbeitrag je Stück (db) · Produktionsmenge (x)
Betriebsgewinn/-verlust = Gesamtdeckungsbeitrag – fixe Kosten

6.7.4 Gewinnmaximales Produktionsprogramm bei freien Kapazitäten

Strebt ein Unternehmen nach maximalem Gewinn, so ist u. a. zu entscheiden, welche Produkte vorrangig produziert bzw. gefördert werden sollen. Allgemein gilt, dass bei **nicht voll ausgelasteten Kapazitäten** jene Produkte vorrangig gefördert werden, die den höchsten Deckungsbeitrag liefern.

Fallbeispiele

Produktförderung der Rastatter Getriebewerke AG bei freien Kapazitäten

Die Rastatter Getriebewerke AG stellt zwei verschiedene Getriebetypen her. Die Abteilung Kostenrechnung hat für die beiden Getriebetypen folgende Informationen ermittelt:

Getriebetyp	Nettoverkaufspreis (ohne USt) je Stück	Variable Kosten je Stück	Deckungsbeitrag pro Stück (absoluter Stückdeckungsbeitrag) db
Schaltgetriebe SG1	2.545,00 €	1.455,00 €	1.090,00 €
Automatikgetriebe AG2	9.435,00 €	7.164,00 €	2.271,00 €

Die beiden Getriebetypen sind nach folgender Rangfolge zu fördern:

Rangfolge	Getriebetyp	Deckungsbeitrag pro Stück
I	AG2	2.271,00 €
II	SG1	1.090,00 €

Das Ergebnis zeigt, dass jedes verkaufte Automatikgetriebe AG2 einen Beitrag zum Gewinn des Unternehmens in Höhe von 2.271,00 € erbringt. Deshalb sollten freie Kapazitäten zur vermehrten Produktion dieses Produkts verwendet werden.

Aufgabe 4 Seite 261

Bei freien Kapazitäten werden die Produkte nach der Höhe ihrer Stückdeckungsbeiträge gefördert. Das Produkt mit dem höchsten Stückdeckungsbeitrag wird am meisten gefördert (z. B. durch zusätzliche Werbung).

6.7.5 Gewinnmaximales Produktionsprogramm bei Vorliegen eines Engpasses: Relativer Deckungsbeitrag

Kann die Produktnachfrage mit der bestehenden Kapazität nicht bewältigt werden, so entsteht ein **Engpass**. In einer solchen Situation stellen die absoluten Deckungsbeiträge keine geeignete Entscheidungsgrundlage dar, welches Produkt in welchen Mengen produziert werden soll.

Fallbeispiele

Produktförderung der Rastatter Getriebewerke AG bei Engpässen

Bei den Rastatter Getriebewerken durchlaufen alle Getriebe vor deren Auslieferung die Abteilung Qualitätskontrolle. Die zwei Getriebetypen beanspruchen die Qualitätskontrolle mit unterschiedlichen Prüfzeiten:

	Getriebetyp	
	SG1	AG2
Prüfzeiten in Minuten	10	30

Lösungsschritte zur Ermittlung des optimalen Produktionsprogramms:

1. Schritt: Ermittlung der absoluten Deckungsbeiträge

	Schaltgetriebe SG1	Automatikgetriebe AG2
Nettoverkaufspreis je Stück	2.545,00 €	9.435,00 €
– variable Kosten je Stück	1.455,00 €	7.164,00 €
= Deckungsbeitrag je Stück (= absolute Deckungsbeiträge)	1.090,00 €	2.271,00 €

2. Schritt: Ermittlung der relativen Deckungsbeiträge

Das Automatikgetriebe AG2 erbringt zwar den höchsten Stückdeckungsbeitrag, beansprucht aber den Engpasssektor mit 30 Minuten pro Stück. Das Schaltgetriebe SG1 hingegen erbringt den niedrigsten Stückdeckungsbeitrag, beansprucht den Engpasssektor aber lediglich mit 10 Minuten pro Stück. Um unter den gegebenen Bedingungen entscheiden zu können, welches Produkt am förderungswürdigsten ist, sind die Deckungsbeiträge pro Engpasseinheit (= relative Deckungsbeiträge) zu ermitteln.

Relative Deckungsbeiträge	Schaltgetriebe SG1	Automatikgetriebe AG2
Deckungsbeitrag pro Minute (Engpasseinheit)	1.090,00 €/10 Min. = 109,00 €/Min.	2.271,00 €/30 Min. = 75,70 €/Min.

Ergebnis: Falls die Kapazität durch nur eines der beiden Produkte ausgelastet werden soll, entscheiden sich die Getriebewerke für die Produktion der Schaltgetriebe. Da der Deckungsbeitrag pro Minute für die Schaltgetriebe höher ist als für Automatikgetriebe, führt diese Entscheidung zu einem höheren Gewinn als jede andere Entscheidung. Unter absatzwirtschaftlichen Gesichtspunkten muss allerdings überlegt werden, ob eine solche Entscheidung vertretbar ist.

!

Aufgabe 5 Seite 262

Bei Vorliegen von Produktionsengpässen ist die Reihenfolge der Produktförderung von der Höhe der relativen Deckungsbeiträge abhängig. Je höher der relative Deckungsbeitrag einer Produkteinheit ist, desto förderungswürdiger ist das Produkt.

$$\textbf{Relativer Deckungsbeitrag} = \frac{\textbf{Absoluter Stückdeckungsbeitrag}}{\textbf{Benötigte Einheiten des Engpasssektors (z. B. Min. je Stück)}}$$

6.7.6 Eigenfertigung oder Fremdbezug (Make or Buy)

Entscheidung bei freien Kapazitäten

Stehen einem Unternehmen freie Produktionskapazitäten zur Verfügung, so muss entschieden werden, ob bislang von fremden Unternehmen bezogene Teile oder Produkte künftig selbst hergestellt werden sollen. Da die fixen Kosten unabhängig davon anfallen, ob die Teile oder

Produkte selbst hergestellt oder fremdbezogen werden, sind für diese Entscheidung lediglich die variablen Kosten von Bedeutung.

Fallbeispiele

Entscheidung über Eigenfertigung oder Fremdbezug eines Herstellers von Automobilen

Ein Automobilhersteller hat bisher die Vergaser fremd bezogen. Da dieser über freie Kapazitäten verfügt, soll entschieden werden, ob diese Teile künftig selbst produziert werden sollen. Der Entscheidung liegen folgende Informationen zugrunde:

(1) Fremdbezug:	Einstandspreis eines Vergasers	700,00 €
(2) Eigenfertigung:	Verbrauch von Fertigungsmaterial	340,00 €
	Variable Materialgemeinkosten	30 %
	Fertigungslöhne	110,00 €
	Variable Fertigungsgemeinkosten	50 %

Variable Kosten bei Fremdbezug:	700,00 €
Variable Kosten bei Eigenfertigung:	
340,00 € + 102,00 € + 110,00 € + 55,00 € =	607,00 €
Kostenvorteil bei Eigenfertigung	**93,00 €**

Entscheidung: Die Vergaser sollten in Eigenfertigung hergestellt werden, da pro Stück ein Kostenvorteil von 93,00 € entsteht.

Bei freien Kapazitäten ist die Eigenfertigung dem Fremdbezug vorzuziehen, wenn die variablen Kosten geringer sind als der Einstandspreis bei Fremdbezug.

!

Entscheidung bei erforderlicher Kapazitätsausweitung

Ist bei einer Make-or-buy-Entscheidung im Fall einer Eigenfertigung eine Kapazitätsausweitung erforderlich, so müssen neben den variablen Kosten auch die mit dieser Entscheidung verbundenen fixen Kosten in Betracht gezogen werden.

Fallbeispiele

Make-or-buy-Entscheidung bei erforderlicher Kapazitätsausweitung

Aufgabe 6 Seite 263

Ein Unternehmen hat bislang ein für die Produktion benötigtes Fertigteil von einem Lieferer zum Preis von 12,00 €/Stück bezogen. Der Lieferer kündigt eine Preiserhöhung auf 18,00 €/Stück an. Nun muss entschieden werden, ob dieses Fertigteil selbst produziert werden soll. Dazu müsste eine neue Maschine angeschafft werden. Es wurde ermittelt, dass für diese Maschine Fixkosten in Höhe von 24.000,00 €/Jahr entstehen würden, die variablen Kosten belaufen sich voraussichtlich auf 6,00 €/Stück.

Von welcher Fertigungsmenge an ist die Eigenfertigung günstiger als der Fremdbezug?

Kostenfunktion bei Fremdbezug:
K = 18 x

Kostenfunktion bei Eigenfertigung:
K = 24.000 + 6 x

Menge, bei der die Kosten für Eigenfertigung so hoch sind wie die Kosten bei Fremdbezug:

24.000 + 6 x = 18 x
12 x = 24.000
x = 2000

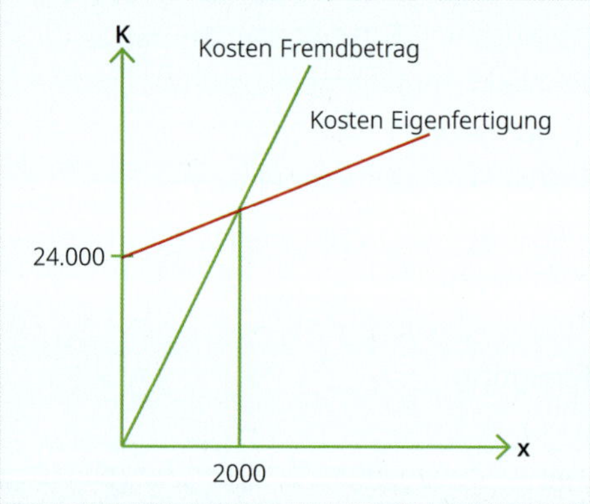

Ergebnis: Bis zu einer Fertigungsmenge von 1999 Stück/Jahr ist der Fremdbezug günstiger. Werden mehr als 2000 Stück produziert, so lohnt es sich, das Fertigteil selbst zu produzieren.

6.7.7 Gewinnschwelle – Gewinnmaximum

Das Unternehmensziel, Gewinne zu erzielen, ist nur dann zu verwirklichen, wenn die erzielten Gesamterlöse (Menge · Preis) die bei der Produktion entstandenen Gesamtkosten (fixe und variable Kosten) decken. Bei einem gegebenen Marktpreis ist dieses Ziel erst ab einer bestimmten Ausbringungsmenge zu erreichen, da nicht nur die variablen Stückkosten, sondern auch die anteiligen Fixkosten „verdient" werden müssen. Die Menge, ab der ein Gewinn zu erzielen ist, wird als **Gewinnschwelle** (**Break-even-Point**) bezeichnet.

Beispiel

Gewinnschwelle eines Unternehmens, das Pkw-Ersatzteile produziert

Bei der Produktion eines Pkw-Ersatzteils entstehen fixe Kosten von 1.200,00 € und variable Stückkosten von 8,00 €; der Verkaufspreis beträgt 12,00 €.

Prod. Menge x	fixe Gesamtkosten (K_f) (€)	variable Gesamtkosten (K_v) (€)	Gesamtkosten (K) (€)	Erlöse (E) (€)	Verlust G/V = E – K (€)	Gewinn G/V = E – K (€)
0	1.200,00	–	1.200,00	–	1.200,00	–
100	1.200,00	800,00	2.000,00	1.200,00	800,00	–
200	1.200,00	1.600,00	2.800,00	2.400,00	400,00	–
300	1.200,00	2.400,00	3.600,00	3.600,00	–	–
400	1.200,00	3.200,00	4.400,00	4.800,00		400,00
500	1.200,00	4.000,00	5.200,00	6.000,00		800,00

Die Gewinnschwelle liegt bei einer Produktionsmenge von 300 Stück. Das **Gewinnmaximum** wird an der Kapazitätsgrenze (500 Stück) erreicht.
Rechnerische Ermittlung der Gewinnschwelle:
Bedingung für Gewinnschwelle: Kosten = Erlöse

$$\begin{aligned} Kf + Kv &= E \\ Kf + kv \cdot x &= p \cdot x \\ 1.200 + 8 \cdot x &= 12 \cdot x \\ x &= 300 \text{ (Gewinnschwelle)} \end{aligned}$$

Grafische Ermittlung der Gewinnschwelle

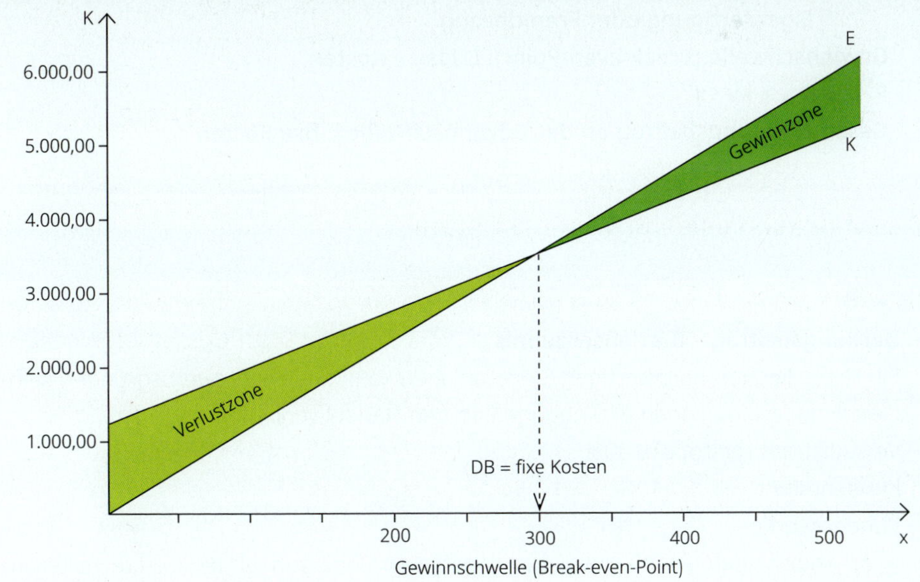

Aufgaben 7–9 Seite 263 f.

Zusammenfassende Übersicht zu Kapitel 6.6: Unterscheidung Vollkostenrechnung – Teilkostenrechnung und 6.7: Deckungsbeitragsrechnung als Teilkostenrechnung

Vollkostenrechnung	Teilkostenrechnung
keine Aufteilung der Gesamtkosten in fixe und variable Bestandteile	Aufteilung der Gesamtkosten in fixe und variable Bestandteile
Verrechnung der gesamten Kosten auf die Kostenträger	Verrechnung der variablen Kosten auf die Kostenträger (Verursacherprinzip)
Auftrag wird angenommen, wenn die gesamten Kosten gedeckt sind.	Auftrag wird angenommen, wenn variable Kosten gedeckt sind (Deckungsbeitrag > 0).
Gefahr von Fehlentscheidungen	Gefahr von Fehlentscheidungen geringer

Deckungsbeitragsrechnung ist Entscheidungsgrundlage für:

↓

- **Bestimmung der kurzfristigen Preisuntergrenze**
- **Entscheidung über Annahme eines Zusatzauftrags**
- **Entscheidungen zum gewinnmaximalen Produktionsprogramm bei freien Kapazitäten und bei Engpass**
- **Eigenfertigung oder Fremdbezug**

Gewinnschwelle (Break-even-Point): Erlöse = Kosten

$P \cdot x = K_{fix} + kv \cdot x$

Gesamtdeckungsbeitrag an der Gewinnschwelle = fixe Kosten

Aufgaben

1. Deckungsbeitrag – Betriebsergebnis

Ein Hersteller von hochwertigen Stereoanlagen kann aus Wettbewerbsgründen seine Geräte nur zu folgenden Bedingungen an den Handel verkaufen:

Verkaufspreis (netto)	810,00 €
Kundenrabatt	10 %
Kundenskonto	2 %

a) Entscheiden Sie, ob unter den gegebenen Bedingungen die Geräte weiterproduziert werden sollen, wenn die variablen Stückkosten 650,00 € betragen.

b) Berechnen Sie, welcher Rabatt (in € und in %) höchstens gewährt werden kann, wenn davon auszugehen ist, dass der Verkaufspreis mindestens die variablen Kosten decken muss.

2. Kurz- und langfristige Preisuntergrenze

Ein Hersteller von Navigationsgeräten für Automobile verfügt über eine Monatskapazität von 6500 Geräten. Die fixen Kosten dafür betragen 260.000,00 €, die variablen Kosten belaufen sich auf monatlich 520.000,00 €. Die Navigationsgeräte werden für 150,00 € (ohne UST) je Stück an die Automobilindustrie verkauft.

a) Ermitteln Sie die kurzfristige Preisuntergrenze.
b) Berechnen Sie die Höhe der Stückkosten, den Stückgewinn und den Gesamtgewinn bei voller Kapazitätsauslastung.
c) Berechnen Sie die langfristige Preisuntergrenze, wenn davon auszugehen ist, dass die an der Kapazitätsgrenze produzierte Stückzahl auch tatsächlich verkauft werden kann.
d) Berechnen Sie die Stückkosten, den Stückgewinn und den Gesamtgewinn bei einer Kapazitätsauslastung von 40 %.

3. Deckungsbeitrag – Zusatzauftrag

Die Göppinger Mineralquellen AG kalkulierte bisher nur nach dem System der Vollkostenrechnung. Konkurrenzdruck und Konjunkturschwankungen zwingen die Geschäftsleitung zur Einführung der Deckungsbeitragsrechnung.

a) Eine Kundenbefragung ergab, dass neben dem Eigenprodukt Mineralwasser auch 30 000 Kästen Fruchtsaft pro Jahr abgesetzt werden können.

Ermitteln Sie das voraussichtliche Betriebsergebnis (Betriebsgewinn bzw. -verlust) mittels Deckungsbeitragsrechnung, wenn folgende Daten erwartet werden:

	Mineralwasser	Fruchtsaft
Absatzmenge in Kästen	240 000	30 000
Verkaufspreis je Kasten in €	4,00	14,00
variable Kosten je Kasten in €	2,05	---
Bezugspreis je Kasten in €	---	7,00
Fixkosten des Betriebes: 370.000,00 €		

b) Preiserhöhungen verteuern den Bezugspreis bei Fruchtsaft je Kasten um 1,50 €. Gleichzeitig wäre ein Großabnehmer bereit, pro Jahr 40 000 Kästen Fruchtsaft zu einem Preis von 9,00 € je Kasten zusätzlich abzunehmen.

Begründen Sie rechnerisch, ob die Mineralquellen AG diese Lieferverpflichtung eingehen soll.

4. Deckungsbeitrag – Betriebsergebnis – Produktionsprogramm bei freien Kapazitäten

Eine Textilfabrik produziert u. a. fünf Kleidermodelle, für die die folgenden Daten vorliegen:

Nr.	Modell	Geplante Absatzmenge pro Monat	Stückpreis (€)	Variable Stückkosten (€)
1	**A**	420	40,00	18,00
2	**B**	900	20,00	10,00
3	**C**	200	38,00	28,00
4	**D**	600	28,00	15,00
5	**E**	350	30,00	18,00

Die monatlichen Fixkosten betragen 20.000,00 €.

a) Ermitteln Sie den Deckungsbeitrag und das Betriebsergebnis (Gewinn/Verlust), wenn alle Aufträge ausgeführt werden können.

b) Die Geschäftsleitung überlegt, das Produktionsprogramm auf drei Modelle zu begrenzen.
- Geben Sie an, welche beiden Modelle für diesen Fall aus dem Produktionsprogramm gestrichen werden sollten.
- Ermitteln Sie den sich nach dieser Entscheidung ergebenden Deckungsbeitrag sowie das Betriebsergebnis.

5. Deckungsbeitrag – Engpass

Ein Pumpenhersteller produziert Elektropumpen in vier Ausführungen. Für die abgelaufene Periode liefert die Kosten- und Leistungsrechnung folgende Zahlen:

	Elektropumpen			
	Typ A	Typ B	Typ C	Typ C
Verkaufserlös pro Stück	1.080,00 €	940,00 €	510,00 €	280,00 €
Variable Stückkosten	720,00 €	690,00 €	370,00 €	115,00 €
Absetzbare Stückzahlen	700 Stück	220 Stück	320 Stück	200 Stück
Zeitbedarf je Stück in der Engpassstufe	30 Minuten	12 Minuten	15 Minuten	20 Minuten
Verfügbare Fertigungszeiten in der Engpassstufe	360 Stunden			
Fixe Gesamtkosten	260.000,00 €			

a) Berechnen Sie die relativen Deckungsbeiträge und bestimmen Sie die Reihenfolge der Produktförderung.

b) Ermitteln Sie rechnerisch das gewinnmaximale Produktionsprogramm.

c) Berechnen Sie den Betriebsgewinn für die abgelaufene Periode.

6. Eigenfertigung oder Fremdbezug bei ausgelasteten Kapazitäten

Ein Möbelhersteller steht vor der Entscheidung, ob die Scharniere für die Schränke selbst hergestellt oder fremdbezogen werden sollen. Im Falle einer Eigenfertigung müsste dazu eine neue Maschine beschafft werden, da die vorhandenen Kapazitäten voll ausgelastet sind. Der Geschäftsleitung liegen folgende Informationen vor:

Kosten pro Scharnier bei Fremdbezug:	8,00 €/Stück
Kosten bei Eigenfertigung:	
Anschaffungskosten der Maschine:	330.000,00 €
Nutzungsdauer:	10 Jahre
Materialkosten:	3,00 €/Stück
Fertigungskosten:	2,00 €/Stück

Berechnen Sie, von welcher Produktionsmenge an die Eigenfertigung günstiger ist als der Fremdbezug.

7. Gewinnschwelle

In einem Buchverlag wird geprüft, ob ein regional bedeutsames Heimatbuch verlegt werden soll. Der Buchhandel ist bereit, dieses Buch für 20,00 € zu übernehmen und auf eigenes Risiko zu vertreiben. Die Kalkulation geht von fixen Kosten für Satz, Fotoarbeiten und Layout über 30.000,00 € aus. Für Papier, Druck und Einband werden 5,00 € je Exemplar veranschlagt.

Lösen Sie folgende Aufgaben in Tabellenform und grafisch mithilfe eines PC-Programms für Tabellenkalkulation.

a) Berechnen Sie, ab welcher Menge es sich für den Verlag lohnt, den Druckauftrag zu übernehmen.

b) Prüfen Sie, ob es sich lohnt, einen bestellten Nachdruck von 500 Exemplaren auszuführen, wenn dafür 16,00 € je Exemplar gezahlt würden. Dabei entstehen zusätzlich fixe Kosten von 4.000,00 €.
Durch Papierverteuerung sind die variablen Stückkosten auf 6,00 € angestiegen.

8. Gewinnschwelle – Gewinnmaximum

Eine Kondensatorenfabrik kann monatlich bei voller Kapazitätsauslastung den Kondensator vom Typ K 96 in einer Stückzahl von 7200 Stück herstellen. Bei voller Kapazitätsauslastung entstehen monatliche Gesamtkosten in Höhe von 360.000,00 €. Bei einer Produktion von 5800 Stück monatlich entstehen Gesamtkosten in Höhe von 304.000,00 €. Die variablen Stückkosten sind konstant. Der Kondensator kann zu einem Verkaufspreis von 64,00 €/Stück abgesetzt werden.

a) Berechnen Sie die variablen Stückkosten und die Fixkosten.

b) Berechnen Sie die Ausbringungsmenge, bei welcher die Gewinnschwelle erreicht wird.

c) Berechnen Sie den Gesamtgewinn, der bei maximaler Kapazitätsausnutzung erzielt wird.

9. **fixe Kosten – variable Kosten – Gewinnschwelle – Berechnung und grafische Darstellung**

Die Kunststoff GmbH entwickelte ein Spritzgussverfahren zur Herstellung von Gehäusen für Rallye-Scheinwerfer. Die Monatsleistung eines Spritzgussautomaten beträgt maximal 5000 Stück. Die Gehäuse lassen sich zu einem Stuckpreis von 3,00 € absetzen.

Bei linearem Kostenverlauf betragen die Gesamtkosten bei einer Produktion von

- 2000 Stück 8.800,00 €,
- 4000 Stück 11.200,00 €

a) Berechnen Sie die fixen Gesamtkosten und die variablen Stückkosten.

b) Worin unterscheiden sich fixe und variable Kosten? Belegen Sie Ihre Antwort jeweils mit einem Beispiel.

c) Stellen Sie die Erlöskurve und die Kostenkurve grafisch dar (500 Stück = 1 cm; 2.000,00 € = 1 cm).

d) Berechnen Sie, bei welcher Ausbringungsmenge die Gewinnschwelle liegt.

e) Errechnen Sie den maximalen Gesamtgewinn.

f) Erklären Sie, warum sich mit zunehmender Kapazitätsauslastung die Stückkosten verringern.

Themenkreis 7 (Bildungsplaneinheit 14):

Investition

Um welche Probleme geht es in diesem Kapitel?

Nicht nur bei der Gründung eines Unternehmens, sondern auch während des laufenden Geschäftsbetriebs sind Entscheidungen über die Verwendung der finanziellen Mittel des Unternehmens zu treffen. Diese Investitionsentscheidungen beeinflussen maßgeblich den Unternehmenserfolg. Um Fehlinvestitionen zu vermeiden, muss das Management sehr sorgfältig den Investitionszweck und die Vorteilhaftigkeit jeder Investition anhand von mathematischen Verfahren prüfen. Im Mittelpunkt steht die Frage, ob sich eine Investition „lohnt". Neben der Rentabilität (Verzinsung des eingesetzten Kapitals) spielen die Sicherheit der Investition und die Auswirkung auf den Bestand an flüssigen Mitteln (Liquidität) eine wichtige Rolle.

Welche Kompetenzen werden angestrebt?

Die Schülerinnen und Schüler lernen, verschiedene Investitionsarten zu erläutern sowie Gründe und Ziele von Investitionen zu nennen. Sie führen statische und dynamische Investitionsrechenarten durch und können die Ergebnisse analysieren.

7.1 Grundlagen der Investitionsrechnung

7.1.1 Investitionsbegriff und Investitionsarten

Investitionsbegriff

Investitionen sind der Motor einer Wirtschaft und Grundlage für Produktivitäts- und Wohlstandssteigerungen einer Volkswirtschaft.

Aufgabe 1 Seite 269

Unter „Investition" versteht man die Verwendung finanzieller Mittel zur Beschaffung von Vermögensgegenständen.

!

Investitionsarten

Nach dem Zweck der Investition werden Finanz- und Realinvestitionen unterschieden.

Bei **Finanzinvestitionen** werden Mittel für den Erwerb von Aktien, Schuldverschreibungen oder Beteiligungen verwendet. Um **Real- oder Sachinvestitionen** handelt es sich, wenn mit den finanziellen Mitteln Sachgüter wie z. B. Fahrzeuge, Maschinen oder Gebäude angeschafft werden.

Nach dem **Investitionsvolumen**, das ein Betrieb während eines Jahres tätigt, unterscheidet man folgende Formen der Investition:

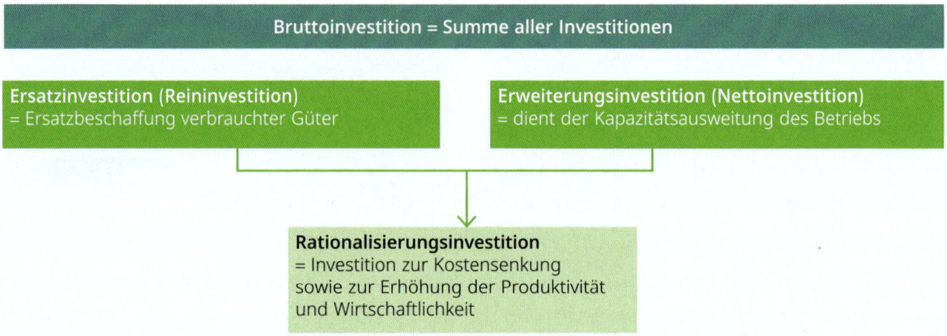

Aufgabe 2 Seite 269

Ersatz-, Erweiterungs- und Rationalisierungsinvestitionen gehen häufig ineinander über. Wird beispielsweise eine manuell bedienbare Maschine durch eine CNC-Maschine ersetzt (Ersatzinvestition), dann wird dadurch die Produktionskapazität erweitert (Erweiterungsinvestition) und die Stückkosten der Herstellung werden vermindert (Rationalisierungsinvestition).

7.1.2 Investitionsplanung und Investitionsziele

Bedeutung der Investitionsplanung

Die Investitionsplanung ist Bestandteil der Unternehmensgesamtplanung. Sie hat vorrangig die Aufgabe, aus einer Vielzahl von Investitionsalternativen diejenige auszuwählen, die im Hinblick auf das Unternehmensziel am vorteilhaftesten ist.

Wesentliche Bestandteile der Investitionsplanung sind

- die **Optimierung** der Investitionsentscheidung und
- die **Realisierung** sowie **Kontrolle** des Investitionsprojekts.

vgl. Kapitel 7.2 und 7.3

Als Entscheidungshilfe greift die Investitionsplanung auf Verfahren der Investitionsrechnung zurück.

Investitionsziele

Bei **Ersatzinvestitionen** gibt die Investitionsplanung eine Antwort auf die Frage, ob es von Vorteil ist, ein gebrauchtes durch ein neues Investitionsgut zu ersetzen und wann der richtige Zeitpunkt für einen möglichen Ersatz gekommen ist.

Bei der **Erweiterungsinvestition** geht es primär darum, ob ein Ausbau der Kapazitäten vor dem Hintergrund der konjunkturellen Lage und der wirtschaftlichen Situation des Unternehmens sinnvoll ist und welchem von mehreren Investitionsgütern der Vorrang einzuräumen ist.

Das grundsätzliche Ziel der Investitionsplanung besteht in der Vermeidung von Fehlinvestitionen, die eintreten, wenn sich herausstellt, dass sich das Unternehmen bei Nichtdurchführung der Investition besser gestellt hätte. Schließlich erfordern Investitionsentscheidungen einen hohen und langfristigen Kapitaleinsatz, der erhebliche Auswirkungen auf den Erfolg des gesamten Unternehmens hat.

Aufgabe 3 Seite 269

Vorrangig ist die Orientierung am Gewinnziel: Die Rentabilität (Verzinsung des eingesetzten Kapitals) steht im Vordergrund. Weiter ist die Sicherheit der Investition zu beachten. Maßstab dafür ist ein möglichst rascher Kapitalrückfluss (Amortisation) bzw. die Erhaltung der Liquidität.

Soweit diese Zielgrößen quantifizierbar sind, bieten sich die Verfahren der Investitionsrechnung als Entscheidungshilfe an.

Neben quantitativen Zielen spielen qualitative Faktoren in der Investitionsplanung und -entscheidung eine bedeutende Rolle. So kann es durch Investitionen z. B. zu einer Veränderung der Produktqualität kommen, gute Lieferantenbeziehungen können gefährdet werden, Probleme der Umweltbelastung, auch Fragen der Entsorgung, können auftreten.

Ziele wie Wahrung der Unabhängigkeit, vor allem aber auch soziale Gesichtspunkte (Erhaltung der Arbeitsplätze, Zufriedenheit der Mitarbeiter) konkurrieren oft in hohem Maße mit den ökonomischen Zielgrößen „Rentabilität“, „Kostenminimierung“ und „Gewinn“. Nicht selten geben qualitative Zielkriterien durch ihre hohe Gewichtung den Ausschlag bei der Entscheidungsfindung. Trotzdem sind die Ergebnisse der Investitionsrechnung unentbehrlich, da die Verwirklichung aller Zielgrößen letztlich den Gewinn voraussetzt und nur mithilfe der Investitionsrechnung die wichtigen quantifizierbaren Zielgrößen als Entscheidungshilfe bereitgestellt werden.

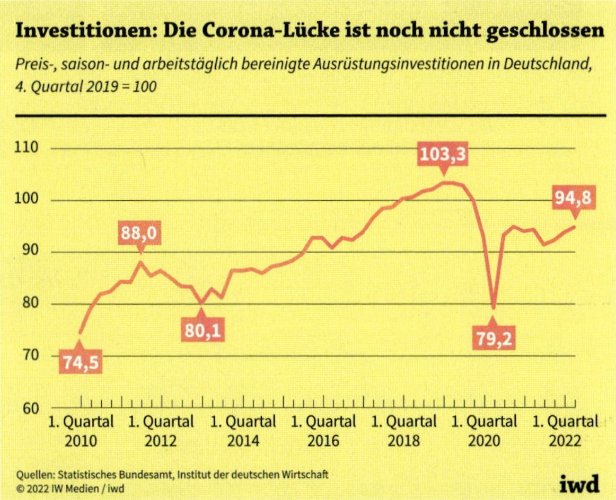

Quelle: Informationsdienst des Instituts der deutschen Wirtschaft Köln (iwd): Investitionen: Die Corona-Lücke ist noch nicht geschlossen, 15.09.2022. In: www.iwd.de. Unter: https://www.iwd.de/fileadmin/iwd_Archiv/2022_Archiv/iwd192022.pdf [27.09.2023].

Zukunftsbezug

Da Investitionsentscheidungen zukunftsbezogen sind, sind die zugrunde gelegten Daten unsicher. Dies wirkt sich besonders bei der Planung von Investitionen mit langer Nutzungsdauer aus. Bedingt durch unvollkommene Zukunftsinformationen kann man nur vom

Eintreten der „geplanten" Erwartungen künftiger Ereignisse und Entwicklungen ausgehen. Es stehen jedoch Verfahren zur Verfügung, die innerhalb bestimmter Grenzen Prognosen über den Eintritt von Handlungsfolgen ermöglichen. Auf die einzelnen Verfahren, z. B. Ansatz von Vorsichtszu- und -abschlägen sowie Wahrscheinlichkeiten, kann im Rahmen dieses Kapitels nicht eingegangen werden.

Zusammenfassende Übersichten zu Kapitel 7.1: Grundlagen der Investitionsrechnung

- Investition = Verwendung finanzieller Mittel
- Investitionsziele
  - Gewinnsteigerung
  - Kostenminimierung
  - Erhöhung der Rentabilität
  - schneller Kapitalrückfluss
  - Erhaltung der Arbeitsplätze
  - Erhöhung der Zufriedenheit der Mitarbeiter; bessere Arbeitsbedingungen
  - Umweltschutz
- Investitionsplanung
  - Aufgabe: Auswahl der vorteilhaftesten Investitionsalternative
  - Ziel: Vermeidung von Fehlinvestitionen

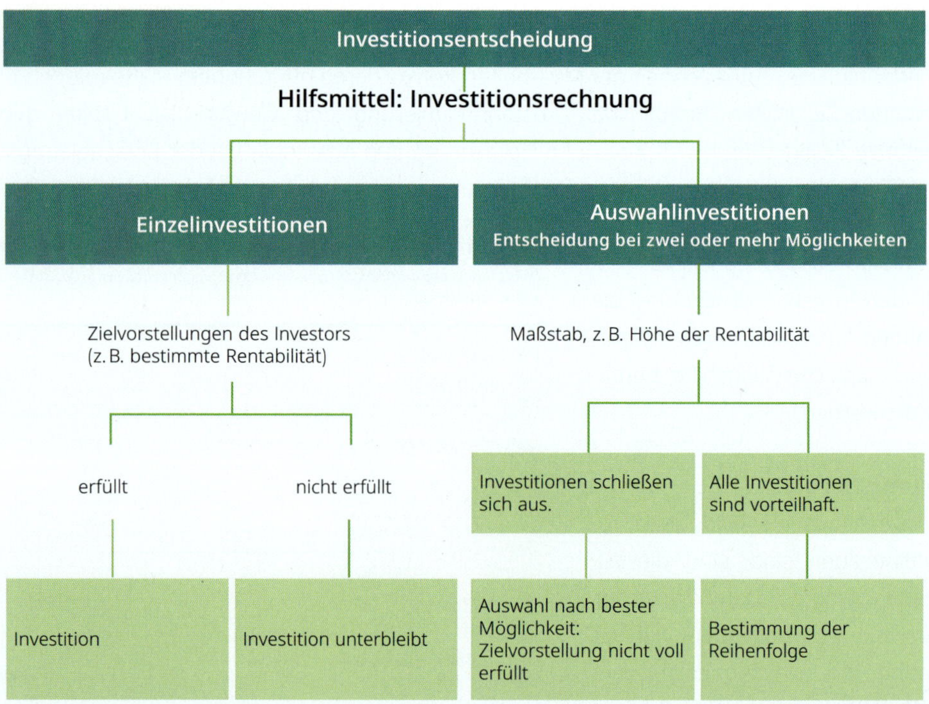

Aufgaben

1. Zusammenhang: Investitionen und Arbeitslosigkeit

Bestimmen Sie anhand der folgenden Tabelle, in welchem Verhältnis Investitionen und Arbeitslosigkeit zueinander stehen.

Investitionen und Arbeitslosigkeit in Deutschland								
Jahre	2002	2003	2004	2005	2016	2017	2018	2019
Bruttoinvestitionen in Mrd. Euro	456,7	452,0	448,9	445,9	625,9	679,6	724,3	737,7
Arbeitslosenquote in %	9,8	10,5	10,5	11,7	6,1	5,7	5,2	5,0

2. Investitionsarten

Grenzen Sie die Begriffe „Brutto-", „Ersatz-", „Erweiterungs-" und „Rationalisierungsinvestition" voneinander ab.

3. Investitionsplanung

Erläutern Sie, warum eine solide Investitionsplanung für den wirtschaftlichen Erfolg eines Unternehmens einen sehr hohen Stellenwert hat.

7.2 Statische Investitionsrechenmethoden als Entscheidungshilfe

Aufgabe 1 Seite 281

Der Jungunternehmer Christian Eberle benötigt für sein Büro noch einen Kopierer. Nachdem er sich eingehend informiert hat, kommen für ihn zwei Geräte in die engere Wahl – der einfache Kleinkopierer Modell „Basic" und der anspruchsvolle Geschäftskopierer Modell „Professional".

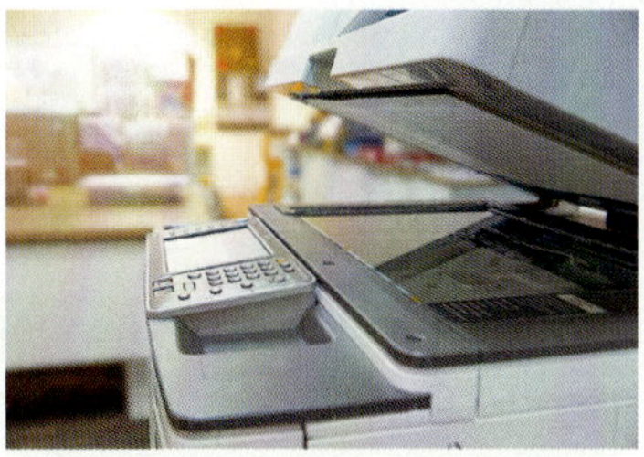

Die Kosten für die Kopiergeräte stellen sich wie folgt dar:

	Kosten je Kopie	Fixkosten pro Jahr
Modell „Basic"	0,04 €	600,00 €
Modell „Professional"	0,02 €	800,00 €

Christian Eberle rechnet zunächst mit einem jährlichen Kopiervolumen von 8000 Stück.

- Für welches Kopiergerät sollte sich der Jungunternehmer entscheiden?
- Wie würde seine Entscheidung aussehen, wenn er mit einer dynamischen Geschäftsentwicklung und einem jährlich ansteigenden Kopiervolumen von 30 % kalkulieren würde?

Die statische Investitionsrechnung bezieht den Zeitfaktor nicht mit ein **und berücksichtigt im Allgemeinen nur eine Periode. Grundlage sind Kosten und Erlöse.**

Trendverschiebungen (Auslastung, Kosten, Erlöse) und zeitlich unterschiedliche Entstehung der Vergleichszahlen mit möglichem Zinsgewinn bzw. Zinsverlust bleiben außer Betracht.

Arten der statischen Verfahren

- Kostenvergleichsrechnung
- Gewinnvergleichsrechnung
- Rentabilitätsvergleichsrechnung
- Amortisationsrechnung

7.2.1 Kostenvergleichsrechnung

Wesen

Die Kosten von Investitionsgütern werden bei Entscheidungen über Neuinvestitionen (Erweiterungsinvestition) bzw. über Ersatzinvestitionen miteinander verglichen.

Das kostengünstigste Investitionsgut wird vorgezogen. Die von den Investitionsgütern verursachten Erlöse bleiben außer Ansatz, da von gleich großen Erträgen der verglichenen Investitionsgüter ausgegangen wird.

Der Vergleich kann sich erstrecken auf

- die Kosten alternativer Investitionsgüter, jeweils *bei einer bestimmten Auslastung (Alternativinvestition)*,
- die Kosten eines gebrauchten „alten“ Investitionsgutes zu den Kosten eines „neuen“ Ersatzinvestitionsgutes, jeweils *bei einer bestimmten Auslastung (Rationalisierungsinvestition)*.

Relevante Kosten

In den Kostenvergleich werden im Allgemeinen einbezogen:

Kosten (K)	fix	variabel
Kapitalkosten (= Kapitaldienst; **KD**):		
kalkulatorische Abschreibungen	x	
kalkulatorische Zinsen	x	
Betriebskosten (B):		
Gehälter	x	
Löhne		x
Materialverbrauch		x
Instandhaltungskosten	x	
Raumkosten	x	
Energieverbrauch		x
Werkzeugverbrauch[1]		x
Summe K_f	x	
Summe K_v		x

1 Z. B. Formen für den Guss von Metall- oder Plastikteilen

Kalkulatorische Abschreibungen:
Aus Gründen der gleichmäßigen Belastung der Abrechnungs- bzw. Vergleichsperiode ist zu empfehlen, von der linearen Abschreibung auszugehen.

$$\text{Abschreibungen (Ab)}^{2} = \frac{\text{Anschaffungskosten}^{1}}{\text{Nutzungsdauer (Jahre)}} = \frac{AK}{ND}$$

Kalkulatorische Zinsen:
Zu verzinsen ist der Durchschnittswert des Investitionsgutes. Das sind die Anschaffungskosten geteilt durch 2. Darauf wird ein Kalkulationszinssatz (p) angewandt, der sich an die Höhe des durchschnittlichen Bankzinssatzes anlehnen kann.

$$\text{Kalkulatorische Zinsen} = \frac{\text{Anschaffungskosten}}{2} \cdot \frac{\text{Zinssatz}}{100} = \frac{AK}{2} \cdot \frac{p}{100}$$

Die Gesamtkosten (K) der Abrechnungsperiode setzen sich aus Kapitalkosten (KD) und Betriebskosten (B) zusammen.

$$K = \frac{AK}{ND} + \frac{AK}{2} \cdot \frac{p}{100} + B$$

Anwendung im Entscheidungsbereich

Kostengünstigste Alternativinvestition
(Erweiterungsinvestitionen – Kritische Auslastungsmenge)

Mithilfe der Kostenvergleichsrechnung werden mehrere Investitionsalternativen hinsichtlich der Gesamt- oder Stückkosten verglichen. Bei gleicher Ausbringungsmenge bilden die Gesamtkosten, bei unterschiedlicher Ausbringungsmenge die Stückkosten die Vergleichsgrundlage. Bestandteile der Gesamtkosten sind die variablen und die fixen Kosten, wobei sich die fixen Kosten aus den kalkulatorischen Abschreibungen, den kalkulatorischen Zinsen und sonstigen fixen Kosten zusammensetzen.

---

1 Bei konsequent kostenrechnerischem Ansatz werden nicht die Anschaffungskosten, sondern die Wiederbeschaffungskosten zugrunde gelegt. In der Investitionsrechnung wird – im Gegensatz zur Kostenrechnung – üblicherweise von den Anschaffungskosten ausgegangen, da sich die geschätzten Wiederbeschaffungskosten bei jeder Investitionsalternative in gleicher Weise verändern.

2 Das Ergebnis wird genauer, wenn von den Anschaffungskosten (bzw. Wiederbeschaffungskosten) der Restwert abgezogen wird. Unter dem Restwert versteht man den erwarteten Liquidationserlös am Ende der Nutzungsdauer. Da der Liquidationserlös am Ende der Nutzungsdauer nicht verloren geht, ergibt sich der Wertverlust aus der Nutzung aus Anschaffungskosten (bzw. WK) abzüglich Restwert.

Beispiel

	Investitionsgut I	Investitionsgut II
Anschaffungskosten **Nutzungsdauer/Jahre** **Auslastung/Jahr**	**240.000,00 €** **8** **80 000 Stück**	**280.000,00 €** **8** **80 000 Stück**
zusammengefasste variable Betriebskosten **kalkulatorischer Zinssatz**	**58.000,00 €** **10 %**	**46.000,00 €** **10 %**
Kapitalkosten: – kalkulatorische Abschreibung/Jahr (240.000 € : 8) – kalkulatorische Zinsen (10 % auf halbe Anschaffungskosten 120.000,00 € bzw. 140.000,00 €) – fixe Betriebskosten (zusammengefasst)	 30.000,00 € 12.000,00 € 8.000,00 €	 35.000,00 € 14.000,00 € 5.000,00 €
Fixe Kosten (Kf) variable Betriebskosten (zusammengefasst)	50.000,00 € 58.000,00 €	54.000,00 € 46.000,00 €
Gesamtkosten (K)	108.000,00 €	100.000,00 €
Stückkosten (k)	$\frac{108.000,00\text{ €}}{80\,000\text{ St.}}$ = **1,35 € /St.**	$\frac{100.000,00\text{ €}}{80\,000\text{ St.}}$ = **1,25 €/St.**

Aufgaben 2–6 Seite 281–283

Bei dem hier dargestellten Kostenvergleich wird die Auslastung der Kapazitäten (80 000 Stück) unterstellt. Von Bedeutung ist die Frage, von welcher Auslastung (Ausbringung) an das Investitionsgut II gegenüber dem Investitionsgut I günstiger arbeitet. Diese kritische Auslastungsmenge („Übergangsmenge") wird erreicht, wenn bei den beiden Investitionsgütern die Gesamt- bzw. Stückkosten gleich hoch sind. Die **kritische Auslastungsmenge** soll anhand des obigen Beispiels bestimmt werden.

Allgemein gilt für die Kosten der Investition:

$$\mathbf{K = K_f + k_v \cdot x}$$

Bestimmt man die Funktionsgleichungen für die beiden Investitionsgüter und setzt diese gleich, so ergibt sich die folgende kritische Auslastung (x):

Investitionsalternative I: K I = 50.000,00 € + 0,725 €/St. · x St.*
Investitionsalternative II: K II = 54.000,00 € + 0,575 €/St. · x St.**

* 58.000,00 € : 80 000 St. = 0,725 €/St.
** 46.000,00 € : 80 000 St. = 0,575 €/St.

K I = K II
50.000,00 € + 0,725 €/St. · x St. = 54.000,00 € + 0,575 €/St. · x St.
0,725 €/St. · x St. – 0,575 €/St. · x St. = 54.000,00 € – 50.000,00 €
0,15 €/St. · x St. = 4.000,00 €
x = 26 667 St. Übergangsmenge von I zu II

Anwendung im Entscheidungsbereich Ersatzinvestition

Es geht um die Entscheidung, ob und wann ein gebrauchtes Investitionsgut mit Restnutzungsdauer durch ein neues Investitionsgut ersetzt werden soll. Im Allgemeinen werden dabei nur folgende Kosten verglichen:

altes Investitionsgut		neues Investitionsgut (Ersatzinvestition)
Betriebskosten (B)	⟷	Kapitaldienst **und** Betriebskosten (KD + B)

Begründung: Dieser Kostenvergleich ist zukunftsorientiert, d. h., die Kosten nach dem Zeitpunkt für eine mögliche Ersatzinvestition werden herangezogen. Der Restwert des alten Investitionsgutes, der aus Schätzungen der Vergangenheit stammt, wird nicht beachtet.

Ein höherer Genauigkeitsgrad wird erreicht, wenn man die Minderung des **Restwerterlöses** der alten Anlage im Verlauf der Vergleichsperiode (= Restnutzungsdauer) schätzt, in die Vergleichsrechnung einbezieht und die **kalkulatorischen** Zinsen auf das durchschnittlich gebundene Kapital berücksichtigt.

Zu beachten sind zwei Resterlöswerte: zum Zeitpunkt der möglichen Investitionsentscheidung und zum Zeitpunkt des Ablaufs der Nutzungsdauer. Ihr Unterschiedsbetrag, geteilt durch die Restnutzungsdauer (Jahre), ist beim Kostenvergleich je Periode (Jahr) als *durchschnittliche Minderung des Liquidationserlöses* heranzuziehen.

$$\textbf{Durchschnittliche Minderung des Liquidationserlöses je Periode (Jahr)} = \frac{\textbf{Liquidationserlös am Anfang der Vergleichsperiode } (L_{AV}) - \textbf{Liquidationserlös am Ende der Vergleichsperiode } (L_{EV})}{\textbf{Restnutzungsdauer (= Vergleichsperiode)}}$$

Kalkulatorisch zu verzinsen ist die Summe aus den Restwerterlösen (Liquidationserlösen) zum Zeitpunkt der geplanten Ersatzbeschaffung und am Zeitpunkt des Ablaufs der Nutzungsdauer, geteilt durch 2 (Durchschnittswertrechnung).

$$\textbf{Kalk. Zinsen} = \frac{\textbf{Liquidationserlös am Anfang } (L_{AV})}{2} \cdot \frac{\textbf{Zinssatz}}{100}$$

Beurteilung des Kostenvergleichsverfahrens

Das Kostenvergleichsverfahren ist ein einfaches, in der Praxis leicht anwendbares Verfahren.

Nachteilig ist, dass die Anwendung nur für eine Abrechnungsperiode möglich ist. Veränderungen der Kostenstrukturen werden nicht berücksichtigt.

Keine Beachtung finden die Erlöse aus der Investition und damit die Rentabilität. Höhere Kosten eines Investitionsgutes könnten durch höhere Erlöse überkompensiert werden.

Bei Ersatzinvestitionen wird im Allgemeinen von gleichbleibenden Erlösen ausgegangen. Dadurch kann das Verfahren für diese Entscheidung angewendet werden.

Die Auflösung der Kosten in ihre fixen und variablen Bestandteile ist auch hier schwierig, die Verfahren sind umstritten.

Fallbeispiel

Stellen Sie Kostenvergleichsrechnungen für 1. und 2. (Gesamt- und Stückkosten) aufgrund der folgenden Angaben auf.

1. Alternativinvestition

A oder B anschaffen?	Investitionsgüter (Alternativinvestition)	
	A	B
Anschaffungskosten (€)	600.000,00	400.000,00
Nutzungsdauer (Jahre)	6	8
Zinssatz (%)	12	12
Auslastung (Stück/Jahr)	50000	50000
Summe der variablen Kosten (€)	120.000,00	200.000,00
Summe der fixen Kosten – noch ohne kalkulatorische Abschreibungen und Zinsen – (€)	90.000,00	60.000,00

Bestimmen Sie die kritische Auslastungsmenge. Wie müssten Sie vorgehen, wenn die Investitionsgüter künftig mit 60000 Stück/Jahr ausgelastet wären? Gegebenenfalls muss auch die Finanzierung des „Mehr" an Anschaffungskosten beachtet werden.

Fallbeispiel

Lösung

Alternativinvestition A oder B anschaffen?	Investitionsgüter	
	A (€)	B (€)
Abschreibungen* Zinsen** sonstige fixe Kosten	100.000,00 36.000,00 90.000,00	50.000,00 24.000,00 60.000,00
Fixe Gesamtkosten (K_f) Summe der variablen Kosten (K_v) bei 50000 Auslastung	226.000,00 120.000,00	134.000,00 200.000,00

Alternativinvestition A oder B anschaffen?	Investitionsgüter	
	A	B
Gesamtkosten (K) Stückkosten ($k_f + k_v = k$) Entscheidung für B bei 50000 Stück Auslastung	346.000,00 € $\frac{226.000{,}00\ €}{50000\ St.} + 2{,}40\ €/St.$ = 6,92 €/St.	334.000,00 € $\frac{134.000{,}00\ €}{50000\ St.} + 4{,}00\ €/St.$ = **6,68 €/St.**
Entscheidung für A bei 60000 Stück Auslastung	$\frac{226.000{,}00\ €}{60000\ St.} + 2{,}40\ €/St.$ = **6,17 Euro/St.**	$\frac{134.000{,}00\ €}{60000\ St.} + 4{,}00\ €/St.$ = 6,23 €/St.
Kritische Auslastung (Stück)[1]	$\frac{K_f A - K_f B}{k_v B - k_v A} = \frac{226.000 - 134.000}{4 - 2{,}4} = 57\ 500$	
* Abschreibungen	$Ab = \frac{600.000{,}00\ €}{6\ J}$ = 100.000,00 €/J	$Ab = \frac{400.000{,}00\ €}{8\ J}$ = 50.000,00 €/J
** Zinsen =	$Z = \frac{600.000{,}00\ €}{2} \cdot \frac{12}{100}$ = 36.000,00 €	$Z = \frac{400.000{,}00\ €}{2} \cdot \frac{12}{100}$ = 24.000,00 €

Fallbeispiel

2. Ersatzinvestition (Rationalisierungsinvestition)
C durch D ersetzen?

	Investitionsgüter	
	C (gebraucht)	D (Ersatz)
Anschaffungskosten (€)	360.000,00	500.000,00
Nutzungsdauer (Jahre)	10	10
Auslastung (Stück/Jahr)	12000	12000
Zinssatz (%)	9	9
Restliche Nutzungsdauer (Jahre)	3	–
Resterlöswerte (€):		
Ende 7. Jahr	80.000,00	–
Ende 10. Jahr	0,00	–
fixe Kosten – noch ohne Abschreibungen, Zinsen und Beachtung der Resterlöswerte – (€)	60.000,00	120.000,00
variable Kosten (€)	419.000,00	275.000,00

Fallbeispiel

Lösung

	Investitionsgüter	
	C € (gebraucht)	D € (Ersatz)
Abschreibungen	–	50.000,00
Minderung des Liquidationswertes (1)*	26.667,00	–
Zinsen (2)**	3.600,00	22.500,00
Sonstige fixe Kosten	60.000,00	120.000,00

[1] Oder Gleichsetzung: 226.000 + 2,4 x = 134.000 + 4 x; x = 57 500.

Ersatzinvestition C durch D ersetzen?	Investitionsgüter	
	C (€)	D (€)
Summe der fixen Kosten (K_f)	90.267,00	192.500,00
Summe der variablen Kosten (K_v) bei 12 000 Stück	419.000,00	275.000,00
Gesamtkosten (K)	509.267,00	**467.500,00**
Stückkosten ($k = k_f + k_v$)	$\frac{90.267,00}{12\,000} + 34,92 = \mathbf{42,44}$	$\frac{192.500,00}{12\,000} + 22,92 = \mathbf{38,96}$
Rechenweg * (1)	$\frac{80.000,00}{3} = 26.667,00$	—
Rechenweg ** (2)	$\frac{80.000,00}{2} \cdot \frac{9}{100} = 3.600,00$	$\frac{500.000,00}{2} \cdot \frac{9}{100} = 22.500,00$

Der Ersatz des alten Investitionsgutes ist zu empfehlen.

7.2.2 Gewinnvergleichsrechnung

Anwendung

Aufgabe 7 Seite 283

Fallen bei den zu vergleichenden Investitionsprojekten unterschiedliche Erlöse an, so ist die Kostenvergleichsrechnung unbrauchbar. In diesem Fall greift man auf die Gewinnvergleichsrechnung zurück, die eine Erweiterung der Kostenvergleichsrechnung darstellt. Für mehrere Projekte werden die jeweiligen Gewinne für eine repräsentative Periode ermittelt und verglichen.

!

G = E – K

G = Gewinn
E = zurechenbare Erlöse
K = zurechenbare Kosten

Entscheidungskriterium

Eine Einzelinvestition ist dann vorteilhaft, wenn

- der Gewinn positiv oder
- ein angestrebter Mindestgewinn

erzielt wird.

Bei mehreren zur Wahl stehenden Investitionsobjekten entscheidet man sich für das Investitionsgut, mit dem der höchste Gewinn erreicht wird.

Fallbeispiel

Ausgehend von den Angaben des Fallbeispiels auf Seite 274 soll auch die Erlösseite berücksichtigt werden. Die Investitionsgüter A und B unterscheiden sich in ihrer qualitativen Leistungsfähigkeit derart, dass sich die auf Maschine A produzierten Erzeugnisse für 8,50 €/St. verkaufen lassen, während sich für die auf Maschine B produzierten Erzeugnisse nur 7,50 €/St. erzielen lassen.
Welches Investitionsgut sollte unter diesen Bedingungen angeschafft werden?

A oder B anschaffen?	**Investitionsgüter (Alternativinvestition)**	
	A	**B**
Anschaffungskosten (€)	600.000,00	400.000,00
Nutzungsdauer (Jahre)	6	8
Zinssatz (%)	12	12
Auslastung (Stück/Jahr)	50 000	50 000
Summe der variablen Kosten (€)	120.000,00	200.000,00
Summe der fixen Kosten – noch ohne kalkulatorische Abschreibungen und Zinsen – (€)	90.000,00	60.000,00

Lösung

A oder B anschaffen?	**Investitionsgüter (Alternativinvestition)**	
	A (€)	**B (€)**
Gesamtkosten (K)	346.000,00	334.000,00
Erlöse	425.000,00 (50 000 St. · 8,50 €/St.)	375.000,00 (50 000 St. · 7,50 €/St.)
Gewinn (E – K)	79.000,00	41.000,00
Ergebnis: Entscheidung für Investitionsgut A, weil mit A ein höherer Gewinn erzielt wird.		

Beurteilung

Die Gewinnvergleichsrechnung bezieht die Erlöse in die Betrachtung mit ein und ist damit realitätsnäher als die Kostenvergleichsrechnung. Ansonsten gelten die Einschränkungen des Kostenvergleichsverfahrens.

vgl. Seite 273 f

Nicht nur die Zurechnung der Kosten, sondern auch der Erlöse sind in der Praxis mit erheblichen Problemen verbunden. Wie bei allen statischen Verfahren wird der zeitliche Anfall der Zahlungsströme nicht berücksichtigt.

7.2.3 Rentabilitätsvergleichsrechnung

Anwendung

Wenn der Kapitaleinsatz für alternative Investitionsobjekte stark voneinander abweicht, reicht ein Vergleich der absoluten Gewinnhöhe nicht als Kriterium für eine Investitionsentscheidung aus. An dieser Stelle setzt die Rentabilitätsvergleichsrechnung an, die die Verzinsung des durchschnittlich eingesetzten Kapitals der Investitionsprojekte vergleicht.

$$\text{Rentabilität in \%} = \frac{\text{korrigierter Gewinn } G_k}{\text{durchschnittlich gebundenes Kapital}} \cdot 100$$

Gewinn G
+ kalkulatorische Zinsen[1]
= korrigierter Gewinn G_k

$$\text{durchschnittliche Kapitalbindung} = \frac{\text{Anschaffungskosten}}{2}$$

Entscheidungskriterium

Eine Einzelinvestition ist dann vorteilhaft, wenn die Rentabilität des Investitionsprojekts größer als die vom Investor gewünschte Mindestverzinsung ist.

Bei mehreren zur Wahl stehenden Investitionsprojekten entscheidet man sich für das Investitionsgut mit der höchsten Rentabilität.

Fallbeispiel

Ausgehend von den Angaben des Fallbeispiels auf Seite 274 und Seite 277 sollen folgende Informationen berücksichtigt werden:

Alternativinvestition A oder B anschaffen?	Investitionsgüter	
	A	B
Anschaffungskosten	600.000,00 €	400.000,00 €
Zinssatz	12 %	12 %
Gewinn (E – K)	79.000,00 €	41.000,00 €

Welches Investitionsgut sollte auf der Grundlage der Rentabilitätsvergleichsrechnung angeschafft werden?

Lösung

Alternativinvestition A oder B anschaffen?	**Investitionsgüter**	
	A	**B**
Gewinn + kalkulatorische Zinsen	79.000,00 € + 36.000,00 €	41.000,00 € + 24.000,00 €
korrigierter Gewinn	115.000,00 €	65.000,00 €
durchschnittliche Kapitalbindung	$\frac{600.000{,}00\text{ €}}{2\text{ J}} = 300.000{,}00\text{ €/J}$	$\frac{400.000{,}00\text{ €}}{2\text{ J}} = 200.000{,}00\text{ €/J}$
Rentabilität	$\frac{115.000{,}00\text{ €}}{300.000{,}00\text{ €}} \cdot 100 = \mathbf{38{,}33\ \%}$	$\frac{65.000{,}00\text{ €}}{200.000{,}00\text{ €}} \cdot 100 = 32{,}5\ \%$

Ergebnis: Entscheidung für Investitionsgut A, weil A eine höhere Verzinsung aufweist.

1 Die kalkulatorischen Zinsen werden nicht als Kostenbestandteil betrachtet und deshalb nicht hinzugerechnet, weil die ermittelte Rentabilität für die Verzinsung des insgesamt eingesetzten Kapitals steht.

Beurteilung

Die Rentabilitätsvergleichsrechnung führt bei Investitionsgütern mit unterschiedlich hohem Kapitaleinsatz zu besseren Ergebnissen als die Gewinnvergleichsrechnung. Durch den Vergleich mit einer festverzinslichen Geldanlage können zudem Rückschlüsse getroffen werden, ob die Investition überhaupt die gewünschte Mindestverzinsung erbringt. Ansonsten gelten die Einschränkungen der Kosten- und Gewinnvergleichsrechnung.

7.2.4 Amortisationsrechnung

Anwendung

Die zentrale Fragestellung der Amortisationsrechnung lautet: Wie lange dauert es, bis der Kapitaleinsatz für eine Investition durch Rückflüsse wiedergewonnen werden kann?

Amortisationsdauer in Jahren = Anschaffungskosten (Euro) dividiert durch die durchschnittlichen Rückflüsse pro Jahr (Euro)

!

Entscheidungskriterium

Die Amortisationszeit ist auch ein Risikoindikator. Je länger es dauert, bis sich eine Investition amortisiert hat, umso riskanter ist diese. Eine Einzelinvestition ist deshalb nur dann vorteilhaft, wenn die maximal zulässige Amortisationszeit des Investors nicht überschritten wird. Bei mehreren Investitionsprojekten ist die Investition mit der geringsten Amortisationszeit am vorteilhaftesten.

Beurteilung

Wie alle statischen Investitionsrechnungen berücksichtigt die Amortisationsrechnung zeitliche Unterschiede im Anfall der Rückflüsse nicht. Zudem erlaubt sie keine Aussage über den Erfolg des Investitionsprojekts, weil der Zeitraum nach der Amortisationszeit erfolgsmäßig nicht berücksichtigt wird.

Aufgabe 8 Seite 283

Dennoch ist die Amortisationsrechnung in der Praxis weit verbreitet, weil sie sehr anschaulich ist und die Amortisationszeit einfach berechnet werden kann.

Fallbeispiel 1

Berechnung der Amortisationszeit mit der Durchschnittsrechnung.

Investitionsgüter	E	F
Anschaffungskosten (€)	80.000,00	105.000,00
Nutzungsdauer (Jahre)	8	10
Durchschnittlicher Rückfluss pro Jahr (€)	20.000,00	30.000,00

Lösung

Investitionsgüter	E	F
Armotisationszeit	$\frac{80.000,00\ €}{20.000,00\ €\ \text{pro Jahr}} = 4$ Jahre	$\frac{105.000,00\ €}{30.000,00\ €\ \text{pro Jahr}} =$ **3,5 Jahre**

Ergebnis: Entscheidung für das Investitionsgut F mit der kleineren Amortisationszeit.

Fallbeispiel 2

Berechnung der Amortisationszeit mit der Kumulationsrechnung.

Investitionsgüter	G	H
Anschaffungskosten (€)	50.000,00	70.000,00
Nutzungsdauer (Jahre)	6	6
Durchschnittlicher Rückfluss pro Jahr (€)		
1. Jahr	10.000,00	15.000,00
2. Jahr	17.000,00	20.000,00
3. Jahr	15.000,00	18.000,00
4. Jahr	10.000,00	12.000,00
5. Jahr	8.000,00	10.000,00
6. Jahr	8.000,00	9.000,00

Lösung

Beim Investitionsgut G beträgt die Amortisationszeit 3,8 Jahre und beim Investitionsgut H 4,5 Jahre. Der Investor wird sich deshalb für das Investitionsgut G entscheiden.

Zusammenfassende Übersicht zu Kapitel 7.2: Statische Investitionsrechenmethoden

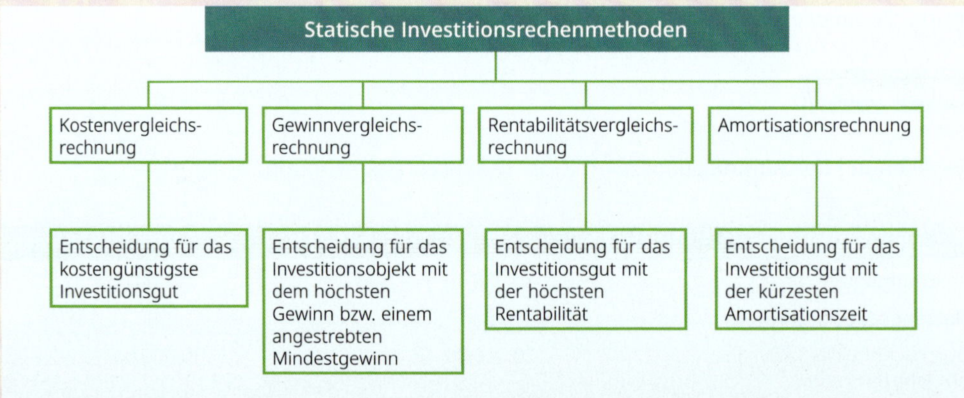

Aufgaben

1. Kostenvergleichsrechnung und kritische Menge

Lösen Sie die Aufgaben zum Eingangssachverhalt auf Seite 269.

2. Kostenvergleichsrechnung bei Alternativinvestition

a) Treffen Sie eine Entscheidung aufgrund des Kostenvergleichs mit folgenden Angaben.

	Investitionsgüter	
	A	B
Anschaffungskosten (€)	290.000,00	330.000,00
Nutzungsdauer (Jahre)	10	8
Zinssatz (%)	11	11
Auslastung (Stück/Jahr)	6500	6500
Summe der variablen Betriebskosten (€)	98.000,00	112.000,00
Summe der fixen Kosten – noch ohne Kapitaldienst – (€)	60.000,00	80.000,00

b) Ermitteln Sie das Ergebnis, wenn das Investitionsgut A nur mit 4000 Stück/Jahr ausgelastet ist.

3. Kostenvergleichsrechnung als Entscheidungshilfe für eine Ersatzinvestition

Begründen Sie aufgrund der folgenden Zahlenaufstellung, ob Sie das alte Investitionsgut weiternutzen oder sich für ein Ersatzgut entscheiden.

	Investitionsgüter	
	alt	Ersatz
Anschaffungskosten (€)	400.000,00	345.000,00
Nutzungsdauer (Jahre)	8	8
Auslastung (Stück/Jahr)	42000	26000
Zinssatz (%)	10	10
Restliche Nutzungsdauer (Jahre)	4	
Resterlöswert (€):		
Ende 6. Jahr	100.000,00	
Ende 8. Jahr	0,00	
fixe Kosten – noch ohne Beachtung von Abschreibungen, Zinsen und Resterlösen – (€)	96.000,00	84.000,00
variable Kosten (€)	300.000,00	380.000,00

4. Kritische Auslastungsmenge

Auf einer Maschinengruppe werden Autogetriebe bearbeitet. Kostenaufstellungen haben monatliche Fixkosten von 78.000,00 € und variable Stückkosten von 420,00 € ergeben. Ein Industrieroboter führt sämtliche Arbeitsgänge durch und senkt bei monatlichen Fixkosten von 150.000,00 € die variablen Stückkosten auf 240,00 €.

Lösen Sie die folgenden Aufgaben rechnerisch:

a) Ermitteln Sie die Stückzahl (kritische Menge), bei der beide Anlagen dieselben Kosten verursachen.

b) Erläutern Sie, wie sich die bearbeiteten Mengen von 300 bzw. 600 Stück auf die Stückkosten beider Anlagen auswirken.

c) Leiten Sie allgemeine Erkenntnisse aus den Ergebnissen von 4a) und b) ab.

5. Investitionsentscheidungen bei unterschiedlicher Auslastung

Die Bearbeitung von Gelenkwellen soll in das Produktionsprogramm aufgenommen werden. Drei Anlagen stehen wahlweise zur Verfügung:

	Anlagen		
	A	B	C
Anschaffungskosten (€)	110.000,00	120.000,00	140.000,00
Nutzungsdauer (Jahre)	6	6	6
Kapazität (Stück)	16 000	16 000	20 000
Zinssatz (%)	11,00	11,00	11,00
K_f sonstige (€)	66.000,00	70.000,00	80.000,00
K_v (Kapazität ausgenutzt, €)	148.000,00	136.000,00	120.000,00

a) Entscheiden Sie, welche Anlage anzuschaffen ist, wenn von 15 000 Stück/Periode auszugehen ist.

b) Berechnen Sie die kritischen Mengen.

c) Entscheiden Sie, welche Anlage gewählt wird, wenn auf Dauer nur ein Absatz von 5 000 bzw. 6 000 Stück zu erwarten ist. Begründen Sie die richtige Auswahl anhand der unter b) berechneten kritischen Mengen.

6. Kostenvergleichsrechnung in der Kritik

In einem Industriebetrieb soll eine verbesserte Laser-Blechschneidemaschine die bisherige Maschine ersetzen. Die zurechtgeschnittenen Blechteile werden nach weiterer Be- und Verarbeitung in das Fertigprodukt eingebaut. Zwei Blechschneidemaschinen sind angeboten. Als Kostenvorteil für die Maschine CO 17 haben sich je Periode (Jahr) 92.600,00 € ergeben.

Untersuchen Sie die Aussage: „In diesem Falle haben wir uns voll am Kostenvorteil orientiert, um die Erträge brauchen wir uns nicht zu kümmern."

7. Gewinnvergleichsrechnung und Kostenvergleichsrechnung

Ein Speditionsunternehmen plant die Anschaffung eines neuen Lkw. Nach einer Vorabprüfung verbleiben zwei Modelle in der engeren Wahl. Für sie gelten folgende Daten:

	Lkw Typ MB 480	Lkw Typ D 55
Anschaffungskosten (€)	150.000,00	200.000,00
Nutzungsdauer (Jahre)	10	10
Zinssatz (%)	9	9
jährliche Kilometerleistung	100 000	100 000
variable Kosten je km in €	0,80	0,70
sonstige fixe Kosten pro Jahr (€)	20.000,00	30.000,00
Erlöse für Transportleistungen je km in €	1,50	1,60

a) Treffen Sie eine betriebswirtschaftliche Entscheidung auf der Grundlage der Gewinnvergleichsrechnung.

b) Begründen Sie, warum im vorliegenden Fall die Rentabilitätsvergleichsrechnung sinnvoller ist.

c) Ermitteln Sie das Ergebnis bei Anwendung der Rentabilitätsvergleichsrechnung.

8. Armortisationsrechnung

Für zwei Laserbearbeitungsmaschinen gelten folgende Angaben:

	Typ 3000	Typ 4000
Anschaffungskosten (€)	200.000,00	285.000,00
Nutzungsdauer in Jahren	10	12
Durchschnittlicher Rückfluss pro Jahr (€)	25.000,00	30.000,00

Erläutern Sie, für welche Maschine sich der Investor entscheidet, wenn er die Armortisationszeit zugrunde legt.

7.3 Kapitalwertmethode als dynamische Investitionsrechenmethode

Beispiel

Ein Finanzberater empfiehlt einer Kundin eine langfristige Kapitalanlage, die folgenden Einzahlungs- und Rückzahlungsplan vorsieht:

Jahre	Einzahlungen des Kunden in €	Rückzahlungen an den Kunden in €
1	10.000,00	-----
2	10.000,00	-----
3	-----	-----
4	-----	-----
5	-----	-----
6	-----	5.000,00
7	-----	5.000,00
8	-----	5.000,00
9	-----	5.000,00
10	-----	5.000,00
Summe	20.000,00	25.000,00

Der Anlageberater weist auf die 25%ige Wertsteigerung hin.

Wo liegt die Problematik dieser Finanzinvestition?

7.3.1 Wesen der dynamischen Verfahren

Im Gegensatz zu den statischen Verfahren, die im Wesentlichen von den Kosten und Erträgen bzw. dem Gewinn („kalkulatorische Größen“) einer Periode ausgehen, berücksichtigen die dynamischen Verfahren ausschließlich die *Ausgaben und Einnahmen („Zahlungsströme“)* aller Nutzungsperioden des Investitionsgutes. Dabei werden die „kapitalbindenden Ausgaben“ für die Investition bzw. die laufenden Ausgaben, z. B. Pachtzahlungen, den „kapitalfreisetzenden Einnahmen“ gegenübergestellt.

! **Der unterschiedliche zeitliche Anfall der Ausgaben und Einnahmen während der Nutzungsdauer wird durch die Beachtung von *Zins und Zinseszinsen* berücksichtigt.**

7.3.2 Finanzmathematische Grundlagen

Auf- und Abzinsung

Durch Auf- und Abzinsung auf einen Bezugszeitpunkt werden die zu unterschiedlichen Zeitpunkten anfallenden Einnahmen und Ausgaben vergleichbar gemacht. Wird für diesen *Zeitwert* (= Wert der Zahlung im Zeitpunkt ihres Entstehens) als Bezugszeitpunkt der Beginn des Planungszeitraums gewählt, so wird dieser *Gegenwartswert (Barwert)* der Zahlungen durch *Abzin-*

sung (Diskontierung) ermittelt. Wird der Bezugszeitpunkt auf das Ende des Planungszeitraums verlagert, so erhält man durch *Aufzinsung* den zu ermittelnden *Endwert*.

Kalkulationszinssatz

Die Anwendung finanzmathematischer Methoden bedingt die Festlegung eines Zinssatzes, des Kalkulationszinssatzes. Als **Orientierungsmöglichkeiten** für seine Höhe bieten sich an:

- der Zinssatz am Kapitalmarkt zuzüglich eines Risikozuschlags (Grundlage dieses Zinssatzes kann z. B. die effektive Verzinsung festverzinslicher Wertpapiere bzw. die Verzinsung langfristigen Fremdkapitals sein),
- die Verzinsung des Eigen- bzw. Gesamtkapitals der Unternehmung.

Außerdem können Wunschvorstellungen des Investors die Höhe des Kalkulationszinssatzes bestimmen bzw. beeinflussen.

Zinseszinsrechnung als Grundlage der dynamischen Verfahren

Wesen der Rechnung (am Beispiel der Aufzinsung)

Die Zinsen auf längerfristig angelegtes Kapital werden dem Kapitalgeber jeweils am Jahresende gutgeschrieben. Wenn er diese Zinsen nicht abhebt bzw. nicht anderweitig darüber verfügt, so werden sie zusammen mit dem ursprünglich angelegten Kapital im folgenden Jahr und in den späteren Jahren verzinst. Der Anleger erhält somit auch *Zinsen von seinen Zinsen*, also „**Zinseszinsen**". Das ursprüngliche Kapital plus den Zinsen wird jeweils zu Beginn des kommenden Jahres als neues Kapital angelegt. Somit wächst das Kapital um die Zinsen und die Zinsen aus den Zinsen an.

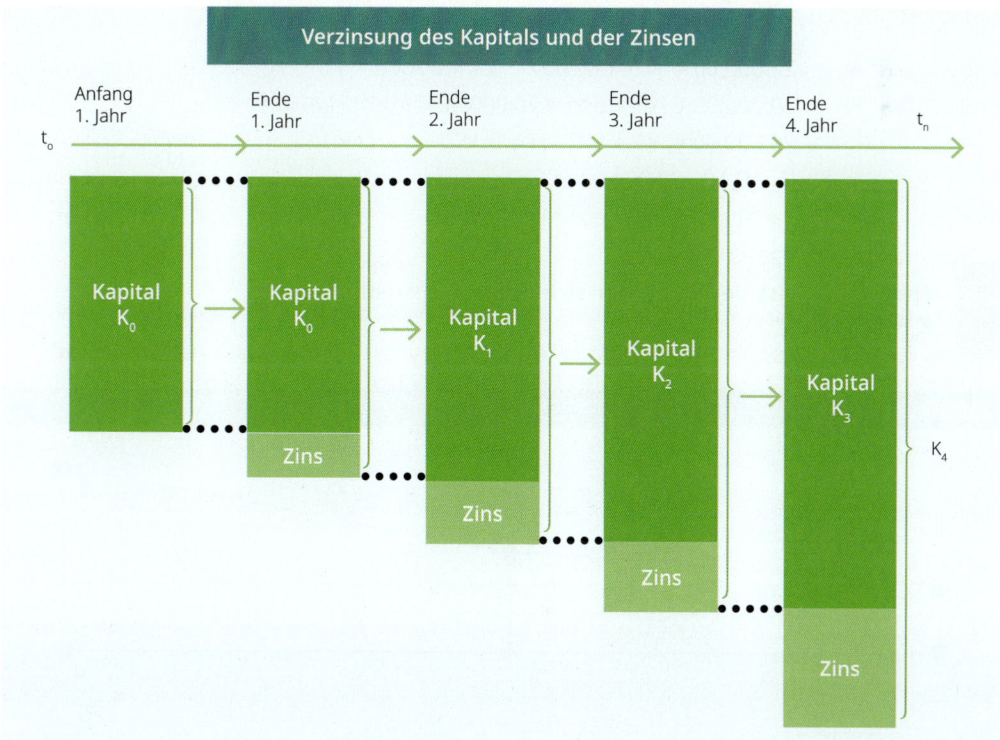

Finanzmathematische Basisformeln

Ermittlung des Endwertes durch Aufzinsung

Fallbeispiel

20.000,00 € (K_0) werden heute (t_0) bei einer Bank angelegt. Wie hoch ist in zwei Jahren (t_2) das Endkapital bei 10 % Zinsen?

Lösungen

t_0	Anfang 1. Jahr + 10 % Zinsen, Ende 1. Jahr	K_0 20.000,00 € 2.000,00 €
t_1	Ende 1. Jahr + 10 % Zinsen, Ende 2. Jahr	K_1 22.000,00 € 2.200,00 €
t_2	Ende des 2. Jahres	K_2 24.200,00 €

Symbole:

K_0 = Kapital im Zeitpunkt t_0

n = Anzahl der Jahre

K_n = Kapital mit Zinseszinsen nach n Jahren (im Zeitpunkt t_n)

p = Zinssatz

$i = \frac{p}{100}$

$q = 1 + i$

Entwicklung der Formel zur Ermittlung des Endwertes aus den Zahlen des Beispiels:

$K_0 = 20.000{,}00\ €\quad i = \frac{p}{100} = 0{,}1,\ n = 2$

Daraus ergibt sich

Ende 1. Jahr: $K_1 = 20.000{,}00\ € + 20.000{,}00\ € \cdot 0{,}1 = 20000 \cdot (1 + 0{,}1)$

Ende 2. Jahr: $K_2 = 20.000{,}00\ € \cdot (1 + 0{,}1) + 20.000{,}00\ € \cdot 0{,}1 \cdot (1 + 0{,}1)$

$= 20.000{,}00\ € \cdot (1 + 0{,}1) \cdot (1 + 0{,}1)$

$= (1 + 0{,}1)^2 \cdot 20.000{,}00\ €$

$= 1{,}210 \cdot 20.000{,}00\ € = 24.200{,}00\ €$

Endwert (K_n) ist der Wert, der sich durch Aufzinsung ergibt:
$K_n = K_0 \cdot (1 + i)^n$

Aufzinsung

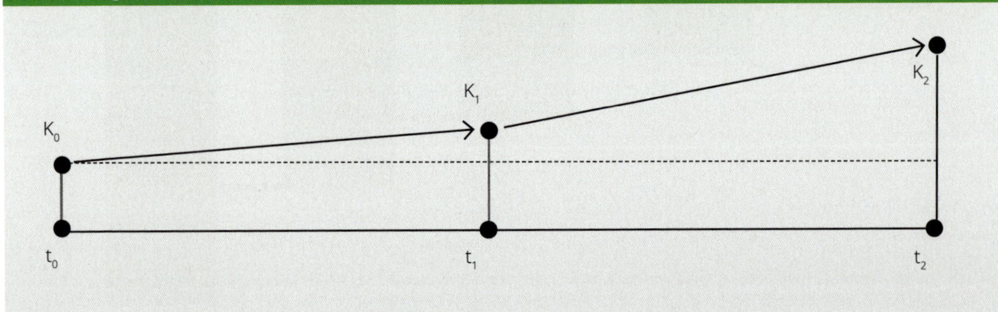

Aufgaben 1 und 2 Seite 292

Ermittlung des Barwertes (Gegenwartswertes; K_0) durch Abzinsung (Diskontierung)

Fallbeispiel

Welchen Betrag (K_0) musste ein Investor ursprünglich anlegen, wenn er nach zwei Jahren (t_2) bei einem Zinssatz von 10 % 24.200,00 € (K_2) erhält?

Lösung

$$K_0 = \frac{24.200,00\ €}{1,210} = 20.000,00\ €$$

Herleitung der Formel zur Ermittlung des Barwertes:

$$K_2 = (1 + i)^2 \cdot K_0 \qquad K_0 = \frac{K_2}{(1 + i)^2}$$

Barwert (K_0) ist der Wert, der sich durch Abzinsung ergibt: $K_0 = \frac{K_n}{(1 + i)^n}$

Abzinsung

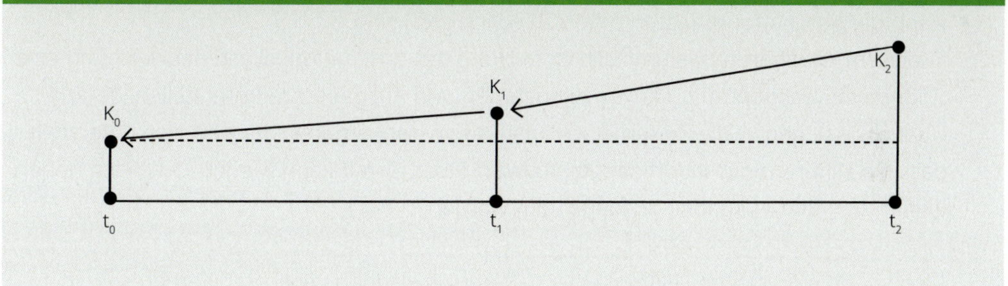

7.3.3 Kapitalwertmethode

Aufgaben 3–5 Seite 292

Die dynamische Investitionsrechnung vergleicht alle Einnahmen und Ausgaben einer Investition über die gesamte Nutzungsdauer. Einer Investition oder mehreren Investitionsalternativen werden Ausgaben- und Einnahmenreihen zugeordnet. Mithilfe eines vorzugebenden Kalkulationszinssatzes werden die zu unterschiedlichen Zeitpunkten anfallenden Zahlungen einer Investition vergleichbar gemacht.

Die **Kapitalwertmethode** ermittelt die langfristige Rendite einer Investition. Im Rahmen einer Investition entstehen während ihrer Nutzung Einnahmen und Ausgaben. Zu den Ausgaben zählen die **Anschaffungskosten (I_0)** und die **sonstigen Ausgaben**. Zu den **Einnahmen** zählt auch ein etwaiger Liquidationserlös als Verkaufserlös der gebrauchten Anlage(n). Die Summe der Barwerte sämtlicher Einnahmen verringert um die Summe der Barwerte sämtlicher Auszahlungen (einschl. der Anschaffungszahlung) ergibt den Kapitalwert (C_0).

Aufgaben 6 - 7 Seite 292 f.

Wenn die Summe aller erwarteten Kapitalrückflüsse einer Investition, abgezinst auf den Zeitpunkt der Anschaffung, mindestens den Wert der Investitionsausgabe hat, bedeutet das, dass das eingesetzte Kapital sich genauso hoch verzinst hat wie bei einer langfristigen Geldanlage, nämlich zum kalkulatorischen Zinssatz. **Eine Investition ist vorteilhaft, wenn ihr Kapitalwert größer oder gleich null ist, also nicht negativ ist**. Von **mehreren Investitionsalternativen** ist diejenige die vorteilhafteste, welche den **größten Kapitalwert (C_0)** hat.

Kapitalwert (C_0) = die Differenz aller abgezinsten Ein- und Auszahlungen.

Investitionsentscheidungen

Die Kapitalwertmethode findet Anwendung bei:

1. Einzelinvestitionen
   Maßstab:
   Summe der Barwerte ≥ Anschaffungskosten der Investition

2. Alternativinvestitionen (Auswahlentscheidungen beim Vergleich von Investitionen),
   - wenn die Anschaffungskosten der Investitionen gleich groß sind,
   - wenn die Anschaffungskosten unterschiedlich groß sind.
     In diesem häufigeren zweiten Falle ist in Höhe der Anschaffungskostenabweichung eine „Differenzinvestition" mit „fiktiven" Einnahmen und Ausgaben zu unterstellen, deren Überschüsse genau die Zinsen lt. Kalkulationszinssatz ergeben. Es wird also unterstellt, dass die Differenzinvestition den Kapitalwert 0 hat. Somit kann wieder von gleich hohen Einnahmen und Ausgaben ausgegangen werden.

     Wenn auf die Annahme (Fiktion) einer Differenzinvestition verzichtet werden soll, so muss überlegt werden, ob der „freie Betrag" (Unterschied in den Anschaffungskosten alternativer Investitionsgüter) nicht für eine (kleinere) Zusatzinvestition mit relativ hohem Kapitalwert eingesetzt werden kann. Dieser zusätzliche Kapitalwert beeinflusst die Entscheidungen ebenfalls.

3. Entscheidungen für betriebliche Investitionen oder externe Anlagen, entsprechend dem jeweils zu erzielenden Kalkulationszinssatz. Es gelten die folgenden Regeln:
   - Abgezinste Einnahme > Ausgabe. Folge: Ein positiver Kapitalwert entsteht. Die betriebliche Investition war vorteilhaft.
   - Abgezinste Einnahme < Ausgabe. Folge: Ein negativer Kapitalwert entsteht. Er zeigt an, dass eine außerbetriebliche Investition günstiger ist.

Aufzinsung

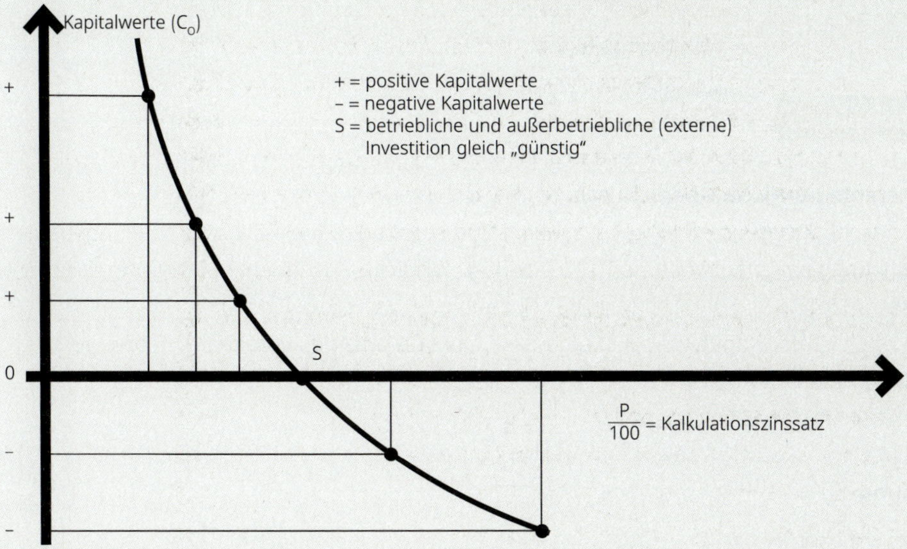

Finanzmathematische Basisformeln für die Kapitalwertmethode

Der gesuchte Kapitalwert ergibt sich aus den auf den Anschaffungszeitpunkt abgezinsten Einnahmeüberschüssen (Rückflüssen) *zuzüglich* eines eventuellen abgezinsten Liquidationserlöses und *abzüglich* der Ausgabe für die Investition zum Anschaffungszeitpunkt:

Barwert der Einnahmen	$\frac{e_1 + e_2 + \dots e_t}{(1 + i)^t}$
+ Barwert des Liquidationserlöses (Restwert)	$\frac{L_t}{(1 + i)^t}$
– Barwert der Anschaffungskosten (im Zeitpunkt der Anschaffung)	I_0
– Barwert der sonstigen Ausgaben	$\frac{a_1 + a_2 + \dots a_t}{(1 + i)^t}$
= Kapitalwert	C_0

Symbole:

$e_1, e_2 \dots e_n$ = laufende Einnahmen
$a_1, a_2 \dots a_n$ = laufende Ausgaben
C_0 = Kapitalwert
t = Perioden von 0 bis n
I_0 = Investitionsausgabe zum Zeitpunkt t_0
L_n = Liquidationserlös des Investitionsgutes am Ende der Nutzungsdauer

i = Kalkulationszinssatz; $i = \frac{p}{100}$

q = (1 + i)

$$\frac{1}{(1+i)^t} = \frac{1}{q^t} = \text{Abzinsungsfaktor}$$

Fallbeispiel 1:

Konstante jährliche Überschüsse

Die Anschaffungskosten eines Investitionsgutes betragen 650.000,00 €, Nutzungsdauer acht Jahre, jährliche Einnahmen 150.000,00 €; jährliche Ausgaben 30.000,00 €, Kalkulationszinssatz 10 %.

Wie hoch ist der Kapitalwert (C_0) bei einem Liquidationserlös von a) 0,00 € bzw. von b) 50.000,00 €?

Wie entscheiden Sie sich jeweils?

Lösung

a) Liquidationserlös 0,00 €:

C_0 = – 650.000 + 120.000 · (Abzinsungsfaktoren für 1. bis 8. Jahr)

C_0 = – 650.000 + 120.000 · (0,90909 + 0,82644 + 0,75131 + 0,68301 + 0,62092 + 0,56447 + 0,51316 + 0,466511)

C_0 = – 650.000 + 120.000 · 5,33491 = – 9.810,80

b) Liquidationserlös (L) 50.000,00 €:

C_0 = – 650.000 + 120.000 · 5,33491 + 50.000 · 0,46651 = + 13.514,70 €

Entscheidung: Ein positiver Kapitalwert ergibt sich hier nur dann, wenn ein Liquidationserlös erwartet werden darf. Deshalb ist die Höhe des Liquidationserlöses die Voraussetzung für eine vorteilhafte Investition.

Fallbeispiel 2:

Schwankende jährliche Überschüsse

In einem Unternehmen soll entschieden werden, welches der alternativen Investitionsgüter I bzw. II vorteilhafter ist.

Aufgabe 8 Seite 293

	Investitionsgut I		Investitionsgut II	
Anschaffungskosten (€)	150.000,00		150.000,00	
Nutzungsdauer (Jahre)	6		8	
Kalkulationszinssatz (%)	9		9	
erwarteter Liquidationserlös (€)	–		10.000,00	
Jahre	Einnahmen (€)	sonstige Ausgaben (€)	Einnahmen (€)	sonstige Ausgaben (€)
1	90.000,00	42.000,00	52.000,00	25.000,00
2	70.000,00	30.000,00	81.000,00	43.000,00
3	88.000,00	36.000,00	47.000,00	22.000,00
4	100.000,00	34.000,00	46.000,00	26.000,00
5	101.000,00	44.000,00	76.000,00	35.000,00

6	67.000,00	35.000,00	53.000,00	30.000,00
7			42.000,00	24.000,00
8			61.000,00	29.000,00

1. Stellen Sie eine Tabelle auf und berechnen Sie die Barwerte und die Kapitalwerte.
2. Wie beurteilen Sie die Aussagekraft der Ergebnisse?

Lösungen

Jahre	Abzinsungs-faktoren	Überschüsse I (€) (= Einnahmen – Sonst. Ausgaben)	Barwerte I (€) (= Abzinsungsfaktor · Überschüsse)	Überschüsse II (€) (= Einnahmen – Sonst. Ausgaben)	Barwerte II (€) (= Abzinsungsfaktor · Überschüsse)
1	0,917431	48.000,00	44.036,69	27.000,00	24.770,64
2	0,841680	40.000,00	33.667,20	38.000,00	31.983,84
3	0,772183	52.000,00	40.153,52	25.000,00	19.304,58
4	0,708425	66.000,00	46.756,05	20.000,00	14.168,50
5	0,649931	57.000,00	37.046,07	41.000,00	26.647,17
6	0,596267	32.000,00	19.080,54	23.000,00	13.714,14
7	0,547034	–	–	18.000,00	9.846,61
8	0,501866	–	–	32.000,00	16.059,71
Liquidationserlös	0,501866			10.000,00	5.018,87
Barwerte Anschaffungskosten			220.740,07 150.000,00		161.513,85 150.000,00
Kapitalwerte			**70.740,07**		11.513,85

2. Der Kapitalwert von I ist um 59.226,22 € höher als derjenige von II. Das Investitionsgut I ist demnach vorteilhafter.

Allgemeine Aussagekraft der Barwerte:

Barwerte > Anschaffungskosten: Positiver Kapitalwert. Die Investition ist vorteilhaft. Das eingesetzte Kapital erwirtschaftet über die kalkulatorischen Zinsen hinaus einen Überschuss.

Barwerte = Anschaffungskosten: Kapitalwert 0. Das eingesetzte Kapital hat sich genau in Höhe des eingerechneten Kalkulationszinssatzes verzinst.

Zusammenfassende Übersicht Kapitel 7.3: Kapitalwertmethode als dynamische Investitionsrechenmethode

Kapitalwertmethode

vorteilhafte Investition:	positiver Kapitalwert
nicht vorteilhafte Investition:	negativer Kapitalwert
Ziel:	möglichst hoher Kapitalwert

Aufgaben

1. Investitionsentscheidung: Interne oder externe Anlage

Vorausberechnungen lassen erwarten, dass eine betriebliche Investition (interne Anlage) von 1.200.000,00 € („Auszahlung") nach Ablauf von acht Jahren einen Betrag von 2.100.000,00 € („Einzahlung") erbringt. Bei einer außerbetrieblichen (externen) Anlage kann von einer Verzinsung von 10 % ausgegangen werden.
Vergleichen Sie die beiden Anlagemöglichkeiten miteinander.

2. Mindestrendite von Investitionen

Ein Industriebetrieb will ein Reservegrundstück erwerben. Es kostet heute: 250.000,00 €. Unter Beachtung möglicher Preissteigerungen ist nach vier Jahren mit einem Erlös von 330.000,00 €, nach sechs Jahren von 450.000,00 € zu rechnen.
Überprüfen Sie die Investition bei einem Kalkulationszinssatz von 8 % für die Spanne von vier Jahren und von 10 % für die Spanne von sechs Jahren.

3. Einflussgrößen des Kapitalwerts

Formulieren Sie wichtige Faktoren für die Höhe des Kapitalwertes.

4. Beurteilung der Kapitalwertrechnung

Nennen Sie die Vor- und Nachteile der Kapitalwertrechnung.

5. Interpretation des Kapitalwerts

Erläutern Sie, was Sie einem positiven und einem negativen Kapitalwert sowie dem Kapitalwert 0 entnehmen können.

6. Verständnisaufgaben zur Kapitalwertmethode

Entscheiden Sie, welche der folgenden Behauptungen richtig, teilweise richtig bzw. falsch sind. Begründen Sie Ihre Aussage.
Unter dem Kapitalwert einer Investition versteht man

a) die Summe aller auf t_0 mit dem Kalkulationszinssatz abgezinsten Einnahmen,
b) die Differenz zwischen den barwertigen Einnahmen und den barwertigen Ausgaben,
c) die Summe aller auf t_0 mit dem Kalkulationszinssatz i abgezinsten Zahlungen.

7. Vorteilhaftigkeit einer Investition

Nehmen Sie zu den folgenden Aussagen Stellung: Der Kapitalwert einer vorteilhaften Investition, die jährliche Einnahmenüberschüsse (Rückflüsse) aufweist, wird unter sonst gleichen Bedingungen

a) mit steigendem Kalkulationszinssatz i fallen,
b) mit steigendem Liquidationserlös (L, Restwert) abnehmen,
c) mit steigender Nutzungsdauer (n) im Allgemeinen zunehmen.

8. Kapitalwertmethode mit zwei Investitionsprojekten

Zwei gleich teure Investitionsobjekte stehen zur Wahl.
Entscheiden Sie aufgrund der folgenden Angaben.

	Investitionsobjekt A	Investitionsobjekt B
Anschaffungskosten (€)	360.000,00	360.000,00
Nutzungsdauer (Jahre)	10	8
Kalkulationszinssatz (%)	11,5	11,5
erwarteter Liquidationserlös (€)	25.000,00	15.000,00

	Investitionsobjekt A		Investitionsobjekt B	
Jahre	Einnahmen (€)	Ausgaben (€)	Einnahmen (€)	Ausgaben (€)
1	105.000,00	60.000,00	175.000,00	113.000,00
2	120.000,00	48.000,00	162.000,00	121.000,00
3	180.000,00	82.000,00	202.000,00	150.000,00
4	90.000,00	30.000,00	124.000,00	64.000,00
5	125.000,00	53.000,00	157.000,00	77.000,00
6	102.000,00	45.000,00	198.000,00	95.000,00
7	137.000,00	61.000,00	176.000,00	129.000,00
8	116.000,00	49.000,00	216.000,00	184.000,00
9	98.000,00	37.000,00		
10	119.000,00	59.000,00		

Themenkreis 8 (Bildungsplaneinheit 15):

Finanzierung

Um welche Probleme geht es in diesem Kapitel?

Ein Unternehmen kann nur dann investieren, wenn es die notwendigen Finanzmittel hat bzw. beschaffen kann. Um nicht in Zahlungsschwierigkeiten zu kommen, muss sowohl kurz- als auch langfristig der Kapitalbedarf ermittelt und gedeckt werden. Darüber hinaus stellt sich für die Unternehmensleitung die Frage, ob sie für die Finanzierung eigene oder fremde Mittel einsetzen soll. Zudem ist bei der Beschaffung von Fremdkapital zu prüfen, ob geeignete und ausreichende Sicherheiten für die Kreditaufnahme vorhanden sind.

Welche Kompetenzen werden angestrebt?

Die Schülerinnen und Schüler entwerfen einen Finanzplan und erläutern Möglichkeiten der Unternehmensfinanzierung. Sie untersuchen verschiedene Darlehensarten, analysieren Unterschiede zwischen Leasing und Kreditfinanzierung und bewerten ausgewählte Möglichkeiten der Kreditsicherung.

8.1 Grundlagen der Finanzierung

8.1.1 Finanzierungsanlässe

Finanzierungsfragen treten vor allem bei folgenden Anlässen auf:

1. Unternehmensgründung (Beschaffung von Eigen- und Fremdkapital unter Beachtung der Mindestanforderungen an die Höhe des Eigenkapitals bei unterschiedlichen Rechtsformen)

Aufgabe 2 Seite 301

2. Unternehmensaufbau (z. B. Finanzierung von Roh-, Hilfs- und Betriebsstoffen bei der Produktionsaufnahme)

3. Wachstumsvorhaben (z. B. Finanzierung von Erweiterungsinvestitionen zur Produktionsausweitung oder Erschließung neuer Märkte)

4. Unternehmensnachfolge (z. B. Aufbringen von Finanzmitteln beim Ausscheiden von Gesellschaftern)

5. Unternehmenserwerb (z. B. Finanzierung der Übernahme von Konkurrenzunternehmen)

6. Sanierung und Restrukturierung des Unternehmens (z. B. Beschaffung von Finanzmitteln zur Zahlung von Abfindungen oder Verpflichtungen aus einem Sozialplan, Modernisierung der technischen Anlagen)

8.1.2 Finanzierungsziele

Mit jeder Investition stellt sich automatisch die Frage der Finanzierung. Investition und Finanzierung sind deshalb zwei Seiten derselben Medaille.

Unter Finanzierung versteht man die Beschaffung finanzieller Mittel.

Dabei stehen folgende Ziele im Vordergrund:

Aufgabe 1 Seite 301

Oberziel:
Rentabilität (= Verzinsung des eingesetzten Kapitals)

z. B. $\text{Eigenkapitalrentabilität} = \frac{\text{Gewinn} \cdot 100}{\text{Eigenkapital}}$

Unterziele:

1. Liquidität:
   = Aufrechterhaltung der Zahlungsbereitschaft.
   Das finanzielle Gleichgewicht ist dann erreicht, wenn das Unternehmen jederzeit seine Zahlungsverpflichtungen erfüllen kann.

2. Sicherheit:
   Finanzwirtschaftliche Risiken (z. B. Zinsänderungsrisiko, Risiko der Geldentwertung, Risiken der vorzeitigen Rückzahlung) sollen möglichst gering gehalten werden.

Aufgabe 3 Seite 301

3. Unabhängigkeit:
   Geldgeber sollen einen möglichst geringen Einfluss auf das Unternehmen haben.

Abhängigkeiten können entstehen durch

- Informationspflichten (z. B. über die Vermögens- und Ertragslage bei Kreditvergabe von Banken),
- Kontrollen (z. B. Verpflichtung zur regelmäßigen Vorlage von Jahresabschlüssen),
- Mitspracherechte (z. B. über die Verwendung der Finanzmittel).

8.1.3 Finanzplanung

Unternehmerischer Gesamt- und Finanzplan

Die betrieblichen Funktionsbereiche Beschaffung, Produktion, Absatz und Finanzen sind eng miteinander verbunden. So wirken sich Beschaffungs-, Produktions- und Absatzentscheidungen auf die Finanzplanung aus. Bezogene Roh-, Hilfs- und Betriebsstoffe sowie Fertigerzeugnisse müssen, ebenso wie Löhne, Gehälter und Maschinen, zunächst finanziert werden, ehe über den Verkauf der Erzeugnisse wieder liquide Mittel in den Betrieb zurückfließen.

Wegen der vielfältigen Abhängigkeiten (Interdependenzen) wird der Unternehmensgesamtplan zunächst in die Teilpläne des Produktions-, Absatz- und Investitionsbereichs zerlegt, auf denen dann die Finanzplanung basiert.

Aufgabe 4 Seite 302

Bei allen Entscheidungen der Finanzplanung ist der **Grundsatz der Fristenkongruenz** zu beachten, der besagt, dass die Fristen von Kapitalbindung und Kapitalüberlassung übereinstimmen müssen, d. h., langfristige, im Betrieb gebundene Vermögensgegenstände müssen auch langfristig finanziert werden.

Finanzplan

Voneinander unterschieden werden bei der **Finanzplanung** die **langfristige Planung** (Planungszeitraum mehr als fünf Jahre), die **mittelfristige Planung** (Planungshorizont zwischen drei und fünf Jahren) und die **kurzfristige Planung**. Aufgabe der kurzfristigen Planung ist es, die ständige Liquidität zu gewährleisten.

> **Im Finanzplan wird der Finanzbedarf eines Unternehmens für einen bestimmten Zeitraum (Planungsperiode) durch die Gegenüberstellung aller zu erwartenden Einnahmen und Ausgaben ermittelt.**

Spezielle Software ermöglicht auch kleinen und mittelständischen Betrieben eine integrierte Erfolgs- und Finanzplanung, und zwar durch

- Darstellung aller Ein- und Auszahlungen, getrennt nach laufenden Tätigkeiten und Maßnahmen im Investitions- und Kapitalbeschaffungsbereich in der Liquiditätsrechnung,

- Aufzeigen der ergebniswirksamen Vorgänge in der Gewinn- und Verlustrechnung und
- Gegenüberstellung von Mittelherkunft und -verwendung in der Bilanz.

Liquiditätsplan

Entscheidend für den Bestand eines jeden Unternehmens ist seine **Zahlungsfähigkeit**, die auch als **Liquidität** bezeichnet wird.

Ein Unternehmen kann dann als „liquide" bezeichnet werden, wenn es zu jedem Zeitpunkt ausreichend Einnahmen erwirtschaftet, um seine Verbindlichkeiten zu decken.

Dies kann sowohl durch Liquiditätsreserven aus Vormonaten als auch durch einen entsprechenden Kreditrahmen gewährleistet sein.

Die **Liquiditätsplanung** ist ein zentrales betriebliches Kontroll- und Steuerungsinstrument und somit eine fortwährende Aufgabe des Unternehmers. Eine **Liquiditätskrise** tritt erfahrungsgemäß nicht in der Zeit nach der Unternehmensgründung auf, sondern oft erst später, meist im dritten Jahr: Gründe dafür sind Tilgungslasten und Steuernachzahlungen, die gleichzeitig mit Steuervorauszahlungen geleistet werden müssen.

Der Zeitraum, der vergeht, bis ein Unternehmen Gewinn erwirtschaftet, ist entscheidend für die Aufrechterhaltung der Liquidität.

Folgende Grundregeln können die **Liquiditätsplanung** erleichtern:

- Die allgemeine Liquiditätsreserve sollte $\frac{1}{12}$ der jährlichen Kosten betragen.
- Für fixe Kosten sollte diese Reserve den Drei-Monats-Bedarf abdecken.
- Wichtig ist die Liquiditätsreserve für den Lebensunterhalt des Existenzgründers: Sie sollte die Privataufwendungen einschl. langfristiger laufender Verpflichtungen für ca. sechs Monate sichern.

Beispiel

Beispiel eines Liquiditätsplanes

	Monat 1 in €	Monat 2 in €	Monat 3 in €
Bestand an flüssigen Mitteln (Zu Beginn des Monats vorhanden)			
Kasse	1.000,00	1.000,00	200,00
+ Bank	2.000,00	1.000,00	800,00
+ freie Kredite	5.000,00		
= Summe flüssige Mittel	8.000,00	2.000,00	1.000,00
Zahlungseingänge/ Einnahmen (Einnahmen während des Monats)			
aus Forderungen	23.500,00	20.000,00	40.000,00
+ Barverkäufe	1.700,00	1.000,00	2.000,00
+ Kundenanzahlungen	4.000,00	2.000,00	5.000,00
+ sonstige Einnahmen	1.000,00	1.000,00	500,00
(+ Überschuss Vormonat)		2.383,00	
= Summe flüssige Mittel	30.200,00	26.383,00	47.500,00
Zahlungsverpflichtungen/ Ausgaben (Ausgaben während des Monats)			
Lohn, Gehalt, soziale Aufwendungen	6.000,00	9.000,00	6.000,00
+ Zahlungen an Lieferanten	11.900,00	10.000,00	12.000,00
+ Bareinkäufe	7.000,00	3.500,00	4.000,00
+ Anzahlung an Lieferanten	3.000,00	6.000,00	4.000,00
+ Tilgung von Krediten	1.700,00	0	0
+ Zinsen	1.000,00	0	0
+ Miete, Nebenkosten	750,00	750,00	750,00
+ Versicherungen	250,00	900,00	400,00
+ Leasing	417,00	250,00	250,00
+ Steuern	300,00	500,00	50,00
+ sonstige Ausgaben	200,00	100,00	100,00
+ Privatentnahmen	3.300,00	3.300,00	5.000,00
(+ Fehlbetrag Vormonat)			5.917,00
= Summe Ausgaben	35.817,00	34.300,00	38.467,00

	Monat 1 in €	Monat 2 in €	Monat 3 in €
Ergebnis (Überschuss/ Fehlbetrag am Ende des Monats)			
flüssige Mittel	8.000,00	2.000,00	1.000,00
+ Einnahmen	30.200,00	26.383,00	47.500,00
– Ausgaben	35.817,00	34.300,00	38.467,00
Monatsende:			
= Überschuss (+)/ Überdeckung	2.383,00		10.033,00
= Fehlbetrag (–)/ Unterdeckung		– 5.917,00	

Kapitalbedarfsplan

Insbesondere bei der Gründung, aber auch während des laufenden Geschäftsbetriebs stellt sich für den Unternehmer die Frage, in welchem Umfang finanzielle Mittel zur Durchführung von Investitionen und zur Aufrechterhaltung der Zahlungsbereitschaft notwendig sind.

Für diesen Zweck wird ein Kapitalbedarfsplan erstellt, der als Teilplan des Finanzplans langfristige Planungsinformationen über die Deckung des Kapitalbedarfs für die laufende und zukünftige Perioden enthält.

Aufgabe 5 Seite 302

Beispiel für einen Kapitalbedarfsplan eines Existenzgründers:

Kapitalbedarf zur Finanzierung der Gründung und der betrieblichen Anlaufphase
Gründungskosten
Beratungen
Anmeldungen/Genehmigungen
Eintrag ins Handelsregister
Notar
Sonstige
Gesamt
Kosten für Anlaufphase (Ausgaben bis zum ersten Geldeingang aus Umsatz)
Personalkosten, inkl. eigenes Geschäftsführergehalt bei Kapitalgesellschaften (inkl. Lohnnebenkosten)
Beratung
Leasing
Miete/Pacht
Werbung
Vertrieb
Betriebliche Steuern
Versicherungen
Reserve für Startphase, Folgeinvestitionen und Unvorhergesehenes

Kapitalbedarf zur Finanzierung der Gründung und der betrieblichen Anlaufphase
Sonstige
Gesamt
Unternehmerlohn (bei Einzelunternehmen und Personalgesellschaften)
Gesamt
Anlagevermögen
Patent, Lizenz-, Franchisegebühren u. Ä.
Grundstücke/Immobilien einschl. Nebenkosten
Produktionsanlagen, Maschinen, Werkzeuge
Betriebs-, Geschäftsausstattung
Fahrzeuge
Gesamt
Umlaufvermögen
Material- und Warenlager
Kapitaldienst
Zinsen für Existenzgründungsdarlehen/Bankkredite
Tilgung
Gesamt
= Kapitalbedarf gesamt

Quelle: vgl. Bundesministerium für Wirtschaft und Energie: Starthilfe – Der erfolgreiche Weg in die Selbstständigkeit, Berlin 2019, S. 34.

Der ermittelte Kapitalbedarf sollte „Liquiditätsreserven" beinhalten, um nicht gleich durch unvorhergesehene, außerplanmäßige Ausgaben in Finanznot zu geraten.

Zusammenfassende Übersicht zu Kapitel 8.1: Grundlagen der Finanzierung

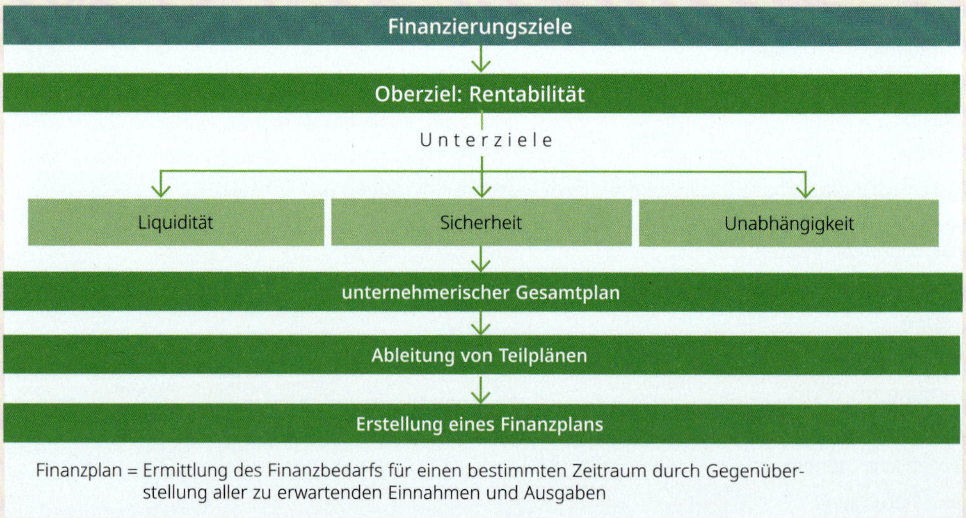

Aufgaben

1. Zusammenhang zwischen Finanzierung und Investition

Beschreiben Sie das Verhältnis zwischen Finanzierung und Investition.

2. Grundsätzliche Finanzierungsmöglichkeiten

Lufthansa Group kauft 22 Langstreckenflugzeuge neuester Generation – Listenpreis von 7,5 Milliarden US-Dollar

02.03.2023
Die Lufthansa Group kauft weitere hochmoderne Langstreckenflugzeuge. Der Vorstand des Unternehmens hat beschlossen, zehn Langstreckenflugzeuge vom Typ Airbus A350-1000 fünf Langstreckenflugzeuge vom Typ Airbus A350-900 sieben Langstreckenflugzeuge vom Typ Boeing 787-9 ‚Dreamliner' zu bestellen. Der Aufsichtsrat des Konzerns hat heute dem Erwerb der Flugzeuge zugestimmt, die ab Mitte des Jahrzehnts an die Lufthansa Group ausgeliefert werden sollen. Die Bestellung hat nach Listenpreisen ein Volumen von insgesamt rund 7,5 Milliarden US-Dollar und ist im Einklang mit der mittelfristigen Finanzplanung des Konzerns. [...] Damit wird der Konzern die wirtschaftlichsten, leisesten und sparsamsten Langstreckenflugzeuge betreiben, die es aktuell gibt. Im Schnitt verbrauchen die neuen Flugzeugtypen nur noch rund 2,5 Liter Treibstoff pro Passagier und 100 Kilometer Flugstrecke. Das sind rund 30 Prozent weniger als bei Vorgängermodellen. [...]

Quelle: Lufthansa Group Medienmitteilung: Lufthansa Group kauft 22 Langstreckenflugzeuge neuester Generation – Listenpreis von 7,5 Milliarden US-Dollar, veröff. am 21.04.2023 unter https://newsroom.lufthansagroup.com/lufthansa-group-kauft-22-langstreckenflugzeuge-neuester-generation/ [15.09.2023]

Erläutern Sie, welche Möglichkeiten die Lufthansa AG hat, sich die ca. 7,5 Mrd. US-Dollar für die bestellten 22 Flugzeuge zu beschaffen.

3. Finanzierungsziele

Die Bilanz der Stahlbau GmbH Stuttgart weist folgende Angaben (in Tsd. €) auf:

Aktiva	Stahlbau GmbH		Passiva
Anlagevermögen	2.500	Eigenkapital	2.000
Umlaufvermögen		Fremdkapital	
Vorräte	1.500	langfr. Verbindlichkeit gegenüber Kreditinstituten	500
Forderungen aus Lieferungen und Leistungen	950	Verbindlichkeiten aus Lieferungen und Leistungen	1.200
flüssige Mittel	50		
		sonst. kurzfr. Verbindlichkeit	1.300
	5.000		5.000

a) Prüfen Sie, welche finanzwirtschaftliche Zielsetzung bei der Stahlbau GmbH gefährdet ist.

b) Unterbreiten Sie Vorschläge, wie dieses Ziel besser erreicht werden kann.

4. Grundsatz der Fristenkongruenz

Erläutern Sie, welche negativen Konsequenzen für ein Unternehmen eintreten, wenn bei Investitions- und Finanzierungsentscheidungen der Grundsatz der Fristenkongruenz nicht beachtet wird.

5. Kapitalbedarfsplan

Ein Existenzgründer benötigt für die Gründungs- und Anlaufphase folgende Finanzmittel:

Umbaumaßnahmen 10.000,00 €; Maschinen und Geräte 30.000,00 €; Geschäfts- und Ladeneinrichtung 10.000,00 €; Fahrzeuge 23.000,00 €; voraussichtlicher Waren-/Materialeinsatz pro Jahr 62.000,00 €; Personalkosten 72.000,00 €; Sach- und Gründungskosten 35.000,00 €; Zinsen 4.200,00 €; Privatentnahmen 40.000,00 €; geplanter Umsatz 300.000,00 €; voraussichtliche Barverkäufe 20.000,00 €;

Weitere Angaben:

durchschnittlicher Materialumschlag pro Jahr	3x
durchschnittliche Dauer (Tage) Produktion/Verkauf	20 Tage
durchschnittliches Zahlungsziel der Kunden	32 Tage

Erstellen Sie aufgrund der Angaben einen Kapitalbedarfsplan für den Existenzgründer.

8.2 Finanzierungsarten

Beispiel

Aufgabe 1 Seite 305

Saskia Meyer, 21 Jahre, befindet sich im zweiten Ausbildungsjahr als Industriekauffrau bei einem mittelständischen Unternehmen und wohnt noch bei ihren Eltern. Ihre monatlichen Nettobezüge belaufen sich auf 800,00 €. Sie verfügt zudem über Ersparnisse in Höhe von 2.500,00 €. Mit der Anschaffung eines neuen Autos (Kaufpreis 15.000,00 €) will sie sich einen seit Langem gehegten Wunsch erfüllen.

8.2.1 Außen- und Innenfinanzierung

Je nachdem, wie der Kapitalbedarf gedeckt wird, d. h. aus welchen **Quellen** die Mittel stammen, wird zwischen *Außen- und Innenfinanzierung* unterschieden.

vgl. Kapitel 8.2.2

Außenfinanzierung

Das Kapital wird dem Unternehmen von außen zugeführt. Es stammt also nicht aus dem betrieblichen Umsatzprozess. Es kann als Eigenkapital in Form von Einlagen **(= Eigen- oder Beteiligungsfinanzierung)** durch die Eigentümer (Unternehmer, Gesellschafter, Aktionäre) eingebracht werden oder in Form von Krediten als kurz-, mittel- oder langfristiges Fremdkapital

(= **Fremdfinanzierung**) bereitgestellt werden.

Innenfinanzierung

Kommen die Beträge *aus dem Unternehmen* selbst, so liegt Innenfinanzierung vor. Sie kann erfolgen durch Zurückbehaltung erwirtschafteter Gewinne (offene oder verdeckte **Selbstfinanzierung**) sowie durch Vermögensumschichtung (**Umfinanzierung**). Während bei der offenen Selbstfinanzierung der Gewinn offengelegt wird, d. h. in der Gewinn- und Verlustrechnung und in der Bilanz ausgewiesen wird, ist bei der verdeckten Selbstfinanzierung der tatsächlich erzielte Gewinn nicht sichtbar.

Aufgaben 2 und 3 Seite 305

Möglichkeiten der offenen Selbstfinanzierung:

- **Einzelunternehmung:** Nicht entnommener Gewinn verbleibt auf dem Eigenkapitalkonto des Unternehmers.
- **Offene Handelsgesellschaft:** Nicht entnommene Gewinnanteile der Gesellschafter erhöhen deren Kapitalkonten.
- **Kommanditgesellschaft:** Für die Komplementäre gilt das Gleiche wie für die OHG-Gesellschafter. Beim Kommanditisten werden die Gewinnanteile nur so lange gutgeschrieben, als die Pflichteinlage noch nicht geleistet wurde.
- **AG und GmbH:** Einstellung von Teilen des Jahresüberschusses in die Rücklagen.

Aufgabe 4 Seite 306

Möglichkeiten der verdeckten (stillen) Selbstfinanzierung:

- Unterbewertung von Aktiva (z. B. Ansatz eines Grundstücks mit den Anschaffungskosten als Wertobergrenze, obwohl der aktuelle Wert des Grundstücks viel höher liegt)
- Überbewertung von Passiva (z. B. zu hoher Ansatz von Rückstellungen)

Aufgabe 5 Seite 306

Möglichkeiten der Umfinanzierung:

- Änderung der Vermögensstruktur (z. B. Veräußerung von nicht betriebsnotwendigen Vermögensteilen)
- Änderung der Kapitalstruktur (z. B. Umwandlung von kurzfristigem in langfristiges Fremdkapital)

8.2.2 Eigen- und Fremdfinanzierung

Sowohl bei der Eigen- als auch bei der Fremdfinanzierung handelt es sich um Formen der Außenfinanzierung, weil das Kapital dem Unternehmen von außen zugeführt wird.

Eigenfinanzierung

Man spricht von Eigenfinanzierung (bei Gesellschaften auch von Beteiligungsfinanzierung), wenn die Mittel durch die Eigentümer in Form von Einlagen zufließen.

!

Aufgabe 6 Seite 306

Eigenfinanzierung geschieht nicht nur anlässlich der Gründung eines Unternehmens, sondern kommt auch noch in späteren Jahren vor. Das vom Eigentümer bzw. den Miteigentümern der Unternehmung zur Verfügung gestellte Geld bzw. die Sachmittel werden der Unternehmung von außen aus dem Privatvermögen zugeführt.

Möglichkeiten der Eigenfinanzierung	
Einzelunternehmung	Erhöhung des Eigenkapitals durch Privateinlagen des Unternehmers in Form von Geld oder von Sach- und Rechtswerten
Offene Handelsgesellschaft und Kommanditgesellschaft	Privateinlagen der Gesellschafter oder Aufnahme von neuen Gesellschaftern
Aktiengesellschaft	vor allem durch eine Erhöhung des Grundkapitals durch Ausgabe neuer (junger) Aktien (Kapitalerhöhung gegen Einlagen)
GmbH	vor allem durch Erhöhung des Stammkapitals

Fremdfinanzierung

Sie erfolgt durch die Bereitstellung von Krediten. Wichtige Voraussetzung ist die Kreditwürdigkeit des Unternehmens, die von der Ertrags- und Vermögenslage sowie von den Sicherheiten, die das Unternehmen zur Verfügung stellen kann, abhängt.

Vor- und Nachteile der Eigen- bzw. Fremdfinanzierung aus der Sicht des Kapitalnehmers

Eigenfinanzierung	Fremdfinanzierung
keine Zins- und Tilgungszahlungen	Zins- und Tilgungszahlungen mit unterschiedlichen Modalitäten, unabhängig von der Gewinnsituation
Kapital steht grundsätzlich unbefristet zur Verfügung, z. B. bei AG und GmbH, bei anderen Gesellschaften nach vertraglicher Vereinbarung kündbar	befristete Kapitalüberlassung mit unterschiedlichen Laufzeiten
keine Beschränkungen im Einsatz des Kapitals	Beschränkungen im Einsatz, z. B. nur für bestimmte Investitionen bei begrenzter Kreditdauer
Erhöhung der Kreditwürdigkeit, weil ein hoher EK-Anteil die Krisenfestigkeit des Unternehmens erhöht.	Offenlegung persönlicher und wirtschaftlicher Verhältnisse, gegebenenfalls Leistung von Kreditsicherheiten
Gewinnausschüttungen sind steuerlich nicht abzugsfähig.	Zinsen sind steuerlich abzugsfähig.
Geschäftsführungsbefugnis bzw. Kontrollrechte müssen eingeräumt werden (in unterschiedlichem Maße je nach Rechtsform der Unternehmung).	Herrschaftsverhältnisse bleiben unberührt, da Gläubiger im Allgemeinen kein Mitspracherecht haben (Ausnahme: Großkreditgeber).

Zusammenfassende Übersicht zu Kapitel 8.2: Finanzierungsarten

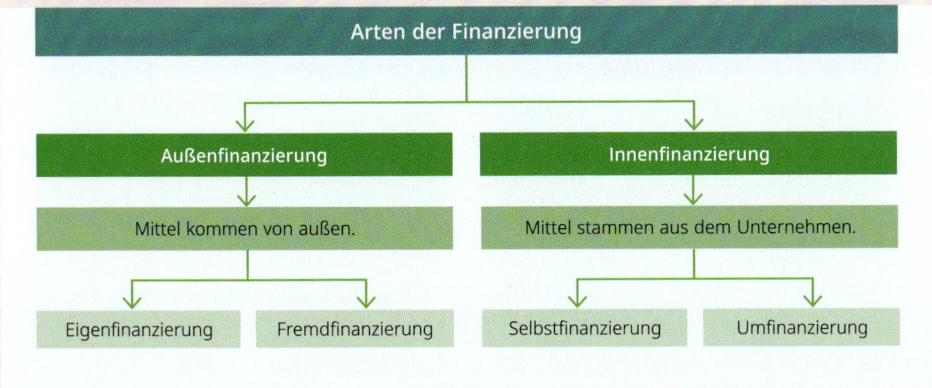

Aufgaben

1. Finanzierungsarten im Privatbereich

Bearbeiten Sie mithilfe des Beispiels auf der Seite 302 die folgenden Aufgaben.

a) Bestimmen Sie, in welchem Umfang eigene und fremde Mittel eingesetzt werden.

b) Beurteilen Sie Saskias Chancen, bei ihrer Hausbank einen Kredit über die benötigten Finanzmittel zu bekommen.

c) Schätzen Sie die monatliche Belastung (Kreditrate), mit der Saskia bei einer Kreditlaufzeit von vier Jahren rechnen muss.

2. Zuordnung von Finanzierungsarten

Ordnen Sie folgende Finanzierungsarten der Außen- bzw. Innenfinanzierung zu und nennen Sie jeweils, ob Eigen- bzw. Fremdkapital zugeführt wird.

a) Kreditfinanzierung

b) Umfinanzierung

c) offene Selbstfinanzierung

d) Kapitaleinlage eines Unternehmers

e) Nichtausschüttung von Gewinnen

3. Finanzierungsarten – Verständnisfragen

Beurteilen Sie, welche Aussagen richtig bzw. falsch sind.

a) Offene Selbstfinanzierung und Eigenfinanzierung führen zu einer Erhöhung des Eigenkapitals.

b) Bei der Eigenfinanzierung stammen die Mittel von außen, bei der Selbstfinanzierung von innen.

c) Der Komplementär trägt zur offenen Selbstfinanzierung bei, der Kommanditist leistet hierzu keinen Beitrag.
d) Entnahmen der Gesellschafter der OHG bzw. der Komplementäre der KG schmälern, Einlagen erhöhen die Eigenfinanzierung.
e) Der Beitrag zur Selbstfinanzierung eines Komplementärs errechnet sich wie folgt: Selbstfinanzierung = Gewinnanteil – Privatentnahmen + Einlagen

4. Eigenfinanzierung

In der Merkle OHG weisen die Kapitalkonten der Gesellschafterinnen Jana und Verena Merkle folgende Bewegungen auf: Jana Merkle: Einlage 25.000,00 €, Gewinnanteil 48.000,00 €, Privatentnahmen 30.000,00 €. Verena Merkle: Gewinnanteil 60.000,00 €, Privatentnahmen 40.000,00 €.
Ermitteln Sie, wie viele Mittel im Geschäftsjahr aus Eigenfinanzierung bzw. offener Selbstfinanzierung der OHG zugeführt wurden.

5. Verdeckte Selbstfinanzierung

Ein Pkw wurde für 36.000,00 € netto angeschafft. Nach vier Nutzungsjahren wird das Fahrzeug für 20.000,00 € verkauft. Sein Restbuchwert beträgt zu diesem Zeitpunkt noch 7.200,00 €.
Bestimmen Sie die Höhe der verdeckten Selbstfinanzierung.

6. Finanzierungsarten bei Unternehmenswachstum

Sortimentsgroßhändler Max Bauer führt sein Geschäft als Zustellgroßhandlung. Veranlasst durch die zunehmende Zahl kleiner Einzelhandelsbetriebe, Gaststätten und Fremdenpensionen im unmittelbaren Einzugsbereich seines Unternehmens und die positive Umsatzentwicklung beschließt er, seine Lagerkapazitäten auszubauen.
Max Bauer stehen zur Finanzierung des Projekts im Gesamtbetrag von 850.000,00 € Mittel aus Ersparnissen und einer Erbschaft von 360.000,00 € zur Verfügung. Aus dem im vergangenen Jahr erwirtschafteten Gewinn kann er 140.000,00 € verwenden. Für die Finanzierung des Restbetrages von 350.000,00 € bieten sich zwei Möglichkeiten:

- Beschaffung des Geldes bei einem Verwandten, der als Teilhaber in das Unternehmen eintreten würde, oder
- Aufnahme des Betrages bei der Hausbank.

Erläutern Sie, welche Finanzierungsarten sich im Text erkennen lassen.

7. Planspiel: Copyshop

Ausgangssituation

Sie gründen zusammen mit drei bis vier Mitschülern und -schülerinnen einen Copyshop. Der Geschäftszweck des Kleinunternehmens besteht ausschließlich in der Bereitstellung von Kopiergeräten zur Vervielfältigung von Dokumenten und anderen Vorlagen. In Ihrem räumlichen Einzugsbereich konkurrieren Sie mit fünf vergleichbaren Unternehmen. Die Nachfrage nach Kopierleistungen beläuft sich auf insgesamt

315 000 Kopien monatlich und verteilt sich auf die Anbieter nach dem von diesen jeweils angesetzten Kopierpreis je Stück. Der Kopierpreis darf höchstens 0,20 €/Kopie betragen, weil ein höherer Preis von den Nachfragern nicht akzeptiert wird.

Weitere Entscheidungsgrundlagen

Finanzielle Rahmenbedingungen

- Startkapital: 10.000,00 €
- Das gesamte Startkapital wird bei Spielbeginn auf das Bankkonto eingezahlt.
- Bankguthaben werden nicht verzinst. Eine Überziehung des Bankkontos sowie sonstige Formen der Kreditaufnahme sind nicht möglich.

Anmietung von Geschäftsräumen

- Größe:
  entweder 30 m² für die Aufstellung von drei Kopiergeräten für ein monatliches Kopieraufkommen bis zu 45 000 Kopien oder
  40 m² für die Aufstellung von fünf Kopiergeräten für ein monatliches Kopieraufkommen bis zu 75 000 Kopien oder
  50 m² für die Aufstellung von sieben Kopiergeräten für ein monatliches Kopieraufkommen bis zu 105 000 Kopien
- Preis: 20,00 € pro m² Ladenfläche monatlich (einschl. Nebenkosten)
- Mietdauer: mindestens drei Monate

Leasing (Miete) von Kopiergeräten

monatliche Leasingrate: 120,00 € pro Gerät (beinhaltet Wartung und Instandhaltung durch den Hersteller)

Einkauf von Papier

- Die Einkaufspreise sind abhängig von der bestellten Menge.

Bestellmenge	Preis
50 000 Blatt	600,00 € (= 0,012 €/Blatt)
100 000 Blatt	1.000,00 € (= 0,01 €/Blatt)
250 000 Blatt	2.200,00 € (= 0,0088 €/Blatt)
500 000 Blatt	4.000,00 € (= 0,008 €/Blatt)

- Änderungen des Papierbestandes werden mit den jeweiligen Einkaufspreisen bewertet.

Beschaffung von Büromöbeln (Geschäftsausstattung)

- Anschaffungskosten: 2.400,00 €
- Nutzungsdauer: vier Jahre
- Zeitliche Erfassung der Wertminderung durch Abschreibung in gleichen Beträgen, verteilt auf die Jahre der Nutzung.
- Anteilige Verrechnung der Jahresabschreibung auf jede Spielperiode (= ein Monat).

Einstellung von Personal

- Ein(e) Mitarbeiter(in) ist in der Lage, unabhängig von der Anzahl der Kopiergeräte die anfallenden Arbeiten zu bewältigen.

- Monatliche Personalkosten: 1.000,00 €

Allgemeine Angaben zum Planspiel

- Spieldauer: sechs Perioden; eine Periode entspricht einem Monat.
- Können vom Spielleiter zugeteilte Kopieraufträge von einem Unternehmen nicht ausgeführt werden, weil dessen Vorrat an Kopierpapier nicht ausreichend oder zu wenig Kopiergeräte vorhanden sind, so verfällt dieses Kopiervolumen.
- Zielsetzung: Gewinner ist das Spielteam, das sein Startkapital bis zum Spielende am stärksten vermehrt hat.

Arbeitsaufträge

- Wählen Sie zunächst einen Namen für Ihr Unternehmen und treffen Sie zu Beginn jeder Spielperiode in der Gruppe folgende Entscheidungen:
  Entscheidungsblatt: Unternehmen Copyshop ...

	Entscheidungsergebnisse zu Beginn von					
Entscheidungs-sachverhalte	Periode 1	Periode 2	Periode 3	Periode 4	Periode 5	Periode 6
Größe der Geschäftsräume in m²						
Anmietung von Kopiergeräten in Stück						
Einkauf von Papier in Blatt						
Festlegung des Kopierpreises in € pro Kopie						

- Fertigen Sie am Ende jeder Spielperiode eine Aufstellung des Vermögens an und ermitteln Sie den Erfolg ihres Unternehmens auf der Grundlage der vom Spielleiter mitgeteilten monatlichen Absatzzahlen (Kopiervolumen) nach folgender Tabelle:

Vermögensübersicht des Unternehmens Copyshop ...						
	Vermögen in € jeweils am Ende von					
Vermögenspositionen	Periode 1	Periode 2	Periode 3	Periode 4	Periode 5	Periode 6
(1) Geschäftsausstattung Anfangsbestand – Abschreibung = Schlussbestand						
(2) Vorräte (Papierbestände) Anfangsbestand (St.) + Zugänge (St.) – Abgänge (St.) = Schlussbestand in Stück = Schlussbestand in €						

Vermögensübersicht des Unternehmens Copyshop ...						
	Vermögen in € jeweils am Ende von					
Vermögenspositionen	Periode 1	Periode 2	Periode 3	Periode 4	Periode 5	Periode 6
(3) Bankguthaben Anfangsbestand + Erlöse – Miete für Geschäftsräume – Leasingrate für Kopiergeräte – Einkauf von Papier – Personalkosten – Anschaffung der Geschäftsausstattung = Schlussbestand	Muster					
Summe des Vermögens Position (1) + Position (2) + Position (3)	Muster					
Erfolg des Unternehmens Zunahme des Eigenkapitals gegenüber der Vorperiode = Gewinn Abnahme des Eigenkapitals gegenüber der Vorperiode = Verlust						

Anmerkung: Das Vermögen zu Beginn von Periode 1 beläuft sich auf 10.000,00 € (Gründungskapital).

- Ermitteln Sie nach jeder Spielperiode den Erfolg Ihres Unternehmens im Rahmen einer Gewinn- und Verlustrechnung nach folgendem Muster:

Gewinn- und Verlustrechnung des Unternehmens Copyshop ...						
	Beträge in € am Ende von					
Erfolgspositionen	Periode 1	Periode 2	Periode 3	Periode 4	Periode 5	Periode 6
Erlöse – Miete für Geschäftsräume – Leasingrate für Kopiergeräte – Papierverbrauch – Personalaufwand – Abschreibung der Geschäftsausstattung = Gewinn (+)/Verlust (–)	Muster					

- Bereiten Sie die wichtigsten Daten der wirtschaftlichen Entwicklung Ihres Unternehmens anhand eines Tabellenkalkulationsprogramms grafisch auf und erstellen Sie einen Kurzbericht des Geschäftsverlaufs Ihres Unternehmens. Tragen Sie Ihre Ergebnisse in einer Abschlusspräsentation vor. Erläutern Sie hierbei die für den Erfolg bzw. Misserfolg maßgeblichen Entscheidungen und schlagen Sie alternative Handlungsweisen vor.

8.3 Fremdfinanzierung

8.3.1 Darlehensvertrag

Aufgaben 1 und 2 Seite 314 f.

Das Darlehen bildet die Grundform des mittel- bis langfristigen Kredits. Seine rechtlichen Grundlagen sind in den §§ 488 ff. BGB geregelt.
Durch den Darlehensvertrag verpflichtet sich der Darlehensgeber (Gläubiger), dem Darlehensnehmer (Schuldner) einen bestimmten Geldbetrag zur Verfügung zu stellen, den der Darlehensnehmer einschließlich der vereinbarten Zinsen in der festgelegten Zeit zurückzahlen muss. Die Kreditinstitute überlassen Unternehmen, aber auch Privatpersonen Geld **aufgrund eines Kreditgesuchs** des Kreditnehmers. Rechtsgrundlage des Kreditgeschäfts ist der *Kreditvertrag*.

!

Der Kreditvertrag kommt zustande durch
- Kreditbewilligung aufgrund eines Kreditgesuchs,
- Einverständniserklärung des Schuldners.

Der Kreditvertrag wird schriftlich geschlossen und enthält i. d. R. Vereinbarungen über
- Kredithöhe oder Kreditgrenze,
- Verwendungszweck,
- Zinssatz, evtl. Provisionssatz, Zinstermine,
- Rückzahlung bzw. Kündigung des Kredits,
- Kreditsicherung, falls erforderlich.

Bei der Kreditvergabe der Banken handelt es sich im Wesentlichen um fremde Mittel. Die Banken müssen deshalb sehr sorgfältig die Kreditfähigkeit und Kreditwürdigkeit des Kreditnehmers prüfen.

Kreditfähigkeit

Fragestellung: Kann der Kreditnehmer überhaupt rechtswirksam den Kreditvertrag abschließen? Minderjährige benötigen beispielsweise für den Abschluss eines Kreditvertrages die Zustimmung des gesetzlichen Vertreters (z. B. der Eltern).

Aufgabe 3 Seite 316

Kreditwürdigkeit

- Persönliche Kreditwürdigkeit
  Sie stellt auf die Zuverlässigkeit sowie auf die berufliche und fachliche Qualifikation des Kre-

ditnehmers ab, die für eine vertragliche Erfüllung der Kreditverpflichtungen spricht.

- Materielle Kreditwürdigkeit
  Sie orientiert sich an den Einkommens- und Vermögensverhältnissen des Kreditnehmers.

SCHUFA

Vor der Kreditvergabe lassen die Banken ihre Kunden die sog. „SCHUFA-Klausel" unterschreiben. Damit erhält das Kreditinstitut die Erlaubnis, Daten über die Beantragung, die Aufnahme und die vertragsgemäße sowie nicht vertragsgemäße Abwicklung der Geschäftsbeziehung an die SCHUFA weiterzugeben.

Die SCHUFA (Schutzgemeinschaft für allgemeine Kreditsicherung) ist ein Gemeinschaftsunternehmen der Kreditinstitute (Anteil: ca. 87 %) und des Handels sowie anderer Unternehmen (Anteil: ca. 13 %) zum Schutz vor Kreditausfällen.

Der SCHUFA werden folgende Daten von Kunden gemeldet:

- Positivmerkmale (Eröffnung eines Girokontos, Kredit- und Leasingverträge, Ausgabe von Kreditkarten, Kundenkonten des Handels, Telefonverträge u. a.)
- Negativmerkmale (Kreditkündigung, Lohnabtretung, Mahnbescheid, Vollstreckungsbescheid u. a.)

Daten über Giro- und Kreditkartenkonten werden nach Auflösung der Konten gelöscht, erledigte Kreditverpflichtungen drei Jahre nach Zahlungsausgleich. Jeder hat das Recht auf Auskunft über die bei der SCHUFA über ihn gespeicherten Daten.

Crowdfunding

Beim Crowdfunding finanzieren eine Vielzahl von Personen (crowd = Menschenmenge) Projekte, Produkte und Geschäftsideen. Die Kommunikation zwischen Geldgebern und -nehmern erfolgt über Internetplattformen. Die eingesammelten Gelder werden zweckgebunden angelegt und den Geldgebern ggf. eine Gegenleistung eingeräumt.

Beispiel

Ca. 25 000 Menschen haben für den Kauf eines Picassogemäldes 2 Millionen Schweizer Franken aufgebracht, das im Paul-Klee-Zentrum in Bern besichtigt werden kann. Die Geldgeber können das Bild auch jederzeit über eine Webcam anschauen und Botschaften an die Museumswand posten.

8.3.2 Darlehensarten nach der Rückzahlung

Fälligkeitsdarlehen

Die gesamte Darlehenssumme wird an dem vorher *vereinbarten Fälligkeitstag* zurückgezahlt. Während der Laufzeit des Darlehens ist nur der Zins zu entrichten.

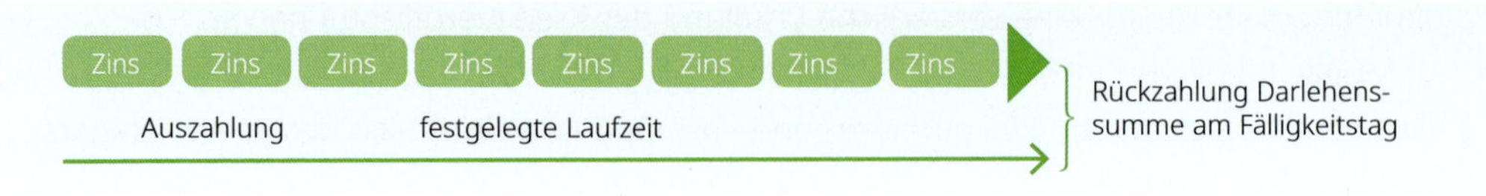

Ratentilgungsdarlehen

Das Darlehen wird in festgelegten gleichen Raten getilgt, sodass die Schuld immer kleiner wird. Dementsprechend verringern sich die ebenfalls regelmäßig zu entrichtenden Zinsen.

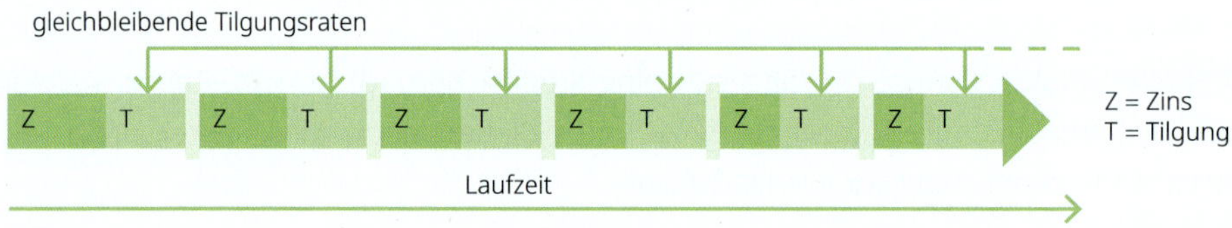

Annuitätendarlehen

Aufgabe 4 Seite 318

Es werden *gleichbleibende Zahlungen* vereinbart, die sowohl die Zinsen als auch Tilgungen enthalten. Da der Zinsanteil durch die Verringerung der Schuld immer kleiner wird, wächst der Tilgungsanteil.

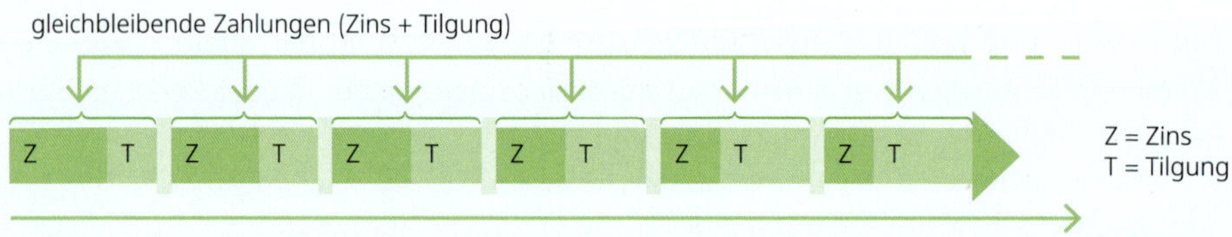

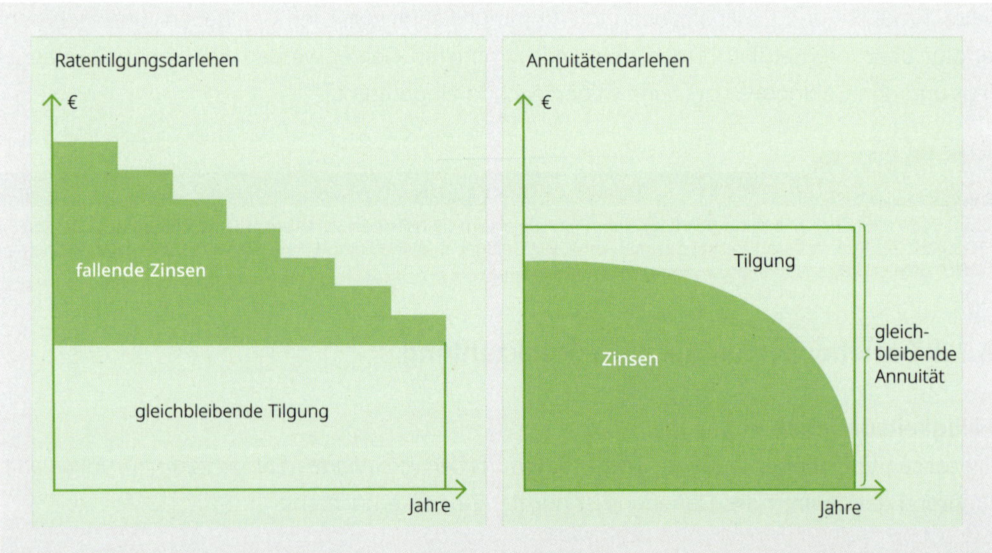

Bei allen Darlehensformen kann über zurückgezahlte Beträge nicht mehr verfügt werden.

Fallbeispiel

Zur Erweiterung des Fuhrparks beantragt ein Unternehmen einen Kredit mit einer Laufzeit von fünf Jahren.
Die Hausbank bietet alternativ die folgenden Rückzahlungsbedingungen an für ein Bankdarlehen von 100.000,00 € Nennbetrag, 8 % Nominalzinssatz, Laufzeit fünf Jahre:

- Fälligkeitsdarlehen,
- Ratentilgungsdarlehen,
- Annuitätendarlehen.

Die Bank verlangt dingliche Sicherheiten.
Ermitteln Sie tabellarisch für die einzelnen Rückzahlungsformen die Zinsen und Tilgung bzw. Annuitäten.

Lösung

Tabelle: **Arten der Rückzahlung**

Jahr	Fälligkeitsdarlehen		Ratentilgungsdarlehen		Annuitätendarlehen		
	Zinsen (€)	Tilgung (€)	Zinsen (€)	Tilgung (€)	Annuität[1] (€)	Zinsen (€)	Tilgungsanteil (€)
1	8.000,00	-	8.000,00	20.000,00	25.046,00	8.000,00	17.046,00
2	8.000,00	-	6.400,00	20.000,00	25.046,00	6.636,00	18.409,00
3	8.000,00	-	4.800,00	20.000,00	25.046,00	5.164,00	19.882,00
4	8.000,00	-	3.200,00	20.000,00	25.046,00	3.573,00	21.473,00
5	8.000,00	100.000,00	1.600,00	20.000,00	25.046,00	1.857,00	23.190,00
	40.000,00	100.000,00	24.000,00	100.000,00	125.230,00	25.230,00	100.000,00

Annuität = D · Annuitätenfaktor

Symbole:
D = Darlehen

$$\text{Annuitätenfaktor} = \frac{i\,(1+i)^n}{(1+i)^n - 1}$$

$i = \left(\frac{p}{100}\right)$ p = Zinssatz
n = Laufzeit in Jahren

$$\text{dies ergibt (s. Beispiel)} = \frac{0{,}08\,(1+0{,}08)^5}{(1+0{,}08)^5 - 1} = 0{,}250456$$

Annuität = 100.000,00 € · 0,250456 = 25.046,00 €

Anmerkung: Der Annuitätenfaktor kann auch einer finanzmathematischen Tabelle entnommen werden. Die Zahlenangaben beim Annuitätendarlehen in der Tabelle wurden auf volle Euro gerundet.

1 Berechnung der Annuität: siehe unten

Der Vergleich in der Tabelle zeigt, dass es beim Fälligkeitsdarlehen zu einer gleichmäßigen jährlichen Zinsbelastung kommt. Am Ende der Laufzeit ergibt sich eine hohe Ausgabenquote und damit Liquiditätsbelastung. Das Annuitätendarlehen führt zu einer konstanten jährlichen Ausgabenquote und belastet den Finanzplan gleichmäßig. Beim Ratentilgungsdarlehen kommt es bei konstanten jährlichen Tilgungsraten von 20.000,00 € zu der geringsten Zinsbelastung.

Zusammenfassende Übersicht zu Kapitel 8.3 Fremdfinanzierung

Darlehen (§§ 488 ff. BGB)

Darlehensvertrag

Darlehensgeber (Gläubiger)
Darlehensnehmer (Schuldner)
Rückzahlung: Geldbetrag + Zinsen

Darlehensarten nach der Rückzahlung

- Fälligkeitsdarlehen
- Ratentilgungsdarlehen
- Annuitätendarlehen

Aufgaben

1. Rollenspiel: Kreditverhandlungen

Situation:

Markus Kunze möchte seine Freundin Jennifer mit einer neuen Wohnzimmereinrichtung überraschen. Die modernen Möbel hatten sich beide bereits im Möbelhaus angeschaut. Jennifer war damals so begeistert von der Einrichtung, dass ihr Markus gerne diesen Wunsch erfüllt hätte. Doch fehlten ihm die finanziellen Mittel in Höhe von 10.000,00 €, um Jennifers Wunsch Wirklichkeit werden zu lassen.

Arbeitsaufträge:

- Eine Hälfte der Klasse übernimmt die Rolle des Bankkunden, die andere vertritt die Belange des Kreditinstituts (Universalbank AG) als Kundenberater(in). Lesen Sie jeweils in Kleingruppen aufmerksam die für Sie vorgesehene Rollenkarte und sammeln Sie in der Gruppe Argumente, damit Sie in dem sich anschließenden Rollenspiel die Interessen und Zielsetzungen der von Ihnen vertretenen Partei überzeugend darstellen und durchsetzen können. Bestimmen Sie zugleich in der Gruppe einen Schüler/eine Schülerin, der/die sich an der Durchführung des Rollenspiels beteiligt.
- Anschließend simulieren jeweils abwechselnd ein(e) Kundenberater(in) und ein Kreditkunde das Beratungsgespräch. Die nicht unmittelbar beteiligten Schüler/-innen der Klasse beobachten aufmerksam den Verlauf des Rollenspiels

und notieren sich wichtige Argumente der Rollenspieler. Außerdem achten sie auch auf das Verhalten der Akteure, vor allem auf ihr Durchsetzungsvermögen und ihre Glaubwürdigkeit.

- Nach mehrfacher Durchführung des Rollenspiels in unterschiedlicher Besetzung findet ein Erfahrungsaustausch zwischen den Rollenspielern und der Gruppe der Beobachter statt, um Stärken der Beteiligten hervorzuheben und vorhandene Schwächen behutsam aufzudecken und abzubauen.

Rollenkarte: Bankkunde Markus Kunze

Sie sind kaufmännischer Angestellter, ledig, und verfügen über ein monatliches Nettoeinkommen von 1.800,00 €. Ihr Ziel ist es, in einem Beratungstermin mit ihrer Hausbank möglichst günstige Konditionen für einen Ratenkredit über 10.000,00 € auszuhandeln. Sie können keine Kreditsicherheiten bieten und möchten auch nur äußerst ungern ihre Freundin bitten, eine Bürgschaft für sie zu übernehmen.

Rollenkarte: Kundenberater(in) der Universalbank AG

Sie sind ein versierter Berater/eine versierte Beraterin im Privatkundengeschäft der Universalbank AG und kompetent in allen Fragen des Kreditgeschäftes. Sie können Kredite bis zu 25.000,00 € selbst genehmigen, wobei Sie selbstverständlich alle gesetzlichen und bankinternen Bestimmungen einhalten müssen. Ratenkredite ohne Sicherheiten können nur an bonitätsmäßig einwandfreie Kunden vergeben werden. Gegebenenfalls muss eine weitere Person als Kreditnehmer verpflichtet oder eine Bürgschaft hereingeholt werden. Ihr beruflicher Erfolg wird u. a. auch daran gemessen, wie viele Neukunden Sie gewonnen und welches Kreditvolumen Sie verkauft haben. Die Standardkonditionen der Universalbank AG für Ratenkredite liegen bei einem Zinssatz von 5 %. Sie selbst haben einen Entscheidungsspielraum bis zu 0,75 % bei der Konditionengestaltung, d. h., Sie können guten Kunden oder interessierten Neukunden den Kredit um bis zu 0,75 % günstiger anbieten. Dieser Preisnachlass geht allerdings zulasten des Ertrags der Bank und sollte daher möglichst vermieden werden. Ihr Ziel ist es, zügig zum Abschluss eines Kreditvertrages mit dem Kunden zu kommen.

2. Fallstudie: Analyse eines Kreditvertrags

Sparda-Bank Baden-Württemberg eG

Darlehensvertrag	Zur bankinternen Bearbeitung Vorgangsnr.: 000012345-01

Darlehensnehmer (Name, Anschrift, Geburtsdatum)	
Markus Müller	geb. am 08.05.62
Hauptstr. 12	
70195 Stuttgart	

Bank
Sparda-Bank Baden-Württemberg eG, Am Hauptbahnhof 3, 70173 Stuttgart

Darlehensnehmer und Bank schließen am 01.02.2023 folgenden Vertrag:

1. Verwendungszweck: Kauf einer Immobilie in Höhe von 214.273,64 €
2. Höhe des Darlehens:

lfd. Nr.	Kredit-Nr.	Kredit-art	WHR	Höhe des Darlehensbetrags	Verzinsung		Auszahlung/ Disagio		Bearbeitungs-entgelt	
					% p. a. var.[4]	fest bis	Kurs %	Betrag	%	Betrag
1	005012345	AD	€	140.000,00	2,350	30.03.2033	100,00	0,00	0,00	0,00
2	015012345	AD	€	10.000,00	2,350	30.03.2033	100,00	0,00	0,00	0,00

AD = Annuitätendarlehen

lfd. Nr.	Kredit-Nr.	in Höhe von % jährlich vom ursprünglichen Darlehensbetrag zuzüglich der durch Tilgung ersparten Zinsen	Demnach betragen die (Anzahl) Leistungsraten aus Zins und Tilgung zz.	WHR	Betrag	jeweils fällig am Letzten eines jeden	erstmals fällig am
1	005012345	2,00	320	€	507,50	Monats	28.02.2023
2	015012345	1,00	464	€	27,92	Monats	28.02.2023

Analysieren Sie den in Auszügen abgedruckten Kreditvertrag:

a) Bestimmen Sie die jeweilige Laufzeit der Darlehen, für die eine feste Verzinsung vereinbart wurde.

b) Berechnen Sie den Darlehensbetrag insgesamt.

c) Nennen Sie den Zweck, für den die Darlehen aufgenommen wurden.

d) Beschreiben Sie, wie die Rückzahlung geregelt ist.

e) Formulieren Sie die Entwicklung der monatlichen Zins- und Tilgungsbelastung.

3. Fallstudie: Kreditwürdigkeitsprüfung

Zur Prüfung der Kreditwürdigkeit von Privatkunden wurde folgendes Formular entwickelt.

Kreditwürdigkeitsprüfung von Privatkunden (Scoringbogen)							
Name des Kunden:							
Bonitätsmerkmale			**Score**	**Bonitätsmerkmale**			**Score**
1.	Kapitaldienstfähigkeit verfügbares Einkommen nach Abzug aller Ausgaben deckt Rate zu			5.	Branche des Arbeitgebers		
		Punkte				Punkte	
	100 %	?	☐		Handwerk	?	☐
	200 %	?			Handel	?	
	300 %	?			Industrie	?	
	400 % und mehr?	?			Dienstleistung	?	
					Öffentlicher Dienst	?	
2.	Alter			6.	Beschäftigt seit		
		Punkte				Punkte	
	unter 21 Jahre	?	☐		weniger als 6 Monaten	?	☐
	21–25 Jahre	?			6 Monate bis 3 Jahren	?	
	26–45 Jahre	?			länger als 3 Jahren	?	
	46–65 Jahre	?					
	66–70 Jahre	?					
3.	Familienstand			7.	SCHUFA		
		Punkte				Punkte	
	verheiratet ohne Kind	?	☐		erledigte Kredite	?	☐
	verheiratet mit Kind	?			laufende Kredite	?	
	ledig/verwitwet ohne Kind	?					
	ledig/verwitwet mit Kind	?					
	geschieden ohne Kind	?					
	geschieden mit Kind	?					
	getrennt lebend ohne Kind	?					
	getrennt lebend mit Kind	?					
4.	Ausgeübte Tätigkeiten			8.	Kontoführung		
		Punkte				Punkte	
	gehobene Funktion	?	☐		keine Zahlungsstörungen	?	☐
	Facharbeiter/Angest.	?			Giroverbindung > 3 Jahre	?	
	Hilfsarbeiter/Sonst.	?			Geldanlage > 3.000,00 €	?	
	Beamte*/Pensionäre*	?			keine Überschreitung des Dispos	?	
	Rentner*						
*	= erhalten keine Punkte für Merkmale 5 und 6				Verfügungssperre	?	
Endsumme							☐
Bonitätsurteil							
Unter 50 Punkte → hohes Risiko				70–79 Punkte → vertretbar			
50–59 Punkte → erhöhtes Risiko				80–100 Punkte → bedenkenfrei			
60–69 Punkte → kein gravierendes Risiko							

a) Versehen Sie die Bonitätsmerkmale mit Punkten und vervollständigen Sie den obigen Scoringbogen. Begründen Sie jeweils Ihre Entscheidung.

b) Begründen Sie, unter welchen Voraussetzungen ein Kunde keinen Kredit erhält und somit der Bonitätsbogen erst gar nicht ausgefüllt werden muss.

4. Darlehensarten nach der Rückzahlung

Die Hausbank bietet der Scholz GmbH ein Darlehen zum Nennbetrag von 80.000,00 € zu den folgenden Bedingungen an:
Zinssatz 6 %, Laufzeit acht Jahre.
Ermitteln Sie für die ersten vier Jahre die Zinsen, Tilgung bzw. Annuität (beim Annuitätendarlehen) für das

- Fälligkeitsdarlehen,
- Ratentilgungsdarlehen,
- Annuitätendarlehen (Annuitätenfaktor: 0,161036).

8.4 Leasing und Factoring

Aufgabe 1 Seite 327

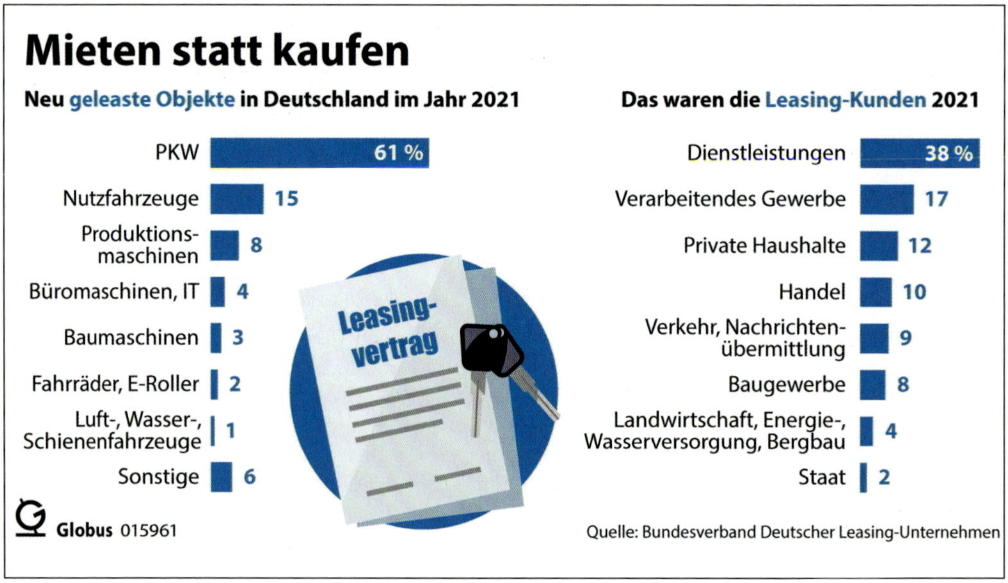

8.4.1 Merkmale des Leasings

Durch Leasing werden vom Vermieter vertraglich Nutzungsrechte an beweglichen Gegenständen, z. B. Maschinen, oder an unbeweglichen Gütern, z. B. Gebäuden, für eine bestimmte Zeit auf den Mieter oder Pächter übertragen, der diese im Betrieb einsetzt. Der Vermieter wird *Leasinggeber*, der Mieter *Leasingnehmer* genannt.

!

Im Gegensatz zur eigentlichen Fremdfinanzierung werden demnach beim Leasing dem Unternehmen keine Geldbeträge (**Geldkredit**), sondern Investitionsgüter überlassen (**Sachkredit**), wobei die Anschaffungskosten erst im Laufe der Nutzungsdauer durch Mietzahlungen aufgebracht werden. Es handelt sich deshalb beim Leasing um eine **Sonderform der Fremdfinanzierung**.

Nach dem **Mietgegenstand – Leasinggegenstand** genannt – werden **Mobilienleasing** (Leasinggegenstände sind bewegliche Güter) und **Immobilienleasing** (Leasing von unbeweglichen Leasinggegenständen) unterschieden.

Abwicklung eines Mobilienleasing-Geschäfts (indirektes Leasing)

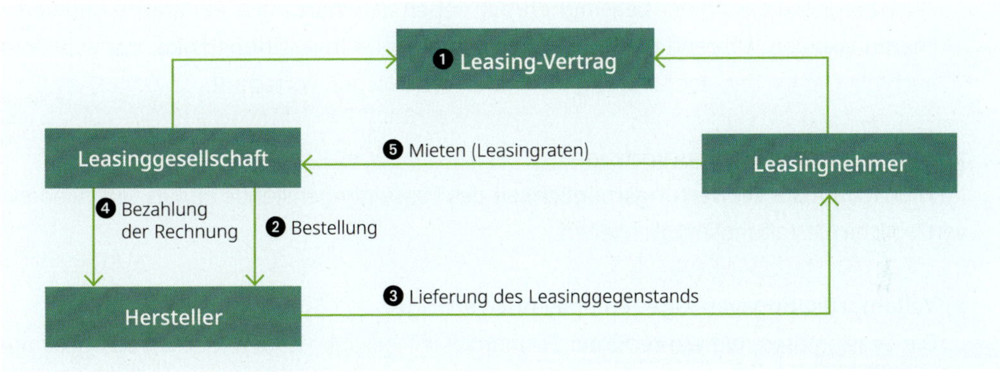

Nach dem **Leasinggeber** sind als Leasingarten das **Herstellerleasing** oder **direkte Leasing** und das **indirekte** oder **eigentliche Leasing** zu unterscheiden. Im ersten Fall ist der Hersteller selbst Leasinggeber. Häufiger ist das **indirekte Leasing**, bei dem eine Leasinggesellschaft zwischengeschaltet ist (s. Abbildung: Abwicklung eines Mobilienleasing-Geschäfts).

Die Leasinggesellschaften *refinanzieren* sich im Wesentlichen bei Kreditinstituten, mit denen sie häufig durch Beteiligungen verbunden sind.

8.4.2 Möglichkeiten der Vertragsgestaltung beim Leasing

Nach der *Vertragsgestaltung* lassen sich verschiedene **Arten** des Leasings unterscheiden.

1. **Operate- und Finanzierungs-Leasing**
   Nach der *Kündbarkeit bzw. dem Verpflichtungscharakter* des Vertrags werden das **Operate-Leasing** und das **Finanzierungs-Leasing** (Finance-Leasing) unterschieden.

a) **Operate-Leasing**

Beim **Operate-Leasing** liegen Mietverträge im Sinne des **BGB** (§ 535) vor. Den Vertragspartnern wird ein **Kündigungsrecht** eingeräumt. Es muss sich deshalb um Gegenstände handeln, die sich nach Auflösung des Vertrags erneut vermieten lassen. Geeignet sind Standardgüter, z. B. Kraftfahrzeuge, Kopiergeräte, Universalmaschinen.

Beim Operate-Leasing trägt der *Leasinggeber das volle Investitionsrisiko*, z. B. der technischen und wirtschaftlichen Entwertung, des zufälligen Untergangs des Leasinggegenstands. Dagegen ist das Risiko des Leasingnehmers beschränkt. Stellt sich z. B. heraus, dass das Investitionsgut für den Betriebszweck ungeeignet ist, so kann der Leasingnehmer das Vertragsverhältnis zum nächstfälligen Kündigungstermin auflösen. Zusätzliche Dienstleistungen können vereinbart werden, die von der Wartung des Fahrzeugparks bis zur vollen Kostenübernahme, z. B. Kraftfahrzeugsteuer, Versicherungen usw., reichen *(Full-Service-Vertrag)*.

b) **Finanzierungs-Leasing**

Finanzierungs-Leasing-Verträge (Finance-Leasing) sind für *eine bestimmte Zeitspanne* – **Grundmietzeit** genannt – **unkündbar**. Im Gegensatz zum Operate-Leasing trägt beim Finanzierungs-Leasing der **Leasingnehmer** neben den Wartungs-, Reparatur- und Versicherungskosten während der Grundmietzeit das **volle Investitionsrisiko**, insbesondere auch die Gefahr der Überalterung durch den technischen Fortschritt.

2. **Voll- und Teilamortisationsverträge**

Im Hinblick auf die **Verwertungsmöglichkeit** des Leasinggegenstands gibt es verschiedene vertragliche Gestaltungsmöglichkeiten:

a) **Vollamortisationsverträge (Full-pay-out-Verträge)**

Die Leasingraten, die während der Grundmietzeit gezahlt werden, decken das gesamte eingesetzte Kapital des Leasinggebers: die Verzinsung für die ausstehenden Beträge, dessen Wagnisprämie und Verwaltungskosten sowie den Gewinn.

- Vollamortisationsverträge mit Kaufoptionsrecht
  Durch diese vertragliche Regelung ausgestattet, kann der Leasingnehmer nach Ablauf der Grundmietzeit den Leasinggegenstand erwerben. Bei Vertragsabschluss wird der Optionspreis im Voraus für das Wirtschaftsgut festgelegt.
- Vollamortisationsverträge mit Mietoptionsrecht
  Durch ein Mietoptionsrecht kann der Leasingnehmer nach Ablauf der Grundmietzeit eine Vertragsverlängerung (zum ermäßigten Mietpreis) verlangen.

b) **Teilamortisationsverträge (Non-full-pay-out-Verträge)**

Das eingesetzte Kapital des Leasinggebers wird durch die Leasingraten während der Grundmietzeit nicht voll gedeckt. Der Leasinggeber muss deshalb wegen des erheblichen Risikos den während der Grundmietzeit nicht gedeckten Betrag vertraglich absichern. Hierzu kommen folgende Vertragsgestaltungen infrage:

- Teilamortisationsverträge mit Andienungsrecht des Leasingnehmers
  Nach Ablauf der Grundmietzeit kann der Leasinggeber dem Leasingnehmer eine Vertragsveränderung vorschlagen. Wird diese nicht angenommen, kann der Leasingnehmer zum Kauf gezwungen werden. Der Kaufpreis wird bereits im Voraus bei Abschluss des Leasingvertrags festgelegt.
- Teilamortisationsverträge mit Erlösbeteiligung des Leasingnehmers
  Dem Leasingnehmer wird vertraglich bestätigt, nach Ablauf der Grundmietzeit bei Veräußerung des Leasinggegenstands am Erlös beteiligt zu sein, der über den Restwert hinausgeht.

8.4.3 Vergleich: Leasing und Kreditfinanzierung

Bei einer Investition gibt es für die Unternehmensleitung zwei Entscheidungsalternativen: die Wirtschaftsgüter zu kaufen oder im Rahmen eines Leasingvertrags zu nutzen. Wegen der mit dem Leasing verbundenen Kosten wird ein Unternehmer, der über ausreichend eigene Mittel verfügt, den Kauf der Miete vorziehen, es sei denn, das Unternehmen kann die Mittel außerhalb der eigenen Unternehmung höher verzinslich anlegen. Damit stellt sich die *Entscheidungsalternative* meist nur zwischen dem Kreditkauf und dem Leasing.

Beim **Kreditkauf** setzt sich der *Aufwand* für das Anlagegut aus den Abschreibungsbeträgen und den Zinsen zusammen; *ausgabewirksam* sind neben den Zinsen auch die Tilgungsbeiträge.

Die *Leasingraten* (Mieten) beim **Leasing** sind dagegen in voller Höhe *ausgabewirksame Aufwendungen*.

Der *Mietsatz* (Leasingsatz) ist von der Vertragsdauer (Grundmietzeit) abhängig. Die Sätze betragen im Allgemeinen
- bei dreijähriger Vertragsdauer monatlich etwa 3,1 % bis 3,7 %,
- bei vierjähriger Vertragsdauer monatlich etwa 2,5 % bis 3 %,
- bei fünfjähriger Vertragsdauer monatlich etwa 2 % bis 2,5 % vom Kaufwert.

Vielfach wird auch eine einmalige Abschlussgebühr bzw. Anzahlung von 0 % bis 20 % der Kaufsumme erhoben.

Die Leasingraten können während der Laufzeit **linear**, **degressiv** oder **progressiv** gestaltet werden. Die Vereinbarung von gleichbleibenden Raten (linearer Verlauf) ist üblich.

Stellt man die zu zahlenden Leasingraten in einer **Vergleichsrechnung** den im gleichen Zeitraum anfallenden Aufwendungen bzw. Ausgaben beim Kreditkauf gegenüber, so kann die ermittelte *Mehr- bzw. Minderbelastung* einer Finanzierungsart dem Unternehmer eine wertvolle Entscheidungshilfe geben.

vgl. Fallbeispiel S. 322

Eine Sonderform des Leasings ist das **Sale-and-lease-back-Verfahren**, bei dem ein bereits im Eigentum des künftigen Leasingnehmers stehendes Investitionsgut an die Leasinggesellschaft veräußert und anschließend über einen Leasingvertrag weiter genutzt wird.

Fallbeispiel

Aufgabe 2 und 3 Seite 327f.

Ein mittelständisches Unternehmen benötigt eine Maschine zum Anschaffungspreis von 100.000,00 €. Die Maschine hat eine betriebsgewöhnliche Nutzungsdauer von acht Jahren und soll linear abgeschrieben werden. Es eröffnen sich die folgenden Finanzierungsmöglichkeiten:

- **Angebot der Hausbank:** Darlehen in Höhe von 100.000,00 €, Zinssatz 8 %, Ratentilgung pro Jahr 20 %, Auszahlung des Darlehens zu 100 %.
- **Angebot einer Leasinggesellschaft** (Finance-Leasing): Miete monatlich während der vierjährigen Grundmietzeit 3 % des Kaufwerts. Bei Vertragsverlängerung (Verlängerungsoption) ermäßigt sich die jährliche Miete auf 12,5 % des Kaufwerts.

Zinszahlung, Tilgung und Zahlung der Leasingraten erfolgen jeweils am Jahresende.

1. Welche finanzielle Gesamtbelastung ergibt sich beim Kreditkauf und beim Leasing, wenn das Unternehmen die Maschinen acht Jahre benötigt?
2. Wie hoch ist der gesamte Aufwand bei beiden Finanzierungsmöglichkeiten bzw. wie verteilt sich dieser während der Nutzungsdauer?

Lösung

Vergleichsrechnung: Kreditkauf – Leasing

Jahr	Kreditkauf					Leasing	Unterschied Leasing – Kreditkauf	
	Tilgung 20 % €	Zinsen 8 % €	Ausgabe (Geldabfluss) €	Abschreibungen 12,5 % linear €	Aufwand (Zinsen und Abschreibung) €	Ratenzahlung p. a. 36 % bzw. 12,5 % €	Ausgabe (Geldabfluss) €	Aufwand €
1	20.000,00	8.000,00	28.000,00	12.500,00	20.500,00	36.000,00	+ 8.000,00	+15.500,00
2	20.000,00	6.400,00	26.400,00	12.500,00	18.900,00	36.000,00	+ 9.600,00	+17.100,00
3	20.000,00	4.800,00	24.800,00	12.500,00	17.300,00	36.000,00	+11.200,00	+18.700,00
4	20.000,00	3.200,00	23.200,00	12.500,00	15.700,00	36.000,00	+12.800,00	+20.300,00
5	20.000,00	1.600,00	21.600,00	12.500,00	14.100,00	12.500,00	– 9.100,00	– 1.600,00
6	–	–	–	12.500,00	12.500,00	12.500,00	+12.500,00	+– 0
7	–	–	–	12.500,00	12.500,00	12.500,00	+12.500,00	+– 0
8	–	–	–	12.500,00	12.500,00	12.500,00	+12.500,00	+– 0
Summe	100.000,00	24.000,00	124.000,00	100.000,00	124.000,00	194.000,00	+70.000,00	+70.000,00

+ = mehr Aufwand bzw. Auszahlung beim Leasing

– = weniger Aufwand bzw. Auszahlung beim Leasing

1. Die finanzielle Gesamtbelastung beträgt beim Leasingvertrag 194.000,00 € und beim Kreditkauf 124.000,00 €. Mit Ausnahme des fünften Jahres ist der Geldabfluss beim Leasing stets höher als bei der Kreditfinanzierung.
2. Auch der Aufwand ist beim Leasing um 70.000,00 € höher als beim Kreditkauf. Die Aufwandsbelastung verläuft beim Kreditkauf während der Nutzungsdauer degressiv. Beim Leasing ist der Aufwand während der Grundmietzeit konstant. Zum Zeitpunkt der Anschlussmiete sinkt er auf 12.500,00 € und bleibt dann während der Restnutzungszeit ebenfalls unverändert.

Um endgültig festzustellen, ob der Abschluss eines Leasingvertrags oder ein Kreditkauf letztlich vorteilhafter ist, darf man sich nicht allein auf eine Ausgabenrechnung und einen Aufwandsvergleich beschränken (vgl. Tabelle). So werden u. a. die Leasingraten bzw. die Zinsen und Abschreibungen beim Kreditkauf in einer weiterführenden Vergleichsrechnung in ihren steuerlichen Auswirkungen (Steuerminderung) berücksichtigt.

Aufgabe 4 Seite 328 f.

Zudem spielt bei Investitionsentscheidungen unter finanzwirtschaftlichen Gesichtspunkten auch der Zeitpunkt des Geldabflusses eine wichtige Rolle. Zahlungen in den ersten Jahren haben einen größeren Stellenwert als Zahlungen, die weiter in der Zukunft liegen. Letztere müssten aus Gründen der Vergleichbarkeit noch abgezinst werden.

8.4.4 Vor- und Nachteile des Leasings

Unternehmen, die in großem Umfang Investitionsgüter leasen, gelten im Allgemeinen als wachstums-, wettbewerbs- und zukunftsorientiert. Vor allem für Existenzgründer stellt Leasing – wegen der häufig knappen Kapitalausstattung – eine wichtige Finanzierungsalternative dar.

Wenn auch das Leasing *grundsätzlich* teurer ist als die Finanzierung eines Investitionsguts über einen Bankkredit, so sind mit dieser Finanzierungsart doch Vorteile verbunden, die zu der ständig zunehmenden Beliebtheit des Leasings in der deutschen Wirtschaft geführt haben.

Als wesentliche **Vorteile** gelten:

- Leasingvertrag und Investitionsgut allein reichen zur Kreditsicherung aus. 100 % des Anschaffungswerts der Anlagen können finanziert werden. Beim Bankkredit müssen vielfach zusätzliche Sicherheiten gestellt werden und nur ein bestimmter Beleihungswert wird finanziert.
- Leasingraten sind als Aufwand steuerlich abzugsfähig.
- Eine vorübergehende Kapazitätsausweitung, z. B. bei günstiger saisonaler oder konjunktureller Gelegenheit und bei bestehendem Engpass an Zahlungsmitteln, kann gewagt

Aufgabe 5 Seite 330

werden, ohne dass es langfristiger Bindungen (Verpflichtungen) bedarf.

- Leasing befreit Unternehmen von dem stoßartig auftretenden Bedarf an flüssigen Mitteln beim Kauf von Anlagegütern.
- Sonderformen des Leasings mit der vertraglichen Vereinbarung einer jederzeitigen Umtauschmöglichkeit des Leasinggegenstands ermöglichen eine flexible Anpassung an die betrieblichen Bedürfnisse.
- Beim Operate-Leasing, z. B. bei der Miete des Fuhrparks, verfügt der Leasingnehmer bei entsprechender Vertragsgestaltung (Full-Service-Vertrag) über stets betriebsbereite Fahrzeuge in der erforderlichen Anzahl.
- Leasing erlaubt die Konzentration der Investitionstätigkeit auf das Kerngeschäft und damit eine schlankere und flexiblere Produktion.
- Leasingraten stellen während der Vertragsdauer eine feste Aufwandsgröße dar und bieten damit dem Unternehmer eine sichere Kalkulationsgrundlage.

Als **Nachteile** werden neben den hohen Kosten häufig genannt:

- Die Leasingraten sind in voller Höhe ausgabewirksame Kosten, welche die Liquidität des Unternehmens belasten. Beim kreditfinanzierten Kauf fallen Ausgaben in Form von Zinsen und Tilgungen an. Bei Zahlungsschwierigkeiten des Leasingnehmers kann der Leasinggeber den Vertrag fristlos kündigen und dem Betrieb das Investitionsgut wegnehmen.
- Die Unkündbarkeit des Leasingvertrags während der Grundmietzeit beeinträchtigt die betriebliche Anpassungsfähigkeit. Im Gegensatz zum Leasingnehmer kann der Käufer das Investitionsgut z. B. jederzeit aus dem Betrieb nehmen und abschreiben, wenn es veraltet ist (Sonderabschreibung), bzw. verkaufen.

8.4.5 Factoring

Aufgabe 6 Seite 330

Bei vielen Unternehmen sind erhebliche Mittel auf der Aktivseite der Bilanz unter der Position „Forderungen aus Lieferungen und Leistungen" gebunden. Um die Liquiditätssituation zu verbessern, können diese Forderungen verkauft werden.

Unter Factoring versteht man den Verkauf von Forderungen aus Lieferungen und Leistungen an eine Factoringgesellschaft.

Die Bedeutung des Factorings nimmt in Deutschland stetig zu.

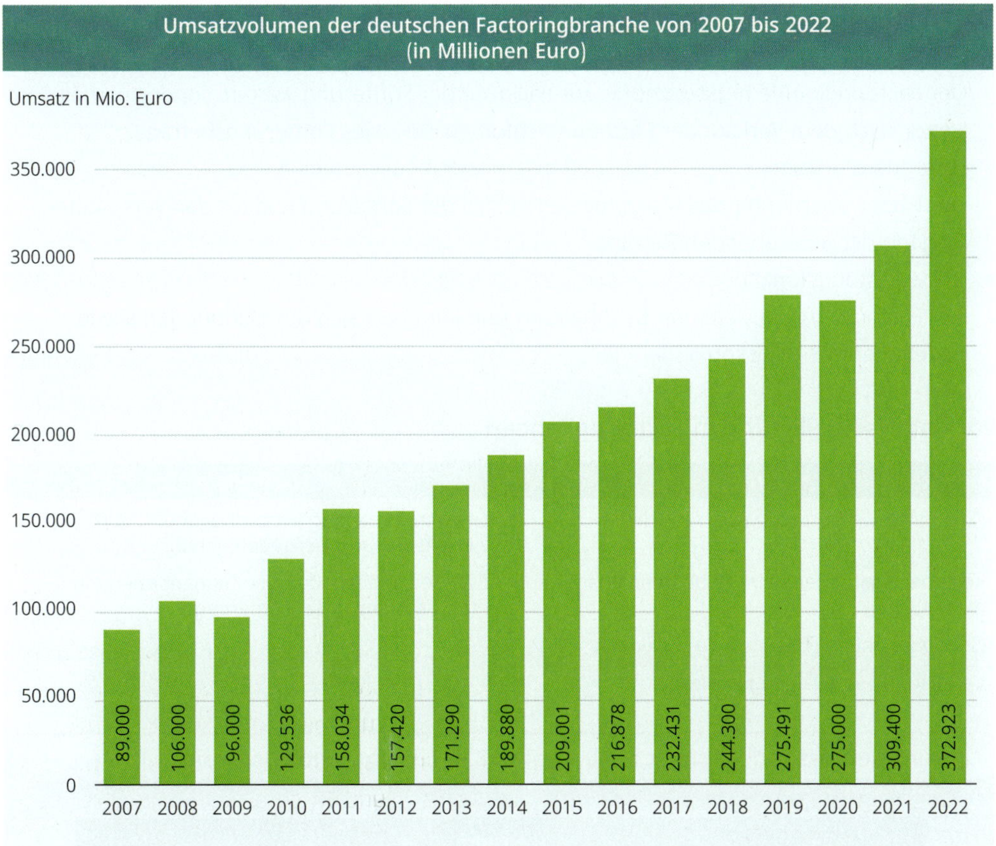

Die rechtlichen Beziehungen zwischen den Beteiligten lassen sich wie folgt darstellen:

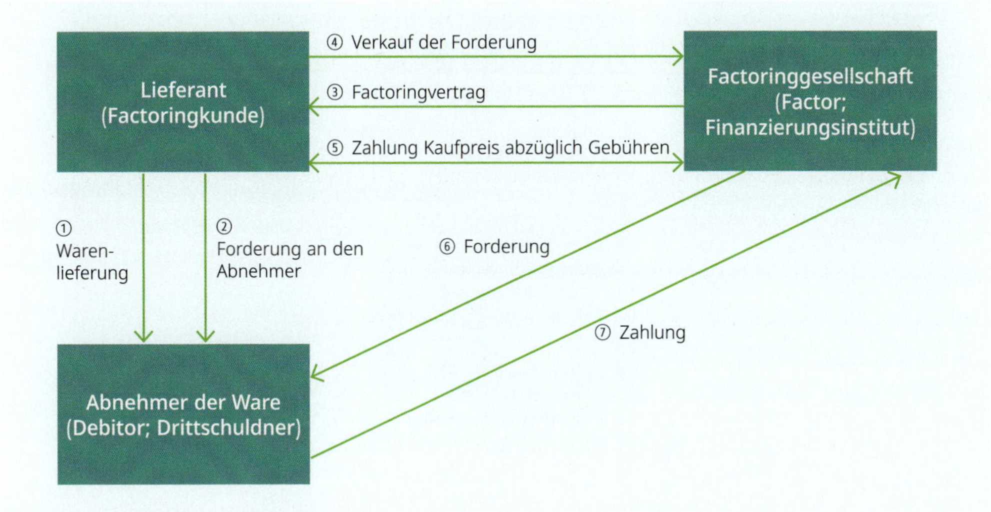

Funktionen der Factoringgesellschaft

- Finanzierungsfunktion
  Der Factoringkunde muss nicht bis zur Fälligkeit der Forderung warten, sondern erhält vom Factor nach dem Verkauf der Forderung sofort ca. 90 % des Forderungsbetrags.
- Delkrederefunktion
  Der Factor übernimmt das Risiko für den Ausfall der Forderung und für den verspäteten Eingang der ausstehenden Beträge.
- Dienstleistungsfunktion
  Der Factor führt die Debitorenbuchhaltung und kümmert sich um Mahnungen sowie gegebenenfalls Inkassomaßnahmen.

Vor und Nachteile für den Factoringkunden

Vorteile	Nachteile
Kurzfristige Verbesserung der Liquidität	Gebühren fallen an (Factoringgebühr; Vorfinanzierungsgebühr; Delkrederegebühr)
Kosteneinsparungen beim Debitorenmanagement	Evtl. Beeinträchtigung der Kundenbeziehung durch Abtretung der Forderung
Geringere Abhängigkeit von Bankkrediten	
Vermeidung von Zahlungsausfällen	

Zusammenfassende Übersicht zu Kapitel 8.4: Leasing und Factoring

Leasing

Merkmale
- Überlassung von Sachgütern zur Nutzung gegen Entgelt
- Sachkredit

Arten
- nach dem Leasinggegenstand
  - Mobilienleasing
  - Immobilienleasing
- nach dem Leasinggeber
  - direktes Leasing
  - indirektes Leasing
- nach der Kündbarkeit
  - Operate-Leasing
  - Finanzierungs-Leasing

Vor- und Nachteile

+ keine zusätzlichen Sicherheiten
+ Leasingraten steuerlich abzugsfähig
+ schlankere Produktion

– häufig teurer als Kreditkauf
– mangelnde Flexibilität während der Grundmietzeit

Factoring = Verkauf von Forderungen an eine Factoringgesellschaft

Aufgaben

1. Bedeutung des Leasings

Bearbeiten Sie die folgenden Aufgaben mithilfe der Grafik auf Seite 318:

a) Nennen Sie Gründe, warum in Deutschland vor allem Fahrzeuge geleast werden.

b) Begründen Sie, warum das Leasing bei Privatpersonen nur einen geringen Stellenwert hat.

2. Liquidität beim Kreditkauf oder Leasing

Zur Erweiterung der Produktionskapazität plant die Bechtle GmbH eine neue Maschine anzuschaffen.
Die Anschaffungskosten betragen 500.000,00 €. Die betriebsgewöhnliche Nutzungsdauer der Maschine beträgt acht Jahre.
Folgende Finanzierungsangebote liegen dem Unternehmen vor:

Kreditangebot der Hausbank	Angebot einer Leasinggesellschaft
Zinssatz: 6 %	Leasingrate pro Monat: 9.000,00 €
Laufzeit: fünf Jahre	Grundmietzeit: fünf Jahre
Tilgung in fünf gleichen Jahresraten jeweils am Jahresende	Eine angebotene Kaufoption in Höhe von 3 % der Anschaffungskosten wird am Ende des fünften Jahres ausgeübt.

a) Berechnen Sie die Liquiditätsbelastung beim Kreditkauf und beim Leasing nach fünf Jahren und stellen Sie die Ergebnisse tabellarisch nach folgendem Muster dar:

Jahr	Kreditkauf				Leasing
	Restschuld Jahresanfang	Tilgung	Zinsen	Summe	
1					
2					
3					
4					
5					
Summe					
Kaufoption					
Summe					

Muster

b) Beurteilen Sie anhand Ihres Ergebnisses, welche Finanzierungsart Sie wählen.

3. Ausgaben und Aufwand beim Kreditkauf und beim Leasing

Ein Unternehmer steht vor der Alternative, ein Investitionsgut im Anschaffungswert von 500.000,00 € zu leasen bzw. nach Kreditaufnahme (Vollfinanzierung) zu kaufen.
Er überprüft die folgenden Angebote:
Angebot der Südwestbank AG: Darlehen von 500.000,00 €, Zinssatz 9 %, Tilgung in zehn gleichen Jahresraten, beginnend am Ende des ersten Jahres der Laufzeit.

Angebot der Finance-Leasing GmbH: Monatliche Miete während der Grundmietzeit von vier Jahren 15.000,00 €, nach Verlängerungsoption 4.500,00 €.

a) Führen Sie einen Kostenvergleich für die Grundmietzeit durch. Nutzungsdauer der beweglichen abnutzbaren Anlage zehn Jahre, lineare Abschreibung.

b) Führen Sie einen Kostenvergleich für die gesamte Nutzungsdauer durch. Stellen Sie für die Berechnungen nach a) und b) eine Tabelle nach folgendem Muster auf:

Kreditkauf						Leasing	Unterschied Leasing – Kreditkauf	
Jahr	Tilgung	Zinsen	Ausgabe	Abschreibungen	Aufwand	Zahlungen (in Grundmietzeit; nach Verlängerung)	Ausgabe	Aufwand

c) Beurteilen Sie den Vergleich.

4. **Fallstudie: Kreditkauf oder Leasing bei der Chemnitzer Werkzeugmaschinen GmbH**

Situation:

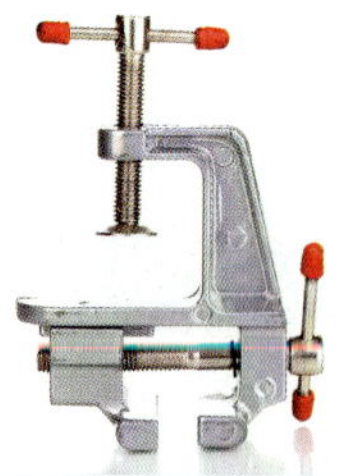

Die Hersteller von Werkzeugmaschinen peilen nach einer Rezessionsphase eine Steigerung ihres Produktionswerts an, weil Abnehmer wie die Automobil- und Elektroindustrie ihre Investitionsbudgets kräftig aufgestockt haben.

Die Auftragssituation hat sich auch bei der Werkzeugmaschinen GmbH Chemnitz erheblich verbessert. Dies betrifft vor allem die neue Generation numerisch gesteuerter Bearbeitungszentren in Horizontalbauweise für mittlere bis sehr große Werkstücke. Die Chemnitzer Werkzeugmaschinen GmbH befindet sich im Konzernverbund mit dem westdeutschen Werkzeugmaschinenhersteller Holzwarth AG. Die Konzernbilanz der Holzwarth AG, in der die Chemnitzer Werkzeugmaschinen GmbH unter den Finanzanlagen erscheint, wies im Jahr 2022 eine Eigenkapitalquote von 21 % auf.

Angaben aus dem Anhang:

Von den gesamten Verbindlichkeiten in Höhe von 317,3 Mio. € haben 223,1 Mio. € (= 70 %) eine Restlaufzeit von bis zu einem Jahr. Aus Leasingverträgen werden Verpflichtungen in den Jahren 2023 bis 2026 in Höhe von 15,8 Mio. € fällig. Die Darlehensverbindlichkeiten gegenüber Kreditinstituten sind durch Grundschulden abgesichert. Die Vorräte sind an Kreditinstitute sicherungsübereignet. Die Forderungen aus Lieferungen und Leistungen sind an Kreditinstitute abgetreten. Durch die in der Rezession eingetretenen Verluste bzw. durch den jetzt hohen Auftragszugang und Investitionsbedarf wird lt. Finanzplanung in den kommenden drei Jahren mit einer angespannten Liquiditätslage gerechnet.

In einer der fünf Hallen des Werkes Chemnitz, die bereits erweitert worden ist, wird eine zusätzliche Fertigungsanlage im Investitionswert von 1.020.000,00 € beschafft. 25 neue Mitarbeiter werden eingestellt. Die Lagerbestände müssen erweitert werden.

Zur Finanzierung stehen zur Wahl:

- **Aufnahme eines Bankkredits:** Zinssatz 8 %, Tilgung in sechs gleichen Jahresraten. Zinszahlung und Tilgung erfolgen jeweils am Ende des Jahres. Die Anlage soll linear abgeschrieben werden (Nutzungsdauer sechs Jahre).
- **Leasen der Anlage:** Abschlussgebühr 10 % vom Anschaffungswert von 1.020.000,00 €. Der Vertrag ist drei Jahre unkündbar. In den ersten drei Jahren beträgt die Monatsmiete 3 % vom Kaufpreis. Bei Vertragsverlängerung wird eine Jahresmiete von 17 % des Anschaffungswerts berechnet. Zahlung der Abschlussgebühr und der Leasingrate erfolgt am Jahresende.

Arbeitsaufträge:

a) Vergleichen Sie die Finanzierungsalternativen im Hinblick auf die Liquiditäts-, Aufwands- und Steuerbelastung. Legen Sie der Berechnung einen Steuersatz von 30 % für die vom Gewinn zu zahlenden Steuern zugrunde. Verwenden Sie dazu eine Tabelle nach dem folgenden Muster:

Jahr	Kreditkauf						Leasing		
	Tilgung	Zinsen	Ausgabe	Abschreibungen	Aufwand	Steuerminderung	Ausgabe	Aufwand	Steuerminderung
		Muster							

b) Die endgültige Entscheidung zwischen den Finanzierungsalternativen soll nach der Bewertung weiterer Entscheidungskriterien getroffen werden. Erstellen Sie hierzu eine Entscheidungsbewertungstabelle nach dem folgenden Muster:

Entscheidungskriterium	Gewichtung	Leasing		Kreditkauf	
		Punkte	gewichtete Punkte	Punkte	gewichtete Punkte
Liquiditätsbelastung					
Aufwandsbelastung					
Freihaltung des künftigen Kreditspielraums	Muster				
Investitionsrisiko					
Summe					

c) Entscheiden Sie über Kreditkauf oder Leasing. Gewichten Sie die Kriterien (Summe der Gewichte muss 10 betragen). Bewerten Sie die gewichteten Kriterien mit Punkten.

Hinweis:	3 Punkte	= Kriterium sehr gut erfüllt
	2 Punkte	= Kriterium gut erfüllt
	1 Punkt	= Kriterium ausreichend erfüllt
	0 Punkte	= Kriterium nicht erfüllt

5. Beurteilung des Leasings

Beurteilen Sie die folgenden, von großen Leasinggesellschaften in einem Prospekt hervorgehobenen Vorteile des Leasings:

a) „Leasing heißt für den Unternehmer: Investieren ohne Kapitaleinsatz.“
b) „Leasing bringt Steuererleichterungen: Leasingraten sind Betriebsausgaben, die sofort und in voller Höhe steuerlich abzugsfähig sind.“
c) „Leasing erhält den Kreditspielraum, da die Sicherungsgegenstände im Eigentum des Kreditnehmers unbelastet bleiben. Das Bilanzbild wird durch Leasing nicht verschlechtert.“

6. Factoring

Im Factoringvertrag zwischen der Württembergischen Maschinenbau AG und der Deutschen Factoring GmbH sind folgende Rahmenbedingungen geregelt:

Jahresumsatz: mindestens 5 Mio. €
Factoringgebühr: 0,2 % vom Jahresumsatz
Delkrederegebühr: 1,0 % bis 3,0 % des Umsatzes in Abhängigkeit von der Bonität des Schuldners
Vorfinanzierungssatz: 4,0 % p.a.

Im vergangenen Jahr hatte die Württembergische Maschinenbau AG Forderungen in Höhe von 6,0 Mio. € an die Deutsche Factoring GmbH verkauft. Der durchschnittlich finanzierte Zeitraum betrug 60 Tage. Die durchschnittliche Delkrederegebühr belief sich auf 2,0 %. Bei der Nutzung des Factorings könnte in der Buchhaltung eine Arbeitskraft mit Personalkosten von 50.000,00 € pro Jahr eingespart werden.

Beurteilen Sie das Factoringgeschäft vor dem Hintergrund, dass die Hausbank der Württembergischen Maschinenbau AG für einen genehmigten Überziehungskredit 9,0 % Zinsen p.a. verlangt.

8.5 Kreditsicherheiten

Beispiel

Beispiel eines Liquiditätsplanes

Claudia Mahler arbeitet als kaufmännische Angestellte und verdient monatlich 1.500,00 € netto. Ihr Freund, Francesco Brunetti, steht kurz vor dem Abschluss eines Kaufvertrages über eine kleine Eigentumswohnung. Damit die Finanzierung steht, bittet er seine Freundin, eine selbstschuldnerische Bürgschaft in Höhe von 30.000,00 € zu übernehmen und stellt ihr in Aussicht, dass sie bereits in einem Monat bei ihm einziehen könne. Claudia, die sehr verliebt in Francesco ist, unterzeichnet die Bürgschaftsurkunde (s. Seite 333) und zieht auch nach dem Kauf in die Wohnung ein.
Francesco kommt leider bereits nach einem Jahr in Zahlungsschwierigkeiten und die Bank fordert Claudia auf, die Zins- und Tilgungsleistung für das Darlehen in Höhe von monatlich 200,00 € zu übernehmen. Nachdem Francesco sie auch noch verlassen hat, möchte Claudia nicht auch noch für dessen Schulden aufkommen, zumal ihr Freund seit Kurzem ein teures Auto fährt.

Aufgabe 1 Seite 339

8.5.1 Bürgschaft

Wesen der Bürgschaft

Durch den Bürgschaftsvertrag verpflichtet sich der Bürge gegenüber dem Gläubiger (z. B. Bank), für die Rückzahlung der Verbindlichkeiten des Schuldners einzustehen.

Für die Bürgschaft von Privatpersonen ist Schriftform vorgesehen. Die Bürgschaft setzt das Bestehen einer Hauptschuld voraus (Akzessorietät).

§ 765 ff. BGB
§§ 349–350 HGB

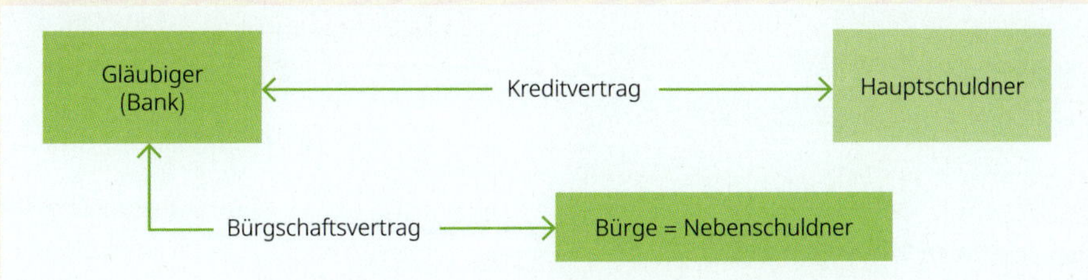

Eine **gewöhnliche Bürgschaft** liegt vor, wenn im Bürgschaftsvertrag keine besonderen Vereinbarungen getroffen wurden und der Bürge das „Recht auf Einrede der Vorausklage" hat, d. h., er muss erst dann leisten, wenn Zwangsvollstreckungsmaßnahmen des Gläubigers beim Hauptschuldner erfolglos geblieben sind. Da diese Maßnahmen für den Gläubiger zeitraubend und kostspielig sind, verlangen Banken stets eine selbstschuldnerische Höchstbetragsbürgschaft.

§ 771 BGB

Merkmale der selbstschuldnerischen Höchstbetragsbürgschaft

§ 773 BGB

1. Der Bürge hat kein Recht auf Einrede der Vorausklage.

2. Der Gläubiger kann sich bei Zahlungsschwierigkeiten des Hauptschuldners sofort direkt an den Bürgen wenden.

3. Das Risiko des Bürgen ist auf den im Bürgschaftsvertrag genannten Höchstbetrag begrenzt.

Aufgaben 2 und 3 Seite 339

Wird im Interesse des Bürgen ein Höchstbetrag festgelegt, bis zu dem er haftet, so wird dieser Betrag i. d. R. etwas höher als der Kredit angesetzt, damit neben der Hauptsumme auch die Zinsen und Auslagen durch die Bürgschaft gedeckt sind. Zahlt der Bürge an den Gläubiger, erlischt die Bürgschaftsverpflichtung. Die Forderung gegen den Hauptschuldner geht auf den Bürgen über. Durch den Tod des Bürgen erlischt die Bürgschaft jedoch nicht (Nachlassverbindlichkeit).

Bürgschaftsurkunde

Die

Stuttgarter Hypothekenbank AG
Bahnhofstr. 20
70036 Stuttgart – nachstehend Gläubigerin genannt –

hat *Herrn Francesco Brunetti, Lessingstr. 58, 70806 Kornwestheim* – nachstehend Schuldner genannt –
als Gesamtschuldner folgendes Darlehen gewährt:

Darlehens-Nr.	Darlehensbetrag in €	Zinssatz in % jährlich	Monatsrate in €
13875827	*30.000,00*	*4,0*	*150,00*

Für dieses Darlehen übernimmt *Claudia Mahler, Lemberger Weg 12, 74354 Besigheim* – nachstehend Bürge genannt – für die Darlehensforderung zuzüglich Zinsen, Kosten und Nebenleistungen die

selbstschuldnerische Bürgschaft

Bürgschafts-Nummer									
3	*8*	*4*	*2*	*7*	*3*	*6*	*1*	*1*	*9*

Die Ansprüche der Gläubigerin gegen den Schuldner sollen weder ganz noch teilweise auf den Bürgen übergehen, bevor die Gläubigerin nicht vollständig befriedigt ist. Bis dahin gelten etwaige Zahlungen des Bürgen als Sicherheitsleistungen. Die Gläubigerin ist jedoch berechtigt, sich jederzeit aus den vom Bürgen bezahlten Beträgen zu befriedigen.

Die Gläubigerin ist verpflichtet, den Bürgen auf dessen Wunsch vom jeweiligen Stand der Hauptschuld zu unterrichten.

Die Gläubigerin darf alle vom Schuldner oder für dessen Rechnung geleistete Zahlungen sowie dessen etwaige Gegenforderungen zunächst auf ihre Ansprüche verrechnen, welche durch diese Bürgschaft nicht gedeckt sind.

Erfüllungsort und Gerichtsstand ist Stuttgart.

Stuttgart, 08.06.20.. *Claudia Mahler*
Unterschrift

Widerrufsbelehrung
Sie können die Bürgschaftserklärung innerhalb von zwei Wochen ohne Angabe von Gründen in Textform (z.B. Brief, Fax, E-Mail) widerrufen. Die Frist beginnt einen Tag, nachdem Sie ein Exemplar dieser Belehrung in Textform und eine Abschrift der Bürgschaftsurkunde erhalten haben. Zur Wahrung der Widerrufsfrist genügt die rechtzeitige Absendung des Widerrufs. Der Widerruf ist zu richten an:

Stuttgarter Hypothekenbank AG, Bahnhofstr. 20, 70036 Stuttgart

Erhalt der Widerrufsbelehrung und der Bürgschaftsurkunde
Ein Exemplar der Widerrufsbelehrung und der Bürgschaftsurkunde habe ich erhalten.

Stuttgart, 08.06.20.. *Claudia Mahler*
Unterschrift

Aufgabe 4 Seite 339

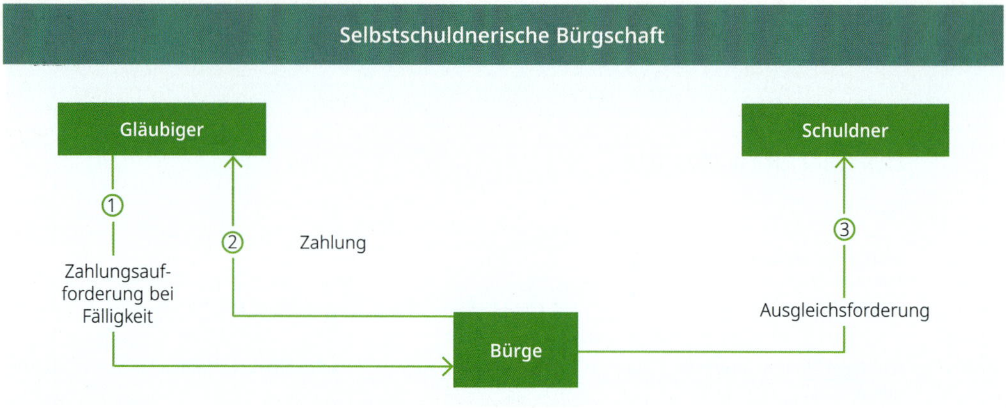

Aufgabe 5 Seite 339

Die Banken prüfen die Bonität des Bürgen genauso sorgfältig wie die des Hauptschuldners. Bürgschaften von Personen ohne ausreichendes Einkommen oder Vermögen sind wirtschaftlich wertlos und werden nicht akzeptiert.

Vor dem Abschluss eines Bürgschaftsvertrages haben Banken, vor allem gegenüber in geschäftlichen Dingen unerfahrenen Personen, **umfassende Aufklärungspflichten** über die Risiken einer Bürgschaft. Ansonsten liegt u. U. ein Verstoß gegen den Grundsatz von Treu und Glauben vor – mit der Folge, dass der Bürgschaftsvertrag nichtig ist. Auch wenn die Verpflichtungen aus einer Bürgschaft die finanzielle Leistungsfähigkeit des Bürgen dauerhaft weit übersteigen, kann die Bürgschaft sittenwidrig und der Bürgschaftsvertrag somit nichtig sein.

vgl. Urkunde Seite 333

Der Bürge hat bei einem Bankkredit das Recht, seine Bürgschaftserklärung innerhalb von zwei Wochen schriftlich zu widerrufen. Über das **Widerrufsrecht** muss er vom Gläubiger belehrt werden.

Mietbürgschaft sollte die Ausnahme sein

Um sich gegen Zahlungsausfälle abzusichern, verlangen Wohnungseigentümer von ihrem zukünftigen Mieter in einigen Fällen eine Mietbürgschaft. Doch diese Form der Kaution hat Risiken und Nachteile für Mieter und Vermieter.

Ob Geringverdiener oder Studenten – häufig haben sie es schwer, eine bezahlbare Bleibe zu finden. Bei der Wohnungsvergabe zählt meist der Kontostand mehr als ein sympathischer Eindruck. Bei Bewerbern mit geringem Einkommen verlangen viele Vermieter deshalb eine Mietbürgschaft. Eine Mietbürgschaft ist eine Art Kaution. "Für den Vermieter ist das ein Weg, sich gegen Zahlungsausfälle abzusichern", erläutert Rechtsanwalt Christian Westerhausen aus Chemnitz. Konkret geht es darum, dass im Falle eines Falles ein Dritter für die Mietschulden derer, für die er bürgt, geradesteht. Aufkommen muss der Bürge gegebenenfalls auch für Schadenersatzansprüche des Vermieters, etwa für nicht vorgenommene Schönheitsreparaturen.

© dpa: Hohe Risiken. Mietbürgschaft sollte die Ausnahme sein, 18.12.2015

8.5.2 Sicherungsübereignung

In einem gesonderten Vertrag wird das Eigentum an einer beweglichen Sache durch Einigung auf den Gläubiger übertragen; die Übergabe wird durch die Vereinbarung ersetzt, dass der Schuldner im Rahmen eines Leih- oder Verwahrungsverhältnisses unmittelbarer Besitzer der Sache bleibt (**Besitzkonstitut**).

vgl. Vertrag Seite 336

Durch die Überlassung des Besitzes kann der Schuldner weiterhin die verpfändeten Sachen benutzen. Der Gläubiger erwirbt zwar Dritten gegenüber volles Eigentum, dem Schuldner gegenüber ist seine Verfügungsgewalt über die Sache auf das Verwertungsrecht bei Pfandreife beschränkt. Tatsächlich soll ihm ja auch nicht das endgültige Eigentum wie beim Kauf oder bei einer Schenkung übertragen, sondern lediglich ein „besitzloses" Pfandrecht eingeräumt werden.

Aufgaben 6–8 Seite 339ff.

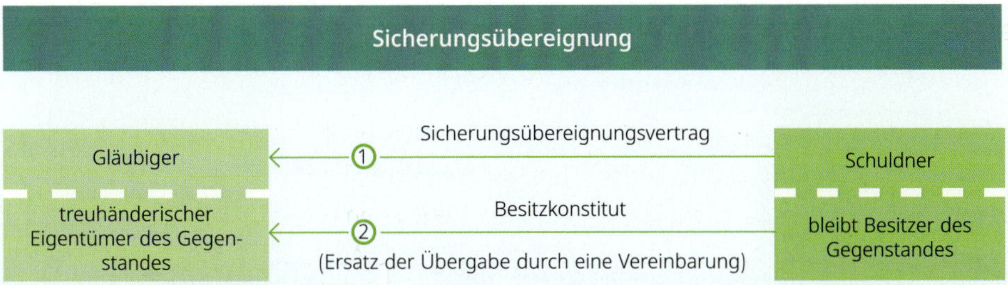

Da die Sicherungsübereignung nach außen nicht erkennbar ist, riskiert der Gläubiger, dass die Sache bereits anderweitig übereignet wurde oder dass der Gegenstand an einen gutgläubigen Dritten veräußert wird. Die Sache kann beschädigt oder zerstört werden. Wegen dieser Gefahren und wegen des ungewissen Verwertungserlöses wird nur ein bestimmter Prozentsatz des Wertes der übertragenen Gegenstände beliehen. Mit der Tilgung der Schuld geht das Eigentum automatisch wieder auf den Schuldner über.

In der Praxis werden im Privatbereich vor allem Kraftfahrzeuge sicherungsübereignet. Die Bank verlangt hier die Übergabe des Kraftfahrzeugbriefes. Damit ist es dem Kreditnehmer nicht mehr möglich, das Fahrzeug an einen gutgläubigen Dritten zu veräußern. Zudem muss der Schuldner i.d.R. eine Vollkaskoversicherung abschließen, damit bei Zerstörung des Sicherungsgutes (z.B. Unfall) die Versicherungsleistungen zur Deckung der Schulden herangezogen werden können.

Arten der Sicherungsübereignung	
Sicherungsübereignung von einzelnen Sachen ↓ genaue Bezeichnung des Sicherungsgutes	Sicherungsübereignung von mehreren Sachen ↓ Bestimmung der Sicherungsgüter durch ▪ Markierungsvertrag (z.B. Festlegung des Orts von Maschinen auf einem Lageplan) ▪ Raumsicherungsvertrag (z. B Sicherungsübereignung aller Waren in einem Lagerraum)

Kreissparkasse

Diktatzeichen: Mü/he
Datum: ..-03-20

Sicherungsübereignungsvertrag

zwischen
der Kreissparkasse Heilbronn

– Sparkasse –

und Herrn
Michael Pflüger
Frankfurter Straße 106
74074 Heilbronn

– Sicherungsgeber –

Zur Sicherung aller gegenwärtigen und künftigen Ansprüche der Sparkasse **gegen den Sicherungsgebe sowie gegen**
siehe Sicherungsgeber

– Kreditnehmer –

aus Kredit- und Darlehensgewährung und aus der sonstigen Geschäftsverbindung, insbesondere aus laufender Rechnung, Darlehen, Wechseln (auch soweit sie von Dritten hereingegeben worden sind). Abtretungen oder gesetzlicher Forderungsübergang und auch für den Fall einese Wechsels des Inhabers oder einer Änderung der Rechtsform der Firma des Kreditnehmers sowie des Sicherungsgebers, überträgt der Sicherungsgeber der Sparkasse das Eigentum an folgendem Kraftfahrzeug:

Hersteller Mercedes-Benz
Typ EQE Limousine
Fahrgestell-Nr. WDB1240231A358372
Amtl. Kennzeichen HN - AH 48
Kfz.Brief-Nr. 91174052
Baujahr 2023

Werden übereignete Teile des Kraftfahrzeugs (selbständige Sachen, Bestandteile oder Zubehör) ausgetauscht, so einigen sich, soweit dies zum Eigentumsübergang auf die Sparkasse erforderlich ist, der Sicherungsgeber und die Sparkasse schon jetzt, dass das Eigentum an den neu eingefügten Sachen mit der Einfügung auf die Sparkasse übergeht. Mit dem Zeitpunkt der Einfügung wird die Sparkasse das Eigentum an den ausgetauschten Sachen auf den Sicherungsgeber zurückübertragen. Die Übergabe des Kraftfahrzeugs oder der neu eingeführten Sachen wird durch die Vereinbarung ersetzt, dass der Sicherungsgeber das vorbezeichnete Kraftfahrzeug oder die Sachen weiterhin leihweise zur Benützung erhält Die Sparkasse kann das Leihverhältnis widerrufen und das Fahrzeug in Besitz nehmen, soweit sie dies für erforderlich hält. Der Sicherungsgeber übernimmt jedoch gleichzeitig die volle Haftung für den übereigneten Gegenstand und gilt im Sinne der gesetzlichen Vorschriften als halter des Kraftfahrzeugs. Der Sicherungsgeber ist verpflichtet, sämtliche vorkommenden Schäden sofort auf seine Kosten ausbessern zu lassen. Er versichert, dass das übereignete kraftfahrzeug ausreichend versichert ist. Wird anstelle der übereigneten Sachen eine Entschädigung (Versicherungssumme) gezahlt, so steht diese der Sparkasse zu. Alle gegenwärtigen und künftigen Ansprüche des Sicherungsgebers and die Versicherung und gegenenfalls an einen Schädiger und dessen Versicherung werden hiermit an die Sparkasse abgetreten.

Der Sicherungsgeber ist versichert ausdrücklich, dass das Kraftfahrzeug sein freies und unbelastetes Eigentum ist. Der Kraftfahrzeugbrief ist der Sparkasse übergeben.

Sobald die Sparkases wegen aller ihrer Ansprüche gegen den Sicherungsgeber und Kreditnehmer befriedigt ist, ist sie verpflichtet, ihre Rechte an dem Sicherungsgut auf den Sicherungsgeber zurückzuübertragen. Fall ein Bürge oder ein sonstiger Dritter die Sparkasse befriedigt hat, ist sie berechtigt, die Rechte an dem Sicherungsgut auf diese Bürgen oder Dritten zu übertragen.

Sollten Vereinbarungen dieses Vertrages ganz oder teilweise rechtsunwirksam sein oder nicht durchgeführt werden, so bleiben doch die übrigen Vereinbarungen wirksam.

Es wird ausdrücklich darauf hingewiesen, dass ergänzend die Allgemeinen Geschäftsbedingungen der Sparkasse Vertragsbestandteil sind. Sie liegen in den Kundenräumen der Sparkasse zur Einsicht auf.

Kreissparkasse Heilbronn

Unterschrift des Sicherungsgebers

8.5.3 Grundschuld

Wesen der Grundpfandkredite

Aufgabe 6 Seite 339 f.

Durch Einigung und Eintragung im Grundbuch wird zugunsten des Gläubigers ein **Pfandrecht** an einer **unbeweglichen Sache**, d.h. einem Grundstück, bestellt. Die Eintragung ersetzt die Übergabe, die ja bei einem Grundstück nicht möglich ist. Grundpfandrechte sind die idealen Sicherungsmittel für langfristige Kredite, da sie den Gläubiger von Veränderungen in den geschäftlichen und persönlichen Verhältnissen des Schuldners weitgehend unabhängig machen und nennenswerte Wertminderungen nicht zu erwarten sind. Für kurzfristige Kredite wäre im Übrigen die Bestellung eines Grundpfandrechts auch zu umständlich und kostspielig.

Als Sicherungsmittel können Hypotheken oder Grundschulden im Grundbuch als Belastungen in Abteilung III eingetragen werden.

Die Grundschulden können mit erstem, zweitem, drittem **Rang** usw. eingetragen sein. Bei einer Zwangsvollstreckung muss zuerst die Forderung mit erstem Rang voll befriedigt werden, dann die mit zweitem Rang usw. Ist der Wert des Grundstücks geringer als die eingetragenen Belastungen, so können die mit letztem Rang eingetragenen Grundpfandrechte nur teilweise oder gar nicht befriedigt werden (§ 879 BGB).

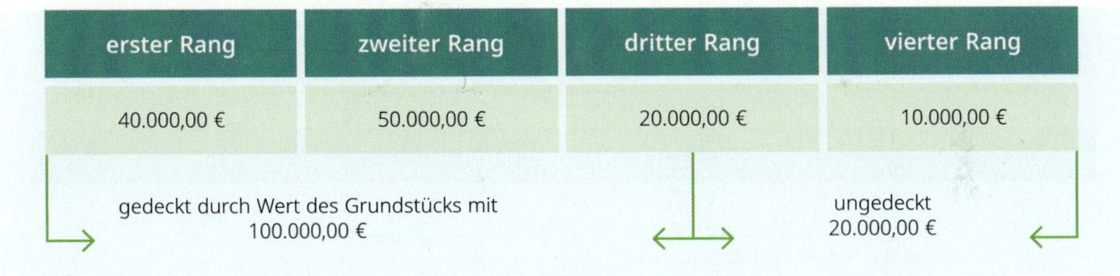

Kreditinstitute legen Wert auf den ersten Rang und beleihen i.d.R. nicht mehr als 60–80 % des Grundstückswerts.

Die Grundschuld (§ 1191 ff. BGB)

Ein Grundstück wird in der Weise belastet, dass an den Berechtigten eine bestimmte Summe aus dem Grundstück zu zahlen ist. Die Eintragung einer Grundschuld setzt **keine persönliche Forderung** voraus. Deshalb bleibt die Grundschuld in unveränderter Höhe bestehen, auch wenn der Kredit teilweise zurückbezahlt wurde.

Die Grundschuld ist also eine **dingliche Schuld**, die von der Person des Schuldners losgelöst ist (**abstrakte** Grundstücksbelastung). Nur das Grundstück haftet.

Die Grundschuld wird i.d.R. mit *Zwangsvollstreckungsklausel* eingetragen, sodass im Falle des Verzuges ein schneller Zugriff des Kreditgebers möglich ist. Auf das langwierige Einklagen eines vollstreckbaren Titels gegen den Eigentümer kann dann verzichtet werden.

Bei **Rückzahlung der Schuld** kann der Eigentümer die Grundschuld mit Einwilligung des Gläubigers (Löschungsbewilligung) löschen lassen oder sie stehen lassen, um einen späteren Kreditbedarf rasch befriedigen zu können.

Die Grundschuld hat in der Praxis die Hypothek als Sicherungsinstrument nahezu verdrängt. Dies liegt daran, dass sich die Grundschuld sowohl zur Sicherung von Krediten mit schwankender Forderungshöhe als auch für langfristige Tilgungsdarlehen hervorragend eignet.

Zusammenhang: Kredithöhe und Grundschuld

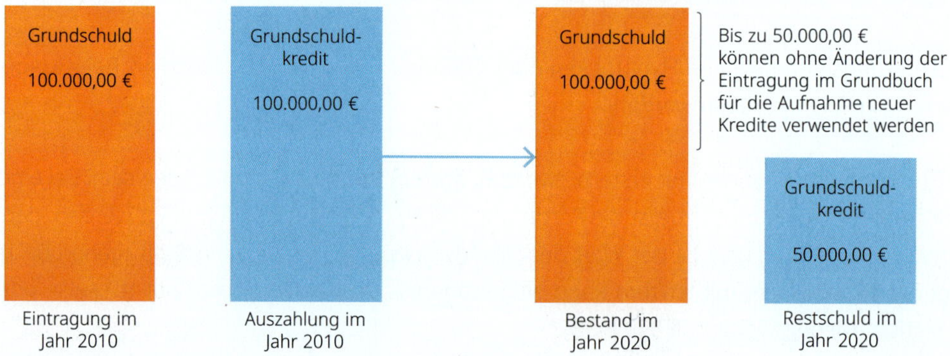

Zusammenfassende Übersicht zu Kapitel 8.5: Kreditsicherheiten

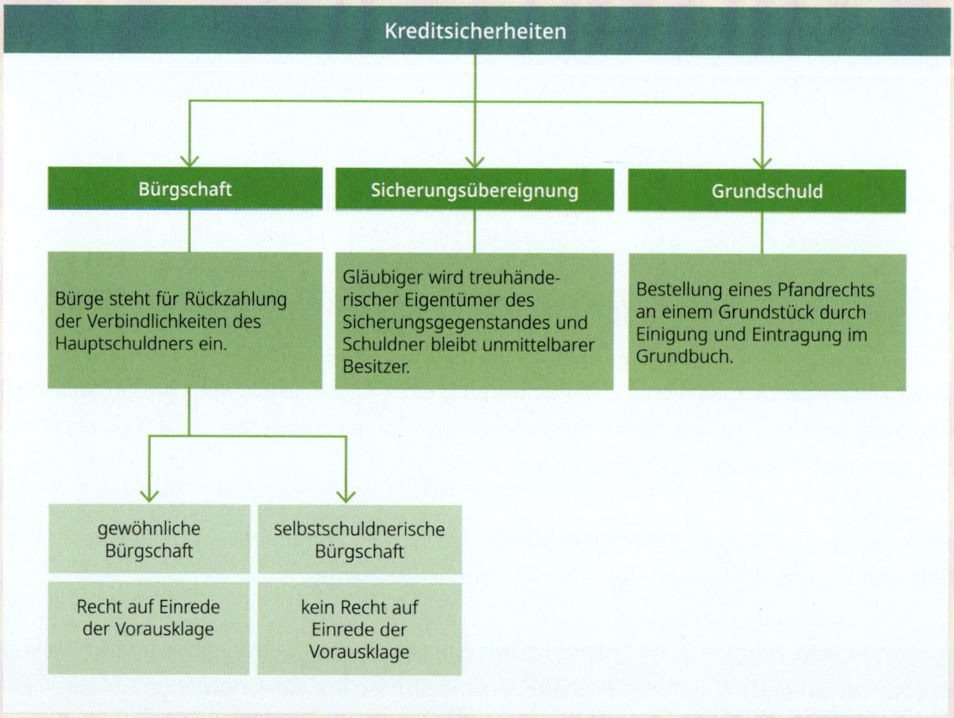

Aufgaben

1. Kreditsicherheiten im Privatbereich

Erläutern Sie die folgenden Aufgaben mithilfe des Beispiels auf Seite 331.

a) Schätzen Sie, wie lange es dauert, bis Claudia die Schulden von Francesco abgetragen hat.

b) Beurteilen Sie, ob Claudia die Zahlung verweigern kann.

2. Höchstbetragsbürgschaft und selbstschuldnerische Bürgschaft

Angenommen, die Bank verlangt zur Sicherung eines Kontokorrentkredits einen Bürgen. Karl Winter ist bereit, eine Bürgschaft im Höchstbetrag von 10.000,00 € zu übernehmen.

a) Erläutern Sie, in welcher Situation des Kreditnehmers die Bank wohl auf einer Bürgschaft bestehen müsste.

b) Begründen Sie, warum der Höchstbetrag der Bürgschaft häufig höher angesetzt wird als die Kreditlinie.

c) Erläutern Sie, in welcher Höhe die Bürgschaft besteht, wenn der Schuldner den eingeräumten Kontokorrentkredit
- nicht beansprucht;
- die Beanspruchung einschl. der Zinsen 12.500,00 € beträgt.

d) Formulieren Sie, warum Banken nur die selbstschuldnerische Bürgschaft akzeptieren.

3. Rechtliche Einordnung der Bürgschaft

Die Bürgschaft ist – in rechtlicher Hinsicht –

a) ein einseitiges Rechtsgeschäft,

b) ein zweiseitiges Rechtsgeschäft,

c) ein einseitig verpflichtendes Rechtsgeschäft,

d) ein zweiseitig verpflichtendes Rechtsgeschäft.

Beschreiben Sie, welche Aussage bzw. Aussagen Sie für richtig halten.

4. Bürgschaft bei Kapitalgesellschaften

Begründen Sie, warum Banken vielfach beim Abschluss von Kreditverträgen mit neu gegründeten Gesellschaften mit beschränkter Haftung (GmbH) verlangen, dass die Gesellschaften eine selbstschuldnerische Bürgschaft für die GmbH übernehmen.

5. Bonitätsbeurteilung

Beurteilen Sie den Satz: „Jede Sicherheit ist letztlich nur so viel wert wie der Schuldner selbst".

6. Grundpfandrechte und Sicherungsübereignung

Das Hotel-Restaurant „Fernblick", Inhaberin Friederike Trinkhaus, finanzierte die Gründung und den laufenden Kapitalbedarf zu einem erheblichen Teil mit Realkrediten.

A) *Kreditsicherungen*

1. *Grundpfandkredite*

   Grundschuld zulasten des Hotelgrundstücks 400.000,00 €, zugunsten der Sparkasse (1. Rangstelle) einschl. Zwangsvollstreckungsklausel. Zweck: Sicherung eines langfristigen Darlehens (Investitionskredit).

   Grundschuld zulasten des Hotelgrundstücks 60.000,00 €; zugunsten des Bankhauses Scheu KG (zweite Rangstelle). Zweck: Sicherung eines mittelfristigen Darlehens.

   Beleihungswert des Hotelgrundstücks: Die Sparkasse ging bei der Ermittlung des bei einer eventuellen Zwangsversteigerung erzielbaren Verkaufspreises des Grundstücks vom *Sachwert* aus (Bodenwert + Herstellungskosten des Gebäudes) 1.000.000,00 €.

   Zur Ermittlung des Beleihungswertes wurde aus Sicherheitsgründen ein Abschlag von 60 % vorgenommen (Sicherheitsabschlag).

   Für die ersten fünf Jahre der Kreditlaufzeit wurde eine erstrangige Grundschuld mit einem Zinssatz von 5 % und eine zweitrangige mit einem Zinssatz von 5,5 % vereinbart.

2. Sicherungsübereignungskredit

   Übereignung des Hotelmobiliars, Neuwert 150.000,00 €, zu berücksichtigende Abschreibung 30.000,00 €. Das Sicherungsgut wird mit 50 % des Zeitwertes beliehen. Zweck: Sicherung eines Kontokorrentkredits (Kreditlinie 50.000,00 €).

B) *Verwertung der Sicherungsgegenstände im Falle einer Zwangsversteigerung*

1. Die Zwangsversteigerung des Hotelgrundstücks erbrachte einen Versteigerungserlös (netto) von 410.000,00 €.
2. Ein Teil des Hotelmobiliars im Wert von 50.000,00 €, das vor drei Jahren – vor der Einräumung des Kontokorrentkredits – beschafft wurde, ist noch nicht bezahlt. Die Verwertung des Mobiliars erbrachte im Ganzen 25.000,00 €.

   Der aus dem Kontokorrentkredit zugunsten der Scheu KG errechnete Endsaldo ist 40.000,00 €.

Fragen zur Bearbeitung:

a) Beschreiben Sie die
   - Bestellung der Grundpfandrechte am Hotelgrundstück und die
   - Sicherungsübereignung des Mobiliars (vgl. A) 1.–2).

b) Welchen Vorteil verspricht sich die Sparkasse vom Eintrag einer Zwangsvollstreckungsklausel?

c) Berechnen Sie den Wert des Sicherungsübereignungskredits.

d) Erklären Sie den von der Sparkasse verhältnismäßig niedrig angesetzten Beleihungswert für den Grundschuldkredit.

e) Begründen Sie die unterschiedliche Zinssatzfestlegung für die erstrangige bzw. zweitrangige Grundschuld.

f) Ermitteln Sie, wie der Erlös aus der Zwangsversteigerung des Hotelgrundstücks unter den Gläubigern verteilt wird (vgl. B)1.). Bestimmen Sie die Rechtsfolgen für die beiden Kreditgeber.

g) Beschreiben Sie, welche Auswirkungen der noch bestehende Eigentumsvorbehalt (50.000,00 €) für das Bankhaus Scheu KG in Bezug auf die Verwertung der Sicherungsübereignung hat.
Beurteilen Sie die Eignung des Mobiliars des Hotels für den Sicherungsübereignungskredit (Beachten Sie das Ergebnis der Verwertung!).

7. Sicherungsübereignung

Frauke Huber möchte sich im Frühjahr ein Cabrio für 30.000,00 € kaufen. 5.000,00 € hat sie selbst gespart, den Rest müsste sie finanzieren.

Alternative 1: Ratenkredit der Bank des Autohauses zu 0,9 % jährlich
Alternative 2: Ratenkredit ihrer Hausbank zu 7,5 % jährlich

a) Begründen Sie, warum sich Frauke trotz des wesentlich günstigeren Finanzierungsangebots des Autohauses für den Kredit ihrer Hausbank entscheidet.

b) Nennen Sie Kriterien der Hausbank für die Kreditvergabe.

c) Beschreiben Sie, wie die Hausbank den Kredit besichert.

8. Finanzierungsentscheidung bei der Schmuckgroßhandlung Joos GmbH

Situation

Die Schmuckgroßhandlung Joos GmbH, Aachen, erhält am 20. August .. von dem Schmuckwarenhersteller Alfred Pfleiderer, Pforzheim, ein besonders günstiges Angebot über Modeschmuck. Das Angebot gilt jedoch nur, wenn es innerhalb von zwei Tagen angenommen wird. Außerdem verlangt der Hersteller die Überweisung des Gesamtbetrages von 30.000,00 € (ohne jeden weiteren Abzug) spätestens zehn Tage nach Lieferung am 10. September .., Liefertermin 31. August .. .

Die Joos GmbH möchte das Angebot annehmen. Nach Rücksprache mit den Reisenden des Unternehmens bestehen für das Weihnachtsgeschäft noch sehr gute Absatzchancen. Nach dem Finanzplan („Geldmittelvorschaurechnung") beträgt das Bankguthaben am 1. September .. 3.000,00 €.

vgl. Finanzplan Seite 299

Zur Deckung des kurzfristig eingetretenen Kapitalbedarfs kommen folgende Finanzierungsmöglichkeiten infrage:

- **Kontokorrentkredit**
  Kreditspielraum (Kreditlinie) bis 15.000,00 €, Soll-Zinssatz 12,5 %, bei Überschreiten des Kreditrahmens (bis maximal 20.000,00 €) fallen zusätzlich 4 % Überziehungszinsen an, Haben-Zinssatz 0,5 %.
- **Bürgschaftskredit**
  Gegen eine selbstschuldnerische Bürgschaft eines vermögenden Gesellschafters wäre die Hausbank bereit, der Joos GmbH ein Darlehen bis 30.000,00 € einzuräumen, Laufzeit sechs Monate, Tilgung am Ende der Laufzeit, Zinssatz 5,5 %.

- **Sicherungsübereignungskredit**
  Die Joos GmbH könnte mit ihrer Hausbank auch einen Raumsicherungsvertrag abschließen, in dem sie alle an einem genau bestimmten Lagerort vorhandenen Waren (Schmuck) an die Bank sicherungsübereignet. Im Gegenzug gewährt die Bank der Joos GmbH einen Kredit über 15.000,00 €, Laufzeit ein Jahr, Zinssatz 4,5 %.

Der Finanzplan (vereinfachte Darstellung) zeigt für die kommenden fünf Monate (September bis Januar) die folgende Entwicklung der Einnahmen und Ausgaben bzw. des Bankguthabens und des Bankkredits (eingeräumter Kontokorrentkredit). Die Ausgaben für den Kauf von Schmuckwaren des Herstellers A. Pfleiderer in Höhe von 30.000,00 € sind in dem Finanzplan noch nicht berücksichtigt.

Auszug Finanzplan (Beträge in €)	September	Oktober	November	Dezember	Januar
Anfangsbestand Bank:	+ 3.000,00	– 4.500,00	– 5.700,00	+ 6.340,00	+ 33.140,00
Einnahmen					
Zahlungseingänge aus Umsatz bzw. Kundenforderungen	60.000,00	65.000,00	70.000,00	85.000,00	95.000,00
Sonstige Einnahmen, z. B. Zinsen	8.000,00	8.000,00	7.000,00	6.000,00	6.500,00
Summe der verfügbaren Mittel	71.000,00	68.500,00	71.300,00	97.340,00	134.640,00
Ausgaben	40.000,00	35.000,00	32.000,00	28.000,00	23.000,00
Schmuckwaren	2.300,00	12.000,00	3.000,00	1.000,00	2.000,00
Betriebsmittel	19.000,00	20.000,00	23.000,00	24.500,00	24.500,00
Personal	10.000,00	4.020,00	3.800,00	9.560,00	4.580,00
Steuern					
Sonstige Ausgaben (Kredittilgung, Zinsen u. a.)	4.200,00	3.180,00	3.160,00	1.140,00	2.120,00
Summe der Ausgaben	75.500,00	74.200,00	64.960,00	64.200,00	56.200,00
Endbestand Bank/ Überschuss Fehlbetrag/Bankkredit	4.500,00	5.700,00	6.340,00	33.140,00	78.440,00

Arbeitsaufträge

a) Entwerfen Sie auf der Grundlage der Angaben in der Situationsbeschreibung einen Finanzierungsvorschlag für die Beschaffung des Fremdkapitals. Berücksichtigen Sie neben den Finanzierungskosten auch andere Gesichtspunkte, die für die Entscheidung von Bedeutung sind.

b) Erstellen Sie als Hilfsmittel eine Entscheidungsbewertungstabelle, in die Sie Ihre Entscheidungskriterien (z. B. Möglichkeit der Anpassung an den jeweiligen Kapitalbedarf; Kapitalkosten u. a.) eintragen. Gewichten Sie die Kriterien (Summe der Gewichte muss 10 betragen) und bewerten Sie die gewichteten Kriterien mit Punkten.
3 Punkte = Kriterium sehr gut erfüllt   1 Punkt = Kriterium ausreichend erfüllt
2 Punkte = Kriterium gut erfüllt   0 Punkte = Kriterium nicht erfüllt

Themenkreis 9 (Bildungsplaneinheit 19):

Die Unternehmung

Um welche Probleme geht es in diesem Kapitel?

Am Anfang einer Unternehmensgründung steht immer eine Geschäftsidee. Diese wiederum ist Ausgangspunkt für die Erstellung eines Planes, der gleichzeitig einen „Fahrplan“ für die Verwirklichung der Gründungsidee darstellt. In diesem Plan wird u. a. auch festgelegt, welche Überlegungen für die Standortentscheidung bedeutsam sind sowie welche Rechtsform zu wählen ist. Mit der Wahl der Rechtsform werden z. B. weitreichende Entscheidungen hinsichtlich der Möglichkeiten künftiger Kapitalbeschaffung getroffen.

Welche Kompetenzen werden angestrebt?

Die Schülerinnen und Schüler erarbeiten die wesentlichen Grundlagen der Existenzgründung (Wahlthema), die rechtlichen Rahmenbedingungen der Unternehmung, unterscheiden ausgewählte Unternehmensformen und bestimmen situationsbezogen die jeweils geeignete Rechtsform.

9.1 Rechtliche Rahmenbedingungen

9.1.1 Gewerbe

Gewerbe ist grundsätzlich jede wirtschaftliche Tätigkeit, die auf eigene Rechnung, eigene Verantwortung und auf Dauer mit der Absicht zur Gewinnerzielung betrieben wird.

!

Ein Gewerbe wird durch einen **Gewerbetreibenden** in einem **Gewerbebetrieb** ausgeführt. Wer ein Gewerbe ausübt, unterliegt der Gewerbeordnung. Danach muss jede gewerbliche Tätigkeit bei der zuständigen Gemeinde an- und abgemeldet werden. Umgangssprachlich wird in diesem Zusammenhang häufig vom **Gewerbeschein** gesprochen.

§ 6 GewO

Freie Berufe (Ärzte, Rechtsanwälte, Steuerberater) gelten zwar nach der Gewerbeordnung als Gewerbebetriebe, sind jedoch dem Anwendungsbereich der Gewerbeordnung entzogen.

Artikel 12 GG

Ausgehend von der in Artikel 12 des Grundgesetzes festgeschriebenen **Berufsfreiheit** wurde in der Gewerbeordnung die **Gewerbefreiheit** festgeschrieben. Danach steht es jedem im Rahmen weiterer Gesetze frei, ein Gewerbe zu betreiben und Beruf, Arbeitsplatz und Ausbildungsstätte frei zu wählen.

9.1.2 Kaufmann

Handelsrecht als Sonderrecht für Kaufleute

Für Personen, die im Geschäftsverkehr ständig Rechtsgeschäfte abschließen und im Normalfall eine entsprechende Erfahrung und Ausbildung haben, gilt das **Handelsrecht**. Entsprechende Bestimmungen sind im **Handelsgesetzbuch (HGB)** enthalten. Das Handelsgesetzbuch gilt nicht nur für den Handel im engeren Sinne (Kauf und Verkauf von Waren). Vielmehr kommt es auch für die Herstellung, Bearbeitung und Verarbeitung von Gütern sowie die auf Dienstleistungen gerichteten Tätigkeiten zur Anwendung.

Fehlen im HGB entsprechende Regelungen, so gilt das Bürgerliche Gesetzbuch (BGB). Ist eine Regelung sowohl im BGB als auch im HGB enthalten, so gilt für Kaufleute die speziellere Regelung des HGB.

!

Das Handelsrecht enthält Sonderregelungen, mit denen die Schnelligkeit bei der Abwicklung von Handelsgeschäften gefördert werden soll. Das HGB setzt Schutzvorschriften des BGB außer Kraft.

Kaufmannseigenschaft – Kaufmannsarten

Ob das Handelsrecht für ein Rechtsgeschäft zur Anwendung kommt, hängt davon ab, ob mindestens einer der Beteiligten Kaufmann ist.

Ist-Kaufmann

!

§ 1 HGB

Kaufmann gem. § 1 HGB ist, wer ein Handelsgewerbe betreibt. Als Handelsgewerbe gilt jeder Gewerbebetrieb, der nach Art und Umfang einen in kaufmännischer Weise eingerichteten Geschäftsbetrieb erforderlich macht (Großbetrieb).

Eine Tätigkeit ist gewerblich, wenn sie **selbstständig** ausgeübt, **planmäßig** betrieben, **auf Dauer angelegt** und auf **Gewinn** ausgerichtet ist. Ausgenommen sind Betriebe der Urproduktion (z. B. Landwirtschaft, Forstwirtschaft) und freie Berufe. Da Kleinbetriebe keinen in kaufmännischer Weise eingerichteten Geschäftsbetrieb erforderlich machen, sind sie keine Kaufleute. Sie können aber unter bestimmten Voraussetzungen freiwillig die Kaufmannseigenschaft erwerben. Entscheidet sich ein Unternehmen für die freiwillige Eintragung, so erlangt es die Kaufmannseigenschaft und ist dadurch berechtigt, z. B. einem Mitarbeiter Prokura zu erteilen. Es ist aber auch verpflichtet, eine Bilanz und eine Gewinn- und Verlustrechnung nach den Vorschriften des Handelsrechts zu erstellen.

vgl. Kapitel 9.1.5

Der **Ist-Kaufmann** ist verpflichtet, sich im **Handelsregister** eintragen zu lassen. Er erlangt seine Kaufmannseigenschaft aber nicht erst durch die Eintragung, sondern bereits mit der Aufnahme der Geschäftstätigkeit. Die Eintragung ins Handelsregister hat nur **rechtsbekundende (= deklaratorische)** und keine **rechtserzeugende (= konstitutive)** Wirkung.

§ 29 HGB

vgl. Kapitel 9.1.4

Kann-Kaufmann

Ein Gewerbetreibender, dessen Unternehmen einen in kaufmännischer Weise eingerichteten Geschäftsbetrieb nicht erforderlich macht (Kleingewerbetreibender), **kann** die Kaufmannseigenschaft erwerben, wenn er die Firma seines Unternehmens im Handelsregister eintragen lässt. Entscheidet er sich für die Eintragung, dann erlangt er mit der Eintragung die Kaufmannseigenschaft.

§ 2 HGB

Der Landwirt ist grundsätzlich kein Kaufmann. Er **kann** aber durch freiwillige **Eintragung im Handelsregister** Kaufmann werden, wenn sein Betrieb eine kaufmännische Organisation erforderlich macht.

§ 3 HGB

Die Eintragung ins Handelsregister hat bei **Kann-Kaufleuten rechtserzeugende (= konstitutive)** Wirkung.

Form-Kaufmann

Kapitalgesellschaften (z. B. eine Aktiengesellschaft) erlangen – **unabhängig von der Größe und dem Gegenstand ihres Unternehmens** – aufgrund der gewählten Rechtsform die Kaufmannseigenschaft (= Form-Kaufmann). Diese Unternehmen sind selbst dann Kaufleute, wenn nicht einmal ein Gewerbebetrieb vorliegt, und sie sind verpflichtet, sich im Handelsregister eintragen zu lassen.

§ 6 Abs. 2 HGB

Bei **Form-Kaufleuten** hat die Eintragung ins Handelsregister **rechtserzeugende (= konstitutive)** Wirkung.

Aufgabe 1 Seite 350

9.1.3 Firma

Begriff und Bedeutung

Wird in der täglichen Umgangssprache von Firma gesprochen, so ist damit meist ein ganz bestimmtes Unternehmen gemeint. Das Handelsrecht hingegen versteht unter Firma nicht das Unternehmen selbst, sondern verbindet mit diesem Begriff den Namen des Kaufmanns, unter dem dieser seine Geschäfte betreibt. Die Firma kann dabei Name sowohl für natürliche wie auch für juristische Personen sowie für rechtsfähige Personengesellschaften sein.

§ 17 HGB

Die Firma ist der Name, unter dem ein im Handelsregister eingetragener Kaufmann seine Geschäfte betreibt und seine Unterschrift abgibt. Ein Kaufmann kann unter seiner Firma klagen und verklagt werden.

Vorschriften zur Firmierung

Die Firmierung ist abhängig von der Rechtsform, in der ein Unternehmen betrieben wird. Die jeweils gültigen Firmierungsvorschriften finden sich in den entsprechenden Spezialgesetzen (z.B. GmbHG, AktG). Bei der Auswahl eines Firmennamens sind bestimmte Grundsätze zu beachten:

Firmierungsgrundsätze		
Firmenwahrheit (§§ 18, 19 HGB)	**Firmenklarheit (Firmenausschließlichkeit) (§ 30 HGB)**	**Firmenbeständigkeit (§§ 21, 22, 24 HGB)**
Die Firma darf nicht über die Art und/oder den Umfang des Unternehmens täuschen. Eine Irreführung der Öffentlichkeit muss ausgeschlossen sein.	Die Firma muss sich von den am selben Ort oder in derselben Gemeinde bereits bestehenden und in das Handelsregister eingetragenen Firmen deutlich unterscheiden.	Bei Veräußerung des Unternehmens darf die Firma vom Erwerber fortgeführt werden, sofern der bisherige Inhaber zustimmt. Ändert sich jedoch durch den Inhaberwechsel auch die Rechtsform, so ist aber ein entsprechender Rechtsformzusatz erforderlich.
Beispiele		
Eine kleine Bäckerei darf nicht als Hohenloher Brotfabrik firmieren.	Ein neu zu gründendes Fahrradgeschäft darf nicht mit „Fahrradhandel Biehler e. K." firmieren, wenn am gleichen Ort bereits ein Kaufmann unter dieser Firma im Handelsregister eingetragen ist.	Die Baustoffgroßhandlung Hans Strickler e. K. wird künftig von Anna Strickler (Tochter des Hans Strickler) weitergeführt. Der Firmenname darf beibehalten werden.

Firmenarten

Personenfirma	Sachfirma	Fantasiefirma	Gemischte Firma
ein oder mehrere Personennamen sind Bestandteil der Firma	der Gegenstand des Unternehmens (Tätigkeitsfeld) ist Bestandteil der Firma	Firma enthält eine frei erfundene Fantasiebezeichnung	Kombination von Sach- und Personenfirma
Beispiele			
Heinz Kühn, e. K.	Heidelberger Zementfabrik AG	Bit & Byte OHG	Metallwarenfabrik Dorothea Mußler e. K.

9.1.4 Handelsregister

Das Handelsregister ist ein amtliches, öffentliches Verzeichnis, das Eintragungen über sämtliche Kaufleute im Bezirk des zuständigen Registergerichts führt.

Das Handelsregister wird im Normalfall von dem örtlich zuständigen **Amtsgericht** geführt. In das Handelsregister erfolgte Eintragungen werden im Internet und dem Bundesanzeiger bekannt gegeben. Die Eintragungen werden von den Gerichten in einem elektronischen System, dem gemeinsamen Registerportal **der Länder** der Bundesrepublik Deutschland, veröffentlicht. Jeder hat das Recht auf Einsichtnahme. **§ 8 HGB § 125 FGG[1] § 10 Abs. 1 Satz 1, § 11, § 9 HGB**

Das Handelsregister besteht aus **zwei Abteilungen**: **§ 3 Abs. 1 HRV**

Abteilung A (§ 3 (2) HRV)[2]	Abteilung B (§ 3 (3) HRV)
Eintragung von Einzelkaufleuten und Personengesellschaften (offenen Handelsgesellschaften, Kommanditgesellschaften)	Kapitalgesellschaften (z. B. Aktiengesellschaften, Gesellschaften mit beschränkter Haftung)

Aufgabe 2 Seite 350 f.

9.1.5 Vollmachten

Die Organisation eines Gewerbebetriebes macht es notwendig, dass der Kaufmann Mitarbeitern Vollmacht erteilt, für ihn rechtsverbindlich Rechtsgeschäfte abzuschließen. Das BGB regelt die Erteilung und die Wirkung der Vollmacht. Das Handelsrecht trägt den Bedürfnissen des Geschäftslebens Rechnung, indem es dem Kaufmann zusätzlich das Recht gibt, die besonderen Vollmachten **Prokura** und **Handlungsvollmacht** zu erteilen. **§ 164 ff. BGB**

Prokura

Erteilung

Die Prokura kann nur vom Inhaber eines Handelsgeschäfts oder seinem **gesetzlichen Vertreter** (bei einem minderjährigen Inhaber sind das die Eltern) erteilt werden und muss ins Handelsregister eingetragen werden.[3] Wirksam wird sie aber bereits bei Erteilung bzw. Mitteilung an den Geschäftspartner. Damit hat die Eintragung ins Handelsregister eine **deklaratorische Wirkung.** **§ 48 HGB**

Umfang

Der Umfang der Vertretungsmacht des Prokuristen ist Dritten gegenüber **nicht beschränkbar**. Der Prokurist ist befugt, alle Arten von gerichtlichen und außergerichtlichen Geschäften und Rechtshandlungen vorzunehmen, die in **irgendeinem Handelsgewerbe** vorkommen. Er kann damit auch branchenfremde Geschäfte tätigen. Allerdings ist er nicht dazu bevollmächtigt, **Privatgeschäfte** des Kaufmanns zu tätigen. Dazu wäre eine besondere Vollmacht erforderlich. **§ 50 HGB** **§ 164 ff. BGB**

1 FGG: Gesetz über die Angelegenheiten der freiwilligen Gerichtsbarkeit

2 HRV: Verordnung über die Einrichtung und Führung des Handelsregisters (Handelsregisterverordnung)

3 Es ist also nicht erlaubt, dass der Inhaber eines Unternehmens einen Mitarbeiter (z. B. Prokurist) beauftragt, einem anderen Mitarbeiter rechtswirksam Prokura zu erteilen. Der Mitarbeiter wäre nicht gesetzlicher, sondern **rechtsgeschäftlicher Vertreter**.

Grenzen

Dem Prokuristen ist es nicht erlaubt, im Rahmen der ihm erteilten Prokura folgende Geschäfte und Rechtshandlungen vorzunehmen:

§ 49 Abs. 2 HGB §§ 28, 53 Abs. 1, 245 HGB

1. **Belastung oder Veräußerung von Grundstücken.** Allerdings kann der Kaufmann dem Prokuristen aber eine **Sondervollmacht** zur Vornahme dieser Geschäfte erteilen.

2. - **Anmeldung der Firma zum Handelsregister**
   - **Unterzeichnung des Jahresabschlusses**
   - **Erteilung der Prokura**
   - **Veräußerung oder Aufgabe des Handelsgewerbes; Aufnahme eines Gesellschafters.**

   Diese Rechtshandlungen muss der Kaufmann höchstpersönlich vornehmen. Er kann sich dafür nicht von einem Prokuristen vertreten lassen, auch nicht mit einer Sondervollmacht.

Erlöschen

§ 53 Abs. 2, § 15 Abs. 3 HGB

Der Geschäftsinhaber kann die Prokura jederzeit widerrufen. Der Widerruf der Prokura ist zur Löschung im Handelsregister anzumelden. Solange die Prokura im Handelsregister noch nicht gelöscht ist, bleibt der gutgläubige Dritte geschützt.

Handlungsvollmacht

Begriff

Der gesetzlich vorgegebene Umfang der mit der Prokura verbundenen Vertretungsmacht setzt zwischen dem Kaufmann und dem Prokuristen ein ganz besonderes Vertrauensverhältnis voraus. Das Handelsrecht lässt deshalb eine Vollmacht zu, deren Umfang der Kaufmann selbst bestimmen kann.

> **!** **Ein Handlungsbevollmächtigter ist eine Person, der ein Kaufmann eine Vollmacht erteilt hat, ohne dass es sich dabei um eine Prokura handelt.**

§ 54 HGB

Arten und Umfang

Der Umfang der Handlungsvollmacht wird nicht von gesetzlichen Vorgaben, sondern vom Kaufmann selbst bestimmt. Nach dem Umfang sind drei Arten der Handlungsvollmacht zu unterscheiden:

Arten der Handlungsvollmacht		
Spezialhandlungsvollmacht	**Arthandlungsvollmacht**	**Generalhandlungsvollmacht (allgemeine Handlungsvollmacht)**
Diese Vollmacht berechtigt zur Vornahme **eines bestimmten Rechtsgeschäfts** und der mit diesem Rechtsgeschäft verbundenen Rechtshandlungen.	Diese Vollmacht erlaubt eine **bestimmte Art von Rechtsgeschäften**, die im Betrieb eines **derartigen Handelsgewerbes gewöhnlich** vorkommen (regelmäßig wiederkehrende Tätigkeiten).	Sie berechtigt zur Vornahme aller Rechtsgeschäfte, welche im Handelsgewerbe des vollmachtgebenden Kaufmanns gewöhnlich vorkommen.

Arten der Handlungsvollmacht		
Spezialhandlungsvollmacht	**Arthandlungsvollmacht**	**Generalhandlungsvollmacht (allgemeine Handlungsvollmacht)**
Eine Mitarbeiterin einer Metallwarenfabrik wird beauftragt, die Ausstattung für das Besprechungszimmer zu beschaffen. Gegebenenfalls wäre sie auch berechtigt, festgestellte Mängel zu rügen.	Ein Mitarbeiter eines Großmarktes ist für den Einkauf von Frischobst und Gemüse zuständig. Andere Kaufverträge für das Unternehmen darf er mit der erteilten Vollmacht nicht abschließen.	Ein Mitarbeiter eines Baustoffhandels kann mit der ihm erteilten allgemeinen Handlungsvollmacht alle Rechtsgeschäfte (z. B. Ein- und Verkauf von Waren, Mitarbeiter einstellen und entlassen) abschließen, die die Baustoffhandlung **gewöhnlich** mit sich bringt.

Erteilung und Erlöschen

Die Handlungsvollmacht kann vom Kaufmann selbst, einem Prokuristen oder von einem dazu Bevollmächtigten erteilt werden. Eine Eintragung ins Handelsregister ist nicht erforderlich. Die Handlungsvollmacht ist jederzeit widerrufbar.

Aufgaben 3 und 4 Seite 351 f.

Zusammenfassende Übersicht zu Kapitel 9.1: Rechtliche Rahmenbedingungen

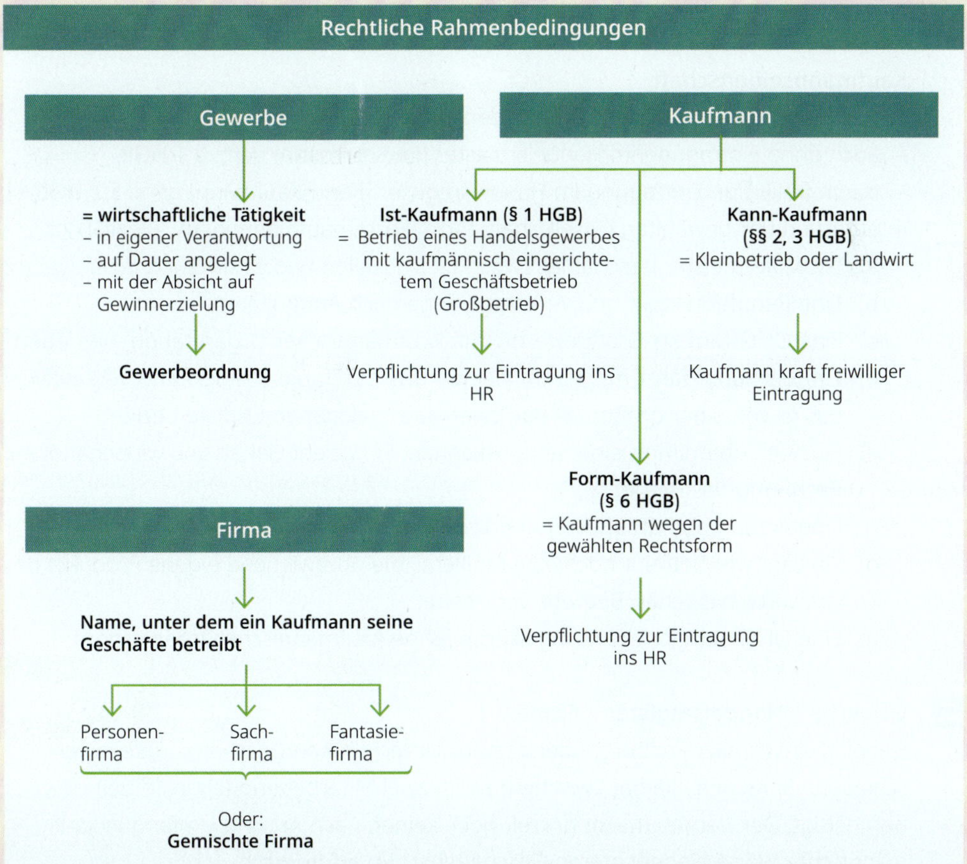

Handelsregister

amtliches, öffentliches Verzeichnis aller Kaufleute in einem Registerbezirk

- Abteilung A: Einzelunternehmen, Personengesellschaften
- Abteilung B: Kapitalgesellschaften (GmbH, AG)

Vollmachten

Vollmacht berechtigt zum Abschluss rechtsverbindlicher Rechtsgeschäfte

Prokura
Vollmacht zur Vornahme von Rechtsgeschäften **irgendeines** Handelsgewerbes

Handlungsvollmacht
Vollmacht zur Vornahme von gewöhnlichen Rechtsgeschäften **eines bestimmten** Handelsgewerbes
- Spezialhandlungsvollmacht
- Arthandlungsvollmacht
- Generalhandlungsvollmacht

Aufgaben

1. Kaufmannseigenschaft

Stellen Sie fest, wer in den nachfolgenden Fällen Kaufmann
- auch ohne Eintragung im Handelsregister (Ist-Kaufmann) gem. § 1 HGB,
- durch freiwillige Eintragung im Handelsregister (Kann-Kaufmann) gem. § 2 HGB,
- aufgrund der gewählten Gesellschaftsform (Form-Kaufmann) gem. § 6 HGB ist.

a) Ein Malermeister beschäftigt zwölf Malergesellen und einen Buchhalter.
b) Eine Rentnerin kauft und verkauft gelegentlich Antiquitäten.
c) Eine OHG wird als Großgewerbe (mit kaufmännischer Organisation) betrieben.
d) Ein „Eismann“ fährt mit einem kleinen Bus durch die Straßen und verkauft Eis, das er von einer großen, in der Innenstadt gelegenen Eisdiele bezieht.
e) Ein Koch übernimmt eine Betriebskantine. Er bezieht Gehalt und wirtschaftet auf Rechnung des Betriebs.
f) Eine Ärztin beschäftigt einen medizinischen Fachangestellten.
g) Ein Landwirt betreibt noch eine Molkerei, die überwiegend eigene Produkte des landwirtschaftlichen Betriebs verarbeitet.
h) Eine OHG betreibt ein Kleingewerbe (ohne kaufmännische Organisation).

2. Gewerbe – Handelsregister – Firma

Isabell Kleinschmidt, Freiburg, übersetzt für Unternehmen Geschäftsbriefe in verschiedene Sprachen. Sie hat zwischenzeitlich zwei Mitarbeiterinnen in Teilzeit beschäftigt. Der Betrieb macht derzeit noch keinen nach Art und Umfang in kaufmännischer Weise eingerichteten Geschäftsbetrieb erforderlich.

a) Stellen Sie fest, ob im vorliegenden Fall ein Gewerbe vorhanden ist.

b) Isabell Kleinschmidt beabsichtigt, das Unternehmen im Handelsregister eintragen zu lassen. Machen Sie drei Firmierungsvorschläge.

c) Die Firma wird am 16. Juli d.J. in das Handelsregister unter dem Firmennamen „Freiburger Übersetzungsdienst, Inh. Isabell Kleinschmidt e. K ffr." eingetragen. Beschreiben Sie, welche Folgen die Eintragung für Isabell Kleinschmidt hat.

3. Entscheidung über rechtmäßige Tätigkeiten einer Bevollmächtigten

Mourad Yilmaz, Am Bahndamm 9, 74080 Heilbronn, ist Inhaber eines Küchenstudios. Zu seiner Entlastung ermächtigt er seine langjährige Mitarbeiterin Carla Senne, alle Geschäfte zu tätigen, die das Küchenstudio gewöhnlich mit sich bringt.

a) Stellen Sie fest, ob Carla Senne für das Küchenstudio Mourad Yilmaz e.K. folgende Rechtsgeschäfte bindend abschließen kann:

1. Verkauf von Küchenzubehör,
2. Einkauf von Büromaterial,
3. Aufnahme eines Darlehens von der Sparkasse,
4. Einstellung eines Schreiners,
5. Begleichung einer Verbindlichkeit (Lieferung von Heizöl),
6. Entlassung einer technischen Zeichnerin,
7. Belastung eines Grundstücks mit einer Hypothek,
8. Kauf eines Grundstücks als Kundenparkplatz.

b) Yilmaz befindet sich derzeit in Kur. Der Geschäftsführer einer Wohnbaugesellschaft bittet um ein sofortiges Angebot über den Einbau von zwölf Einbauküchen in einem Mehrfamilienhaus. Da die Handlungsbevollmächtigte Senne derzeit im Geschäft mehrere Beratungstermine wahrzunehmen hat, bittet sie ihre Sekretärin Marianne Helbig, ein Angebot abzugeben und wenn möglich den Vertrag sofort abzuschließen.

Das Angebot entspricht den Vorstellungen des Geschäftsführers, der auch sofort den Auftrag erteilt.

Die Wohnbaugesellschaft hat am nächsten Tag ein günstigeres Angebot erhalten. Deren Geschäftsführer ruft deshalb bei Heimann an und teilt mit, dass er auf die Lieferung der zwölf Einbauküchen verzichte. Der Kaufvertrag sei nicht zustande gekommen, weil nur die Sekretärin Helbig, nicht aber Yilmaz unterschrieben habe.

Klären Sie die Rechtslage.

c) Da Frau Helbig als Sekretärin nicht mehr ausgelastet ist, soll sie künftig auch verstärkt im Verkauf tätig sein und erhält von Yilmaz Verkaufsvollmacht.

- Stellen Sie fest, ob die Vollmacht auch dann gültig ist, wenn sie von der Handlungsbevollmächtigten Senne erteilt worden wäre.
- Frau Helbig bestellt von einem Vertreter, der im Betrieb vorspricht, mehrere moderne Küchenlampen für die Firma Yilmaz. Mourad Yilmaz ist jedoch von dem Design nicht begeistert.

  Stellen Sie fest, ob Yilmaz berechtigt ist, die Lampen zurückzuschicken und die Zahlung des Rechnungsbetrages zu verweigern.

4. Entscheidung über rechtmäßige Tätigkeiten verschiedener Mitarbeiter eines Unternehmens

Der Karlsruher Telediscountshop hat seiner Mitarbeiterin Katja Wimmer Prokura erteilt, während Edwin Stern als Handlungsbevollmächtigter (allgemeine Handlungsvollmacht) für das Unternehmen tätig ist.

Welche der folgenden Geschäfte können rechtswirksam abgeschlossen werden

- vom Handlungsbevollmächtigten Edwin Stern,
- von der Prokuristin Katja Wimmer,
- weder vom Handlungsbevollmächtigten noch von der Prokuristin?

1. Einkauf von 10 000 Pack Druckerpapier
2. Verkauf eines gebrauchten Pkw
3. Kauf eines Nachbargrundstücks zur Betriebserweiterung
4. Verkauf einer nicht mehr benötigten Garage mit Grundstück
5. Erteilung von Prokura
6. Erteilung von Handlungsvollmacht
7. Günstiger Gelegenheitskauf eines Picasso-Ölgemäldes (der geschäftsführende Gesellschafter ist leidenschaftlicher Kunstsammler)
8. Kauf von festverzinslichen Wertpapieren zur Anlage eines vorübergehenden Liquiditätsüberschusses
9. Aufnahme eines Kredits
10. Kauf von fünf Lieferwagen. Es ist vorgesehen, dass der Telediscountshop seine Kunden auf Wunsch auch beliefert.

9.2 Rechtsformen

9.2.1 Überblick über die Rechtsformen von Unternehmen

In Abhängigkeit von den Zielen, die von einem Unternehmen verfolgt werden, lassen sich **Unternehmen in privatrechtlicher Form und Unternehmen in öffentlich-rechtlicher Form** unterscheiden.

<table>
<tr><th colspan="2">Unternehmen in privatrechtlicher Form</th><th>Unternehmen in öffentlich-rechtlicher Form</th></tr>
<tr><td colspan="2">Diese Unternehmen verfolgen meist private Zielsetzungen (im Normalfall: Gewinnerzielung) und befinden sich vorwiegend in Privateigentum. Sie können von natürlichen und juristischen[1] Personen gegründet werden.</td><td>Diese Unternehmen erfüllen öffentliche Aufgaben und befinden sich in öffentlichem Eigentum.
Beispiele: städtische Versorgungs- und Verkehrsbetriebe, öffentlich-rechtliche Sparkassen, Landesversicherungsanstalten</td></tr>
<tr><td>Einzelunternehmen</td><td>Gesellschaftsunternehmen</td><td></td></tr>
</table>

1 Juristische Personen: z. B. GmbH

Die in privatrechtlicher Form geführten Unternehmen lassen sich in **Einzelunternehmen** und **Gesellschaftsunternehmen** einteilen.

> **In einem Einzelunternehmen gibt es nur einen Betriebsinhaber. Dieser stellt dem Unternehmen Kapital zur Verfügung und haftet alleine.**

Ist eine kaufmännische Organisation des Unternehmens erforderlich, dann ist der Unternehmer Kaufmann und muss sein Unternehmen beim Handelsregister anmelden. § 1 HGB

> **Gesellschaftsunternehmen sind privatrechtliche Vereinigungen von Personen zur Verfolgung eines gemeinsamen Zwecks**

Es gibt im Wesentlichen zwei Gründe, um eine Gesellschaft zu gründen bzw. ein Einzelunternehmen in eine Gesellschaft umzuwandeln:

1. Das Unternehmen hat einen solchen Umfang, dass die anfallenden Leitungsaufgaben von einem Einzelunternehmer allein nicht bewältigt werden können.

2. Das benötigte Kapital kann von einer Person nicht alleine aufgebracht werden.

Für die Gründung eines Gesellschaftsunternehmens lässt das Handelsrecht zwei Grundformen zu[1]:

Personengesellschaft	Kapitalgesellschaft
Bei **Personengesellschaften** sind ein enges persönliches Verhältnis der Gesellschafter zum Unternehmen und das gegenseitige Vertrauen der Gesellschafter das wesentliche Merkmal. Zumindest ein Teil der Gesellschafter ist an der Leitung beteiligt und haftet persönlich.	Bei einer **Kapitalgesellschaft** steht vor allem die Kapitalbeschaffung im Vordergrund. Häufig fehlt die persönliche Bindung der Gesellschafter zum Unternehmen. Die Anteile an der Gesellschaft können frei veräußert werden. Die Gesellschafter haften nicht persönlich. Ihre Mitarbeit ist nicht erforderlich.

> **Eine Personengesellschaft ist eine Unternehmensform, an der mindestens zwei natürliche Personen und/oder juristische Personen zur Erreichung eines gemeinsamen Zweckes beteiligt sind. Eine Personengesellschaft ist keine juristische Person.**
>
> **Eine Kapitalgesellschaft ist eine Unternehmensform, bei der die Bereitstellung von Kapital im Vordergrund steht und eine persönliche Mitarbeit der Gesellschafter nicht erforderlich ist.**

1 Die Genossenschaft als weitere Grundform eines Gesellschaftsunternehmens ist nicht Gegenstand des Lehrplanes.

Zusammenfassende Übersicht zu Kapitel 9.2.1: Überblick über die Rechtsformen von Unternehmen

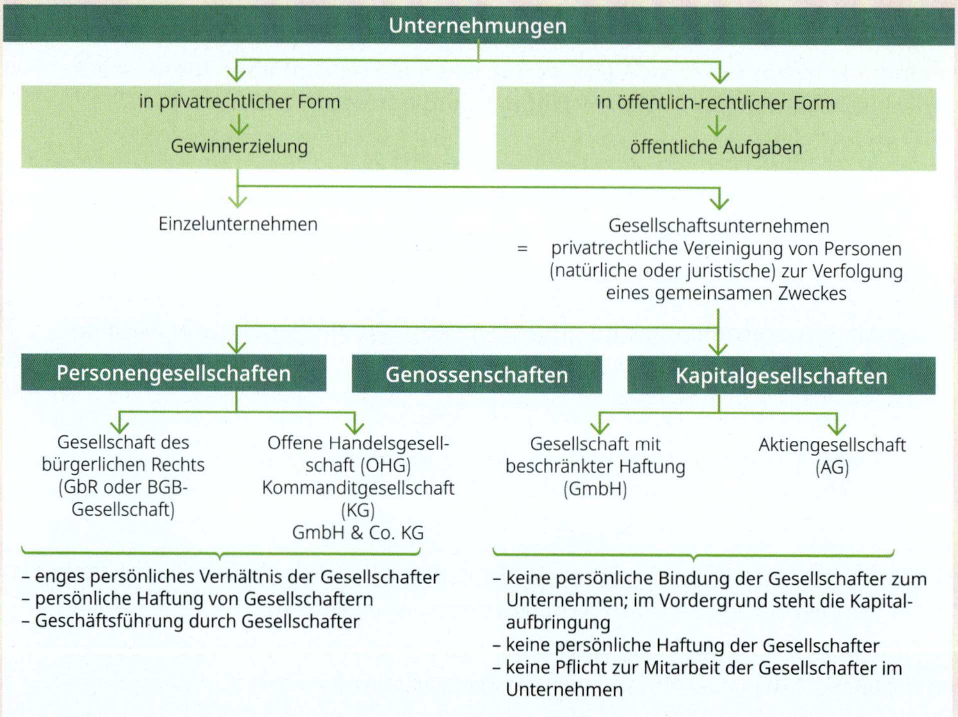

9.2.2 Einzelunternehmung

In der Einzelunternehmung bringt der Unternehmer allein das Eigenkapital auf. Er allein führt das Unternehmen und haftet auch allein für alle Verbindlichkeiten.

vgl. Kapitel 9.1.5

Zu seiner Vertretung kann ein Unternehmer unter bestimmten Voraussetzungen Handlungsbevollmächtigte und Prokuristen bestellen.

> **Veröffentlichung des Handelsregisters Heilbronn:**
>
> A 75233 **Malereibetrieb Wolfgang G. Schröder e. K.**
>
> Hamburg (Ausführung sämtlicher Maler- und Anstricharbeiten, Verkauf und Verlegen von Teppichböden, Verkauf von Tapeten und Gardinen sowie eigener Gerüstbau). Lessingstraße 2, Inhaber: Wolfgang Gerhard Schröder, Malermeister, Hamburg

vgl. Kapitel 9.1.3

Die **Firma** muss in jedem Fall einen Zusatz enthalten, der die Rechtsform angibt. So ist für die Einzelunternehmung der Zusatz „eingetragener Kaufmann“ bzw. „eingetragene Kauffrau“ (oder einfach „e. K.“) verpflichtend. Die Bezeichnung der Firma ohne den Zusatz der Rechtsform kann frei gewählt werden. Neben den Personen- und Sachfirmen sind auch Fantasie- und Mischfirmen zulässig. Ein Einzelunternehmen besitzt selbst keine eigene Rechtspersönlichkeit wie z. B. eine Kapitalgesellschaft. Das bedeutet, dass der Unternehmer unter seinem Firmennamen als Vertragspartner bei Verträgen (Kaufverträge, Arbeitsverträge) mit anderen Personen auftritt.

Vor- und Nachteile eines Einzelunternehmens gegenüber einem Gesellschaftsunternehmen

Vorteile	Nachteile
▪ alleiniges Entscheidungsrecht (Ausnahme: Einzelunternehmen muss Regelungen über die Mitbestimmung beachten) ▪ Flexibilität bei Entscheidungen, da keine Abstimmung erforderlich ▪ alleiniger Gewinnanspruch ▪ kein Mindestkapital erforderlich ▪ hohe Motivation des Einzelunternehmers, da der Gewinn des Unternehmens häufig die einzige Einkommensquelle darstellt ▪ i. d. R. keine Gründungsvorschriften (außer: Anmeldung zum Handelsregister, Gewerbeanmeldung beim Gewerbeamt)	▪ alleiniges Entscheidungsrecht beeinträchtigt evtl. die Qualität der Entscheidungen, da keine Absprache erforderlich bzw. möglich ▪ hohes Risiko, da Einzelunternehmer allein und unbeschränkt haftet ▪ begrenzte Möglichkeiten zur Beschaffung von Eigen- und Fremdkapital ▪ Auflösung des Unternehmens bei Tod des Unternehmers ▪ Existenz des Unternehmens ist u. U. abhängig von der privaten Lebensführung des Unternehmers

Zusammenfassende Übersicht zu Kapitel 9.2.2: Einzelunternehmung

Einzelunternehmer

- bringt allein das Eigenkapital auf
- führt das Unternehmen
- haftet allein für die Verbindlichkeiten

9.2.3 Gesellschaft bürgerlichen Rechts (GbR)[1]

Begriff und Wesen

Eine Gesellschaft bürgerlichen Rechts (abgekürzt GbR oder BGB-Gesellschaft) liegt vor, wenn sich mindestens zwei Gesellschafter (natürliche oder juristische Personen) gegenseitig verpflichten, die Erreichung eines gemeinsamen Zwecks auf der Grundlage der Vereinbarungen im Gesellschaftsvertrag zu fördern. BGB § 705

Die GbR besitzt eine **eingeschränkte Rechtsfähigkeit**. Sie ist eine Personengesellschaft und kann als solche eigenständig Rechte erwerben und Verbindlichkeiten eingehen. Sie hat aber keine Organe und ist **keine juristische Person**. § 14 (2)

- Mehrere Personen schließen sich durch einen Vertrag (ausdrücklich oder stillschweigend) zusammen.

1 Die Behandlung der GbR ist im Bildungsplan in der „Wahlspalte" ausgewiesen.

- Es wird ein gemeinsamer Zweck verfolgt.
- Es wird kein Handelsgewerbe betrieben (keine Firma, keine Kaufmannseigenschaft, daher auch keine Eintragung im Handelsregister)

Beispiel

Erscheinungsformen der GbR
- Praxisgemeinschaften von Rechtsanwälten oder Ärzten
- Spielgemeinschaften für Lotteriespiel
- Arbeitsgemeinschaften im Baugewerbe (mehrere Bauunternehmen)
- Fahrgemeinschaften

Gründung

BGB § 311b

Die GbR entsteht durch den Abschluss eines **Gesellschaftsvertrages**, den zwei oder mehrere Personen (natürliche oder juristische) miteinander abschließen. Gesetzlich ist **keine bestimmte Form** für den Abschluss dieses Vertrages vorgeschrieben (Formfreiheit). Um spätere Streitigkeiten möglichst zu vermeiden, sollte jedoch die Schriftform gewählt werden. Falls jedoch Grundstücke eingebracht werden, so ist eine notarielle Beurkundung erforderlich. Häufig ist den Beteiligten an einer GbR gar nicht bewusst, dass allein durch schlüssiges Handeln in Form einer gemeinsamen Zweckverfolgung (z. B. Mitfahrgemeinschaft) eine GbR entstehen kann.

Gesellschaftsvertrag zur Gründung einer „Gesellschaft bürgerlichen Rechts“
zwischen

Herrn Kurt Friedrich
In der Breite 9
77933 Lahr

und

Herrn Helmut Müller
Straßburger Straße 6
77933 Lahr

wird folgender Gesellschaftsvertrag geschlossen:

§ 1 Name, Sitz und Zweck der Gesellschaft

Zum gemeinsamen Betrieb eines *Bahnhofskiosks* wird von den Unterzeichnern eine Gesellschaft bürgerlichen Rechts unter der Bezeichnung:

„Kurt Friedrich und Helmut Müller Bahnhofskiosk GbR[1]“

gegründet.

Die Gesellschaft ist auf alle dem Zweck des Unternehmens dienenden Tätigkeiten gerichtet. Es können Filialen gegründet werden.

Sitz der Gesellschaft ist Lahr.

§ 2 Dauer der Gesellschaft

Die Gesellschaft beginnt am 01. Februar 2021. Ihre Dauer ist unbestimmt. Der Gesellschaftsvertrag kann unter Einhaltung einer Frist von sechs Monaten jeweils zum Schluss eines Kalenderjahres gekündigt werden.

Die Kündigung muss schriftlich erfolgen.

§ 3 Geschäftsjahr

Das Geschäftsjahr entspricht dem Kalenderjahr.

§ 4 Einlagen der Gesellschafter

Herr Friedrich bringt in bar 7.000,00 € sowie *Einrichtungsgegenstände* im Wert von 3.000,00 € ein. Herr Mayer bringt in bar 10.000,00 € ein. Beide Gesellschafter sind entsprechend ihrer Anteile mit sofortiger Wirkung je zur Hälfte am Gesellschaftsvermögen beteiligt.

§ 5 Geschäftsführung und Vertretung

Die Geschäfte werden von beiden Gesellschaftern gemeinschaftlich geführt. Jeder Gesellschafter ist zur Geschäftsführung allein berechtigt. Er vertritt die Gesellschaft im Außenverhältnis allein.

Im Innenverhältnis ist die Zustimmung beider Gesellschafter zu nachfolgenden Rechtshandlungen und Rechtsgeschäften erforderlich:
- Ankauf, Verkauf und Belastung von Grundstücken;
- Abschluss von Miet- und Dienstverträgen jeglicher Art;
- Aufnahme von Krediten, Übernahme von Bürgschaften;
- Abschluss von Verträgen, deren Wert im Einzelfall den Betrag von *5.000,00* € übersteigt;
- Aufnahme neuer Gesellschafter und Erhöhung der Einlagen.

1 Der Zusatz „Gesellschaft bürgerlichen Rechts“, „GbR“ oder „BGB-Gesellschaft“ ist nicht erforderlich, aber möglich.

§ 6 Pflichten der Gesellschafter

Keiner der Gesellschafter darf ohne schriftliches Einverständnis des anderen Gesellschafters außerhalb der Gesellschaft ohne Rücksicht auf die jeweilige Branche geschäftlich tätig werden. Dazu gehört auch eine mittelbare oder unmittelbare Beteiligung an Konkurrenzgeschäften. Für Zuwiderhandlungen wird eine Vertragsstrafe in Höhe von je *2.500,00 €* vereinbart.

Fristlose Kündigung bleibt vorbehalten.

Jeder Gesellschafter kann verlangen, dass der Mitgesellschafter alle auf eigene Rechnung abgeschlossenen Geschäfte als für die Gesellschaft eingegangen gelten lässt. Daraus folgt, dass die aus solchen Geschäften bezogenen Vergütungen herauszugeben sind oder die Ansprüche auf Vergütung an die Gesellschaft abgetreten werden müssen.

§ 7 Gewinn- und Verlustrechnung/Entnahmerecht

Gewinn und Verlust der Gesellschaft werden nach Maßgabe der Beteiligung der Gesellschafter aufgeteilt.

§ 8 Kündigung eines Gesellschafters

Im Falle der Kündigung scheidet der kündigende Gesellschafter aus der Gesellschaft aus. Der verbleibende Gesellschafter ist berechtigt, das Unternehmen mit Aktiva und Passiva unter Ausschluss der Liquidation zu übernehmen und fortzuführen. Dem ausscheidenden Gesellschafter ist das Auseinandersetzungsguthaben auszuzahlen.

Bei der Feststellung des Auseinandersetzungsguthabens sind Aktiva und Passiva mit ihrem wahren Wert einzusetzen. Der Geschäftswert ist nicht zu berücksichtigen.

§ 9 Tod eines Gesellschafters

Im Falle des Todes eines Gesellschafters gilt § 8 entsprechend mit der Maßgabe, dass die Auseinandersetzungsbilanz zum Todestag aufzustellen ist.

§ 10 Einsichtsrecht

Jeder Gesellschafter ist berechtigt, sich über die Angelegenheiten der Gesellschaft durch Einsicht in die Geschäftsbücher und Papiere zu unterrichten und sich aus ihnen eine Übersicht über den Stand des Gesellschaftsvermögens anzufertigen.

Jeder Gesellschafter kann auf eigene Kosten einen zur Berufsverschwiegenheit verpflichteten Dritten bei der Wahrnehmung dieser Rechte hinzuziehen oder zur Wahrnehmung dieser Rechte beauftragen.

§ 11 Änderungen des Vertrages

Änderungen und Ergänzungen dieses Vertrages bedürfen der Schriftform.

....
Ort, Datum

....
Unterschrift Unterschrift

Pflichten der Gesellschafter im Innenverhältnis

Geschäftsführung - Persönliche Arbeitsleistung

Vereinbarungen und Regelungen, die das Innenverhältnis einer GbR betreffen, werden als Geschäftsführung bezeichnet.

Sofern nichts Gegenteiliges vereinbart wurde, steht die Geschäftsführung allen gemeinsam zu (**Gesamtgeschäftsführungsbefugnis**). Da nach dem Gesellschaftsvertrag ein gemeinsamer Zweck verfolgt wird, lässt sich daraus auch eine Verpflichtung zur Erbringung einer Arbeitsleistung ableiten. Steht nach dem Gesellschaftsvertrag die Führung des Geschäfts **einem Gesellschafter allein oder mehreren Gesellschaftern gemeinsam** zu, so sind die übrigen Gesellschafter von der Geschäftsführung ausgeschlossen. Jeder Gesellschafter kann aber der Vornahme eines Geschäfts widersprechen. Widerspricht ein Gesellschafter, so muss die Handlung unterbleiben oder rückgängig gemacht werden. Andernfalls entstehen ggf. Schadenersatzansprüche gegen den handelnden Gesellschafter. Eine **Wirkung auf das Außenverhältnis** hat ein Widerspruch jedoch nicht.

BGB § 711

Beispiel

Widerspruch eines GbR-Gesellschafters

Phillip Liebermann kauft ohne Rücksprache mit seiner Mitgesellschafterin Sina Kleinert einen Autoanhänger. Obwohl Sina Kleinert der Vornahme dieser Handlung widerspricht, ist der Kaufvertrag gültig. Der Widerspruch hat nur Auswirkungen auf das **Innenverhältnis** und führt gegebenenfalls zu Schadensersatzansprüchen gegen Phillip Liebermann.

Das Prinzip der Gesamtgeschäftsführung ist wegen der erforderlichen Zustimmung aller Gesellschafter für eine Rechtshandlung häufig nachteilig. Daher kann für die Geschäftsführung – abweichend von der gesetzlichen Regelung – im Gesellschaftsvertrag **Einzelgeschäftsführung** vereinbart werden.

Beitragspflicht

Soweit im Gesellschaftsvertrag keine anderen Vereinbarungen getroffen wurde, haben die Gesellschafter gleiche Beiträge zu leisten. Die Beiträge können in Geld, Sachwerten, in der Überlassung von Rechten (z. B. Patentrechten) geleistet werden. Die in die Gesellschaft eingebrachten Sachen werden **gemeinschaftliches Eigentum** (Eigentum zur gesamten Hand) der Gesellschaft, falls nichts anderes vereinbart wurde. Mit der Übertragung an die GbR verliert ein Gesellschafter sein bisheriges Verfügungsrecht.

BGB §§ 706, 718, 719

Verlustbeteiligung

Im Normalfall hat jeder Gesellschafter ohne Rücksicht auf Art und Größe seines Beitrags einen **gleich großen Anteil am Gewinn und Verlust**.

BGB § 722 (1)

Treuepflicht

Im Rahmen ihrer Treuepflicht der Gesellschaft gegenüber haben die Gesellschafter die Interessen der GbR wahrzunehmen und alles zu unterlassen, was für die GbR nachteilig ist.

Rechte der Gesellschafter im Innenverhältnis

Geschäftsführung

Die Geschäftsführung ist nicht nur eine Pflicht, sondern auch ein Recht, das den Gesellschaftern **gemeinschaftlich** zusteht. Abweichend von der gesetzlichen Regelung können im Gesellschaftsvertrag auch andere Vereinbarungen getroffen werden.

BGB § 709 (1)

Kontrollrecht

Jeder Gesellschafter, auch von der Geschäftsführung ausgeschlossene Gesellschafter, hat das Recht, sich jederzeit über die Angelegenheiten der Gesellschaft persönlich zu unterrichten, die Geschäftsbücher und Papiere der Gesellschaft einzusehen und sich aus ihnen eine Übersicht über den Stand des Gesellschaftsvermögens anzufertigen.

BGB § 716

Gewinnbeteiligung

Soweit der Gesellschaftsvertrag keine anders lautende Vereinbarung enthält, erhält jeder Gesellschafter, unabhängig von der Höhe seiner Beteiligung, einen gleich großen Anteil am Gewinn.

BGB § 722

Kündigung

Unter der Voraussetzung, dass der Gesellschaftsvertrag nicht für eine bestimmte Zeit geschlossen, kann er von jedem Gesellschafter **jederzeit** gekündigt werden. Ist im Gesellschaftsvertrag keine **Fortsetzungsklausel** enthalten, so führt die Kündigung in gleicher Weise wie auch der Tod eines Gesellschafters **grundsätzlich zur Auflösung der Gesellschaft**.

BGB § 723

Liquidationserlös

Wird die Gesellschaft nach dem Ausscheiden eines Gesellschafters oder nach Zeitablauf aufgelöst, so haben die Gesellschafter einen Anspruch auf Rückgabe der Gegenstände, die sie der Gesellschaft zur Benutzung überlassen haben, sowie auf die Rückzahlung ihrer Einlagen zuzüglich eines eventuell vorhandenen Überschusses.

BGB §§ 730, 738

Stimmrecht

Jeder Gesellschafter hat unabhängig vom Umfang seiner Beteiligung eine Stimme.

Pflicht der Gesellschafter im Außenverhältnis: Haftung

Grundsätzlich **haftet die Gesellschaft** für deren Schulden mit ihrem **Gesellschaftsvermögen**. Daneben haften aber auch die **Gesellschafter mit ihrem gesamten Privatvermögen unbeschränkt**. Das bedeutet, dass ein Gläubiger seine Forderung wahlweise gegenüber der GbR und/oder gegenüber den Gesellschaftern geltend machen kann (**persönliche und gesamtschuldnerische Haftung**). BGB § 421, § 426

Nimmt ein Gläubiger einen Gesellschafter persönlich in Anspruch, so ist es den Gesellschaftern überlassen, untereinander einen Ausgleich im Innenverhältnis durchzuführen.

Recht der Gesellschafter im Außenverhältnis: Vertretung

Die Vertretung bezieht sich auf Rechtsbeziehungen der Gesellschafter im Außenverhältnis. ! BGB § 714

Soweit einem Gesellschafter nach dem Gesellschaftsvertrag die Befugnis zur Geschäftsführung zusteht, ist er im Zweifel auch ermächtigt, die Gesellschaft Dritten (z. B. Lieferern) gegenüber zu vertreten. Da im Regelfall die Gesellschafter nur **gemeinsam geschäftsführungsbefugt** sind, bedeutet das, dass sie im Zweifel auch **gesamtvertretungsbefugt** sind. Demnach können rechtswirksame Erklärungen für die Gesellschaft nur abgegeben werden, wenn sämtliche Gesellschafter mitwirken. Wurde im Gesellschaftsvertrag **Einzelvertretung vereinbart**, so kann auch ein Gesellschafter allein wirksame Verträge im Namen der GbR abschließen.

Schließt ein Gesellschafter, dem keine Vertretungsbefugnis zusteht, im Namen der GbR einen Vertrag ab (z. B. Kaufvertrag), so ist dieser zunächst **schwebend unwirksam**, da der Gesellschafter als **Vertreter ohne Vertretungsmacht** handelt. Verweigern die übrigen Gesellschafter die Genehmigung, so ist der Vertrag für die GbR nicht bindend. BGB § 177 (1)

Auflösung der Gesellschaft

Folgende Fälle führen zur Auflösung einer GbR: BGB § 723, § 727, 728

- Vereinbarung im Gesellschaftsvertrag (Zeitablauf)
- Kündigung durch einen Gesellschafter
- Tod eines Gesellschafters (Ausnahme: Gesellschaftsvertrag enthält eine Fortsetzungsklausel)
- Eröffnung eines Insolvenzverfahrens über das Vermögen der Gesellschaft oder eines Gesellschafters

Aufgabe 1 Seite 363

Zusammenfassende Übersicht zu 9.2.3: Gesellschaft bürgerlichen Rechts (GbR)

Gründung
- formfreier Gesellschaftsvertrag (Ausnahme: notarielle Beurkundung, falls Grundstücke eingebracht werden)
- Leistung von Geld- und/oder Sacheinlagen
- Vermögen wird **Gesamthandsvermögen**

Firmierung
- keine Firma, keine Kaufmannseigenschaft

Merkmale
- Vertraglicher Zusammenschluss von Personen (natürliche oder juristische) zur Erreichung eines gemeinsamen Zwecks

Auflösung
- Zeitablauf
- Kündigung oder Tod eines Gesellschafters
- Eröffnung eines Insolvenzverfahrens

Pflichten und Rechte der Gesellschafter

Innenverhältnis

Pflichten
- Beitragspflicht
- Arbeitsleistung
- Verlustbeteiligung
- Treuepflicht

Rechte
- Geschäftsführung
- Kontrollrecht
- Gewinnbeteiligung
- Kündigung
- Liquidationserlös
- Stimmrecht

Außenverhältnis

Pflicht
- Haftung

Recht
- Vertretung

Aufgaben

1. Gesellschaftsvertrag – Rechte und Pflichten der Gesellschafter einer GbR

Lukas und Robert Rietsche beabsichtigen, eine GbR zu gründen. Gegenstand der Gesellschaft ist die Übernahme von Aufgaben im Rahmen der Abfallentsorgung für gewerbliche Unternehmen. Jeder der beiden Gesellschafter ist bereit, der Gesellschaft einen Betrag von 100.000,00 € zur Verfügung zu stellen. Von diesem Betrag soll zunächst ein Entsorgungsfahrzeug gekauft werden.

a) Geben Sie an, welche Vorschriften gegebenenfalls für den Abschluss des Gesellschaftsvertrages zu beachten sind.

b) Begründen Sie, ob die Gesellschaft als „Firma Lukas und Robert Rietsche – Abfallentsorgung GbR“ firmieren darf.

c) Nennen Sie Pflichten und Rechte der Gesellschafter im Innenverhältnis.

d) Nennen Sie die Pflicht und das Recht der Gesellschafter im Außenverhältnis.

e) Nachdem die Gesellschaft gegründet und der Betrieb aufgenommen wurde, hat Lukas Rietsche bei einem örtlichen Kfz-Händler einen gebrauchten Pkw für 4.000,00 € gekauft.
Geben Sie an, ob der Kaufvertrag gültig ist, wenn der Gesellschaftsvertrag zur Vertretung keinerlei Vereinbarungen enthält.

9.2.4 Offene Handelsgesellschaft (OHG)

Die Offene Handelsgesellschaft ist ein Zusammenschluss von zwei oder mehr Gesellschaftern zum Betrieb eines Handelsgewerbes unter gemeinschaftlicher Firma. Die Offene Handelsgesellschaft ist keine juristische Person. Sie kann aber eigenständig Rechte erwerben und Verbindlichkeiten eingehen und ist somit rechtsfähig.

Die OHG kann unter ihrer Firma Rechte erwerben und Verbindlichkeiten eingehen. Sie kann unter ihrer Firma vor Gericht klagen und verklagt werden.

Die OHG ist die **typische Rechtsform für kleinere und mittlere Unternehmen**, in denen jeweils mehrere Unternehmer gemeinschaftlich Kapital und persönliche Fähigkeiten (Ideen, Arbeitskraft) einsetzen und gemeinschaftlich unbegrenzt das Geschäftsrisiko tragen. Die OHG ist daher grundsätzlich als besonders kreditwürdig anzusehen.

Auszug aus einer Zeitungsanzeige

Unternehmer mit einem sehr guten Ruf im Werkzeugbau muss seinen Betrieb dringend erweitern. Dafür sucht er einen

Mitgesellschafter.

Der zukünftige Partner sollte möglichst kaufmännische Erfahrung und technisches Verständnis für diese Aufgabe mitbringen. Außerdem ist eine Kapitalbeteiligung von mindestens 100.000,00 € erwünscht.

Wen diese unternehmerische Aufgabe reizt, wende sich an

Unternehmensberatung Technika

77652 Offenburg

Gründung und Firma

Bei der **Gründung** leisten die Gesellschafter **Einlagen**, die in Geldzahlungen, in der Übereignung von Sachen oder Übertragung von Rechten sowie im Erbringen von Dienstleistungen bestehen können. Das Eigentum an den eingebrachten Vermögensgegenständen steht den Gesellschaftern gemeinsam zu (**Gesamthandsvermögen**). Die Summe der in Geld bewerteten Einlagen bildet das **Eigenkapital** der OHG.

- **Grundlage für alle Regelungen der Beziehungen der Gesellschafter untereinander (Innenverhältnis) ist der Gesellschaftsvertrag**. Er legt neben der Kapitalaufbringung die Leitungsbefugnisse und die Ergebnisverteilung (Gewinn- und Verlustverteilung) fest. Ergänzend zum Gesellschaftsvertrag gilt das HGB.
- **Für das Verhältnis der Gesellschaft Dritten gegenüber (Außenverhältnis) ist das HGB maßgebend**. Das HGB allein bestimmt, wie ein Gesellschafter haftet und welche Rechtswirksamkeit die Rechtsgeschäfte der OHG mit Dritten haben.

Beispiel

Gründung der Munz und Kern OHG

Der Einzelunternehmer Justus Munz fand aufgrund einer Anzeige in Alina Kern die gesuchte Gesellschafterin. Im Gesellschaftsvertrag wurden folgende Regelungen zur Beteiligung vereinbart:
Justus Munz bringt seinen Betrieb mit folgenden Vermögensgegenständen ein: Grundstück mit Gebäude: 550.000,00 €; Vorräte: 200.000,00 €; Bankguthaben: 50.000,00 €. Alina Kern stellt die geforderten 100.000,00 € Bankguthaben zur Verfügung.

Aktiva	**Gründungsbilanz**			**Passiva**
Bebaute Grundstücke	550.000,00 €	**Eigenkapital**		
Vorräte	200.000,00 €	Einlage Munz	800.000,00 €	
Bankguthaben	150.000,00 €	Einlage Kern	100.000,00 €	900.000,00 €
	900.000,00 €			900.000,00 €

§ 19 HGB Die Firma, unter der eine OHG ihre Rechtsgeschäfte abschließt (z. B. Kauf-, Arbeitsverträge), muss die Bezeichnung „Offene Handelsgesellschaft“ oder eine allgemein verständliche Abkürzung dieser Bezeichnung enthalten.

Beispiel

Firma einer OHG	
Personenfirma: Munz und Kern OHG	Fantasiefirma: Fit und Fun OHG
Sachfirma: Leonberger Getränkegroßhandel OHG	Gemischte Firma: Möbelfabrik Holzer OHG

Beginn der OHG

§ 109 HGB

Im Normalfall beginnt die OHG im **Innenverhältnis** mit dem Tag des Abschlusses des Gesellschaftsvertrages. Im Gesellschaftsvertrag kann aber auch ein anderer Termin für den Beginn festgelegt werden.

Der Beginn im **Außenverhältnis** ist davon abhängig, ob das Unternehmen die Einrichtung eines nach Art und Umfang in kaufmännischer Weise eingerichteten Geschäftsbetriebs erforderlich macht.
Betreibt die OHG lediglich ein **Kleingewerbe** (= kein Handelsgewerbe i. S. d. § 1 HGB), so entsteht die OHG erst durch die Eintragung ins **Handelsregister** (konstitutive = rechtserzeugende Wirkung der Eintragung). Wird jedoch ein Handelsgewerbe i. S. d. § 1 HGB betrieben, so kann die OHG schon vor der Eintragung entstehen, falls die Geschäftstätigkeit zuvor aufgenommen wird. In diesem Fall hat die Eintragung ins Handelsregister deklaratorische (= rechtsbezeugende) Wirkung. Ansonsten entsteht die OHG jedoch **spätestens mit der Eintragung** (= konstitutive Wirkung der Eintragung).

Geschäftsführung und Vertretung

§ 116 Abs. 2 HGB

Die **Geschäftsführung** bezieht sich auf die Rechtsbeziehungen der Gesellschafter untereinander (Innenverhältnis). Sie umfasst die Befugnis, Rechtshandlungen (z. B. Abschluss von Verträgen) für die OHG vornehmen zu können. Dabei ist zwischen **gewöhnlichen Geschäftsführungsmaßnahmen des Handelsgewerbes der OHG** (z. B. Wareneinkauf, Personaleinstellung) und **außergewöhnlichen Geschäftsführungsmaßnahmen** (z. B. Aufnahme eines **Großkredits**) zu unterscheiden. Das HGB räumt jedem Gesellschafter für **gewöhnliche Geschäftsführungsmaßnahmen** grundsätzlich Geschäftsführungsbefugnis ein. Das bedeutet, dass ein Gesellschafter, der vom Gesellschaftsvertrag nicht von der Geschäftsführung ausgeschlossen ist, eine gewöhnliche Rechtshandlung vornehmen kann, wenn ein anderer zur Geschäftsführung befugter Gesellschafter nicht widerspricht. Für **außergewöhnliche Rechtsgeschäfte** ist grundsätzlich ein Gesamtbeschluss aller Gesellschafter erforderlich (= **Gesamtgeschäftsführungsbefugnis**).

Die Geschäftsführung bezieht sich auf die Rechtsbeziehungen der Gesellschafter untereinander (Innenverhältnis).

§§ 116 Abs. 3, 125 Abs. 1 HGB

Die **Vertretung** umfasst die Befugnis, **Rechtsgeschäfte** für die OHG **mit Dritten** rechtswirksam abschließen zu können. Sie erstreckt sich nach dem HGB auf alle gerichtlichen und außergerichtlichen Geschäfte und Rechtshandlungen einschl. der Veräußerung und Belastung von Grundstücken. Die Bestellung eines Prokuristen gilt als gewöhnliche Rechtshandlung. Sie bedarf aber trotzdem der **Zustimmung aller zur Geschäftsführung befugten Gesellschafter.** Der Widerruf hingegen kann von **jedem** zur Geschäftsführung befugten Gesellschafter erfolgen.

! Die Vertretung bezieht sich auf die Rechtsbeziehungen der Gesellschafter mit Dritten (Außenverhältnis).

§ 119 Abs. 2 HGB

Im Gegensatz zur Geschäftsführungsbefugnis macht das HGB bei der Vertretungsmacht der OHG-Gesellschafter keinen Unterschied zwischen gewöhnlichen und außergewöhnlichen Geschäften. Zum Schutz des Dritten (z. B. Kunden, Lieferer) ist eine Beschränkung des Umfangs der Vertretungsmacht durch den Gesellschaftsvertrag im Außenverhältnis nicht wirksam.

Haftung

Die Haftung der OHG-Gesellschafter ist **Dritten gegenüber** für jeden Gesellschafter gleich:

! Jeder Gesellschafter einer OHG haftet persönlich (unbeschränkt, unmittelbar) und gesamtschuldnerisch (solidarisch).

§ 128 HGB

Eine Beschränkung der Haftung ist Dritten gegenüber unwirksam.

Haftung für Bankschulden einer OHG

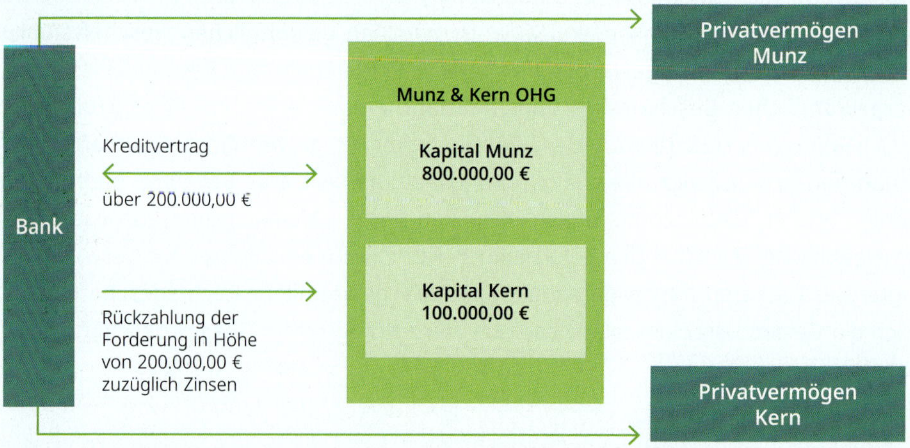

Die Gläubigerin (Bank) kann ihren Anspruch auf Rückzahlung des Darlehens sowohl gegen die OHG als auch **unmittelbar** gegen einen Gesellschafter nach ihrer Wahl geltend machen. Ein Gesellschafter kann nicht einwenden, der Gläubiger müsse sich zuerst an die OHG wenden (= **unmittelbare Haftung der Gesellschafter**). Jeder Gesellschafter haftet auch mit seinem Privatvermögen (= **unbeschränkte Haftung**). Einwendungen, er hafte nur im Verhältnis seiner Beteiligung am Gesamtkapital der OHG, sind nicht möglich (= **solidarische Haftung**).

Treuepflicht und Wettbewerbsverbot

Aufgrund der engen persönlichen Bindung der Gesellschafter an die OHG ergeben sich **Treuepflichten**. Deshalb unterliegen die OHG-Gesellschafter dem **gesetzlichen Wettbewerbsverbot**. Aufgrund dessen ist es einem OHG-Gesellschafter untersagt, ohne Einwilligung der anderen Gesellschafter § 112 HGB

1. Geschäfte im Geschäftszweig der OHG auf eigene Rechnung zu machen,
2. sich als persönlich haftender Gesellschafter an einer anderen gleichartigen Handelsgesellschaft (d. h. gleiche Branche, gleicher Gesellschaftszweck) zu beteiligen.

Verstößt ein OHG-Gesellschafter gegen das Wettbewerbsverbot, so kann die Gesellschaft Schadenersatz fordern oder in den abgeschlossenen Vertrag (z. B. Kaufvertrag) eintreten und die Herausgabe der bezogenen Leistung (z. B. Geld) verlangen. § 113 HGB

Ergebnisverteilung

Die in einem Geschäftsjahr erwirtschafteten Gewinne werden nach den Vereinbarungen im Gesellschaftsvertrag auf die Gesellschafter verteilt. Ohne vertragliche Regelung bestimmt das HGB, dass zunächst jeder Gesellschafter seinen Kapitalanteil mit 4 % verzinst erhält und der Rest nach Köpfen verteilt wird. Reicht der Gewinn für die 4 %ige Verzinsung nicht aus, wird ein entsprechend niedrigerer Zinssatz der Verteilung zugrunde gelegt. Entstandene Verluste werden nach Köpfen verteilt, falls der Gesellschaftsvertrag keine anderen Vereinbarungen enthält. § 120 ff. HGB

Beispiel

Gewinnverteilung einer OHG

An der Munz & Kern OHG sind die Gesellschafter Munz (800.000,00 €) und Kern (100.000,00 €) beteiligt. Der Gewinn in Höhe von 108.000,00 € wird nach der gesetzlichen Regelung wie folgt verteilt:

	Munz	Kern	insgesamt
Kapitaleinlagen	800.000,00 €	100.000,00 €	900.000,00 €
4 % Verzinsung	32.000,00 €	4.000,00 €	36.000,00 €
Restverteilung nach Köpfen	36.000,00 €	36.000,00 €	72.000,00 €
Gewinnanteil	68.000,00 €	40.000,00 €	**108.000,00 €**

Recht auf Privatentnahmen

Da die OHG-Gesellschafter für ihre Mitarbeit im Unternehmen kein Gehalt beziehen, sind sie im Normalfall darauf angewiesen, die für die private Lebensführung anfallenden Ausgaben aus Privatentnahmen zu bestreiten. Ohne vertragliche Vereinbarung sind die OHG-Gesellschafter daher berechtigt, während des Geschäftsjahres bis zu 4 % des zu Anfang des Geschäftsjahres vorhandenen Kapitalanteils zu entnehmen. Von diesem Recht kann ein Gesellschafter auch dann Gebrauch machen, wenn das Unternehmen Verlust erzielt. Höhere Privatentnahmen sind möglich, wenn die übrigen Gesellschafter einwilligen oder wenn der Gesellschaftsvertrag eine entsprechende Vereinbarung enthält.

Aufgaben 1 und 2 Seite 369 f.

§ 122 HGB

Vor- und Nachteile einer OHG gegenüber einem Einzelunternehmen und einer Kapitalgesellschaft

Vorteile

- Das unternehmerische Risiko ist auf mehrere Personen verteilt.
- normalerweise höhere Kreditwürdigkeit als bei Einzelunternehmen
- Qualität unternehmerischer Entscheidungen ist bei mehreren Personen im Normalfall besser.
- meist höhere Eigenkapitalbasis als Einzelunternehmen
- hohes Interesse der Gesellschafter bei der Mitarbeit im Unternehmen, da Gewinnbeteiligung
- bei kleinen und mittelgroßen Gesellschaften Erleichterungen bei der Erstellung und Veröffentlichung des Jahresabschlusses

Nachteile

- persönliche und gesamtschuldnerische Haftung der Gesellschafter; damit höheres Risiko gegenüber der Beteiligung bei einer Kapitalgesellschaft
- evtl. geringere Flexibilität, da den Gesellschaftern das Recht auf Vertretung und Geschäftsführung zusteht (Abstimmungsprobleme bei Meinungsverschiedenheiten)
- im Vergleich zur Kapitalgesellschaft nur eingeschränkte Möglichkeiten der Kapitalbeschaffung (begrenzte Kapitalkraft)

Zusammenfassende Übersicht zu Kapitel 9.2.4: Offene Handelsgesellschaft (OHG)

Ergebnisverteilung:
- 4 % der Kapitaleinlage, Rest nach Köpfen
- Verlust nach Köpfen (§ 121 HGB)

Privatentnahmen während des Jahres: 4 % des Kapitalanteils (§§ 121, 122 HGB)

Haftung: persönlich (= unbeschrankt + unmittelbar) + gesamtschuldnerisch (solidarisch) (§ 128 HGB)

Offene Handelsgesellschaft (OHG) = Personengesellschaft (§ 105 ff. HGB): mindestens zwei Gesellschafter, die persönlich und gesamtschuldnerisch haften

Vertretung und Geschäftsführung: Jeder Gesellschafter hat das Recht auf Einzelvertretungs- und Geschäftsführungsbefugnis (§§ 125, 126, 114 HGB).

Firma: Personen-, Sach-, oder Fantasiefirma (§ 19 HGB) mit Zusatz OHG

Aufgaben

1. Gründung und Entstehung einer OHG – Rechte und Pflichten von OHG-Gesellschaftern

Johanna Grün, Elias Borgan und Maxi Zeller glauben, eine Marktchance in der Produktion von Kehrmaschinen für Fußwege und Parkplätze entdeckt zu haben. Am 26. Mai 2022 schließen sie den Gesellschaftsvertrag ab, die Eintragung ins Handelsregister erfolgt am 16. Juli 2022. Das Gesellschaftsvermögen der Grün OHG beträgt 200.000,00 €. Die Kapitalanteile von Grün mit 20.000,00 €, Borgan 120.000,00 € und Zeller 60.000,00 € wurden in vollem Umfang geleistet.

a) Nennen Sie vier Gesichtspunkte, welche die drei Gesellschafter zur Gründung einer OHG veranlasst haben.

b) Geben Sie an, wann (genauer Termin) die OHG im Außenverhältnis entsteht, wenn die Geschäftstätigkeit am 2. Juni 2022 aufgenommen wird.

c) Obwohl Zeller lt. **Gesellschaftsvertrag** nur für die Produktion zuständig ist, kauft er einen repräsentativen Firmenwagen für 48.000,00 €. Als das Autohaus von Grün die Bezahlung der 48.000,00 € fordert, verweigert er die Zahlung. Der Gesellschafter Grün führt folgende Argumente an:
   - Der Kaufvertrag sei nicht gültig, da Zeller hier unbefugt gehandelt habe,
   - sie sei sowieso nicht der richtige Adressat, sondern Zeller,
   - wenn sie zuständig sei, dann höchstens für 16.000,00 €.

   Beurteilen Sie die einzelnen Argumente von Grün.

d) Der Jahresgewinn für das Jahr 2023 beträgt 48.500,00 €.
   Berechnen Sie den jeweiligen Gewinnanteil, wenn der Gesellschaftsvertrag über die Verteilung keine Vereinbarungen enthält.

e) Begründen Sie, unter welchen Voraussetzungen die vom Gesetzgeber vorgesehene Gewinnverteilung als angemessen bezeichnet werden kann (zwei Gesichtspunkte).

f) Die Wettbewerbssituation der Grün OHG erfordert Rationalisierungsmaßnahmen. Es ist deshalb notwendig, zusätzlich Kapital in Höhe von 250.000,00 € zu beschaffen.
   Die Gesellschafter überlegen, ob das erforderliche Kapital durch Aufnahme weiterer OHG-Gesellschafter oder als Bankkredit beschafft werden soll.
   - Vergleichen Sie die beiden Möglichkeiten der Kapitalbeschaffung unter den Gesichtspunkten Mitsprache und Gewinnbeteiligung.
   - Nennen Sie Gründe, die gegen den Alternativvorschlag sprechen, das zusätzliche Kapital durch Umwandlung in eine GmbH zu beschaffen.

g) Borgan beabsichtigt, sich an der Reutlinger Kehrmaschinenfabrik OHG als Gesellschafter zu beteiligen.
   Beurteilen Sie, ob diese Beteiligung zulässig ist, wenn die anderen beiden Gesellschafter nicht einverstanden sind.

2. OHG: Entscheidung – Gewinnverteilung

Frau Lutz arbeitet bisher erfolgreich als Autoverkäuferin. Sie möchte sich im Kfz-Handel selbstständig machen. Ihr ehemaliger Mitarbeiter, Herr Huber, betrieb bisher eine kleine Reparaturwerkstatt ohne Autohandel.

Lutz und Huber wollen gemeinsam eine Unternehmung in der Rechtsform der OHG betreiben.

a) Nennen Sie drei Gründe, die für die Entscheidung zur Wahl der OHG als Rechtsform bedeutend sind.

b) Herr Huber ist mit 40 % Kapital an der OHG beteiligt. Abweichend von der gesetzlichen Regelung sieht der Gesellschaftsvertrag vor, dass Huber nach Leistung seiner Kapitaleinlage nicht mehr persönlich haftet. Ein Lieferer fordert von Huber eine Zahlung in Höhe von 22.000,00 €. Huber weigert sich zu zahlen mit der Begründung, dass er seine Kapitaleinlage voll geleistet hat.
Klären Sie die Rechtslage.

c) Neben der Reparaturwerkstatt soll, angeregt durch die Fitness-Bewegung, die Fabrikation eines Fahrradtyps aufgenommen werden.
   - Geben Sie an, ob die Fabrik neben der Reparaturwerkstatt am selben Standort errichtet werden sollte. Begründen Sie Ihre Empfehlung unter Berücksichtigung der Bestimmungsgründe für die Standortwahl.
   - Angenommen, in der nächsten Tarifrunde würde sich im Metallbereich eine außergewöhnlich hohe Lohnsteigerung ergeben.
     Begründen Sie, welche Standortüberlegungen sich daraus ergeben könnten.

d) Im ersten Geschäftsjahr hat die OHG einen Gewinn in Höhe von 80.000,00 € erwirtschaftet. Frau Lutz hat ein Kapital von 400.000,00 € eingebracht, der eingebrachte Kapitalanteil von Herrn Huber beträgt 100.000,00 €. Im Gesellschaftsvertrag wurde u. a. vereinbart, dass die Gesellschafter während des Geschäftsjahres für ihre Mitarbeit im Unternehmen eine monatliche Tätigkeitsvergütung (Vorabgewinn) von jeweils 2.000,00 € erhalten. Für die Verteilung eines dann noch verbleibenden Restgewinns ist die gesetzliche Regelung anzuwenden.
Erstellen Sie eine Gewinnverteilungstabelle und berechnen Sie den gesamten Gewinnanteil für jeden der beiden Gesellschafter.

9.2.5 Kommanditgesellschaft (KG)

Wesen einer KG

Die Kommanditgesellschaft ist ein Zusammenschluss von zwei oder mehreren Personen zum gemeinsamen Betrieb eines Handelsgewerbes unter einer Firma. Mindestens ein Gesellschafter muss unbeschränkt haften (§ 161 Abs. 1 HGB).

Bei der KG sind zwei Arten von Gesellschaftern zu unterscheiden:

- **Unbeschränkt** oder **persönlich haftende Gesellschafter** (**Vollhafter** oder **Komplementäre**); deren Rechte und Pflichten entsprechen denen von OHG-Gesellschaftern. Die Geschäftsführungs- und Vertretungsbefugnis steht – wenn keine anderen vertraglichen Vereinbarungen bestehen – allein ihnen zu.
- **Beschränkt haftende Gesellschafter** (**Teilhafter** oder **Kommanditisten**); sie sind im Wesentlichen nur Kapitalgeber und als Gesellschafter nicht zur Geschäftsführung und Vertretung berechtigt (§§ 170, 164 ff. HGB).

Gründung und Firma

Der Gesellschaftsvertrag unterliegt keiner besonderen Form. Werden jedoch Grundstücke eingebracht, so ist notarielle Beurkundung des Gesellschaftsvertrags erforderlich (§ 311 b BGB). Die Haftungsbeschränkung des Kommanditisten gilt erst mit der Eintragung ins Handelsregister. Falls die KG bereits vor der Eintragung ihre Geschäfte begonnen hat, so haftet auch der Kommanditist persönlich (§ 176 HGB), falls er dem Geschäftsbeginn zugestimmt hat.

Die Firmenbezeichnung muss den Begriff „Kommanditgesellschaft" oder eine allgemein verständliche Abkürzung dieses Begriffs (z. B. KG) enthalten (§ 19 Abs. 1 HGB). Auch der Name eines Kommanditisten kann Bestandteil der Firma sein.

Geschäftsführung und Vertretung

Der Kommanditist ist von der Geschäftsführung ausgeschlossen. Sind jedoch Entscheidungen zu treffen, die über den gewöhnlichen Betrieb des Handelsgewerbes der KG hinausgehen, so haben auch die Kommanditisten ein Widerspruchsrecht (§ 164 ff. HGB).

Die Vertretung der Gesellschaft steht nur persönlich haftenden Gesellschaftern (Komplementäre) zu (§ 170 HGB). Der Kommanditist kann ohne besondere Vollmacht keine für die KG rechtsverbindlichen Rechtsgeschäfte mit Dritten abschließen.

Haftung

Die Komplementäre einer KG haften in gleicher Weise wie die Gesellschafter einer OHG den Gläubigern der Gesellschaft gegenüber persönlich und gesamtschuldnerisch (§ 128 HGB). Die Kommanditisten haften den Gläubigern persönlich mit ihrem Privatvermögen nur in Höhe der noch nicht geleisteten Kommanditeinlage (§ 171 HGB). Wurde die Kommanditeinlage geleistet, so entfällt die Haftung, d. h., ein Kommanditist kann von einem Gläubiger nicht persönlich in Anspruch genommen werden.

Ergebnisverteilung

Enthält der Gesellschaftsvertrag keine anderen Vereinbarungen, so erhält jeder Gesellschafter (Komplementär wie auch Kommanditist) zunächst 4 % Zinsen auf seinen Kapitalanteil. Ein übersteigender Betrag sowie ein Verlust werden in angemessenem Verhältnis auf die Gesellschafter verteilt (§ 168 HGB). Um Streitigkeiten zu vermeiden, sollte der Gesellschaftsvertrag entsprechende Regelungen enthalten bezüglich dessen, was die Gesellschafter unter einem angemessenen Verhältnis verstehen.

Fallbeispiele

Gewinnverteilung der Franziska Pfeffer KG

Die Franziska Pfeffer KG hat im abgelaufenen Geschäftsjahr einen Gewinn in Höhe von 90.000,00 € erzielt. Nach den Vereinbarungen im Gesellschaftsvertrag erhält jeder Gesellschafter zunächst von seinem zu Beginn des Geschäftsjahres vorhandenen Kapitalanteil eine Verzinsung in Höhe von 4 %. Ein dann noch vorhandener Restgewinn wird im Verhältnis 3 : 2 verteilt.

	Komplementärin Pfeffer	Kommanditist Trautmann	Insgesamt
Eingebrachtes Kapital	300.000,00 €	150.000,00 €	450.000,00 €
4 % Verzinsung	12.000,00 €	6.000,00 €	18.000,00 €
Restverteilung 3 : 2	43.200,00 €	28.800,00 €	72.000,00 €
Gewinnanteil	**55.200,00 €**	**34.800,00 €**	**90.000,00 €**

Vergleich von OHG und KG

	OHG	KG
Haftung der Gesellschafter	Unbeschränkte, unmittelbare und gesamtschuldnerische Haftung aller Gesellschafter	Haftung der Komplementäre wie OHG-Gesellschafter, Haftung der Kommanditisten beschränkt auf Höhe der Einlage, falls diese noch nicht geleistet; bei vollständig geleisteter Einlage keine Haftung des Kommanditisten
Leitungsbefugnis der Gesellschafter	Recht aller Gesellschafter auf Geschäftsführung und Vertretung	Recht der Komplementäre auf Geschäftsführung und Vertretung, Widerspruchsrecht der Kommanditisten bei außergewöhnlichen Geschäften

Aufgabe 1 Seite 373 f.

Zusammenfassende Übersicht zu Kapitel 9.2.5: Kommanditgesellschaft (KG)

Firma:
Personen-, Sach- oder Fantasiefirma ($ 19 HGB) mit Zusatz KG

Vertretung und Geschäftsführung; nur Vollhafter; aber Widerspruchsrecht des Kommanditisten bei außergewöhnlichen Rechshandlung (§§ 170, 164 HGB)

Haftung:
Vollhafter: persönlich + gesamtschuldnerisch (§ 128 HGB)
Teilhafter: bei geleisteter Einlage keine Haftung

Kommanditgesellschaft (KG) = Personengesellschaft (§§ 161 ff. HGB): mindestens zwei Gesellschafter, ein Vollhafter (Komplementär), ein Teilhafter (Kommanditist)

Privatentnahmen während des Jahres: nur Vollhafter (wie OHG – § 169 HGB)

Ergebnisverteilung:
- 4 % der Kapitaleinlage, Rest in angemessenem Verhältnis
- Verlust in angemessenem Verhältnis

Aufgaben

1. Gründung einer KG – Gewinnverteilung

Evelyn Weigel aus Emmendingen beabsichtigt, eine Autovermietung zu gründen. Da ihr verfügbares Barvermögen in Höhe von 360.000,00 € für die Gründung nicht ausreicht, beschließt sie, zusammen mit Sebastian Ziegler, eine Kommanditgesellschaft zu gründen. Sebastian Ziegler soll Kommanditist werden und ist bereit, Bargeld in Höhe von 150.000,00 € in die Gesellschaft einzubringen.

a) Nennen Sie Gründe, weshalb Sebastian Ziegler darauf besteht, als Kommanditist und nicht als Komplementär in die Gesellschaft aufgenommen zu werden.

b) Machen Sie einen Vorschlag zur Firmierung.

c) Nachdem die Gesellschaft gegründet und eingetragen wurde, sieht Sebastian Ziegler bei einem Autohändler einen Jahreswagen. Erklären Sie, ob er berechtigt ist, dieses Fahrzeug für die KG zu kaufen.

d) Evelyn Weigel schlägt vor, ein Grundstück, das an das Betriebsgelände angrenzt, als Parkfläche für das Abstellen von Autos zu erwerben (Kaufpreis 40.000,00 €). Sebastian Ziegler ist gegen den Kauf, weil er der Auffassung ist, dass die vorhandenen Abstellflächen ausreichend sind.
Stellen Sie fest, ob Evelyn Weigel ohne Einwilligung Sebastian Zieglers das Grundstück auch kaufen darf.

e) Das Unternehmen erzielt im Gründungsjahr einen Gewinn in Höhe von 102.000,00 €. Laut Gesellschaftsvertrag ist dieser wie folgt zu verteilen: Kapitalverzinsung 4 %, Tätigkeitsvergütung Evelyn Weigel 4.000,00 €/Monat, der Restgewinn wird zwischen Evelyn Weigel und Sebastian Ziegler im Verhältnis 2 : 1 verteilt.
   - Führen Sie in übersichtlicher Form eine Gewinnverteilung durch.
   - Begründen Sie, warum es gerechtfertigt ist, dass Komplementäre einer KG im Normalfall einen höheren Gewinnanteil erhalten als Kommanditisten.

f) Beurteilen Sie, ob die Entscheidung von Ziegler, sich als Kommanditist an der KG zu beteiligen, richtig war, wenn auf dem Kapitalmarkt für festverzinsliche Wertpapiere ein Zins von 6 % erzielt werden kann.

9.2.6 Gesellschaft mit beschränkter Haftung (GmbH)

Begriff und Firma

Die Gesellschaft mit beschränkter Haftung (GmbH) ist eine Kapitalgesellschaft, bei der die Haftung gegenüber den Gläubigern auf das Gesellschaftsvermögen begrenzt ist (§ 13 GmbHG).

§ 11 Abs. 1 GmbHG; § 1 GmbHG

In gleicher Weise wie die Aktiengesellschaft zählt die GmbH zu den **Kapitalgesellschaften**. Sie ist eine **juristische Person** und entsteht demnach erst mit der Eintragung ins Handelsregister (**konstitutive Wirkung der Eintragung**). Eine GmbH kann bereits von einer Person gegrundet werden. Voraussetzung für die Gründung einer GmbH ist nicht – wie z. B. bei der OHG – der Betrieb eines Handelsgewerbes. Vielmehr kann sie zu jedem **gesetzlich zulässigen Zweck** (z. B. karitative, politische Zwecke) gegründet werden. Da lediglich die GmbH als juristische Person – nicht aber eine natürliche Person – den Gesellschaftsgläubigern gegenüber haftet, ist die Rechtsform der GmbH zum Beispiel nicht zulässig für Versicherungen, Bausparkassen, Ärzte und Apotheken. Eine GmbH ist aber – unabhängig von ihrer Tätigkeit – stets **Handelsgesellschaft** und unterliegt damit wie andere Kaufleute den Vorschriften des Handelsrechts. Sie ist in gleicher Weise wie die AG Kaufmann kraft Rechtsform (**Form-Kaufmann**).

§ 4 GmbHG

Die Firma muss die Bezeichnung „Gesellschaft mit beschränkter Haftung" oder eine allgemein verständliche Abkürzung dieses Begriffs enthalten. Eine GmbH als juristische Person kann sich auch an anderen Unternehmen (z. B. an einer OHG) beteiligen.

Beispiel

Firma einer GmbH

Personenfirma: Richard Keller GmbH **Fantasiefirma:** Fit & Fun GmbH	**Sachfirma:** Badische Treuhand GmbH **Mischfirma:** Sanitärtechnik Reith GmbH

Kapitalaufbringung und Haftung

Die Verpflichtung zur Leistung von Einlagen ergibt sich für die Gesellschafter einer GmbH aus dem Gesellschaftsvertrag. Jeder Gesellschafter muss sich mindestens mit einem Geschäftsanteil beteiligen. Der Nennbetrag eines Geschäftsanteils muss mindestens auf den Betrag von einem Euro und auf volle Euro lauten. Die Nennbeträge der einzelnen Geschäftsanteile können unterschiedlich hoch sein. Das **Stammkapital** besteht aus der Summe der Nennbeträge der Geschäftsanteile und beträgt mindestens **25.000,00 €**. § 5 GmbHG

Das Stammkapital (Bezeichnung in der Bilanz: Gezeichnetes Kapital) einer GmbH ist der in der Satzung (= Gesellschaftsvertrag) festgelegte Betrag, mit dem die Gesellschafter an der Gesellschaft beteiligt sind.
Der Nennbetrag eines Geschäftsanteils gibt an, in welcher Höhe ein GmbH-Gesellschafter gemäß Gesellschaftsvertrag am Stammkapital einer GmbH beteiligt ist.

!

Vor Anmeldung zur Eintragung ins Handelsregister sind **Sacheinlagen** (z. B. Fahrzeuge, Grundstücke) **vollständig** zu leisten. **Bareinlagen** hingegen müssen lediglich **zu einem Viertel** geleistet werden. Die Summe der geleisteten Einlagen muss zum Zeitpunkt der Eintragung mindestens die Hälfte des Mindeststammkapitals von 25.000,00 € – also 12.500,00 € – betragen. Sieht der Gesellschaftsvertrag ausschließlich die Erbringung von Bareinlagen vor (d. h., es werden nur Geldeinlagen und keine Sacheinlagen geleistet), so lässt sich bereits mit einem Geldbetrag von 12.500,00 € eine GmbH gründen. Bei einer reinen Sachgründung hingegen muss der Gegenwert der eingebrachten Sachwerte mindestens 25.000,00 € betragen. § 7 Abs. 2 GmbHG

Der **Geschäftsanteil** verkörpert das **Mitgliedschaftsrecht** an einer GmbH. Seine Höhe bringt die Beteiligung am **tatsächlichen Reinvermögen** (tatsächliches Vermögen abzüglich tatsächliche Schulden) zum Ausdruck. Das tatsächliche Reinvermögen einer GmbH ist im Normalfall nicht identisch mit dem in der Bilanz ausgewiesenen gezeichneten Kapital.

Beispiel

Nennwert und tatsächlicher Wert von Geschäftsanteilen bei einer GmbH

In der Bilanz der Martin Schmidt GmbH wird ein Stammkapital in Höhe von 50.000,00 € ausgewiesen. An der Gesellschaft sind die beiden Gesellschafter Martin und Karl Schmidt wie folgt beteiligt:
Nennbetrag des Geschäftsanteils Martin Schmidt: 20.000,00 €
Nennbetrag des Geschäftsanteils Karl Schmidt: 30.000,00 €
In der Vergangenheit wurden Teile des erzielten Gewinns einbehalten und nicht an die Gesellschafter ausgeschüttet. Die Summe der nicht ausgeschütteten Gewinne ist in der Bilanzposition „Andere Gewinnrücklagen" ausgewiesen und beträgt 30.000,00 €. Entsprechend der Höhe der Nennbeträge der Geschäftsanteile errechnen sich folgende tatsächlichen Werte:

	Martin Schmidt	Karl Schmidt	Summen
Nennbeträge der Geschäftsanteile	20.000,00 €	30.000,00 €	**50.000,00 €**
tatsächlicher Wert der Geschäftsanteile	32.000,00 €	48.000,00 €	**80.000,00 € (= tatsächliches Eigenkapital)**

§ 15 Abs. 3 GmbHG

Der tatsächliche Wert eines Geschäftsanteils ist dann von Bedeutung, wenn ein Gesellschafter seine Beteiligung aufgeben will. Der Betrag des Geschäftsanteils ist Grundlage für die Ermittlung des Verkaufspreises. Soll ein Geschäftsanteil weiterveräußert werden, so bedarf der Vertrag der notariellen Beurkundung.

§ 13 Abs. 2 GmbHG

Den Gläubigern der GmbH haftet ausschließlich die GmbH als juristische Person mit ihrem Gesellschaftsvermögen. Sobald das Stammkapital voll einbezahlt ist, können die Gesellschafter nicht mehr persönlich in Anspruch genommen werden, es sei denn, der Gesellschaftsvertrag enthält Vereinbarungen über evtl. zu erbringende Nachschüsse (äußerst selten).

! **Für Verbindlichkeiten der Gesellschaft haftet ausschließlich die GmbH als juristische Person.**

§ 1 GmbHG

Gründung

! **Die Errichtung einer GmbH ist durch eine oder mehrere Personen möglich.**

§ 2 GmbHG

Der Gesellschaftsvertrag muss **notariell beurkundet** werden und ist von sämtlichen Gesellschaftern zu unterzeichnen. Die Gesellschaft entsteht erst mit der Eintragung ins Handelsregister. Daher haften die Handelnden persönlich und solidarisch (gesamtschuldnerisch) für Verbindlichkeiten aus Rechtsgeschäften, die sie nach Abschluss des notariellen Gesellschaftsvertrags, aber noch vor Eintragung ins Handelsregister abgeschlossen haben.

§ 11 Abs. 2 GmbHG

§ 8 Abs. 1 Nr. 5 GmbHG

Unter folgenden Voraussetzungen ist die Gründung einer GmbH in einem **vereinfachten Verfahren** möglich:

§ 2 Abs. 1a GmbHG

1. Es werden keine Sacheinlagen wie z. B. Grundstücke, Gebäude in die GmbH eingebracht
2. Die Gesellschaft besteht aus **höchstens drei Gesellschaftern** und **einem Geschäftsführer**.

vgl. Musterprotokoll im Anhang

Sind die Voraussetzungen für eine Gründung im vereinfachten Verfahren erfüllt, so ist es erforderlich, das als Anlage dem GmbHG beigefügte **Musterprotokoll** zu verwenden und notariell **beurkunden** zu lassen. Diese Art der Gründung ist erheblich kostengünstiger als die Standardgründung, da eventuelle Rückfragen im Zusammenhang mit der Registereintragung weitgehend entfallen.

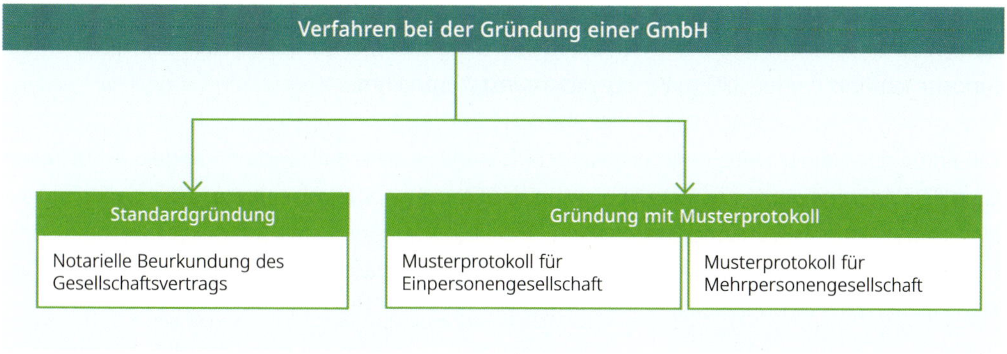

Organe

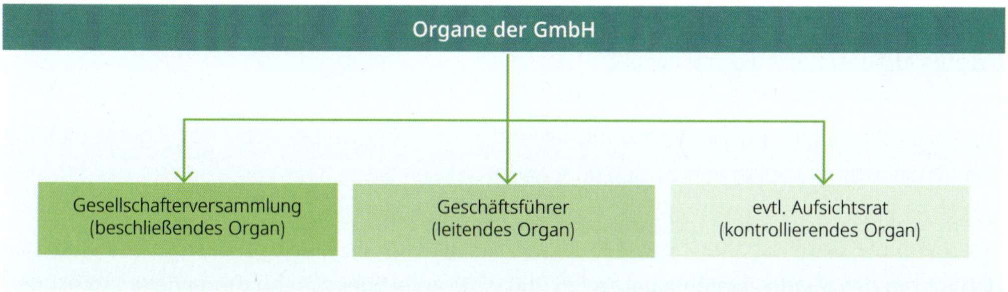

Aufgaben 1 und 2 Seite 380 f.

Organe einer GmbH sind die Gesellschafterversammlung, die Geschäftsführer und der Aufsichtsrat, der bei Gesellschaften mit mehr als 500 Arbeitnehmern gebildet werden muss. § 52 GmbHG, § 1 Nr. 3 DrittelbG

Die Gesellschafterversammlung wählt – sofern der Gesellschaftsvertrag keine andere Vereinbarung enthält – den/die Geschäftsführer, stellt den Jahresabschluss fest und fasst den Beschluss, wie das erzielte Jahresergebnis verteilt wird. Insbesondere bei der Ein-Mann-GmbH kommt es häufig vor, dass der einzige Gesellschafter auch gleichzeitig Geschäftsführer (Gesellschaftergeschäftsführer) der GmbH ist. Mit der Geschäftsführung können aber auch außenstehende Dritte beauftragt werden (**Fremdorganschaft**). Wie der Vorstand einer Aktiengesellschaft, sind die Geschäftsführer das zur Vertretung einer GmbH befugte Organ. Ihnen steht gleichermaßen die Geschäftsführungs- und Vertretungsbefugnis zu. (§ 35 GmbHG) Wurde die Geschäftsführung zwei oder mehreren Personen übertragen, so dürfen diese nur gemeinschaftlich handeln (Gesamtgeschäftsführungs- und -vertretungsbefugnis), es sei denn, in der Satzung ist Einzelvertretung vorgesehen. (§ 35 Abs. 2 GmbHG) Zum Schutz von Dritten ist eine Beschränkung des Umfangs der Vertretungsmacht im Außenverhältnis unwirksam.

Unternehmergesellschaft (UG) als Sonderform einer GmbH

Das GmbH-Gesetz lässt auch schon mit einem Mindeststammkapital von einem symbolischen Euro die Gründung einer „Mini-GmbH" (= **Unternehmergesellschaft**) zu. Damit nach außen hin (§ 5a Abs. 1 GmbHG)

Aufgabe 3 Seite 382

sichtbar wird, dass es sich hierbei um die Sonderform einer GmbH mit sehr geringem Gründungskapital handelt, muss die Firma zwingend den Zusatz „Unternehmergesellschaft (haftungsbeschränkt)" oder „UG (haftungsbeschränkt)" enthalten.

§ 5a Abs. 2 GmbHG

Die Anmeldung einer Unternehmergesellschaft zum Handelsregister darf – anders als bei einer GmbH im Allgemeinen – erst erfolgen, wenn das Stammkapital voll einbezahlt ist. Sacheinlagen sind nicht zulässig. Gründen mehr als drei Gesellschafter eine Unternehmergesellschaft, so ist eine notarielle Beurkundung vorgeschrieben. Das kostensparende Musterprotokoll kann in diesem Fall nicht verwendet werden.

vgl. Musterprotokoll im Anhang

Eine Unternehmergesellschaft darf ihre erzielten Gewinne nicht in vollem Umfang ausschütten. Sie ist **verpflichtet**, 25 % ihres um einen Verlustvortrag aus dem Vorjahr verminderten Jahresüberschusses einzubehalten und einer **gesetzlichen Rücklage** zuzuführen (Gewinnausschüttungssperre). Damit soll erreicht werden, dass sich das Eigenkapital dieser GmbH schrittweise bis zum Mindeststammkapital erhöht.

§ 5a Abs. 3 und 5 GmbHG

Die Verpflichtung zur Rücklagenbildung besteht auch dann weiter, wenn das Eigenkapital auf das Mindeststammkapital von 25.000,00 € angewachsen ist.

Erst wenn die Gesellschafter beschließen, aus der gebildeten Rücklage das Stammkapital auf den Betrag des Mindeststammkapitals (25.000,00 €) zu erhöhen, kann der erzielte Jahresüberschuss gegebenenfalls in vollem Umfang an die Gesellschafter ausgeschüttet werden. Die Gesellschaft kann sich danach umfirmieren, wenn sie das für vorteilhaft hält.

Möglichkeiten einer GmbH-Gründung	
Standard-GmbH	**Unternehmergesellschaft (haftungsbeschränkt) als Sonderform einer GmbH**
Stammkapital mindestens 25.000,00 € § 5 GmbHG	Stammkapital mindestens 1,00 € § 5 Abs. 2, § 5 Abs. 3 S. 2 GmbHG
Bargründung und Sachgründung (= Gründung mit Sacheinlagen) möglich	nur Bargründung
Firmenzusatz „GmbH"	Firmenzusatz „Unternehmergesellschaft (haftungsbeschränkt)" oder „UG (haftungsbeschränkt)"
Bildung einer gesetzlichen Rücklage nicht vorgeschrieben	Pflicht zur Bildung einer gesetzlichen Rücklage in Höhe von 25 % des Jahresüberschusses (§ 5a Abs. 3 und 5 GmbHG), bis Stammkapital auf 25.000,00 € angewachsen und Umfirmierung erfolgt ist

Zusammenfassende Übersicht zu Kapitel 9.2.6: Gesellschaft mit beschränkter Haftung (GmbH)

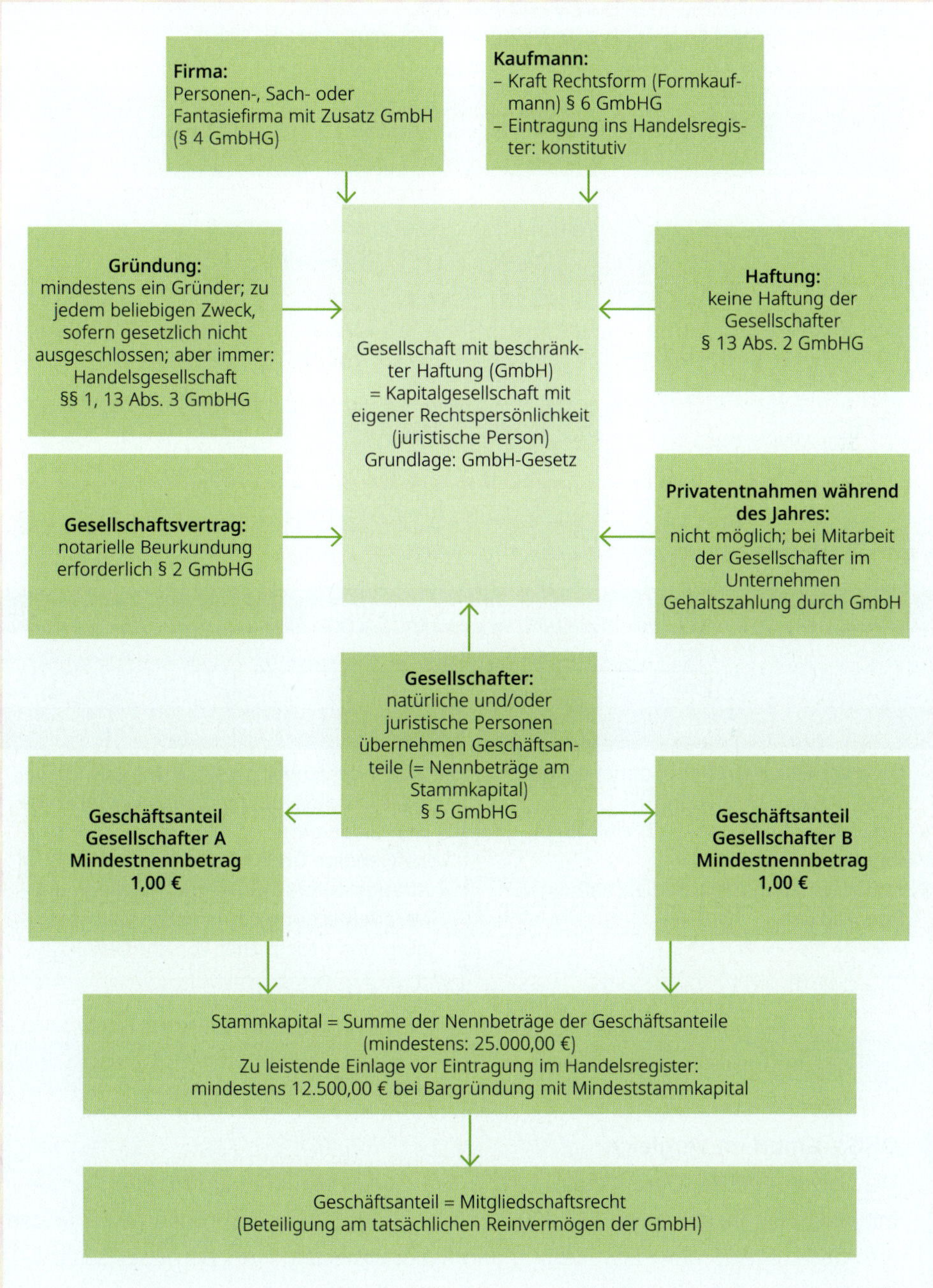

Organe:
- Geschäftsführer (leitendes Organ)
- Gesellschafterversammlung (beschließendes Organ)
- Aufsichtsrat: freiwillig bis 500 Arbeitnehmer, darüber Pflicht (kontrollierendes Organ)

einfache und kostengünstige Gründung — **Sonderform einer GmbH Unternehmergesellschaft** § 5a GmbHG — geringe Kreditwürdigkeit

↓

Stammkapital < Mindeststammkapital gem. § 5 GmbHG

Firmenzusatz § 5a Abs. 1 GmbHG: Unternehmergesellschaft (haftungsbeschränkt) oder
UG (haftungsbeschränkt)
Bildung einer gesetzlichen Rücklage (Gewinnausschüttungssperre) in Höhe von 25 % des Jahresüberschusses

Vor- und Nachteile

Vor- und Nachteile einer GmbH

Vorteile	Nachteile
▪ bei voller Einzahlung der Stammeinlage keine persönliche Haftung ▪ Geschäftsanteile lassen sich einfach veräußern. ▪ verhältnismäßig einfache Beschaffung von Eigenkapital	▪ wegen fehlender persönlicher Haftung der Gesellschafter oft geringeres Vertrauen bei den Gläubigern ▪ aufwendige Gründung ▪ strengere Vorschriften zur Erstellung und Veröffentlichung des Jahresabschlusses aufgrund gesetzlicher Vorschriften

Aufgaben

1. OHG – GmbH im Vergleich

Die Galvaniktechnik Gero Kleinschmidt e. K. – eine Unternehmung mittlerer Größe mit einem Eigenkapital von 380.000,00 € – benötigt für die aus Konkurrenzgründen erforderlich gewordene Erweiterung und Rationalisierung ihres Betriebes zusätzliche Finanzierungsmittel. Da Kleinschmidt aber das für die Finanzierung notwendige Eigenkapital nicht besitzt, sieht er sich gezwungen, in Zukunft mit Gesellschaftern zusammenzuarbeiten. Er gründet mit den Herren Lehmann und Jürgens die „Renchtäler Galvanik GmbH", in die er sein bisheriges Unternehmen einbringt, während Lehmann und Jürgens sich mit Bareinlagen beteiligen.

a) Nennen Sie Vorteile der neu zu gründenden GmbH gegenüber der Einzelunternehmung.
b) Die Rechtsform der GmbH erschien den drei Gesellschaftern günstiger als die der OHG. Nennen Sie Gründe, die sie zu ihrer Entscheidung veranlasst haben könnten.
c) Machen Sie einen Vorschlag zur Regelung zur Geschäftsführung und Vertretung.
d) Geben Sie an, durch welche Organe die Belegschaft einer GmbH an der betrieblichen Willensbildung beteiligt ist. Beschreiben Sie den Aufbau dieser Organe.
e) Unterscheiden Sie, wer Eigentümer des Vermögens
   - einer Offenen Handelsgesellschaft,
   - einer Gesellschaft mit beschränkter Haftung ist.

2. **GmbH: Gesellschaftsvertrag**

Schreinermeisterin Conny Kenner ist es gelungen, aus Holzabfällen einen hochwertigen Wärmedämmschutz herzustellen. Die Dämmschutzplatten können in verschiedenen Stärken beschichtet oder unbeschichtet hergestellt werden.

Da auf dem Markt für Wärmeschutzmaterialien starker Wettbewerb herrscht, müssen erhebliche Investitionen vorgenommen werden. Kenner beschließt, eine GmbH zu gründen und Vera Weiner und Herta Koffler als weitere Gesellschafterinnen aufzunehmen. Kenner legt den Mitgesellschafterinnen folgenden Vorschlag für einen Gesellschaftsvertrag vor:

Leiser und sparsamer

§ 1: Firma: Kenner und Koffler Dämmstoff-GmbH

§ 2: Sitz der Gesellschaft: Ulm

§ 3: Geschäftsbeginn: 20.02.2022

§ 4: Gegenstand des Unternehmens: Produktion und Vertrieb von Wärmedämmschutzplatten

§ 5: Stammkapital und Geschäftsanteile:
Das Stammkapital der Gesellschaft beträgt 800.000,00 €.
Als Geschäftsanteile übernehmen:

– Conny Kenner, Ulm	450.000,00 €
– Vera Weiner, Remstal	100.000,00 €
– Herta Koffler, Ravensburg	250.000,00 €

§ 6: Geschäftsführung und Vertretung:
Zu Geschäftsführerinnen der GmbH werden bestellt:
- Conny Kenner, zuständig für Einkauf und Produktion
- Herta Koffler, zuständig für den Vertrieb. Jede Geschäftsführerin ist allein vertretungsbefugt.

Der Gesellschaftsvertrag wird nach Klärung der rechtlichen Probleme am 12.02.2022 in notarieller Form geschlossen. Die Handelsregistereintragung erfolgt am 02.03.2022.

a) Weiner war mit der im Vertragsentwurf genannten Firmenbezeichnung nicht einverstanden. Sie machte den Gegenvorschlag „Europäische Dämmstoffwerke GmbH". Beurteilen Sie die beiden Vorschläge zur Firmierung unter rechtlichen Gesichtspunkten.
b) Nennen Sie zwei weitere Punkte, die über die Mindestanforderungen des GmbH-Gesetzes hinaus im Gesellschaftsvertrag geregelt werden sollten.
c) Geben Sie an, zu welchem Zeitpunkt die GmbH als juristische Person entsteht.
d) Koffler scheitert im ersten Geschäftsjahr mit ihrem Marketingkonzept, sodass erhebliche Verluste entstehen. Kenner und Weiner betreiben deswegen die Ablösung von Koffler als Geschäftsführerin der GmbH und wollen eine Kapitalerhöhung zur Sanierung der Gesellschaft beschließen. Weisen Sie bei den gegebenen Beteiligungsverhältnissen die Erfolgsaussichten der beiden Vorhaben nach.

3. Gründung einer Unternehmergesellschaft (UG)

Christiane Burger hat die Meisterprüfung im Schreinerhandwerk abgelegt und will sich nach nunmehr ausreichender praktischer Erfahrung selbstständig machen. Ihre Ersparnisse hat sie für ihre Ausbildung sowie für die Anschaffung eines Autos weitgehend aufgebraucht. Sie verfügt lediglich über Barmittel in Höhe von 2.000,00 €, die sie als Eigenkapital in das neu zu gründende Unternehmen einbringen will.
Christiane Burger hat sich nach langen Vorüberlegungen entschieden, eine Unternehmergesellschaft zu gründen.

a) Geben Sie an, welche Gründe für die Entscheidung, eine Unternehmergesellschaft zu gründen, ausschlaggebend gewesen sein könnten.
b) Machen Sie einen Firmierungsvorschlag für das neu zu gründende Unternehmen im Schreinerhandwerk.
c) Im ersten Geschäftsjahr erzielte Burger einen Jahresüberschuss in Höhe von 24.000,00 €. Klären Sie, in welcher Weise Burger über diesen Betrag verfügen kann.
d) Stellen Sie fest, warum Burger ihre privaten Ausgaben durch ihre Tätigkeit als Schreinerin bestreiten kann, ohne auf die Entnahme von Gewinnen aus der Unternehmergesellschaft angewiesen zu sein.

9.2.7 Aktiengesellschaft (AG)[1]

Begriff und Firma der AG

Die Aktiengesellschaft (AG) ist eine Gesellschaft mit eigener Rechtspersönlichkeit. Für Verpflichtungen der AG haftet ausschließlich die AG als juristische Person. ! § 1 AktG

Die Aktiengesellschaft ist eine **Kapitalgesellschaft**. An einer solchen Gesellschaft können sich viele Eigenkapitalgeber (= Aktionäre) auch schon mit kleineren Beträgen beteiligen. Die Aktiengesellschaft ist eine typische Rechtsform für Großbetriebe, die wegen zahlreicher Investitionen sehr viel Kapital benötigen, das i. d. R. nur durch eine Vielzahl von Kapitalgebern aufgebracht werden kann. Die Gründung einer AG ist allerdings bereits durch eine einzige Person möglich.

Aktiengesellschaften sind Kapitalgesellschaften. Bei Kapitalgesellschaften steht die Kapitalaufbringung und nicht die Mitarbeit der Eigentümer im Vordergrund. !

Will ein Aktionär seine Beteiligung an der AG aufgeben, so kann er seine Anteile (= **Aktien**) wieder veräußern, ohne dass dem Unternehmen dadurch Kapital entzogen wird. § 2 AktG

Die AG gilt stets als **Handelsgesellschaft**, unabhängig von ihrer Größe und dem Geschäftszweig, in dem sie tätig ist. Sie ist damit **Kaufmann kraft Rechtsform (= Form-Kaufmann).** § 3 Abs. 1 AktG

Die Firma einer AG kann eine **Sach-, Personen-, Misch oder Fantasiefirma** sein und muss die Bezeichnung „Aktiengesellschaft" oder eine allgemein verständliche Abkürzung dieses Begriffs enthalten. § 4 AktG

Beispiel

Firma einer Aktiengesellschaft
Adidas AG, Daimler AG, Bayer Aktiengesellschaft

Kapitalaufbringung und Haftung

Die Höhe des **Grundkapitals** (Bezeichnung in der Bilanz der AG: gezeichnetes Kapital) muss mindestens **50.000,00 €** betragen. Im Gesellschaftsvertrag (= **Satzung**) wird dessen Höhe festgelegt. Es wird von den Aktionären (= Teilhaber der AG) übernommen, die dafür Teilhaberpapiere (= **Aktien**) erhalten. §§ 1 Abs. 2, 6, 7 AktG

Das Grundkapital einer AG ist in Aktien zerlegt. Aktien sind Wertpapiere, die ein Anteilsrecht (Mitgliedschaftsrecht) an einer AG verbriefen. Die Aktionäre haften den Gläubigern für Verbindlichkeiten der Aktiengesellschaft nicht. Lediglich die AG als juristische Person haftet. !

[1] Die Behandlung der AG ist im Bildungsplan in der „Wahlspalte" ausgewiesen.

Aktienarten

In Abhängigkeit von den Beteiligungsrechten und der Übertragbarkeit lassen sich folgende Aktienarten unterscheiden:

§ 10 Abs. 2, §§ 67, 68 AktG

Aktienarten nach den Beteiligungsrechten	
Nennbetragsaktien	**Stückaktien (Quotenaktien) (= nennwertlose Aktien)**
lauten auf einen bestimmten Nennbetrag, der auf den Aktien aufgedruckt ist. Der Mindestnennbetrag einer Aktie beträgt 1,00 €. Höhere Nennbeträge müssen auf volle Euro lauten. Die Summe der Nennwerte aller Aktien entspricht dem **Grundkapital**.	verkörpern einen **anteiligen Betrag** (= Quote) am Grundkapital. Die Quote ist aber nicht auf der Aktie aufgedruckt. Vielmehr lautet der Aufdruck z. B. „1 Aktie der System AG". Der Inhaber einer solchen Aktie kann damit den Betrag seiner Beteiligung nicht unmittelbar der Aktie entnehmen.

Aktienarten nach der Übertragbarkeit	
Inhaberaktien	**Namensaktien**
Das Eigentum an Inhaberaktien wird wie bei einem Geldschein formlos durch **Einigung** und **Übergabe** übertragen, ohne dass die Eigentumsübertragung auf dem Papier vorgenommen werden muss. Im Regelfall geben die börsennotierten Aktiengesellschaften Inhaberaktien aus.	Namensaktien lauten auf einen bestimmten Eigentümer. Sie sind in dem von der AG geführten Aktienregister eingetragen. Damit hat die AG einen Überblick darüber, wer über welchen Anteil an Grundkapital verfügt. Das Eigentum an Namensaktien wird durch **Einigung, Übergabe** und **Indossament** (= Übertragungsvermerk) übertragen. Die Satzung der AG kann darüber hinaus bestimmen, dass die Eigentumsübertragung an die Zustimmung der AG gebunden ist (= **vinkulierte Namensaktien**).

Beispiel

Wert einer Beteiligung an einer AG bei Stückaktien

Die Württemberger Metallwarenfabrik AG hat ein Grundkapital von 2 Mio. €. Es wurden 100 000 Stückaktien ausgegeben. Der auf eine Aktie entfallende Nennbetrag (= fiktiver Nennwert) beträgt damit 2 Mio. €/100 000 Aktien = 20,00 €/Aktie. Unabhängig von der Höhe des Nennwerts gewährt **jede Aktie eine Stimme** in der Hauptversammlung.

Die Aktiengesellschaften geben die Aktien meist zu einem Betrag aus, der über deren Nennwert liegt. Der Unterschiedsbetrag zwischen Ausgabekurs (**Emissionskurs**) und Nennwert wird als **Agio** (= Aufgeld) bezeichnet und ist in der Bilanz einer AG in der Bilanzposition **Kapitalrücklage** ausgewiesen.

Beispiel

Bilanz der Württemberger Metallwarenfabrik AG nach der Ausgabe von Stückaktien über deren Nennwert

Die Württemberger Metallwarenfabrik AG hat bei ihrer Gründung 100 000 Stückaktien zu einem Kurs von 30,00 €/ Aktie ausgegeben.

A	Bilanzauszug der Württemberger Metallwarenfabrik AG		P
Vermögen	3 Mio. €	gezeichnetes Kapital	2 Mio. €
		Kapitalrücklage	1 Mio. €

Gesamtes Eigenkapital = 2 Mio. € (gezeichnetes Kapital) + 1 Mio. € (Kapitalrücklage) = 3 Mio. €
Durch Aktienausgabe verbrieftes (= gezeichnetes) Kapital: 2 Mio. €
Durch Agio entstandenes, nicht verbrieftes Kapital (= Kapitalrücklage): 1 Mio. €

Aktienarten nach dem Stimmrecht der Aktionäre

Stammaktien	stimmrechtslose Vorzugsaktien
Stammaktien verbriefen hinsichtlich des Stimmrechts und der Dividende die normalen Rechte (also keine Sonderrechte). Die im Börsenhandel übliche Abkürzung für Stammaktien ist „Stämme".	Bei stimmrechtslosen Vorzugsaktien ist das Stimmrecht ausgeschlossen. Dafür stehen dem Vorzugsaktionär besondere Rechte wie z. B. eine höhere Dividende zu.

§§ 12 Abs. 1, 139 Abs. 2 AktG

Gründung und Entstehung der AG

Im Rahmen der Gründung schließen die Gründer zunächst einen **Gesellschaftsvertrag (= Satzung)** ab. Die Gründer können natürliche oder juristische Personen sein. Nach der notariellen Beurkundung der Satzung ist die AG gegründet.

Als juristische Person entsteht die AG jedoch erst mit der Eintragung ins Handelsregister (= **konstitutive Wirkung der Eintragung**). Wer vor der Eintragung der Gesellschaft in deren Namen handelt, haftet persönlich. **§§ 27 ff., 36a, 36, 41 Abs. 1 AktG**

Die Eintragung ins Handelsregister darf erst erfolgen, wenn die erforderlichen Einzahlungen bei der **Bargründung** bzw. die **Sacheinlagen** bei der Sachgründung auf das Grundkapital geleistet wurden.

Bareinlagen müssen vor der Anmeldung der AG zur Eintragung ins Handelsregister zu mindestens 25 % des Aktiennennwertes geleistet sein. Ein Agio muss in voller Höhe eingezahlt worden sein.
Sacheinlagen müssen vor der Anmeldung der AG zur Eintragung ins Handelsregister in vollem Umfang geleistet sein.

!

Aufgabe 1 Seite 393

Organe der AG

Im Gegensatz zu den Personengesellschaften, bei denen unbeschränkt haftende Gesellschafter tätig sind, werden bei Aktiengesellschaften **Organe** gebildet, die unterschiedliche Aufgaben zu erfüllen haben:

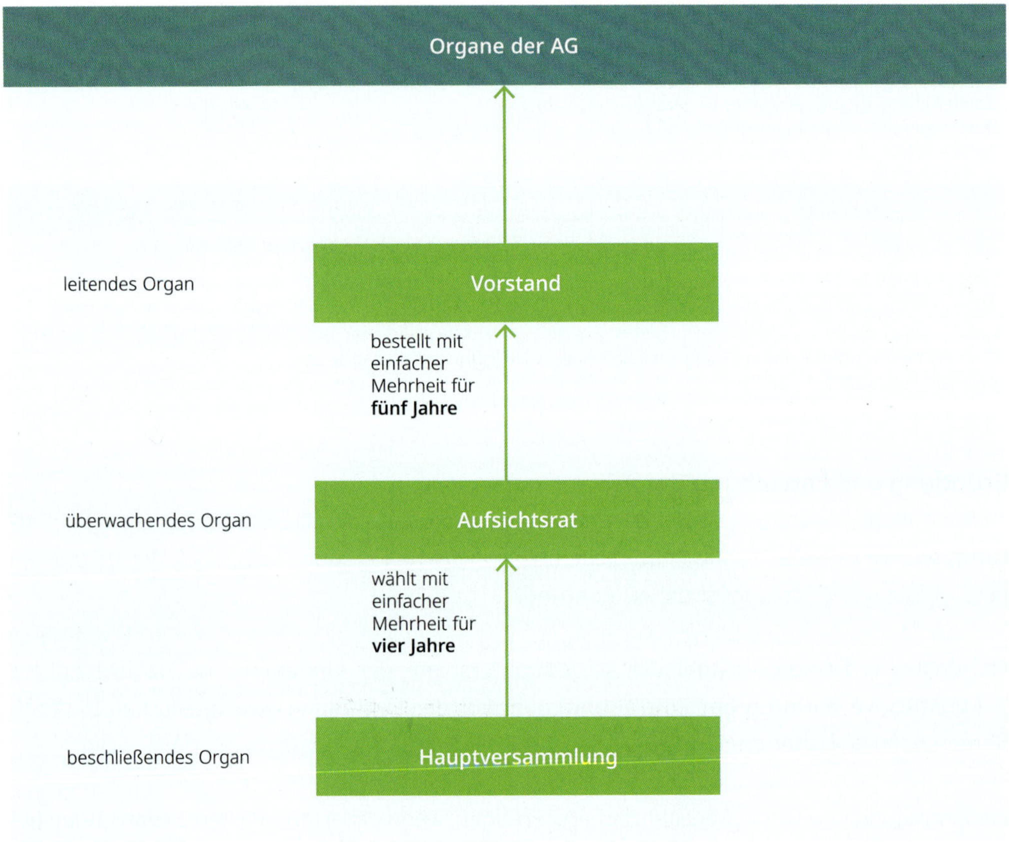

§§ 76–78 AktG

Vorstand

Als geschäftsführendes Organ der AG hat der Vorstand die Aufgabe, die AG in eigener Verantwortung zu leiten.

Rechtsstellung und Bestellung

Der Vorstand leitet die AG eigenverantwortlich. Besteht er aus mehreren Personen, so gilt **Gesamtgeschäftsführungs- und Gesamtvertretungsbefugnis.** Der Vorstand ist nicht weisungsgebunden. Demnach kann auch ein Großaktionär, der z. B. über 50 % der Aktien besitzt, dem Vorstand keine Weisungen erteilen.

Der Aufsichtsrat bestellt den Vorstand für die Dauer von längstens **fünf Jahren**. Eine wiederholte Bestellung ist möglich. **§ 84 AktG**

Aufgaben

- Leitung der Gesellschaft (§ 76 AktG)
- regelmäßige (mindestens vierteljährliche) Unterrichtung des Aufsichtsrats über die Geschäftslage der AG (§ 90 Abs. 2 Satz 3 AktG)
- Erstellung des Jahresabschlusses mit Vorlage an die Abschlussprüfer (§ 264 HGB)
- Einberufung der Hauptversammlung und Unterbreitung eines Vorschlags für die Verwendung des Jahresergebnisses (§ 121 AktG)
- bei Zahlungsunfähigkeit oder Überschuldung Verpflichtung zur Beantragung des Insolvenzverfahrens

Vergütung

Als kaufmännische Angestellte erhalten die Mitglieder des Vorstandes Gehalt (§ 87 AktG). Zusätzlich wird häufig eine Gewinnbeteiligung vereinbart.

Aufsichtsrat

§§ 95, 102 AktG

Der Aufsichtsrat hat die Aufgabe, die Geschäftsführung des Vorstandes zu überwachen.

Zahl der Mitglieder und Amtszeit

Im Normalfall besteht der Aufsichtsrat aus **mindestens** drei **Mitgliedern**. Die Satzung kann aber auch eine höhere, durch 3 teilbare Zahl, bestimmen. Die **Mitglieder** des Aufsichtsrates werden von der Hauptversammlung für **vier Geschäftsjahre** gewählt.

Persönliche Voraussetzungen für Aufsichtsratsmitglieder

Nur **natürliche** und **unbeschränkt geschäftsfähige** Personen können Mitglieder des Aufsichtsrats werden. Grundsätzlich können auch Vorstandsmitglieder einer AG Aufsichtsratsmandate einer anderen AG annehmen. Mitglied des Aufsichtsrats kann nicht sein, wer **§§ 100, 105 AktG**

1. bereits in zehn Handelsgesellschaften, die gesetzlich einen Aufsichtsrat zu bilden haben, Aufsichtsratsmitglied ist,

2. gesetzlicher Vertreter eines von der Kapitalgesellschaft abhängigen Unternehmens ist,

3. gesetzlicher Vertreter einer anderen Kapitalgesellschaft ist, deren Aufsichtsrat ein Vorstandsmitglied der Gesellschaft angehört (**Überkreuzverflechtung**).

verbotene Verflechtung

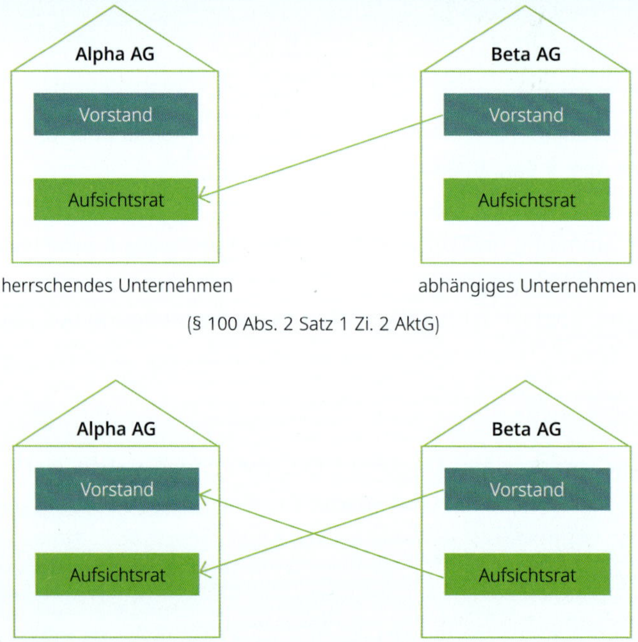

(§ 100 Abs. 2 Satz 1 Zi. 2 AktG)

Überkreuzverflechtung (§ 100 Abs. 2 Satz 1 Zi. 3 AktG)

§§ 84, 111 AktG

Aufgaben

- Bestellung, Überwachung und Abberufung (bei Vorliegen eines wichtigen Grundes) des Vorstandes
- Prüfung des Jahresabschlusses samt Lagebericht und Vorschlag für die Verwendung des Bilanzgewinns

Mitbestimmung der Arbeitnehmer im Aufsichtsrat

§ 101 AktG

Die Wahl und die Zusammensetzung des Aufsichtsrates hängen von der Zahl der Arbeitnehmer und/oder vom Geschäftszweig der AG ab. Hinsichtlich der Mitbestimmung von Arbeitnehmern und Zusammensetzung des Aufsichtsrates sind drei Fälle zu unterscheiden:

1. **bis zu 500 Arbeitnehmer**
   Bei diesen Unternehmen haben die Arbeitnehmer im Normalfall kein Recht auf Mitbestimmung. Der Aufsichtsrat setzt sich daher ausschließlich aus Vertretern der Anteilseigner (Aktionäre) zusammen.

§§ 1, 4 Abs. 1, 5, 6 DrittelbG

2. **von 501 bis 2000 Arbeitnehmer (Drittelbeteiligungsgesetz)**
   Der Aufsichtsrat besteht zu **einem Drittel** aus Vertretern der Arbeitnehmer (**Drittelparität**). Die Arbeitnehmer wählen ihre Vertreter auf der Grundlage von Wahlvorschlägen der Betriebsräte und der Arbeitnehmer. Die Hauptversammlung wählt **zwei Drittel** der Mitglieder des Aufsichtsrates.

Wahl und Zusammensetzung des Aufsichtsrats nach Drittelbeteiligungsgesetz (2004)

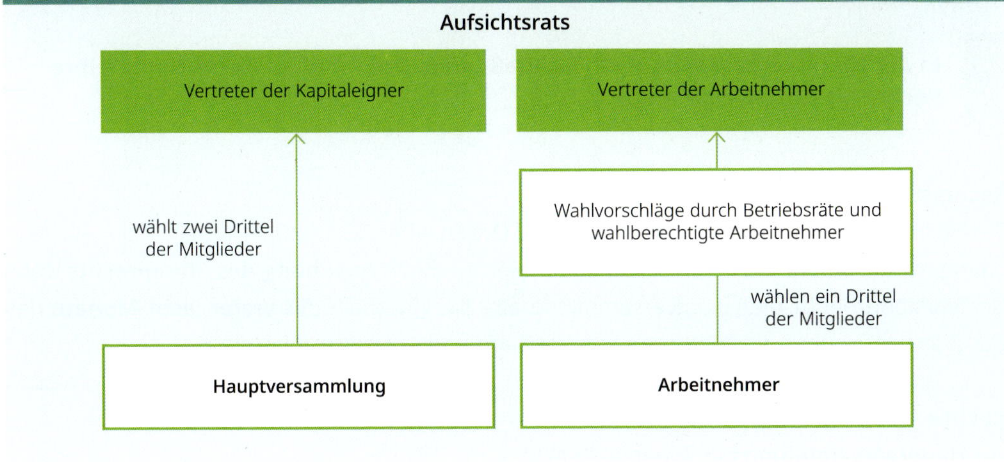

3. **mehr als 2000 Arbeitnehmer (Mitbestimmungsgesetz)** **§ 1 MitbG**
Bei Großunternehmen, die nicht der Montanindustrie (Bergbau, Eisen und Stahl) angehören, setzt sich der Aufsichtsrat **paritätisch** (d. h. zu gleichen Teilen) aus Vertretern der Anteilseigner (Aktionäre) und der Arbeitnehmer zusammen.

Wahl und Zusammensetzung des Aufsichtsrats nach dem Mitbestimmungsgesetz (1976)

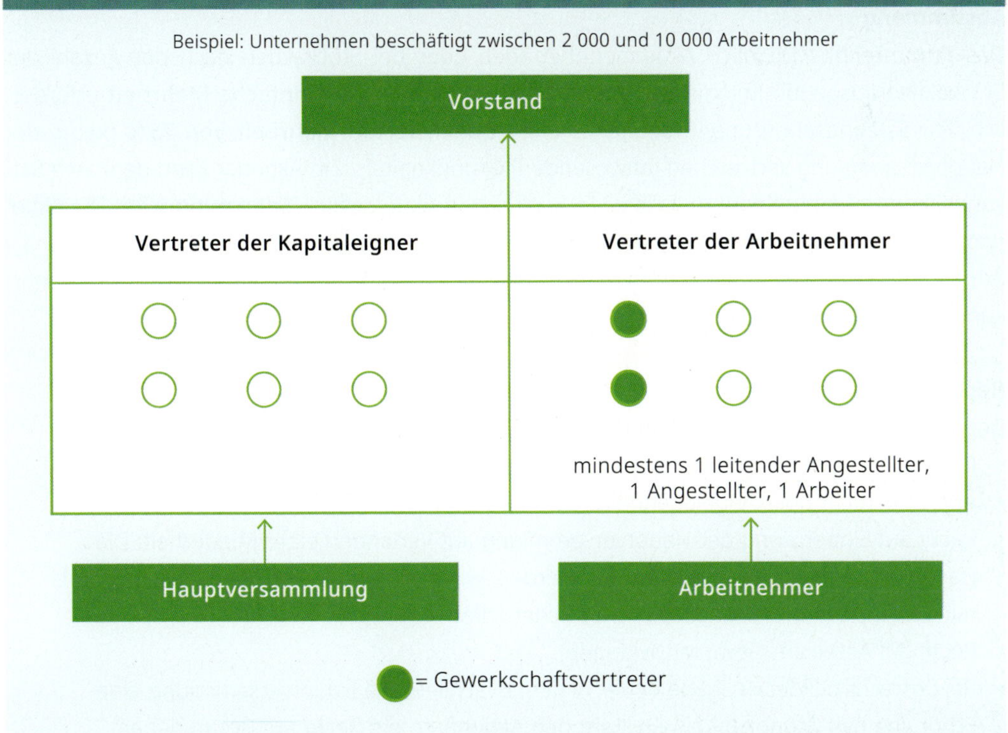

Hauptversammlung

In der Hauptversammlung (= beschließendes Organ) üben die Aktionäre ihre Rechte als Anteilseigner aus.

§§ 118, 120, 121 Abs. 2 AktG

Rechtsstellung

Die Hauptversammlung ist das **beschließende Organ** einer AG. Die Gesellschafter der AG (Aktionäre) nehmen in ihr die ihnen zustehenden Rechte durch **Ausübung des Stimmrechts** wahr. Der Vorstand beruft die Hauptversammlung ein, die innerhalb der **ersten acht Monate** des Geschäftsjahres über die Entlastung von Vorstand und Aufsichtsrat beschließt.

Rechte

§ 119 AktG

Die **Hauptversammlung** hat folgende Rechte:

- Wahl der Aufsichtsratsmitglieder der Kapitaleigner
- Beschlussfassung über die Verwendung des Bilanzgewinns
- Entlastung von Vorstand und Aufsichtsrat
- Bestellung der Abschlussprüfer für das laufende Geschäftsjahr
- Beschlussfassung über Satzungsänderungen (z. B. Kapitalerhöhung durch Ausgabe junger Aktien)

§ 134, 179 AktG

Abstimmung

Das **Stimmrecht** wird nach Aktiennennbeträgen oder bei Stückaktien nach der Anzahl der Stückaktien ausgeübt. Im Normalfall ist bei Abstimmungen eine **einfache Mehrheit** erforderlich. Für Satzungsänderungen bedarf es einer **qualifizierten Mehrheit von 75 %** des in der Hauptversammlung vertretenen (anwesenden) Grundkapitals. Ein Aktionär kann demnach Satzungsänderungen verhindern, falls er 25 % plus eine Aktie besitzt (**Sperrminorität**). Die Aktionäre können sich bei einer Hauptversammlung vertreten lassen (z. B. durch Banken).
Börsennotierte Aktiengesellschaften müssen Beschlüsse der Hauptversammlung notariell beurkunden lassen.

Rechte der Aktionäre

§§ 118, 134, 131, 122 AktG

Den **Aktionären** stehen nachfolgende Rechte zu:

- Recht auf Teilnahme an der Hauptversammlung und Ausübung des Stimmrechts
- Auskunftsrecht über Angelegenheiten der Gesellschaft
- Recht auf Einberufung der Hauptversammlung auf Verlangen einer Minderheit: Die Hauptversammlung muss einberufen werden, wenn Aktionäre, deren Anteile zusammen mindestens 5 % des Grundkapitals erreichen, dies verlangen.
- (§§ 58 Abs. 4, 60 AktG) Recht auf Anteil am Gewinn (Dividende)
- (§ 186 AktG) Bezugsrecht bei der Ausgabe neuer Aktien: Beschließt die Hauptversammlung eine Erhöhung des Grundkapitals, so steht den Aktionären ein Recht auf Bezug neuer Aktien zu.

Aufgabe 2 Seite 393

- (§ 271 AktG) Recht auf Beteiligung am Liquidationserlös bei Auflösung der AG

Kurswert und Nennwert von Aktien

Der Nennwert einer Aktie ist nicht identisch mit deren Kurswert. Der **Nennwert** ergibt sich entweder aus dem auf einer Aktie aufgedruckten Wert (bei Nennwertaktien) oder aus dem auf eine Aktie entfallenden Anteil am Grundkapital (bei Stückaktien). Der **Kurswert** hingegen ist der **Marktpreis (Kurs)**, der sich an einem bestimmten Börsentag aus dem vorhandenen Angebot und der entsprechenden Nachfrage ergibt.

> **Der Kurs einer Aktie ist der Preis, zu dem diese Aktie an einem bestimmten Tag an der Wertpapierbörse gehandelt wird.**

Die Höhe des Kurses hängt u. a. ab von

- den Gewinnerwartungen,
- der politischen Lage,
- der konjunkturellen Situation,
- Spekulationen.

Auszug aus einer Kurstabelle

Dax	Div.	20.01.	Veränderung Vortag in %	52-Wochen Hoch	52-Wochen Tief	Div. rendite
Adidas NA	3,30	146,44	+1,60	255,70	93,40	2,25
Allianz vNA	10,80	220,40	+1,52	232,50	156,22	4,90
BASF NA	3,40	52,46	+0,54	69,15	37,90	6,48
Beiersdorf	0,70	111,25	+0,09	111,90	79,00	0,63
BMW St.	5,80	89,97	–0,06	97,60	67,58	6,45
Continental	2,20	61,92	–1,09	93,92	44,32	3,55
Covestro	3,40	41,74	2,53	55,38	27,69	8,15
Dt. Bank NA	0,20	11,98	+1,94	14,64	7,25	1,67
Dt. Post NA	1,80	39,81	+1,21	55,21	29,68	4,52
Dt. Telekom	0,64	20,17	–0,07	20,66	14,47	3,17
Henkel Vz.	1,85	65,82	–0,48	78,98	56,56	2,81
RWE St.	0,90	41,67	+1,81	43,97	32,52	2,16
VW Vz.	19,06	124,26	+0,91	193,36	112,84	21,42

Zusätze bei den Aktienbezeichnungen:

NA = Namensaktie (z. B. Adidas)
vNA = vinkulierte Namensaktie (z. B. Allianz)
St = Stammaktie (z. B. RWE)
Vz = Vorzugsaktie (z. B. VW Vz.)

Die Dividendenrendite in der letzten Spalte ist ein börsentäglich schwankender Wert und gibt das Verhältnis der Dividende zum aktuellen Kurs in Prozent an. Die Dividendenrendite, z. B. der Allianzaktie, errechnet sich wie folgt:

$$\frac{(10{,}80\text{ €} \cdot 100\,\%)}{220{,}40\text{ €}} = 4{,}90\,\%.$$

Vor- und Nachteile einer Aktiengesellschaft

Aufgaben 3 und 4 Seite 394 f.

Vorteile	Nachteile
▪ Durch Aufteilung des Grundkapitals in (kleine) Nennwerte ist die Aufbringung eines hohen Eigenkapitals möglich. ▪ Aktionäre haben kein Recht auf Geschäftsführung und Vertretung (Trennung von Leitung und Eigentum). ▪ Ermöglichung hoher Forschungs- und Entwicklungsaufwendungen, da hohe Finanzkraft	▪ für kleinere und mittlere Unternehmen nicht geeignet, da umfangreiche Vorschriften (z. B. über Organe, Erstellung und Veröffentlichung des Jahresabschlusses) ▪ Bildung eines Aufsichtsrates zwingend vorgeschrieben ▪ Gefahr von Konzentration (Bildung von Marktmacht) in der Wirtschaft

Zusammenfassende Übersicht zu Kapitel 9.2.7: Aktiengesellschaft (AG)

Wesen, Gründung und Firma	▪ mindestens ein Gründer erforderlich (§ 2 AktG) ▪ notarielle Beurkundung der Satzung (§ 23 Abs. 1 AktG) ▪ Bargründung und Sachgründung möglich ▪ Eintragung in das Handelsregister (konstitutive Wirkung, Form-Kaufmann; § 6 HGB und §§ 3, 41 AktG) ▪ juristische Person (§ 1 AktG)
Haftung	▪ lediglich AG als juristische Person haftet (§ 1 Abs. 1 AktG)
Kapitalaufbringung	▪ Mindestnennbetrag des Grundkapitals 50.000,00 € (§ 7 AktG) ▪ Zerlegung in Aktien (§ 1 Abs. 2 AktG)
Organe	▪ Vorstand (leitendes Organ; § 76 AktG) ▪ Aufsichtsrat (kontrollierendes Organ; § 95 AktG) ▪ Hauptversammlung (beschließendes Organ; § 118 ff. AktG)
Geschäftsführung und Vertretung	Vorstand (§ 76 ff. AktG)
Mitbestimmung der Arbeitnehmer im Aufsichtsrat	▪ bei weniger als 500 Arbeitnehmern keine Mitbestimmung im Aufsichtsrat vorgeschrieben ▪ von 501 bis 2000 Arbeitnehmern: 1/3 Arbeitnehmervertreter, 2/3 Gesellschaftervertreter (§§ 1, 4 Abs. 1, 5, 6 DrittelbG) ▪ über 2000 Arbeitnehmer: ½ Arbeitnehmervertreter, ½ Gesellschaftervertreter (§ 1 MitbG)
Aktien	▪ Mindestnennbetrag 1,00 € (§ 8 AktG) ▪ bei Börsennotierung der AG: Handel an der Börse ▪ Rechte aus einer Aktie: – Stimmrecht in der Hauptversammlung – Dividende – Entlastung von Vorstand und Aufsichtsrat – Auskunftsrecht in der Hauptversammlung – Wahl der Aktionärsvertreter im Aufsichtsrat – Bezugsrecht für neue Aktien – Anteil am Liquidationserlös
Aktienarten	▪ Übertragbarkeit: Inhaber-, Namens-, vinkulierte Namensaktien ▪ Stimmrecht: Stamm- und Vorzugsaktien ▪ Art der Beteiligung: Nennbetragsaktien, Stückaktien

Aufgaben

1. AG: Gründung – Firma – rechtliche Verpflichtung der Gesellschaft

Günter Abel hat ein Patent zur Herstellung von Gasturbinen entwickelt. Er beabsichtigt daher, zur Verwertung des Patents ein Unternehmen zu gründen, dessen Kapitalbedarf auf 6 Mio. € veranschlagt wird.

a) Die Herren Abel, Bertram, Cäsar und Dietrich sind bereit, dieses Unternehmen mit Firmensitz in Stuttgart als Aktiengesellschaft zu gründen und die Aktien für ein Grundkapital von 6 Mio. € zu übernehmen.
Stellen Sie fest, ob damit die Mindestgründerzahl und das Mindestkapital erreicht sind.

b) Die vier Gründer haben sich mündlich versprochen, das Grundkapital mit den vereinbarten Beträgen zu übernehmen und die Aktiengesellschaft wie vorgesehen zu gründen. Abel schlägt vor, als Firmenbezeichnung „Gasturbinen Abel" zu wählen.
Begründen Sie, ob diese Firmenbezeichnung möglich ist. Machen Sie einen begründeten Vorschlag für die Firmenbezeichnung.

c) Am 18.06. haben sich die Gründer geeinigt, eine Aktiengesellschaft zu gründen. Am 30.06. wurde das gesamte Grundkapital in Höhe von 6 Mio. € von den Gründern durch Einzahlung des entsprechenden Betrages aufgebracht. Am 18.07. desselben Jahres sind die Gründer zusammengekommen, um einen Aufsichtsrat und einen Vorstand zu wählen. Die Eintragung ins Handelsregister ist am 03.10. d.J. erfolgt.
Begründen Sie, zu welchem Zeitpunkt (genauer Termin) die Aktiengesellschaft entstanden ist.

d) Abel schließt mit dem Diplomingenieur Kugler ohne Wissen der Mitgründer am 20.07. einen Arbeitsvertrag.
Stellen Sie fest, ob der Vertrag für die AG bindend ist.

e) Stellen Sie fest, welche wertmäßige Beteiligung (in Euro) am Grundkapital der AG mit dem Erwerb einer Aktie verbunden ist, wenn 3 Mio. Stückaktien ausgegeben werden.

f) Berechnen Sie, wie groß ist das Eigenkapital der AG ist, wenn der Ausgabekurs einer Aktie auf 3,10 € festgelegt wird.

g) Cäsar ist mit 2 Mio. € am Grundkapital der AG beteiligt.
Berechnen Sie, wie viele Aktien er erhalten hat.

2. AG: Aufsichtsrat – Abstimmung in der Hauptversammlung – Vorstand

Die Stuttgarter Gasturbinen AG hat ein Grundkapital von 6 Mio. € und beschäftigt 1980 Mitarbeiter.

a) Stellen Sie fest, aus wie vielen Mitgliedern der Aufsichtsrat dieser Gesellschaft mindestens bestehen muss und wie viele er nach § 95 AktG höchstens haben darf.

b) Stellen Sie fest, wie sich der Aufsichtsrat der Stuttgarter Gasturbinen AG zusammen setzt.

c) Aktionärin Gern besitzt 40 Nennbetragsaktien zu 25,00 € Nominalwert, Aktionär Bosch verfügt über 80 Aktien zu 50,00 € Nominalwert.
Stellen Sie fest, wie viele Stimmen Gern und Bosch bei der Wahl des Aufsichtsrats haben, wenn alle anderen Aktien zum Nominalwert (Nennwert) von 25,00 € ausgegeben wurden.

d) Geben Sie an, welche Aufgaben der Aufsichtsrat einer AG hat.

e) Aktionär Dehner besitzt zwischenzeitlich 50,1 % aller Aktien.
Erläutern Sie, warum er damit einen Einfluss auf die Geschäftsführung des Vorstandes hat.

f) Nach der Satzung der Stuttgarter Gasturbinen AG besteht der Vorstand aus einer Person. Diplomkaufmann Stubert ist zum alleinigen Vorstand gewählt worden. Er kauft eine CNC-gesteuerte Fräsmaschine auf Rechnung der AG.
   - Prüfen Sie, ob der Vertrag für die AG bindend ist.
   - Stellen Sie fest, ob Aktionär Dehner zur Zahlung gezwungen werden kann, wenn der Verkäufer bei der Aktiengesellschaft vergeblich versucht hat, das Geld einzutreiben.

3. AG: Aktienarten – Nennwert – Abstimmung in der Hauptversammlung – Aufsichtsrat

Zur Erschließung und Verwertung eines ehemaligen Kasernengeländes wurde die Oberrheinische Restrukturierungs AG gegründet und mit einem Grundkapital von 120 Mio. € in das Handelsregister eingetragen. Das Grundkapital wurde auf 6 Mio. Aktien aufgeteilt. An der AG sind die Südbaden Bank AG mit 65 Mio. € und der Ortenauer Kommunalverband mit 47 Mio. € beteiligt. Der Rest der Aktien wurde von Alexa und Milo Meyerländer zu gleichen Teilen übernommen. Der Kapitalbedarf wurde zunächst mit 180 Mio. € veranschlagt.

a) Weisen Sie rechnerisch nach,
   - welchen fiktiven Nennwert eine Stückaktie hat,
   - wie viele Aktien der AG Alexa Meyerländer besitzt,
   - zu welchem Preis die Aktien von den Gründern übernommen werden mussten.

b) Während der Gründungsphase wurde überlegt, ob zur Verwirklichung der Unternehmensziele eine GmbH gegründet werden soll.
Erläutern Sie mit drei Argumenten, weshalb sich die Gründer nicht für die Gründung einer GmbH entschieden haben.

Alexa und Milo Meyerländer wollten zunächst durchsetzen, dass ihr Familienname Bestandteil der Firma der AG sein soll.

- Begründen Sie anhand zweier Firmengrundsätze des HGB, dass die im Sachverhalt angegebene Firma den gesetzlichen Anforderungen entspricht.
- Geben Sie an, welche Absicht die Geschwister Meyerländer damit verfolgt haben.

d) Der erste Aufsichtsrat hat Alexa und Milo Meyerländer zu Vorständen der Oberrheinischen Restrukturierungs AG bestellt. Alexa Meyerländer hat an das Bauunternehmen Schutterwälder Bau GmbH einen Auftrag über die Geländeplanierung für ein Logistikzentrum vergeben. Der Vertrag wurde von Alexa Meyerländer und dem Geschäftsführer der Schutterwälder Bau GmbH unterzeichnet.
Begründen Sie, unter welchen Voraussetzungen der Vertrag für die Oberrheinische Restrukturierung AG bindend ist.

e) Vor Ablauf der Amtszeit des ersten Aufsichtsrates werden die Gründungsaktionäre der Oberrheinischen Restrukturierung AG vom Vorstand zur Hauptversammlung eingeladen. Es ist ein neuer Aufsichtsrat zu wählen. Die Gesellschaft beschäftigt derzeit 310 Mitarbeiterinnen und 280 Mitarbeiter. Die geschlechtsspezifische Personalstruktur soll im Aufsichtsrat berücksichtigt werden.
Machen Sie einen Vorschlag für die Größe und anteilmäßige Zusammensetzung des hier zu wählenden Aufsichtsrates. Begründen Sie Ihren Vorschlag.

f) Franz Langner, Vorstand der Südbaden Bank AG, will sich in den neuen Aufsichtsrat der Oberrheinischen Restrukturierungs AG wählen lassen.
- Erläutern Sie, welche Absicht Langner mit dieser Wahl verfolgt.
- Prüfen Sie, ob die Wahl von Langner aus rechtlicher Sicht zulässig wäre.

g) Die Aktie wird inzwischen an der Börse gehandelt. Von dem Börsengang versprach sich das Unternehmen positive Auswirkungen.
Erläutern Sie, worin diese Erwartung begründet sein kann.

4. Vergleich OHG – KG – GmbH – AG

Vervollständigen Sie nachstehende Tabelle auf einem extra Blatt.

	OHG	KG	GmbH	AG
Wie viele Gründer sind erforderlich?				
Ist ein Mindestkapital vorgeschrieben? Wie hoch muss dieses ggf. sein?				
Handelt es sich um eine Personen- oder Kapitalgesellschaft?				
Welche Firmierungen sind möglich?				
Wer haftet für Verbindlichkeiten gegenüber den Gesellschaftsgläubigern?				
Wer hat Geschäftsführungs- bzw. Vertretungsbefugnis?				
Wie wird das Jahresergebnis verteilt?				

Muster

9.3 Entscheidungskriterien für die Wahl der Rechtsform

Für die Wahl der Rechtsform sind folgende Überlegungen bedeutend:

1. In welcher Höhe ist **Kapital** notwendig und wie kann es beschafft werden?
2. Wie soll die **Haftung** für Verbindlichkeiten des Unternehmens geregelt werden (beschränkte bzw. unbeschränkte oder überhaupt keine Haftung)?
3. Welchen Einfluss hat die gewählte Rechtsform für eine spätere **Beschaffung von Fremdkapital?**
4. Wie sollen die **Leitungsbefugnisse** im Unternehmen geregelt werden (Geschäftsführung und Vertretungsbefugnisse)?
5. Wie erfolgt die **Sicherung der Unternehmensfortführung** bei Gesellschafterwechsel (Tod oder Ausscheiden eines Gesellschafters)?
6. Welchen Einfluss hat die gewählte Rechtsform auf die **Veröffentlichung des Jahresabschlusses?**
7. Welche **Gründungskosten** fallen bei der jeweiligen Rechtsform an?
8. Wie kann die **steuerliche Belastung der Unternehmung und der Gesellschafter** möglichst niedrig gehalten werden?
9. Ist die **Bildung eines Aufsichtsrates** erforderlich?

Fallstudie Seite 397

Zusammenfassende Übersicht zu Kapitel 9.3: Entscheidungskriterien für die Wahl der Rechtsform

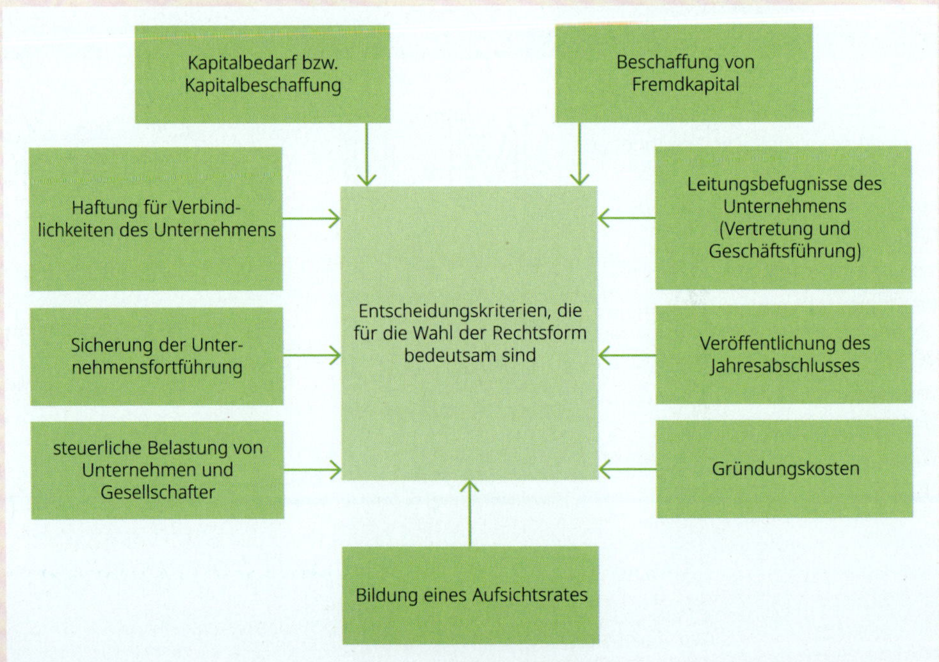

Aufgaben

Fallstudie: Entscheidung über die günstigste Rechtsform eines Unternehmens – Entscheidungsbewertungstabelle

Die Diplominformatiker Yunus Berner und Luisa Rauer haben sich auf die Gestaltung von Webseiten spezialisiert. Jeder hat bislang im Nebenerwerb Kundenaufträge abgewickelt. Das Auftragsvolumen hat zwischenzeitlich so zugenommen, dass beide beabsichtigen, miteinander ein Unternehmen zu gründen. Yunus Berner besitzt ein Mehrfamilienhaus, in dessen Erdgeschoß die Büroräume nach einigen Umbaumaßnahmen untergebracht werden sollen. Die Kosten des Umbaus sowie die Kosten für die Büroausstattung werden auf insgesamt 600.000,00 € veranschlagt. Es ist vorgesehen, zunächst zwei Mitarbeiterinnen einzustellen.

Yunus Berner und Luisa Rauer suchen für das zu gründende Unternehmen nach einer geeigneten Rechtsform.

Fertigen Sie für die Entscheidungsfindung eine Entscheidungsbewertungstabelle nach folgendem Muster an.

		OHG		KG		GmbH	
Kriterien für die Wahl der Rechtsform	**Wichtigkeit** ganz wichtiger Faktor = 10 Punkte unwichtiger Faktor = 1 Punkt **(W)**	**Nutzen der Faktoren** sehr hoch = 3 Punkte kein Nutzen = 0 Punkte **(B)**	**Gewichteter Nutzen** **G = W · B**	**Nutzen der Faktoren** sehr hoch = 3 Punkte kein Nutzen = 0 Punkte **(B)**	**Gewichteter Nutzen** **G = W · B**	**Nutzen der Faktoren** sehr hoch = 3 Punkte kein Nutzen = 0 Punkte **(B)**	**Gewichteter Nutzen** **G = W · B**
Haftungsumfang (beschränkt, unbeschränkt)							
Beschaffung von Eigenkapital							
Beschaffung von Fremdkapital							
...							
Summen							

Muster

Themenkreis 10 (Bildungsplaneinheit 20):

Arbeits- und Sozialwelt des Unternehmens

Um welche Probleme geht es in diesem Kapitel?

Die Arbeitnehmer stellen dem Unternehmen den Produktionsfaktor Arbeit zur Verfügung. Zur Vermeidung von Streitigkeiten im Rahmen des Arbeitsverhältnisses schließen Arbeitgeber und Arbeitnehmer einen Arbeitsvertrag, aus dem sich die Rechte und Pflichten für die Vertragspartner ableiten lassen. Darüber hinaus sind gesetzliche Regelungen zu einem Arbeitsverhältnis zu beachten, die in unterschiedlichen Gesetzen formuliert sind.

Welche Kompetenzen werden angestrebt?

Die Schülerinnen und Schüler lernen die Grundlagen des individuellen und kollektiven Arbeitsrechts kennen, beschreiben wesentliche Aspekte und übertragen diese auf gängige arbeitsrechtliche Situationen. Sie beurteilen die tarif- und arbeitsrechtliche Situation und analysieren den Gestaltungsspielraum des Betriebsrates. Sie führen eine Entgeltabrechnung durch und berücksichtigen bei der Ermittlung des Entgelts steuer- und sozialrechtliche Vorgaben.

10.1 Berufsausbildungsverhältnis

10.1.1 Abschluss und Inhalt eines Berufsausbildungsvertrages

§ 10 Abs. 1 BBiG

Der Berufsausbildungsvertrag wird zwischen dem Ausbildenden (Unternehmen) und dem Auszubildenden geschlossen.

Zum Abschluss eines Berufsausbildungsvertrages durch einen Minderjährigen unter 18 Jahren bedarf es der Zustimmung des gesetzlichen Vertreters; das sind im Normalfall die Eltern.

§ 11 BBiG

Für den Abschluss des Berufsausbildungsvertrages ist keine bestimmte Form vorgeschrieben (Formfreiheit). Jedoch hat der Ausbildende unmittelbar nach Abschluss des

Berufsausbildungsvertrags den wesentlichen Inhalt des Vertrages schriftlich niederzulegen. Erfolgt diese **Niederschrift** nicht, so ist der Vertrag trotzdem gültig. In der Praxis wird der Ausbildungsvertrag regelmäßig schriftlich abgeschlossen. Dabei wird ein von der zuständigen Kammer herausgegebenes Vertragsmuster verwendet, das dem vom Bundesausschuss für die Berufsbildung herausgegebenen **Ausbildungsvertragsmuster** entspricht. Damit ist zugleich die Niederschrift erfolgt. Der Berufsausbildungsvertrag muss von der zuständigen Kammer genehmigt und in das Verzeichnis der Ausbildungsverhältnisse eingetragen werden. Dies ist die Voraussetzung dafür, dass der Auszubildende zur Zwischen- und Abschlussprüfung zugelassen wird.

Ausbildungsordnung

§ 4 BBiG

Grundlage einer geordneten und einheitlichen Berufsausbildung ist die Ausbildungsordnung. Für einen anerkannten Ausbildungsberuf darf nur nach der Ausbildungsordnung ausgebildet werden. Sie hat mindestens festzulegen:

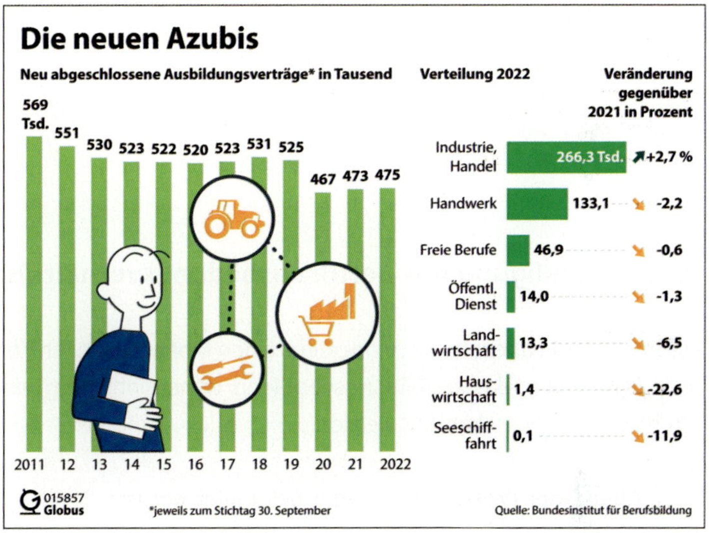

- die Bezeichnung des Ausbildungsberufs,
- die Ausbildungsdauer; sie soll nicht mehr als drei und nicht weniger als zwei Jahre betragen,
- die Fertigkeiten und Kenntnisse, die Gegenstand der Berufsausbildung sind (Ausbildungsberufsbild), § 11 BBiG
- eine Anleitung zur sachlichen und zeitlichen Gliederung der Fertigkeiten und Kenntnisse (Ausbildungsrahmenplan),
- die Prüfungsanforderungen.

Pflichten des Ausbildenden (§§ 14, 17 BBiG)	Pflichten des Auszubildenden (§ 13 BBiG)
Ausbildende haben	Auszubildende haben sich in erster Linie darum zu bemühen, die zum Erreichen des Ausbildungsziels erforderlichen Fertigkeiten und Kenntnisse anzueignen. Sie sind insbesondere verpflichtet,
1. dafür zu sorgen, dass den Auszubildenden die Fertigkeiten und Kenntnisse vermittelt werden, die zum Erreichen des Ausbildungszieles erforderlich sind.	1. die ihnen im Rahmen ihrer Berufsausbildung aufgetragenen Aufgaben sorgfältig auszuführen (Bemühungspflicht).
2. selbst auszubilden oder einen Ausbilder damit zu beauftragen (Ausbildungspflicht).	2. an Ausbildungsmaßnahmen (z. B. Berufsschulunterricht, Prüfungen) teilzunehmen.

Pflichten des Ausbildenden (§§ 14, 17 BBiG)	Pflichten des Auszubildenden (§ 13 BBiG)
3. den Auszubildenden kostenlos die Ausbildungsmittel, insbesondere die Werkzeuge und Werkstoffe zur Verfügung zu stellen, die zur Berufsausbildung und zur Ablegung der Prüfungen erforderlich sind (Fürsorgepflicht).	3. den Weisungen des Ausbildenden, des Ausbilders oder anderer im Rahmen der Berufsausbildung weisungsberechtigter Personen zu folgen (Befolgungspflicht).
4. Auszubildende zum Besuch der Berufsschule sowie zum Führen von schriftlichen Ausbildungsnachweisen anzuhalten, soweit solche im Rahmen der Berufsausbildung verlangt werden, und diese durchzusehen.	4. die für die Ausbildungsstätte geltende Ordnung zu beachten.
5. Auszubildenden eine angemessene Vergütung zu gewähren (Vergütungspflicht).	5. Werkzeuge, Maschinen und sonstige Einrichtungen pfleglich zu behandeln (Sorgfaltspflicht).
6. Bei Beendigung des Berufsausbildungsverhältnisses haben Ausbildende den Auszubildenden ein schriftliches Zeugnis auszustellen. Das Zeugnis muss Angaben enthalten über Art, Dauer und Ziel der Berufsausbildung sowie über die erworbenen beruflichen Fertigkeiten. Auf Verlangen ist auch auf Führung, Leistung und fachliche Fähigkeiten einzugehen (§ 16 BBiG).	6. über Betriebs- und Geschäftsgeheimnisse Stillschweigen zu wahren (Verschwiegenheitspflicht).

10.1.2 Beendigung des Berufsausbildungsverhältnisses

§ 20, § 22 Abs. 1 BBiG

Während der Probezeit, die mindestens einen Monat und höchstens vier Monate betragen darf (§ 20 BBiG), kann das Ausbildungsverhältnis ohne Einhaltung einer Kündigungsfrist jederzeit von beiden Seiten gekündigt werden.

Nach Ablauf der Probezeit kann nur gekündigt werden

1. aus einem wichtigen Grund ohne Einhaltung einer Kündigungsfrist,
2. von den Auszubildenden mit einer Kündigungsfrist von vier Wochen, wenn sie die Berufsausbildung aufgeben oder sich für eine andere Berufstätigkeit ausbilden lassen wollen.

§ 22 Abs. 2 und Abs. 3 BBiG

Eine Kündigung nach der Probezeit muss schriftlich mit der Angabe der Kündigungsgründe erfolgen.

§ 21 Abs. 1 bis Abs. 3 BBiG

Das Berufsausbildungsverhältnis endet mit **Ablauf der Ausbildungszeit**. Bestehen die Auszubildenden vor Ablauf der Ausbildungszeit die Abschlussprüfung, so endet das Berufsausbildungsverhältnis mit Bekanntgabe des Ergebnisses durch den Prüfungsausschuss. Bestehen Auszubildende die Abschlussprüfung nicht, so verlängert sich das Berufsausbildungsverhältnis auf ihr Verlangen bis zur nächstmöglichen Wiederholungsprüfung, höchstens jedoch um ein Jahr.

Aufgabe 1 Seite 413

10.2 Arbeitsvertrag

10.2.1 Einstellungsverhandlungen

Fordert der Arbeitgeber einen Bewerber zur Vorstellung auf, so hat er die für die Vorstellung anfallenden **Kosten** zu tragen. Der Arbeitgeber kann allerdings den Ersatz von Vorstellungskosten ausschließen, wenn er darauf im Einladungsschreiben ausdrücklich hinweist. Der Arbeitnehmer hat Fragen, an dessen Beantwortung der Arbeitgeber im Hinblick auf das zu begründende Arbeitsverhältnis ein berechtigtes Interesse hat, wahrheitsgemäß zu beantworten. Andere Fragen darf der Arbeitgeber nicht stellen. **§ 670 BGB**

Nach dem Allgemeinen Gleichbehandlungsgesetz (AGG) zulässige und unzulässige Fragen bei einem Einstellungsgespräch (vgl. insbesondere §§ 1, 7 AGG):

Zulässig sind im Normalfall Fragen nach
- dem Familienstand,
- Anzahl und Alter etwaiger Kinder,
- Staatsangehörigkeit, Aufenthalts- und Arbeitserlaubnis,
- Schul- oder Ausbildungsabschlüssen,
- Wehr- oder Zivildienst,
- einer etwaigen Schwerbehinderung.

Fragen nach Vorstrafen sind unter der Bedingung zulässig, dass ein Zusammenhang mit der zu besetzenden Stelle besteht. Sie müssen dann auch wahrheitsgemäß beantwortet werden. Wer sich als Kassierer bewirbt, müsste also z. B. eine Vorstrafe wegen Unterschlagung oder Betruges angeben, nicht aber wegen eines Alkoholdelikts (z. B. Trunkenheit am Steuer). Umgekehrt müsste ein Berufskraftfahrer eine Vorstrafe wegen eines Verkehrsdelikts angeben, aber nicht eine wegen Hausfriedensbruchs. Grundsätzlich gilt: Was nicht im Führungszeugnis steht, muss auch nicht angegeben werden.
Das Gleiche gilt bei Fragen nach Krankheiten: Sie sind nur zulässig, soweit sie die Arbeits- und Einsatzfähigkeit betreffen. Ein Fliesenleger müsste also z. B. eine Allergie gegen Zement angeben.

Unzulässig sind alle Fragen, die den Privatbereich oder gar die Intimsphäre eines Bewerbers berühren, also z. B. Fragen nach
- sexueller Orientierung,
- Heiratsabsichten,
- Religions- oder Parteizugehörigkeit,
- Schulden und Vermögensverhältnissen,
- Gewerkschaftszugehörigkeit,
- Mitgliedschaft in Vereinen sowie
- einer bestehenden Schwangerschaft.

§ 123 BGB

Eine **wahrheitswidrige Antwort** auf eine zulässige Frage stellt eine arglistige Täuschung dar, die den Arbeitgeber zur Anfechtung des Arbeitsvertrages berechtigt.

10.2.2 Abschluss eines Arbeitsvertrags

Für den Abschluss des Arbeitsvertrags gilt der Grundsatz der Vertragsfreiheit. Er umfasst die **Abschlussfreiheit**, die **Formfreiheit** und die **Gestaltungsfreiheit**.

Abschlussfreiheit

Art. 12 des Grundgesetzes garantiert allen Deutschen die freie Wahl des Arbeitsplatzes. Deshalb ist der Arbeitnehmer frei, ob er ein Arbeitsverhältnis eingehen will oder nicht. Auch der Arbeitgeber ist in seiner Entscheidung frei, ob er einen Arbeitsvertrag abschließen will. Er kann aus ganz persönlichen Gründen auch einen fachlich qualifizierten Bewerber ablehnen, z. B. weil dieser gefärbte Haare hat oder einen Schmuckring im Ohr trägt. Über die Ablehnungsgründe muss er nicht Rechenschaft ablegen.

§§ 1, 7 AGG

Nach dem Allgemeinen Gleichbehandlungsgesetz (AGG) darf ein Arbeitgeber einen Bewerber um einen freien Arbeitsplatz nicht deshalb ablehnen, weil es sich um eine Frau oder einen Mann handelt. Er darf den Arbeitsplatz nicht nur für Frauen oder nur für Männer ausschreiben, es sei denn, ein bestimmtes Geschlecht ist für die Tätigkeit unverzichtbare Voraussetzung. Ein Verstoß gegen das Benachteiligungsverbot führt nicht zu einem Anspruch auf Einstellung, jedoch zu Schadenersatzansprüchen.

Formfreiheit

§ 2 NachwG

Für den Abschluss des Arbeitsvertrags gibt es keine Formvorschrift. Er kann rechtsgültig auch mündlich abgeschlossen werden. Jedoch hat der Arbeitgeber spätestens einen Monat nach dem vereinbarten Beginn des Arbeitsverhältnisses die wesentlichen Vertragsbedingungen schriftlich niederzulegen, die Niederschrift zu unterzeichnen und dem Arbeitnehmer auszuhändigen. Die Niederschrift erfüllt lediglich Beweisfunktion. Der Arbeitsvertrag ist auch dann gültig, wenn die Niederschrift nicht ausgefertigt wurde.

!

Über den Inhalt des Arbeitsvertrags ist eine Niederschrift anzufertigen.
In die Niederschrift eines Arbeitsvertrags sind mindestens aufzunehmen:

- **der Name und die Anschrift der Vertragsparteien,**
- **der Zeitpunkt des Beginns des Arbeitsverhältnisses,**
- **bei befristeten Arbeitsverhältnissen: die vorhersehbare Dauer des Arbeitsverhältnisses,**
- **der Arbeitsort oder, falls der Arbeitnehmer nicht nur an einem bestimmten Arbeitsort tätig sein soll, ein Hinweis darauf, dass der Arbeitnehmer an verschiedenen Orten beschäftigt werden kann,**
- **die Bezeichnung oder allgemeine Beschreibung der vom Arbeitnehmer zu leistenden Tätigkeit,**

- **die Zusammensetzung und die Höhe des Arbeitsentgelts einschl. der Zuschläge, der Zulagen, Prämien und Sonderzahlungen sowie anderer Bestandteile des Arbeitsentgelts und deren Fälligkeit,**
- **die vereinbarte Arbeitszeit,**
- **die Dauer des jährlichen Erholungsurlaubs,**
- **die Fristen für die Kündigung des Arbeitsverhältnisses,**
- **ein in allgemeiner Form gehaltener Hinweis auf die Tarifverträge, Betriebs- oder Dienstvereinbarungen, die auf das Arbeitsverhältnis anzuwenden sind.**

Gestaltungsfreiheit

Gestaltungsfreiheit bedeutet, dass Arbeitgeber und Arbeitnehmer frei festlegen können, welchen Inhalt der Arbeitsvertrag haben soll; sie können die Arbeitsbedingungen (Arbeitsentgelt, Urlaub, Arbeitszeit) grundsätzlich frei bestimmen.

Durch Gesetz, Tarifvertrag und Betriebsvereinbarung wird die Gestaltungsfreiheit von Arbeitsverträgen eingeengt. Da diese Regelungen den Zweck haben, den Arbeitnehmer zu schützen, darf davon zu Gunsten der Arbeitnehmer abgewichen werden.

Beispiel

Vom Gesetz abweichende Regelungen im Arbeitsvertrag

Nach § 3 Bundesurlaubsgesetz hat jeder Arbeitnehmer Anspruch auf jährlich 24 Urlaubstage. Den Vertragspartnern ist es nicht verboten, 26 Urlaubstage zu vereinbaren. Die Vereinbarung von 20 Urlaubstagen wäre unwirksam.

10.2.3 Pflichten und Rechte des Arbeitnehmers

Pflichten des Arbeitnehmers

Hauptpflichten des Arbeitnehmers sind die Arbeitspflicht und die Treuepflicht.

Der Umfang der **Arbeitspflicht** ist i. d. R. im Arbeitsvertrag festgelegt (z. B. durch eine Stellenbeschreibung). Innerhalb des Rahmens, den der Arbeitsvertrag vorgibt, kann der Arbeitgeber Einzelanweisungen geben, die der Arbeitnehmer zu befolgen hat (Weisungsbefolgungspflicht).

Die **Treuepflicht** stellt dem Arbeitnehmer die Aufgabe, die Interessen seines Arbeitgebers wahrzunehmen und sich für den Erfolg des Betriebs einzusetzen.

Aus der Treuepflicht ergeben sich verschiedene Unterlassungspflichten. An erster Stelle gehört dazu die **Verschwiegenheitspflicht**. Der Arbeitnehmer muss Betriebs- und Geschäftsgeheimnisse hüten und darf den Ruf des Arbeitgebers nicht schädigen. Der Verrat von Geschäftsgeheimnissen wird nach den Vorschriften des Gesetzes gegen den unlauteren Wettbewerb (UWG) mit Freiheits- oder Geldstrafen bedroht. **§ 17 UWG**

§§ 60, 61 HGB

Aus der Treuepflicht ergibt sich auch die Pflicht zur Beachtung des Wettbewerbsverbots. Der Arbeitnehmer darf neben seiner Tätigkeit kein eigenes Unternehmen führen und im Geschäftszweig seines Arbeitgebers weder für eigene noch für fremde Rechnung Geschäfte betreiben noch Konkurrenzunternehmen mit Rat unterstützen. Das **gesetzliche Wettbewerbsverbot** für kaufmännische Angestellte ist im Handelsgesetzbuch (HGB) geregelt. Für andere (nicht kaufmännisch beschäftigte) Arbeitnehmer gibt es keine spezielle Regelung. Für diese Arbeitnehmer ergibt sich das Wettbewerbsverbot unmittelbar aus der Treuepflicht.

§ 276 BGB

Eine **Schadenersatzpflicht** entsteht, wenn dem Arbeitgeber durch schuldhafte Pflichtverletzung des Arbeitnehmers ein Schaden entstanden ist. Eine schuldhafte Pflichtverletzung liegt nicht nur bei vorsätzlichem, sondern auch bei fahrlässigem Handeln vor.

Grundsätzlich haftet der Arbeitnehmer deshalb auch dann, wenn ihm nur leichte Fahrlässigkeit vorzuwerfen ist. Bei unbeschränkter Arbeitnehmerhaftung könnte der Arbeitnehmer an den Folgen einer leichten Unaufmerksamkeit bis an sein Lebensende zu tragen haben. Deshalb hat die Rechtsprechung des Bundesarbeitsgerichts die Haftung des Arbeitnehmers der Höhe nach eingeschränkt.

Folgende Umstände sollen bei der Festlegung des zu ersetzenden Schadens Beachtung finden:
- Größe der mit der Arbeit verbundenen Gefahr (Gefahrgeneigtheit der Arbeit),
- Grad des dem Arbeitnehmer zur Last fallenden Verschuldens,
- Höhe des Arbeitsentgelts,
- sonstige mit seiner Leistungsfähigkeit zusammenhängende Umstände (Unterhaltspflichten, Alter, Dauer der Betriebszugehörigkeit).

Beispiel

Arbeitnehmerhaftung bei grober Fahrlässigkeit

Paul Albers ist als Kraftfahrer bei einer Baustoffgroßhandlung beschäftigt. Er verursacht einen Verkehrsunfall, weil er trotz Rotlicht in einen Kreuzungsbereich einfährt. Der Arbeitgeber verlangt von Albers Schadenersatz für den zerstörten Lastwagen in Höhe von 70.000,00 €.

Trotz grober Fahrlässigkeit ist die Haftung von Albers angemessen zu beschränken, um eine lebenslange Belastung zu verhindern.

Rechte des Arbeitnehmers

Der Arbeitnehmer hat vor allem die Rechte auf
- Beschäftigung entsprechend der vereinbarten Tätigkeit,
- Vergütung,
- Urlaub,
- Zeugniserteilung und Aushändigung der Arbeitspapiere nach Beendigung des Arbeitsverhältnisses,
- Anhörung und Erörterung in betrieblichen Angelegenheiten, die seine Person betreffen,
- Einsichtnahme in die Personalakte,
- Beschwerde, wenn er sich benachteiligt oder ungerecht behandelt fühlt.

10.2.4 Pflichten und Rechte des Arbeitgebers

Pflichten des Arbeitgebers

Der Arbeitspflicht des Arbeitnehmers steht aufseiten des Arbeitgebers die Entgeltzahlungspflicht gegenüber. Der Treuepflicht entspricht die Fürsorgepflicht des Arbeitgebers.

Treuepflicht des Arbeitnehmers und Fürsorgepflicht des Arbeitgebers lassen erkennen, dass das Arbeitsverhältnis mehr ist als nur ein gegenseitiger Vertrag, wie z. B. der Kaufvertrag oder der Mietvertrag. Das Arbeitsverhältnis ist darüber hinaus ein personenrechtliches Gemeinschaftsverhältnis.

- **Vergütungspflicht**

  Die Vergütungspflicht (Lohnzahlungspflicht, Entgeltzahlungspflicht) ist die Hauptpflicht des Arbeitgebers. Wurde im Arbeitsvertrag keine Lohnvereinbarung getroffen, gilt der Tariflohn als vereinbart. **§ 611 BGB**

  Der Arbeitgeber hat im Falle einer unverschuldeten Krankheit des Arbeitnehmers die Pflicht, das Arbeitsentgelt für die Zeit der Arbeitsunfähigkeit bis zur Dauer von sechs Wochen fortzuzahlen. Das Entgeltfortzahlungsgesetz schreibt vor, dass der Arbeitnehmer in dieser Zeit 100 % des Arbeitsentgelts erhält, das ihm in der regelmäßigen Arbeitszeit zugestanden hätte. Dabei werden Überstundenvergütungen nicht berücksichtigt. **§§ 3, 4 EntgFG**

  Der Arbeitnehmer hat dem Arbeitgeber die Arbeitsunfähigkeit und deren voraussichtliche Dauer unverzüglich anzuzeigen. Dauert die Arbeitsunfähigkeit länger als drei Tage, ist der Krankmeldung ein ärztliches Zeugnis beizulegen. **§ 5 EntgFG**
- **Beschäftigungspflicht**

  Der Arbeitnehmer hat nicht nur die Pflicht, sondern auch das Recht auf Beschäftigung im Betrieb. Diese Beschäftigungspflicht besteht für den Arbeitgeber grundsätzlich auch dann noch, wenn er eine Kündigung ausgesprochen hat. Der Arbeitgeber erfüllt seine Pflicht nicht schon dadurch vollständig, dass er nach einer Kündigung den Lohn weiter bezahlt.
- **Fürsorgepflicht**

  Die Fürsorgepflicht verlangt vom Arbeitgeber, Arbeitsräume, Arbeitsmittel und Arbeitsablauf so zu gestalten, dass der Arbeitnehmer gegen Gefahren für Leben und Gesundheit so weit geschützt ist, wie die Natur des Betriebs und der Arbeit es gestatten.
- **Zeugniserteilungspflicht**

  Der Arbeitgeber hat die Pflicht, bei Ausscheiden des Arbeitnehmers aus dem Arbeitsverhältnis auf dessen Verlangen ein Zeugnis auszustellen.

Rechte des Arbeitgebers

Die Rechte des Arbeitgebers ergeben sich aus den Hauptpflichten des Arbeitnehmers. Der Arbeitgeber hat **Anspruch auf Erfüllung der Arbeitspflicht und der Treuepflicht** durch den Arbeitnehmer. Der Weisungsgebundenheit des Arbeitnehmers entspricht das **Weisungsrecht** des Arbeitgebers. Aufgrund des Weisungsrechts können (u. U. zusätzlich zu Stellenbeschreibungen) Art und Umfang der Arbeitsleistung näher bestimmt werden. Der Arbeitgeber kann das

Aufgaben 2 und 3 Seite 413 f.

Weisungsrecht ganz oder zum Teil auf Vorgesetzte des Arbeitnehmers übertragen, z. B. auf Abteilungsleiter oder auf Meister.

10.2.5 Beendigung des Arbeitsverhältnisses – Gründe für die Beendigung des Arbeitsverhältnisses

Das Arbeitsentgelt bildet für den Arbeitnehmer zumeist seine Existenzgrundlage. Die Regeln, mit denen das Arbeitsverhältnis beendet werden kann, haben diesen Gesichtspunkt zu berücksichtigen.

Das Arbeitsverhältnis kann aus folgenden Gründen beendet werden:

Das Arbeitsverhältnis kann aufgrund des Arbeitsvertrags von vornherein in seiner zeitlichen Dauer begrenzt sein. Dann endet es, ohne dass es einer Kündigung bedarf, durch **Zeitablauf oder Zweckerreichung.** Bei Erreichung der Altersgrenze (Rentenalter) endet das Arbeitsverhältnis nicht automatisch, wenn nicht im Arbeitsvertrag oder Tarifvertrag eine entsprechende Regelung vorgesehen ist.

§ 311 BGB Durch **Aufhebungsvertrag** kann das Arbeitsverhältnis im gegenseitigen Einvernehmen jederzeit beendet werden, auch wenn das Arbeitsverhältnis einem besonderen Schutzgesetz (z. B. SGB IX „Rehabilitation und Teilhabe behinderter Menschen) untersteht.

Da der Arbeitnehmer seine Arbeit persönlich zu verrichten hat, endet mit dem **Tod des Arbeitnehmers** auch das Arbeitsverhältnis.

Die **Kündigung** ist der weitaus häufigste Grund für die Beendigung eines Arbeitsverhältnisses.

Gründe für die Beendigung des Arbeitsverhältnisses				
zukünftig				rückwirkend
Zeitablauf oder Zweckerreichung des Arbeitsvertrags	Einvernehmliche Aufhebung des Arbeitsvertrags	Tod des Arbeitnehmers	Kündigung des Arbeitsvertrags	Anfechtung des Arbeitsvertrags

Die Kündigung des Arbeitsverhältnisses

§§ 130, 623 BGB Die Kündigung ist eine **empfangsbedürftige Willenserklärung** und wird deshalb erst wirksam, wenn sie dem Kündigungsempfänger zugegangen ist. Wann eine Willenserklärung zugegangen ist, wird durch Vorschriften des BGB geregelt. Die Kündigung bedarf der Schriftform. Eine Kündigung per Telefon oder per E-Mail ist unwirksam.

Die ordentliche Kündigung

§ 622 BGB Mit einer ordentlichen Kündigung soll ein auf unbestimmte Zeit abgeschlossenes Arbeitsverhältnis aufgelöst werden. Entsprechend der Beschäftigungsdauer von Arbeitnehmern enthält das BGB Vorschriften über die zu beachtenden Kündigungsfristen.

Die Grundkündigungsfrist beträgt vier Wochen zum 15. oder zum Ende eines Kalendermonats.

Für länger beschäftigte Arbeitnehmer gelten (ohne Unterscheidung von Arbeitern und Angestellten) einheitlich gestaffelte, gegenüber der Grundkündigungsfrist verlängerte Fristen für die Kündigung durch den Arbeitgeber. Die verlängerten Kündigungsfristen gelten nicht für die Kündigung durch den Arbeitnehmer. Arbeitnehmer können grundsätzlich mit einer Frist von vier Wochen kündigen. § 622 Abs. 1 BGB

gesetzliche Kündigungsfristen für Arbeitnehmer (Angestellte und Arbeiter) nach § 622 BGB

Fristen bei Kündigung durch den Arbeitgeber

regelmäßige Kündigungsfrist
vier Wochen zum 15. oder zum Ende eines Kalendermonats

Kündigungsfristen für langjährig beschäftigte Arbeitnehmer (Arbeiter und Angestellte)

Beschäftigungsdauer in Jahren[1]	Kündigungsfrist in Monaten, zum Ende eines Kalendermonats
2	1
5	2
8	3
10	4
12	5
15	6
20	7

Die verlängerten gesetzlichen Kündigungsfristen gelten nur für Kündigungen durch den Arbeitgeber.

Vom Gesetz abweichende Kündigungsfristen können sowohl in Tarifverträgen als auch in Einzelarbeitsverträgen vereinbart werden.

1 Nach der Entscheidung des Europäischen Gerichtshofs (EuGH, Az: C-555/07) verstößt die Regelung von § 622 Abs. 2 BGB, wonach Beschäftigungszeiten, die vor Vollendung des 25. Lebensjahres liegen, nicht berücksichtigt werden, gegen EU-Recht (Diskriminierungsverbot).

Arten der Kündigungsfristen		
gesetzliche Kündigungsfristen	**tarifliche Kündigungsfristen**	**vertragliche Kündigungsfristen**
§ 622 BGB (für Auszubildende: § 22 Berufsbildungsgesetz)	(im Tarifvertrag vereinbarte Kündigungsfristen) **kürzer oder länger als die gesetzlichen Fristen möglich**	(im Einzelarbeitsvertrag vereinbarte Kündigungsfristen) **nur länger als die gesetzlichen Fristen möglich (Ausnahmen: § 622 Abs. 5 BGB)**

Die außerordentliche Kündigung

Die außerordentliche Kündigung beendet das Arbeitsverhältnis vorzeitig und ohne Einhaltung der gesetzlich geltenden Kündigungsfristen. Mit der außerordentlichen Kündigung kann auch ein Arbeitsverhältnis beendet werden, für das eine ordentliche Kündigung nicht möglich ist.

§ 626 BGB

Voraussetzung für die außerordentliche Kündigung ist ein wichtiger Grund, der dem Kündigenden die Fortsetzung des Arbeitsverhältnisses bis zum Ablauf der ordentlichen Kündigungsfrist oder bis zur vereinbarten Beendigung des Arbeitsverhältnisses unzumutbar macht.

Wichtige Gründe für außerordentliche Kündigungen	
Kündigung durch Arbeitgeber	**Kündigung durch Arbeitnehmer**
▪ Vorlage falscher Zeugnisse bzw. gefälschter Zeugnisse ▪ Diebstahl, Unterschlagung, Betrug ▪ grobe Beleidigung oder Tätlichkeit des Arbeitnehmers ▪ unberechtigte Arbeitsverweigerung	▪ keine Zahlung des Arbeitsentgelts ▪ grobe Beleidigung oder Tätlichkeit des Arbeitgebers ▪ ernstliche Bedrohung von Leben oder Gesundheit durch das Arbeitsverhältnis

In der Regel erfolgt die außerordentliche Kündigung fristlos; der Arbeitgeber kann jedoch auch bei einer außerordentlichen Kündigung eine gewisse Frist einräumen.

§ 626 BGB

Der Kündigungsberechtigte hat eine Frist von zwei Wochen, innerhalb derer er sich entscheiden muss, ob er eine außerordentliche Kündigung aussprechen will. Da der Arbeitgeber in dieser Zeit auch noch den Betriebsrat beteiligen muss, hat er sich sehr rasch zu entscheiden, ob er das Fehlverhalten eines Arbeitnehmers zum Anlass einer außerordentlichen Kündigung nehmen will.

Die Abmahnung

Aufgabe 4 Seite 414

Pflichtverletzungen des Arbeitnehmers im Verhaltensbereich sind häufig ein Kündigungsgrund. Nur in Ausnahmefällen wird eine Pflichtverletzung des Arbeitnehmers von der Rechtsprechung als so schwerwiegend angesehen, dass ohne vorherige Warnung eine Kündigung rechtsgültig ausgesprochen werden kann. Der Arbeitgeber muss den Arbeitnehmer vorher aufgefordert haben, sein Verhalten zu ändern. Diese Aufforderung, die schriftlich oder mündlich vorgebracht werden kann, wird als **Abmahnung** bezeichnet. Die Abmahnung ist gesetzlich nicht geregelt.

In der Abmahnung muss der Pflichtenverstoß konkret genannt sein. Sie muss unmissverständlich klarmachen, dass der Arbeitnehmer im Wiederholungsfall mit einer Kündigung zu rechnen hat. Die Abmahnung erfolgt ohne Mitwirkung des Betriebsrats; dieser muss weder unterrichtet noch angehört werden.

Arbeitszeugnis

Der Arbeitnehmer hat das Recht, bei Beendigung des Arbeitsverhältnisses ein Arbeitszeugnis zu verlangen. Dabei sind zwei Arten von Zeugnissen zu unterscheiden: § 630 BGB, § 109 GewO

Beispiel

Einfaches und qualifiziertes Zeugnis	
Einfaches Zeugnis Das **einfache Zeugnis** enthält Angaben zur Person sowie zur Art und Dauer der Beschäftigung. Aussagen zur Leistung und des Verhaltens des Arbeitnehmers dürfen darin nicht enthalten sein.	**Qualifiziertes Zeugnis** Das **qualifizierte Zeugnis** enthält zusätzlich zu den Angaben eines einfachen Arbeitszeugnisses auch Angaben zur Führung und den Leistungen des Arbeitnehmers.

Der Arbeitnehmer hat ein **Wahlrecht** zwischen einem einfachen und einem qualifizierten Zeugnis. Grundsätzlich soll das Arbeitszeugnis in positiver Form abgefasst sein, um die berufliche Weiterentwicklung des Arbeitnehmers nicht zu behindern. Werden aber wesentliche ungünstige Vorkommnisse verschwiegen oder unwahre Angaben gemacht, sodass ein falscher Gesamteindruck entsteht, kann der Aussteller des Zeugnisses gegenüber einem späteren Arbeitgeber schadenersatzpflichtig gemacht werden. Aus dem Spannungsverhältnis zwischen positiver Formulierung unter gleichzeitiger Vermeidung negativer Aussagen hat sich ein **Zeugniscode (Zeugnissprache)** entwickelt, der indirekt die Bewertung durch den Arbeitgeber erkennen lässt.

Formulierungen für Arbeitszeugnisse

Formulierung	Bedeutung
... stets/immer/in jeder Hinsicht zu unserer vollsten/außerordentlichen Zufriedenheit	sehr gut
... stets zu unserer vollen Zufriedenheit	gut
... zu unserer vollen Zufriedenheit	befriedigend
... zu unserer Zufriedenheit	ausreichend
... im Großen und Ganzen zu unserer Zufriedenheit	mangelhaft
... hat sich bemüht, die übertragenen Aufgaben zu erledigen	ungenügend

Der Kündigungsschutz

Die sozial ungerechtfertigte Kündigung

Der Schutz des Arbeitnehmers durch das Kündigungsschutzgesetz ist an zwei Voraussetzungen gebunden, eine zeitliche und eine betriebliche.

Beispiel

Als **zeitliche** Voraussetzung wird verlangt, dass das Arbeitsverhältnis mit dem Gekündigten in demselben Betrieb oder Unternehmen ohne Unterbrechung **länger als sechs Monate** bestanden haben muss.	Die **betriebliche** Voraussetzung besteht darin, dass der Betrieb, in dem der Arbeitnehmer tätig ist, regelmäßig mehr als **zehn Arbeitnehmer** beschäftigt.

Der allgemeine Kündigungsschutz dient vor allem der Verhinderung sozial ungerechtfertigter Kündigungen.

§ 1 Abs. 2 KSchG

Damit eine Kündigung sozial gerechtfertigt ist, muss sie durch einen der folgenden Gründe bedingt sein:

- **Gründe in der Person des Arbeitnehmers,**
- **Gründe in dem Verhalten des Arbeitnehmers,**
- **dringende betriebliche Gründe, die einer Weiterbeschäftigung des Arbeitnehmers in diesem Betrieb entgegenstehen.**

Beispiel

Beispiele für sozial gerechtfertigte Kündigungsgründe

- Gründe in der Person des Arbeitnehmers:
  - mangelnde körperliche oder geistige Eignung,
  - Ungeschicklichkeit,
  - mangelnde Ausbildung,
  - mangelnde Befähigung, sich die erforderlichen Fähigkeiten zu erwerben,
  - lang andauernde Erkrankung, ohne dass die Genesung abzusehen ist.
- Verhaltensbedingte Gründe:
  - wiederholte Unpünktlichkeit,
  - Beleidigungen,
  - Schlechtarbeiten,
  - Verstöße gegen Gehorsams- und Verschwiegenheitspflicht.
- Betriebliche Erfordernisse:
  - Absatzschwierigkeiten,
  - Rohstoffmangel,
  - Einsatz arbeitssparender Maschinen, Änderung der Produktionsmethoden,
  - Stilllegung einzelner Abteilungen,
  - Betriebseinschränkungen.

§ 1 Abs. 2 KSchG

§ 1 Abs. 3 KSchG

Ist einem Arbeitnehmer aus dringenden betrieblichen Erfordernissen gekündigt worden, so ist die Kündigung trotzdem sozial ungerechtfertigt, wenn der Arbeitgeber bei der Auswahl der zu kündigenden Arbeitnehmer soziale Gesichtspunkte nicht oder nicht ausreichend berücksichtigt hat. Zwischen solchen Arbeitnehmern, deren Tätigkeit vergleichbar ist und die deshalb gleichermaßen für eine Kündigung in Betracht kommen, ist eine Auswahl nach sozialen Kriterien erforderlich (Sozialauswahl). Bei betriebsbedingten Kündigungen wird die Sozialauswahl auf vier Kriterien begrenzt:

Aufgabe 5 Seite 414

- Dauer der Betriebszugehörigkeit,
- Lebensalter,
- Grad der Schwerbehinderung,
- Unterhaltspflicht des Arbeitnehmers.

Die Kündigung eines Arbeitsverhältnisses ist **unwirksam**, wenn sie nicht durch eine der aufgeführten Gründe sozial gerechtfertigt ist.

Mitwirkung des Betriebsrats

Der Arbeitgeber hat vor jeder Kündigung die Pflicht, den Betriebsrat zu informieren. Der Betriebsrat kann sowohl einer ordentlichen wie einer außerordentlichen Kündigung widersprechen. Er hat dies dem Arbeitgeber spätestens innerhalb einer Woche unter Angabe von Gründen schriftlich mitzuteilen. **§ 102 Abs. 2 BetrVG**

Der Widerspruch des Betriebsrats allein hat noch keine rechtliche Wirkung. Hat der Betriebsrat frist- und ordnungsgemäß widersprochen und hat der Arbeitnehmer Kündigungsschutzklage erhoben, muss der Arbeitgeber auf Verlangen des Arbeitnehmers diesen nach Ablauf der Kündigungsfrist bis zum rechtskräftigen Abschluss des Rechtsstreits bei unveränderten Arbeitsbedingungen weiterbeschäftigen. **§ 102 Abs. 5 KSchG**

Kündigungsschutz für besondere Arbeitnehmergruppen

Für die folgenden Personengruppen gilt der Kündigungsschutz sowohl für die ordentliche als auch für die außerordentliche Kündigung:

- Nach dem Mutterschutzgesetz ist die Kündigung **während der Schwangerschaft** und bis zu vier Monaten nach der Entbindung unzulässig. **§ 9 MuSchG**
- Die **Mitglieder eines Betriebsrats**, einer Personalvertretung (im öffentlichen Dienst) oder einer Jugend- und Auszubildendenvertretung haben einen besonderen Kündigungsschutz. **§ 15 Abs. 1 und Abs. 2 KSchG**
- Die Kündigung eines **schwerbehinderten Menschen** bedarf der vorherigen Zustimmung des Integrationsamtes. **§ 85 SGB IX**

Bei den folgenden Personengruppen ist lediglich die ordentliche Kündigung ausgeschlossen, die außerordentliche jedoch erlaubt:

Aufgaben 6 – 8 Seite 414 f.

- **Wehrdienstleistende** während der Dauer des Grundwehrdienstes und der Wehrübungen und **Zivildienstleistende**, **§ 2 Abs. 1 ArbPlSchG**
- **Auszubildende** nach Ablauf der Probezeit.

Zusammenfassende Übersicht zu Kapitel 10.1 und 10.2: Berufsausbildungsverhältnis, Arbeitsvertrag

Auszubildender | Ausbildungsvertrag | Ausbildender

Ausbildungsvertrag → schriftliche Niederlegung (Ausbildungsvertragsmuster)

Pflichten des Auszubildenden
- Bemühungs- und Befolgungspflicht
- Teilnahme an Ausbildungsmaßnahmen
- Einhaltung der Ordnung der Ausbildungsstätte
- Sorgfaltspflicht
- Verschwiegenheitspflicht

…

Genehmigung von der zuständigen Kammer und Eintragung in das Verzeichnis der Ausbildungsverhältnisse

Pflichten des Auszubildenden
- Ausbildungspflicht
- Fürsorgepflicht
- Vergütungspflicht

…

Beendigung des Ausbildungsverhältnisses durch Kündigung

während der Probezeit

fristlos, Schriftform, ohne Angabe von Gründen

nach dem Ablauf der Probezeit

aus wichtigem Grund

fristlos, Schriftform mit Begründung

Berufsaufgabe/ Berufswechsel

mit vierwöchiger Kündigungsfrist, Schriftform mit Begründung

Einstellungsverhandlungen → Arbeitsvertrag (Formfreiheit bei Abschluss)

Arbeitgeber | Arbeitsvertrag | **Arbeitnehmer**

schriftliche Niederlegung der wesentlichen Vertragsinhalte (Mindestinhalt vorgeschrieben)

Pflichten: (Arbeitgeber)
Beschäftigung, Vergütung, Fürsorge, Zeugniserteilung

Pflichten: (Arbeitnehmer)
Dienstleistung, Treue, Verschwiegenheit, Handels-, Wettbewerbsverbot, Schadenersatzpflicht

Arbeitsschutzbestimmungen
- Gesundheits- und Arbeitsschutz
- Arbeitszeitschutz
- Urlaubsanspruch
- Kündigungsschutz

Aufgaben

1. **Rechte und Pflichten aus einem Ausbildungsvertrag**

Entscheiden Sie, ob die vorliegenden Fälle mit den Rechten und Pflichten von Auszubildenden vereinbar sind. Begründen Sie Ihre Antwort gegebenenfalls anhand des Berufsbildungsgesetzes.

a) Auszubildende Veronika Zehnle bleibt drei Tage lang der Arbeit fern, um als Zuschauerin am Fußballspiel des VfB Stuttgart in Barcelona teilnehmen zu können.

b) Die Unternehmensleitung der Softtool AG legt ihren Auszubildenden einen Ausbildungsvertrag mit folgendem Inhalt (Auszug) vor: **„Kim Köbele verpflichtet sich, nach Beendigung des Berufsausbildungsverhältnisses einen Arbeitsvertrag für mindestens drei Jahre abzuschließen."**

c) Alexander Unger (16 Jahre alt) macht eine Ausbildung zum Maurer bei der Bauunternehmung Otto Kraft OHG. Der Ausbildungsvertrag enthält u.a. folgende Vereinbarung: **„Aufgrund der sehr erfreulichen Ergebnisse im Eignungstest ist ein Besuch der Berufsschule im ersten Ausbildungsjahr nicht erforderlich."**

d) Viktor Lang hat mit der Techno AG einen Berufsausbildungsvertrag für den Ausbildungsberuf Mechatroniker abgeschlossen. Der Vertrag enthält u.a. folgende Formulierung: **„Wegen vieler Besonderheiten, die der Ausbildungsberuf Mechatroniker mit sich bringt, wird eine Probezeit von sechs Monaten vereinbart."**

2. **Rechte aus einem Arbeitsvertrag**

Gesine Kupfer hat am 19. April d.J. mit der Laufener Bürstenfabrik GmbH vereinbart, zum 1. Juni d.J. eine Beschäftigung als Bürokauffrau aufzunehmen. Alle wesentlichen Einzelheiten der künftigen Beschäftigung – wie z.B. Gehalt, Arbeitszeit, Urlaub – wurden mündlich in gegenseitigem Einvernehmen geregelt. Im Rahmen der getroffenen Vereinbarungen wurde Gesine Kupfer ein Anfangsgehalt von brutto 2.310,00 € zugesagt.

Als Gesine Kupfer am 1. Juni d.J. ihre neue Stelle antritt, wird ihr vom Geschäftsführer der Bürstenfabrik mitgeteilt, dass das Bruttogehalt nicht – wie zuvor mündlich vereinbart – 2.310,00 €, sondern lediglich 2.080,00 € beträgt. Als Begründung wird angegeben, dass die betriebliche Kostensituation solche Maßnahmen erforderlich machte. Darüber hinaus – so der Geschäftsführer – sei der Arbeitsvertrag noch gar nicht zustande gekommen, da er nicht in schriftlicher Form geschlossen wurde. Der Geschäftsführer beruft sich dabei auf § 2 NachwG.

Gesine Kupfer besteht jedoch auf Zahlung der vereinbarten 2.310,00 € Monatsgehalt. Beurteilen Sie die Rechtslage.

3. **Rechte und Pflichten aus einem Arbeitsvertrag**

Diplomingenieur Sven Gruber, 46 Jahre alt, ist seit 15 Jahren bei der Metallbau GmbH als Produktentwickler beschäftigt.

a) Herr Gruber beabsichtigt, bei einer Versicherungsgesellschaft eine Nebentätigkeit als Versicherungsvermittler aufzunehmen. Stellen Sie fest, ob er problemlos zusagen kann.
b) Begründen Sie, ob sich Herr Gruber sich von einem Bekannten, der dieselbe Berufsausbildung wie er hat, bei der Arbeit vertreten lassen kann, wenn er wichtige Privatangelegenheiten zu erledigen hat.
c) Da ein Fahrer des Unternehmens erkrankt ist, wird Herr Gruber von der Geschäftsleitung angewiesen, bei einem Lieferer einen Motor abzuholen. Prüfen Sie, ob er diese Weisung befolgen muss.
d) Durch einen Bedienungsfehler zerstört Herr Gruber versehentlich die Festplatte des PC an seinem Arbeitsplatz. Klären Sie, ob der Arbeitgeber Ersatz des entstandenen Schadens verlangen kann.
e) Stellen Sie fest, ob Herr Gruber seine Treuepflicht verletzt, wenn er sich an einem Streikaufruf seiner Gewerkschaft beteiligt.

4. Gültige und ungültige Vereinbarungen in einem Arbeitsvertrag

Prüfen Sie, ob folgende Vereinbarungen im Arbeitsvertrag eines technischen Angestellten rechtswirksam sind:
a) Die Probezeit beträgt drei Monate. Innerhalb dieser Zeit ist jederzeit eine Kündigung ohne Angabe von Gründen möglich.
b) Der Jahresurlaub beträgt 15 Werktage.
c) Der Arbeitnehmer erklärt sich bereit, bei Personalknappheit auch aushilfsweise Ablagetätigkeiten zu übernehmen.
d) Der Arbeitnehmer sichert zu, dass er sich an keinem Streik beteiligen wird.

5. Außerordentliche Kündigung eines Arbeitsvertrages

Prüfen Sie, ob ein Arbeitgeber aus folgenden Gründen eine außerordentliche Kündigung aussprechen darf.
a) Unterschlagung von Betriebsgeldern
b) Übertretung des Rauchverbots
c) Unsorgfältige und zu langsame Arbeitsweise
d) Langandauernde Erkrankung
e) Unerwartete Stornierung eines Großauftrags
f) Entziehung der Fahrerlaubnis für einen Berufskraftfahrer.

6. Sozial gerechtfertigte und sozial ungerechtfertigte Kündigung

Entscheiden Sie, in welchen Fällen bei der Kündigung eines Arbeitsverhältnisses, das länger als ein Jahr bestand, die Voraussetzungen einer sozial ungerechtfertigten Kündigung vorliegen.

Hinweis: Das Unternehmen beschäftigt regelmäßig mehr als zehn Arbeitnehmer.

Ordnen Sie zu:

1. sozial gerechtfertigte Kündigung
2. sozial ungerechtfertigte Kündigung

a) Kündigungsgrund: Stilllegung einzelner Abteilungen des Unternehmens. Soziale Gesichtspunkte bei der Auswahl des zu entlassenden Arbeitnehmers wurden berücksichtigt.

b) Kündigungsgrund: wiederholte, abgemahnte Unpünktlichkeit des Arbeitnehmers, der außerdem schon mehrfach die Verschwiegenheitspflicht verletzt hat. Soziale Gesichtspunkte wurden nicht geprüft.

c) Kündigungsgrund: einmalige Nichtbefolgung einer Anordnung der Unternehmensleitung.

d) Kündigungsgrund: offensichtliche mangelnde fachliche Eignung des Arbeitnehmers. Ein Einsatz in einer anderen, niedriger bezahlten Beschäftigung wäre möglich, wurde aber von dem Arbeitnehmer verweigert.

7. Kündigungsfristen bei einem Arbeitsvertrag

Sandra Kurz, 45 Jahre alt, ist seit 15 Jahren bei der Emmendinger Garnfabrik AG als kaufmännische Angestellte beschäftigt. Klären Sie, zu welchem Termin und mit welcher Frist

a) sie selbst kündigen kann,

b) der Arbeitgeber ihr kündigen kann, wenn die gesetzlichen Kündigungsfristen zugrunde zu legen sind.

8. Kündigung wegen Schließung einer Abteilung – Sozialauswahl

In der Burlafinger Textilfabrik AG wird eine Abteilung für Gardinenstoffe wegen Absatzmangels geschlossen. Allen Arbeitnehmern dieser Abteilung wird gekündigt. Der Betriebsrat wurde ordnungsgemäß angehört.

a) Die Mitarbeiterin Katja Sterner, der ebenfalls gekündigt wurde, ist der Meinung, die Schließung der Abteilung „Gardinenstoffe" sei nicht notwendig gewesen. Sie will mit dieser Begründung beim Arbeitsgericht Klage gegen die Kündigung erheben. Der Betriebsrat rät ihr aber davon ab, da er die Klage für aussichtslos hält. Begründen Sie, aus welchen Gründen der Betriebsrat wohl so beraten hat.

b) Tanja Lettau ist 42 Jahre alt und seit 20 Jahren bei der Burlafinger Textilfabrik AG beschäftigt. Sie hat vier minderjährige Kinder. Ihr Ehemann ist nicht berufstätig. Sie ist der Meinung, dass ihre Kündigung auch deswegen unberechtigt ist, weil zunächst der Mitarbeiterin Kluge hätte gekündigt werden müssen, die in der Abteilung „Trikotagen" eine ähnliche Tätigkeit ausübt wie sie. Frau Kluge ist 45 Jahre alt, aber erst seit zehn Jahren im Betrieb. Sie hat nur für ein minderjähriges Kind zu sorgen. Ihr Mann hat eine Halbtagsstelle als Friseur.

Tanja Lettau beantragt beim Arbeitsgericht die Feststellung, dass die ihr gegenüber ausgesprochene Kündigung unwirksam ist, weil bei der Auswahl der zu kündigenden Mitarbeiterin soziale Gesichtspunkte nicht ausreichend berücksichtigt worden seien. Prüfen Sie, ob Frau Lettau recht hat.

10.3 Tarifvertragsrecht und Arbeitskampf

10.3.1 Tarifvertrag

Art. 9 Abs. 3 GG

Das Grundgesetz garantiert jedem Deutschen das Recht, eine Gewerkschaft oder einen Arbeitgeberverband (Koalition) zu gründen oder sich einer solchen Koalition anzuschließen. Mit der Koalitionsfreiheit verbunden ist das Recht dieser Koalition, zur Wahrung und Förderung der Arbeits- und Wirtschaftsbedingungen tätig zu werden. Dazu gehört auch die Tarifautonomie.

Als Tarifautonomie wird das Recht der Arbeitnehmer und Arbeitgebervereinigungen bezeichnet, durch Tarifverträge die gemeinsamen Arbeitsbedingungen für die Beschäftigten ihres Bereichs innerhalb der gesetzlichen Schranken und damit ohne staatliche Einflussnahme zu vereinbaren.

§ 2 TVG

Aufgabe 1 Seite 419 f.

Zum Abschluss von Tarifverträgen berechtigt (tariffähig) sind nach dem Tarifvertragsgesetz (TVG) Gewerkschaften, einzelne Arbeitgeber (Firmen-, Haus- oder Werktarifvertrag) sowie Vereinigungen von Arbeitgebern (Verbandstarifvertrag). Sie werden als Tarifvertragsparteien, Tarifpartner oder Sozialpartner bezeichnet.

Die allgemeinen, auf längere Zeit gültigen Arbeitsbedingungen (z. B. regelmäßige Arbeitszeit, Teilarbeitszeit, Urlaub, Eingruppierung in Tarifgruppen) werden in **Manteltarifverträgen** geregelt. Die Lohn- und Gehaltssätze in den einzelnen Tarifgruppen werden in **Lohn- bzw. Gehaltstarifverträgen** (Entgelttarifverträge, Vergütungstarifverträge) mit kürzerer Laufzeit vereinbart.

§ 3 TVG

Aufgabe 2 Seite 420

Schließen eine Gewerkschaft und ein Arbeitgeberverband einen Tarifvertrag ab, dann sind die Mitglieder der Tarifvertragsparteien tarifgebunden. Die Normen des Tarifvertrags gelten dann unmittelbar für das Arbeitsverhältnis zwischen den tarifgebundenen Arbeitnehmern und den tarifgebundenen Arbeitgebern.

Beispiel

Urlaubsgeld lt. Tarifvertrag

Gabi Griesbaum ist in einem Callcenter beschäftigt. In ihrem Arbeitsvertrag ist kein Urlaubsgeld vereinbart. Später wird ein Tarifvertrag abgeschlossen, der die Zahlung von Urlaubsgeld vorsieht. Frau Griesbaum ist Mitglied der Gewerkschaft, ihr Arbeitgeber Mitglied des Arbeitgeberverbandes. Frau Griesbaum hat unter den gegebenen Bedingungen Anspruch auf Urlaubsgeld.

§ 5 Abs. 1, § 5 Abs. 4 TVG

Das Tarifvertragsgesetz sieht die Möglichkeit vor, Tarifverträge für allgemein verbindlich zu erklären. Mit der **Allgemeinverbindlichkeitserklärung** erfassen die Rechtsnormen des Tarifvertrags in seinem Geltungsbereich auch die bisher nicht tarifgebundenen Arbeitgeber und Arbeitnehmer. Die Allgemeinverbindlichkeitserklärung erfolgt durch das Bundesministerium für Arbeit und Soziales.

Aufgrund des **Arbeitnehmer-Entsendegesetzes** gilt der Mindesttariflohn des Baugewerbes auch für solche Arbeitnehmer, die von einer ausländischen Baufirma auf eine deutsche Baustelle entsandt werden. Dadurch soll die deutsche Bauwirtschaft vor der „Billiglohn-Konkurrenz" des Auslands geschützt werden.

Aufgaben 3 und 4 Seite 420

10.3.2 Betriebsvereinbarung

Die Betriebsvereinbarung ist ein Vertrag zwischen Arbeitgeber und Betriebsrat, der wie ein Tarifvertrag gegenseitige Pflichten für Arbeitgeber und Arbeitnehmer schaffen kann. Betriebsvereinbarungen können auch über Angelegenheiten getroffen werden, die nach dem Betriebsverfassungsgesetz der Mitbestimmung des Betriebsrats unterliegen. § 87 BetrVG

10.3.3 Arbeitskampf

Der Streik

Das Arbeitskampfrecht ergibt sich aus dem im Grundgesetz verankerten Koalitionsrecht. Das Bundesarbeitsgericht hat in einer Entscheidung (1955) ausdrücklich festgestellt, dass Arbeitskämpfe in der freiheitlichen, sozialen Grundordnung der Bundesrepublik Deutschland zugelassen sind. Das Recht auf Streik ist im Einzelnen rechtlich kaum geregelt. Das Arbeitskampfrecht beruht deshalb fast ausschließlich auf Richterrecht.

Ein Streik muss von einer Gewerkschaft getragen werden.

Für die Rechtmäßigkeit eines Arbeitskampfes gelten folgende Grundsätze:

- Ein Arbeitskampf darf nur von Tarifvertragsparteien geführt werden.
- Das Ziel des Arbeitskampfes muss ein tariflich regelbares Ziel sein.
- Der Arbeitskampf darf nicht gegen die Friedenspflicht verstoßen.
- Zwischen den Tarifparteien soll ein hinreichendes Verhandlungs- und Kampfgleichgewicht bestehen.
- Im Arbeitskampf muss die Verhältnismäßigkeit der Mittel gewahrt bleiben. Vor einem Arbeitskampf müssen alle Verhandlungsmöglichkeiten ausgeschöpft sein (Ultima-Ratio- Prinzip). Ist ein Schlichtungsverfahren vorgesehen, dann muss dieses vorher durchgeführt sein.

Ein einzelner Arbeitnehmer kann nicht streiken. Seine Arbeitsniederlegung wäre Arbeitsverweigerung. Ein Streik muss von einer Gewerkschaft getragen werden. Ist das nicht der Fall, so handelt es sich um einen **„wilden Streik".** Eine Teilnahme daran kann nach einer Abmahnung zur Kündigung des Arbeitsverhältnisses führen.

Ein Streik ist nur rechtmäßig, wenn er von der Gewerkschaft getragen wird. !

Aufgabe 5 Seite 421

Der Streik kann Wirkungen nicht nur in dem unmittelbar bestreikten Betrieb, sondern auch Fernwirkungen in einem anderen Betrieb hervorrufen. Beispiel: Wegen des Streiks bei einem Kfz-Zulieferer muss auch ein Autohersteller die Produktion einstellen. Die Rechtsprechung hat entschieden, dass in diesem Fall die Arbeitnehmer ihren Anspruch auf Arbeitsentgelt ebenfalls verlieren, wenn durch die Lohnzahlung in dem mittelbar betroffenen Betrieb die Kampfstellung der bestreikten Arbeitgeber erheblich geschwächt wurde. Dies ist z. B. der Fall, wenn der Betrieb, bei dem die Fernwirkungen eintreten, dem gleichen Arbeitgeberverband angehört.

Die Aussperrung

Die Aussperrung ist das Kampfmittel der Arbeitgeber. Eine Aussperrung ist die Nichtzulassung von Arbeitnehmern zur Arbeit bei gleichzeitiger Verweigerung der Lohn- und Gehaltszahlung. Da streikende Arbeitnehmer ohnehin keinen Anspruch auf Lohn- und Gehaltszahlung haben, entfaltet die Aussperrung vor allem dann Wirkung, wenn solche Arbeitnehmer ausgesperrt werden, die bisher noch nicht im Streik waren. Reagiert der Arbeitgeber auf einen Streik mit Aussperrung, dann wird diese Aussperrung als „**Abwehraussperrung**“ bezeichnet.

Die Aussperrung ist nach der Rechtsprechung zulässig; die Gewerkschaften fordern jedoch ein Verbot der Aussperrung. Sie begründen dies damit, dass nur bei einem Verbot der Aussperrung die Kampfparität gewährleistet sei. Die Arbeitgeber hätten im Arbeitskampf von vornherein die stärkere Position.

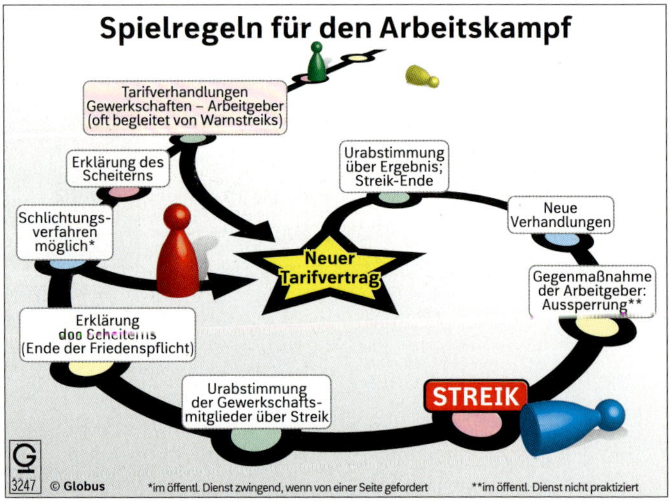

Aufgabe 6 Seite 421

Abwehraussperrungen sind nach der Rechtsprechung des Bundesarbeitsgerichts grundsätzlich gerechtfertigt, um ein Verhandlungsungleichgewicht zu Gunsten der Gewerkschaften zu verhindern. Im Einzelnen hat die Rechtsprechung dazu folgende Grundsätze entwickelt:

- Ein generelles Aussperrungsverbot ist mit den tragenden Grundsätzen des Tarifrechts unvereinbar und deshalb unzulässig.
- Der zulässige Umfang von Abwehraussperrungen richtet sich nach dem Grundsatz der Verhältnismäßigkeit (**Übermaßverbot**). Maßgebend ist der Umfang des Angriffsstreiks. Ist der Streik auf weniger als 25 % der Arbeitnehmer des Tarifgebiets beschränkt, so erscheint eine Abwehraussperrung nicht unverhältnismäßig, wenn sie ihrerseits 25 % der Arbeitnehmer des Tarifgebiets erfasst. Der Beschluss eines Arbeitgeberverbandes, begrenzte Teilstreiks mit einer unbefristeten Aussperrung aller Arbeitnehmer eines Tarifgebiets zu beantworten, ist im Allgemeinen unverhältnismäßig. Aussperrungsmaßnahmen, die einen unverhältnismäßigen Aussperrungsbeschluss befolgen, sind rechtswidrig.

- Eine Aussperrung, die gezielt nur die Mitglieder einer streikenden Gewerkschaft erfasst, nicht organisierte Arbeitnehmer jedoch verschont, ist unzulässig.

Zusammenfassende Übersicht zu Kapitel 10.3: Tarifvertragsrecht und Arbeitskampf

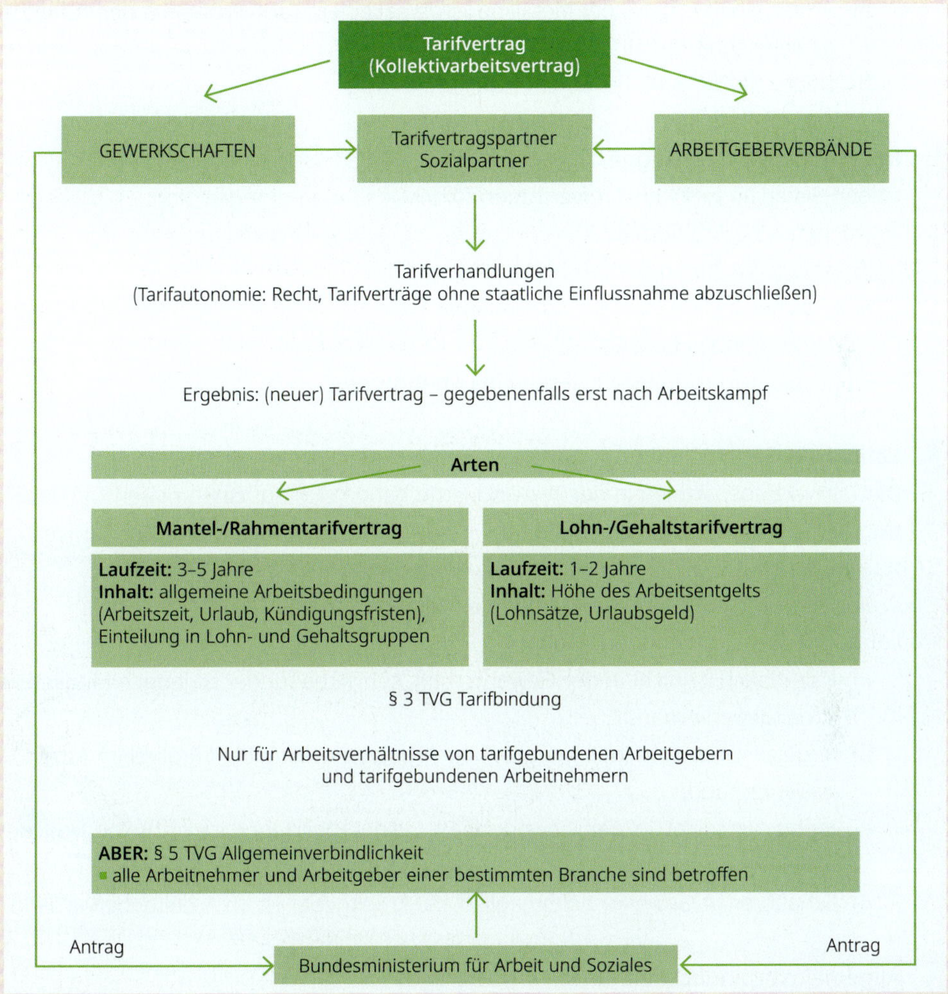

Aufgaben

1. Tarifvertragsfähigkeit

Entscheiden Sie in nachstehenden Fällen, ob Tarifvertragsfähigkeit gegeben ist.

1. Tarifvertragsfähigkeit liegt vor,
2. Tarifvertragsfähigkeit liegt nicht vor.

a) IG Bau verhandelt mit einem großen Bauunternehmen über einen Werktarifvertrag
b) Opel bei einem Tarifvertrag der Automobilindustrie

c) Bundesvereinigung der Deutschen Arbeitgeber bei einem Tarifvertrag mit der Metallindustrie
d) Vereinigte Dienstleistungsgewerkschaft Ver.di bei einem Gehaltstarifvertrag für die Beschäftigten des privaten Bankgewerbes
e) Arbeitgeberverband der Metallindustrie bei einem Tarifvertrag mit der Industriegewerkschaft Metall
f) Deutsche Bank AG bei einem Haustarifvertrag

2. Inhalte von Tarifverträgen

Geben Sie an, in welchen Tarifverträgen folgende Fragen geregelt sind:
- wöchentliche Arbeitszeit
- Zuschläge für Mehrarbeit
- Alterssicherung
- Höhe des Lohnes bzw. Gehalts
- Eingruppierung von Beschäftigten in Lohngruppen

3. Lohn- und Gehaltszahlung – Tarifvertrag

Die Tarifvertragsparteien in der Textilindustrie haben sich auf einen neuen Tarifvertrag geeinigt. Die Löhne und Gehälter werden darin um 2,4 % erhöht. Der Tarifvertrag wird nicht für allgemein verbindlich erklärt.
Prüfen Sie, ob die Arbeitnehmer in den einzelnen Betrieben Anspruch auf die Lohn- und Gehaltserhöhung haben.

a) Kaltenbach ist nicht in der Gewerkschaft, sein Arbeitgeber ist jedoch Mitglied im Arbeitgeberverband.
b) Vogele ist Gewerkschaftsmitglied, ihr Arbeitgeber ist nicht Mitglied im Arbeitgeberverband.
c) Biehler ist nicht in der Gewerkschaft, sein Arbeitgeber ist nicht Mitglied des Arbeitgeberverbandes.
d) Schafferer ist Gewerkschaftsmitglied, ihr Arbeitgeber ist im Arbeitgeberverband.

4. Allgemeinverbindlichkeit eines Tarifvertrages

Im Baugewerbe ist es üblich, den Tarifvertrag für allgemein verbindlich zu erklären.

a) Geben Sie an, von wem eine Allgemeinverbindlichkeitserklärung vorgenommen werden kann.
b) Nennen Sie die Voraussetzungen, die für eine Allgemeinverbindlichkeit erfüllt sein müssen.
c) Geben Sie an, für wen der Tarifvertrag nach der Erklärung der Allgemeinverbindlichkeit gilt.

5. Streik – Voraussetzungen – Streikarten

Die IG Metall eines Tarifbezirks kündigt den Manteltarifvertrag pünktlich zum 31.03. d.J. Weil der Arbeitgeberverband der Forderung nach einer weiteren Arbeitszeitverkürzung um eine Stunde nicht zustimmt, beschließt die Gewerkschaft Mitte März zu streiken.

a) Beurteilen Sie, ob die Streikmaßnahmen Mitte März zulässig sind.

b) Im April sind die Tarifverhandlungen festgefahren. Auf Gewerkschaftsseite werden verschiedene Streikarten erörtert.
   - Unterscheiden Sie die verschiedenen Streikarten.
   - Nennen Sie die Voraussetzungen, die erfüllt sein müssen, bevor die Gewerkschaft in den Streik treten kann.
   - Begründen Sie, weshalb „Wilde Streiks" verboten sind.

6. Aussperrung auf einen Schwerpunktstreik

In einer Tarifauseinandersetzung wollen die Arbeitgeber auf einen Schwerpunktstreik mit Aussperrung reagieren.

a) Die Arbeitgeber sperren alle Arbeitnehmer des bestreikten Wirtschaftszweiges im Tarifbereich aus.
   - Nennen Sie Gründe, die aus der Sicht der Unternehmungen dafür sprechen, auch arbeitswillige Arbeitnehmer auszusperren.
   - Beurteilen Sie die Maßnahme aus der Sicht der betroffenen Arbeitswilligen.

b) Geben Sie an, ob die Arbeitgeber sich darauf beschränken dürfen, alle gewerkschaftlich organisierten Arbeitnehmer auszusperren?

10.4 Beteiligungsrechte des Betriebsrats (betriebliche Mitbestimmung)

10.4.1 Bildung des Betriebsrats

Betriebsräte werden in den Betrieben gebildet, die i. d. R. mindestens fünf ständige wahlberechtigte Arbeitnehmer haben, von denen drei wählbar sind. Eine gesetzliche Verpflichtung zur Wahl eines Betriebsrats besteht nicht. Die Wahlberechtigung (**das aktive Wahlrecht**) für die Wahl des Betriebsrats haben alle Arbeitnehmer (also auch Auszubildende), die das 18. Lebensjahr vollendet haben. Wählbar sind alle Arbeitnehmer, die das aktive Wahlrecht besitzen und mindestens sechs Monate dem Betrieb angehören (**passives Wahlrecht**). §§ 1, 7, 8 BetrVG

Der Betriebsrat ist die Interessenvertretung der Arbeitnehmer eines Betriebes. !

Das Amt des Betriebsrats ist ein Ehrenamt. Ein Betriebsrat erhält keine besondere Vergütung. Durch eine Betriebsratstätigkeit versäumte Zeit hat jedoch der Arbeitgeber zu zahlen. Mitglieder des Betriebsrats sind von ihrer beruflichen Tätigkeit zu befreien, soweit dies für die Betriebsratstätigkeit erforderlich ist.

§ 21 BetrVG Die regelmäßige Amtszeit des Betriebsrats beträgt vier Jahre.

§ 9 BetrVG Die zahlenmäßige Zusammensetzung hängt von der Zahl der beschäftigten wahlberechtigten Arbeitnehmer ab.

10.4.2 Allgemeine Aufgaben des Betriebsrats

§ 80 BetrVG Die allgemeinen Aufgaben des Betriebsrats werden in § 80 BetrVG aufgezählt.

Allgemeine Aufgaben des Betriebsrats	
Aufgaben	**Beispiele**
1. **Überwachung der Einhaltung von Rechtsnormen und arbeitsrechtlichen Grundsätzen,** die zugunsten von Arbeitnehmern gelten.	**Rechtsnormen:** Kündigungsschutzgesetz, Entgeltfortzahlungsgesetz, Arbeitszeitgesetz, Gewerbeordnung, Mutterschutzgesetz, Betriebsverfassungsgesetz usw. **Arbeitsrechtliche Grundsätze:** Gleichbehandlungsgrundsatz, Fürsorgepflicht.
2. **Beantragung von Maßnahmen,** die dem Betrieb und der Belegschaft dienen.	**Anregungen** für Einstellungen, Versetzungen, Umgruppierungen; Anregungen für Verbesserung der Arbeitsmethoden, für die Beseitigung vermeidbarer Arbeitserschwernisse.
3. **Entgegennahme von Anregungen** der Arbeitnehmer und der Jugendvertretung; Vertretung der Anregungen.	**Anregungen** jeder Art, die den Betrieb und die Mitarbeiter einschl. der jugendlichen Arbeitnehmer betreffen.
4. **Durchsetzung der tatsächlichen Gleichbehandlung** von Männern und Frauen und die Vereinbarung von Familie und Beruf.	**Vorschlag** zur Einführung von Teilzeit.
5. **Eingliederung schutzbedürftiger Personen.**	**Eingliederung** Schwerbehinderter, Eingliederung von Arbeitnehmern aus krisenanfälligen Wirtschaftszweigen.
6. **Zusammenarbeit mit der Jugend- und Auszubildendenvertretung.**	**Maßnahmen** der Berufsausbildung, Vorbereitung und Durchführung der Wahl einer Jugendvertretung.
7. **Förderung der Beschäftigung älterer Arbeitnehmer.**	**Erhaltung von Arbeitsplätzen,** die besonders für ältere Arbeitnehmer geeignet sind.
8. **Integration ausländischer Arbeitnehmer** wie Maßnahmen zur Bekämpfung von Rassismus und Fremdenfeindlichkeit.	**Integrierung** in den Betrieb nach Einstellung, Hinwirkung auf Verständnisbereitschaft gegenüber ausländischen Mitarbeitern.
9. **Förderung der Maßnahmen des Arbeitsschutzes** und des betrieblichen Umweltschutzes.	**Vorschlag** zur Erstellung einer betrieblichen Ökobilanz.

10.4.3 Beteiligungsrechte des Betriebsrats

Das Betriebsverfassungsgesetz gibt dem Betriebsrat Beteiligungsrechte in sozialen, personellen und wirtschaftlichen Angelegenheiten. Die Beteiligungsrechte sind – geordnet nach der Intensität der möglichen Einflussnahme – wie folgt abgestuft:

1. **Informationsrecht** § 90 BetrVG
   Der Betriebsrat hat nur ein Fragerecht, der Arbeitgeber die Erläuterungspflicht.
   Beispiel: Information über die Planung von Neu-, Um- und Erweiterungsbauten.

2. **Mitspracherecht** § 92 BetrVG
   Der Betriebsrat kann verlangen, dass der Arbeitgeber ihn anhört und die Angelegenheit mit ihm erörtert.
   Beispiel: Beratung und Verhandlung zur Personalplanung.

3. **Widerspruchsrecht** § 99 BetrVG
   Der Widerspruch des Betriebsrats führt zu einer Nachprüfung durch das Arbeitsgericht.
   Beispiel: Widerspruch gegen eine Kündigung.

4. **Mitbestimmungsrecht** („echte" Mitbestimmung) § 87 BetrVG
   Der Betriebsrat kann die Einführung einer bestimmten Regelung verlangen (Initiativrecht). Arbeitgeber und Arbeitnehmer können die Regelung nur gemeinsam treffen. Es besteht Einigungszwang. Kommt eine Einigung nicht zustande, dann entscheidet die Einigungsstelle.
   Beispiel: Aufstellung eines Urlaubsplans.

Wichtige Mitbestimmungsrechte des Betriebsrats in sozialen Angelegenheiten: § 87 BetrVG

In sozialen Angelegenheiten kann der Arbeitgeber in den in § 87 BetrVG aufgezählten Fällen Maßnahmen grundsätzlich nur mit Zustimmung des Betriebsrats treffen. Kommt keine Einigung zwischen Arbeitgeber und Arbeitnehmer zustande, dann entscheidet die **Einigungsstelle** verbindlich. Damit hat der Betriebsrat in diesen Fällen ein echtes Mitbestimmungsrecht.

1. Fragen der Ordnung des Betriebs und des Verhaltens im Betrieb;

2. Beginn und Ende der täglichen Arbeitszeit einschl. der Pausenregelungen;

3. Einführung und Anwendung von technischen Einrichtungen, die dazu bestimmt sind, das Verhalten oder die Leistung der Arbeitnehmer zu überwachen;

4. Regelungen über die Verhütung von Arbeitsunfällen und Berufskrankheiten sowie über den Gesundheitsschutz im Rahmen der gesetzlichen Vorschriften oder der Unfallverhütungsvorschriften;

Aufgabe 1 Seite 424 f.

5. Fragen der betrieblichen Lohngestaltung.

Zusammenfassende Übersicht zu Kapitel 10.4: Beteiligungsrechte des Betriebsrates (betriebliche Mitbestimmung)

Bildung	Möglich in Betrieben mit mindestens fünf ständigen wahlberechtigten Arbeitnehmern (keine gesetzliche Verpflichtung zur Bildung)
Wahlberechtigte (aktives Wahlrecht)	Arbeitnehmer einschließlich Auszubildende, die das 18. Lebensjahr vollendet haben
Wählbarkeit (passives Wahlrecht)	Arbeitnehmer, die das aktive Wahlrecht besitzen und mindestens sechs Monate dem Betrieb angehören
Vergütung	Keine, da Ehrenamt
Regelmäßige Amtszeit	Vier Jahre
Zusammensetzung	Abhängig von der Zahl der beschäftigten wahlberechtigten Arbeitnehmer
Allgemeine Aufgaben	▪ Überwachung der Einhaltung von arbeitsrechtlichen Vorschriften ▪ Entgegennahme von Anregungen ▪ Durchsetzung der Gleichbehandlung von Männern und a ▪ Eingliederung schutzbedürftiger Personen ▪ Integration ausländischer Arbeitnehmer- ▪ …
Beteiligungsrechte	▪ Informationsrecht ▪ Mitspracherecht (z. B. bei Personalplanung) ▪ Widerspruchsrecht (z. B. bei Kündigung) ▪ Mitbestimmungsrecht (z. B. Urlaubsplanung)
Mitbestimmungsrechte in sozialen Angelegenheiten	▪ Ordnung und Verhalten im Betrieb ▪ Beginn und Ende der täglichen Arbeitszeit einschließlich Pausen ▪ Fragen der Lohngestaltung ▪ …

Aufgaben

1. Wahl und Zusammensetzung des Betriebsrates

Der Umfang der Geschäftstätigkeit der Firma Light House KG hat in den vergangenen Jahren stark zugenommen, sodass einige Neueinstellungen erforderlich waren. Einige Arbeitnehmer fordern nunmehr die Errichtung eines Betriebsrates. Die Belegschaft des Unternehmens setzt sich derzeit wie folgt zusammen:

Alter	Anzahl	davon weniger als 6 Monate im Betrieb	Deutsche Staatsangehörigkeit	Arbeitsvertrag	Ausbildungsvertrag
unter 18 Jahre	6	1	4	2	4
18 bis 25 Jahre	10	2	9	8	2
älter als 25 Jahre	50	5	30	49	1

a) Geben Sie an, wie viele Personen bei der Light House KG wahlberechtigt sind.
b) Begründen Sie, wie viele Personen wählbar sind.
c) Nennen Sie die Zahl der Mitglieder, aus denen der Betriebsrat bestehen wird.
d) Geben Sie an, wie lange die regelmäßige Amtszeit des Betriebsrats dauert.
e) Erläutern Sie die Möglichkeiten einer Mitbestimmung der Jugendlichen und Auszubildenden dieses Unternehmens.
f) Die Jugendlichen wollen zur Durchführung von Projektarbeiten einen eigenen Projektarbeitsraum. Beschreiben Sie, auf welchem Weg sich dieser Wunsch durchsetzen lässt.

10.5 Lohn- und Gehaltsabrechnung

Berechnung von Brutto- und Nettoentgelt

Die Zusammensetzung des Bruttoentgelts und des Nettoentgelts lässt sich nachstehender Übersicht entnehmen:

Grundgehalt (bei Angestellten) Grundlohn (bei Arbeitern)	sonstige Geldbezüge (z. B. Urlaubsgeld, Weihnachtsgeld)	geldwerte Vorteile (z. B. Überlassung eines Geschäftswagens zur privaten Nutzung)
Geldbezüge		Sachbezüge
Bruttoentgelt		
Steuern	▪ Lohnsteuer ▪ gegebenenfalls Kirchensteuer ▪ Solidaritätszuschlag	
Sozialversicherungsbeiträge	▪ Krankenversicherung ▪ Pflegeversicherung ▪ Rentenversicherung ▪ Arbeitslosenversicherung	
= Nettoentgelt		

Bruttoentgelt – gesetzliche Abzüge = Nettoentgelt !

Wie hoch der Abzugsbetrag für die Lohnsteuer ist, hängt von der Höhe des Bruttoentgelts und den persönlichen Merkmalen des Steuerpflichtigen wie z. B. Familienstand und Anzahl der Kinder ab.

Damit Bund, Länder und Gemeinden ihren laufenden Zahlungsverpflichtungen nachkommen können (z. B. Zahlung von Gehältern) sind sie auf entsprechende Zahlungseingänge angewiesen. Da aber die Höhe der zu zahlenden Einkommensteuer erst am Ende eines Jahres genau ermittelt werden kann, wird die Lohnsteuer monatlich als „Voraussteuer" auf die Einkommensteuer erhoben. Dabei ist der Arbeitgeber verpflichtet, die Lohnsteuer bei der Lohn- oder Gehaltsabrechnung einzubehalten und an das Finanzamt abzuführen.

Die Lohnsteuer ist eine besondere Erhebungsform der Einkommensteuer für Einkünfte aus nicht selbstständiger Arbeit. Es handelt sich dabei um keine eigenständige Steuerart, sondern um „vorausbezahlte" Einkommensteuer, die vom Arbeitgeber einbehalten wird.

Die genaue Höhe der Einkommensteuer lässt sich erst feststellen, wenn die Summe aller in einem Kalenderjahr erzielten Einkünfte feststeht. Da für die zu zahlende Einkommensteuer aber u. a. die persönlichen Verhältnisse des Einkommensbeziehers (Familienstand, Kinder, gegebenenfalls mehrere Beschäftigungsverhältnisse) von Bedeutung sind, verlangt der Arbeitgeber bei Aufnahme einer neuen Beschäftigung vom Arbeitnehmer das Geburtsdatum und die Steueridentifikationsnummer (IdNr)[1]. Mithilfe dieser Angaben kann er seine Arbeitnehmer bei der ELStAM-Datenbank (ELStAM = Elektronische LohnSteuerAbzugsMerkmale) anmelden. Mit diesem Verfahren soll erreicht werden, dass die entrichtete Lohnsteuer als Voraussteuer der später festzusetzenden Einkommensteuer möglichst nahekommt.

Die Steuerklasse berücksichtigt die persönlichen Verhältnisse eines Arbeitnehmers und ist Grundlage für den Abzug der Lohnsteuer durch den Arbeitgeber.

Steuerklasse	Personenkreis
I	▪ Ledige ▪ Verheiratete/Verpartnerte mit im Ausland lebendem Ehegatten/Lebenspartner ▪ Verheiratete/Verpartnerte die dauernd getrennt leben, auch Verwitwete oder Geschiedene Lohnsteuerklasse I kommt nicht zur Anwendung, wenn die Voraussetzungen für Steuerklasse III oder Steuerklasse IV erfüllt sind.
II	Alleinerziehende, bei denen die Voraussetzungen der Steuerklasse I vorliegen und die Anspruch auf den Entlastungsbetrag (§ 24b EStG) für Alleinerziehende haben
III	▪ Verheiratete/Verpartnerte, die nicht dauernd getrennt leben und nicht die Steuerklasse IV gewählt haben ▪ Verwitwete bis zum Ende des auf den Tod des Ehegatten/Lebenspartners folgenden Kalenderjahres – Der verstorbene Ehegatte/Lebenspartner muss zum Zeitpunkt seines Todes unbeschränkt einkommensteuerpflichtig gewesen sein. – Die Ehegatten/Lebenspartner dürfen bis zum Zeitpunkt des Todes nicht dauernd getrennt gelebt haben.

[1] Die Identifikationsnummer enthält alle persönlichen Angaben, z. B. Name, Geschlecht, Geburtstag und zuständiges Finanzamt.

Steuerklasse	Personenkreis
IV	Verheiratete/verpartnerte Arbeitnehmer, wenn beide Ehegatten/Verpartnerte unbeschränkt einkommensteuerpflichtig sind und nicht dauernd getrennt leben ▪ Wenn für einen Ehegatten/Lebenspartner die Steuerklasse V gewählt wurde, kann der andere nicht in die Steuerklasse IV fallen. ▪ Die Lohnsteuerklassen IV/IV (im Gegensatz zu III/V) sollten von Ehegatten/Lebenspartnern gewählt werden, bei denen beide ungefähr gleich viel verdienen.
V	Beide Ehegatten/Verpartnerten beantragen, den anderen Ehegatten/Verpartnerten in die Steuerklasse III einzureihen. Dies wird dann der Fall sein, wenn die Ehegatten/Verpartnerten stark unterschiedlich hohe Einkommen haben. Erhält der Besserverdienende die Steuerklasse III und der Geringerverdienende die Steuerklasse V, wird regelmäßig zu wenig Steuer einbehalten. Die Abgabe einer Steuerklärung zum Jahresende ist dann zwingend.
VI	Arbeitnehmer, die nebeneinander Arbeitslohn von mehreren Arbeitgebern beziehen für die zweite und jede weitere Lohnsteuerkarte

Die Lohnsteuer wird monatlich nach **Lohnsteuertabellen** berechnet. In diese Tabellen sind neben Grundfreibeträgen Pauschalen für Werbungskosten und Sonderausgaben sowie Freibeträge für Kinder eingearbeitet.

Auf Antrag können weitere Freibeträge auf der Lohnsteuerkarte eingetragen werden, z. B. erhöhte Werbungskosten bei weiten Anfahrten zum Arbeitsplatz oder für Kinder über 18 Jahren, die sich in der Ausbildung befinden.
Eine Änderung der Steuerklasse muss beim zuständigen Finanzamt beantragt werden.

Beispiel

Lohnabrechnung eines Maschineneinrichters

Der Bruttolohn des Maschineneinrichters Steffen Neumann (22 Jahre) für Januar 2023 beträgt 2.452,00 €.
Für die Erstellung der Lohnabrechnung sind noch folgende Informationen zu berücksichtigen:
Ledig, keine Kinder, römisch-katholisch, Lohnsteuerklasse I
Aus diesen Angaben lässt sich folgende Lohnabrechnung erstellen:

Bruttolohn	2.452,00 €	
– Lohnsteuer	222,75 €	Steuern
– Kirchensteuer	17,82 €	
– Krankenversicherung (7,3 % + 0,8 %)	198,61 €	Sozialversicherungsbeiträge
– Pflegeversicherung (1,525 % + 0,35 %)	45,98 €	
– Rentenversicherung	228,04 €	
– Arbeitslosenversicherung	31,88 €	
= Nettolohn	**1.934,96 €**	

Allgemeine Monats-Lohnsteuertabelle 2023 Teil West

von 2448 € bis 2462,99 €, Kirchensteuer 8%

Kinderfreibetrag			0		0,5		1		1,5		2		2,5		3		3,5		4	
ab €	StK	Steuer	SolZ	KiStr	SolZ	KiStr	SolZ	KiStr	SolZ	KiStr	SolZ	KiStr	SolZ	KiStr	SolZ	KiStr	SolZ	KiStr	SolZ	KiStr
2.448,00																				
	1	221,50	-	17,72	-	10,05	-	3,16	-	-	-	-	-	-	-	-	-	-	-	-
	2	135,41	-	-	-	3,79	-	-	-	-	-	-	-	-	-	-	-	-	-	-
	3	7,33	-	0,58	-	-	-	-	-	-	-	-	-	-	-	-	-	-	-	-
	4	221,50	-	17,72	-	13,82	-	10,05	-	6,41	-	3,16	-	0,57	-	-	-	-	-	-
	5	502,16	-	40,17	-	-	-	-	-	-	-	-	-	-	-	-	-	-	-	-
	6	539,00	-	43,12	-	-	-	-	-	-	-	-	-	-	-	-	-	-	-	-
2.451,00																				
	1	222,16	-	17,77	-	10,10	-	3,20	-	-	-	-	-	-	-	-	-	-	-	-
	2	136,00	-	-	-	3,83	-	-	-	-	-	-	-	-	-	-	-	-	-	-
	3	7,66	-	0,61	-	-	-	-	-	-	-	-	-	-	-	-	-	-	-	-
	4	222,16	-	17,77	-	13,87	-	10,10	-	6,46	-	3,20	-	0,60	-	-	-	-	-	-
	5	503,00	-	40,24	-	-	-	-	-	-	-	-	-	-	-	-	-	-	-	-
	6	540,00	-	43,20	-	-	-	-	-	-	-	-	-	-	-	-	-	-	-	-
2.454,00																				
	1	222,75	-	17,82	-	10,15	-	3,24	-	-	-	-	-	-	-	-	-	-	-	-
	2	136,58	-	-	-	3,87	-	-	-	-	-	-	-	-	-	-	-	-	-	-
	3	8,16	-	0,65	-	-	-	-	-	-	-	-	-	-	-	-	-	-	-	-
	4	222,75	-	17,82	-	13,92	-	10,15	-	6,50	-	3,24	-	0,64	-	-	-	-	-	-
	5	503,83	-	40,30	-	-	-	-	-	-	-	-	-	-	-	-	-	-	-	-
	6	540,66	-	43,25	-	-	-	-	-	-	-	-	-	-	-	-	-	-	-	-
2.457,00																				
	1	223,41	-	17,87	-	10,19	-	3,28	-	-	-	-	-	-	-	-	-	-	-	-
	2	137,25	-	-	-	3,91	-	-	-	-	-	-	-	-	-	-	-	-	-	-
	3	8,50	-	0,68	-	-	-	-	-	-	-	-	-	-	-	-	-	-	-	-
	4	223,41	-	17,87	-	13,97	-	10,19	-	6,55	-	3,28	-	0,66	-	-	-	-	-	-
	5	504,83	-	40,38	-	-	-	-	-	-	-	-	-	-	-	-	-	-	-	-
	6	541,66	-	43,33	-	-	-	-	-	-	-	-	-	-	-	-	-	-	-	-

Quelle: IMACC: Allgemeine Monats-Lohnsteuertabelle 2023, Firmen Ratgeber: Lohn & Gehalt, Buchhaltung, Steuer & Recht, www.imacc.de, Zugriff am 27.09.2023 unter: https://www.imacc.de/Steuertabelle/Lohnsteuertabellen/2023/LoSt_2023_WEST_8_ohnePKV_Monat.pdf

Die Sozialversicherung ist eine gesetzliche Versicherung, die aus fünf Versicherungszweigen besteht und verschiedene Risiken abdeckt.

Versicherung	Versicherte Risiken	Beitragssatz (2023)	Arbeit-geberanteil	Arbeitnehmer-anteil
Krankenversicherung[1]	Krankheit	14,6 % + 1,6 %	7,3 % + 0,8 %	7,3 % + 0,8 %
Pflegeversicherung	Pflegebedürftigkeit	3,05 % bzw. 3,40 %	1,525 %	1,525 % + 0,35 %
Arbeitslosenversicherung	Arbeitslosigkeit	2,6 %	1,3 %	1,3 %
Rentenversicherung	Erwerbsunfähigkeit und Altersrente	18,6 %	9,30 %	9,30 %
Unfallversicherung	Berufsunfälle	Abhängig von Gefahrenklassen im Betrieb	Arbeitgeber 100 %	

Versicherungspflichtig sind grundsätzlich alle Arbeitnehmer. Mit Ausnahme der Unfallversicherung wird der Beitrag vom sozialversicherungspflichtigen Entgelt berechnet.

Kinderlose Arbeitnehmer, die über 23 Jahre alt sind, müssen einen um 0,35 Prozentpunkte höheren **Pflegeversicherungsbeitrag** zahlen. Der Arbeitgeberanteil in Höhe von 1,525 % bleibt unverändert.

1 Neben einem für alle gesetzlichen Krankenkassen einheitlichen Beitragssatz von 14,6 % gibt es zusätzlich einen kassenindividuellen prozentualen Zusatzbeitrag (2023: im Durchschnitt 0,8 % jeweils für den Arbeitgeber und den Arbeitnehmer). Mittlerweile wird er von fast allen Kassen erhoben, Prognosen sagen eine künftige weitere Steigerung voraus.

Die Beiträge zur **Kranken-, Renten-, Arbeitslosen- und Pflegeversicherung** werden bis zu einer bestimmten Höchstgrenze (Beitragsbemessungsgrenze[1]) vom sozialversicherungspflichtigen Bruttoentgelt berechnet. Liegt das Bruttoentgelt über dieser Grenze, so ist die Beitragsbemessungsgrenze anstelle des Bruttoentgelts Grundlage der Berechnung.

Beitragsbemessungsgrenze pro Jahr für die alten Bundesländer im Jahr 2023	
Rentenversicherung Arbeitslosenversicherung	Krankenversicherung Pflegeversicherung
87.600,00 €	59.850,00 €

Der Arbeitgeberanteil zur Sozialversicherung stellt für die Unternehmen zusätzliche Personalkosten dar. In gleicher Weise wie z. B. Urlaubs- oder Weihnachtsgeld werden diese Personalkosten als **Lohnnebenkosten** bezeichnet.

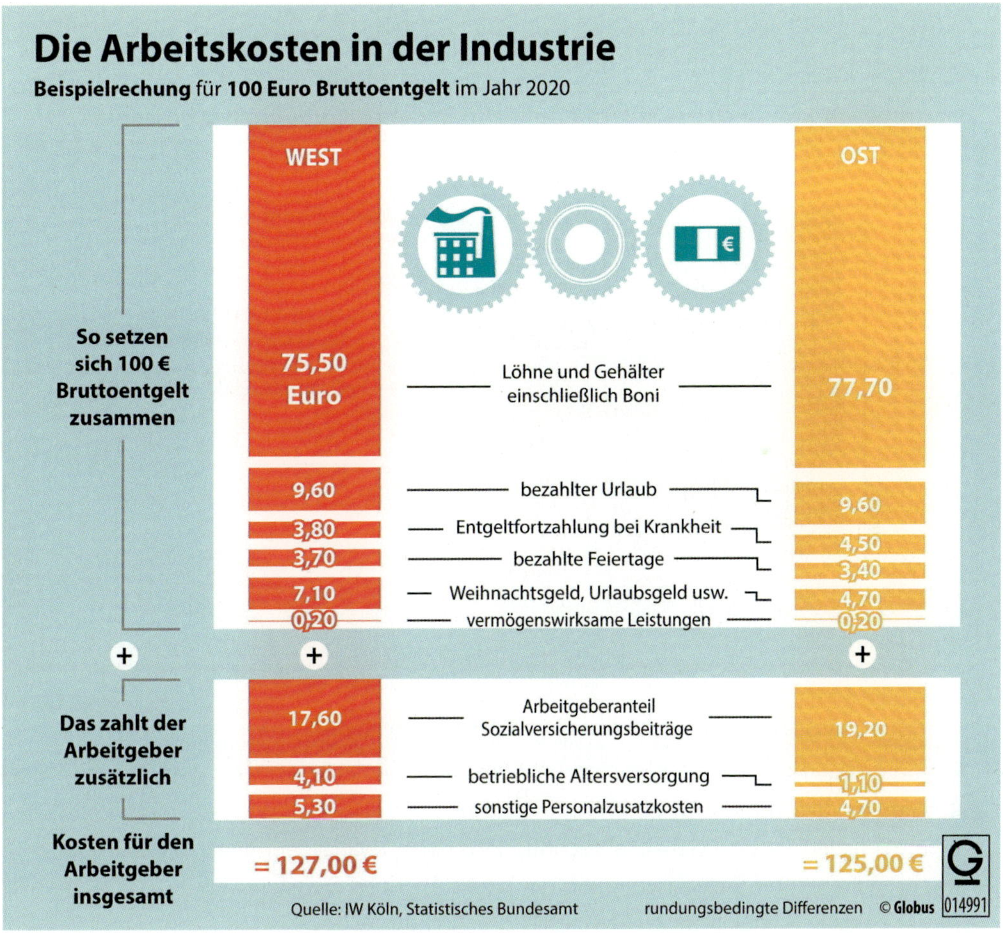

1 Die Beitragsbemessungsgrenze darf nicht verwechselt werden mit einer Versicherungspflichtgrenze. Die Versicherungspflichtgrenze gibt das Einkommen an, bis zu dem jeder in der gesetzlichen Krankenversicherung (GKV) pflichtversichert ist. Nur wer mehr verdient, hat die Wahl, in der GKV zu bleiben oder in die private Krankenversicherung zu wechseln. Im Jahr 2023 beträgt die Versicherungspflichtgrenze 5.550,00 € pro Monat.

Beispiel

Sozialversicherungsbeiträge eines Maschineneinrichters

Ermittlung der Abzüge für Sozialversicherungsbeiträge (s. Beispiel von Seite 427)
Steffen Neumann, 22 Jahre alt, kinderlos; Bruttogehalt (sozialversicherungspflichtig): 2.452,00 €

	Bemessungsgrundlage	Beitragssatz	Beiträge Arbeitnehmer	Beiträge Arbeitgeber
Krankenversicherung	2.452,00 €	16,20 %	198,61 €	198,61 €
Pflegeversicherung	2.452,00 €	3,4 % bzw. 3,05 %	45,98 €	36,98 €
Rentenversicherung	2.452,00 €	18,60 %	228,04 €	228,04 €
Arbeitslosenversicherung	2.452,00 €	2,60 %	31,88 €	31,88 €
Summe Sozialversicherungsbeiträge			504,51 € Sozialversicherungsbeiträge des Arbeitnehmers	495,51 € Lohnnebenkosten des Arbeitgebers

Aufgabe 1 Seite 430

Zusammenfassende Übersicht zu Kapitel 10.5: Lohn- und Gehaltsabrechnung

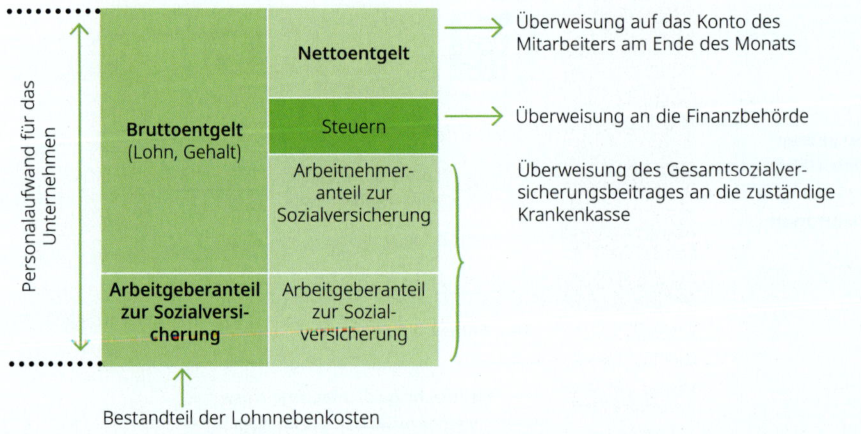

Aufgaben

1. Gehaltsabrechnung für einen Angestellten

a) Erstellen Sie eine Gehaltsabrechnung für einen zwanzigjährigen, ledigen Angestellten unter Berücksichtigung der nachstehenden Daten:
- keine Kinder, römisch-katholisch, 8 % Kirchensteuer
- Beitragssatz Krankenversicherung: 16,2 %
- sonstige Beitragssätze: s. Seite 428
- Bruttogehalt 3.500,00 €
- Lohnsteuer lt. Monatslohnsteuertabelle 465,91 €

b) Berechnen Sie den Arbeitgeberanteil zur Sozialversicherung.

Verzeichnis der Gesetze (einschl. Abkürzungen)

AktG	Aktiengesetz
ArbPlSchG	Arbeitsplatzschutzgesetz
BBiG	Berufsbildungsgesetz
BetrVG	Betriebsverfassungsgesetz
BGB	Bürgerliches Gesetzbuch
DrittelbG	Drittelbeteiligungsgesetz
EntgFG	Entgeltfortzahlungsgesetz
EStG	Einkommensteuergesetz
EStR	Einkommensteuerrichtlinien
FGG	Gesetz über die Angelegenheiten der freiwilligen Gerichtsbarkeit
GewO	Gewerbeordnung
GG	Grundgesetz
HGB	Handelsgesetzbuch
HRV	Verordnung über die Einrichtung und Führung des Handelsregisters
KSchG	Kündigungsschutzgesetz
MitbestG	Mitbestimmungsgesetz
MuSchG	Mutterschutzgesetz
NachwG	Nachweisgesetz
SGB IX	SGB: Rehabilitation und Teilhabe behinderter Menschen
SGB	Sozialgesetzbuch
TVG	Tarifvertragsgesetz
UStG	Umsatzsteuergesetz
UWG	Gesetz gegen den unlauteren Wettbewerb
VerpackV	Verordnung über die Vermeidung und Verwertung von Verpackungsabfällen (Verpackungsverordnung)
ZPO	Zivilprozessordnung

Anhang: Musterprotokoll zur Gründung einer GmbH

Anlage

(zu § 2 Abs. 1a)

a) Musterprotokoll für die Gründung einer **Einpersonengesellschaft**

UR. Nr. . . . .

Heute, den . . . . ,

erschien vor mir, ... ,

Notar/-in mit dem Amtssitz in

. . . .,

Herr/Frau[1)]

. . . .

. . . .

. . . .[2)].

1. Der Erschienene errichtet hiermit nach § 2 Abs. 1a GmbHG eine Gesellschaft mit beschränkter Haftung unter der Firma . . . . mit dem Sitz in . . . .
2. Gegenstand des Unternehmens ist . . . .
3. Das Stammkapital der Gesellschaft beträgt . . . . €
(i. W. . . . . Euro) und wird vollständig von Herrn/Frau[1)] . . . .
(Geschäftsanteil Nr. 1) übernommen. Die Einlage ist in Geld zu erbringen, und zwar sofort in voller Höhe/zu 50 Prozent sofort, im Übrigen sobald die Gesellschafterversammlung ihre Einforderung beschließt[3)].
4. Zum Geschäftsführer der Gesellschaft wird Herr/Frau[4)] . . . .
. . . . ,
geboren am . . . . wohnhaft in . . . .
. . . . , bestellt.
Der Geschäftsführer ist von den Beschränkungen des § 181 des Bürgerlichen Gesetzbuchs befreit.
5. Die Gesellschaft trägt die mit der Gründung verbundenen Kosten bis zu einem Gesamtbetrag von 300,00 €, höchstens jedoch bis zum Betrag ihres Stammkapitals. Darüber hinausgehende Kosten trägt der Gesellschafter.
6. Von dieser Urkunde erhält eine Ausfertigung der Gesellschafter, beglaubigte Ablichtungen die Gesellschaft und das Registergericht (in elektronischer Form) sowie eine einfache Abschrift das Finanzamt - Körperschaftsteuerstelle.
7. Der Erschienene wurde vom Notar/von der Notarin insbesondere auf Folgendes hingewiesen:
. . . .

b) Musterprotokoll für die Gründung einer **Mehrpersonengesellschaft mit bis zu drei Gesellschaftern**

UR. Nr. . . . .

Heute, den . . . . ,

erschien vor mir, ... ,

Notar/-in mit dem Amtssitz in

. . . .,

Herr/Frau[1)]

. . . .

. . . .[2)].

Herr/Frau[1)]

. . . .

. . . .[2)].

Herr/Frau[1)]

. . . .

. . . .[2)].

1. Die Erschienenen errichten hiermit nach § 2 Abs. 1a GmbHG eine Gesellschaft mit beschränkter Haftung unter der Firma . . . . mit dem Sitz in . . . .
2. Gegenstand des Unternehmens ist . . . .
3. Das Stammkapital der Gesellschaft beträgt . . . .€
   (i. W. . . . . Euro) und wird wie folgt übernommen:
   Herr/Frau[1)] . . . . übernimmt einen Geschäftsanteil mit einem Nennbetrag in Höhe von . . . . €
   (i. W . . . . .Euro) (Geschäftsanteil Nr. 1),
   Herr/Frau[1)] . . . . übernimmt einen Geschäftsanteil mit einem Nennbetrag in Höhe von . . . . €
   (i. W . . . . .Euro) (Geschäftsanteil Nr. 2),
   Herr/Frau[1)] . . . . übernimmt einen Geschäftsanteil mit einem Nennbetrag in Höhe von . . . . €
   (i. W . . . . .Euro) (Geschäftsanteil Nr. 3),
   Die Einlagen sind in Geld zu erbringen, und zwar sofort in voller Höhe/zu 50 Prozent sofort, im Übrigen sobald die Gesellschafterversammlung ihre Einforderung beschließt[3)].
4. Zum Geschäftsführer der Gesellschaft wird Herr/Frau[4)] . . . .,
   geboren am . . . . wohnhaft in . . . . , bestellt.
   Der Geschäftsführer ist von den Beschränkungen des § 181 des Bürgerlichen Gesetzbuchs befreit.
5. Die Gesellschaft trägt die mit der Gründung verbundenen Kosten bis zu einem Gesamtbetrag von 300,00 €, höchstens jedoch bis zum Betrag ihres Stammkapitals. Darüber hinausgehende Kosten tragen die Gesellschafter im Verhältnis der Nennbeträge ihrer Geschäftsanteile.
6. Von dieser Urkunde erhält eine Ausfertigung jeder Gesellschafter, beglaubigte Ablichtungen die Gesellschaft und das Registergericht (in elektronischer Form) sowie eine einfache Abschrift das Finanzamt – Körperschaftsteuerstelle.
7. Die Erschienenen wurden vom Notar/von der Notarin insbesondere auf Folgendes hingewiesen .
   . . . .
   Hinweise:

1) Nicht Zutreffendes streichen. Bei juristischen Personen ist die Anrede Herr/Frau wegzulassen.
2) Hier sind neben der Bezeichnung des Gesellschafters und den Angaben zur notariellen Identitätsfeststellung ggf. der Güterstand und die Zustimmung des Ehegatten sowie die Angaben zu einer etwaigen Vertretung zu vermerken.
3) Nicht Zutreffendes streichen. Bei der Unternehmergesellschaft muss die zweite Alternative gestrichen werden.
4) Nicht Zutreffendes streichen.

Sachwortverzeichnis

A

B

Bildquellenverzeichnis

fotolia.com, New York: Andreas Wechsel 11.1; Halfpoint 372.1; Pixelot 400.1.
Getty Images, München: andresr 344.1.
iStockphoto.com, Calgary: AndreyPopov 153.1; Chernaev, Petar 14.2; scyther5 40.2; TommL 96.1.
Microsoft Deutschland GmbH, München: 234.1, 238.1.
OKS Group, Delhi: 5.1, 6.1, 13.1, 14.3, 15.1, 16.1, 18.1, 19.1, 22.1, 26.1, 31.1, 115.1, 115.2, 334.1, 390.1.
Picture-Alliance GmbH, Frankfurt/M.: dpa-infografik GmbH 40.1, 44.1, 267.1, 269.1, 319.2, 401.1, 420.1, 431.1; Everett_Kennedy_Brown 106.1; Uli Deck 419.1.
Shutterstock.com, New York: Africa Studio 329.1; TUM2282 284.1.
stock.adobe.com, Dublin: contrastwerkstatt 14.1; Costello77 113.1; Digital Storm 149.1; Eakrin 271.1; elnariz 319.1; Gerasimov, Vladimir 264.1; iuricazac 318.1; manola72 97.1; mrmohock 206.1; Petinovs 78.1; Sanders, Gina 211.1; Schmidt,Irina 13.2; sdecoret Titel; vadimborkin 100.1.
www.imacc.de, Linden: 430.1.